電子實習與專題製作－感測器應用篇

盧明智、許陳鑑　編著

全華圖書股份有限公司　印行

自序

教學轉型

目前各技專院校無不盡全力往“升科大”衝刺，使得原本技職體系的技術訓練課程支離破碎，時數縮減。雖然極力加入較高階的課程與設備，但縱觀所招到的學生，並非不聰明，只是缺少對技術養成的認識，使得高階課程教學效果產生落差，而技術訓練課程又無以爲繼，與其抱怨及擔心學生素質不好、學習意願不高，不如改變教學方式與內容，讓學生有意願去看、去動手，並從中培養其信心與興趣，才能進而要求有相當水準的作品產出。

而轉型的第一要務，乃讓學生所做的每一項實習，實驗都是一項有用的產品，儘量在生活中就能看到或用到的東西，使得所有的技術訓課程能有

(1) 課程生活化：感測應用處處可見，最容易發揮。

(2) 製作實用化：把電子實習提升到實用的境界。

(3) 設計商品化：配合實驗模板以達到數據精確要求。

教學建議

想把一般只用單一零件的電子實習提升到實用化與商品化的境界，其線路勢必有相當程度的複雜。若再用單獨零件一個一個在麵包板上插，那麼一學期下來，所能「眞正」完成的項目實在有限。與其把時間浪費在接線上，不如讓每一個實用線路都做詳細的解說和分析及學習怎樣做系統的量測與調校。讓學生在校期間就能接觸到許許多多完整應用

線路及其系統整合。爲了實現這個夢想，我們把電子實習的用書和教學方法修正爲

(1) 這是一本感測應用課程教科書，也是實習實驗用書。

(2) 配合"積木式"教學，以模板完成線路組合，做系統應用。

(3) 所完成的實習項目，可用於支援相關課程及專題製作。

教學步驟

本書乃以實用線路爲每一章節的主要內容，且以感測應用爲主，期盼以此提高學生的興趣。雖然每一張線路都是由一些基本元件所組成，卻是學生往往把一些基本的東西都給忘掉了。所以我們希望用此書時能先複習一些基礎的原理，因而建議您先把附錄中的實習模板的線路加以分析及製作，從中便能把該懂，該知道的全部做乙次整理。

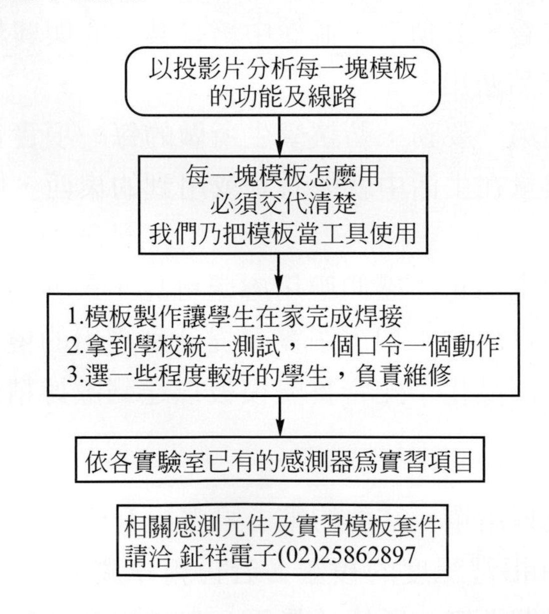
以投影片分析每一塊模板
的功能及線路
每一塊模板怎麼用
必須交代清楚
我們乃把模板當工具使用
1.模板製作讓學生在家完成焊接
2.拿到學校統一測試，一個口令一個動作
3.選一些程度較好的學生，負責維修
依各實驗室已有的感測器爲實習項目
相關感測元件及實習模板套件
請洽 鉦祥電子(02)25862897

盧明智　於淡水

本書特色和使用對象

雖然這本書以「電子實習」爲其書名，但其內容卻是以感測應用爲主。把各種電子元件：電阻、電容、變壓器、二極體、電晶體、OP Amp、數位 IC、遙控IC……等，應用於每一種感測線路中。且每一個線路均做原理說明，動作分析，線路中所用的各種零件也均一一交代其功用，讓學生能眞正理解，所做的每一項實習都是一些以前學過的東西，於此做一次複習並且據以完成系統應用的整合。

爲了能把電子實習提升到系統應用的整合，其線路勢必較爲複雜。往往學生做不出來，幫學生除錯時，老師也倍感辛苦，所以我們把書中的每一項實用線路，均以模板完成實習接線，達到「積木遊戲」教學法的實現。讓學生從中學習，以自己的理念去實現自己想要的功能，組成有用，可用又實用的線路。

這本書適用於

⑴ 電子、電機等相關科系之電子實習
※把電子實習提升到系統應用
※以輔助模板完成應用系統的組合
※積木式實習，讓學生在家也能做實驗
※其結果乃支援相關專題製作

⑵ 電子、電機等相關科系之感測原理、感測應用課程
※感應元件均有詳細分析
※應用線路的元件功能與動作原理均有說明
※可指定相關線路讓學生完成，則理論與實務得以結合
※機電整合之感測應用，此爲實用之教材

編輯部序

「系統編輯」是我們的編輯方針，我們所提供給您的，絕不只是一本書，而是關於這門學問的所有知識，它們由淺入深，循序漸進。

作者以其多年的教學經驗編譔而成此書。本書內容著重感測應用，將各種電子元件應用於感測線路中。每一個線路均附上原理說明、 動作說明、各零件的功能。本書的特色在於:

1.把電子實習提升到系統應用。

2.以模組完成應用系統的組合。

3.可指定相關線路讓學生完成，則理論與實務得以結合。

本書適用於專科及技術學院電子科系之「電子實習」、「感測器原理與應用」課程使用

同時，為了使您能有系統且循序漸進研習相關方面的叢書，我們以流程圖方式，列出各有關圖書的閱讀順序，以減少您研習此門學問的摸索時間，並能對這門學問有完整的知識。若您在這方面有任何問題，歡迎來函連繫，我們將竭誠為您服務。

相關叢書介紹

書號：0207401
書名：感測器(修訂版)
編著：陳瑞和
16K/528 頁/420 元

書號：0253476
書名：感測與量度工程(第七版)(精裝本)
編著：楊善國
20K/264 頁/350 元

書號：05865
書名：感測器
日譯：趙中興
20K/272 頁/300 元

書號：06166010
書名：介面設計與實習：PSoC 與感測器實務應用(第二版)(附PCB 板及範例光碟)
編著：許永和
16K/472 頁/480 元

書號：0295902
書名：感測器應用與線路分析(第三版)
編著：盧明智
20K/864 頁/640 元

◎上列書價若有變動，請以最新定價為準。

流程圖

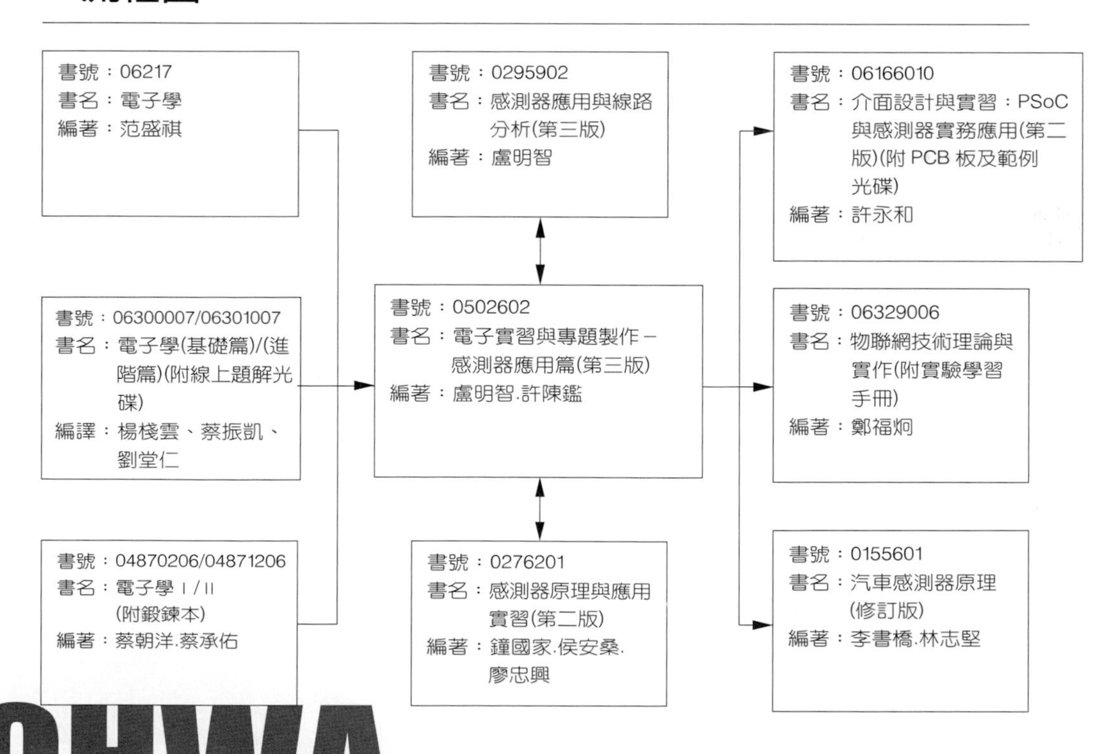

書號：06217
書名：電子學
編著：范盛祺
書號：06300007/06301007
書名：電子學(基礎篇)/(進階篇)(附線上題解光碟)
編譯：楊棧雲、蔡振凱、劉堂仁
書號：04870206/04871206
書名：電子學 I / II (附鍛鍊本)
編著：蔡朝洋.蔡承佑
書號：0295902
書名：感測器應用與線路分析(第三版)
編著：盧明智
書號：0502602
書名：電子實習與專題製作－感測器應用篇(第三版)
編著：盧明智.許陳鑑
書號：0276201
書名：感測器原理與應用實習(第二版)
編著：鐘國家.侯安桑.廖忠興
書號：06166010
書名：介面設計與實習：PSoC 與感測器實務應用(第二版)(附 PCB 板及範例光碟)
編著：許永和
書號：06329006
書名：物聯網技術理論與實作(附實驗學習手冊)
編著：鄭福炯
書號：0155601
書名：汽車感測器原理(修訂版)
編著：李書橋.林志堅

國家圖書館出版品預行編目資料

電子實習與專題製作. 感測器應用篇 / 盧明智，
許陳鑑編著. -- 三版. -- 新北市：全華圖書，.
2011.09
面； 公分
ISBN 978-957-21-8225-3(平裝)
1. 感測器
440.121 100015893

電子實習與專題製作－感測器應用篇

作者 / 盧明智、許陳鑑
發行人 / 陳本源
執行編輯 / 李文菁
出版者 / 全華圖書股份有限公司
郵政帳號 / 0100836-1 號
印刷者 / 宏懋打字印刷股份有限公司
圖書編號 / 0502602
三版四刷 / 2018 年 01 月
定價 / 新台幣 480 元
ISBN / 978-957-21-8225-3(平裝)
全華圖書 / www.chwa.com.tw
全華網路書店 Open Tech / www.opentech.com.tw
若您對書籍內容、排版印刷有任何問題，歡迎來信指導 book@chwa.com.tw

臺北總公司(北區營業處)
地址：23671 新北市土城區忠義路 21 號
電話：(02) 2262-5666
傳真：(02) 6637-3695、6637-3696

南區營業處
地址：80769 高雄市三民區應安街 12 號
電話：(07) 381-1377
傳真：(07) 862-5562

中區營業處
地址：40256 臺中市南區樹義一巷 26 號
電話：(04) 2261-8485
傳真：(04) 3600-9806

CONTENTS

第 4 章　光電元件之認識與應用　4-1

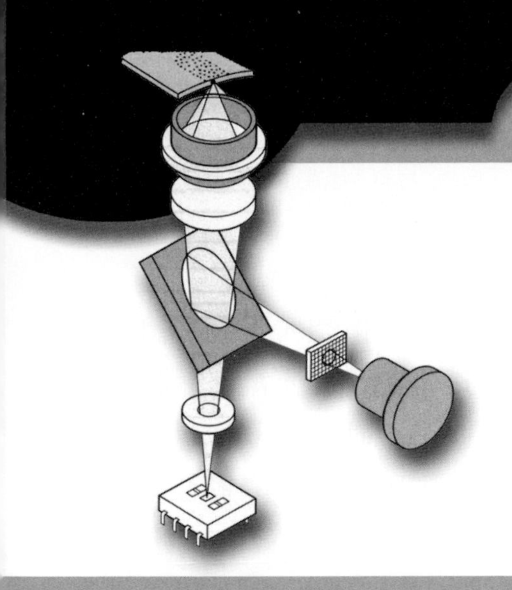

1 如何使用電流變化的感測元件——感溫 IC AD590

有關溫度感測元件的使用與應用，我們將以電流變化的感溫IC AD590、電壓變化的感溫半導體LM35和電阻變化的白金感溫電阻Pt100，做爲溫度感測元件。說明怎樣把電流變化轉換成電壓輸出，電壓變化應如何加以放大，電阻變化怎樣轉換成電壓變化。故本章之主要學習目標爲：

學習目標

1. 溫度感測元件的認識及基本特性實驗。
2. 學會電流對電壓轉換電路的設計。
3. 學會電壓變化的放大方法及比較處理。
4. 溫度量測和溫控系統專題製作的實現。
5. 體認實習輔助模板(LB-01)～(LB-08)的神奇功效。

1-1 電流變化的感溫 IC——AD590

除了 AD590 會隨溫度高低而改變其端電流外，光電二極體、光電晶體、……，也是屬於電流變化的感測元件。光的強弱或波長均會改變光電二極體和光電晶體的端電流。但因光的強弱及波長的產生和量測設備取得不易(實在太貴)。所以我們才以取得容易、量測也方便的 AD590 感溫 IC，做爲學習怎樣使用電流變化感測元件的入門。

可以說電流變化的感測元件，都將被視爲兩端元件。電流由“+”端流入、由“−”端流出。其端電流將隨物理量的大小而改變，以AD590爲例，其端電流$I(T)$的大小由溫度的高低決定之。

AD590 特性資料

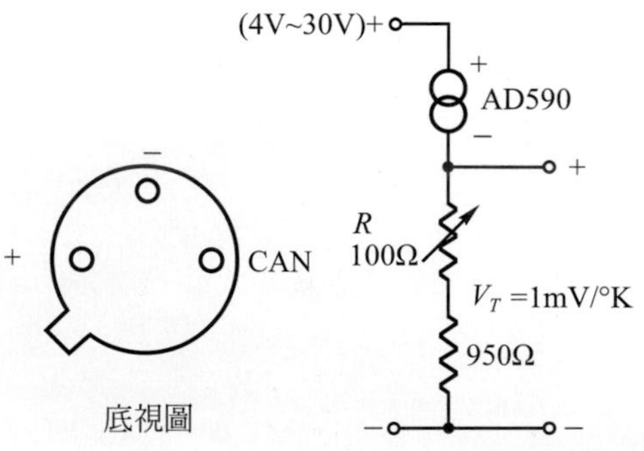

(a) 符號與外觀 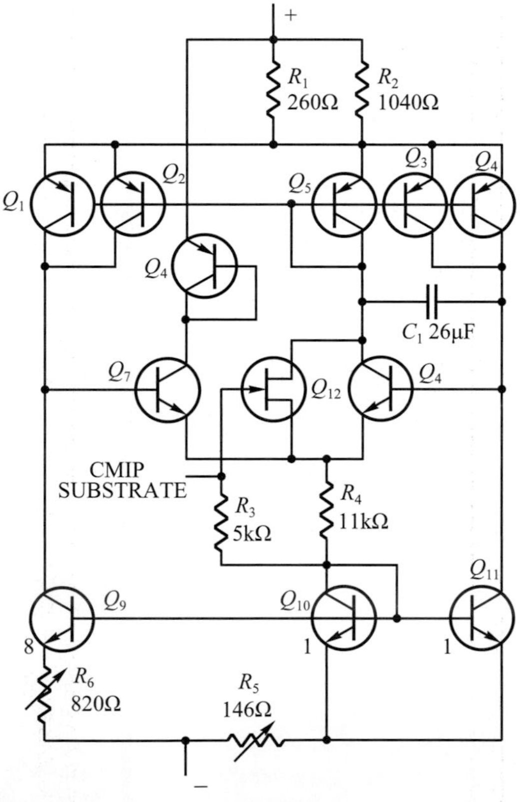　　(b) IC 內部電路

圖 1-1　AD590 相關資料

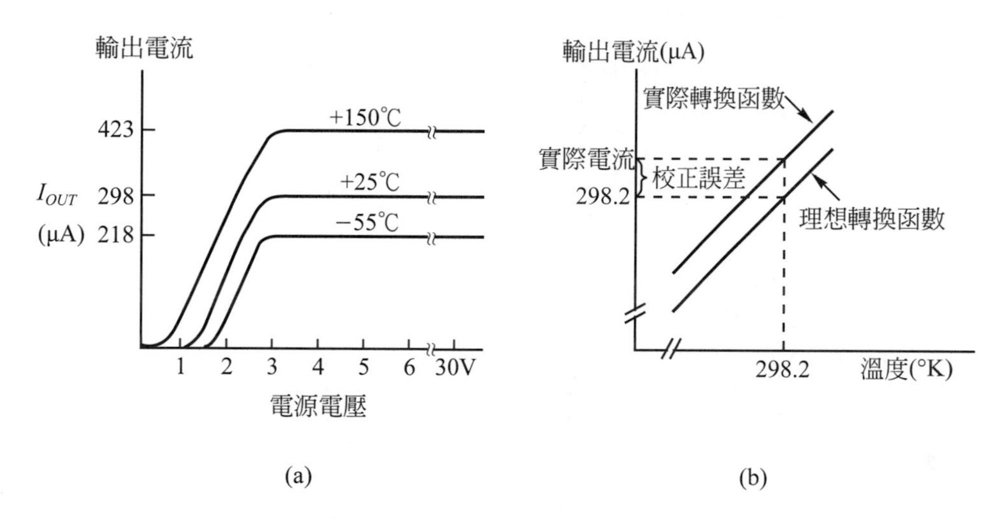

圖 1-2　AD590 特性曲線

表 1-1　AD590 重要參數資料

POWER SUPPLY Operating Voltage Range	+ 4	+ 30	
OUTPUT			
Nominal Current Output@ + 25℃(298.2K)	298.2		μA
Nominal Temperature Coefficient	1		μA/K
Calibration Error@ + 25℃		±2.5	℃
Absolute Error (over rated performance temperature range)			
Without External Calibration Adjustment		±5.5	℃
With + 25℃ Calibration Error Set to Zero		±2.0	℃
Nonlineraity		±0.8	℃
Repeatablility[2]		±0.1	℃
LongTerm Drift[3]		±0.1	℃
Current Noise	40		pA/$\sqrt{Hz}$
Power Supply Rejectioin			
$+ 4V \le V_S \le + 5V$	0.5		μA/V
$+ 5V \le V_S \le + 15V$	0.2		μA/V
$+ 15V \le V_S \le + 30V$	0.1		μA/V
Case Isolation to Either Lead	10^{10}		Ω

從上述各項原廠所提供的資料加以解讀及整理，得知

(1) AD590所使用的工作電壓相當廣——4V～30V

(2) AD590的電流溫度係數爲——$1\mu A/°K = 1\mu A/℃$

(3) 25℃時，其端電流$I(25℃) = 298.2\mu A$

我們從所整理的結果(1)、(2)、(3)已能把AD590端電流的數學表示式寫成：

$$I(T + 25℃) = I(25℃) + \alpha T \qquad \alpha = 1\mu A/°K = 1\mu A/℃$$

$$I(0) = I(25℃) - 1\,(\mu A/℃) \times 25(℃)$$

$$= 298.2\mu A - 25\mu A$$

$$= 273.2\mu A$$ ——表示0℃時，AD590的端電流爲$273.2\mu A$

$$I(T) = I(0) + \alpha T$$ ——AD590端電流$I(T)$的通式。

$$= 273.2\mu A + 1\,(\mu A/℃) \times T(℃)$$

$I(0℃) = 273.2\mu A$，$I(1℃) = 274.2\mu A$，$I(10℃) = 283.2\mu A$，$I(50℃) = 323.2\mu A$，$I(100℃) = 373.2\mu A$。即AD590是以其端電流$I(T)$的大小，代表溫度的高低。接著我們應該學習怎樣把電流的變化轉換成電壓的大小輸出。其方法有兩種，我們將以基本實驗來學習轉換的方法。

電流對電壓的轉換方法

1. 壓降法：讓端電流流經固定電阻而產生電壓的方法。
2. 分流法：先扣除$I(0℃)$的量，使輸出電壓與溫度大小成正比。

1-2 電流變化的轉換電路實驗——壓降法

實驗目的

了解電流變化之感測元件，怎樣轉換成電壓輸出。

實驗項目

AD590 基本轉換電路——壓降法

實驗線路

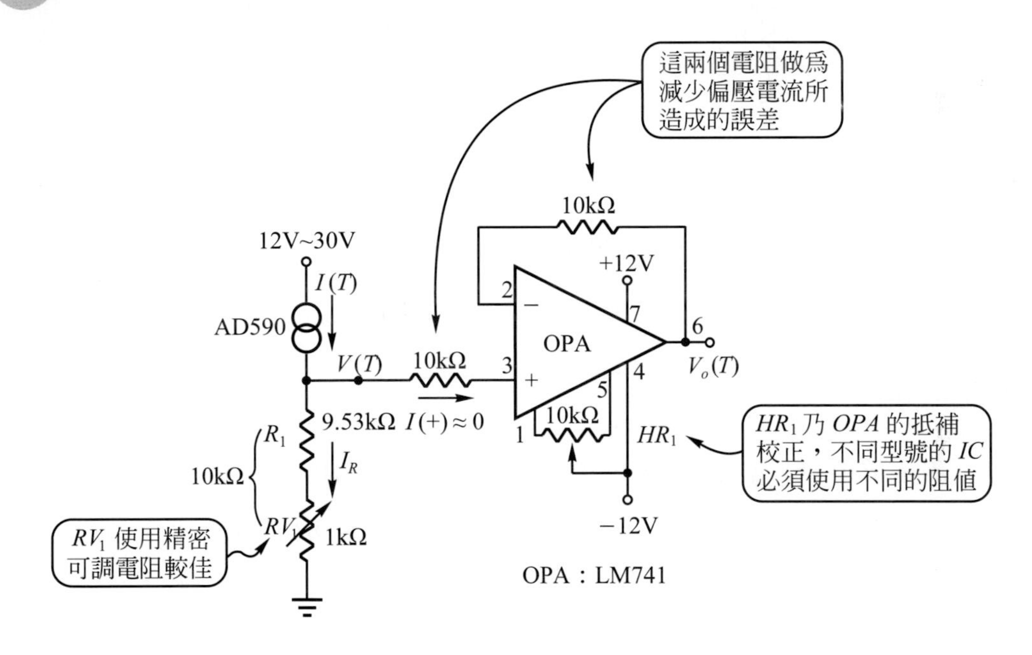

(a) 實驗線路

圖 1-3　壓降法之轉換電路實驗

※LM741 可改用特性更好的 IC 來取代。

※使用 LF351、LF411、CA081......(HR_1=10kΩ)。

※使用 TL071、TL081 時 HR_1 改用 100kΩ。

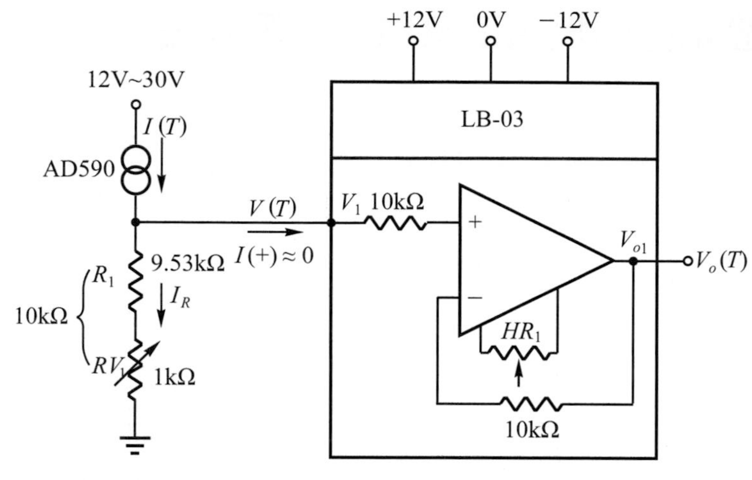

(b) 模組化實驗接線

圖 1-3　壓降法之轉換電路實驗(續)

實驗線路說明

(1) $(R_1 + RV_1)$是當做 AD590 的負載電阻，因 OPA“＋”端輸入阻抗非常大(∞)，使得 AD590 的端電流$I(T)$，全部流向R_1，RV_1到地。將於$(R_1 + RV_1)$上面產生一個電壓降。$V(T) = I(T) \times (R_1 + RV_1)$。當溫度$T$改變時→$V(T)$改變。如此便完成了把物理量($T$)的變化，轉換成電壓($V(T)$)的變化。所以稱之為壓降法的轉換方式。

(2) OPA 乃阻抗匹配之用，其目的乃使用 OP Amp 有極高的輸入阻抗，使得$I_{(+)} \approx 0$，如此一來，便不會對 AD590 造成負載效應。

$I(T) = I_R + I_{(+)}$，$I_{(+)} \approx 0$，所以$I(T) = I_R$

$$V(T)=I_R\times(R_1+RV_1)=I(T)\times(R_1+RV_1)$$
$$=(I(0)+\alpha T)\times(R_1+RV_1).....I(0)=273.2\mu\text{A}，\alpha=1\mu\text{A}/℃$$
$$=[273.2\mu\text{A}+1(\mu\text{A}/℃)\times T(℃)]\times(R_1+RV_1)\cdots(R_1+RV_1=10\text{k}\Omega)$$
$$=2.732\text{V}+10(\text{mV}/℃)\times T(℃)$$

表示 0℃時，$V(0℃)=2.732\text{V}$。並且溫度每上升 1℃則電壓增加 10mV。$V(10℃)=2.832\text{V}$，$V(50℃)=3.23\text{V}$，$V(100℃)=3.732\text{V}$

(3) RV_1：精度校正，調整RV_1將改變R_1+RV_1的阻值。

HR_1：OPA 的抵補調整。使 0℃ 時，若 $V_o(0℃)\neq 2.732\text{V}$，調 HR_1 得到 $V_o(0℃)=2.732\text{V}$。

(4) 拿 LB-03 來使用時，這個實驗只要把$V(T)$接到 LB-03 的V_1就沒事了，實在輕鬆又愉快。

實驗開始

(1) 調RV_1使$(R_1+RV_1)=10\text{k}\Omega$(最好是拆下來量)。

(2) 把R_1和RV_1接回原位置。

(3) 量測目前環境的溫度$T=$________℃。

(4) 在目前溫度情況下，測$V_o(T)=$________V。

(5) 依理論值計算，$V_o(T)=2.732\text{V}+10(\text{mV}/℃)\times T(℃)=$________V。

(6) 調 OPA 上的HR_1，使所測的$V_o(T)$和理論計算的$V_o(T)$相等。

(7) 改變操作環境的溫度，記錄溫度T和輸出電壓$V_o(T)$。

溫度(T)									℃
輸出電壓($V_o(T)$)									V

※不必刻意安排，結果是多少就記錄多少，照實記錄最重要。

討論分析

(1) 若$(R_1 + RV_1) = 20\text{k}\Omega$，則溫度每變化1℃，$V(T)$的改變量是多少？

(2) 若$\pm V_{CC}$改成±9V，對實驗結果是否有影響？為什麼？

(3) 目前我們所做的記錄，溫度每變化1℃，$V_o(T)$改變量是多少？

(4)

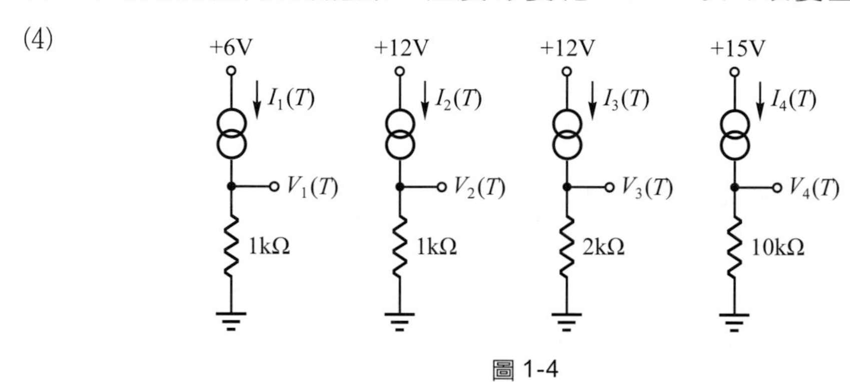

圖 1-4

當$T = 20$℃時

$I_1(T) =$ ________ μA，$I_2(T) =$ ________ μA，

$I_3(T) =$ ________ μA，$I_4(T) =$ ________ μA

$V_1(T) =$ ________ V，$V_2(T) =$ ________ V，

$V_3(T) =$ ________ V，$V_4(T) =$ ________ V

1-3 AD590溫度量測實驗：壓降法0℃～100℃，電子溫度計

若希望0℃時得到0V的輸出，100℃時得到10.0V的輸出，應該怎樣設計，請繪出其電路方塊及電路圖，並以輔助模板LB-01～LB-08完成其實驗接線。

題意分析

(1) 0℃要得到0V，則必須扣除$I(0℃) = 273.2\mu$A所產生的壓降，即必須先減掉$V(0℃) = 2.732$V。

(2) 要達到做減法運算，必須使用差值放大器(LB-06)。

電路方塊

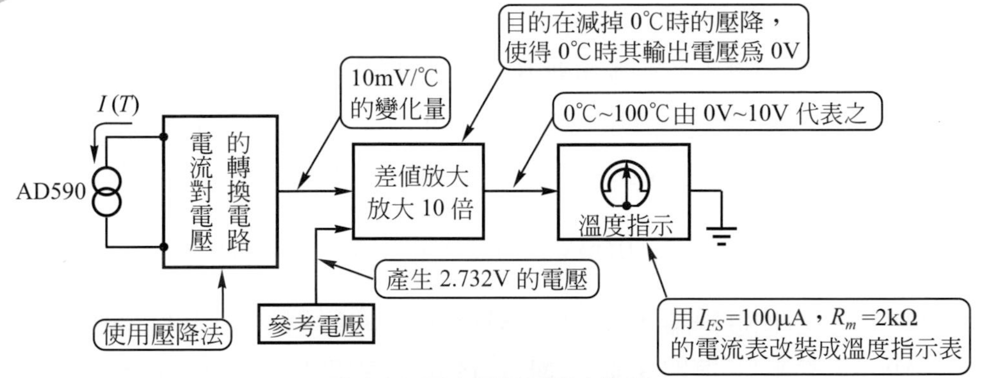

圖 1-5　溫度量測電路方塊圖

電路設計

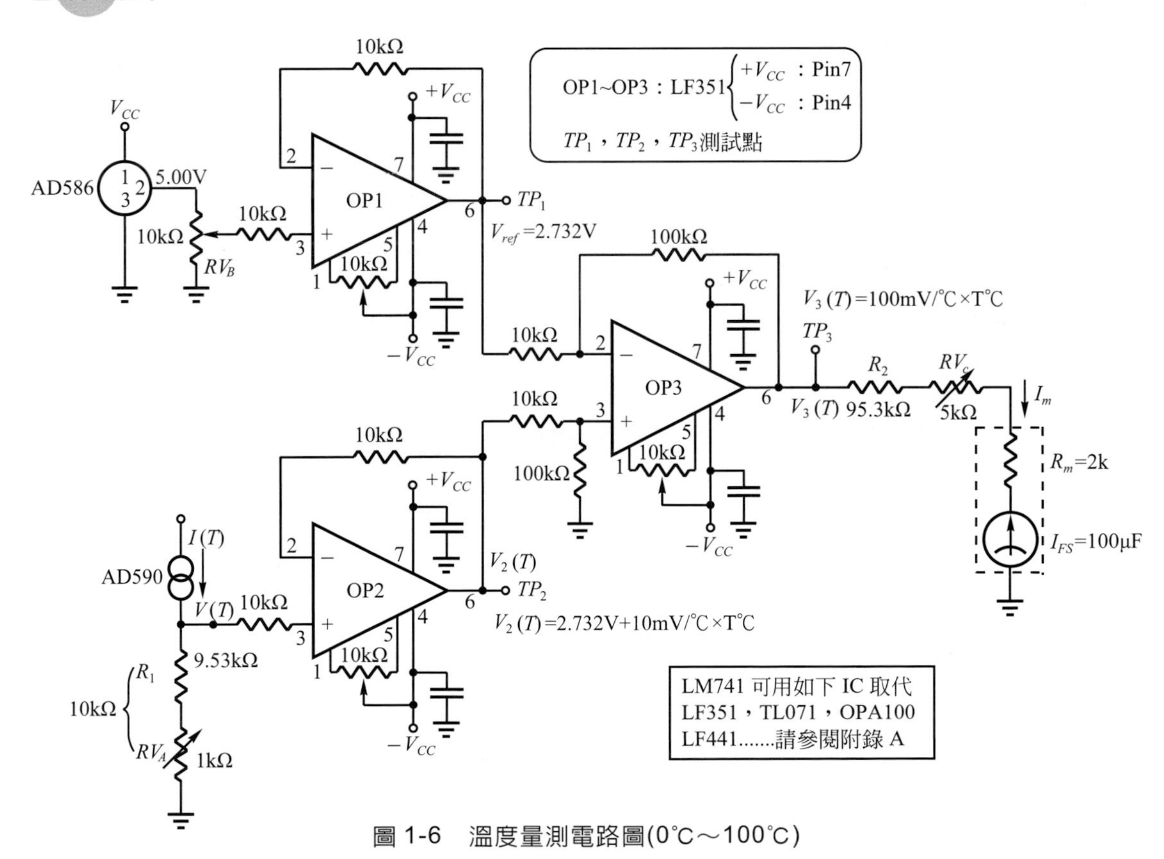

圖 1-6　溫度量測電路圖(0℃～100℃)

元件功能

(1) AD586爲5.00V之參考電壓IC，用以提供精準的2.732V，由RV_B設定。

(2) AD590爲電流變化型的感溫IC，$I(T) = 273.2\mu A + 1\mu A/℃ \times T℃$

(3) $R_1 + RV_A$設定爲10kΩ，目的在於使$V(T)$的電壓溫度係數爲

$$1(\mu A/℃) \times 10k\Omega = 10(mV/℃)$$——每℃變化10mV

(4) OP1爲電壓隨耦器，避免對AD586造成影響，乃阻抗隔離作用。

(5) OP2爲電壓隨耦器，避免對AD590造成影響，乃阻抗隔離作用。

(6) OP3爲差值放大器，使$V_3(T)$得到

$$V_3(T) = 10 \times [V_2(T) - V_{ref}],\ V_2(T) = V(T) = 2.732V + 10(mV/℃) \times T(℃)$$

$$= 100(mV/℃) \times T(℃)$$——因V_{ref}被設定爲2.732V

$V_3(0℃) = 0V$，

$V_3(10℃) = 100(mV/℃) \times 10(℃) = 1000mV = 1.0V$

$V_3(100℃) = 100(mV/℃) \times 100(℃) = 10000mV = 10.0V$

(7) $(R_2 + RV_C)$目的在使$T = 100℃$時，電流表做滿刻度偏轉，指在$100\mu A$的位置，$R_2 + RV_C$的大小如下分析所示。

(8) 只要把電流表μA的刻度改成℃的標示，就是溫度表了。
溫度100℃時$V_3(T) = 10.0V$，必須使電表指在$100\mu A$的位置，即
$I_m = I_{FS} = 100\mu A$，其中R_m是電流表的內阻(若$R_m = 2k\Omega$)

$$\frac{V_3(T)}{R_2 + RV_C + R_m} = I_{FS},\ R_2 + RV_C + R_m = \frac{10V}{100\mu A} = 100k\Omega$$

$R_2 + RV_C = 98k\Omega$，R_2用95.3kΩ，RV_C用5kΩ可變電阻

模組化實驗接線

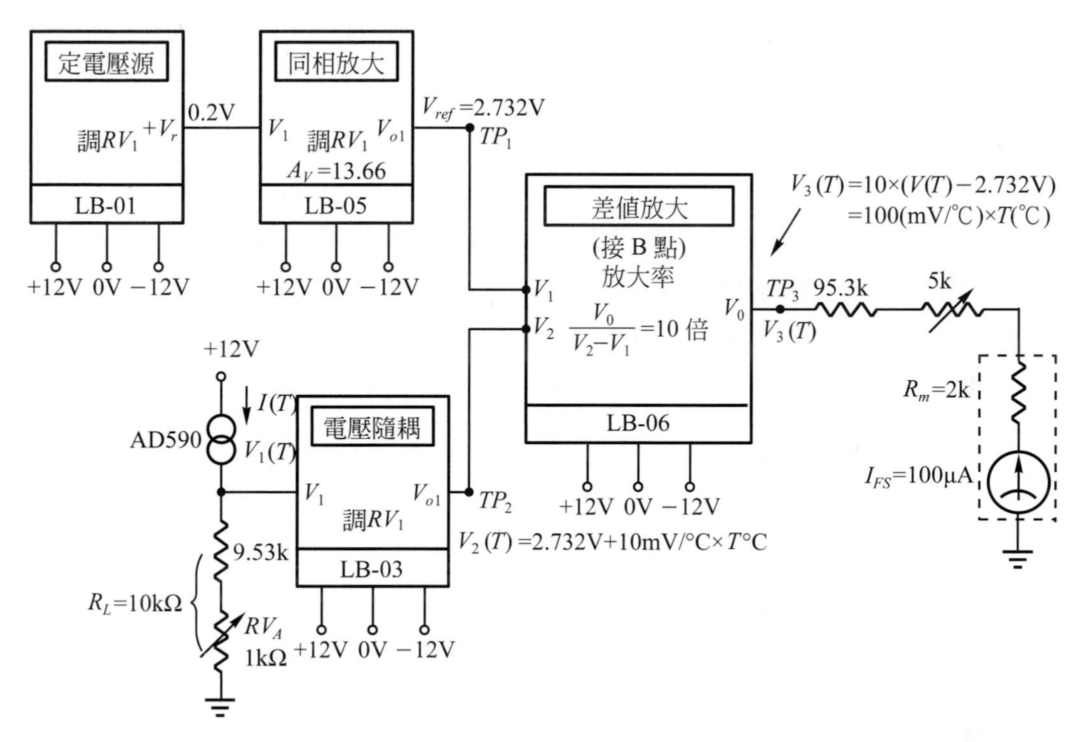

圖 1-7　輔助模板之實驗接線

圖 1-7 接線完成後的電路和圖 1-6 的功能完全一樣，由兩者的接線便能很清楚地看到「輔助模板」的神奇及「積木遊戲」式實驗的效率。簡簡單單接個三、五條線，就是一個有用且能用，也很精確的溫度量測系統。

回顧一下

(1) 因我們所做的 LB-01，其V_{ref}只達 2.5V。故必須用 LB-05 同相放大器加以放大。目前調$+V_r$ = 0.2V 故放大率設在 13.66 倍。想得到

① $+V_r$ = 0.2V，必須調 LB-01 的哪一個零件？　　Ans：________

② 要設定A_V= 13.66 倍，必須調LB-05 的哪一個零件？Ans：________

(2) 請找出AD580、AD581和AD586參考電壓IC的資料，並影印下來，以便來日參考。目前LB-01所用的參考電壓IC爲LM385-2.5。反正只要能穩定的得到+2.732V當V_{ref}的輸出就好，不管它是ADxxx或LMxxx。

調整與校正

(1) 依圖1-7把所有接線接好(別忘了每一塊模板都要加電源)。

(2) 調LB-01的RV_1，使$+V_r = 0.2V$。調LB-05的RV_1，使其$V_{o1} = 2.732V$。

(3) 調RV_A(1kΩ精密可調電阻)，使$R_L = (9.53k + RV_A) = 10kΩ$。

(4) 調LB-03的RV_1，使$V_2(T) = V_1(T)$——電壓隨耦器，放大率爲1倍($V_i = V_o$)。此時仍對LB-03做抵補校正，以當時的溫度校正之。

(5) 把 AD590置於0℃的環境中數分鐘後，測$V_1(0℃)$是否爲2.732V，若不是2.732V，則調RV_A，使$V_1(0℃) = 2.732V$——(欲得0℃的環境不太容易)。

(6) 所以我們以變通的方法來調校——(以目前溫度爲參考依據)
若現在實驗室的溫度爲25℃，$I(25℃) = 298.2\mu A$
則$V_1(T) = 298.2\mu A \times 10kΩ = 2.982V$，若$V_1(T) \neq 2.982V$，則調$RV_A$
使$V_1(T) = 2.982V$，理應$V_2(T) = V_1(T) = 2.982V$
若$V_2(T) \neq 2.982V$，則調LB-03的RV_1使$V_2(T) = V_1(T) = 2.982V$

(7) 測LB-06的$V_3(T)$，理應

$$V_3(T) = (V_2(T) - V_{ref}) \times 10，V_{ref} = 2.732V$$
$$= (2.982 - 2.732) \times 10 = 2.50V$$

若$V_3(T) \neq 2.5V$，調LB-06的HR_1，使$V_3(T) = 2.5V$

(8) 100μA電流表若不是指在25μA的位置，調RV_C，使指針指在25μA的位置。

實驗討論　　※※只問一題就好※※

若R_L＝ 5kΩ，希望最後結果沒有改變，0℃時V_3(0℃)＝ 0V，100℃時V_3(100℃)＝ 10.00V。

請把新的線路全部如圖 1-6 都畫出來。

提示：$V_1(T)$化量爲 5mV/℃，如何把$V_3(T)$變化量放大成 100mV/℃。

1-4　電流變化的轉換電路實驗——分流法

實驗目的

了解電流變化之感測元件，怎樣轉換成電壓輸出。

實驗項目

AD590 基本轉換電路——分流法

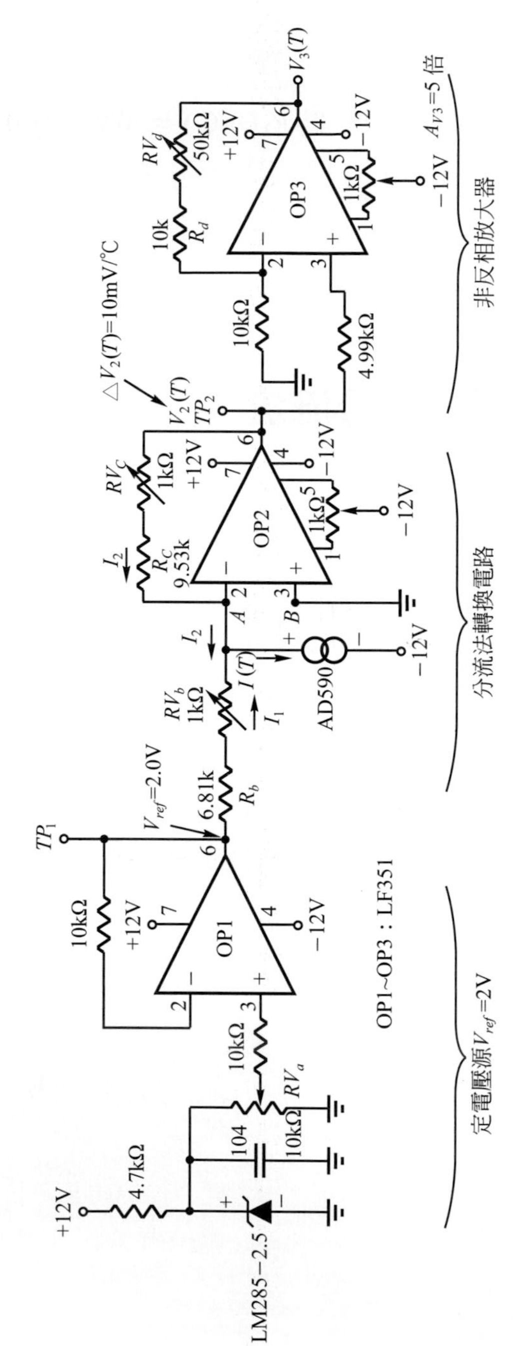

圖 1-8　AD590分流法轉換電路實驗線路

實驗線路說明

(1) LM285-2.5 和 OP1 主要是得到穩定的定電壓源，提供給轉換電路使用。由RV_a設定V_{ref}的大小。(可用 LB-01 取代之)

(2) 由$(R_b + RV_b)$，AD590 和$(R_C + RV_C)$及OP2 構成分流法的轉換電路，茲分析分流法的原理如下：

OP2 上有$(R_C + RV_C)$由輸出接回輸入“－”端，使得 OP2 具有負回授，故有放大作用而具有虛接地的特性，使得$V_A = V_B = 0$，又AD590 的“＋”端為$V_A = 0V$，故必須把 AD590 的“－”端接到－12V(可接－4V～－30V)使 AD590 的工作電壓符合 4V～30V 的要求。

$$V_2(T) = I_2 \times (R_C + RV_C)，I_2 = I(T) - I_1$$
$$= (I(T) - I_1) \times (R_C + RV_C)$$
$$= [(I(0℃) + \alpha T) - I_1] \times (R_C + RV_C)，若 I_1 = I(0℃)，則$$
$$V_2(T) = \alpha T \times (R_C + RV_C)，\alpha = 1\,(\mu A/℃)，若 (R_C + RV_C) = 10k\Omega$$
$$V_2(T) = 10(mV/℃) \times T(℃)$$

故可選用$R_C = 9.53k\Omega$，$RV_C = 1k\Omega$的可變電阻，並調RV_C使$R_C + RV_C = 10k\Omega$，而希望$I_1 = I(0℃)$，必須$I_1 = 273.2\mu A$，又$V_A = 0V$，則

$$I_1 = \frac{V_{\text{ref}} - V_A}{R_b + RV_b} = \frac{2V}{R_b + RV_b} = 273.2\mu A，故 R_b + RV_b = 7.32k\Omega$$

故可選用$R_b = 6.81k\Omega$，$RV_b = 1k\Omega$的可變電阻，並調RV_b，使$I_1 = 273.2\mu A$。

(3) OP3 是一個非反相放大器。若希望 100℃時$V_3(T) = 5.00V$，則必須把$V_2(T)$再放大 5 倍

$V_3(100℃) = V_2(100℃) \times A_{V_3} = 5\text{V}$

$= [10(\text{mV}/℃) \times 100℃] \times A_{V_3} = 5\text{V}$，則$A_{V_3} = 5$ 倍，即

非反相放大器必須放大 5 倍，所以RV_d必須調在 30kΩ。，因$AV_3 = 1 + \dfrac{R_d + RV_d}{10\text{k}}$，$R_d + RV_d = 40\text{k}\Omega$則$RV_d = 30\text{k}\Omega$。此部份可用 LB-05 非反相放大器取代之。

模組化實驗接線

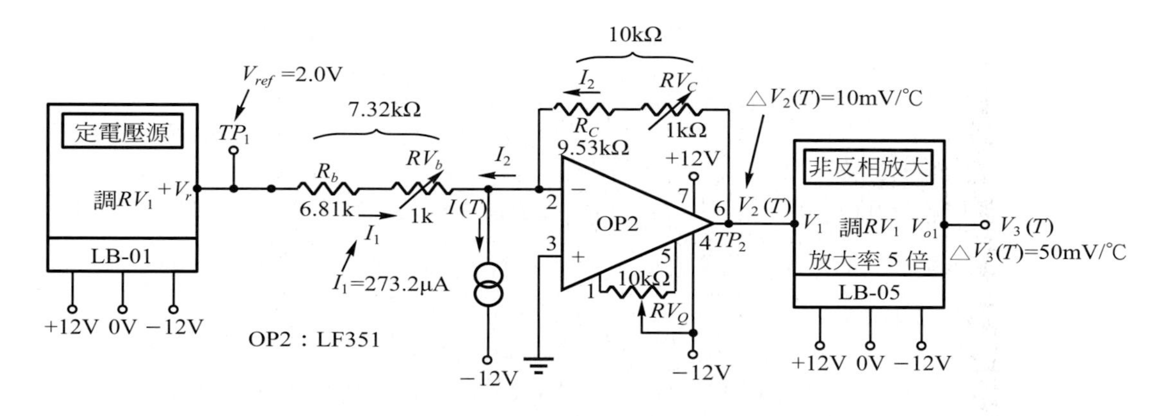

圖 1-9 模組化之實驗接線

實驗開始

(1) 調$V_{\text{ref}} = 2.0\text{V}$，調LB-01之$RV_1$，使$+V_r$輸出得到2.00V，則$V_{\text{ref}} = 2.00\text{V}$。

(2) 量I_1，並調RV_b使$I_1 = 273.2\mu\text{A}$。

(3) 用溫度計測量目前的溫度T，$T=$________℃。

(4) 拆下$R_C + RV_C$並調RV_C使$(R_C + RV_C) = 10.0\text{k}\Omega$，然後再接回去。

(5) 測目前溫度情況下的$V_2(T) =$________V。

(6) 理論上，$V_2(T)$應該爲$V_2(T) = 10(\text{mV}/℃) \times T(℃) =$________V。

※調RV_C使$V_2(T)$的實測值和理論值相同。

(7) 設定LB-05的放大率為5倍，即RV_1調成$RV_1 = 80\text{k}\Omega$。使$V_3(T) = 5V_2(T)$。
※亦可量$V_2(T)$，再調LB-05的RV_1，直到$V_3(T) = 5V_2(T)$即可。

此時若用輔助模板協助實驗進行，則接線與調整，變得非常容易，精度也好控制。

(8) 改變操作環境的溫度，並記錄之。

T										℃
$V_2(T)$										V
$V_3(T)$										V

※用多少溫度，您高興就好，但求照實記錄。

討論分析

(1) 若$(R_C + RV_C) = 20\text{k}\Omega$，則$T = 20$℃時，$V_2(20℃) =$ ________ V，$V_3(20℃) =$ ________ V。

(2) 試比較壓降法和分流法的優缺點。

(3) 若I_1設為$I_1 = 298.2\mu\text{A}$時，試問25℃時$V_2(25℃) =$ ________ V？

(4) 依您的記錄分析，每1℃ $V_2(T)$和$V_3(T)$的改變量$\Delta V_2(T)$、$\Delta V_3(T)$各是多少？$\Delta T_2(T) =$ ________，$\Delta V_3(T) =$ ________。

(5) 0℃時理應$V_2(0℃) = 0\text{V}$，卻是$V_2(0℃) \neq 0$，應如何修正？

(6) 0℃時，若$V_2(0℃) = 0\text{V}$，$V_3(0℃) \neq 0\text{V}$，應如何修正？

(7) 100℃時，$V_3(100℃) = 4\text{V}$，$V_3(50℃) = 2\text{V}$，可能錯誤在哪裡？

1-5 AD590 溫度量測實驗：分流法 0℃～100℃(專題製作)

積木式電路

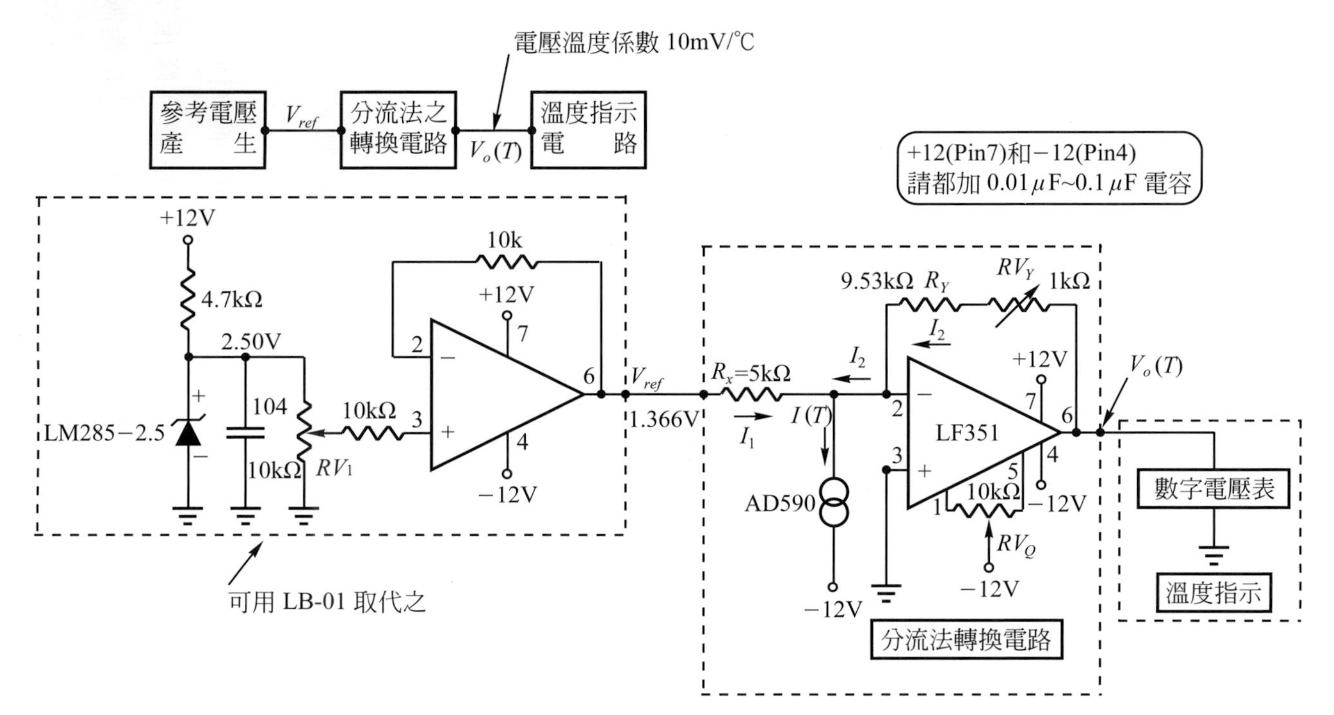

圖 1-10　分流法溫度量測設計

數據分析

$$I_1 + I_2 = I(T) = I(0) + 1\,(\mu A/℃)\times T(℃) = 273.2\mu A + 1\,(\mu A/℃)\times T(℃)$$

$$I_1 = \frac{V_{ref} - V_-}{R_X}，V_- = V_+ = 0，I_1 = \frac{V_{ref}}{R_X}$$

若令$I_1 = 273.2\mu A$，則$I_2 = I(T) - I_1 = 1\,(\mu A/℃)\times T(℃)$。

隨便選用R_X，若$R_X = 5k\Omega$，則可調整RV_1，使

$$V_{ref} = I_1 \times R_X = 273.2\mu A \times 5k = 1.366V$$

$V_o(T) = I_2 \times (R_Y + RV_Y)$，因希望$V_o(T)$每1℃的變化量爲10mV，即$1\,(\mu A/℃)\times 1(℃)\times(R_Y + RV_Y) = 10mV$，所以$R_Y + RV_Y = 10k\Omega$，可令$R_Y = 9.53k\Omega$，$RV_Y = 1k\Omega$可變電阻，就能完成該電路的設計。當溫度$T$改變時，$V_o(0℃) = 0V$，$V_o(10℃) = 0.1V$，$V_o(20℃) = 0.2V$，……$V_o(100℃) = 1.00V$。就能由數字式電壓表的電壓値代表溫度的高低。電壓指示0.35V時，即表示35℃。

調校方法

1. 0℃和100℃兩點校正法

(1) 置AD590於0℃的環境中，約2～3分鐘。

(2) 調整RV_1(即調參考電壓V_{ref})，使$I_1 = 273.2\mu A$，同時測$V_o(T) = 0.00V$。

(3) 置AD590於100℃的環境中，約2～3分鐘。

(4) 調RV_Y(即調$R_Y + RV_Y$的大小)，使$V_o(T) = V_o(100℃) = 1.00V$。

(5) 重複(1)～(4)的步驟。

(6) 若$I_1 = 273.2\mu A$，且$T = 0℃$，$V_o(0℃) \neq 0$，請修正RV_Q對LF351做抵補電壓修正。

調校方法

2. 常溫校正法

(1) 測得目前操作的溫度$T=$________℃。

(2) 調RV_1，並測I_1，使$I_1=273.2\mu\text{A}$。

(3) 依目前溫度T，計算理論上$V_o(T)$的大小。

理論上$V_o(T)=10(\text{mV/℃})\times T(℃)=$________V。

(4) 實際測量$V_o(T)$的大小，實測的$V_o(T)=$________V。

(5) 調RV_Y使理論值和實測的$V_o(T)$大小相等。

(6) 重複(1)～(5)的步驟。

(7) 如此做法少了歸零校正。可依調校方法(一)的(1)、(2)兩步驟做一次歸零。

1-6 AD590 溫控設計：壓降法 30˚C±2˚C(專題製作)

積木式電路

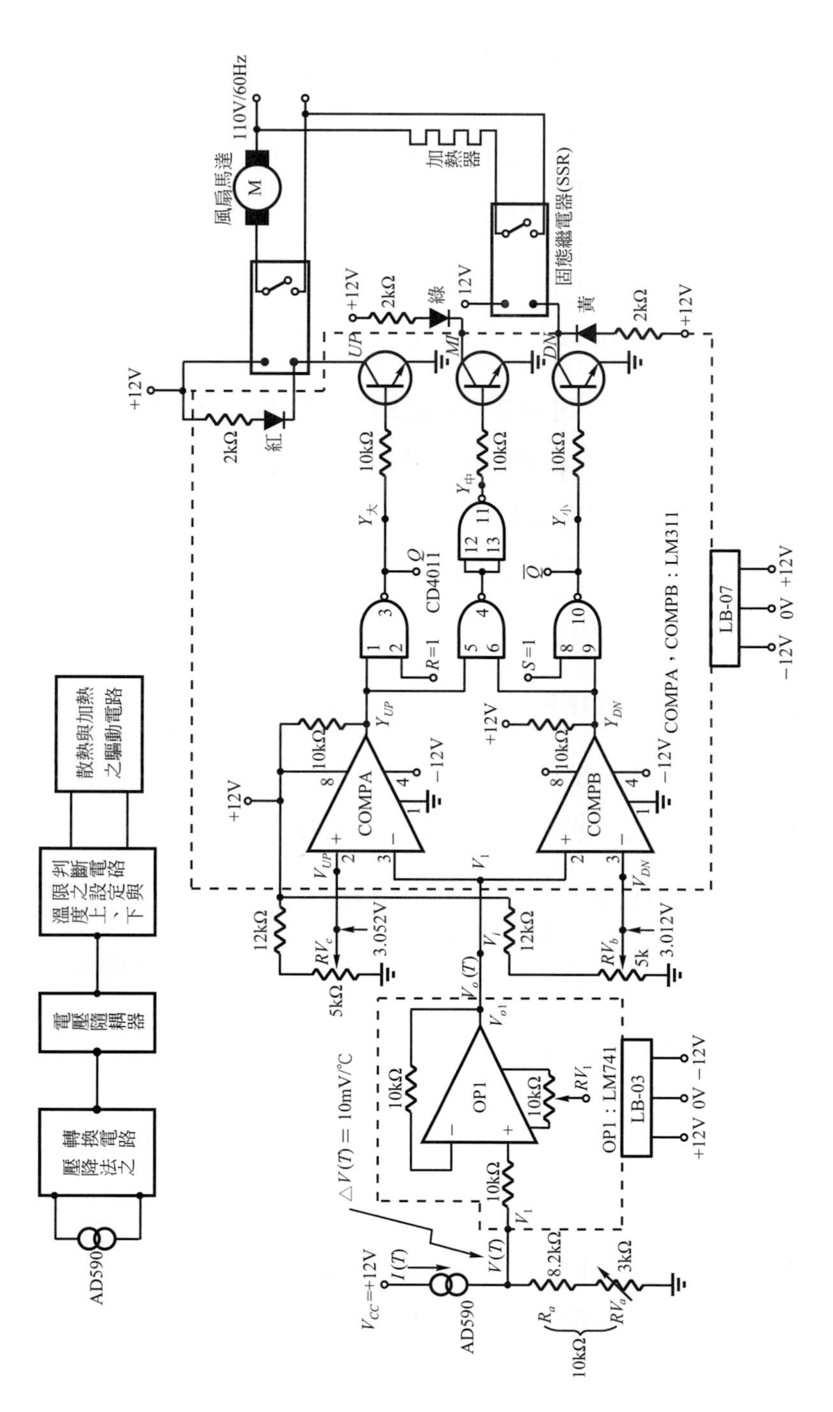

圖 1-11　30°C±2°C溫度控制系統設計

數據分析

$V_o(T)=V(T)=I(T)\times(R_a+RV_a)$，希望$V(T)$每1℃的變化量爲10mV，所以須設定$R_a+RV_a=10\text{k}\Omega$，因$1(\mu\text{A}/℃)\times1℃\times(R_a+RV_a)=10\text{mV}$

$$V_o(T)=[273.2\mu\text{A}+1(\mu\text{A}/℃)\times T(℃)]\times10\text{k}\Omega$$
$$=2.732\text{V}+10(\text{mV}/℃)\times T(℃)$$

$T=28$℃時，$V(28℃)=3.012\text{V}$，調RV_b，令$V_{\text{DN}}=3.012\text{V}$

$T=32$℃時，$V(32℃)=3.052\text{V}$，調RV_c，令$V_{\text{UP}}=3.052\text{V}$

(1) **溫度太高時：(紅色LED ON)**

當$T>32$℃時，$V_o(T)>3.052\text{V}$

COMPA的 $Y_{\text{UP}}=0$，紅色LED ON
COMPB的 $Y_{\text{DN}}=1$，黃色LED OFF
$\rangle\ Y_{中}=0\ \langle$
$Y_{大}=1$，UP $=0$，風扇馬達ON
$Y_{小}=0$，DN $=1$，加熱器OFF

(2) **溫度正常時：(綠色LED ON)**

當28℃ $\le T\le$ 32℃時，$3.012\text{V}\le V_o(T)\le3.052\text{V}$

COMPA的 $Y_{\text{UP}}=1$，紅色LED OFF
COMPB的 $Y_{\text{DN}}=1$，黃色LED OFF
$\rangle\ Y_{中}=1\ \langle$
$Y_{大}=0$，UP $=1$，風扇馬達OFF
$Y_{小}=0$，DN $=1$，加熱器OFF

(3) **溫度太低時：(黃色LED ON)**

當$T<28$℃時，$V_o(T)<3.012\text{V}$

COMPA的 $Y_{\text{UP}}=1$，紅色LED OFF
COMPB的 $Y_{\text{DN}}=0$，黃色LED ON
$\rangle\ Y_{中}=0\ \langle$
$Y_{大}=0$，UP $=1$，風扇馬達OFF
$Y_{小}=1$，DN $=0$，加熱器ON

模組化實驗接線

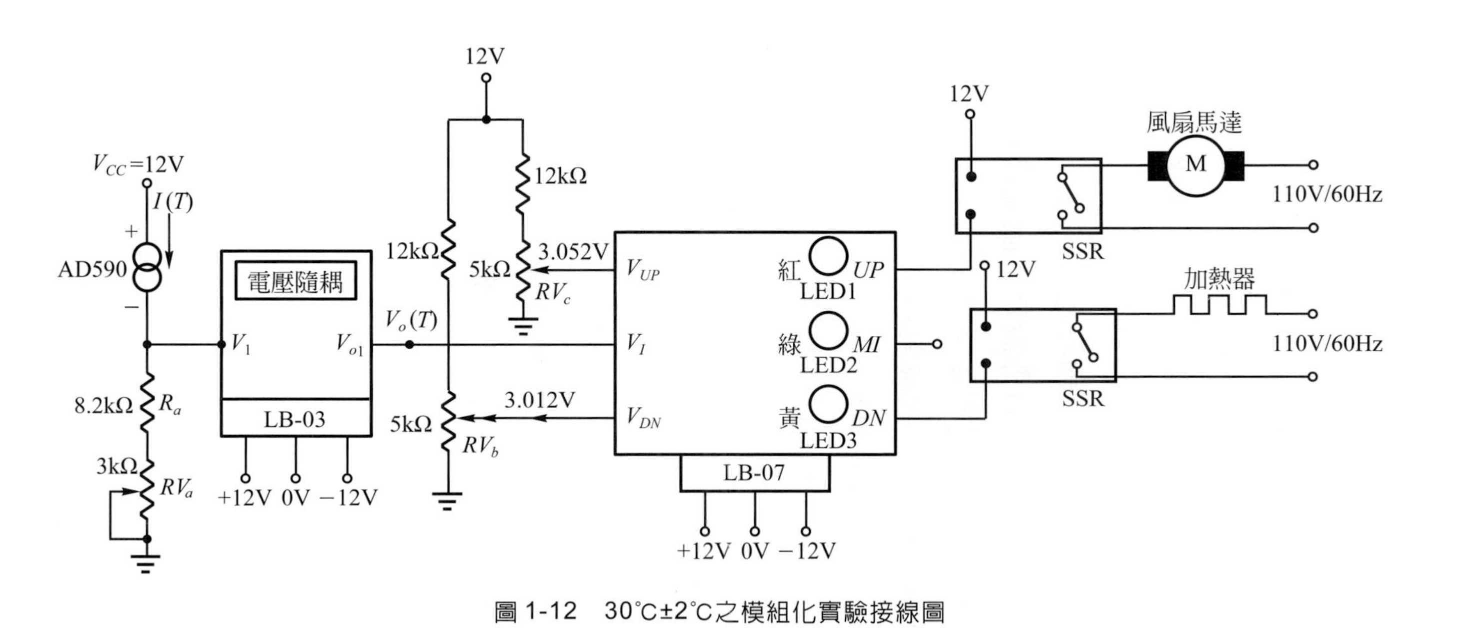

圖 1-12　30°C±2°C之模組化實驗接線圖

圖 1-12 和圖 1-11 都具有相同的功能，卻是接線都被模組取代了將使實驗做得更快。

調校方法

(1) 拆下$R_a + RV_a$，並調RV_a使$(R_a + RV_a) = 10k\Omega$。

(2) 測得目前操作環境的溫度$T =$ ________℃。

(3) 計算此時的$V(T) = [273.2\mu A + 1(\mu A/℃) \times T(℃)] \times 10k =$ ________V。

(4) 調LB-03中的RV_1，使$V_o(T) =$計算所得到的$V(T)$。

(5) 調線路圖中的RV_c，使$V_{UP} = 3.052V$(即設定上限溫度爲32℃)。

(6) 調線路圖中的RV_b，使$V_{DN} = 3.012V$(即設定下限溫度爲28℃)。

(7) 把操作環境溫度改變，看看動作是否正常？

① $T > 32$℃，紅色LED ON，進行吹風散熱。

② 28℃ $\leq T \leq$ 32℃時，綠色LED ON。

③ $T < 28$℃時，黃色LED ON，進行加熱動作。

1-7 創造力的發揮

電路設計(一)

希望您能設計一組自動空調控制電路，其規格要求爲：

(1) $T > 28$℃時，自動將冷氣機ON，使溫度下降。

(2) 溫度由28℃下降到$T = 25$℃時，把冷氣機OFF，則溫度會慢慢上升。

(3) 溫度由25℃上升到28℃之間，冷氣機依然OFF，以免冷氣機啓動太頻繁而減少使用壽命。

(4) 溫度由25℃上升達28℃以上時，再啓動冷氣機，一直到溫度降到25℃爲止。

※**提示**：電壓比較器採用磁滯比較器，則有「大比大的還大、小比小的還小」的記憶功能。即把圖 1-11 中的R接$\overline{Q}$、S接Q，便能把 LB-07 變成磁滯比較器。(把 LB-07 的 JMP 都接短路，就是磁滯比較器了)
此時必須設$V_{UP}=3.012V$(代表 28℃)，$V_{DN}=2.982V$(25℃)。

電路設計(二)

希望您能設計一組溫差量測儀器，其規格如下：

(1) 使用兩個 AD590，一個放在室內，一個放到室外。
(2) 使用一個$I_{FS}=200\mu A$，$R_m=1k\Omega$的電流表當溫差指示器。
(3) 當室內和室外的溫度相差 5℃的時候，讓紅色 LED 每 0.5 秒閃一次，以告知家人出門時必須做好防寒準備，免得感冒。

※**提示**：放大器使用差值放大，其輸出就是溫差的大小。

希望您試著以積木遊戲的方式，把您的創造力發揮出來。祝您設計成功！

2

如何使用電壓變化的感測元件——感溫半導體 LM35

許多感測元件其本身的特性，乃其輸出電壓的大小是隨物理量(溫度、照度、磁場……)的改變而改變。例如超音波感測器、霍爾磁場或霍爾電流感測器、焦電型紅外線感測器、LM35 溫度感測器……等，都是屬於電壓變化型的感測元件。

本章選用LM35 來學習怎樣使用電壓變化的感測元件，不外乎因爲溫度的取得及量測比較方便。

學習目標

1. 溫度感測元件的認識及基本特性實驗。
2. 電壓放大的處理及電壓比較的設定。
3. 溫度量測和溫控系統專題製作的實現。
4. 完全以「模板串接組合」之積木方式，完成應用線路設計。

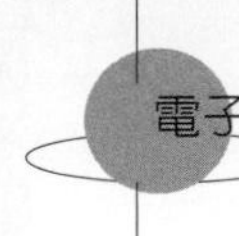

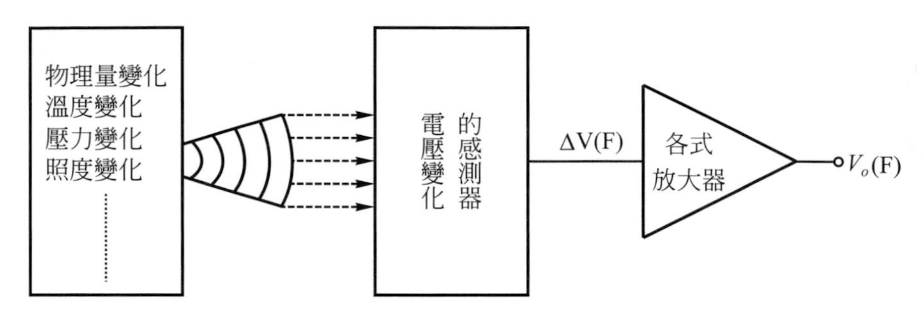

圖 2-1　電壓變化就不必再做轉換

本身就是以電壓型態爲輸出的感測元件，就不必再做物理量對電壓的轉換，但因各種感測器對物理量變化所感應或產生的輸出電壓都非常小，所以必須做適當的放大，以符合使用上的需求。

所以電壓變化的感測元件，可以說是最容易使用，只要知道如何善用各式放大器，就足以完成各種應用系統的設計。若再配合電壓比較器的了解，將能很方便地從事各種溫控系統的設計。進而搭配 A/D C 轉換器，把類比電壓轉成數位值，送給微電腦運算、處理或儲存，就成了自動控制器或資料記錄儀。

2-1　電壓變化的感溫半導體——LM35

溫度感測或量測所能使用的元件非常多，如 Pt100(電阻變化)、AD590(電流變化)、熱電偶(電壓變化，mV)、輻射式感溫熱電堆(電壓變化)、雙金屬溫度開關(機械膨脹變化)、溫度試紙(顏色變化)、感溫晶體(頻率變化)……。

本節將以最容易使用的LM35 做爲溫度感測器，搭配已經做好的輔助模板，實現以「積木遊戲」的方式，完成各種感溫電路的設計及製作。

LM35 特性

LM35 乃把半導體受溫度影響而改變其電壓的特性，配合相關的電路，以積體電路製造技術所做出來的一顆溫度感測器，其基本特性爲溫度每變化 1℃時，其輸出電壓改變 10mV。

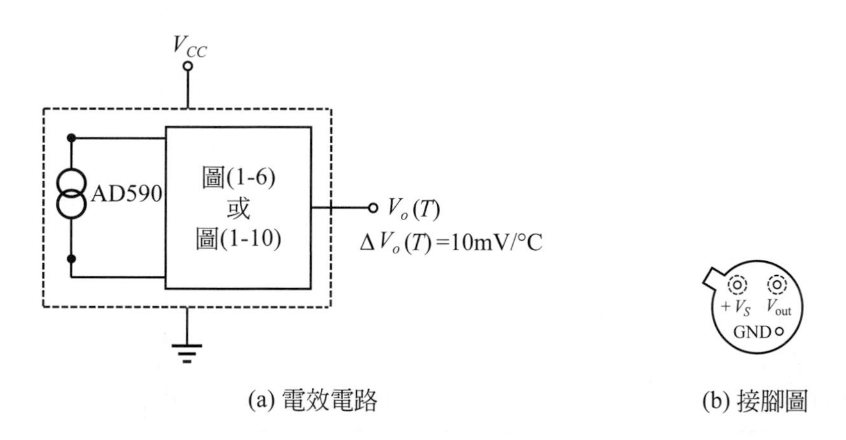

(a) 電效電路　　(b) 接腳圖

圖 2-2　LM35 等效電路及接腳

LM35 相當於其內部有一個AD590 和圖 1-6 或圖 1-10 的所有零件,被包裝在一個三支腳的 IC 裡面。使用上非常方便的電壓變化型溫度感測器。

表 2-1　LM35 電氣特性資料

Part	Temp. Range	Accuracy	Output Scale
LM34A	－50°F to ＋300°F	±2.0°F	10mV/°F
LM34	－50°F to ＋300°F	±3.0°F	10mV/°F
LM34CA	－40°F to ＋230°F	±2.0°F	10mV/°F
LM34D	－40°F to ＋230°F	±3.0°F	10mV/°F
LM34D	＋32°F to ＋212°F	±4.0°F	10mV/°F
LM35A	－55℃ to ＋150℃	±1.0℃	10mV/℃
LM35	－55℃ to ＋150℃	±1.5℃	10mV/℃
LM35CA	－40℃ to ＋110℃	±1.0℃	10mV/℃
LM35C	－40℃ to ＋110℃	±1.5℃	10mV/℃
LM35D	0℃ to ＋100℃	±2.0℃	10mV/℃
LM134-3	－55℃ to ＋125℃	±3.0℃	$I_{SET} \propto$ °K
LM134-6	－55℃ to ＋125℃	±6.0℃	$I_{SET} \propto$ °K
LM234-3	－25℃ to ＋100℃	±3.0℃	$I_{SET} \propto$ °K
LM234-6	－25℃ to ＋100℃	±6.0℃	$I_{SET} \propto$ °K

表 2-1　LM35 電氣特性資料(續)

Part	Temp. Range	Accuracy	Output Scale
LM135A	－55℃ to ＋150℃	±1.3℃	10mV/°K
LM135	－55℃ to ＋150℃	±2.0℃	10mV/°K
LM235A	－40℃ to ＋125℃	±1.3℃	10mV/°K
LM235	－40℃ to ＋125℃	±2.0℃	10mV/°K
LM335A	－40℃ to ＋100℃	±2.0℃	10mV/°K
LM335	－40℃ to ＋100℃	±4.0℃	10mV/°K
LM3911	－25℃ to ＋85℃	±10.0℃	10mV/°K(or °F)

LM35 基本使用方法

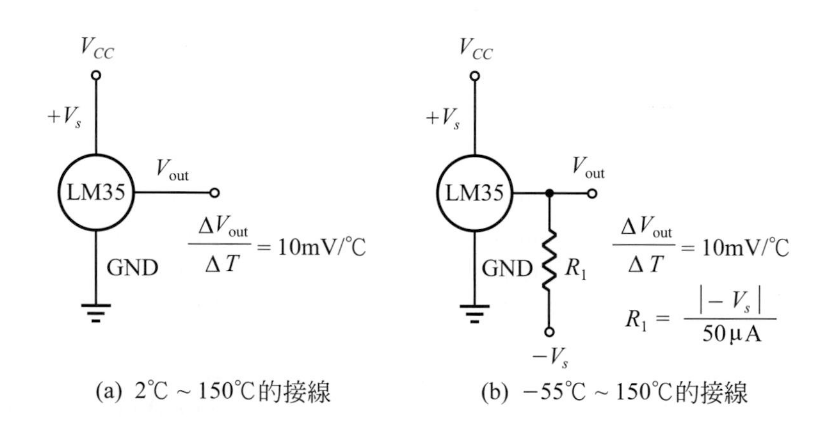

(a) 2℃～150℃的接線　(b) −55℃～150℃的接線

圖 2-3　LM35 基本使用方法

2-2　LM35 基本實驗

實驗目的

了解電壓變化的感測元件如何使用。

實驗項目

LM35 溫度量測 0℃～100℃。

實驗線路

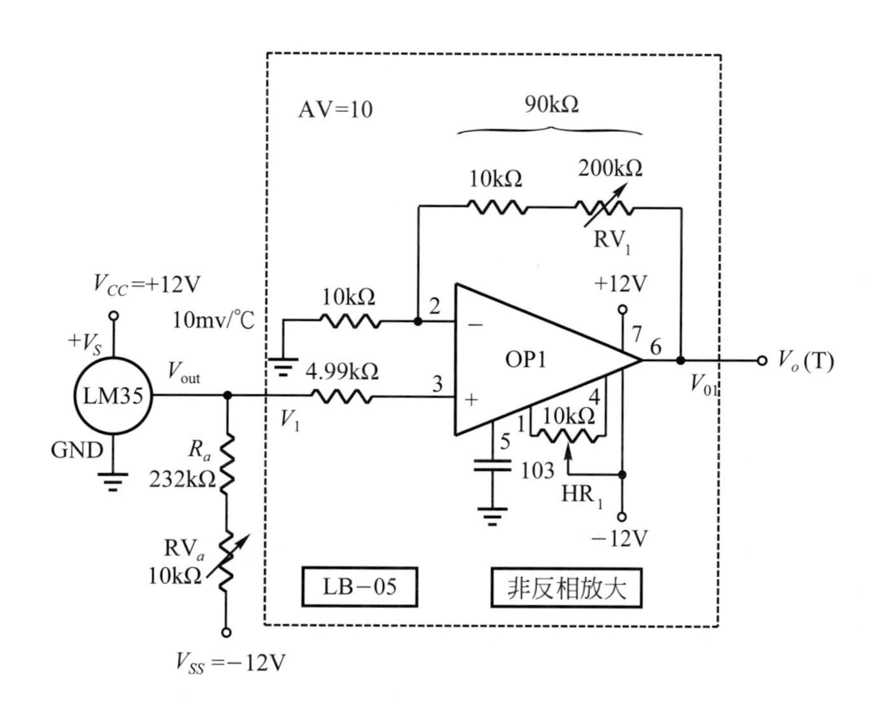

(a) 實驗線路

圖 2-4　LM35 溫度量測 0℃～100℃

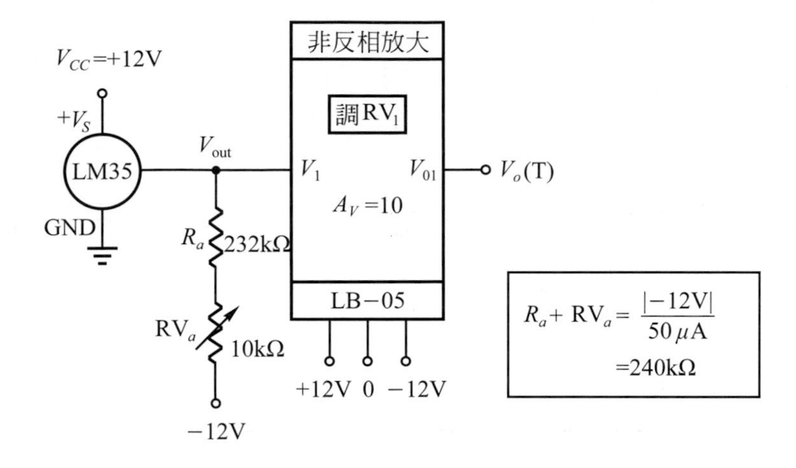

(b) 模組化實驗接線

圖 2-4　LM35 溫度量測 0°C～100°C(續)

實驗線路說明

(1) 目前 LM35 的接線爲可測量－55℃～150℃的架構。

(2) 必須調整RV_a使$\dfrac{|-12\text{V}|}{R_a+RV_a}=50\mu\text{A}$，以校正 LM35。

(3) OP1 只是當做一個非反相放大器，RV_1做增益控制，HR_1做抵補調整。

(4) 因 LM35 已經是電壓型態輸出，故只要把V_{out}加以放大就好。

(5) 若希望 0℃時，$V_o(0℃)=0\text{V}$，100℃時$V_o(100℃)=10.00\text{V}$，則必須 $10(\text{mV}/℃)\times100(℃)\times A_V=10.00\text{V}$，則$A_V=10$倍。

實驗步驟與記錄

(1) LM35 使用的$V_{CC}=12\text{V}$，符合其規格 4V～30V 的限制。

(2) $R_a+RV_a=\dfrac{|-V_S|}{50\mu\text{A}}$是廠商的要求，目前$-V_S=-12\text{V}$，則$R_a+RV_a=240\text{k}\Omega$，即調$RV_a$使$R_a+RV_a=240\text{k}\Omega$。

(3)　置 LM35 於 0℃的環境中數分鐘，並調RV_a，使$V_o(T)=0$V。

(4)　設定好 LB-05 的RV_1，使 OP1 的放大率為 10 倍。

※放大率 10 倍的設定，調 LB-05 的RV_1使$V_o(T)=10V_{out}$。

T										℃
V_{out}										V
$V_o(T)$										V

討論分析

(1)　有了 LB-05 時，做這個實驗，只要接三個零件，就完成所有電路的接線，同時也做出一個有用的溫度量測系統。

(2)　除了 LM35 是電壓變化的感測器以外，還有哪些感測器也是以電壓變化為其輸出？舉出兩種說明之。

※提示：由學生自行找尋相關產品的資料做一項報告。

壓電薄膜：

太陽電池：

麥克風(音波接收器)：

超音波接收器：

霍爾感測器：

熱電偶溫度感測器：

焦電紅外線感測器：

熱電堆幅射式溫度感測器：

LVDT 線性差分變壓器：

2-3 開飲機之自動溫度控制＜專題製作＞

目前市售的開水加熱飲水機都有保溫及再加熱的功能，於今我們想設計一組電路能有如下功能：

(1) 保溫範圍 85℃～100℃，溫度降到 85℃時自動加溫到 100℃。

(2) 具有再沸騰的功能，隨時按一下“再加熱按鈕”，就能進行加熱一直到重新沸騰。

積木式電路

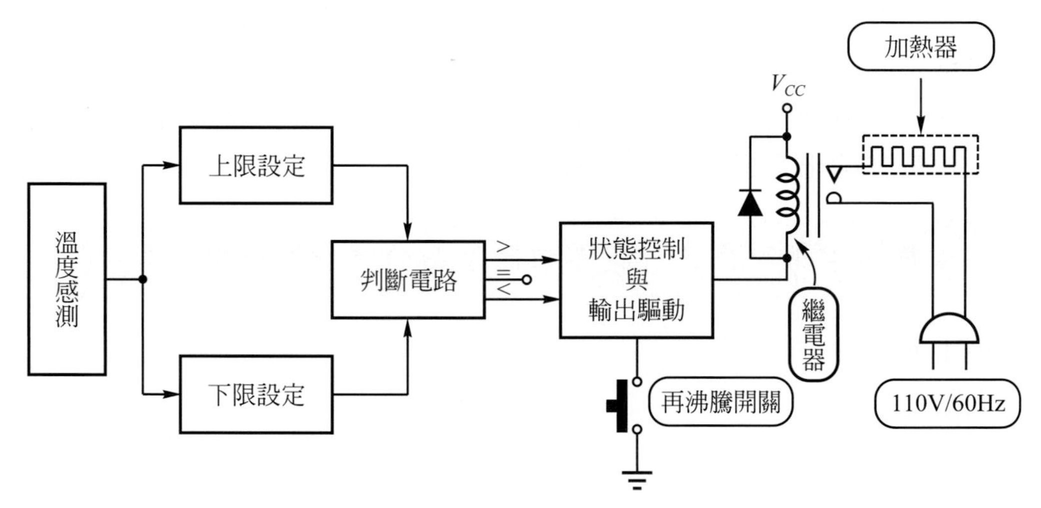

圖 2-5　溫度控制系統方塊圖

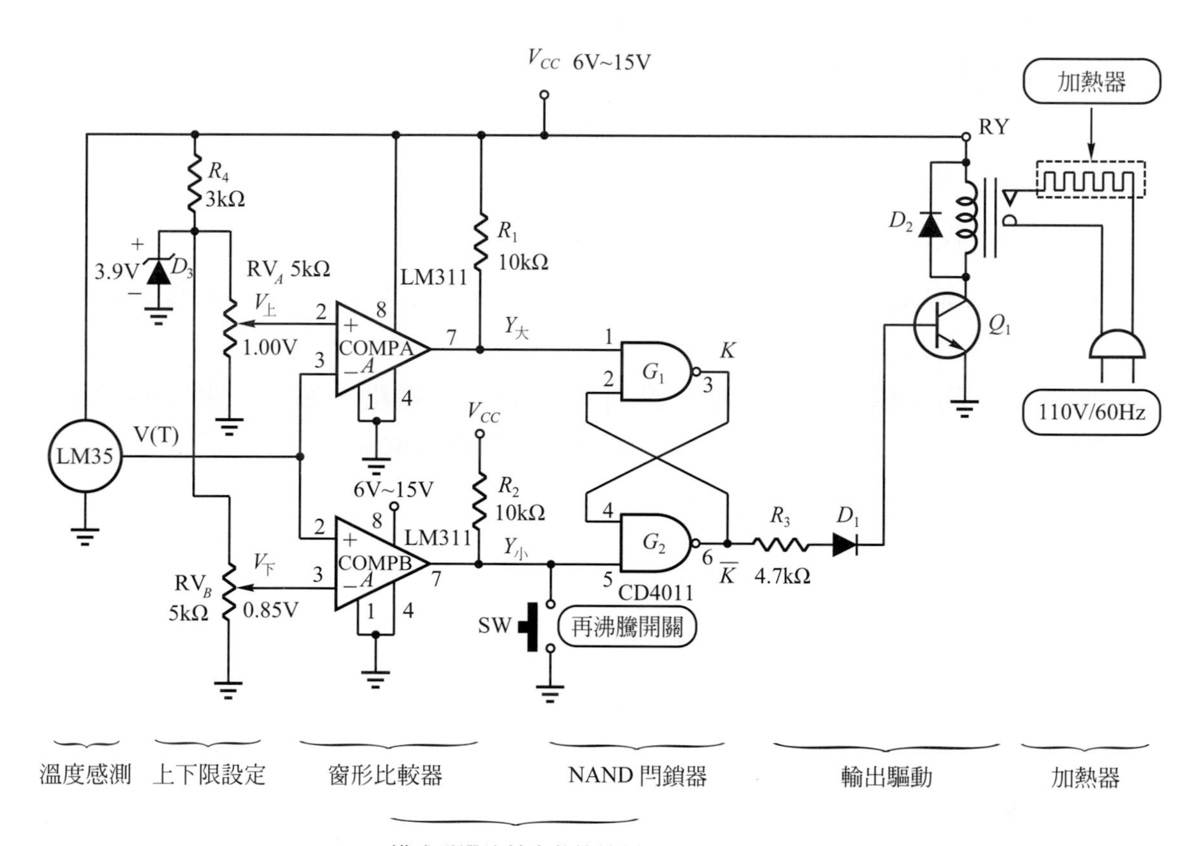

圖 2-6　開飲機溫度控制電路

各元件功能說明

(1) LM35：溫度感測器，其輸出電壓 $V(T) \approx (10\text{mV}/℃) \times T(℃)$

(2) RV_A、RV_B：溫度上限與溫度下限值的設定。

(3) COMP*A*、COMP*B*：構成基本的窗型比較器以判斷溫度的大小。

(4) R_1、R_2：因使用 LM311，它是一顆集極開路的電壓比較器，所以必須於 LM311 的輸出接一個提升電阻到 V_{CC}。

(5) G_1、G_2：NAND閘組成的閂鎖器，和窗型比較器，共同完成磁滯比較的功能。

(6) R_3：限流電阻，由此決定電晶體I_B的大小。

(7) D_1：提高電路對雜訊的容忍力，使電路不易受干擾。

(8) D_2：保護二極體，保護Q_1免受線圈反電動勢擊穿。

(9) RY：繼電器，線圈的工作電壓必須配合您所用的V_{CC}。開關接點容量，必須足以承受加熱器的需求。

(10) R_4、D_3：構成二次穩壓，得到3.9V的參考電壓，如此一來才能選用不同的V_{CC}，也不會改變上、下限所設定的電壓。

(11) SW：爲再沸騰控制按鈕開關。

數據分析

正常的動作爲 85℃以下必須加熱，一直到 100℃才停止加熱，則溫度慢慢下降，降到85℃以下時，才再次啓動加熱器。此時必須設定溫度上限爲100℃，溫度下限爲85℃。

(1) 對LM35而言，

$$85℃，V(85℃) = 10(mV/℃) \times 85(℃) = 0.85V$$

$$100℃，V(100℃) = 10(mV/℃) \times 100(℃) = 1.00V$$

(2) 調RV_A使$V_{上} = 1.00V$，以代表100℃，調RV_B使$V_{下} = 0.85V$，以代表85℃。

(3) $Y_{大}$和$Y_{小}$的狀態分析如下：

動作分析

(1) $T \leq 85℃ \quad (V(T) < 0.85V)$

$(COMPA：V_+ > V_-) \rightarrow (Y_{大} = 1) \rightarrow (K = 0)$

$(COMPB：V_+ < V_-) \rightarrow (Y_{小} = 0) \rightarrow (\overline{K} = 1) \rightarrow Q_1$ ON 進行加熱。

則溫度慢慢上升，並繼續加熱。

(2) $85℃ \le T < 100℃$　$(0.85\text{V} < V(T) < 1.00\text{V})$

$(\text{COMP}A：V_+ > V_-) \rightarrow (Y_{大} = 1) \rightarrow (K = 0)$

$(\text{COMP}B：V_+ > V_-) \rightarrow (Y_{小} = 1) \rightarrow (\overline{K} = 1) \rightarrow Q_1$ ON，繼續加熱。

則溫度還是一直上升。

(3) $T \ge 100℃$　$(V(T) > 1.00\text{V})$

$(\text{COMP}A：V_+ < V_-) \rightarrow (Y_{大} = 0) \rightarrow (K = 1)$

$(\text{COMP}B：V_+ > V_-) \rightarrow (Y_{小} = 1) \rightarrow (\overline{K} = 0) \rightarrow Q_1$ OFF，停止加熱。

停止加熱後，溫度會慢慢下降。

(4) $100℃ > T > 85℃$　$(1.00\text{V} > V(T) > 0.85\text{V})$

$(\text{COMP}A：V_+ > V_-) \rightarrow (Y_{大} = 1) \rightarrow (K = 1)$

$(\text{COMP}B：V_+ > V_-) \rightarrow (Y_{小} = 1) \rightarrow (\overline{K} = 0) \rightarrow Q_1$ OFF，不再加熱。

溫度繼續下降。

(5) $T < 85℃$　$(V(T) < 0.85\text{V})$

$(\text{COMP}A：V_+ > V_-) \rightarrow Y_{大} = 1 \rightarrow (K = 0)$

$(\text{COMP}B：V_+ < V_-) \rightarrow Y_{小} = 0 \rightarrow (\overline{K} = 1) \rightarrow Q_1$ ON，再次啓動加熱。

(6) 在保溫狀態時，$100℃ > T > 85℃$，若按一下SW將得知怎樣的結果呢？不管是加熱期間或保溫期間，只要溫度在85℃～100℃或100℃～85℃之間都是$Y_{大} = 1$、$Y_{小} = 1$ 的狀況。若按一下 SW，則將使$\overline{K} = 1$，Q_1 ON，進行加熱。且$\overline{K} = 1$被接回G_1，此時$K = \overline{Y_{大} \cdot \overline{K}} = \overline{1 \cdot 1} = 0$，而$K = 0$又被拉回$G_2$，使得$G_2$被鎖在$\overline{K} = \overline{K \cdot Y_{小}} = \overline{0 \cdot 1} = 1$。$Q_1$繼續 ON，加熱器繼續加熱，直到溫度$T \ge 100℃$。

模組化實驗接線

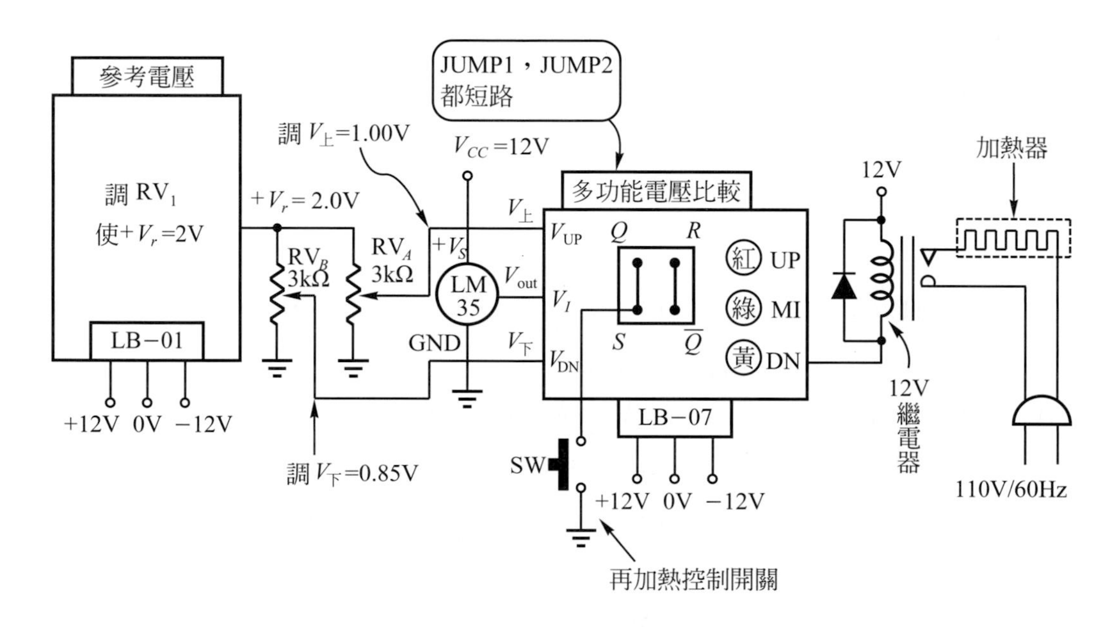

圖 2-7　開飲機溫控實驗接線

由 LB-01 提供穩定的參考電壓，然後由RV_A和RV_B調整其上、下限參考電壓，調 $V_上 = 1.00V$，$V_下 = 0.85V$，分別代表100℃和85℃。再來就是把LB-07模板內部的JMP1和JMP2接好，使R接到$\overline{Q}$、S接到Q，便能使LB-07成爲磁滯比較器，其磁滯電壓的上限值與下限值就是1.00V 和0.85V。使用 LB-07的另一個好處是，它已經用LED代表溫度的高低。紅色LED代表100℃以上，綠色LED代表85℃～100℃，黃色LED代表85℃以下。

做實驗時，用到85℃、100℃容易發生高溫燙傷，您可以把溫度值設小一點，例如設上限爲45℃，下限爲40℃來做實驗，則比較安全。

2-4 創造力的發揮

(1) 用 LM35 當溫度感測器，設計如下規格所要求的電路。

① 其溫度指示功能，使用$I_{FS}=100\mu A$，$R_m=1k\Omega$的電流表去改裝成溫度指示器。

② 可做溫度上、下限的設定，當溫度太高時，請啓動風扇，溫度太低時，請啓動電熱器。

③ 風扇爲 110V、3A 的規格。

④ 電熱器 110V、800W 的規格。

(2) 用兩個 LM35 做溫差指示，其要求如下

① 由$I_{FS}=100\mu A$，$R_m=1k\Omega$的電流表去改裝成溫度指示器，但所指示出來的數値，代表溫度差，而不是當時的個別溫度。

② 當溫差超過 5℃時，希望讓一個紅色的 LED 每 0.5 秒閃一次。

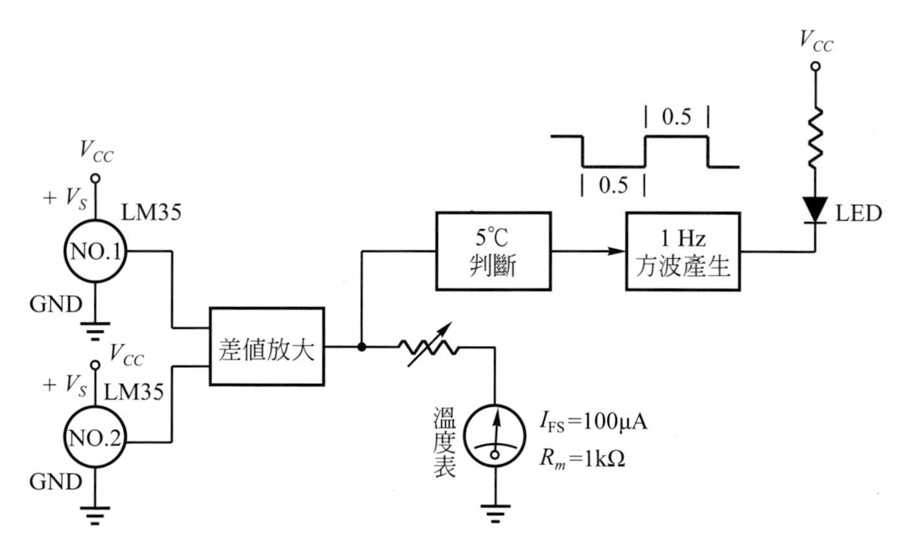

圖 2-8　溫差量測之系統方塊

2-5 電壓信號放大與比較總整理

感測應用線路中，不管感測器是哪一種類，最終我們希望以電壓的大小，代表所量測的物理量。例如：以 0V～5V，代表 0～500℃，0V～1V，代表 0～10kg，……。有了電壓大小以後，就能直接以電壓表或電流表指示物理量的高低。若把所得到的電壓經A/D C(類比對數位轉換器)處理，便能把電壓大小，轉成數位值，就能送給微電腦，做各種運算、比較及儲存，且也能以V/F C(電壓對頻率的轉換器)，把電壓的大小轉換成頻率的高低，便能由計頻器或微電腦(單晶片)等，計算頻率的高低，而得知物理量的大小。

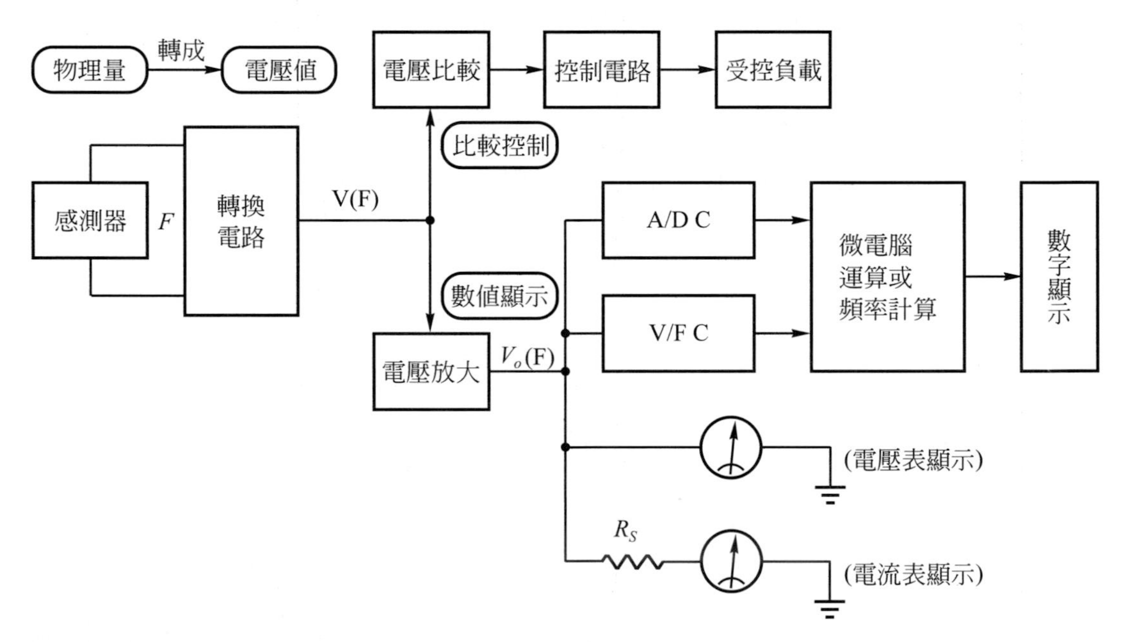

圖 2-9　電壓信號處理之可能架構

若希望判斷物理量的大小，則必須使用電壓比較器，然後把比較的結果加到控制電路以控制受控負載(警報器、馬達……)。

綜合上述說明，若能把各種可以當做電壓放大和電壓比較的線路加以分類整理，則往後的感測電路設計，便成了“塡塡看”或拼圖式的積木遊戲。於今我們將針對電壓放大器和電壓比較器做一次分類整理，提供給您更方便的參考資料。

2-6 電壓放大器分類整理

所有能夠把電壓信號加以放大的電路，都可以使用於感測應用線路中，而能做成電壓放大的主動元件，計有 BJT 電晶體(*NPN*和*PNP*電晶體)及 FET 場效應電晶體(*N*-通道和*P*-通道)及用 BJT 或 FET 所組成的 OP Amp。本單元將就這些元件做成各種電壓放大器做整理，只要您了解每一種放大器的特性及其放大率如何控制，則所有線路設計將變成「塡塡看的積木遊戲」。而 OP Amp 的使用是一般感測線路最常選擇的主動元件。

2-6-1 OP Amp 電壓放大器

我們常常看到各種書籍列出許多 OP Amp 的好處，例如：

(1) 輸入阻抗R_i無限大……不會對信號源產生負載效應。

(2) 輸出阻抗R_o等於零……內部不消耗功率，相當於理想的電壓源。

(3) 電壓放大率無限大……愈大愈好，我們可以設定想要的放大率。

(4) 頻率響應BW無限大……事實上，$BW \neq \infty$，乃 OP Amp 的缺點。

(5) 共模拒絕比$CMRR = \infty$……則能抑制共模雜訊的干擾。

(6) $v_{(+)} = v_{(-)}$，$v_o = 0$……達到完全平衡，事實上還是要做抵補。

若於低頻信號操作的時候，OP Amp 將符合上述說明(1)～(5)的要求，使得 OP Amp於低頻(約 1MHz以下)操作時，可被看成是「理想的電壓放大器」，所以在各種感測應用線路中，幾乎都使用 OP Amp 當做放大電路的主動元件。

茲整理各種由 OP Amp 所組成的放大電路如下。

一、電壓隨耦器

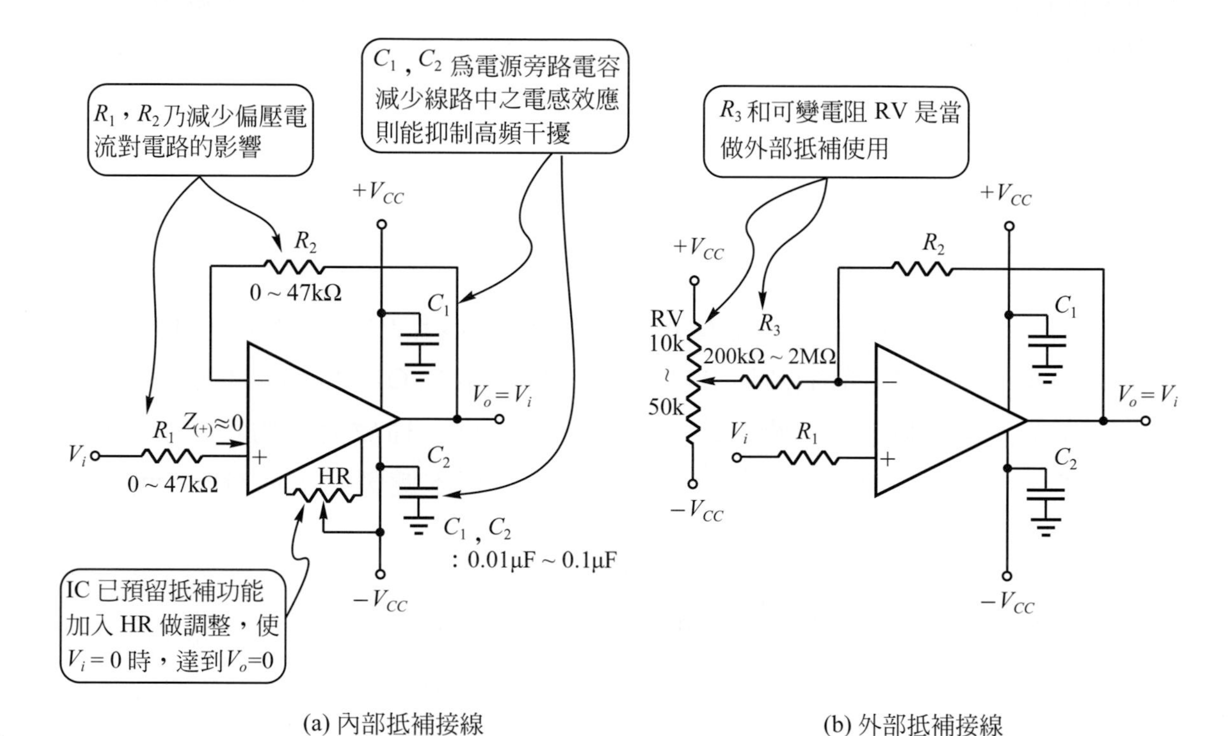

(a) 內部抵補接線　　　　(b) 外部抵補接線

圖 2-10　電壓隨耦器

電壓隨耦器特性

(1) 輸入阻抗非常大……此特性常被使用於阻抗隔離。

(2) 因$A_V \times BW$＝常數，則將有最大的頻寬。

二、反相放大器

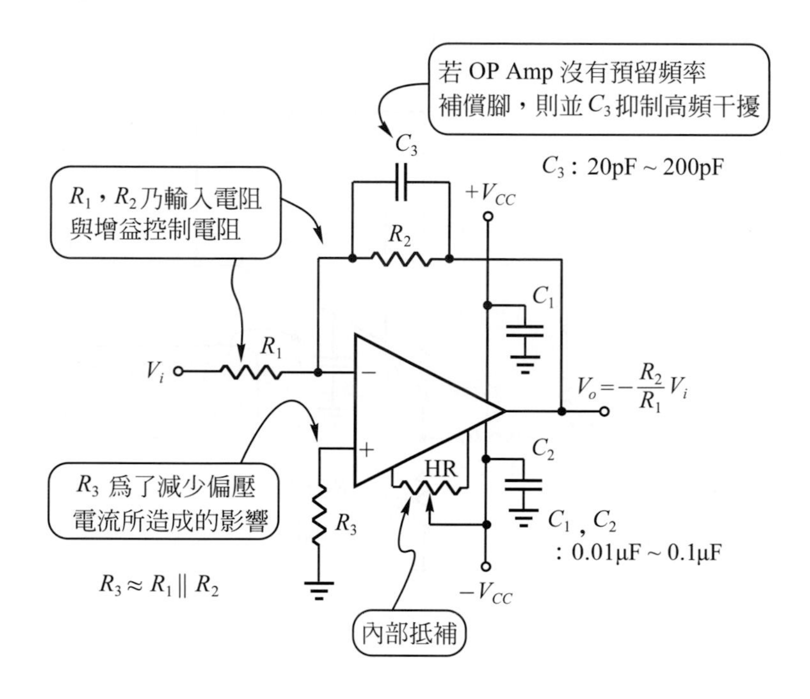

(a) 內部抵補接線

圖 2-11　反相放大器

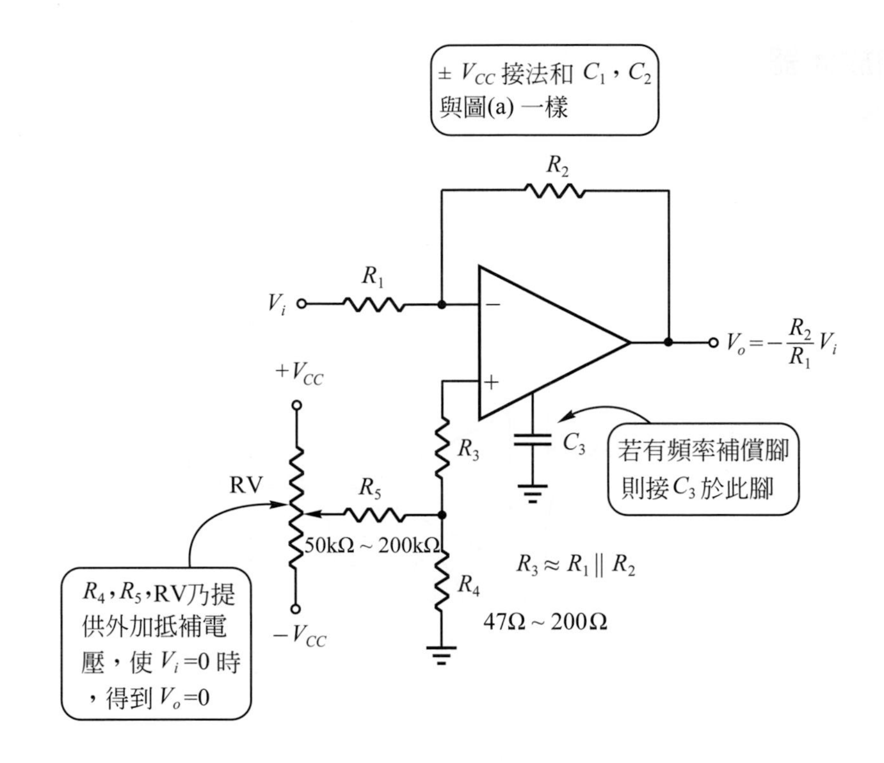

(b) 外部抵補接線

圖 2-11　反相放大器(續)

反相放大器的特性

(1)　輸入阻抗 $R_i = R_1$……一般 R_1 約數 kΩ～數拾 kΩ，阻抗不夠大。

(2)　放大率 $A_V = \frac{v_o}{v_i} = -\frac{R_2}{R_1}$……避免單級放大超過 100 倍。

三、非反相放大器

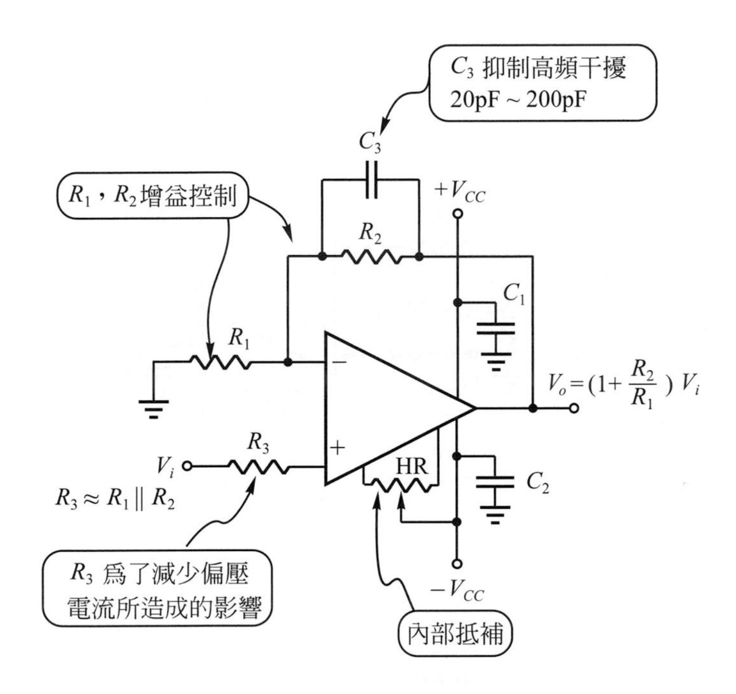

(a) 內部抵補接線

圖 2-12　非反相放大器

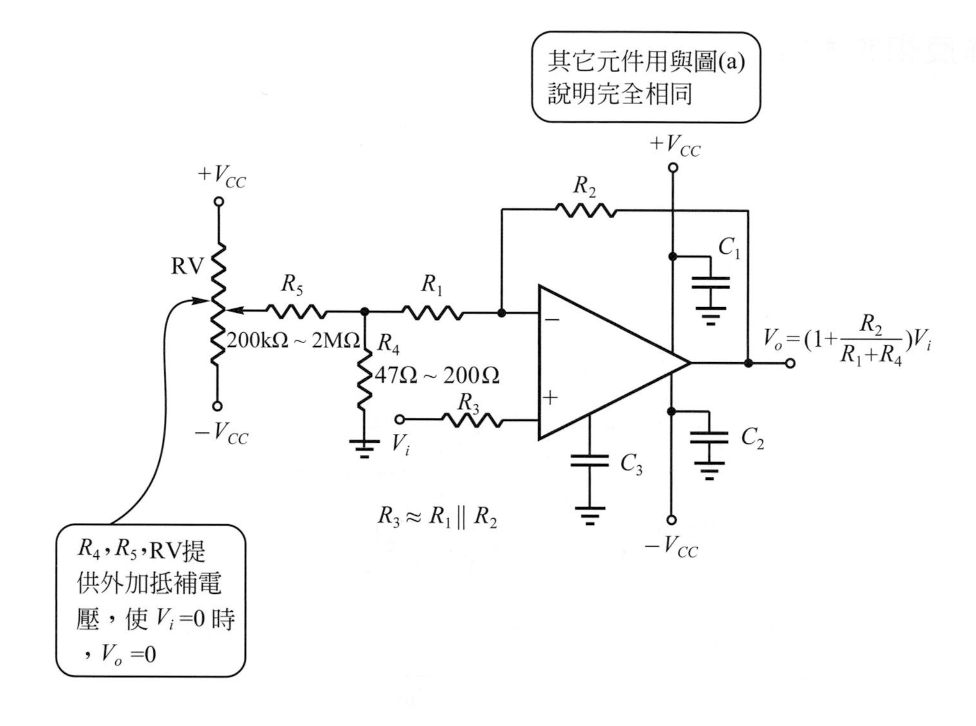

(b) 外部抵補接線

圖 2-12　非反相放大器(續)

非反相放大器特性

(1) 輸入阻抗R_i非常大……因其輸入信號v_i加到“＋”端。

(2) 放大率$A_V = \frac{v_o}{v_i} = 1 + \frac{R_2}{R_1}$……避免單級放大超過100倍。

(3) 若採用外部抵補時，$A_V = \frac{v_o}{v_i} = 1 + \frac{R_2}{R_1 + R_4}$，若$R_1 \gg R_4$，則為$\left(1 + \frac{R_2}{R_1}\right)$

四、差值放大器

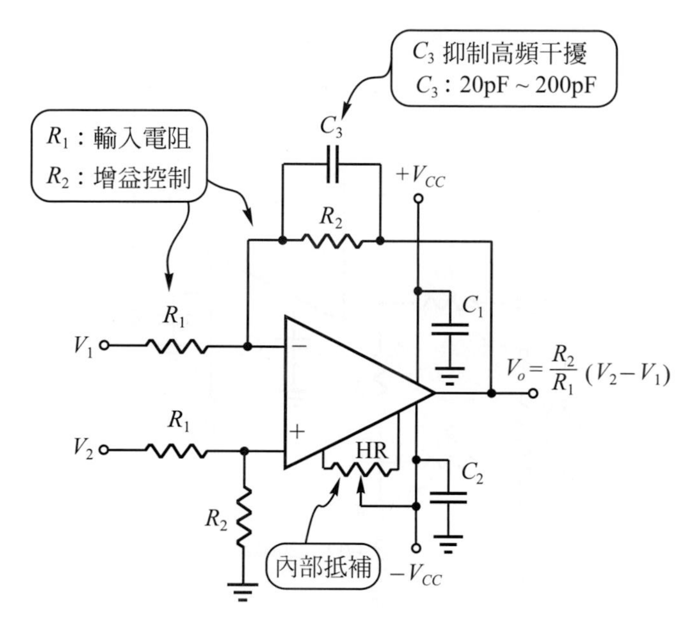

(a) 內部抵補接線

圖 2-13　差值放大器

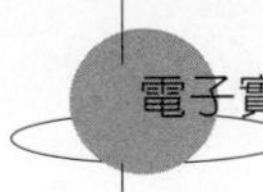

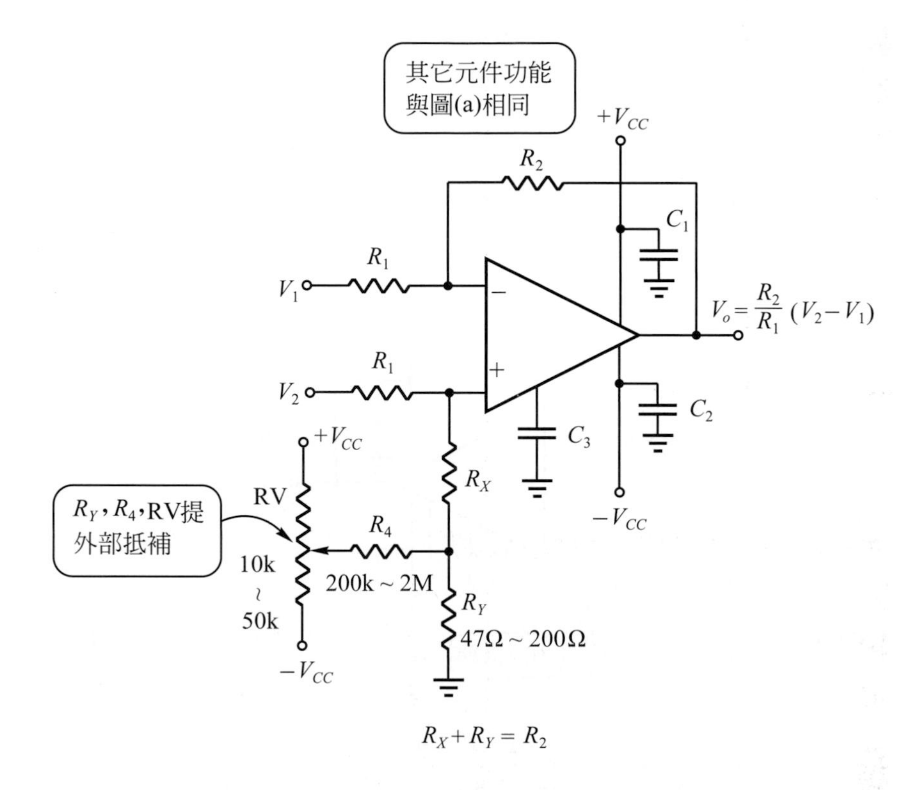

(b) 外部抵補接線

圖 2-13　差值放大器(續)

差值放大器特性

(1)　輸入阻抗$R_i=2R_1$……還是略嫌輸入阻抗太小。

(2)　放大率$A_V=\frac{V_o}{V_2-V_1}=\frac{R_2}{R_1}$……乃把$V_2-V_1$的值加以放大。

(3)　注意兩個R_1阻值必須完全相同，R_2亦然。

五、儀器放大器

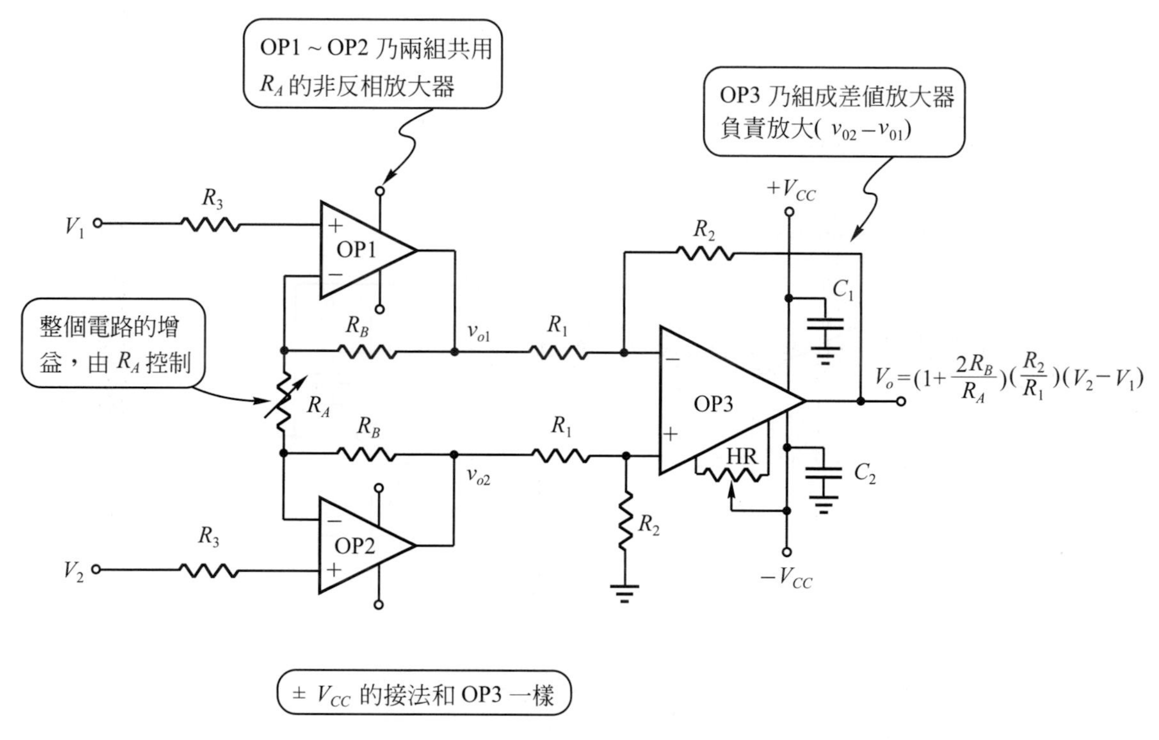

圖 2-14　參 OP Amp 的儀器放大器

參 OP Amp 儀器放大器特性

(1) 輸入阻抗$R_i \approx \infty$……V_1和V_2都是由“＋”端輸入。

(2) 放大率$A_V=\dfrac{V_o}{V_2-V_1}=\left(1+\dfrac{2R_B}{R_A}\right)\left(\dfrac{R_2}{R_1}\right)$

(3) 調整放大率由R_A負責。

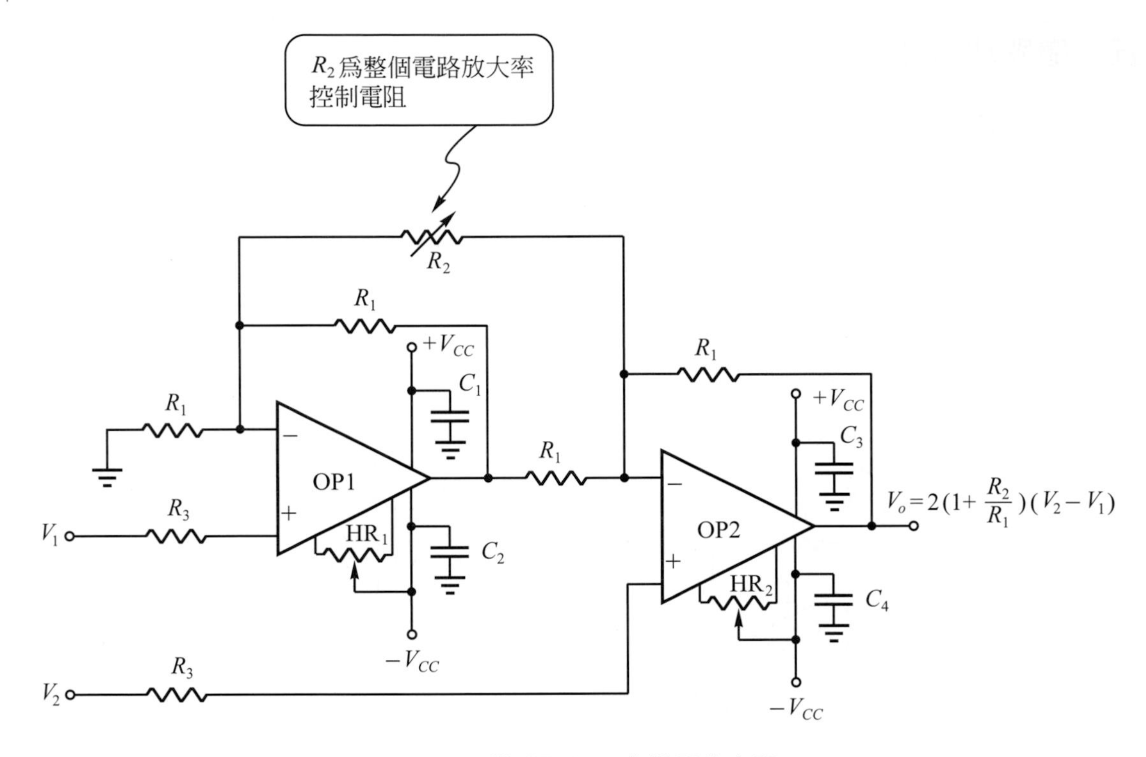

圖 2-15　雙 OP Amp 的儀器放大器

雙 OP Amp 儀器放大器特性

(1)　輸入阻抗$R_i \approx \infty$……V_1和V_2都是由“＋”端輸入。

(2)　調整放大率$A_V=\dfrac{V_o}{V_2-V_1}=2\left(1+\dfrac{R_1}{2R_2}\right)$

(3)　調整放大率由R_2負責。

2-7　電壓比較器分類整理

電壓比較器所用的符號和 OP Amp 一樣。是可以直接拿 OP Amp 來當做電壓比較器使用。然而電壓放大和電壓比較所在乎的特性有所不同。所以目前所有線性 IC 製造廠商，都把電壓放大和電壓比較的線性 IC 加以區分。

電壓放大用的線性 IC：以 OPERATIONAL AMPLIFIER 稱呼之 (OP Amp)
電壓比較用的線性 IC：以 VOLTAGE COMPARATOR 稱呼之(COMP)

而一般電壓比較器的輸出，常被拿去驅動 LED、繼電器、蜂鳴器……等負載，因而必須有較大的電流輸出，或不同的電壓規格，所以幾乎我們所看到或買到的電壓比較器，如LM311、LM339、μA311、TL311、μPC393……，全部都是「集極開路式輸出」的 IC，而一般當做電壓放大的 OP Amp 都是「圖騰式輸出」的 IC。

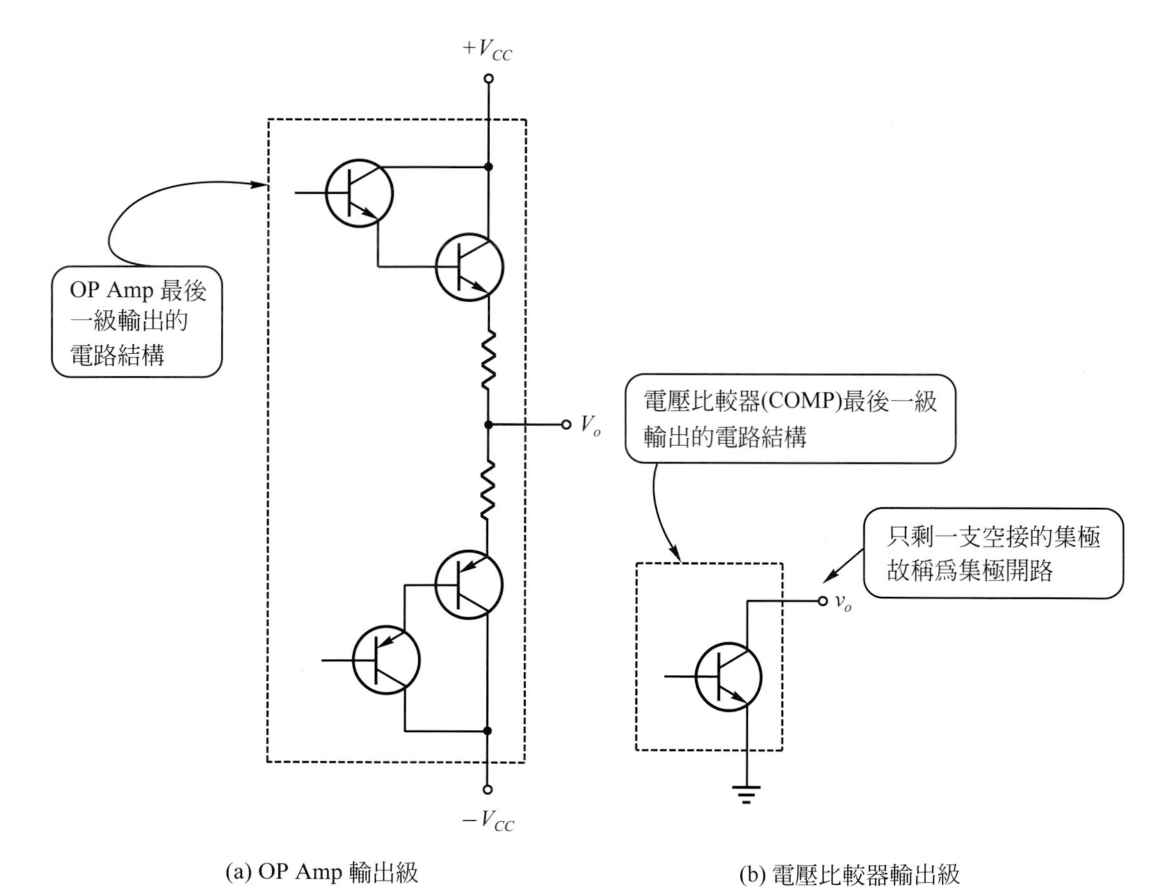

(a) OP Amp 輸出級　　(b) 電壓比較器輸出級

圖 2-16　線性 IC 輸出級電路結構

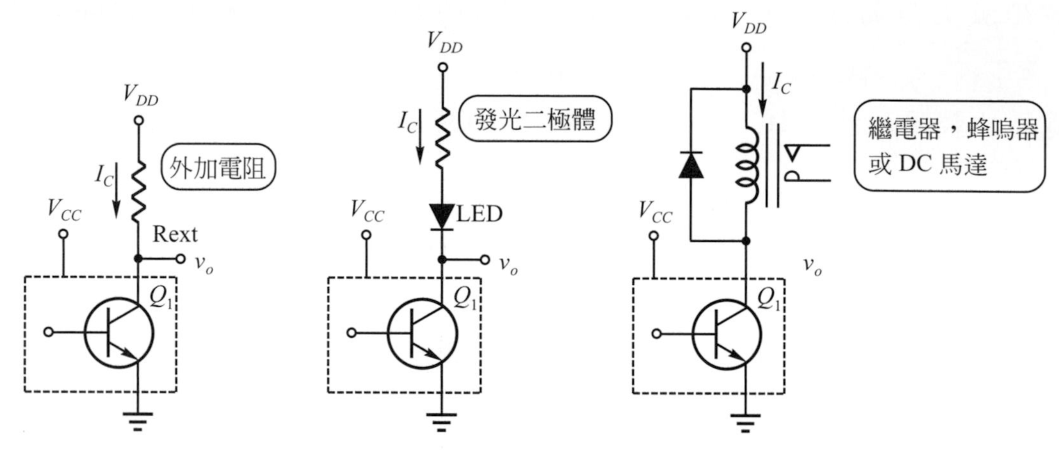

圖 2-17　比較器輸出接不同負載

電壓比較器輸出端處理

(1) V_{DD}可以和V_{CC}一樣，也可以比V_{CC}小或比V_{DD}大。(一般約 18V 以下)

(2) I_C的大小，必須在Q_1所能承受的範圍(一般約 50mA～100mA)。

一、基本電壓比較器

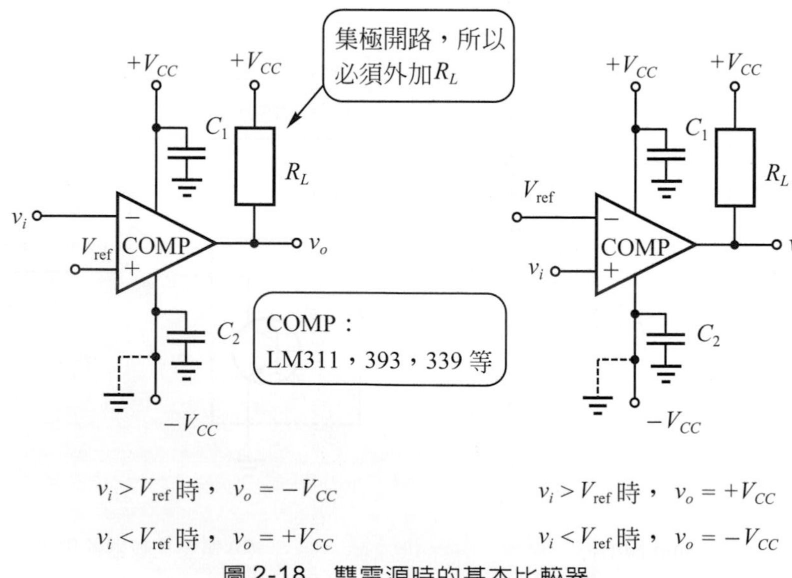

圖 2-18　雙電源時的基本比較器

若使用單電源時，不接 $-V_{CC}$，而改接到接地(0V)，則其輸出v_o只有 0V 和 $+V_{CC}$。且此時必須限制v_i和V_{ref}都必須大於 0V。

二、窗型比較器

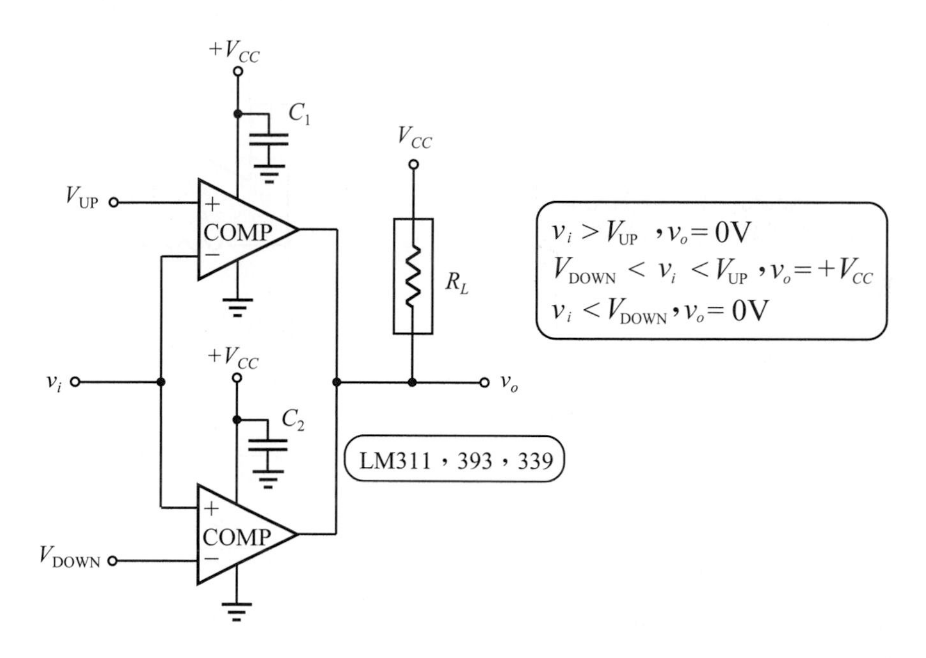

圖 2-19　窗型電壓比較器

三、磁滯比較器

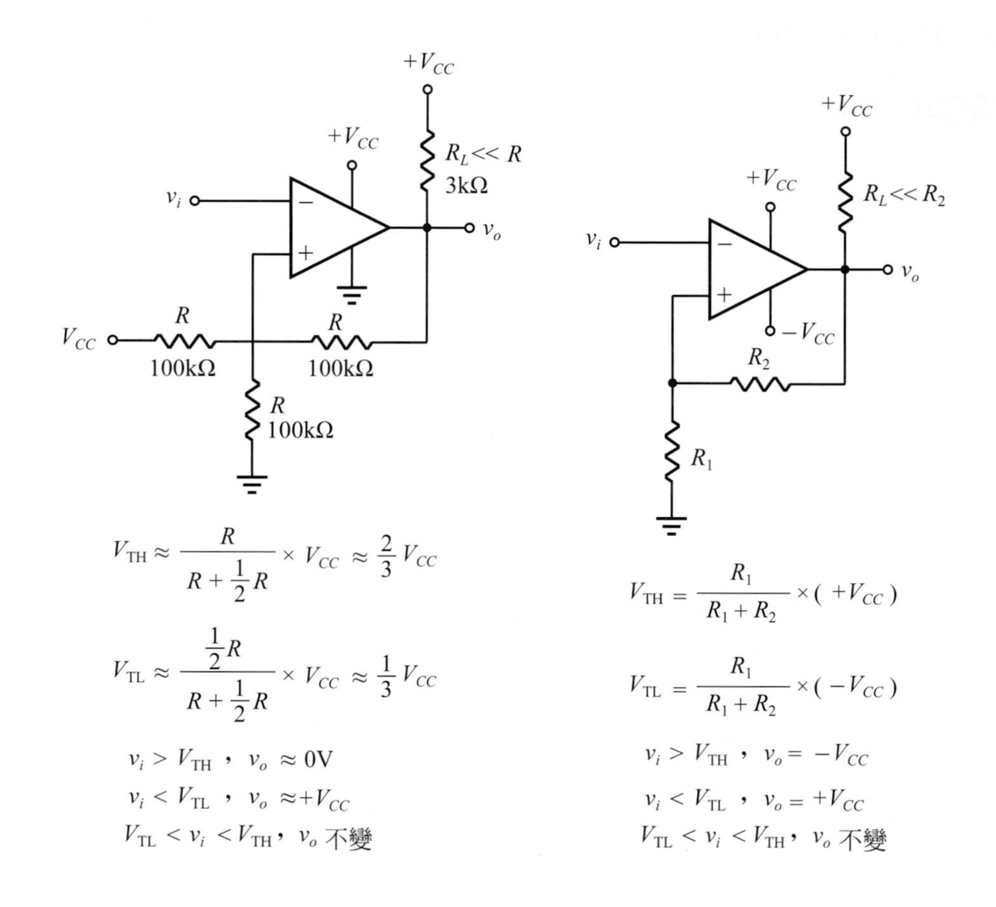

$+V_{CC}$
$R_L << R$
3kΩ
v_i
v_o
V_{CC}
R
100kΩ
R
100kΩ
R
100kΩ
$V_{TH} \approx \dfrac{R}{R+\frac{1}{2}R} \times V_{CC} \approx \frac{2}{3} V_{CC}$
$V_{TL} \approx \dfrac{\frac{1}{2}R}{R+\frac{1}{2}R} \times V_{CC} \approx \frac{1}{3} V_{CC}$
$v_i > V_{TH}$，$v_o \approx 0V$
$v_i < V_{TL}$，$v_o \approx +V_{CC}$
$V_{TL} < v_i < V_{TH}$，v_o 不變
$+V_{CC}$
$R_L << R_2$
$-V_{CC}$
R_2
R_1
$V_{TH} = \dfrac{R_1}{R_1+R_2} \times (+V_{CC})$
$V_{TL} = \dfrac{R_1}{R_1+R_2} \times (-V_{CC})$
$v_i > V_{TH}$，$v_o = -V_{CC}$
$v_i < V_{TL}$，$v_o = +V_{CC}$
$V_{TL} < v_i < V_{TH}$，v_o 不變
(a) 單電源磁滯比較
(b) 雙電源磁滯比較

圖 2-20　反相型磁滯比較器

尚有非反相型磁滯比較器，若您有興趣，請參閱全華圖書 02470 書號“OP Amp 應用＋實驗模擬”乙書，第三章。

四、多功能電壓比較器

有關多功能電壓比較器的線路分析及動作原理，煩請參閱附錄資料，有非常詳細的分析。

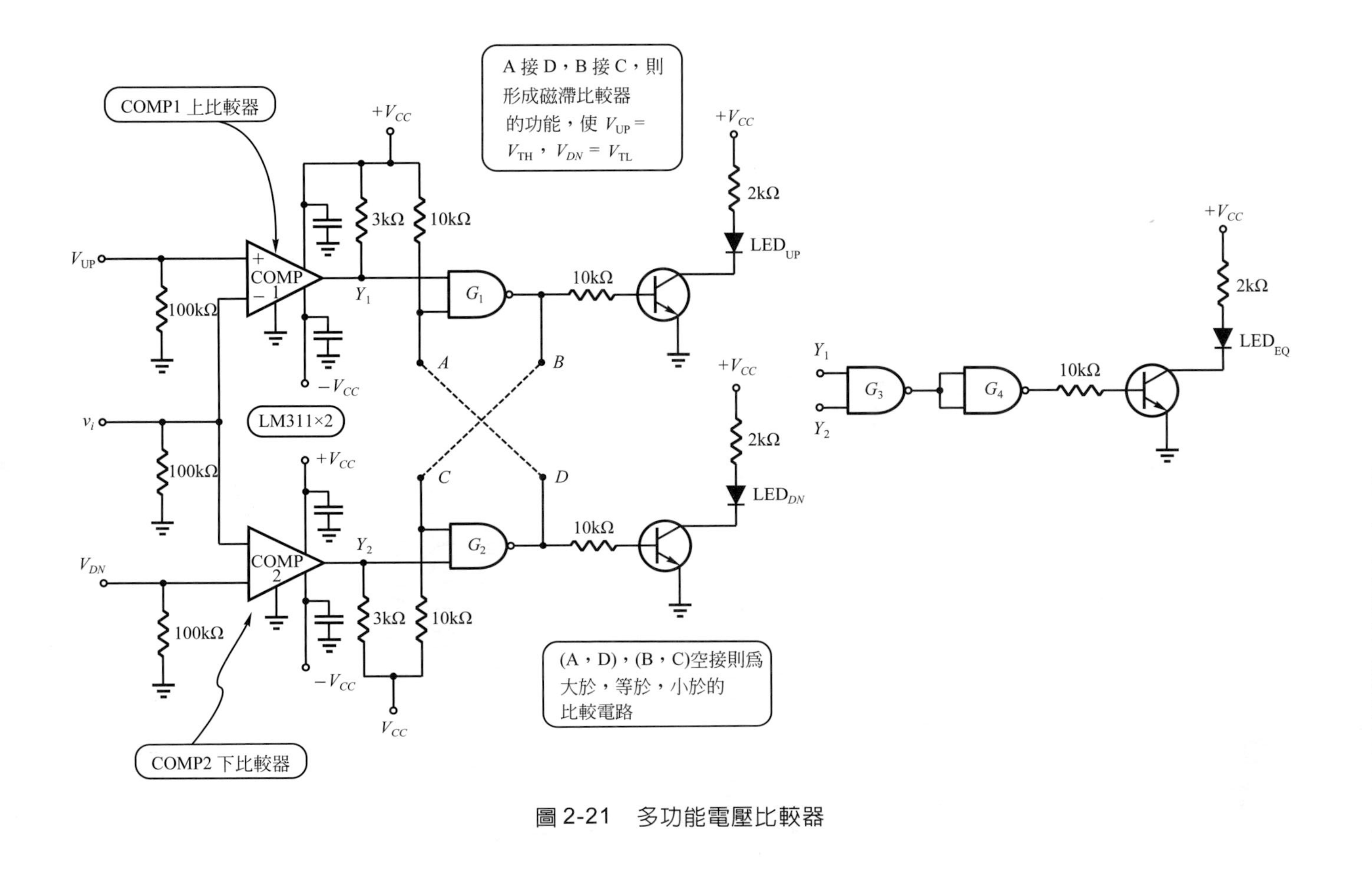

圖 2-21　多功能電壓比較器

2-8 線路分析練習

請分析圖2-22，並回答各問題。

(1) D_1、D_2、D_3、D_4的功用是什麼？

(2) C_1、C_2的功用是什麼？

(3) C_3、C_4、C_5、C_6的功用是什麼？

(4) R_1、R_2的功用是什麼？

(5) LM385-2.5是個什麼東西？

(6) 目前OP2是哪種放大器？若$V_{ref} = 2.732V$，則輸入電壓是多少？

(7) OP1和OP3是哪種放大器？放大率各是多少？

(8) AD590是溫度感測器，其端電流$I(T)$隨溫度而改變。

$I(T) = 273.2\mu A + 1\mu A/℃ \times T℃$，試問

① 0℃時，$I(0℃) = ?$

② $R_L = 10k\Omega$，0℃時$V(0℃) = ?$

③ $R_L = 10k\Omega$，20℃時$V(20℃) = ?$

(9) OP4、OP5、OP6組成什麼電路？放大率由誰控制？

(10) 若$V_3(100℃) = 10.00V$，則R_A應該調多少阻值？

(11) OP4、OP5、OP6所組成的放大電路有何特點？

(12) COMP1和COMP2都是LM311，其輸出電路都是什麼型式？

(13) COMP1和COMP2輸入端V_I可參加“負”電壓？爲什麼？

(14) COMP1和COMP2輸出爲什麼只有單極性電壓0V和V_{CC}？

(15) COMP1和COMP2中所加的5k可變電阻有何功用？

(16) 爲什麼要接R_4和R_5？

(17) G_2和G_3組成什麼電路？

(18) R_6的功用是什麼？

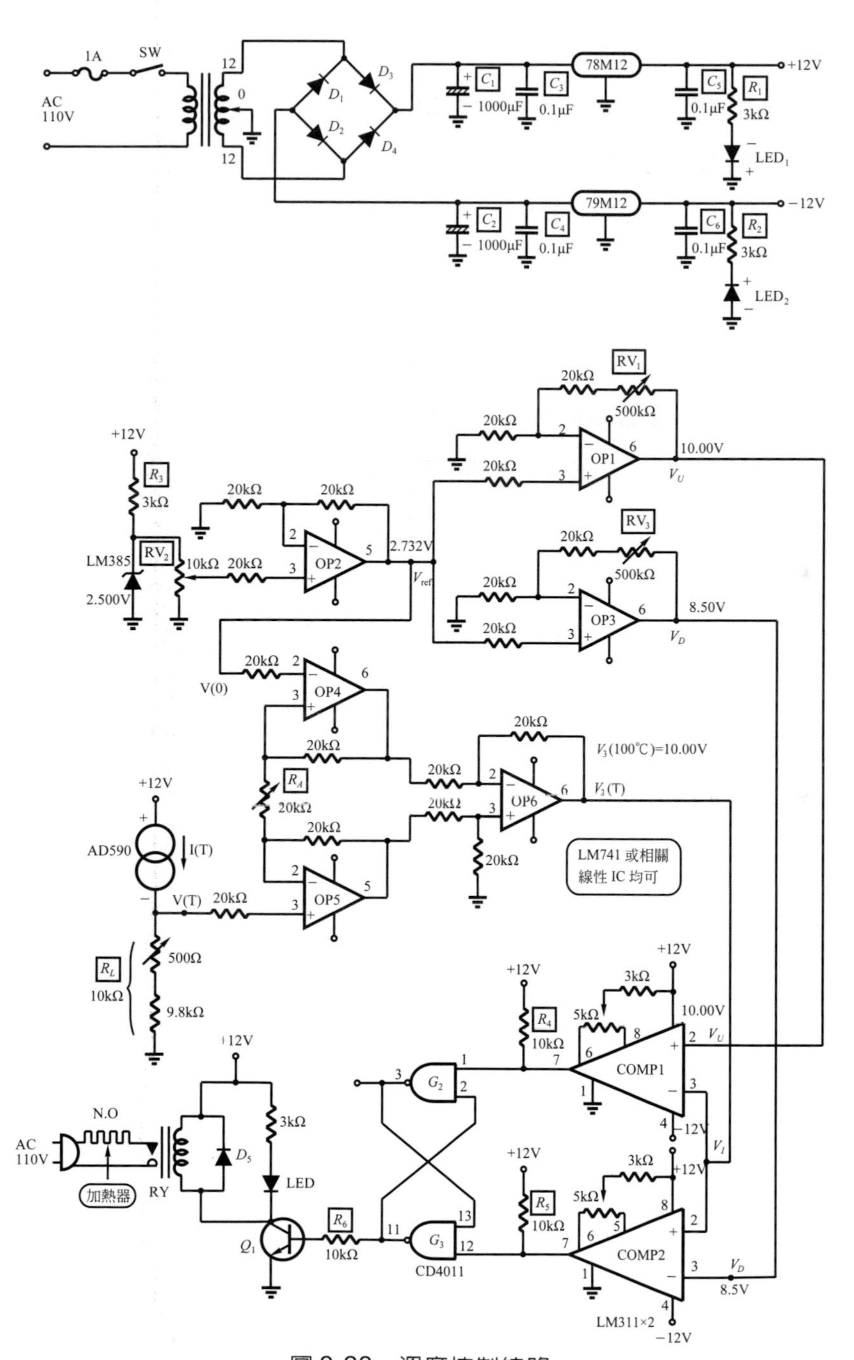

1A
SW
AC 110V
12
0
12
D1
D2
D3
D4
C1
1000μF
C3
0.1μF
78M12
+12V
C5
0.1μF
R1
3kΩ
LED1
C2
1000μF
C4
0.1μF
79M12
−12V
C6
0.1μF
R2
3kΩ
LED2
+12V
R3
3kΩ
LM385
2.500V
RV2
10kΩ
20kΩ
OP2
2.732V
Vref
RV1
500kΩ
OP1
10.00V
VU
RV3
500kΩ
OP3
8.50V
VD
V(0)
OP4
RA
20kΩ
AD590
I(T)
V(T)
OP5
OP6
V3(100℃)=10.00V
V3(T)
LM741 或相關線性 IC 均可
RL
10kΩ
500Ω
9.8kΩ
3kΩ
R4
10kΩ
5kΩ
COMP1
VI
R5
10kΩ
COMP2
8.5V
LM311×2
−12V
N.O
AC 110V
加熱器
RY
D5
LED
Q1
R6
10kΩ
G2
G3
CD4011

圖 2-22　溫度控制線路

(19) D_5的功用是什麼？

(20) 若目前溫度T= 60℃，則V_3(60℃)=？

(21) 在60℃時COMP1和COMP2的輸出各是哪種狀態？RY ON還是OFF？

(22) 若溫度由60℃上升到90℃，COMP1和COMP2的輸出各是何狀態？

(23) 若溫度上升到100℃了，則COMP1和COMP2的輸出各是何狀態？

(24) 當溫度上升到100℃以後，RY ON還是OFF？

(25) 溫度由100℃下降到90℃時，RY ON還是OFF？

(26) 請用LB-01～LB-08的組合，取代圖2-22溫度線路。詳細接線方法請參閱全華線性IC積木式實驗與專題製作(書號：03659)第六章。

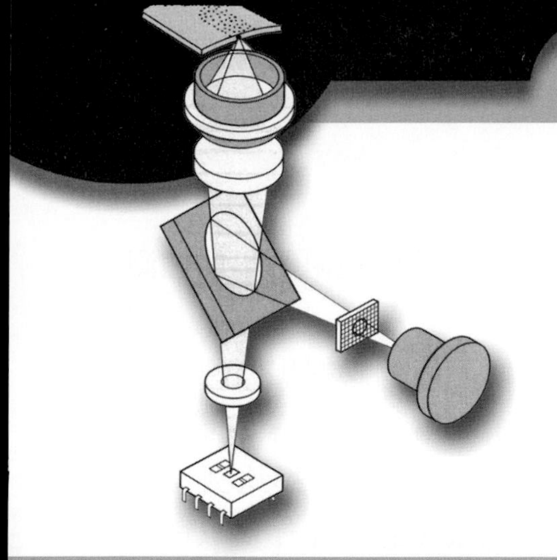

3

如何使用電阻變化的感測元件——感溫電阻 Pt100

事實上除了白金感溫電阻Pt100和NTC及PTC熱敏電阻，會隨溫度而改變其本身的電阻值外，大部份氣體濃度感測器、濕度感測器、壓力或重量感測器……等，都會隨物理量(濃度、濕度、壓力……)而改變其本身的電阻值。

使得怎樣用電阻的大小代表物理量變化的方法，就顯得格外重要。即只要學會怎樣把電阻的大小轉換成電壓高低的方法，那您就能使用所有隨物理量變化而改變其本身電阻值的各種感測元件。

學習目標

1. 學習怎樣把電阻變化，轉換成電壓變化。
2. 各種轉換方法的認識及設計。
3. 認識白金感溫電阻的特性及使用方法。
4. 設計實用的溫度量測系統或控制應用。

圖 3-1 方塊圖中之各單元說明如下：

(1) **電阻變化的感測元件**：如Pt100、NTC、PTC……改變電阻大小的感測器。

(2) **轉換電路**：把電阻大小轉換成電壓高低的電路，我們將提出五種方法供您選用，分壓法、定電流法、電阻電橋法、有源電橋法和頻率改變法。

(3) **參考電源**：目的在讓轉換電路動作穩定且有一個標準的轉換比例。

(4) **放大電路**：爲避免感測元件產生自體發熱的現象，感測元件均以極小的功率損耗爲要求，故其輸出電壓$V(F)$均非常小，所以必須加以放大，以得到適當的輸出電壓。

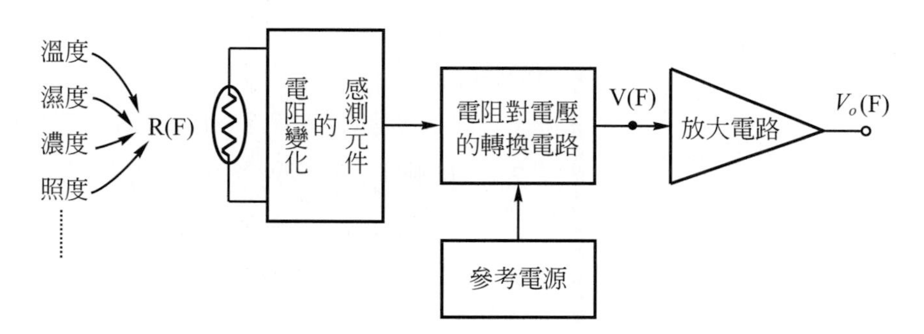

圖 3-1　電阻變化感測器的使用方法

從圖 3-1 很清楚地看到，您要學的項目，應該著重於轉換電路這一部份。只要學會把電阻值$R(F)$的變化，轉換成電壓$V(F)$的變化以後，要怎麼放大，怎麼處理，都可依個人喜好而定。接著我們將著手來談「怎樣把電阻大小，轉換成電壓高低」的方法。再次提醒您，懂了這部份，則往後有關電阻變化的感測元件，將顯得非常容易使用。

3-1 把電阻變化轉換成電壓輸出的方法

電阻變化轉換成電壓輸出的方法非常多，我們整理成 5 大方法。各方法均先以介紹的方式說明之。待往後各章相繼用到的時候，才於各章之中詳加分析。

電阻變化的轉換方法

1. **分壓法**：兩串聯的電阻，其中一個電阻隨物理量而改變時，其分壓將隨之改變。
2. **定電流法**：讓電阻變化的感測元件$R(F)$。流過某一固定電流I_{ref}。當物理量改變時，$R(F)$變化，則其壓降$I_{ref} \times R(F)$也將隨之改變。
3. **電阻電橋法**：把電阻變化的感測元件$R(F)$和其它三個固定電阻，組成惠斯登電橋。當$R(F)$改變時，改變電橋的平衡，則會得到一個不同的電壓輸出。
4. **有源電橋法**：配合 OP Amp 所組成的平衡電橋，使得不同的$R(F)$會得到不同的輸出電壓。
5. **頻率改變法**：把電阻變化的感測器$R(F)$當做RC振盪電路時間常數的控制電阻，則當$R(F)$隨物理量而改變的時候，振盪器的振盪頻率會隨之改變，便能以頻率的大小，代表物理量高低的變化情形。也可使用 V/F(電壓對頻率)的轉換 IC，完成以頻率大小代表物理量的變化。

3-2 電阻變化的轉換方法(一)——分壓法

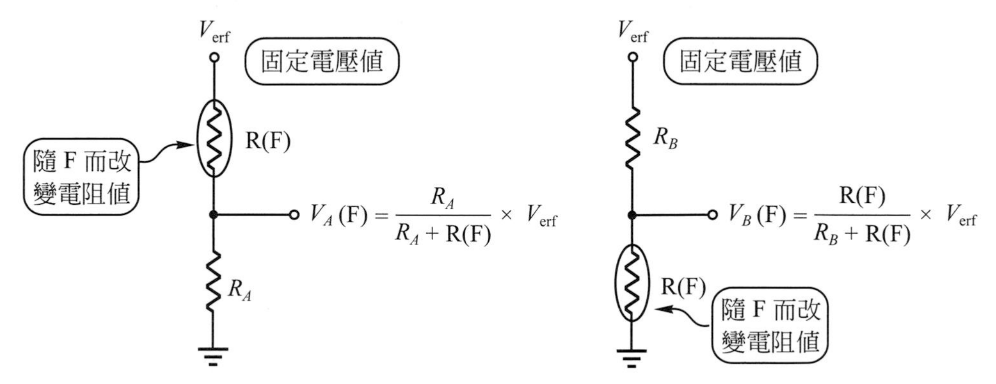

圖 3-2　分壓法之轉換電路

$$V_A(F)=\frac{R_A}{R_A+R(F)}\times V_{\text{ref}}\cdots\cdots\text{不同的}R(F)\text{得到不同的}V_A(F)$$

$$V_B(F)=\frac{R(F)}{R_B+R(F)}\times V_{\text{ref}}\cdots\cdots\text{不同的}R(F)\text{得到不同的}V_B(F)$$

從上面兩個式子清楚地看到，當物理量改變的時候，$R(F)$的阻值將隨F而改變，則得到不同的分壓$V_A(F)$或$V_B(F)$。反過來說，即不同的輸出電壓，代表不同的物理量。

3-3 電阻變化的轉換方法(二)——定電流法

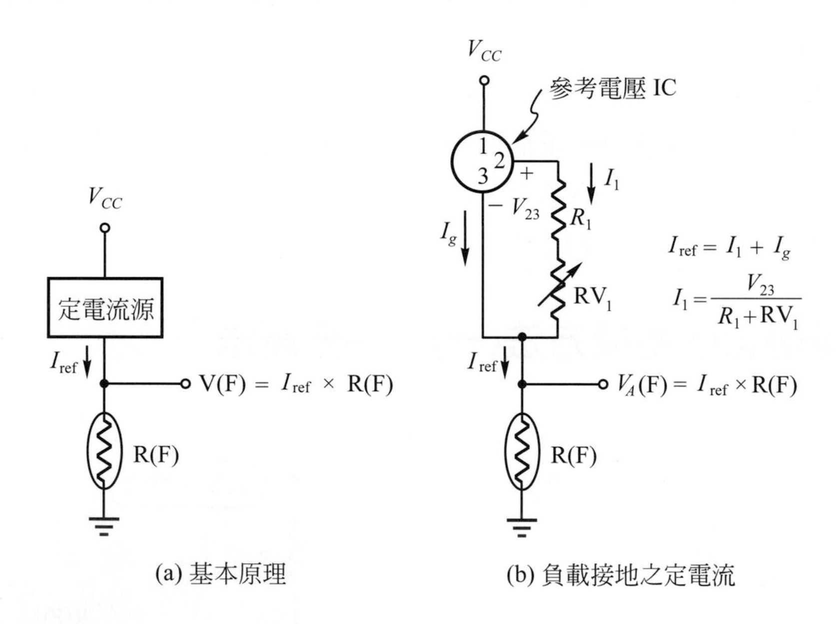

圖 3-3　定電流法之轉換電路

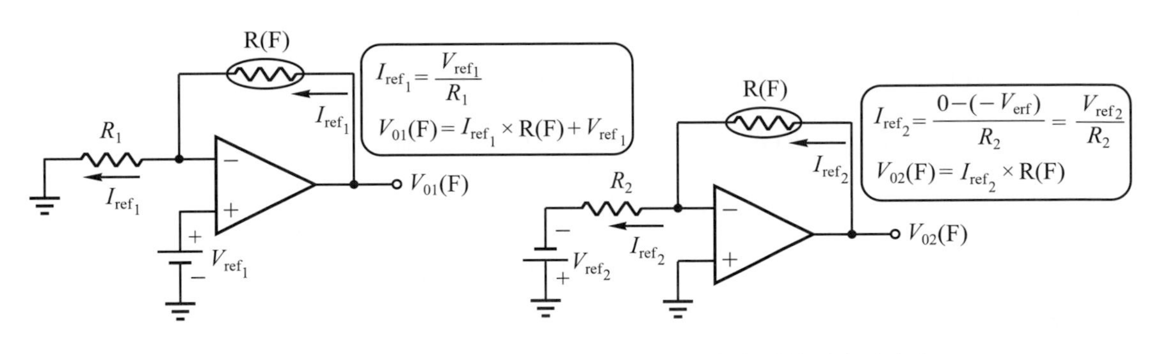

(c) 負載浮接型定電流之(一)　　(d) 負載浮接型定電流之(二)

圖 3-3　定電流法之轉換電路(續)

定電流法轉換的基本原理乃讓電阻變化的感測元件$R(F)$，流過固定電流I_{ref}。則將於$R(F)$上產生相對的電壓降$V(F)$。依定電流源電路的不同可分爲負載接地型和負載浮接型。

圖(b)的說明：

$I_{ref} = I_g + \frac{V_{23}}{R_1 + RV_1}$，$I_g$和$V_{23}$爲定值，故$I_{ref}$爲定電流

$V_A(F) = I_{ref} \times R(F)$……$F$改變，$R(F)$隨之改變，得到不同的$V_A(F)$

圖(c)的說明：

$V_{o1}(F) = I_{ref1} \times R(F) + v_-$，$v_- = v_+ = V_{ref1}$……定電壓源

$= I_{ref1} \times R(F) + V_{ref1}$，$I_{ref1} = \frac{V_{ref1}}{R_1}$……定電流源

故F改變，$R(F)$隨之改變，得到不同的$V_{o1}(F)$

圖(d)的說明：

$$V_{o2}(F) = I_{\text{ref2}} \times R(F) + v_{-}，v_{-} = 0\text{V}$$

$$= I_{\text{ref2}} \times R(F)，I_{\text{ref2}} = \frac{V_{\text{ref2}}}{R_2} \cdots\cdots 定電流源$$

故F改變，$R(F)$隨之改變，得到不同的$V_{o2}(F)$。

從上述的分析說明得知，不同的輸出電壓$V_A(F)$、$V_{o1}(F)$、$V_{o2}(F)$均可代表不同的物理量F。

3-4 電阻變化的轉換方法(三)——電阻電橋法

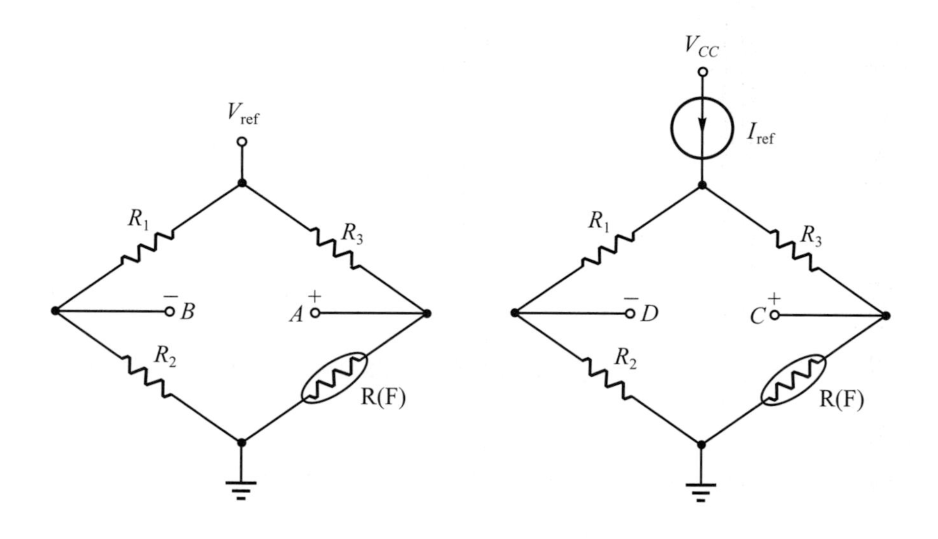

(a) 定電壓驅動　　(b) 定電流驅動

圖 3-4　電阻電橋法之轉換電路

由R_1、R_2、R_3和$R(F)$所組成的電阻電橋，當電橋平衡的時候。即$R_1 \times R(F) = R_2 \times R_3$，對角線電阻相乘，而且相等)。$V_A = V_B$，則$V_{AB} = 0\text{V}$，$V_C = V_D$，則$V_{CD} = 0\text{V}$。只要於電阻電橋的輸出接一個差值放大器，就能得知$V_{AB}$或$V_{CD}$的大小。

圖(a)和圖(b)只是告訴我們，電阻電橋可以用定電壓V_{ref}驅動，也可以用定電流I_{ref}驅動。當物理量(F)改變的時候，將造成電橋不平衡，使得$V_{AB} \neq 0$，$V_{CD} \neq 0$。

$$V_{AB} = \frac{R(F)}{R_3 + R(F)} \times V_{ref} - \frac{R_2}{R_1 + R_2} \times V_{ref}$$

$$V_{CD} = \frac{(R_1 + R_2) \times R(F)}{(R_1 + R_2) + (R_3 + R(F))} \times I_{ref} - \frac{(R_3 + R(F)) \times R_2}{(R_1 + R_2) + (R_3 + R(F))} \times I_{ref}$$

$$= \frac{R_1 \cdot R(F) - R_2 \cdot R_3}{R_1 + R_2 + R_3 + R(F)} \times I_{ref}$$

從上式V_{AB}和V_{CD}兩式子得知，不同的$R(F)$將得到不同的$V_{AB}(F)$和$V_{CD}(F)$。其意乃不同的$V_{AB}(F)$或$V_{CD}(F)$可代表不同的物理量F。

3-5 電阻變化的轉換方法(四)——有源電橋法

由R_1、R_2、R_3、$R(F)$和OP Amp組成圖 3-5 的電路，有一重要的特性當$R_2 = KR_1$，$R_3 = KR(F)$，即$R_1 \times R_3 = R_2 \times R(F)$時，$V_o(F) = 0$，相當於電阻電橋平衡時，其輸出電壓等 0V。但圖 3-5 多了一個 OP Amp，可同時具有放大的作用，所以我們把圖 3-5 的電路稱之為「有源電橋」。圖(a)和圖(b)只是使用極性相反的參考電壓($+V_{ref}$和$-V_{ref}$)當做電路的驅動信號源。我們僅分析圖(a)的結果供您參考。圖(b)的結果$V_{o2}(F)$和圖(a)的結果$V_{o1}(F)$只是相差一個負號。

$$V_{o1}(F) = \left(1 + \frac{R(F)}{R_1}\right) \times v_{(+)} - \frac{R(F)}{R_1} \times V_{ref}\text{，}\quad\text{，}v_{(+)} = \frac{R_3}{R_2 + R_3} \times V_{ref}$$

$$= \left(1 + \frac{R(F)}{R_1}\right) \times \left(\frac{R_3}{R_2 + R_3}\right) \times V_{ref} - \frac{R(F)}{R_1} \times V_{ref}$$

若$R_2 = KR_1$，$R_3 = KR(m)$，當$F = m$時，例如 0℃時，$R(F) = R(0℃)$。

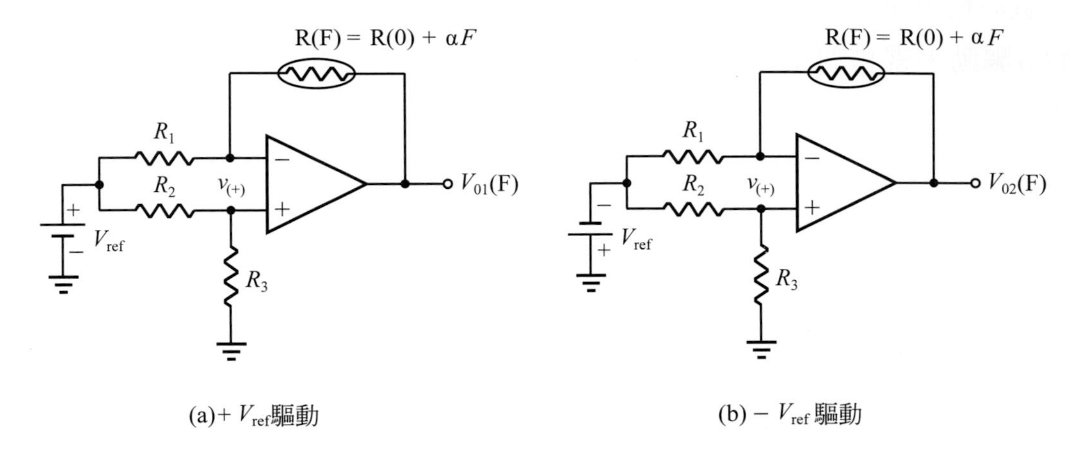

圖 3-5　有源電橋法之轉換電路

$$V_{o1}(m)=\left(\frac{R_1+R(m)}{R_1}\right)\times\left(\frac{KR(m)}{KR_1+KR(m)}\right)\times V_{ref}-\frac{R(m)}{R_1}\times V_{ref}$$

(1)　當$F=m$時，$V_{o1}(m)=0$V——表示物理量在$F=m$的時候，有源電橋爲平衡狀態，對溫度感溫電阻而言，若0℃時(即$m=0$℃)，$R_2=KR_1$，$R_3=KR(0℃)$，則$V_{o1}(0℃)=0$V。

(2)　當$F\neq m$時，$V_{o1}(m)\neq 0$，此時$R(F)=R(m)+\alpha F$

$$\begin{aligned}V_{o1}(F)&=\left(\frac{R_1+R(F)}{R_1}\right)\left(\frac{R_3}{R_2+R_3}\right)\times V_{ref}-\frac{R(F)}{R_1}\times V_{ref}\\&=\left(\frac{R_1+R(m)+\alpha F}{R_1}\right)\left(\frac{KR(m)}{KR_1+KR(m)}\right)\times V_{ref}\\&\quad-\frac{R(m)+\alpha F}{R_1}\times V_{ref}\\&=\frac{R(m)}{R_1}\times V_{ref}+\frac{\alpha F\cdot R(m)}{R_1(R_1)+R(m)}\times V_{ref}-\frac{R(m)}{R_1}\times V_{ref}-\frac{\alpha F}{R_1}\times V_{ref}\\&=-\frac{\alpha F}{R_1+R(m)}\times V_{ref}\text{，而}V_{o2}(F)=+\frac{\alpha F}{R_1+R(m)}\times V_{ref}\end{aligned}$$

從上述的分析得知，有源電橋的特點如下：

1. 有源電橋可設定待測物理量的下限，例如($F=m$)時，得到$V_{o1}(m)=0$，則於物理量的下限值時，其轉換的結果爲 0V。但要達成此種平衡的條件爲$R_2=KR_1$，$R_3=KR(m)$。
2. 最後得知其結果爲$\left(-\dfrac{\alpha F}{R_1+R(m)}\times V_{\text{ref}}\right)$或$\left(\dfrac{\alpha F}{R_1+R(m)}\times V_{\text{ref}}\right)$，不管是正、是負，其中的$\dfrac{V_{\text{ref}}}{R_1+R(m)}=I_{\text{ref}}$，是一項定電流，相當於$V_{o1}(F)=-I_{\text{ref}}\cdot\alpha F$，$V_{o2}(F)=+I_{\text{ref}}\cdot\alpha F$。這表示$V_{o1}(F)$和$V_{o2}(F)$與$F$的關係，是一條通過原點的直線。即轉換的結果和$F$成固定比例的關係。
3. 綜合上述分析，得知有源電橋有兩大優點
   (1) 具電阻電橋可設待測物理量下限的優點。(歸零的優點)
   (2) 具有定電流線性變化的優點。

3-6 電阻變化的轉換方法(五)——頻率改變法

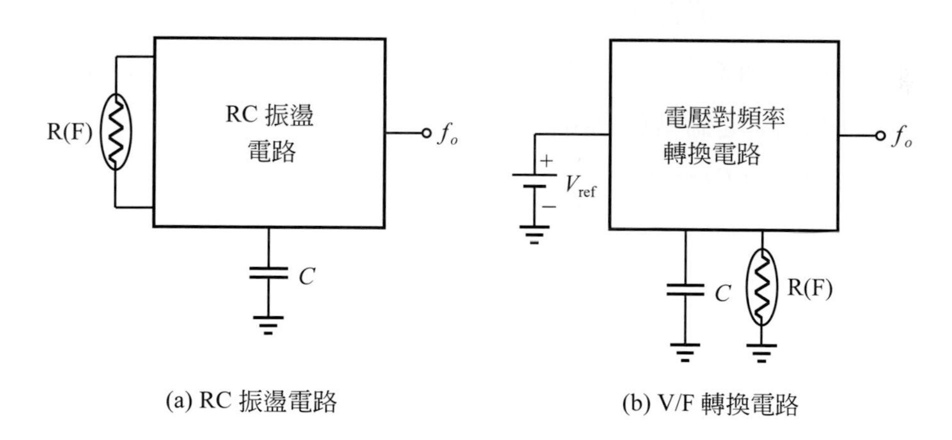

圖 3-6　頻率改變法之系統方塊

一般由RC時間常數所控制的振盪電路，當R改變的時候，其振盪頻率也隨之改變。反之我們以$R(F)$取代R。就能由不同的頻率代表不同的$R(F)$，不同的$R(F)$就代表了不同的F。

也可以拿比較好的 V/F 轉換器來完成電阻對頻率的轉換。輸入固定參考電壓理應得到固定頻率，但當$R(F)$隨F而改變時，頻率也隨之改變。

綜合問題思考

(1) 頻率轉換法的最大優點是什麼？

(2) 想要得到2.50V 和5.00V 的穩定電壓，您會找哪些編號的 IC 來使用呢？各提出三種並繪其接腳圖。

(3) 若有一感測元件，其$R(F)$和F呈線性關係。為什麼分壓法和電阻電橋法的輸出電壓會有非線性失真？

(4) 若電阻變化量非常小的時候，用哪一種轉換方法比較恰當，為什麼？

(5) 設計一個定電流源，使其電流能達100mA。

※注意：一般參考電壓IC所能承受的電流約在10mA以下

(6) 若使用有源電橋當轉換電路，若$R_2 = 3R_1$，$R_3 = 3R(30℃)$，則F等於多少的時候$V_o(F) = 0$。

3-7 白金感溫電阻 Pt100

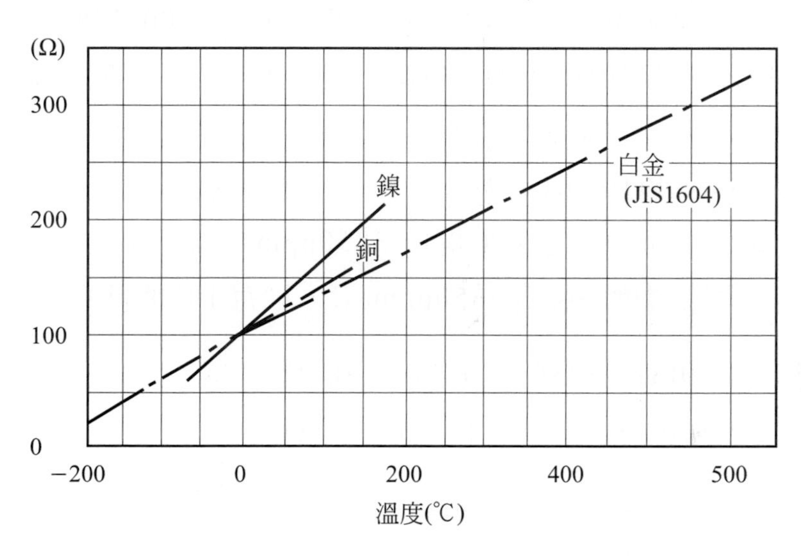

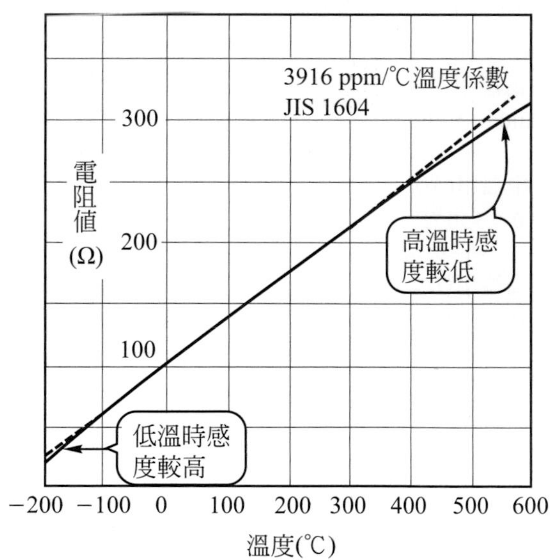

Pt100 溫度對電阻的特性

圖 3-7　白金電阻的溫度特性

從圖 3-7，您可得知白金感溫電阻，隨溫度而變化其阻值的情形。其線性範圍約從－100℃～＋300℃。故被廣泛地應用於各溫度量測和溫度控制的領域中。

從圖表中得知 Pt100 於 0℃時的電阻值為 100Ω。100℃時是 138.5Ω。相當於溫度每變化 1℃，其電阻增加 0.385Ω。而對白金感測電阻而言，我們很少說它的電阻溫度係數是 0.385Ω/℃，而是以 ppm/℃來表示其變化量。除了 Pt100 以外，尚有 Pt500、Pt1000(Pt102)、……常用的電阻溫度係數為 3916ppm/℃(日本規格)、3750ppm/℃(美國規格)、3850ppm/℃(歐洲規格)。以 Pt100 和 Pt102 為例，若電阻溫度係數為 3850ppm/℃，則每 1℃電阻的變化量為

$$\text{Pt100}: 100\Omega \times 3850 \times 10^{-6} = 0.385\Omega$$

$$\text{Pt102}: 1000\Omega \times 3850 \times 10^{-6} = 3.85\Omega$$

名稱	標準電阻Ω	使用溫度範圍	階級	電氣電阻之誤差(Ω)	溫度之誤差℃	額定電流(mA)
Pt100	100	低溫用(L) －200～＋100℃	0.15	±0.06	$pm(0.15+0.0015t)$	2
		中溫用(M) 0～350℃	0.2	±0.06	$\pm(0.15+0.002t)$	
		高溫用(H) 0～500℃	0.5	±0.12	$\pm(0.3+0.005t)$	

0.15 級適用於－200℃～＋100℃屬低溫量測
0.2 級適用於 0℃～350℃屬中溫量測
0.5 級適用於 0℃～500℃屬高溫量測

(a)不同等級的 Pt100

圖 3-8　Pt100 阻抗與溫度的關係

℃	白金測溫電阻體之規格值(Ω)	白金測溫電阻體之最大容許量			
		A 級		B 級	
		Ω	℃	Ω	℃
−200	18.49	±0.24	±0.55	±0.56	±1.3
−100	60.25	±0.14	±0.35	±0.32	±0.8
±0	100.00	±0.06	±0.15	±0.12	±0.3
+100	138.50	±0.13	±0.35	±0.30	±0.8
+200	175.84	±0.20	±0.55	±0.48	±1.3
+300	212.02	±0.27	±0.75	±0.64	±1.8
+400	247.04	±0.33	±0.95	±0.79	±2.3
+500	280.90	±0.38	±1.15	±0.93	±2.8
+600	313.59	±0.43	±1.35	±1.06	±3.3

(b)各種溫度時 Pt100 的阻值(溫度係數：3850ppm/℃)

圖 3-8　Pt100 阻抗與溫度的關係(續)

白金感溫電阻，有線繞式與薄膜式，且爲了能使用於各種場合，因而有各種不同的包裝，茲提供一些實物供您參考，相關說明請參閱全華圖書 02959“感測器應用與線路分析”第六章。

圖 3-9　各種白金感溫電阻實物照片

3-8　Pt100 基本實驗

實驗目的

了解 Pt100 隨溫度而改變其阻值的情形。

實驗項目

兩線式白金電阻 Pt100 之阻抗特性。

實驗線路

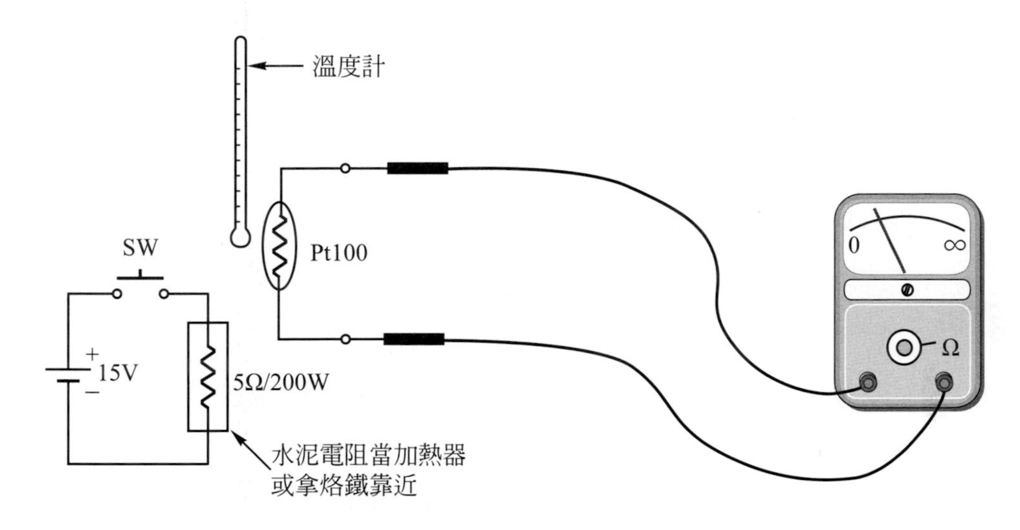

圖 3-10　Pt100 基本實驗接線

實驗線路說明

(1) 準備一支溫度計，能測 0℃～100℃就好。(做實驗嘛)

(2) 用水泥電阻當加熱器，由 SW 控制加熱時間。(小心燙傷)

(3) 備好一個三用電表，指針式或數位式均可。(最好是數位式)

(4) 請先確認您所用的 Pt100 其溫度係數是多少 ppm/℃？

實驗開始

(1) 溫度量測，目前的溫度$T=$ ________ ℃。

(2) 把三用電表切在Ω檔，並做好歸零調整。

(3) 測 Pt100 目前溫度下的電阻值，$R(T)_P=$ ________ Ω。

(4) 計算理論值$R(T)_S=100\Omega+0.385(\Omega/℃)\times T(℃)=$ ________ Ω。

※我們以 3850ppm/℃爲其溫度係數，計算時以您所用的產品規格爲主。

⑸ 比較實際量測的數據$R(T)_P$和理論值$R(T)_S$的誤差

$$誤差量\% = \frac{R(T)_S - R(T)_P}{R(T)_S} \times 100\% = \_\_\_\_\_\_\_\_ \%$$

⑹ 按下SW使溫度上升，並觀察Pt100阻值是否增加？(小心電阻冒煙)。(更要保護自己的小手)

⑺ 鬆開SW，使溫度下降，並觀察Pt100阻值是否下降？

討論分析

⑴ Pt100 於正式的產品中，有兩線式、參線式和四線式的區別，其主要目的何在？

⑵ 若 Pt100 是一個合格的產品，而您所做的實驗誤差卻很大，請問問題出在哪裡？

※提示：量測工具或量測方法或許有問題。

⑶ Pt102 於 250℃時，其電阻值應該是多少呢？其溫度係數為 3850ppm/℃，$R(0℃) = 1000\Omega$。

3-9 轉換電路實驗——定電流法之負載接地型

實驗目的

了解電阻變化轉換成電壓輸出的方法之一。

實驗項目

定電流法負載接地型之轉換電路。

實驗線路

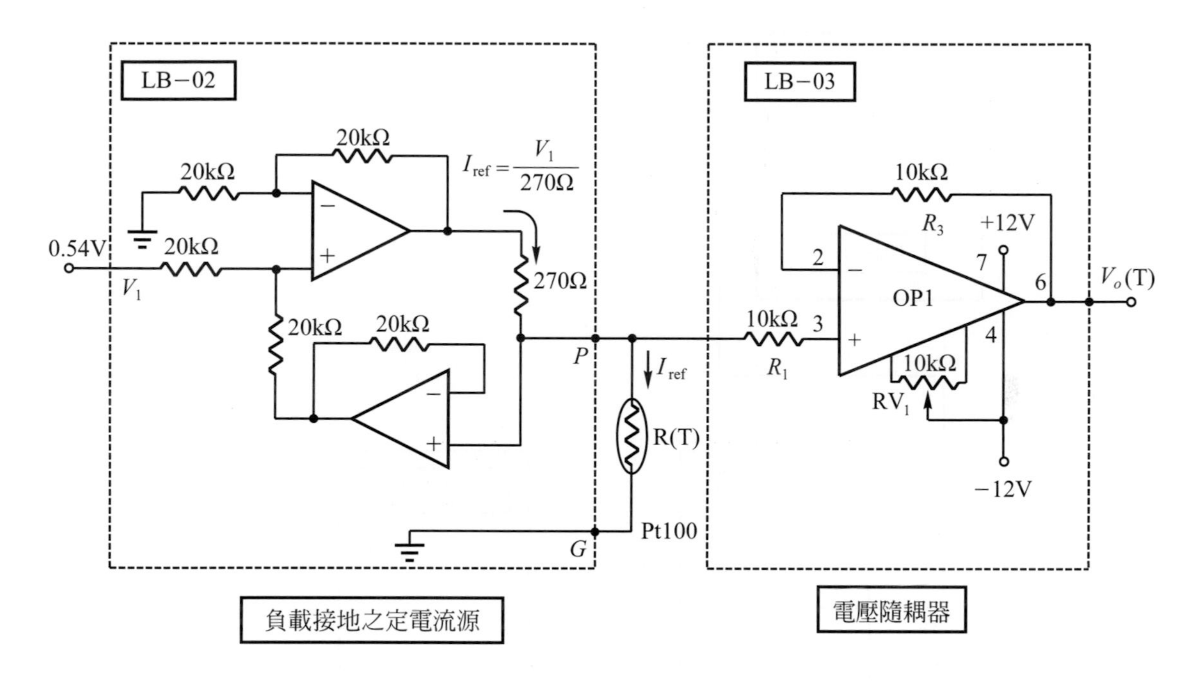

(a) 實驗線路

圖 3-11　Pt100 基本轉換——定電流法

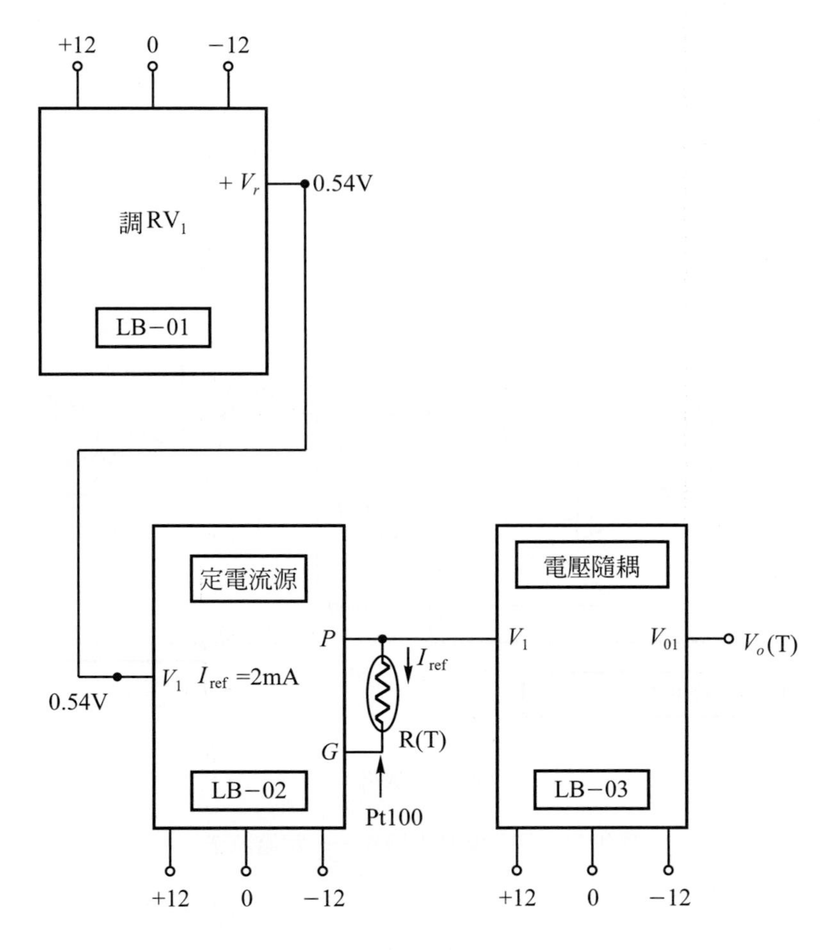

(b) 模組化接線

圖 3-11　Pt100 基本轉換——定電流法(續)

實驗線路說明

(1) 若您有LB-02和LB-03之實驗模板，這個實驗只要把Pt100接到LB-02的P、G兩點。再把P點拉到 LB-03 的V_1就完成整個實驗的接線。而0.54V由LB-01的＋V_r提供。

(2) 有關LB-02負載接地型定電流源，我們不再做詳細分析，請參閱LB-02之線路分析，(附錄A-5)有詳細的說明。

(3) OP1、R_1、R_3(10kΩ)，RV_1(10kΩ)構成電壓隨耦器。因具有極高的輸入阻抗，則不會對I_{ref}造成分流的負載效應。

實驗開始

(1) 調LB-01的RV_1，使$+V_r = 0.54$V，並加到LB-02的V_1，使流經Pt100的電流$I_{ref} = 2.00$mA(注意精確度)。(用電流表測$I_{ref} = 2$mA)

(2) 用粗密可調電阻，調成100Ω，並取代Pt100。(記得拆下Pt100)

(3) 測$V_o(T)$的大小，$V_o(T)=$________。

(4) 計算理論值，100Ω代表0℃，則$V_o(0℃) = 100Ω \times 2mA = 0.2V$

(5) 若$V_o(0℃) \neq 0.20V$，調LB-03的RV_1，使$V_o(0℃) = 0.20V$

(6) 換回原來的Pt100。(記得拆下精密可調電阻)

(7) 量測目前的溫度$T=$________℃。

(8) 量測目前$V_o(T)_P=$________V。

(9) 驗證一下，和理論值差了多少？

※理論值$V_o(T)_S = [100Ω + 0.385(Ω/℃) \times T(℃)] \times 2mA$

(10) 改變溫度，並量測$V_o(T)$。(多少℃就多少℃，不必刻意安排)

T									℃
$V_o(T)$									V

討論分析

(1) 若LB-01的$+V_r$被調成0.27V時，$I_{ref} =$？mA

(2) 若$I_{ref} \times R(T) = 0.3V$，而$V_o(T) \neq 0.3V$，應如何修正之？

(3) 限制I_{ref} ＝ 2mA，則每 1℃所改變的電壓實在太小，為什麼不改用50mA，道理何在？

(4) 若不用LM741而改用溫度漂移比較小的OP27(AD公司)時，線路應如何修正呢？

(5) 若溫度T＝60℃，則V_o(60℃)＝________V。

(6) 理論上，每1℃ $V_o(T)$的改變量為2mA × 0.385Ω＝0.77mV。應於其後加什麼電路，使得最後結果是10mV/℃的增量。

3-10 轉換電路實驗——定電流法之負載浮接型

實驗目的

了解電阻變化轉換成電壓輸出的方法之二。

實驗項目

負載浮接之定電流轉換電路。

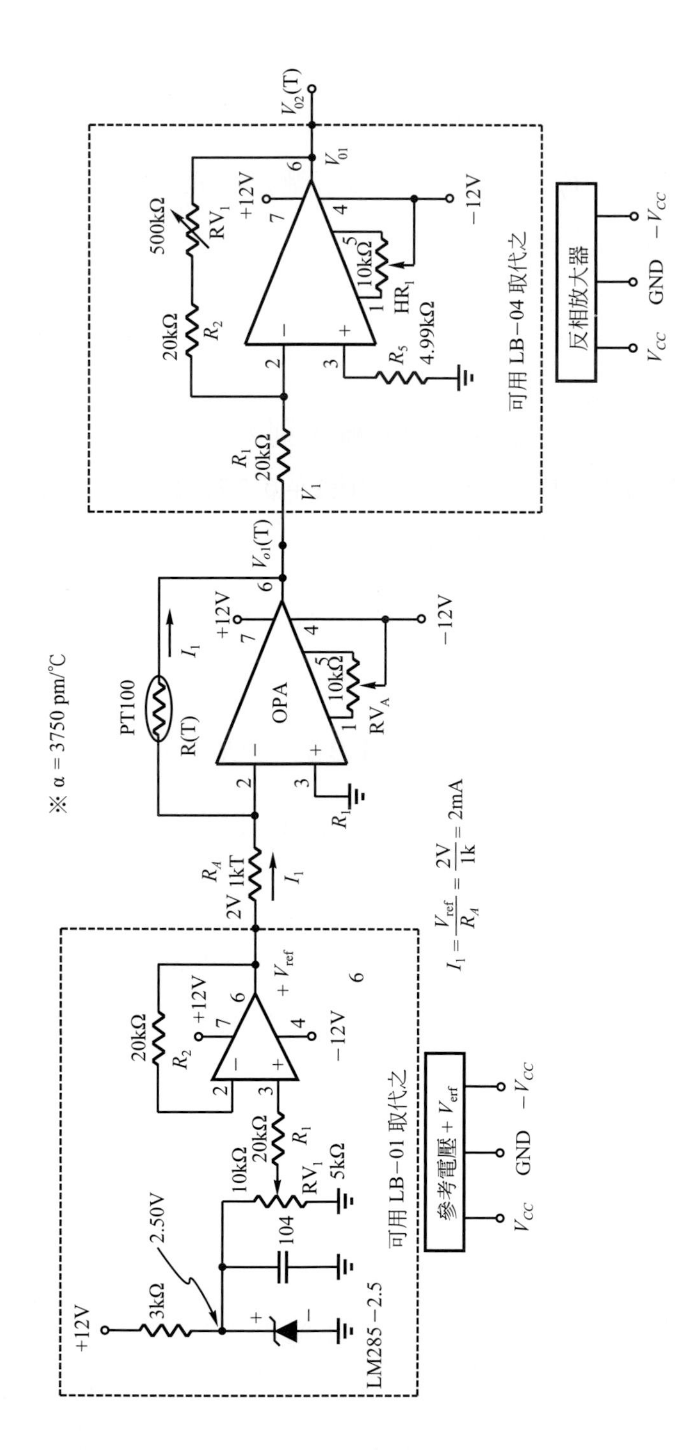

圖 3-12　Pt100 定電流法負載浮接型轉換電路

實驗線路說明

(1) 利用 LB-01 所產生的 $+V_r$，提供給 OPA 當做定電壓源。

(2) 電路中的I_1是一個定電流源，因

$$I_1=\frac{V_{\text{ref}}-v_{(-)}}{R_A}=\frac{V_{\text{ref}}}{R_A}\text{，}\cdots\cdots V_{\text{ref}}\text{定電壓，}v_{(-)}=v_{(+)}=0$$

(3) $V_{O1}(T)=-I_1\times R(T)$ ，若採美規系統，則$\alpha=0.375\Omega/℃$

$$=-I_1\times[R(0)+\alpha T]=-I_1\times[100\Omega+0.375(\Omega/℃)\times T(℃)]$$

(4) $R_A=1\text{k}\Omega$，$V_{\text{ref}}=2\text{V}$ 時，$I_1=2\text{mA}$

$$V_{O1}(T)=-2\text{mA}\times[100\Omega+0.375(\Omega/℃)\times T(℃)]$$
$$=-0.2\text{V}-0.75(\text{mV}/℃)\times T(℃))$$

(5) 把 LB-04 的放大率設定爲(-4)倍，調 LB-04 的RV_1，則

$$V_{O2}(T)=-4\times[-0.2\text{V}-0.75(\text{mV}/℃)\times T(℃)]$$
$$=0.8\text{V}+3(\text{mV}/℃)\times T(℃)$$

(6) 即 0℃時，$V_{O2}(T)=0.8\text{V}$，往後溫度每上升 1℃，$V_{O2}(T)$就增加 3mV。

(7) 若$+V_{\text{ref}}$改用$-V_{\text{ref}}=-2.0\text{V}$，則可把LB-04 反相放大器，改用LB-05 之同相放大器，也會得到相同的結果。

模組化實驗接線

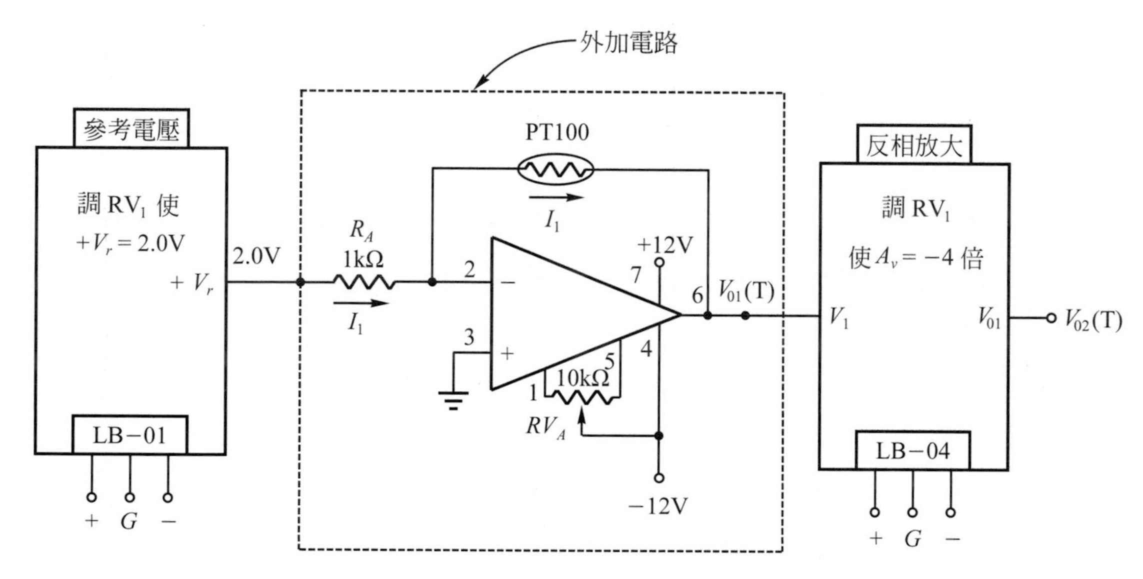

圖 3-13　模組化之實驗接線

實驗開始

※若改用歐洲系統，α修正為3850ppm/℃。

(1) 當R_A= 1kΩ時，調V_{ref}= 2.0V，則I_1= 2mA。但因R_A有誤差存在，又OPA 也有極微小的偏壓電流，致使V_{ref}= 2.0V 時，$I_1 \neq$ 2mA。故最好是調RV_1時，不測V_{ref}的大小，而測I_1的大小，並調動RV_1使I_1得到2mA。

(2) 用一個精密可調電阻，把它調到100Ω，並取代Pt100。(記得要拆下白金電阻 Pt100)

(3) 測 $V_{O1}(T)$=________V，理論上，此時所用的100Ω，乃代表Pt100於0℃ 的電阻值，其輸出電壓為−2mA × 100Ω = −0.2V，若所測得的V_{O1}(0℃)不是−0.2V，則可調RV_A修正之。

(4) 測$V_{O2}(T)=$ ________ V，(請事先調好反相放大器的放大率爲－4倍)。

(5) 理應$V_{O2}(T)=(-0.2\text{V})\times(-4)=0.8\text{V}$，若所測得的$V_{O2}(T)$不是＋0.8V，則調LB-04中的$HR_1$修正之。

(6) 取下100Ω的代用品，把Pt100接回去。

(7) 改變量測溫度，並同時記錄各溫度的$V_{O1}(T)$和$V_{O2}(T)$。

溫度								℃
$V_{O1}(T)$								V
$V_{O2}(T)$								V

討論分析

(1) 該實驗若錯把Pt102當做Pt100使用時，20℃的輸出電壓 $V_{O1}(20℃)=$ ________ V，$V_{O2}(20℃)=$ ________ V。

(2) 試分析您所做的實驗，$V_{O2}(T)$每1℃的變化量是多少？

(3) 若您沒有LM285-2.5，而卻有AD580(參考電壓IC)，您會怎樣設計以得到2mA的定電流(即使用LB-01之定電壓源$+V_{ref}=2\text{V}$就可以)。

(4) 若想0℃時，得到$V_{O2}(0℃)=0\text{V}$，而不是0.8V，應該如何設計該電路？

① OPA的主要功用是什麼？

② OPB所組成的電路是哪一種放大器？

③ 寫出$V_{O1}(T)$、V_{ref2}和$V_{O2}(T)$的關係式。即$\dfrac{V_{O2}(T)}{V_{O1}(T)-V_{ref2}}=$ ________ 倍。

④ 0℃時，$V_{O1}(T)=$ ________ V，$V_{O2}(T)=$ ________ V。

⑤ 溫度每變化1℃時，$V_{O1}(T)$和$V_{O2}(T)$各變化多少伏特？

⑥ RV_A和RV_B主要的功用是什麼？

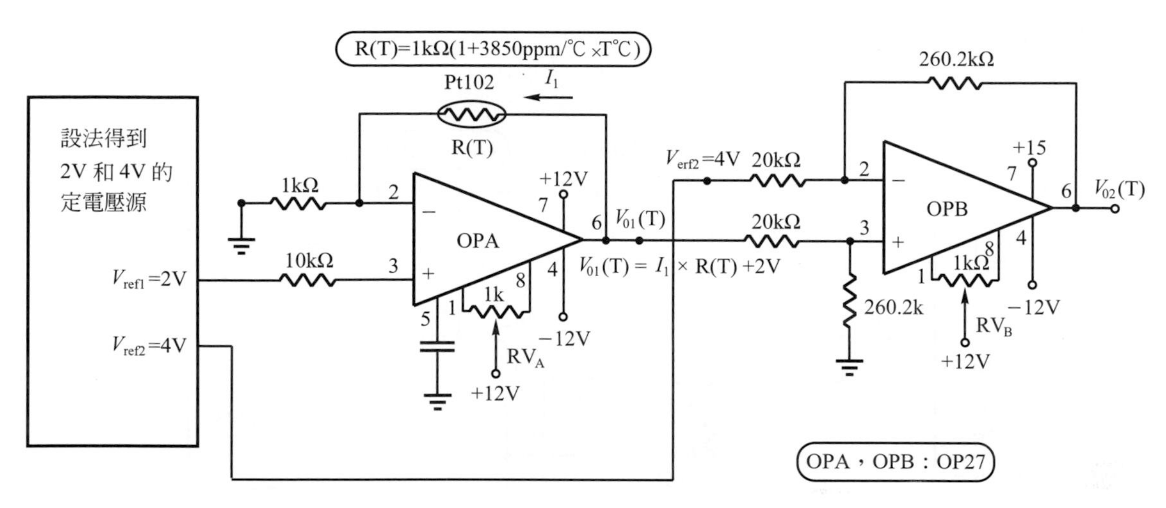

圖 3-14　Pt102 之溫度量測電路(未完成)

⑦　流過 Pt102 的電流是多少？I_1 = ________ mA。

⑧　請設計 2V 和 4V 的定電壓源，以完成該電路。

3-11　轉換電路實驗——有源電橋法

實驗目的

了解電阻變化轉換成電壓輸出的方法之三。

實驗項目

有源電橋法。

實驗線路

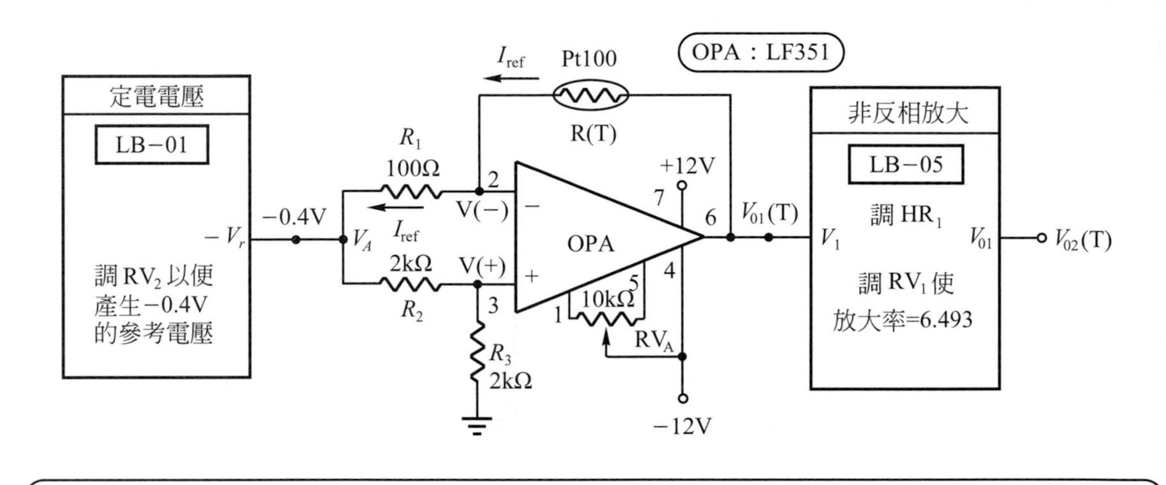

圖 3-15　有源電橋轉換電路(請繪完整線路)

實驗線路說明

⑴　圖 3-15 尚缺少定電壓源和非反相放大器的電路，請您依自己的方式或參考LB-01 和LB-05 的電路，把整個完整的實驗電路都繪出來。(玩一下積木遊戲吧！)(可用電腦繪圖，用手畫時，一定要用尺和圖板)

⑵ 我們談過，當有源電橋平衡的時候，其輸出電壓為 0V，若希望 0℃時為 0V 輸出，則必須$R_2 = K R_1$，$R_3 = K R(0℃)$。目前OPA的電路，我們看到$R_2 = 20R_1$，$R_3 = 20R(0℃)$。所以 0℃時，$V_{O1}(0℃)$一定為 0V。茲分析證明如下：

$$V_{O1}(T) = I_{\text{ref}} \times R(T) + v_{(-)}\text{，}v_{(-)} = v_{(+)}$$

$$v_{(+)} = \frac{R_3}{R_2 + R_3} \times V_A\text{，}I_{\text{ref}} = \frac{v_{(-)} - V_A}{R_1} = \frac{v_{(+)} - V_A}{R_1}$$

$$V_{O1}(T) = \left(\frac{v_{(+)} - V_A}{R_1}\right) \times R(T) + \frac{R_3}{R_2 + R_3} \times V_A$$

$$= \left(\frac{\frac{R_3}{R_2 + R_3} V_A - V_A}{R_1}\right) \times R(T) + \frac{R_3}{R_2 + R_3} V_A$$

$$= \left(\frac{-R_2}{R_2 + R_3}\right) \frac{R(T)}{R_1} V_A + \frac{R_3}{R_2 + R_3} V_A$$

① $T = 0℃$時，$R_2 = 20R_1$，$R_3 = 20R(0℃)$，則

$$V_{O1}(0℃) = \frac{-20R_1}{20R_1 + 20R(0℃)} \times \frac{R(0℃)}{R_1} \times V_A + \frac{20R(0℃)}{20R_1 + 20R(0℃)} \times V_A = 0\text{V}$$

② $T \neq 0℃$時，依然保有$R_2 = 20R_1$，$R_3 = 20R(0℃)$，$R(0℃) = 100\Omega$

$$V_{O1}(T) = \frac{-R(T)}{R_1 + R(0℃)} \times V_A + \frac{R(0℃)}{R_1 + R(0℃)} \times V_A\text{，}R(T) = R(0℃) + \alpha T$$

$$= \frac{-(R(0℃) + \alpha T)}{R_1 + R(0℃)} V_A + \frac{R(0℃)}{R_1 + R(0℃)} \times V_A$$

$$= \frac{-V_A}{R_1 + R(0℃)} \times \alpha T = \frac{-(-0.4)\text{V}}{100\Omega + 100\Omega} \times 0.385(\Omega/℃) \times T(℃)$$

$$= +0.77(\text{mV}/℃) \times T(℃) \cdots\cdots (\alpha = 3850\text{ppm}/℃)$$

表示溫度每上升 1℃，$V_{O1}(T)$就增加 0.77mV，這個電壓變化似乎太小了，所以我們才把它加以放大。

若希望最後的結果爲溫度每變化 1℃，$V_{O2}(T)$改變 5mV，則該放大器的放大率必須設定爲

$$A_V=\frac{5\text{mV}}{0.77\text{mV}}=6.493\text{ 倍}$$

若使用 LB-05 非反相放大模板時，只要調一下 LB-05 裡面的RV_1，就能設定該放大器的放大率了。即先讓 LB-05 的V_1爲 1V，然後調RV_1使$V_o=6.493$V，則其放大率便是 6.493 倍。

實驗開始

(1) 設法提供－0.4V 的定電壓給 OPA 使用，當使用 LB-01 時，則可由其上的$-V_r$輸出腳得到－0.4V。調 LB-01 的RV_2，使$(-V_r)$輸出－0.4V。

(2) 用精密可變電阻調成 100Ω，並取代 Pt100。(拆下 Pt100)

(3) 測$V_{O1}(T)$，和$V_{O2}(T)$，$V_{O1}(T)=$________，$V_{O2}(T)=$________。

※因是以 100Ω取代之，表示此時溫度代表 0℃，若電橋平衡時，$V_{O1}(T)=0$，$V_{O2}(T)=0$V。此時可以調一下RV_A看看，使$V_{O1}(T)=0$V，調 LB-05 的HR_1，使$V_{O2}(T)=0$V。

(4) 把精密可變電阻改調成 138.5Ω，並取代 Pt100。

(5) 測$V_{O1}(T)$和$V_{O2}(T)$，$V_{O1}(T)=$________，$V_{O2}(T)=$________。

※因是以 138.5Ω取代之，表示電阻增加 38.5Ω 則T代表 100℃，$V_{O2}(T)$應該爲 5mV/℃ × 100℃ = 500mV = 0.5V，若$V_{o2}(T)\neq 500$mV，則調 LB-05 的RV_1修正之。

(6) 拆下 138.5Ω的可調電阻，把 Pt100 接回去。

(7) 改變操作溫度，並記錄各溫度時的輸出電壓。

T									℃
$V_{O1}(T)$									V
$V_{O2}(T)$									V

討論分析

(1) 從您所做的實驗記錄去分析，溫度改變 1℃時，$V_{O1}(T)$、$V_{O2}(T)$的改變量，各是多少？

(2) 若想得到 50mV/℃的變化量，線路應如何修改呢？

(3) 若$R_2 = 10R_1$，$R_3 = 10R(0℃)$時，$V_{O2}(T) = 0$V 時，$T=$ ________ ？

(4) 若$R_2 = 20R_1$，$R_3 = 20R(50℃)$，$V_{O2}(T) = 0$V 時，$T=$ ________ ？

(5) 試說明有源電橋法具有哪些優點？

3-12 0°C～500°C白金電阻溫度計——(專題製作)

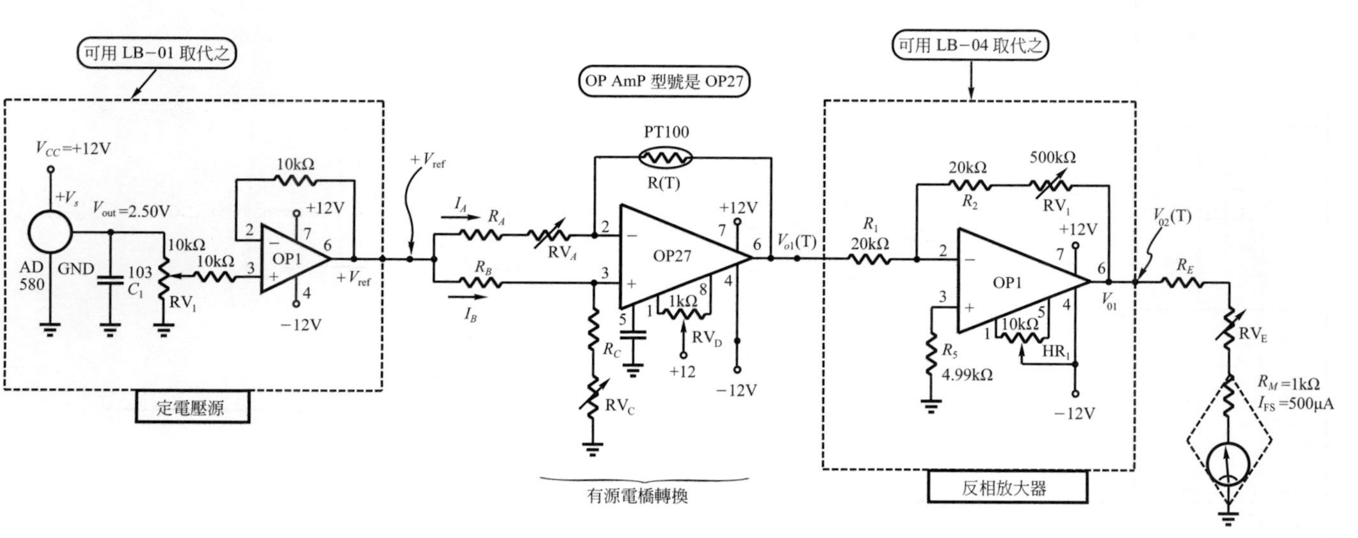

圖 3-16 0°C～500°C Pt100 溫度計基本電路

電路系統分析

(1) 定電壓源：產生穩定的正參考電壓 $+V_{ref}$ 給有源電橋使用。

(2) 有源電橋：把 Pt100 電阻的變化量轉換成電壓值 $V_{O1}(T)$ 輸出。

(3) 反相放大：調整放大率以得到適當大小的 $V_{O2}(T)$。

(4) 溫度指示：目前本電路以內阻 $R_M = 1\text{k}\Omega$ 及滿刻度電流 $I_{FS} = 500\mu\text{A}$ 的電流表爲溫度指示器，亦可使用 A/D。

這些電路我們已經都學過了，可被看成是一塊塊積木，您只是把這些積木串在一起，再施以必要的調整，就能完成一個實用的溫度量測電路。所以說只要把基礎的搞懂，其它的工作只是遊戲的一部份，沒有什麼了不起。深信您能完成由自己設計線路的心願。

圖 3-16 中各部份的電路和各元件的規格，不見得要如本人所選用的電路，您可以依您的喜好和方便，決定要怎麼設計。說得乾脆一點：『電路設計乃是不擇手段達到目的』，利己不損人的工作。即『自己開發，不做仿冒』。

定電壓源的分析

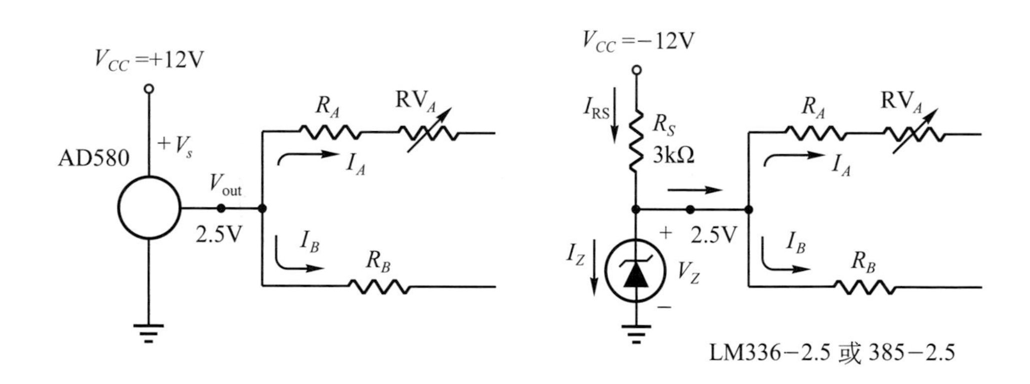

(a) AD580 之定電壓源　　(b) LM336−2.5 之定電壓源

圖 3-17　兩種不同的定電壓源

在圖 3-16 中，我們可用 LB-01 模板中的定電壓源 $+V_r$ 取代 AD580 和 OP1 電路，但經常在產品設計的考慮項目中，「成本的考慮」是一項很重要的因素。如果所使用的參考電壓 IC(如 AD580、LM385-2.5……)已有能力供應所需的驅動電流時，就不必浪費錢去多加一個 OP Amp 當緩衝器。所以把 LB-01 改成如圖 3-17。

反過來考慮，就是讓 I_A 和 I_B 的電流小一點，那就能確保參考電壓 IC(AD580 或 LM385-2.5)可穩定地工作。圖 3-17 我們特意提出兩種產生定電壓的方法，其目的乃在提醒您，不必照著別人的圖去做，只要您了解，您有其它零件，您都可以隨心所欲，做您喜歡、您熟悉的方法。

AD580 目前不作太多說明，於今只對 LM385-2.5 的使用事項分析。LM385-2.5 可看成是一個極穩定的齊納二極體(Zener Diode)，I_Z 的動作範圍約 20μA～20mA。意思是說 LM385-2.5 所流過的電流在 20μA～20mA 之間時，其兩端的電壓 V_Z，均保持在 2.5V。

避免 I_A 和 I_B 太大，故令 $I_A+I_B<2\text{mA}$，且限制 I_Z 的電流爲 2mA。

$$I_{R_S}=I_Z+(I_A+I_B)=4\text{mA}$$

$$I_{R_S}=\frac{V_{CC}-V_Z}{R_S}，R_S=\frac{V_{CC}-V_Z}{I_{R_S}}=\frac{15\text{V}-2.5\text{V}}{4\text{mA}}=3.125\text{k}\Omega$$

故選用 $R_S=3\text{k}\Omega$ 的電阻。一定有足夠的電流提供給 I_A、I_B。

當然您限制 I_Z 在 1mA、0.5mA……都可以讓參考電壓 I_C 正常動作。但避免太小(如 20μA、50μA、……)及太大(10mA、20mA)。

有源電橋的分析

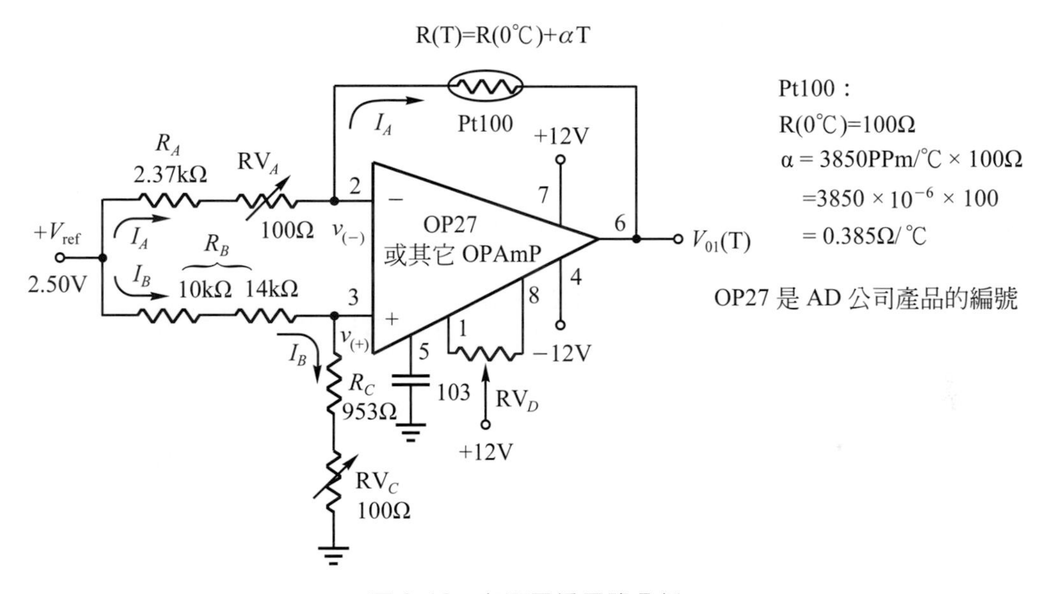

圖 3-18　有源電橋電路分析

希望流經Pt100的電流能被限制在2mA以下，以免因電流太大，而使Pt100產生自體發熱的現象。我們就先令流經 Pt100 的電流爲 1mA。接著我們來分析有源電橋上，每一個電阻的阻值應該是多少歐姆？

(1)　電橋平衡決定$(R_C + RV_C)$的大小

有源電橋平衡時，其輸出電壓$V_{O1}(T) = 0$V。若希望 0℃時的輸出電壓$V_{O1}(0℃) = 0$V。則必須$R_B = K(R_A + RV_A)$，$(R_C + RV_C) = K\,R(0℃)$，若選$K = 10$，又$R(0℃) = 100\Omega$，則$(R_C + RV_C) = 10 \times 100\Omega = 1000\Omega$。爲使所用的 1000Ω非常正確，所以我們用固定的$R_C = 953\Omega$和可變$RV_C = 100\Omega$，來完成 1000Ω的設定。故RV_C是歸零調整。

⑵ 電流的設定決定R_A、R_B的大小

我們已經設定$I_A = 1\text{mA}$，而I_A應由下式計算得知

$$I_A = \frac{V_{\text{ref}} - v_{(-)}}{(R_A + RV_A)}\text{，}V_{\text{ref}} = 2.5\text{V}\text{，}v_{(-)} = v_{(+)} = \frac{(R_C + RV_C)}{R_B + (R_C + RV_C)} \times V_{\text{ref}}$$

$$1\text{mA} = \frac{V_{\text{ref}}}{(R_A + RV_A)} - \frac{1}{(R_A + RV_A)}\left(\frac{(R_C + RV_C)}{R_B + (R_C + RV_C)} \times V_{\text{ref}}\right)$$

$$= \frac{2.5\text{V}}{(R_A + RV_A)} - \frac{1}{(R_A + RV_A)}\left(\frac{1000\Omega}{10(R_A + RV_A) + 1000\Omega}\right) \times 2.5\text{V}$$

$$= \frac{2.5\text{V}}{(R_A + RV_A)}\left[\frac{10(R_A + RV_A)}{10(R_A + RV_A) + 1000\Omega}\right]$$ ，所以可計算得知

$R_A + RV_A = 2.4\text{k}\Omega$，故選用固定電阻$R_A = 2.37\text{k}\Omega$，可變電阻$RV_A = 100\Omega$，而$R_B = 10(R_A + RV_A) = 24\text{k}\Omega$，找不到正好爲24kΩ的電阻，故以10k串聯14k組成$R_B = 24\text{k}\Omega$。

⑶ 電流的設定也決定了每1℃電壓的變化量

Pt100每1℃電阻的變化量爲0.385Ω。而此電路所設定的電流爲1mA。所以$V_{O1}(T)$電壓的變化量爲

$$|\Delta V_{O1}(T)| = |V_{O1}(T+1) - V_{O1}(T)|$$

$$= 1\text{mA} \times 0.385\Omega = 0.385\text{mV}$$ ……每1℃的變化量

我們已知道$(R_A + RV_A)$的大小會改變$I_A = 1\text{mA}$的數値，所以若於500℃時欲做滿刻度的調整，可調RV_A以得到$V_{O1}(500℃)$的正確電壓輸出。

反相放大器的分析

因爲$V_{O1}(T) = -I_A \times R(T) + v_{(-)}$，$v_{(-)} = v_{(+)} = \dfrac{R_C + RV_C}{R_B + (R_C + RV_C)} \times V_{\text{ref}} = 0.1\text{V}$

$$= -1\text{mA} \times (100\Omega + 0.385(\Omega/℃) \times T(℃)) + 0.1\text{V}$$

$$= -0.385(\text{mV}/℃) \times T(℃)$$

即溫度每上升1℃，$V_{O1}(T)$會下降0.385mV，即$V_{O1}(T)$爲負電壓，故於其後再加一個反相放大器，使$V_{O2}(T)$爲正電壓輸出。

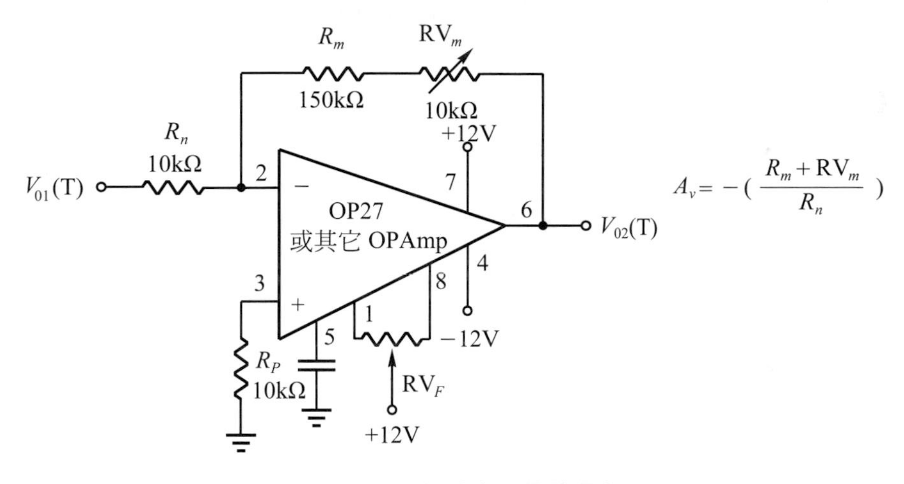

圖 3-19　反相放大器電路分析

要用多大的放大率，可由500℃時，您希望$V_{O2}(T)$等於多少來決定。若500℃時，$V_{O2}(T) = 3\text{V}$，那麼放大率爲

$$A_V = \frac{V_{O2}(T)}{V_{O1}(T)} = \frac{3\text{V}}{-0.385(\text{mV}/℃) \times 500(℃)} = -15.584 \text{倍}$$

$$-15.584 = -\left(\frac{R_m + RV_m}{R_n}\right)$$

先設R_n的大小。必須考慮R_n若太小，將對有源電橋造成負載效應，一般爲數kΩ～數拾 kΩ。故設$R_n = 10\text{k}\Omega$(要其它值亦可)。當$R_n = 10\text{k}\Omega$時，$R_m + RV_m = 155.84\text{k}\Omega$，故選用$R_m = 150\text{k}\Omega$及用可變電阻$RV_m = 10\text{k}\Omega$，便能調$RV_m$使$R_m + RV_m = 155.84\text{k}\Omega$。

您若用LB-04的反相放大器，則只要調LB-04的RV_1，使其放大率爲-15.584倍就可以。R_p爲降低偏壓電流對電路的影響，$R_p \approx R_n /\!/ (R_m + RV_m) \approx 10\text{k}\Omega$。

指示電路的分析

500℃時$V_{o2}(500℃) = 3\text{V}$。此時的3V必須使電流表指在500μA，做滿刻度的偏轉，所以

$$I_{FS} = \frac{3\text{V}}{(R_E + RV_E) + R_M} = 500\mu\text{A}，(R_E + RV_E) + 1\text{k}\Omega = 6\text{k}\Omega，$$

$R_E + RV_E = 5\text{k}\Omega$，故選用$R_E = 4.7\text{k}\Omega$，$RV_E = 500\Omega$之可變電阻。

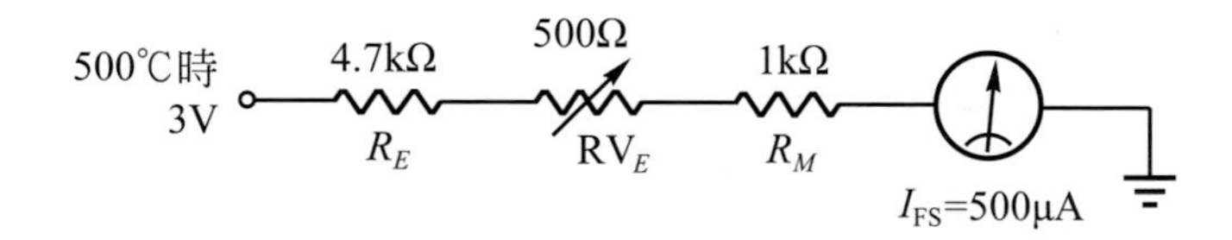

圖 3-20　指示器電路分析

調校步驟

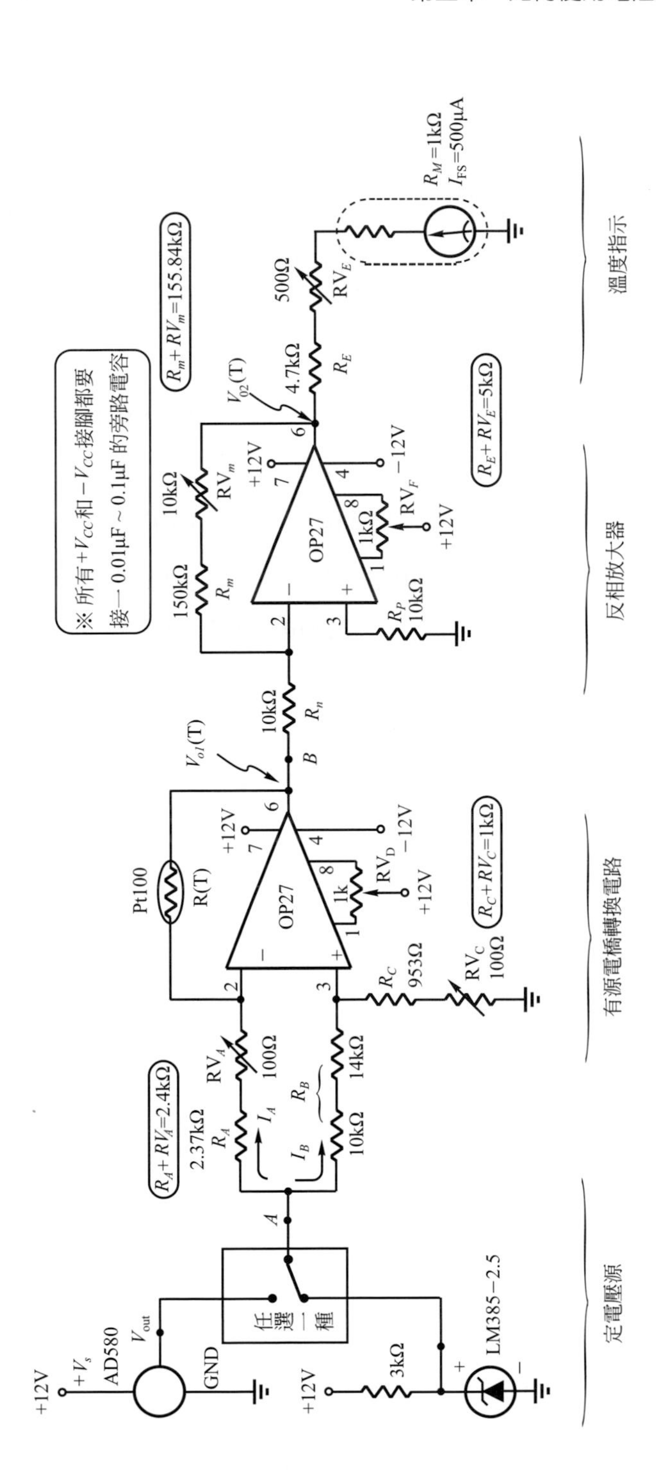

圖 3-21　0°C～500°C Pt100 溫度量測線路

(1) 確定V_{ref}是否等於2.50V，或量$I_A = 1\text{mA}$則更準確。

(2) 拆掉V_{ref}，把A點接地，調RV_D，使$V_{O1}(T)=$ 0V，並調RV_F使$V_{o2}(T)=$ 0V，此乃對OP Amp做抵補調整也。

(3) 拆掉A點接地，並接回V_{ref}，準備校正工作的進行。

(4) 用精密可調電阻，調成100.0Ω，並取代Pt100(拆下Pt100)(代表0℃)。

(5) 調RV_C，使$V_{O1}(T)=$ 0V……(歸零校正)

(6) 用精密可調電阻，調成292.5Ω，並取代Pt100(拆下Pt100)(代表500℃)。

(7) 調RV_A，使$V_{O1}(T)=-192.5\text{mV}$……(滿刻度校正：$V_{O1}(T)$)

(8) 調RV_m，使$V_{O2}(T)=3.00\text{V}$……(滿刻度校正：$V_{O2}(T)$)

(9) 重複(4)～(8)的步驟，使 0℃(100Ω)時，V_{o1}(0℃)，V_{O2}(0℃)= 0V，及500℃(292.5Ω)時，V_{O1}(500℃)= −192.5mV，V_{O2}(500℃)= 3.00V。

(10) 把500μA電流表上的「μA」改成「℃」的單位。

上述調校方法乃是以電阻取代方式進行調校。若能以實際溫度，取得 0℃和500℃的環境進行調校，那將更好。

問題討論

(1) 請您以LB-01和LB-04取代圖3-21的是定電壓源和反相放大器，然後把新的線路繪出來。

(2) 若500℃時希望$V_{O2}(T)=5\text{V}$，則反放大器的放大率應該多少？

(3) 500℃時，$V_{O2}(T)=5\text{V}$，則$(R_E+RV_E)=$？

(4) $R_A+RV_A=$ 2.4kΩ，理應用一個 3.0kΩ的可變電阻，就可以調整得到2.4kΩ。爲什麼此時要用一個較大的固定電阻，串聯較小的可變電阻呢？

(5) 若希望完成250℃±5℃的恆溫控制，其電路應如何設計？

3-13 熱敏電阻的使用和應用

在許多只在乎定點溫度的應用系統中，並不要求所有量測的溫度範圍都必須是線性的變化。就不必使用價格較貴的Pt100、AD590、LM35……等產品。而是使用價格約台幣1～2元的熱敏電阻。(或溫度開關，於第五章說明)。例如開水飲用機，最在意的溫度值是100℃，只要加熱能達100℃，其它保溫時的溫度值就不太在意了。此時使用熱敏電阻一定能偵測到100℃，並且使成本大大降低。冷氣、冰箱……等家用產品之溫控大都採用熱敏電阻或溫度開關，所以對熱敏電阻的使用和應用，不得不詳加介紹。

顧名思義，熱敏電阻乃由溫度(熱)的大小，而改變其阻值的電阻式感溫元件。經常使用於定溫量測與控制系統中，或電子線路中的溫度補償。依其特性，可概分爲三大類：正溫度係數熱敏電阻、負溫度係數熱敏電阻和臨界溫度變化之熱敏電阻。其特性曲線如下所示。

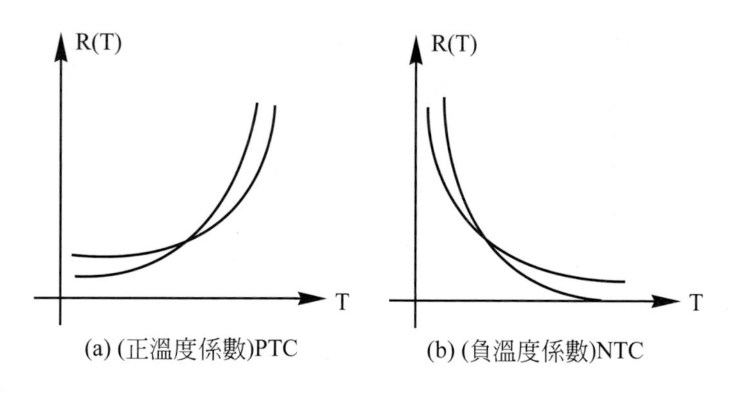

圖 3-22　各種熱敏電阻溫度特性之大概

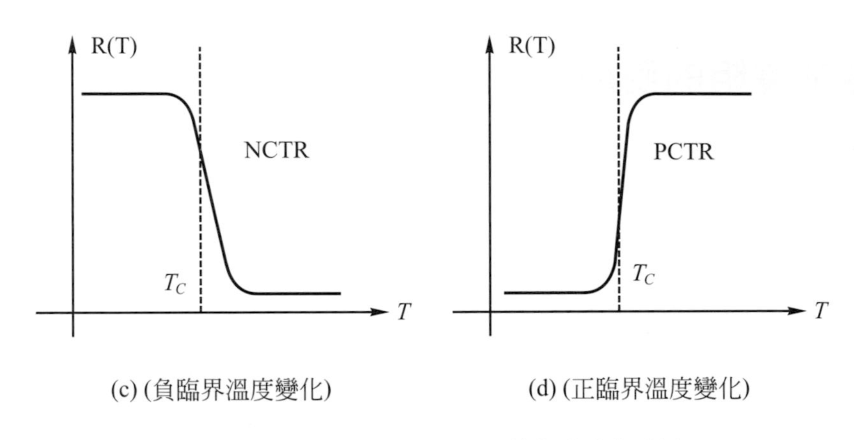

圖 3-22　各種熱敏電阻溫度特性之大概(續)

⑴　負溫度係數：阻值大小隨溫度上升而下降，大都爲非線性變化。

⑵　正溫度係數：阻值大小隨溫度上升而增加，大都爲非線性變化。

⑶　臨界溫度變化：這種熱敏電阻於某一特定溫度(T_C)時，其阻值會急速改變，大都使用於溫度開關電路中。

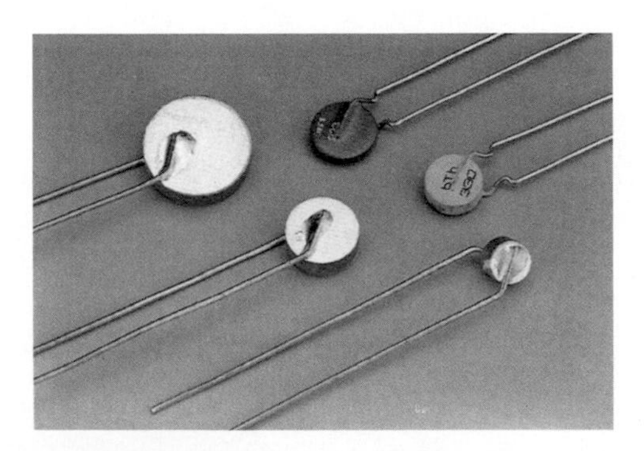
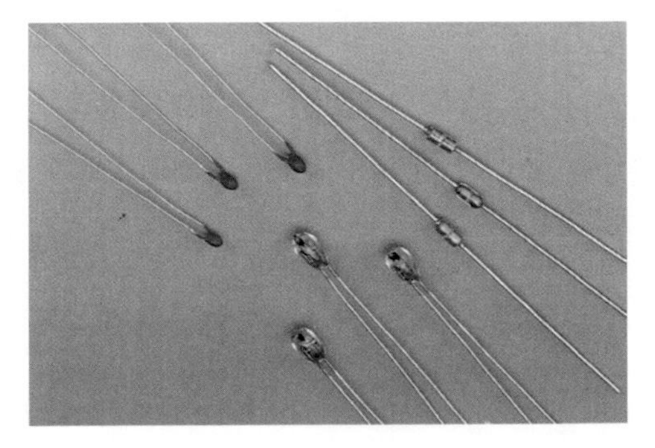

圖 3-23　各種熱敏電阻實物照片

3-14　熱敏電阻非線性修正實驗

熱敏電阻大都以氧化物燒結的方式製作，就如同生產磁磚一樣，可大量生產的產品，致價格低廉。使得在定點溫度控制的場合中，熱敏電阻已被大量的使用。

學會怎樣把低價位的非線性熱敏電阻，修正成區段線性，用於某段溫度準確的溫度量測系統，就變成一項很重要的課題。熱敏電阻之相關說明，請參閱全華圖書書號02959「感測器應用與線路分析」第七章。

實驗目的

了解熱敏電阻的特性與非線性修正。

實驗項目

非線性修正方法。

實驗線路

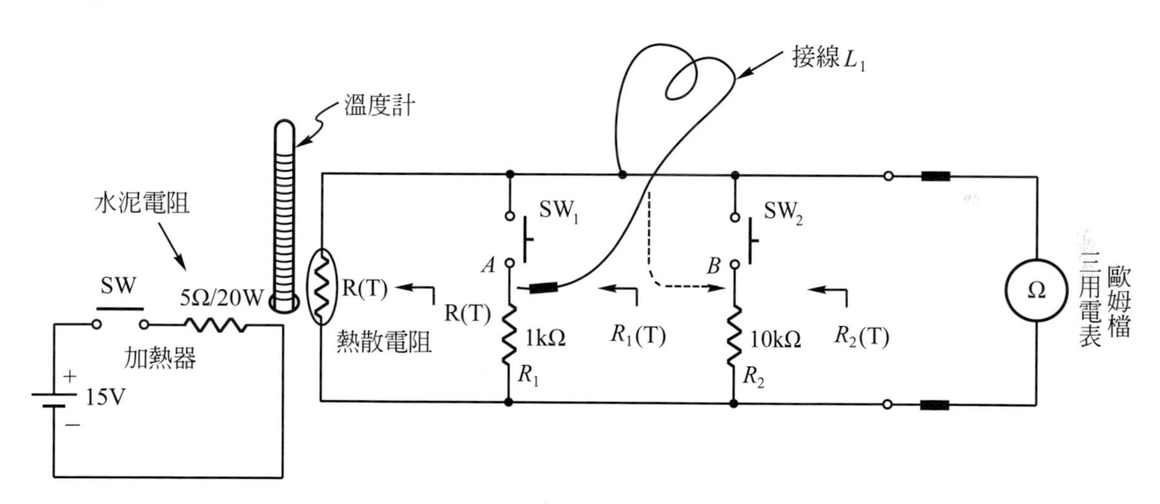

圖 3-24　熱敏電阻非線性修正實驗

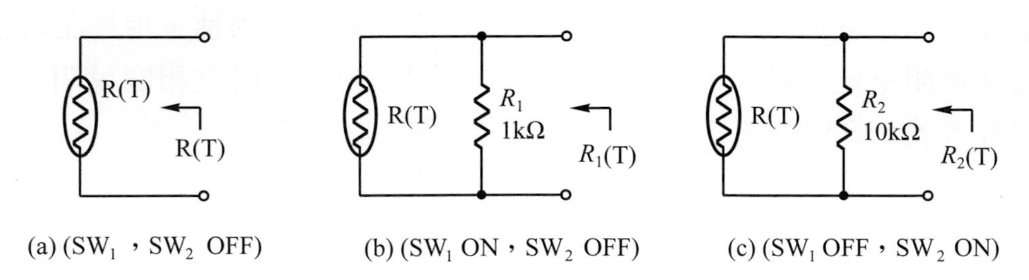

(a) (SW_1 ，SW_2 OFF)　(b) (SW_1 ON，SW_2 OFF)　(c) (SW_1 OFF，SW_2 ON)

圖 3-25　實驗等效電路(非線性修正方法)

實驗線路說明

(1) 準備溫度計乙支，用水泥電阻當加熱器，或用烙鐵靠近。

(2) 非線性修正的方法乃把熱敏電阻並聯一個固定電阻而已。

(3) 圖中的SW_1和SW_2不必眞的拿兩個開關來用，只要用一條接線L_1。碰著A點，就代表SW_1 ON，碰B點就代表SW_2 ON。

實驗開始

(1) SW_1 OFF，SW_2 OFF，先測$R(T)$。

(2) SW_1 ON，SW_2 OFF，再測$R_1(T)$。

(3) SW_1 OFF，SW_2 ON，最後測$R_2(T)$。

(4) 改變溫度，並記錄各溫度時的$R(T)$、$R_1(T)$、$R_2(T)$。

狀況 \ 溫度		0℃	10℃	20℃	30℃	40℃	50℃	60℃	70℃
SW_1 OFF SW_2 OFF	$R(T)$								
SW_1 ON SW_2 OFF	$R_1(T)$								
SW_1 OFF SW_2 ON	$R_2(T)$								

討論分析

(1) $R(T)$、$R_1(T)$、$R_2(T)$溫度從 0℃～70℃，誰的變化量比較小？

(2) 變化量比較小，意思是非線性情況已被修正。

(3) 請把$R(T)$、$R_1(T)$、$R_2(T)$和溫度關係繪於下圖。

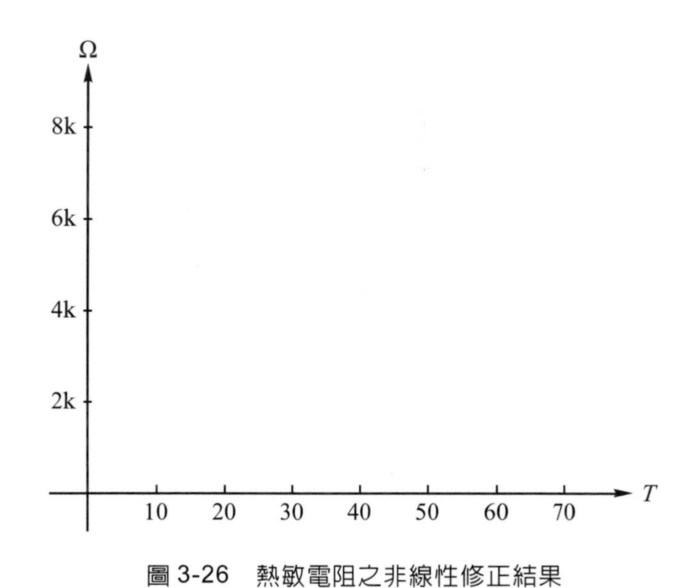

圖 3-26　熱敏電阻之非線性修正結果

(4) 所並聯的電阻阻值愈小，得到較佳的線性，但變化量也變小了。

4 光電元件之認識與應用

光電產業是各國策略性工業主力，且光電產品的應用，也於自動化的應用中躍居首位。雖然目前用於自動化中的光電產品，大都已經被模組化了。卻是模組化的組件，其價格都非常昂貴。所以本章將先從各光電元件之基本特性談起並輔之以實驗，說明怎樣使用各種光電元件，進而把光電元件模組化。

學習目標

1. 認識各種基本之光電元件。
2. 學習怎樣把照度(光的強弱)轉換成電壓的大小。
3. 從各式光電元件的基本實驗了解其特性和使用方法。
4. 思考怎樣把光電元件應用於自動化的領域中。

4-1 光電二極體特性說明

光電二極體主要是受光照射後，其端電流隨照度大小或波長的長短而改變，所以可以把光電二極體看成是電流變化的感測元件。當可用於偵測光的強弱(照度)，及物體的顏色(波長)。

圖 4-2 是順向電壓和光電流的比例關係圖。從圖中很清楚地看到順向電壓的範圍非常小 0V～0.3V，超過 0.3V 以上時，照度的大小將無法控制光電流的大小。故光電二極體的使用幾乎不用順向偏壓。

當順向偏壓爲 0V時，我們發現照度從 100Lux(流明：照度的單位)、200Lux……改變時，光電流由小而大，且每一條曲線的間隔都相等。意味著在 0V 偏壓的時候，光電流I_P的大小和照度成正比。當在「零偏壓」時的光電流我們稱之爲「短路電流」。

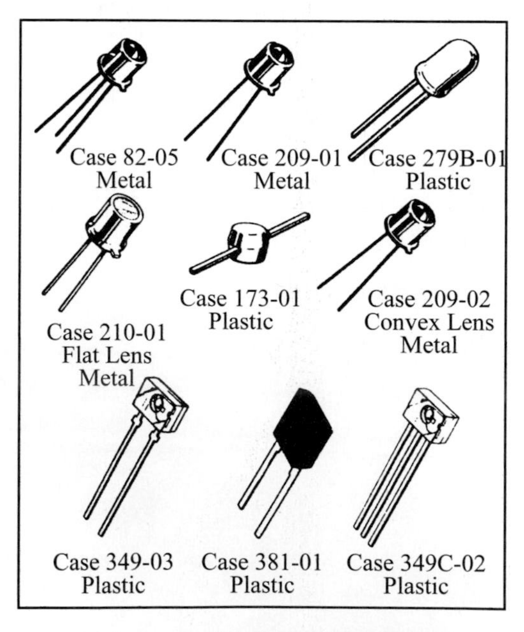

圖 4-1　各式光電二極體實物照片

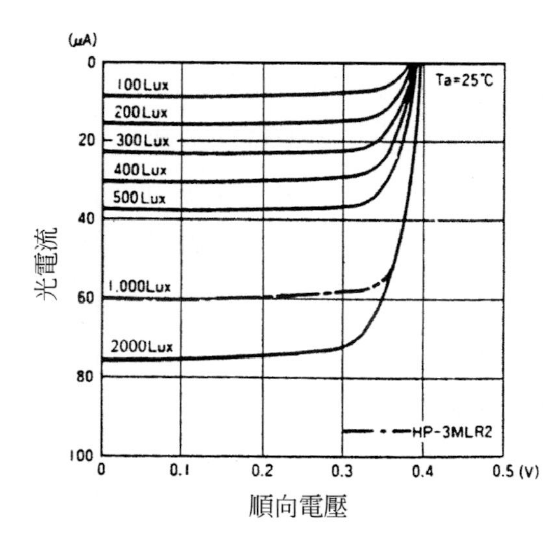

圖 4-2　V_F-I_P特性曲線

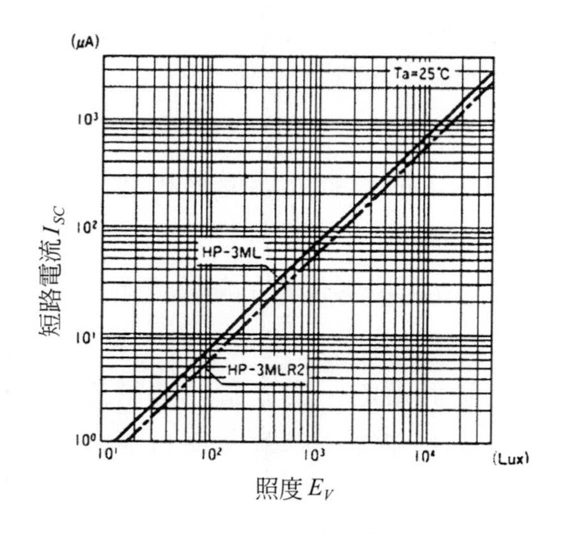

圖 4-3　R_V-I_{SC}特性曲線

圖 4-3 是兩種光電二極體其照度和短路電流的關係。我們發現這兩條特性曲線，幾乎是直線關係。能眞正表示成：光電二極體之短路電流(零偏壓時)與照度成正比。

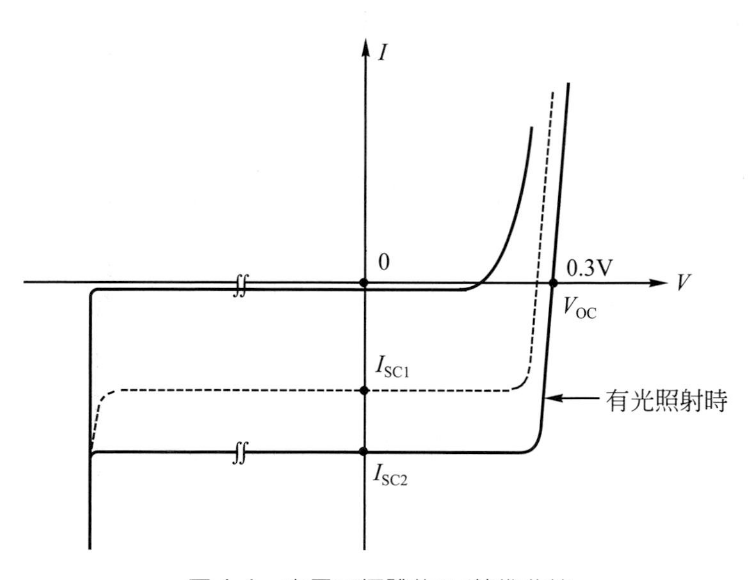

圖 4-4　光電二極體的 V-I特性曲線

當有光照射到光電二極體的時候，若光電二極體處於零偏壓(短路)狀態時，有一短路電流I_{SC}存在，不同的照度將比例於不同的短路電流I_{SC}。當光電二極體開路時，於光照射的情形下，存在一個開路電壓V_{OC}。而光電二極體的使用時，我們不可能採開路狀態使用，故只剩下零偏壓和逆向偏壓兩種方法可以使用。從圖 4-4 得知，順向偏壓非常小，一般很少使用。零偏壓時，照度(E_V)和短路I_{SC}成正比(如圖 4-3 所示)，故可用零偏壓的轉換電路，把光的強弱(照度)轉換成光電流的變化，然後再以電壓的型態，當做轉換的輸出。在圖 4-4 曲線的左邊，代表光電二極體是操作於逆向電壓，在光電二極體沒有崩潰以前，逆向電壓操作下的光電流和短路電流I_{SC}幾乎完全一樣。所以光電二極體除了少數電路是以零偏壓操作，大都均以逆向電壓操作。

提出圖 4-5 和圖 4-6 供您參考的主要目的爲：不同型號的光電二極體，將有不同的波長使用範圍。若拿一個波長範圍在可見光區的光電二極體去偵測可見光以外的光線(例如紅外線)，將得到非常小的靈敏度，甚至無法使用。每一個光電二極體其所能偵測的角度都有一定的規格。必須依需要選用寬接收角或窄接收角的產品，並非一體適用於全部。

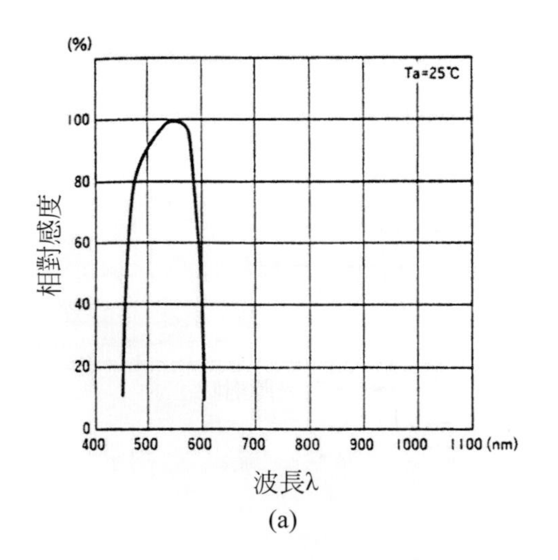

(a)

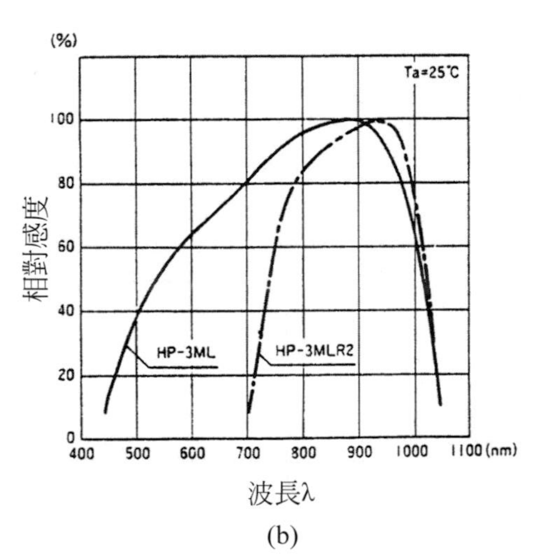

(b)

圖 4-5　波長與靈敏度的關係

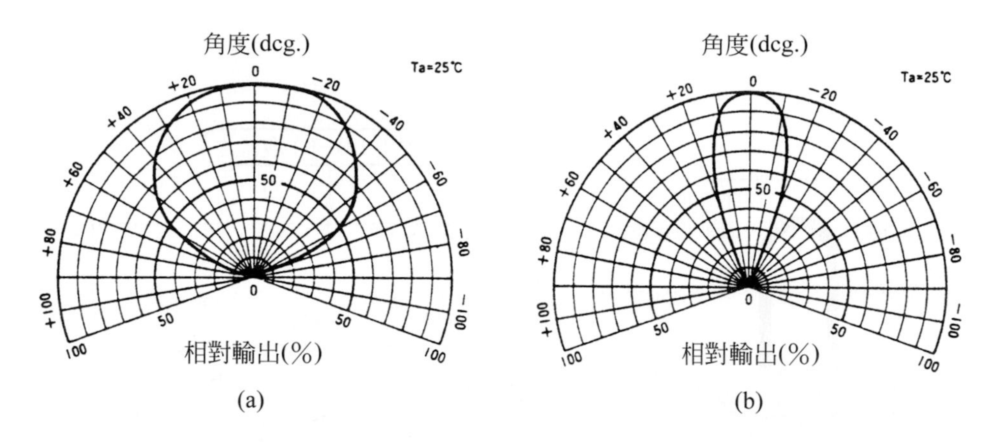

圖 4-6　指向角度

4-2　光電二極體轉換電路實驗(一)：逆向偏壓法

實驗目的

了解照度大小會改變光電二極體的光電流。

實驗項目

逆向偏壓轉換法。

實驗線路

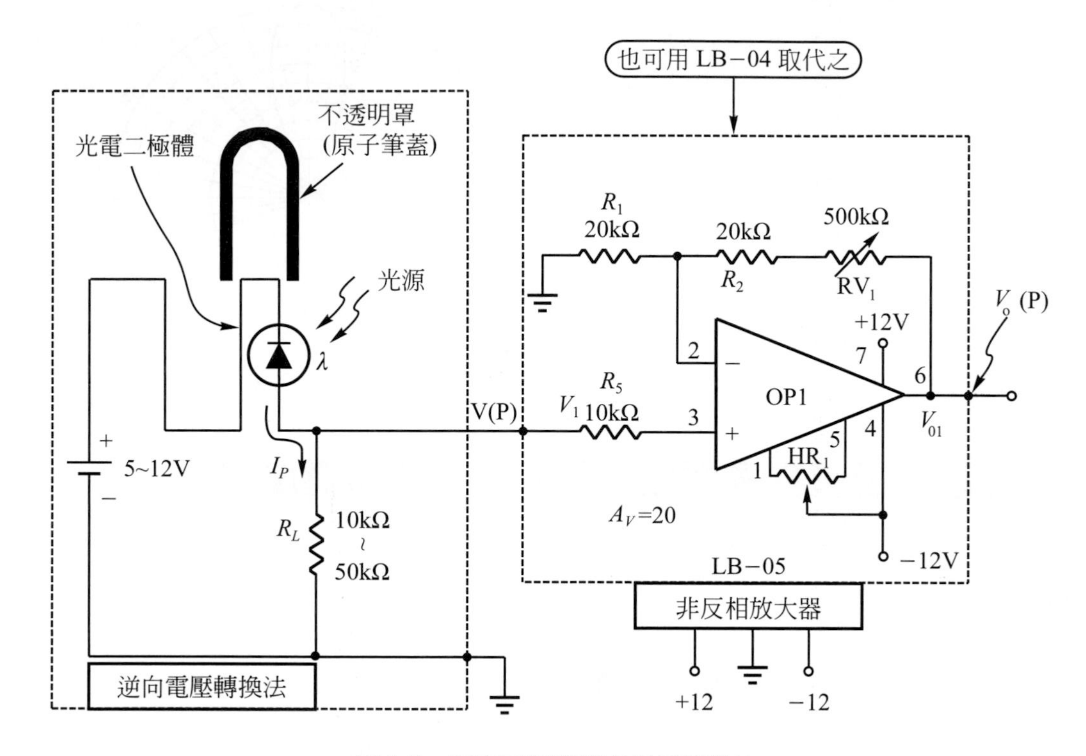

圖 4-7　光電二極體逆向偏壓轉換法

實驗線路說明

(1) 圖 4-7 光電二極體加 12V 的逆向電壓，當有光照射的時候，會產生光電流，則於R_L(10k～50k)上產一個壓降$V(P)$。光的強弱，將使$V(P)$的大小改變。反之，$V(P)$的大小代表了光的強弱。

(2) 因光電流一般非常小(μA爲單位)，於R_L上所產生的$V(P)$也不大，故加了一個非反相放大器。拿LB-05 來用，並把放大率調成 20 倍，以便得到較大的$V_o(P)$，則更容易觀察照度對光電流的影響。

(3) 一般穩定的光源不易取得，且照度大小的量測也非一般實驗室都能進行。(大都沒有廣範圍的照度計)。故本實驗僅著重於現象的觀察，讓學生眞正看到照度的大小能確實改變光電流的產生。所以請把光電二極體做垂直站立處理，並以不透明罩上下移動，代表照射光源的強弱。(克難一下嘛)

實驗開始

(1) 先確定光電二極體的極性是否正確。
(2) 若加了非反相放大器，請先把非反相放大器做抵補調整，先拆掉$V(P)$，把V_1接地，調LB-05的HR_1，使得$V_1 = 0V$、$V_{o1} = 0V$。把$V(P)$接回去。
(3) 把不透明罩蓋住光電二極體(沒有入射光源$E_V = 0$)。
(4) 測$V(P) =$ ________ mV，$V_o(P) =$ ________ mV。
(5) 把不透光罩慢慢掀起來，(即照度慢慢增加)。
(6) 觀察$V(P)$和$V_o(P)$的變化情形。________

討論分析

(1) 當沒有光源照射到光電二極體的時候，理應$V(P) = 0$、$V_o(P) = 0$，爲什麼沒有光照射時，依然會產生電流？此時的電流應如何稱呼呢？
(2) R_L若使用太小，有何缺點？
(3) R_L若使用太大，有何缺點？
(4) 一個光電二極體的等效電路，應如何繪製？

(5)

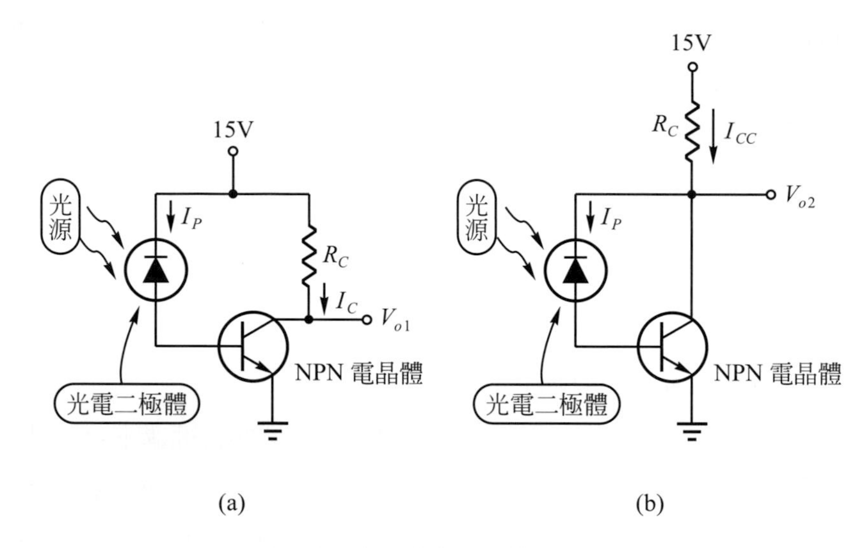

圖 4-8　光電流由電晶體加以放大

① I_C和I_P的關係式＝？

② I_{CC}和I_P的關係式＝？

③ V_{O1}和I_P的關係式＝？

④ V_{O2}和I_P的關係式＝？

4-3 光電二極體轉換電路實驗(二)：零偏壓法

實驗目的

了解照度大小會改變光電二極體的光電流。

實驗項目

零偏壓轉換法。

實驗線路

所謂零偏壓乃指光電二極體兩端的電壓等於 0V，相當於把光電二極體兩端短路。但是短路的光電二極體並無法把光電流取出使用。此時爲達零偏壓又能使用，就必須配合 OP Amp 負回授放大時，具有虛接地的特性，才能完成零偏壓之轉換。

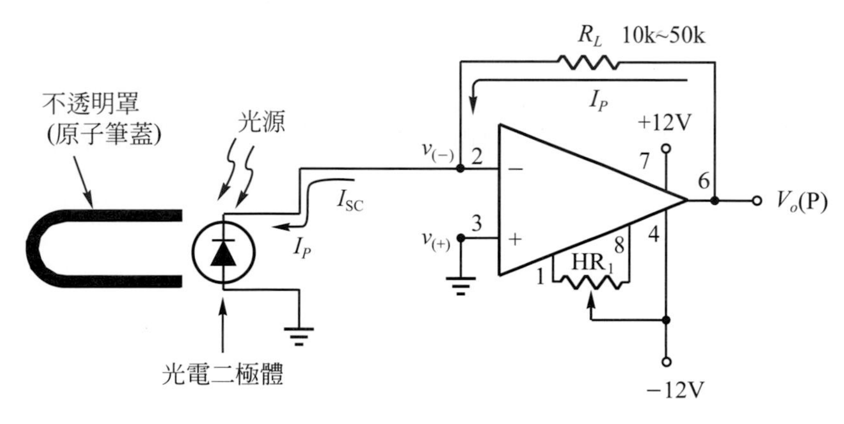

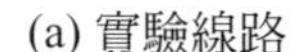

(a) 實驗線路

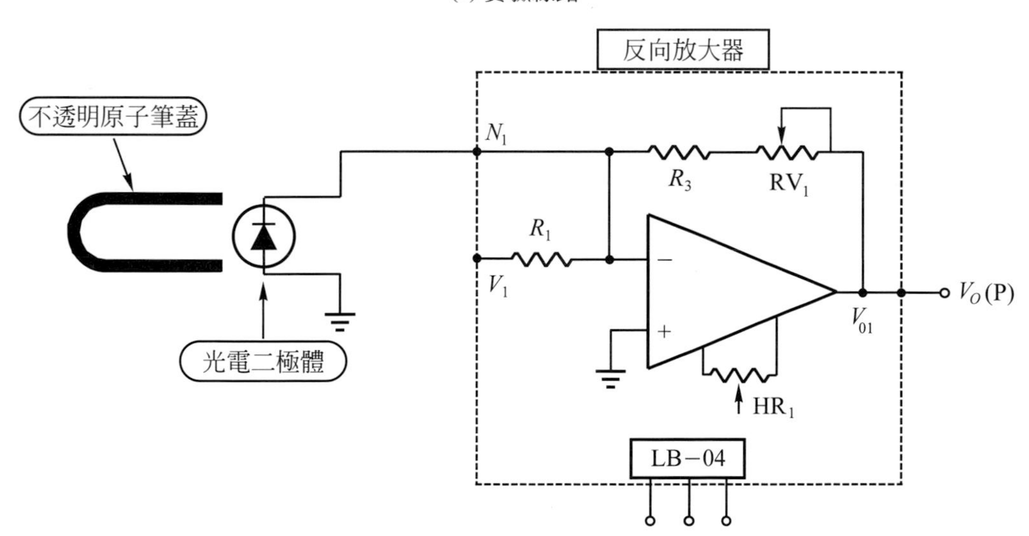

(b) 實驗模組化接線

圖 4-9　光電二極體零偏壓轉換法

實驗線路說明

圖 4-9 中，因有R_L電阻從 OP Amp 輸出拉回輸入的“－”端，使得該 OP Amp 具有負回授，形成放大器的基本架構，便有 虛接地 現象的存在，$v_{(-)}=v_{(+)}$，因$v_{(+)}=0$，所以$v_{(-)}=0$，則光電二極體兩端都是 0V，即光電二極體目前處於零偏壓的狀態。

從圖 4-3 和圖 4-4，我們都已看到零偏壓時的光電流，稱之爲短路電流I_{SC}，且I_{SC}和照度成正比。在許多照度計的電路中，經常以零偏壓之電路設計的架構。

$V_o(P)=I_P\times R_L$，$I_P=I_{SC}$……與照度成正比

實驗開始

(1) 因穩定又可調的光源得之不易，且照度計亦非處處可得，所以這個實驗我們也將著重於結果的觀察，若您有相關的設備時，最好是做數據的實驗和分析。

(2) 把光電二極體先拆下，調 LB-04 的HR_1使$V_o(P)=0V$。(OP Amp 抵補調整)

※把 LB-04 的RV_1調在約(50kΩ)。

(3) 接回光電二極體，並量測$V_o(P)$的變化。

(4) 把不透明罩子左右移動，觀察$V_o(P)$變化情形。

答：________

(5) 把光電二極體全部罩住(沒有入射光)時，$V_o(P)=$________

討論分析

(1) 該實驗爲什麼能夠達到光電二極體兩端爲 0V？

(2) 請您設計一個照度計，先不管照度計的單位或刻度，只要能夠達到

① 完全黑暗(沒有入射光)時，$V_o(P)=0\text{V}$。

② 最亮時(依您所在環境的光源照度爲主)，$V_o(P)=5\text{V}$。

4-4 光電晶體的特性說明

光電二極體的光電流(I_P)非常小，一般均必須再做適當的電流放大。故光電廠商就直接把光電二極體和當電流放大的*NPN*電晶體直接做在一起。便成了光電晶體或光電達靈頓電晶體。

如圖 4-10 所示，光電晶體的實際結構乃由光電二極體和*NPN*電晶體所組成。當光照射到光電二極體的時候，所產生的光電流當做*NPN*電晶體的I_B，則最後所得到的電流變化乃把光電二極體的光電流I_P放大β倍，而得到光電晶體的輸出電流$I_{PC}=\beta\,I_P$。

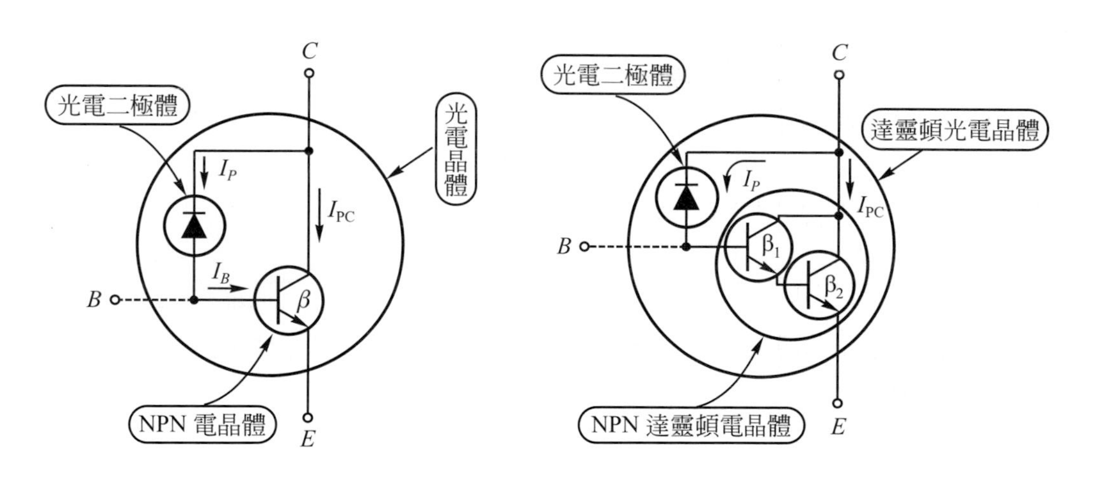

圖 4-10　光電晶體的組成

光電晶體的$I_{PC}=\beta\cdot I_P$……把光電二極體的光電流放大了β倍

光電達靈頓$I_{PC}=(1+\beta_1)(1+\beta_2)\,I_P\approx\beta_1\cdot\beta_2\cdot I_P$……約放大了$\beta^2$倍

即光電晶體不必外加偏壓電路以產生順向電流I_B。I_B乃由光電流I_P所取代。即照度的大小將決定光電晶體I_{PC}的大小。意思是說，光電晶體也是一個電流變化的感測元件，其電流的大小由照度強弱來決定。

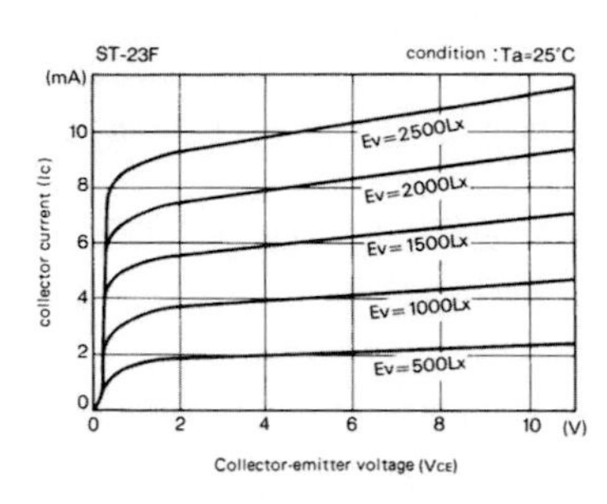

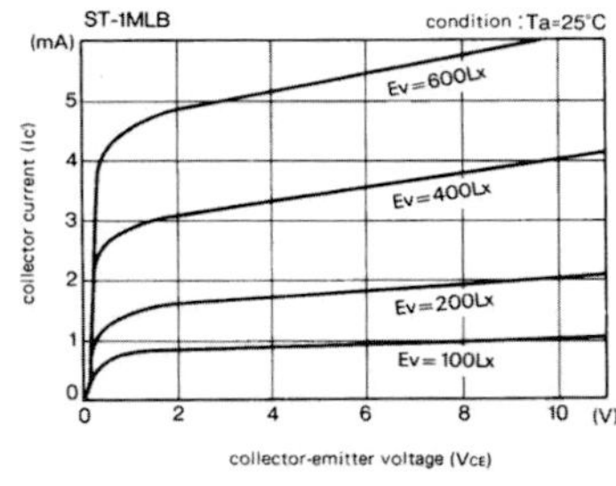

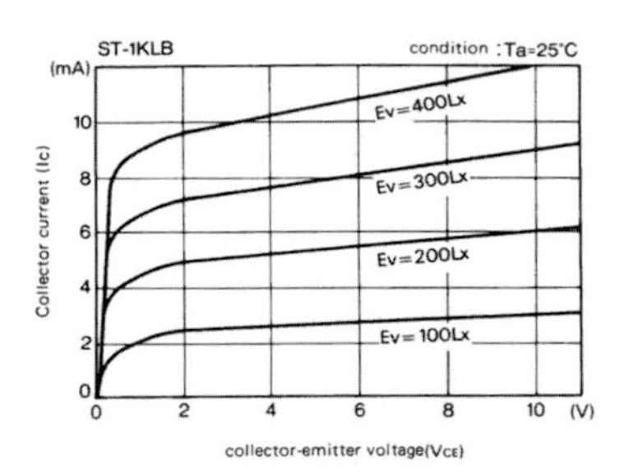

圖 4-11　光電晶體之V_{CE}-I_C特性曲線

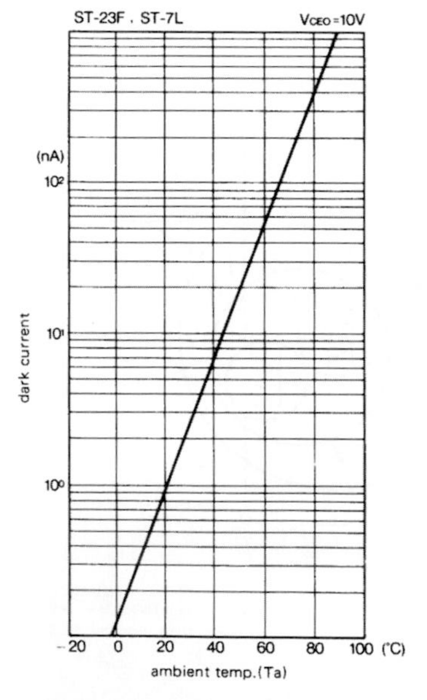

圖 4-12　T_a-I_{dT}的特性曲線

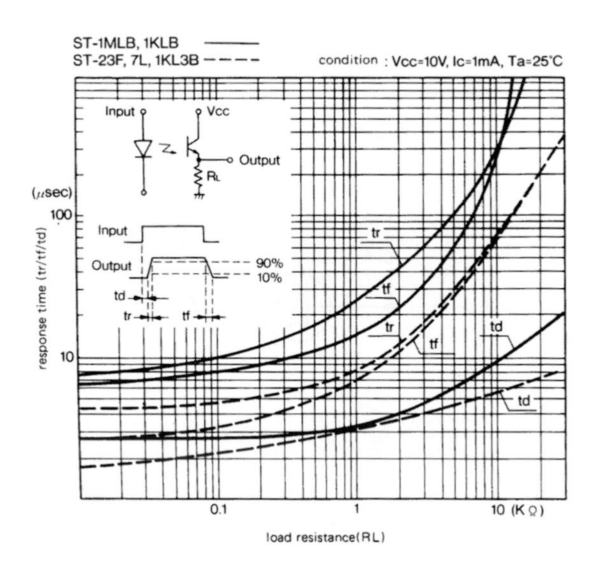

圖 4-13　負載對反應時間的影響

從圖 4-11 所看到的特性曲線，其形狀和一般NPN電晶體並沒有兩樣。差別只是NPN電晶體的輸入是I_B為多少μA、mA、……。光電晶體的輸入並不是電流，而是多少流明Lux(照度的單位)。所以往後只要把光電晶體看成是「不加電流I_B的NPN電晶體」，就足以把光電晶體應用得很好。

圖4-12中，我們提出一項叫暗電流(I_{dT})的名稱。在光電二極體也是有暗電流存在，該電流定義爲照度＝0(沒有光源)時，光電二極體或光電晶體所存在的電流，I_d和I_{dT}。

照度＝0時，理應光電流亦爲0，但光電二極體存在著逆向飽和電流，再經電晶體放大β以後，將對輸出造成不易分辨的干擾。故於使用光電晶體的時候，對暗電流已存在的事實，必須加以留意。

圖4-13中，說明負載的大小，將會影響光電晶體的反應速度。一般應用於機械控制系統的光電晶體，並不在意反應時間(因ms對機械而言，已經夠快了)。但若使用於信號傳遞或信號處理時(μs並不算太快)，此時就必須留意R_L的大小對反應速度的影響。R_L愈大，時間愈長。即R_L大動作慢，R_L小動作快。

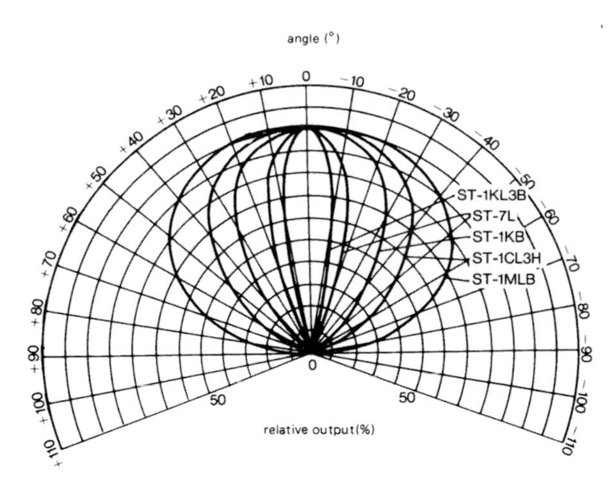

圖4-14　指向角度

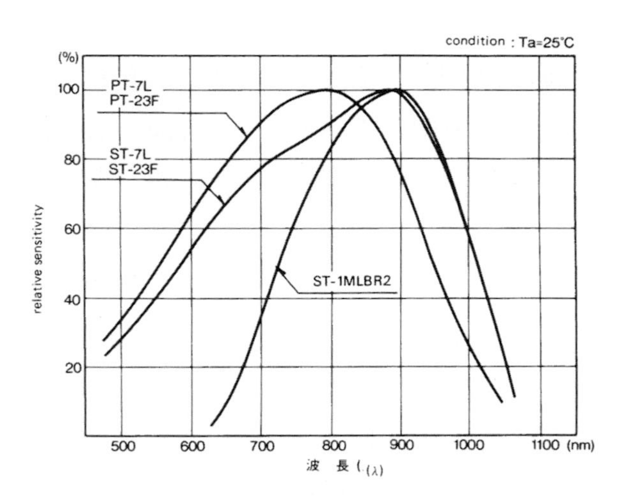

圖 4-15　波長與靈敏度的關係

光電晶體有一定的接收角度，及每一型號都有其波長上的差異，這些特性的存在及考慮事項，和光電二極體應該注意和了解的項目，可說完全一樣。

4-5 光電晶體基本轉換電路實驗(一)——反相型

實驗目的

了解光電晶體乃電流變化之感測元件。

實驗項目

反相型轉換電路。

實驗線路

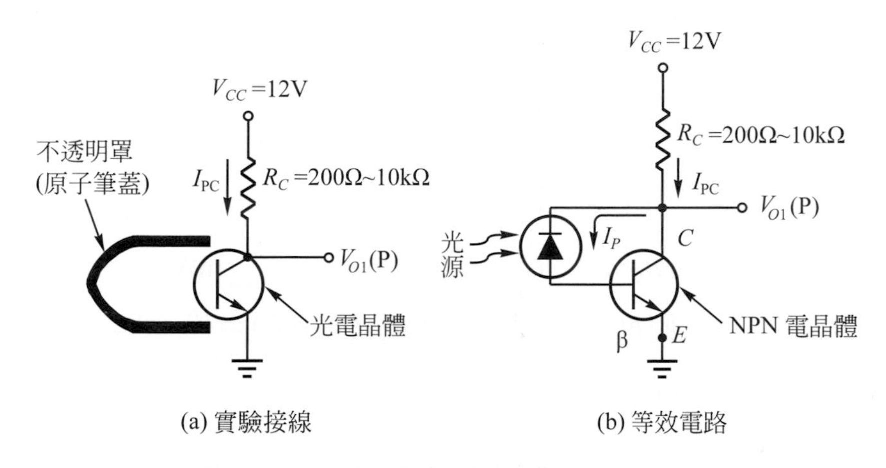

(a) 實驗接線　　(b) 等效電路

圖 4-16　光電晶體轉換電路——反相型

實驗線路說明

光電晶體的包裝可能是兩支腳(沒有B腳)，大都是參支腳的產品。您已知可以不必提供I_B給光電晶體，所以只要用到C、E兩支腳就好了。

對圖 4-16 而言，是一個CE組態的電晶體放大電路。CE組態具有反相作用，所以稱該轉換電路爲反相型。不必外加I_B，由照度的大小決定I_{PC}的大小，只要照度一變，I_P、I_{PC}隨之而變，將得到不同的$V_{O1}(P)$。

$$V_{O1}(P)=V_{CC}-(I_{PC}\cdot R_C)，\quad I_{PC}=(1+\beta)I_P$$

實驗開始

(1) 用一個不透明罩子把光電晶體蓋住(照度＝0)。

(2) 測量$V_{O1}(P)$的大小，$V_{O1}(P)=$ ________ 。

(3) 把罩子慢慢掀起來，觀測$V_{O1}(P)$的變化情形

答：________

討論分析

(1) $V_{O1}(P)$的最大值和最小值各是多少？$V_{O1}(P)_{max}=$＿＿＿＿＿，$V_{O1}(P)_{min}=$＿＿＿＿＿。

(2) 當$V_{O1}(P)=V_{O1}(P)_{max}$時，光電晶體動作於哪一區？

(3) 當$V_{O1}(P)=V_{O1}(P)_{min}$時，光電晶體動作於哪一區？

(4) 若$V_{CC}=12V$，$R_C=2k$時，$I_{PC(max)}=$＿＿＿＿＿mA。

(5) 「R_C愈大時，照度必須愈大，才能使$V_{o1}(P)=V_{o1}(P)_{min}$」(光電晶體飽和)，這句話錯誤，錯在哪裡，請修正之。

4-6 光電晶體基本轉換電路實驗(二)——非反相型

實驗目的

了解光電晶體乃電流變化之感測元件。

實驗項目

非反相型轉換電路。

實驗線路

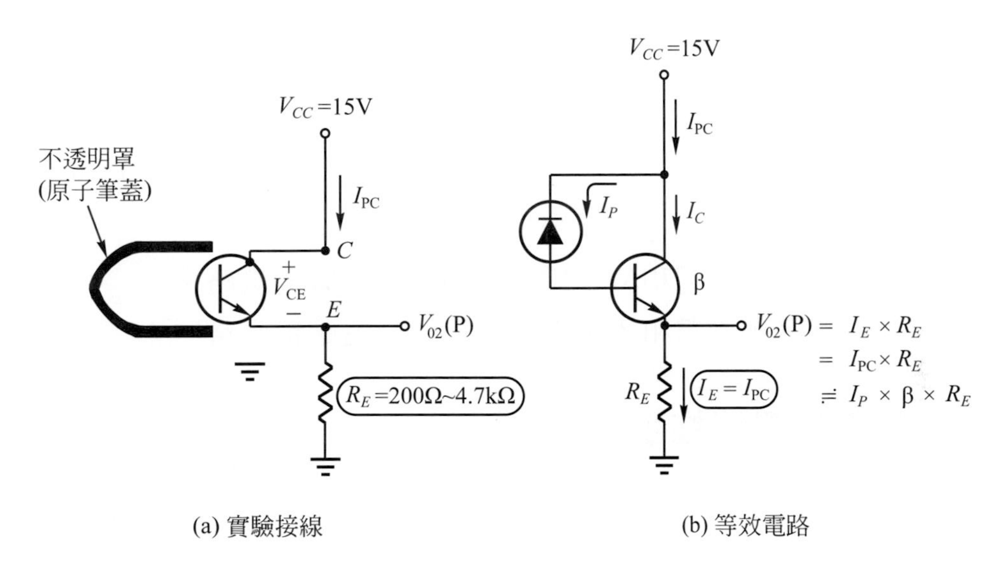

圖 4-17　光電晶體轉換電路——非反相型

實驗線路說明

(1) 這個實驗電路是屬共集極放大器(*CC* Amp)，輸入和輸出同相，故稱之爲非反相型的轉換電路。

(2) 輸出電壓

$$V_{O2}(P) = I_E \times R_E = I_{PC} \times R_E$$

即照度愈大，I_{PC}愈大，$V_{O2}(P)$愈大，故爲非反相型轉換電路。

實驗開始

(1) 用不透明罩子，把光電晶體罩住，使照度＝0。

(2) 測$V_{O2}(P)$的大小，$V_{O2}(P)$＝________。

(3) 慢慢把不透明罩掀開，觀察$V_{O2}(P)$變化的情形。

答：________

討論分析

(1) 當照度＝0時，理應$V_{O2}(P)=0$，若此時$V_{O2}(P)\neq 0$，其原因何在？

(2) 若希望在低照度的情形下，能讓光電晶體飽和。即$V_{O2}(P)\approx V_{CC}$，則R_E的阻值應該加大，還是減少？

(3) 請用一個光電晶體和NPN電晶體組成光達靈頓電路。

(4) 請用一個光電晶體和PNP電晶體組成光達靈頓電路。

4-7 光耦合器的特性說明

光耦器乃把發光元件(LED，紅外線發光二極體)和受光元件(光電晶體)做在同一個包裝中，便能由發光元件的亮與不亮，控制光電晶體的 ON 和 OFF。其電路符號和各式包裝圖示如下：

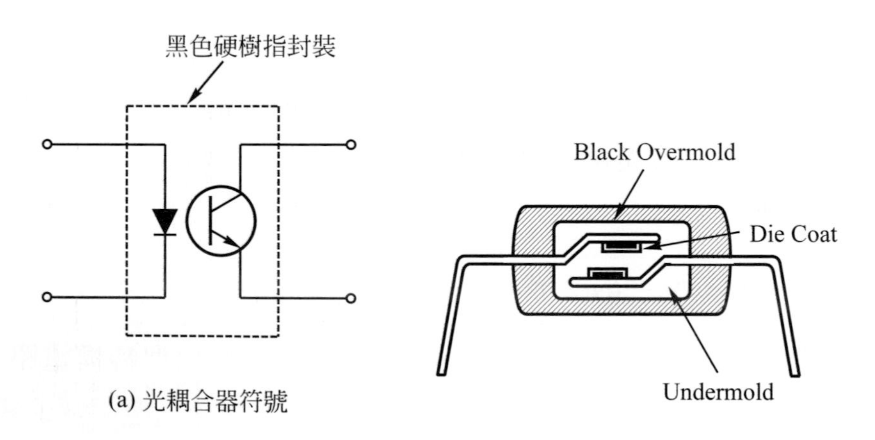

圖 4-18　光耦合器電路符號與包裝種類

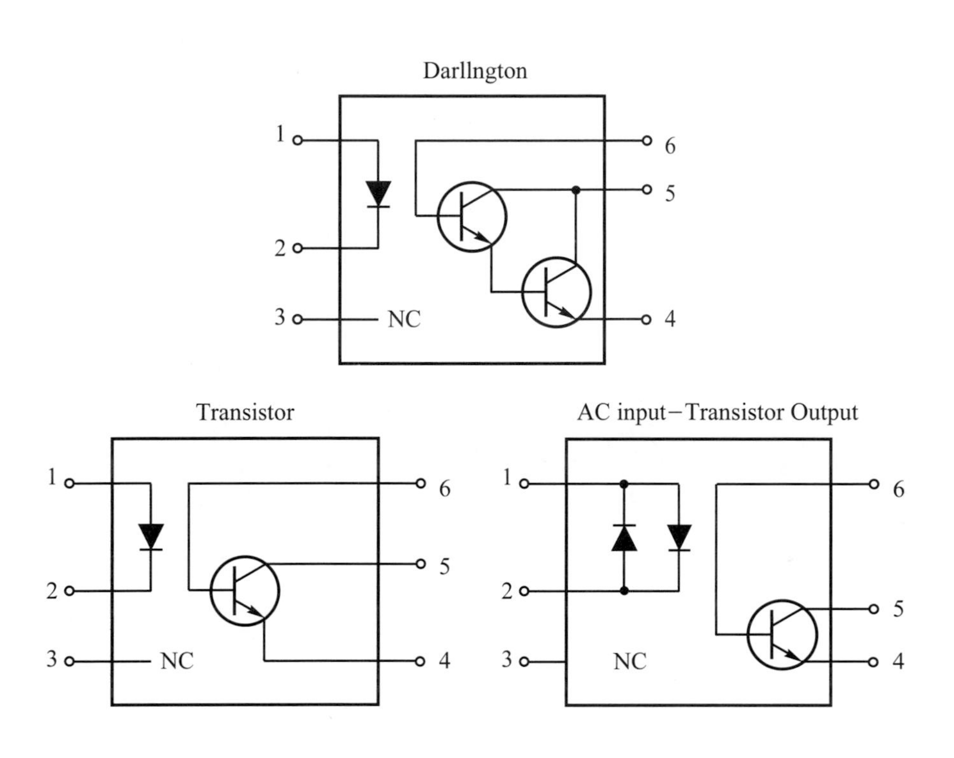

(b) 各種光耦合器封裝情形

圖 4-18　光耦合器電路符號與包裝種類(續)

所以使用光耦合器的時候，除了會用光電晶體以外，還必須學會怎樣控制光發射器的亮與不亮。事實上光發射器，只不過是一個光源產生元件，一般鎢絲燈泡，或當做指示用的LED都可以當做光發射器。而於光耦合器中的光發射器及光電晶體的光譜分佈，幾乎都是紅外線波長。於今我們要學的項目是：怎樣驅動光發射器及怎樣讓光電晶體有輸出。

有關光電晶體的使用，我們已經於 4-4 節中說明了。於今將補光發射器之相關資料與說明供您參考。

光發射部份

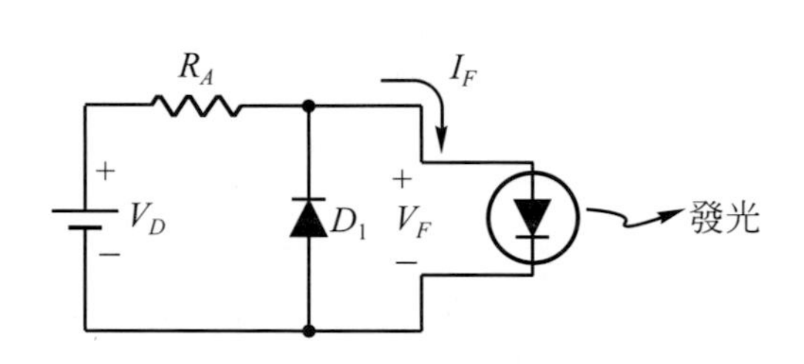

(a) 光發射器的驅動

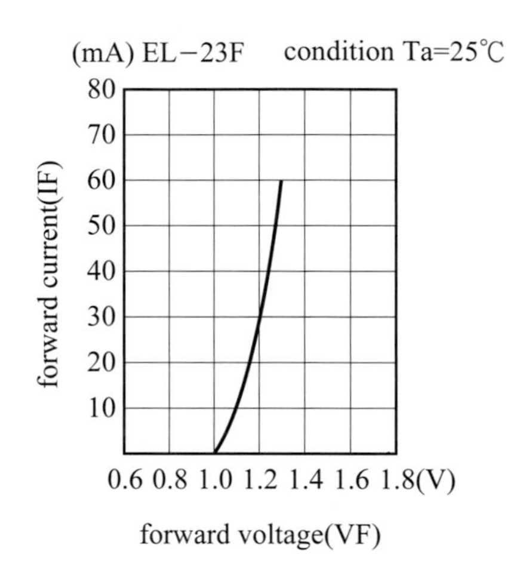

(b) 發光二極體 V_F-I_F 特性曲線

圖 4-19　光發射器相關說明

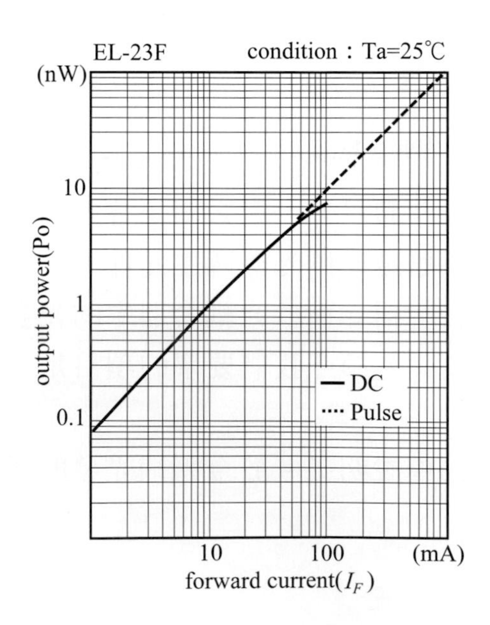

圖 4-20　I_F-P_O特性曲線

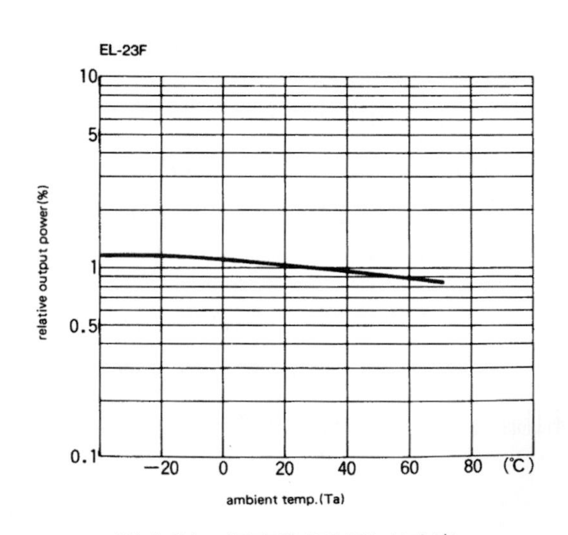

圖 4-21　溫度和相對輸出功率

一般光發射器指的就是發光二極體。必須使用順向偏壓，並且該順向偏壓必須高到1V以上才能正常導通而發光。所以在使用發光二極體的時候，其順向偏壓必須大於1V。而不像一般普通二極體只要0.6V以上就會導通。

圖4-20很清楚地看到，當順向電流I_F愈大的時候，其輸出功率愈強，則所發出的光能夠射得更遠。簡言之，發光二極體乃把電流的大小轉換成光的強弱。當使用脈波驅動時，電流可達數安培。

圖4-21告訴我們發光二極體也受溫度影響，溫度愈高時其輸出功率會下降。

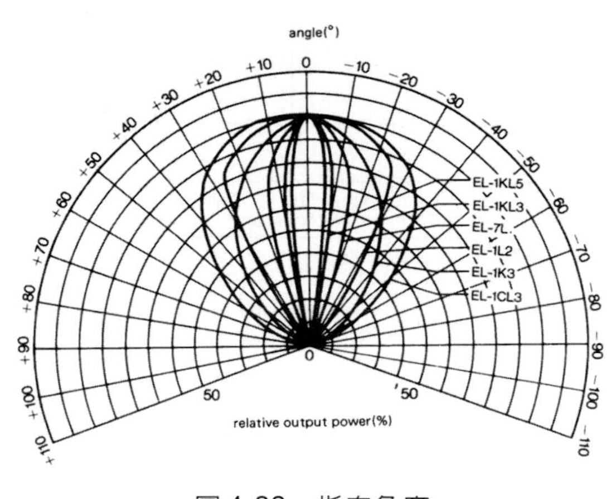

圖4-22　指向角度

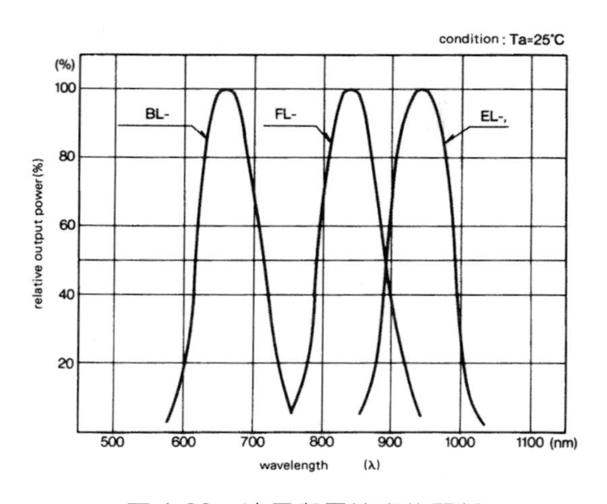

圖4-23　波長與靈敏度的關係

圖4-22和圖4-23提醒我們，每一種不同型號的發光二極體都有其特定的輻射角度及一定的波長範圍。您必須稍加留意，免得發射出去是紅外線光的波長，而接收器卻不在紅外線波長範圍之內，將導致靈敏度非常小，甚至無法使用。

4-8 光耦合器資料解讀

如下我們是以4N35光耦器的資料來進一步了解光耦合器的特性和使用技巧。

4N35
4N36
4N37

6-PIN DIP OPTOISOLATORS TRANSISTOR OUTPUT

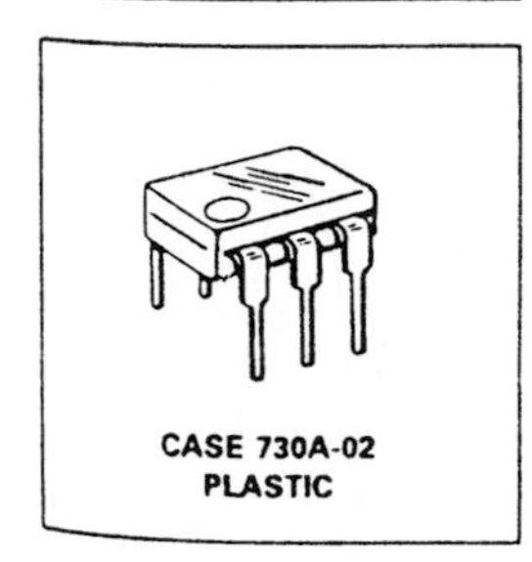

CASE 730A-02
PLASTIC

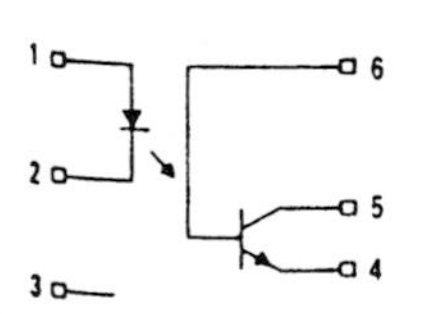

MAXIMUM RATINGS (T_A = 25°C unless otherwise noted)

Rating	Symbol	Value	Unit
INPUT LED			
Reverse Voltage	V_R	6	Volts
Forward Current — Continuous	I_F	60	mA
LED Power Dissipation @ T_A = 25°C with Negligible Power in Output Detector	P_D	120	mW
Derate above 25°C		1.41	mW/°C
OUTPUT TRANSISTOR			
Collector-Emitter Voltage	V_{CEO}	30	Volts
Emitter-Base Voltage	V_{EBO}	7	Volts
Collector-Base Voltage	V_{CBO}	70	Volts
Collector Current — Continuous	I_C	150	mA
Detector Power Dissipation @ T_A = 25°C with Negligible Power in Input LED	P_D	150	mW
Derate above 25°C		1.76	mW/°C
TOTAL DEVICE			
Isolation Source Voltage (1) (Peak ac Voltage, 60 Hz, 1 sec Duration)	V_{ISO}	7500	Vac
Total Device Power Dissipation @ T_A = 25°C	P_D	250	mW
Derate above 25°C		2.94	mW/°C
Ambient Operating Temperature Range	T_A	−55 to +100	°C
Storage Temperature Range	T_{stg}	−55 to +150	°C
Soldering Temperature (10 seconds, 1/16" from case)	—	260	°C

(1) Isolation surge voltage is an internal device dielectric breakdown rating.
For this test, Pins 1 and 2 are common, and Pins 4, 5 and 6 are common.

ELECTRICAL CHARACTERISTICS (T_A = 25°C unless otherwise noted)

Characteristic	Symbol	Min	Typ	Max	Unit
INPUT LED					
Forward Voltage (I_F = 10 mA) T_A = 25°C T_A = −55°C T_A = 100°C	V_F	0.8 0.9 0.7	1.15 1.3 1.05	1.5 1.7 1.4	V
Reverse Leakage Current (V_R = 6 V)	I_R	—	—	10	μA
Capacitance (V = 0 V, f = 1 MHz)	C_J	—	18	—	pF
OUTPUT TRANSISTOR					
Collector-Emitter Dark Current (V_{CE} = 10 V, T_A = 25°C) (V_{CE} = 30 V, T_A = 100°C)	I_{CEO}	— —	1 —	50 500	nA μA
Collector-Base Dark Current (V_{CB} = 10 V) T_A = 25°C T_A = 100°C	I_{CBO}	— —	0.2 100	20 —	nA
Collector-Emitter Breakdown Voltage (I_C = 1 mA)	$V_{(BR)CEO}$	30	45	—	V
Collector-Base Breakdown Voltage (I_C = 100 μA)	$V_{(BR)CBO}$	70	100	—	V
Emitter-Base Breakdown Voltage (I_E = 100 μA)	$V_{(BR)EBO}$	7	7.8	—	V
DC Current Gain (I_C = 2 mA, V_{CE} = 5 V)	h_{FE}	—	400	—	—
Collector-Emitter Capacitance (f = 1 MHz, V_{CE} = 0)	C_{CE}	—	7	—	pF
Collector-Base Capacitance (f = 1 MHz, V_{CB} = 0)	C_{CB}	—	19	—	pF
Emitter-Base Capacitance (f = 1 MHz, V_{EB} = 0)	C_{EB}	—	9	—	pF
COUPLED					
Output Collector Current (I_F = 10 mA, V_{CE} = 10 V) T_A = 25°C T_A = −55°C T_A = 100°C	I_C	10 4 4	30 — —	— — —	mA
Collector-Emitter Saturation Voltage (I_C = 0.5 mA, I_F = 10 mA)	$V_{CE(sat)}$	—	0.14	0.3	V
Turn-On Time (I_C = 2 mA, V_{CC} = 10 V, R_L = 100 Ω, Figure 11)	t_{on}	—	7.5	10	μs
Turn-Off Time	t_{off}	—	5.7	10	
Rise Time	t_r	—	3.2	—	
Fall Time	t_f	—	4.7	—	
Isolation Voltage (f = 60 Hz, t = 1 sec)	V_{ISO}	7500	—	—	Vac(pk)
Isolation Current (V_{I-O} = 3550 Vpk) 4N35 (V_{I-O} = 2500 Vpk) 4N36 (V_{I-O} = 1500 Vpk) 4N37	I_{ISO}	— — —	— — 8	100 100 100	μA
Isolation Resistance (V = 500 V)	R_{ISO}	10^{11}	—	—	Ω
Isolation Capacitance (V = 0 V, f = 1 MHz)	C_{ISO}	—	0.2	2	pF

TYPICAL CHARACTERISTICS

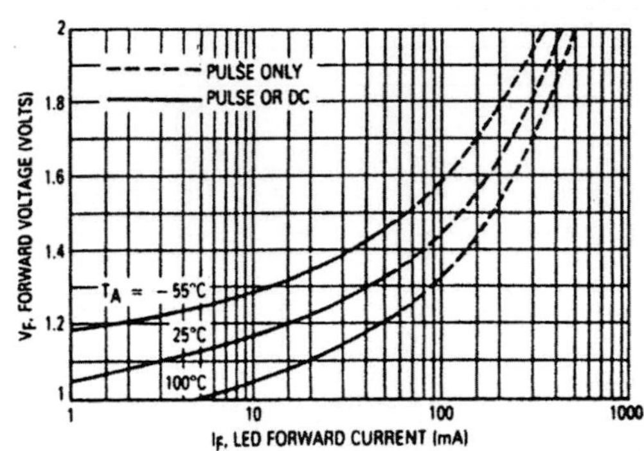

Figure 1.LED Forward Voltage versus Forward Current

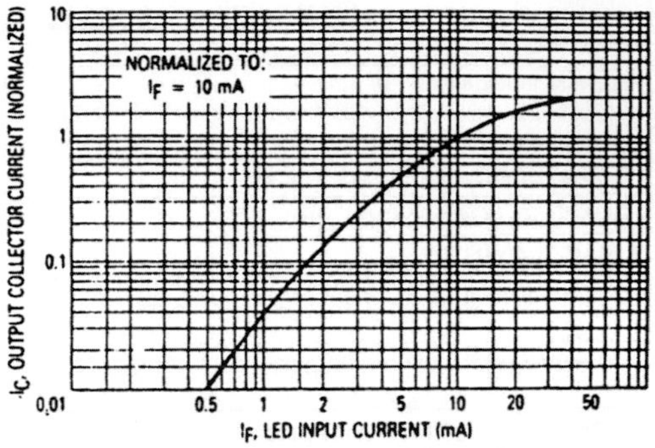

NORMALIZED TO:
I_F = 10 mA
I_C, OUTPUT COLLECTOR CURRENT (NORMALIZED)
I_F, LED INPUT CURRENT (mA)

Figure 2.Output Current versus Input Current

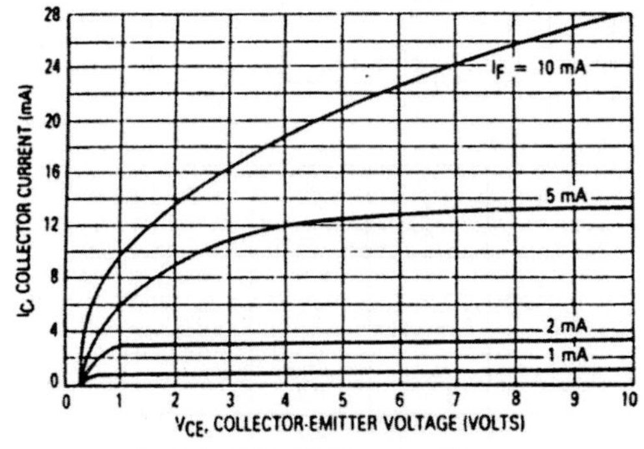

Figure 3.Collector Current versus
Collector-Emitter Voltage

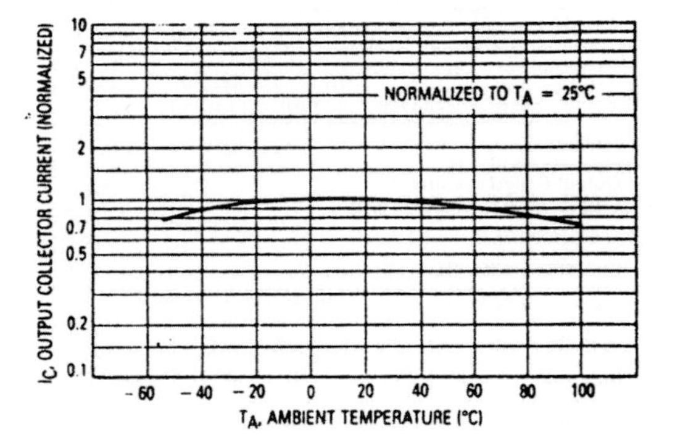

Figure 4.Output Current versus Ambient Temperature

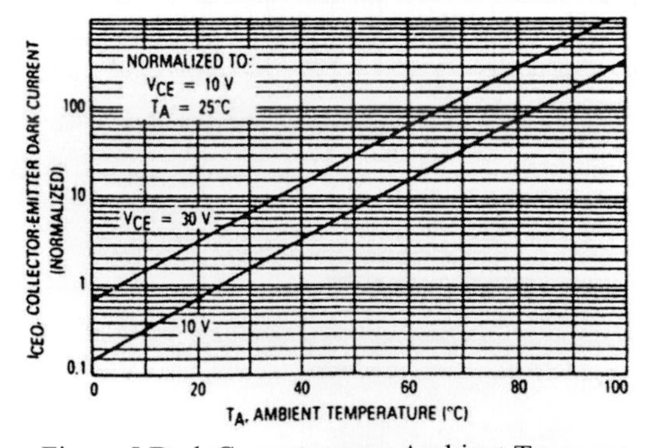

Figure 5.Dark Current versus Ambient Temperature

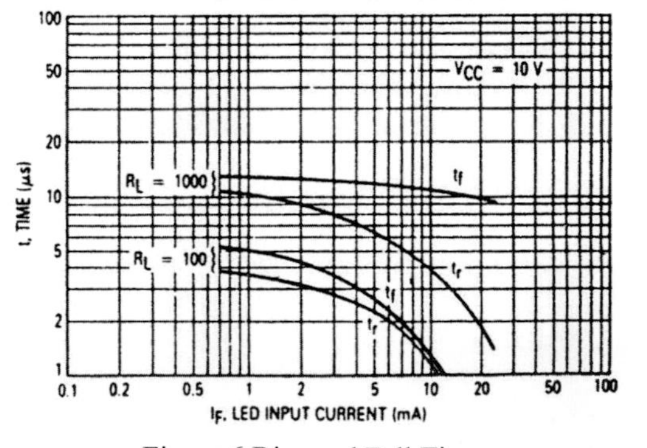

Figure 6.Rise and Fall Times

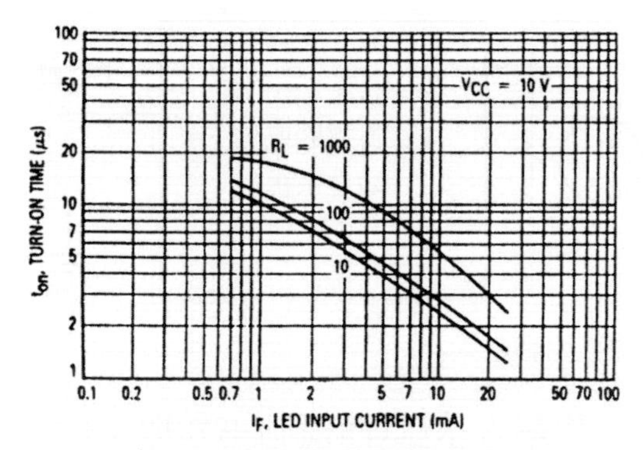

Figure 7.Turn-On Swltching Times

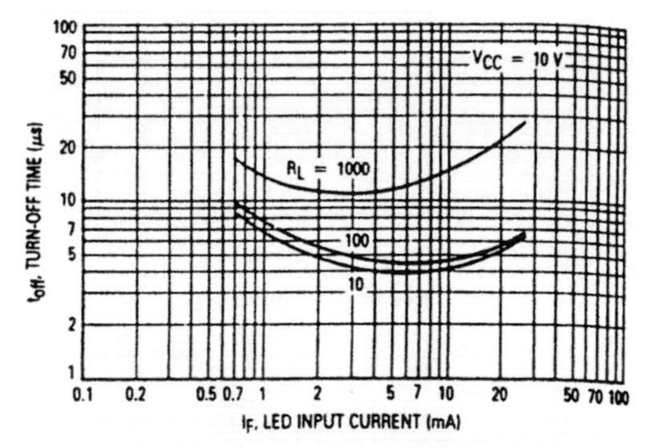

Figure 8.Turn-Off Swltching Times

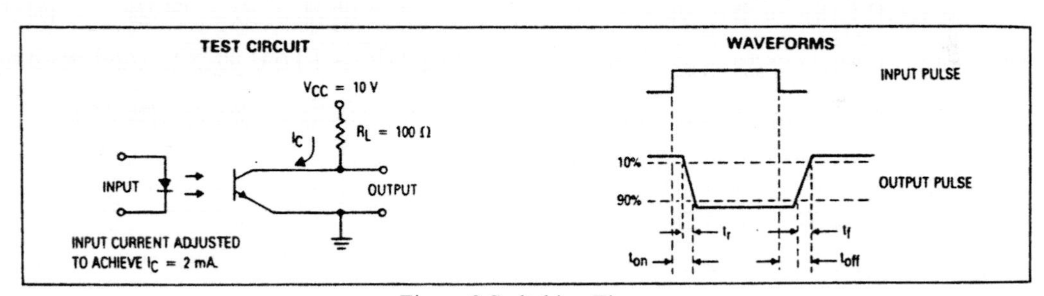

Figure 9.Swltching Times

4-9 使用光耦合器的目的

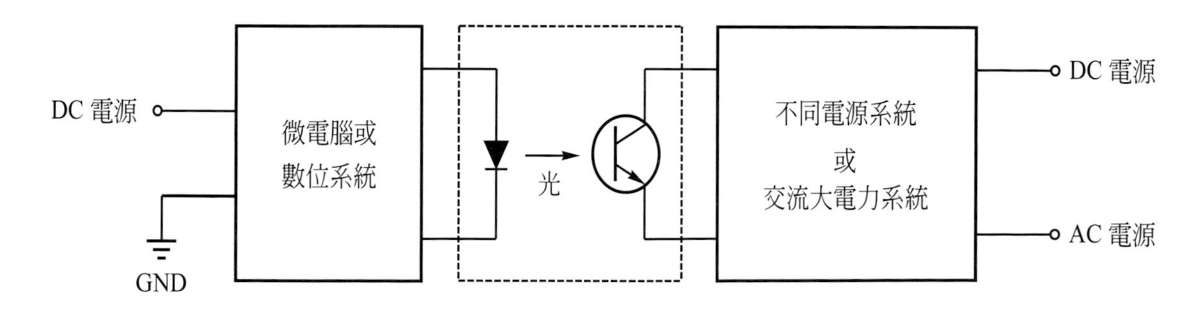

圖 4-24　微電腦光控信號輸出

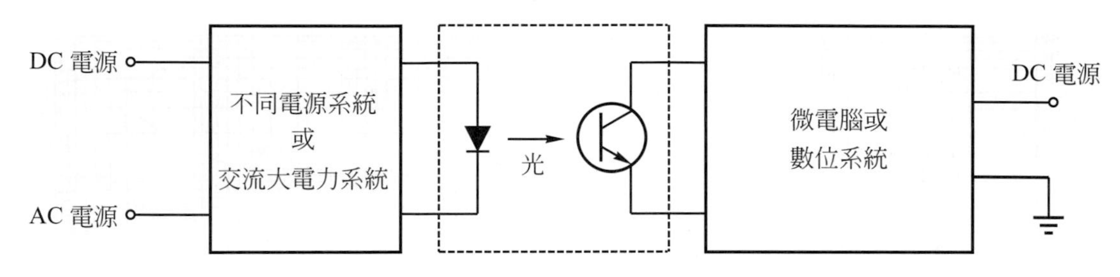

圖 4-25 微電腦光控信號輸入

光耦器之最主要目的乃在於把輸出系統和輸入系統(即控制單元與受控單元)之間的電源完全隔離。彼此信號的傳遞是以光的形式來完成。所以兩個系統除了可以不必使用相同的電壓外，最重要的是，連接地都可以各自獨立。例如目前各種使用微電腦的控制系統，就不必擔心受控單元110V或220V倒灌回來而把微電腦整片燒光。反之也可以把110V或220V的信號經適當降壓處理，而送給微電腦計算。

如此一來，兩個系統在電路的規劃上，可看成是兩個獨立的系統。使得我們可以放心地經由光耦合器的方式，做好電源相互隔離的安全措施。

4-10 光耦合器的驅動

與其說光耦合器的驅動，不如說，怎樣讓發光二極體動作？我們已經知道發光二極體必須加順向偏壓V_F，產生順向電流I_F。而在實用的電路中，並不是一直加一個直流電壓給發光二極體，而是需要它亮的時候才讓它導通。所以正確的說法應該是「怎樣控制發光二極體的ON、OFF」。

我們把控制發光二極體的方法分成三類：

(1) 直流信號驅動：由直流電源控制發光二極體的ON、OFF。

(2) 脈波信號驅動：由脈波電源控制發光二極體的ON、OFF。

(3) 交流信號驅動：由交流電源控制發光二極體的ON、OFF。

直流信號驅動

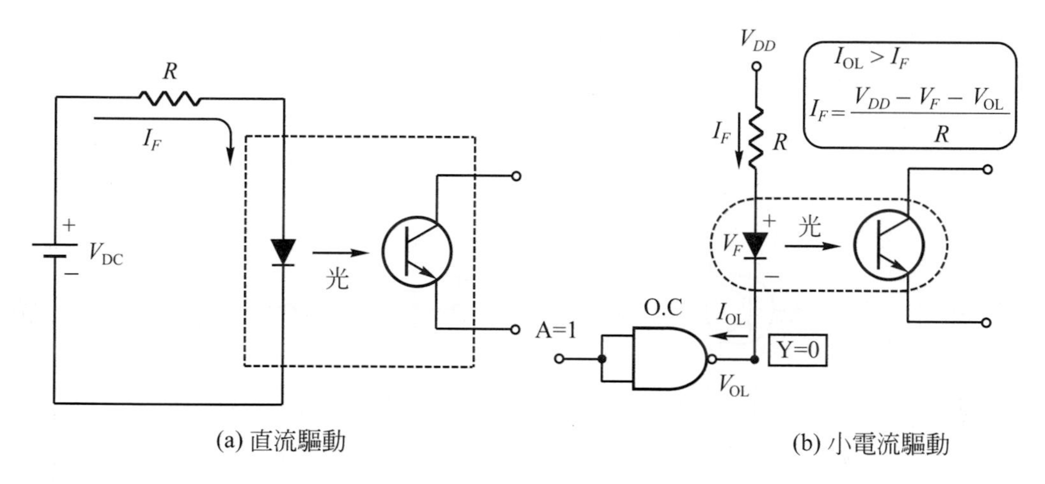

(a) 直流驅動　　(b) 小電流驅動

圖 4-26　數位輸出直接控制

圖 4-26 的驅動方式是以數位 IC 的輸出直接驅動發光二極體，大都適用於小電流使用(約 10mA 以下)，並且所用的數位 IC 最好是集極開路輸出(O.C.)，且$I_{OL} > I_F$者(I_{OL}指的是數位 IC 輸出為邏輯 0 時，所能承受的電流)。

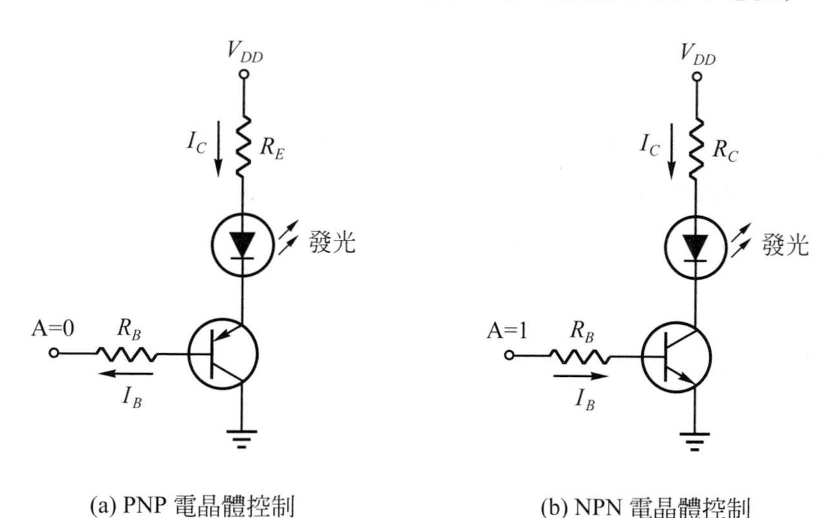

(a) PNP 電晶體控制　　(b) NPN 電晶體控制

圖 4-27　透過電晶體控制

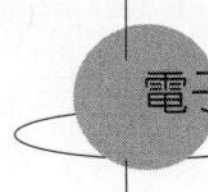

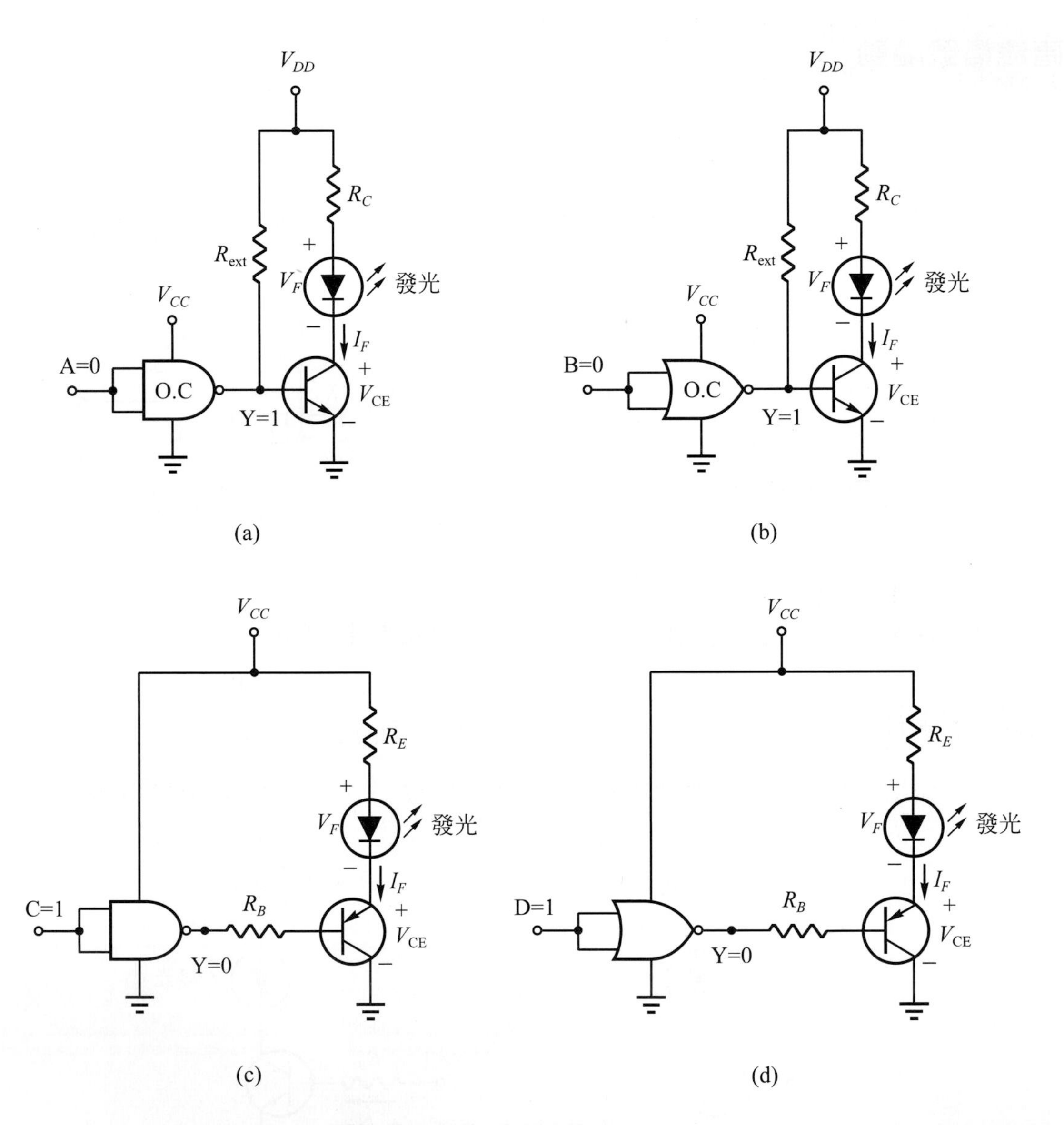

圖 4-28　數位 IC 配合電晶體之控制

不管是PNP或NPN電晶體，只要有適當的I_B就能控制電晶體ON，而得到放大β倍的I_C。若$\beta = 100$，發光二極體要有50mA的I_F時，則只要約0.5mA的I_B就能讓電晶體ON，發光二極體動作。是故以電晶體去驅動發光二極體是最普遍和最方便的方法。

若您所用的微電腦或數位IC的輸出電流不夠大時，您就可以搭配電晶體一起使用。如圖4-28所示。

圖4-28中的R_C和R_E為限制電流用的電阻，因I_F等於

$$I_F = \frac{V_{DD} - V_F - V_{CE}}{R_C} \approx \frac{V_{DD} - V_F - 0.2\text{V}}{R_C}\text{，或}I_F = \frac{V_{CC} - V_F - 0.2\text{V}}{R_E}$$

圖中的R_{ext}和R_B都是決定I_B的大小，一般使用幾 kΩ的電阻，都能讓這些電路正常動作。想進一步的了解，請參閱書號02959第十三章。

圖4-28中的邏輯閘NAND和NOR，同時也代表微電腦的輸出，別忘了您可以由電腦來控制各項光控元件。

脈波信號驅動

為避免操作環境中，背景光源對系統的干擾及減少平均功率的損耗。以脈波信號的方式驅動發光二極體，可達瞬間大功率的輸出，使光源發射的距離更遠。

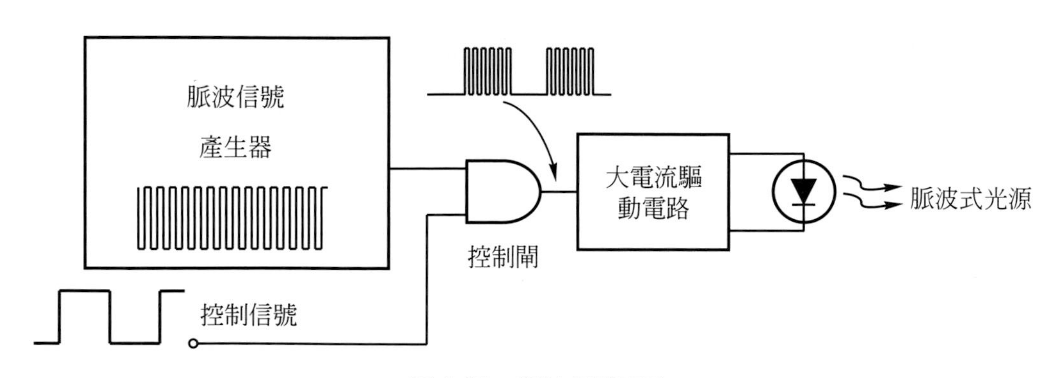

圖4-29　脈波信號驅動

脈波驅動時，可提高瞬間發射功率，做遠距離的傳送。家中的電視用紅外線遙控器就是脈波信號驅動。脈波有一定的頻率，只要接收器有一帶通濾波器，只接收與發射頻率相同的信號，便能抑制其它頻率的干擾。

配合適當的編碼和解碼IC，我們就可以自己做一台按鍵式遙控器，有關紅外線遙控，我們會專章討論及實驗與專題製作分析。

交流信號驅動

交流信號驅動指的是怎樣把AC 110V或AC 220V、60Hz的交流電拿來驅動發光二極體。

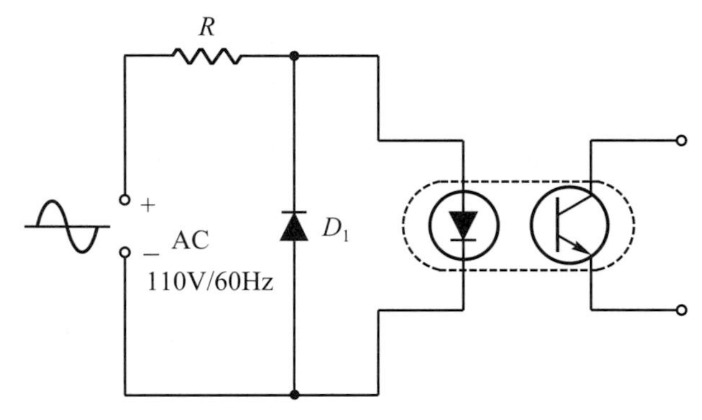

(a) 驅動電路

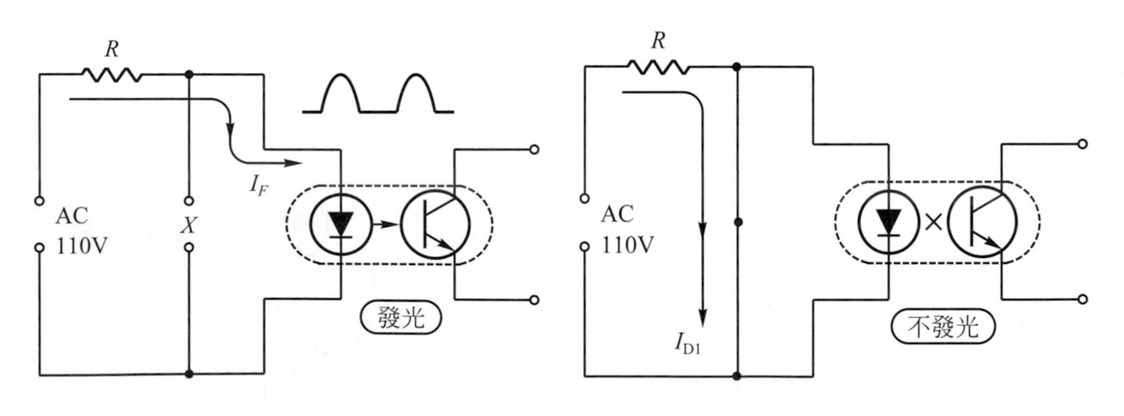

(b) 正半波動作　(c) 負半波動作

圖 4-30　交流信號驅動

圖4-30直接以電阻R進行降壓，正半波時發光二極體ON，負半波時D_1 ON，使得發光二極體OFF，如此一來於光電晶體處便能接收到60Hz的正脈波。

若$I_F = 10\text{mA}$，則R的大小約為$[(110 \times \sqrt{2} - 2\text{V}) \div 10\text{mA}] \approx 15.5\text{k}\Omega$。但必須注意$R$的瓦特數，$10\text{mA} \times 110 \times \sqrt{2}\text{V} = 1.55\text{W}$，用一個2W的電阻業已足夠。另一項做法是先把110V降壓。

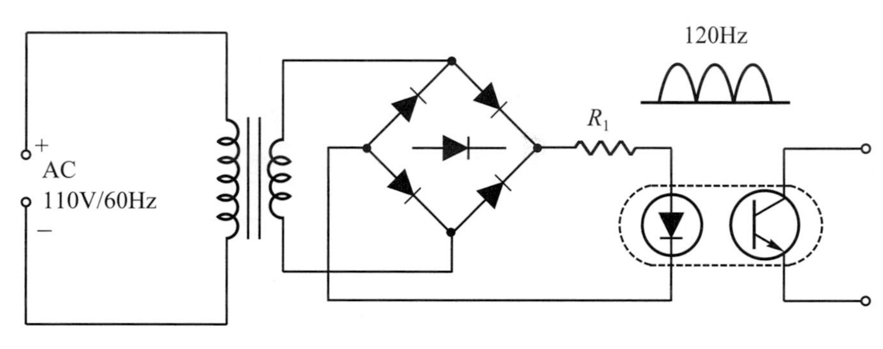

(a) 全波 120Hz

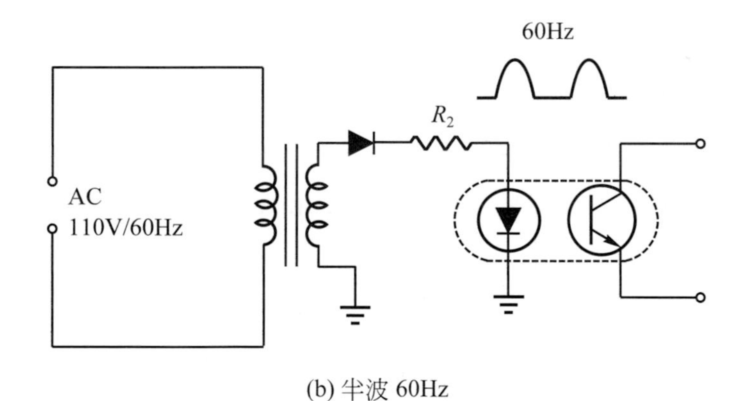

(b) 半波 60Hz

圖4-31　先降壓再驅動

各種驅動的實際線路分析和數據，將於各項實驗中再逐一加入，以免重複太多。

4-11 光耦合器紙上實驗

本單元的主要目的乃就 4N35 的電氣特性等資料進行了解，當您能正確地解讀各項資料或特性曲線的含義後，要實際把光耦合器應用得很好、很安全並非難事。

發射器部份

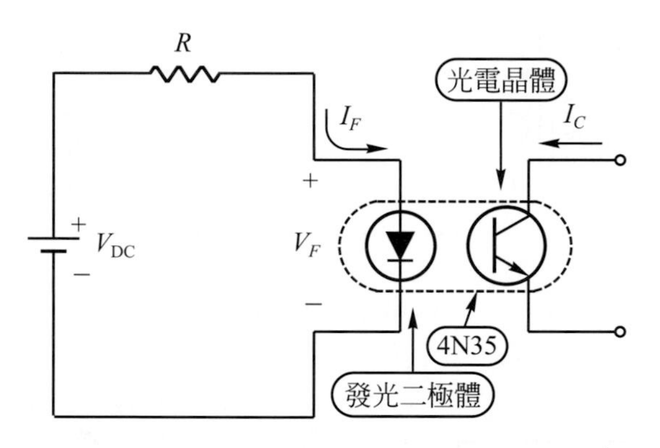

圖 4-32　光耦合器輸入 LED 紙上實驗

(1)　加入電阻R的主要目的何在？

(2)　在 25℃時，$V_{DC}=12$V，希望$I_F=20$mA，試問此時的V_F是多少？(查圖)

(3)　上述條件下，$R=$＿＿＿＿＿Ω。

(4)　在 4N35 INPUT LED 資料表中，得知$V_R=6$V 表示不要使 LED 被加超過 6V 的逆向電壓，但有時會不小心接錯極性，可能把 LED 擊穿，應如何預防。

解答

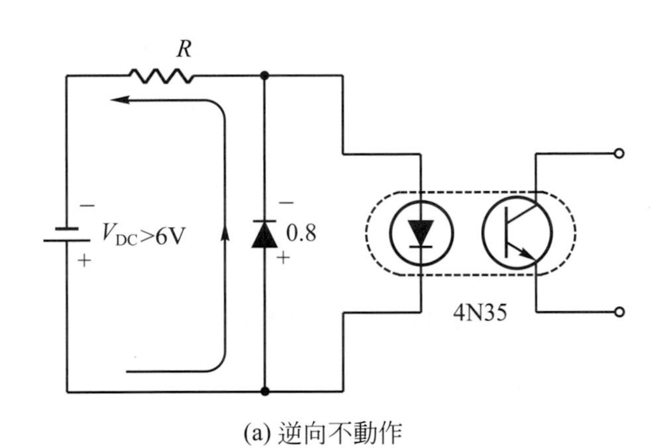

(a) 逆向不動作

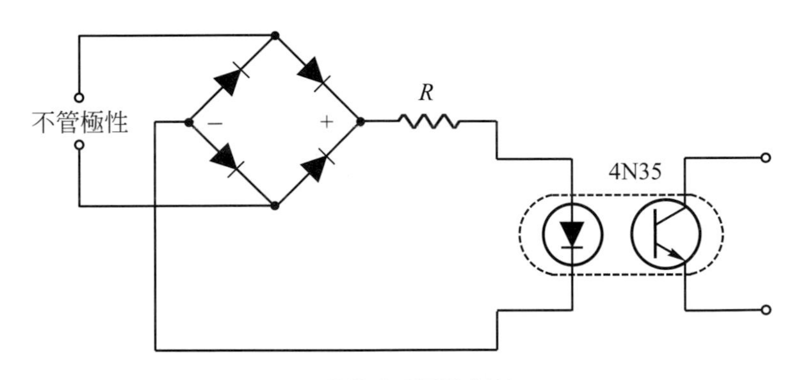

(b) 不管輸入電壓的極性

圖 4-33　防止逆向破壞發光二極體的方法

(5) 查表，試問 4N35 INPUT LED 最大的順向電流I_F＝________mA。

(6) 對 4N35 而言，I_F的大小控制了發射器的亮度，亮度的強弱控制了光電晶體的I_C，即想得到多大的I_C，就必須提供相對比例的I_F。試問V_{CE}＝8V，I_F＝10mA 時，I_C＝________mA。(查特性曲線圖)

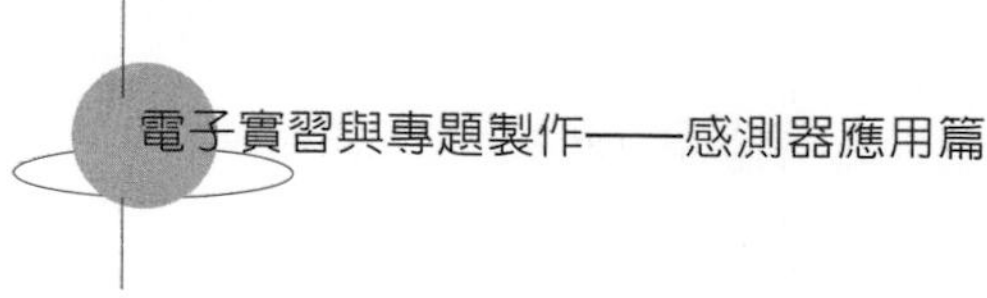

(7)

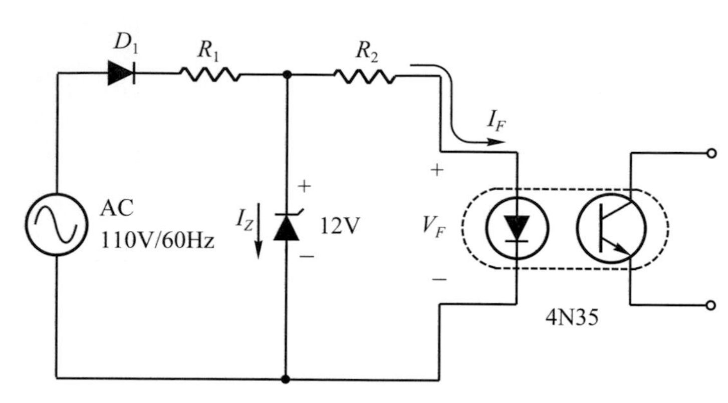

圖 4-34　交流驅動線路分析

若$I_Z = 2\text{mA}$，$I_F = 10\text{mA}$，$V_F = 1.6\text{V}$ 時，R_1、R_2的阻值各是多少？應該使用多大的瓦特數的電阻？

光電晶體部份

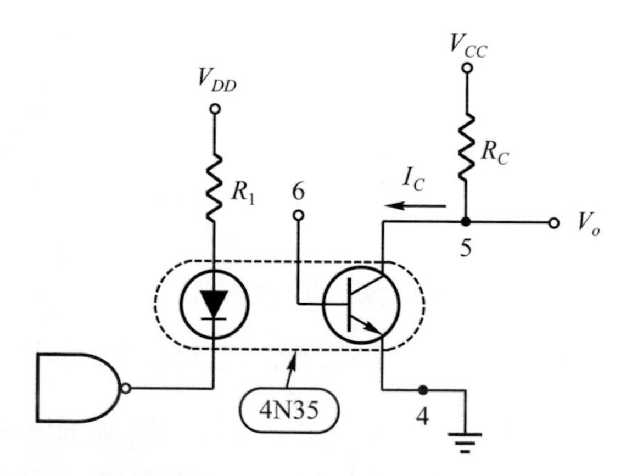

圖 4-35　光電晶體輸出電路分析

(1)　試問 4N35 所能使用的V_{CC}，其最大值$V_{CC(\max)} =$ ＿＿＿＿＿ V。

(2)　圖中第 6 腳可以不加偏壓(不提供I_B)，爲什麼？

(3)　I_C的最大值$I_{C(\max)} =$ ＿＿＿＿＿ mA。(查資料)

(4) 若$V_{CC}=12V$，$V_o=4V$，$I_C=12mA$，$R_C=$________Ω。

(5) 必須提供多少I_F，才能使$I_C=12mA$。$I_F=$________mA。(查特性曲線)

(6) R_L電阻大小對反應速度有何影響？(查特性曲線)

(7) 說明使用光耦合器的最大好處在哪？

4-12　光耦合器的基本實驗

實驗目的

了解光耦合器的使用方法。

實驗項目

1. 驅動電流I_F。
2. 輸出電流I_C。

實驗線路

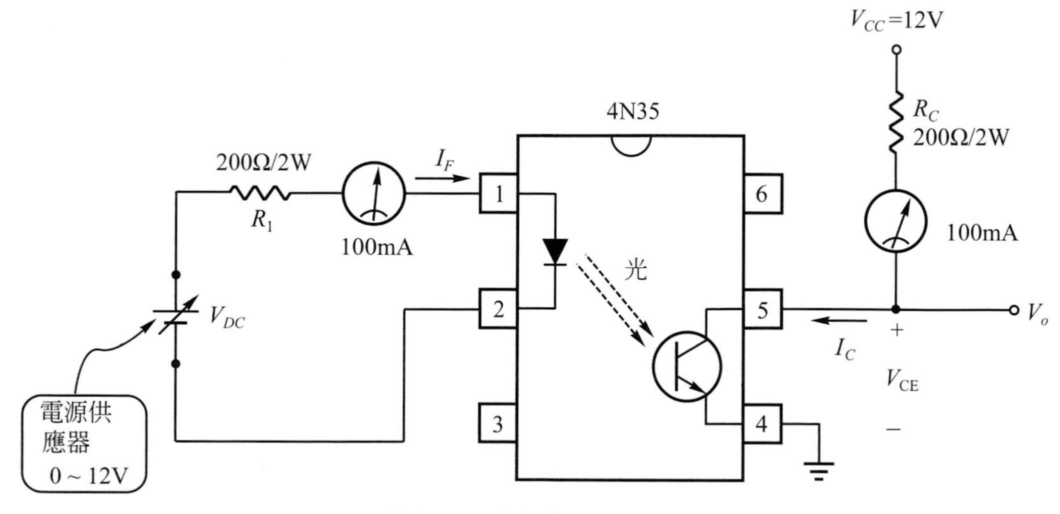

圖 4-36　光耦合器實驗電路

實驗線路說明

(1) 這個線路其主要目的在於了解，改變順向電流I_F可以控制I_C的大小。

(2) R_1爲限流電阻。避免I_F超過$I_{F(max)} = 60mA$，但改變V_{DC}時，不要讓V_{DC}超過12V，以免把發光二極體燒掉。

(3) 接收端的光電晶乃採用反相型轉換。R_C用以限制I_C的最大值。

(4) 當順向偏壓V_{DC}足夠克服發光二極體的V_F後，就會使發光二極體ON，不同的V_{DC}將得到不同I_F，使發光的強度改變，則接收端光電晶體的I_C也將隨之改變。

實驗開始

(1) 順向偏壓V_{DC}，由您自己任意設定，把電源供應器隨便調一下，得到多少伏特，就直接記錄多少伏特，不必刻意設定。只要照實記錄就好，這才算是自己做自己的實驗($V_{DC} \approx 0 \sim 12V$)

(2) 調好V_{DC}以後，請量測I_F、I_C和V_o電壓大小。

V_{DC}	0V								12V	V
I_F										mA
I_C										mA
V_o										V

(3) 調V_{DC}使$I_F = 10mA$。

(4) 改變V_{CC}的電壓值(0V～12V)(任您選擇，但多做幾點)

(5) 每改變一次V_{CC}，就量測I_C和V_{CE}，並記錄。

I_F＝ 10mA 時

V_{CC}	0.5V							12V	V
I_C									mA
V_{CE}									V

討論分析

(1)　依實驗結果描繪I_F-I_C的特性曲線。

(2)　依實驗結果描繪V_{CE}-I_C的特性曲線。

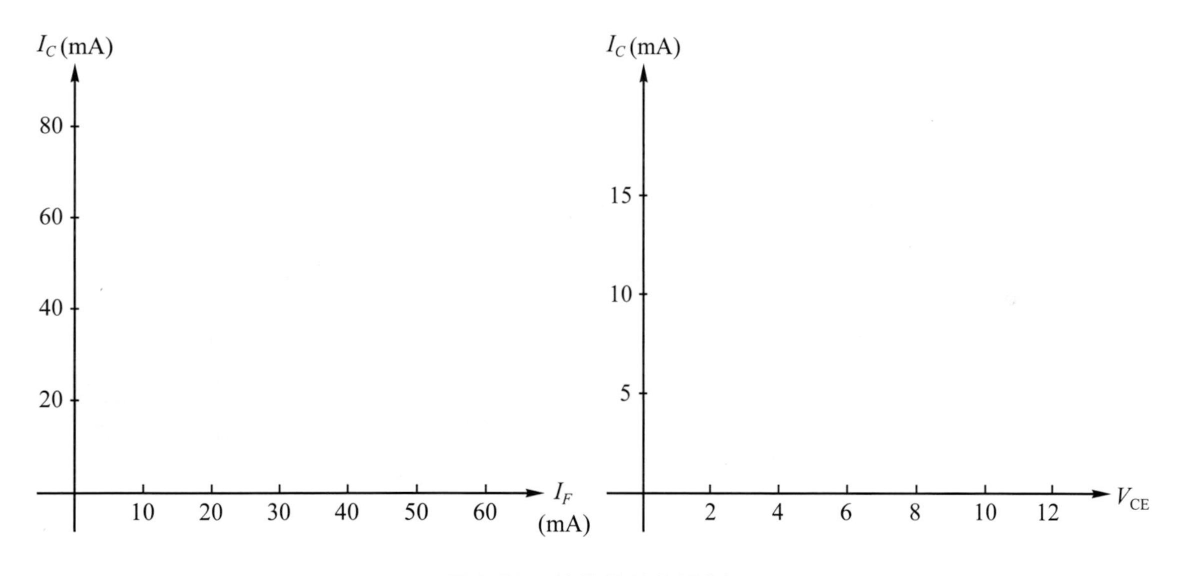

圖 4-37　特性曲線的繪製

(3)　從您所做的實驗分析其耦合係數是多少？η＝________。

耦合係數$\eta = \frac{I_C}{I_F}$……(多少I_F能產生多大的I_C)

(4) 由V_{CE}-V_C特性曲線的繪製，您得到了什麼啓示？

光電晶體是一顆不必加I_B，而由照度控制I_C大小的NPN電晶體。

(5) 若希望$I_C = 1\text{mA}$，$V_{CE} = 0.2\text{V}$，應該用多大的R_C，及必須調到多大的I_F？$R_C =$ ________ Ω，$I_F =$ ________ A。

4-13 光耦合器的變形產品介紹

我們已經知道光耦合器乃把發光二極體和光電晶體做在同一個包裝裡，如圖 4-18 所示。然而我們也可以把發光二極體和光電晶體做不同的排列，達到不同的應用目的。相關產品計有光遮斷器、光反射器、光遙控器……等。它們的主要元件都是發光二極體和光電晶體，所以我們將介紹的光感測器都是光耦合器的變形。

1. 光遮斷器介紹

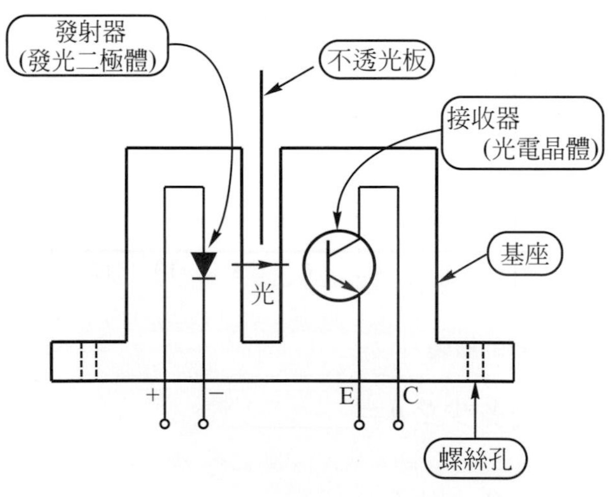

(a) 電路符號

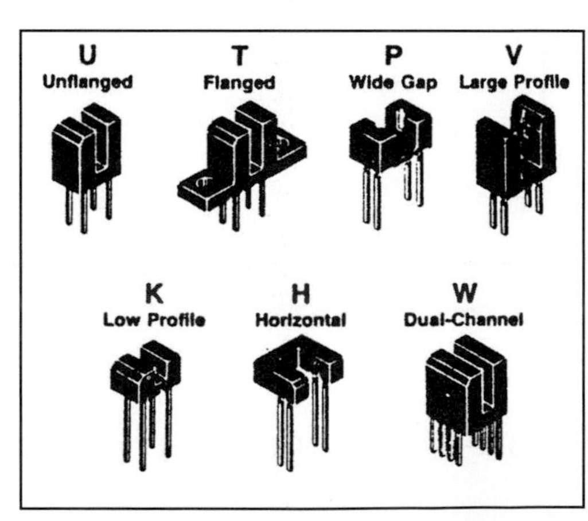

(b) 實物照片

圖 4-38 光遮斷器

光遮斷器的組成要件也是發光二極體和光電晶體，只是兩者做成相對分立包裝在同一基座上，當有不透光板進入凹槽的時候，把光擋住，光電晶體就不導通。相當於是一個完全當開關使用的光感測元件。其應用相當廣泛，在磁碟機、滑鼠等產品裡面都用到光遮斷器，做定位控制開關，或旋轉時之脈波計算都會用到光遮斷器。

光遮斷器的使用方法和光耦器沒有差別，卻是光遮斷器的應用，不勝枚舉。我們將專章說明光遮斷器的應用情形及相關配合電路的分析與設計。

2. 光反射器介紹

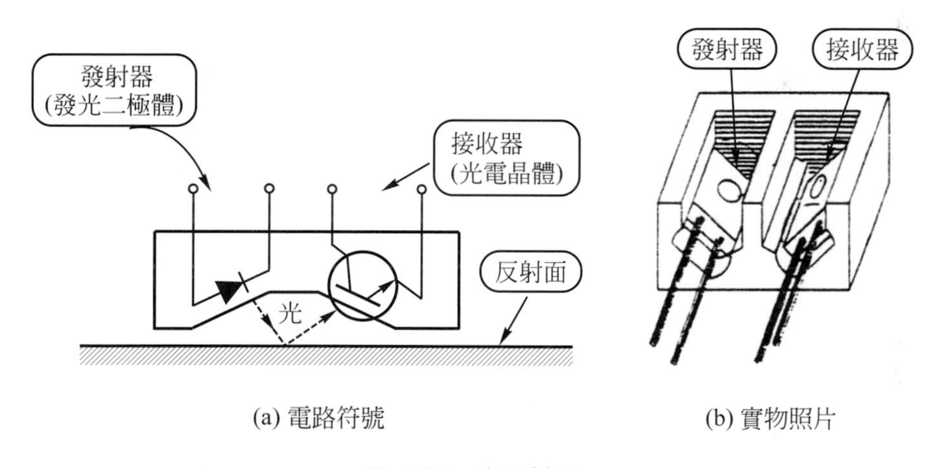

(a) 電路符號　　(b) 實物照片

圖 4-39　光反射器

光耦合器、光遮斷器及光反射器的組成要件都一樣。目前把發光二極體和光電晶體並列組立，則發射出去的光，必須經反射面反射，才能被光電晶體接收。所以光反射器經常被使用於偵測不透明物體是否靠近或遠離，而做成所謂的“光電式近接開關”。

然而光反射器還有一項很重要的應用：條碼辨認。由條碼黑白線條對光做不同的反射。白色區全部反射，接收到光信號較強，黑色區光被吸收，則所接收到的光信號較弱，則相對於光電晶體將產生不一樣的光電流，得到不同的輸出。便能依條碼規格的比對，得知目前條碼所代表的訊息。

但因所接收的光信號是經由反射而來，較易受環境中原有光源的干擾，所以有關光反射器應用時的轉換電路，必須更小心的處理。於應用專題中，我們會以實例加以分析。

3. **光遙控與光纖傳輸**

一般家用電器(如電視、音響、……)都有一個掌上型遙控器，若您把它的外殼打開，您將發現遙控器的頂端有一顆 LED，那就是光發射器。一般爲避免環境中光源的干擾，都使用紅外線發光二極體，接收器則放在電視機面板裡頭。

光遙控器都以脈波方式驅動，一則減少平均功率的損耗使遙控器的乾電池用得久一點，二則脈波驅動能減少背景光源的干擾，再則遙控器必須編碼傳送訊息，不用脈波將無法進行編碼，接收器就解碼所得的命令做必要的反應和處理。

怎樣讓發光二極體的I_F提高和怎樣增加接收器的靈敏度，將是增加遙控距離的必要手段。

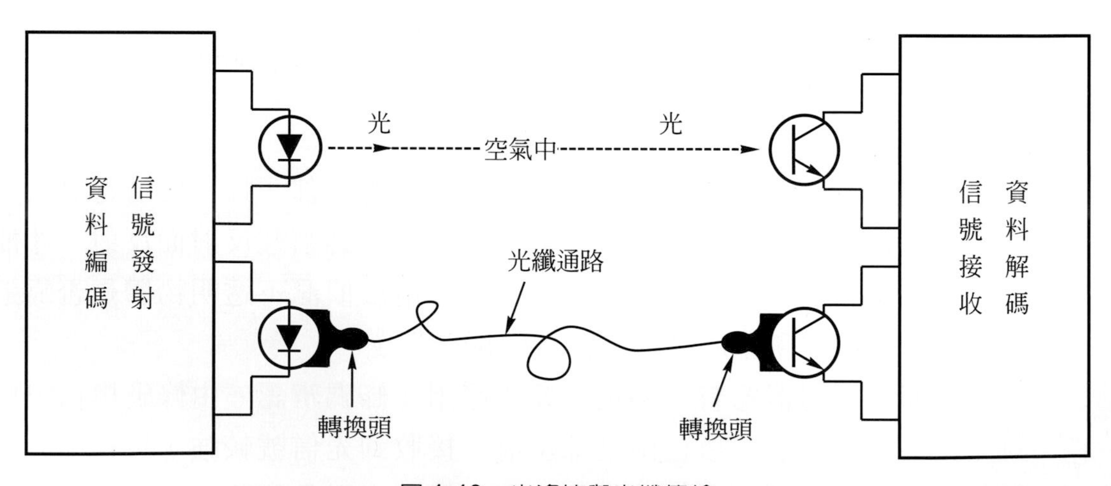

圖 4-40　光遙控與光纖傳輸

把光發射器所發出的光源，集中於光纖通路之中，便能引導光線依特定的路徑繞行，克服光線只能直線傳送的難題，且不受環境中光線的干擾，如此爲之通訊品質高、容量大、速度也最快，使得光纜通訊的架設，變成資訊通道中的高速公路。

4-14　光遮斷器的實驗

實驗目的

了解光遮斷器的原理和使用方法。

實驗項目

用光遮斷器當開關。

實驗線路

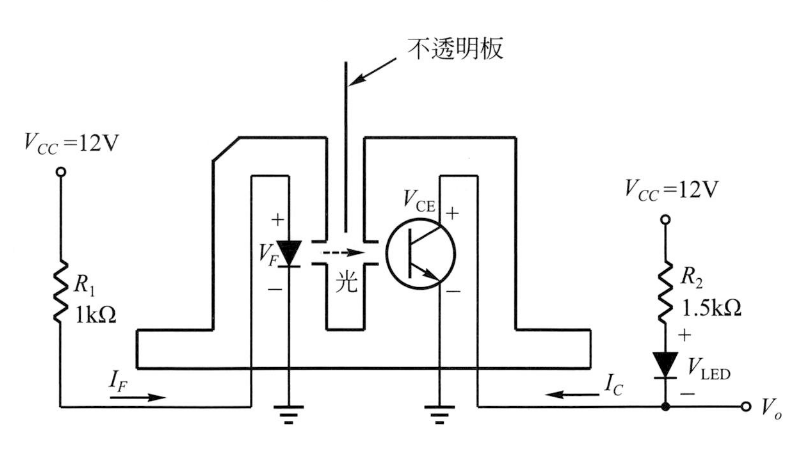

圖 4-41　光遮斷器實驗電路

實驗線路說明

(1) 光遮斷器的電路符號和光耦合器一樣，所以其使用方法也完全相同。只是光遮斷器乃由外界遮住光源來控制而已。

(2) R_1限流電阻，避免I_F太大而把發光二極體燒掉。

$$I_F \approx \frac{V_{CC} - V_F}{R_1} = \frac{12\text{V} - 1.2\text{V}}{1\text{k}} \approx 10\text{mA}$$

(3) R_2限流電阻，避免I_C太大，把LED或光電晶體燒掉。

$$I_C \approx \frac{V_{CC} - V_{\text{LED}} - V_{CE}}{R_2} = \frac{12\text{V} - 1.4\text{V} - 0.2\text{V}}{1.5\text{k}} \approx 6.9\text{mA}$$

(4) 想得到$I_C = 6.9\text{mA}$，必須有足夠強度的光源，即必須有一定電流以上的I_F。此時必須留意您所要的電流比是否符合其耦合係數的要求。

$$\frac{I_C}{I_F} < \eta$$

實驗開始

(1) 電路接好以後，量一下I_C和V_o，I_C＝________，V_o＝________。

(2) 若$V_o > 0.8\text{V}$時(雖然LED會亮)，但卻代表I_C不夠，同時也代表光源太弱，必須減少R_1的阻值。(在R_1上並聯一個10k左右的電阻)

(3) 若$V_o < 0.8\text{V}$，LED亮著，開始把不透明板插入凹槽中。

(4) 當不透明板插入凹槽後，LED不亮，請測I_C＝________，V_o＝________。

討論分析

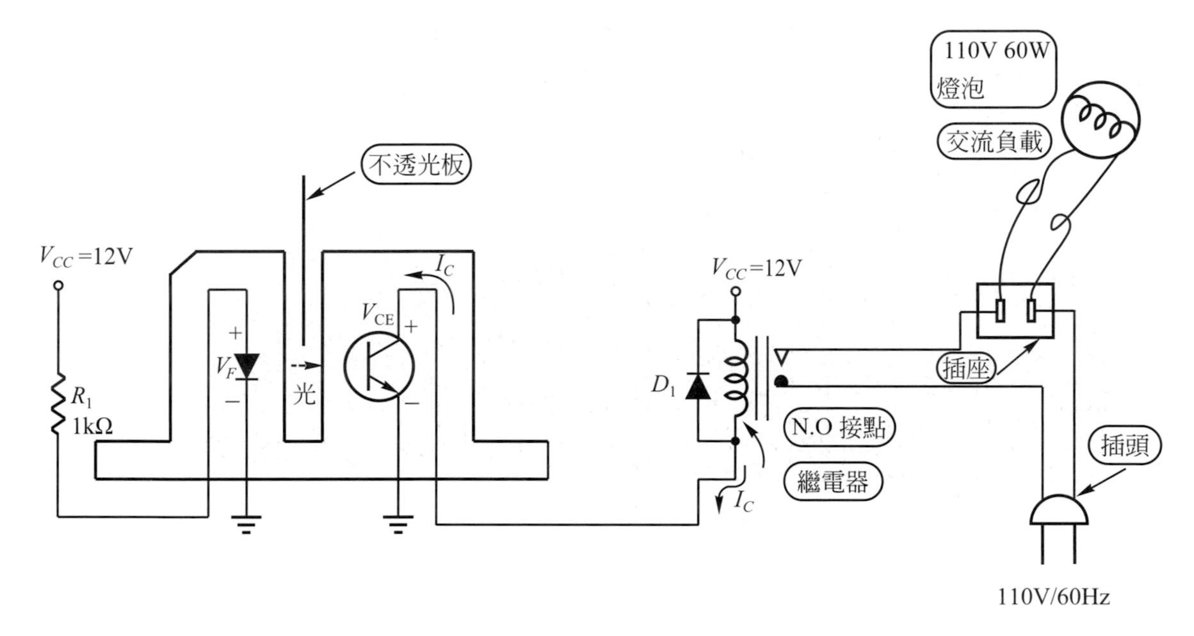

圖 4-42　光遮斷器應用(光電開關之一)

(1) 圖 4-42 中，繼電器的規格為：線圈電壓DC12V，線圈工作電流 60mA，接點安全容量 AC250V，15A。該繼電器用來當做光遮斷器的轉換介面，達到能控制AC110V或AC220V的交流負載。

① 光電晶體的I_C必須達 60mA，繼電器才能正常動作。試問R_1的最大值是多少？$V_F=(1.2V\sim1.8V)$，$\eta=1$，則$R_{1(max)}=$________，必須使用多大的瓦特數 W =________。

② D_1是在何時發生作用？怎樣達到保護Q_1電晶體，請詳細說明之。

③ 以目前接點容量而言，您所使用的交流負載，其電流量最好限制在多少以下？(參閱全華書號：02959 之第十九章)

⑵ 圖 4-43 是把光遮斷器拿來當做旋轉偵測器，其中光柵圓板上有透光窗口，當該光柵圓板由馬達帶動而旋轉時，會造成(光通過、光遮斷、光通過……)的動作，相當於接收器(光電晶體)形成 ON-OFF 交互切換的動作。簡言之，能於光電晶體的轉換電路輸出，得到邏輯 1、邏輯 0 交互變化的脈波，我們就可用計數器計算脈波的個數，代表轉動的圈數。每一分鐘所轉的圈數，就是一般馬達的轉速單位 rpm。

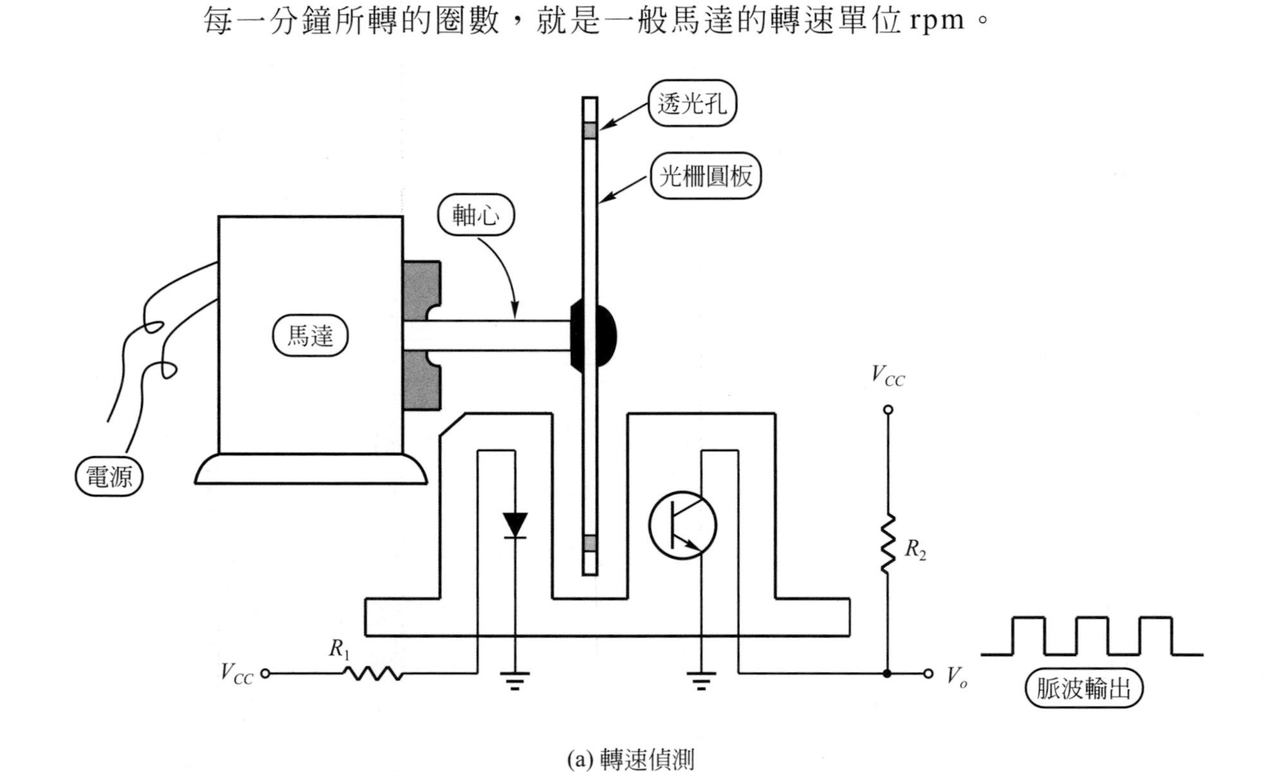

(a) 轉速偵測

圖 4-43　光遮斷器應用(光電轉速計)

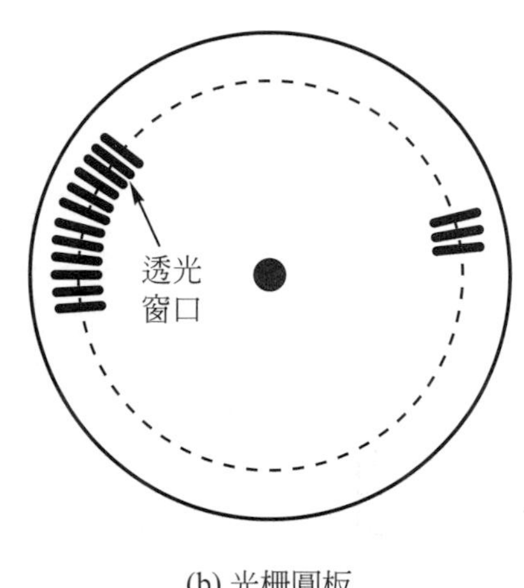

(b) 光柵圓板

圖 4-43　光遮斷器應用(光電轉速計)(續)

目前有一種叫旋轉編碼器的產品，就是利用此一原理做成，用於旋轉角度和轉速的偵測之中。且其光柵圓板的刻度可高達1024，甚至4096，是產業界自動控制中，定位、角度、距離量測常用的精密感測元件，有增量型和絕對型兩種光電編碼器。(我們會專章說明之)

① 若希望光被擋住的時候V_o＝High(高電壓)，透光的時候V_o＝Low(低電壓)，則光遮斷器的電路應怎麼接線，請繪出電路。

② 若光柵圓板總共有60個窗口，1分鐘共得7200個脈波，試問其rpm是多少？rpm＝＿＿＿＿＿。

4-15　光敏電阻特性說明

談了那麼多有關光電二極體和光電晶體的相關產品，好像光電元件只有電流變化，其實不然。光敏電阻是一種對光敏感的電阻，它會隨光強度的不同而改變其本身的電阻值，而太陽電池卻會隨光的強弱而改變其端電壓。所以光電感測元件也是分成電流變化(光電二極體、光電晶體、……)，電阻變化(光敏電阻、光控FET、……)及電壓變化(太陽電池、焦電式紅外線感測器、……)三大類。

光敏電阻常用的材質爲硫化鎘(CdS)，使得 CdS 變成光敏電阻的代名詞。說明白一點就是：CdS 是一種光控可變電阻。

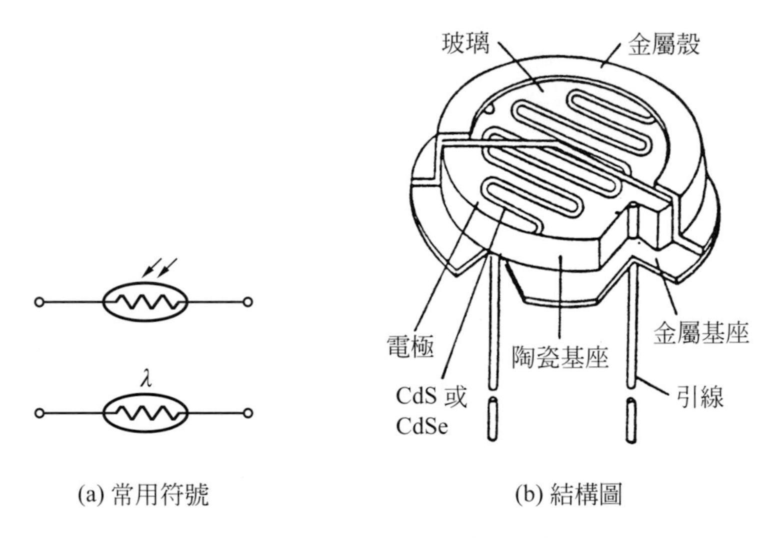

(a) 常用符號　　(b) 結構圖

圖 4-44　光敏電阻符號與結構

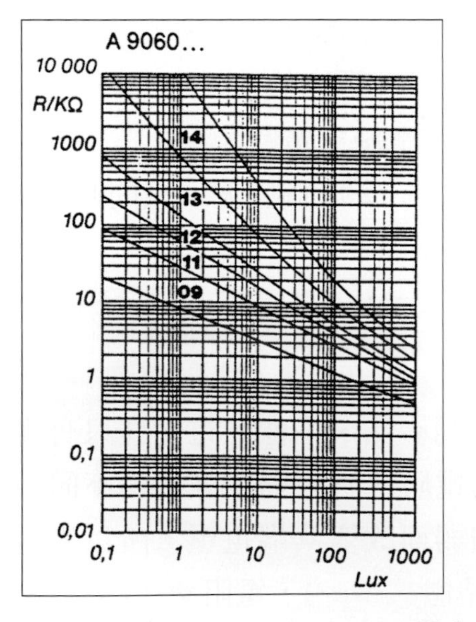

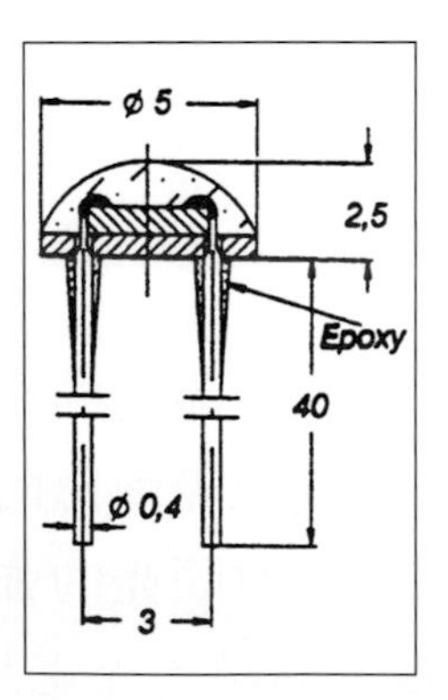

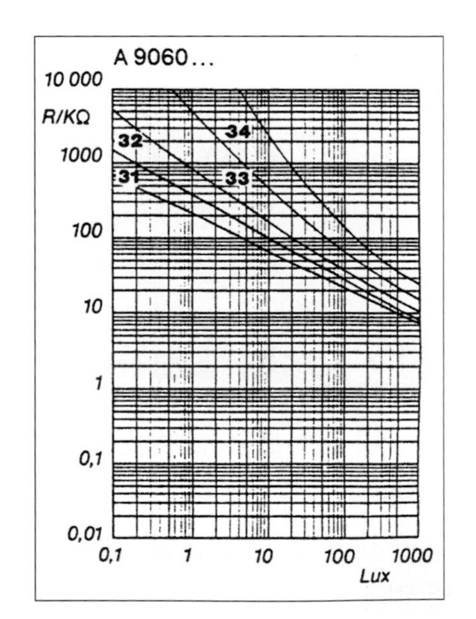

圖 4-45　光敏電阻相關特性曲線

4-16　光敏電阻基本實驗

實驗目的

了解光敏電阻隨照度大小而改變本身電阻的特性。

實驗項目

光控增益調節。

實驗線路

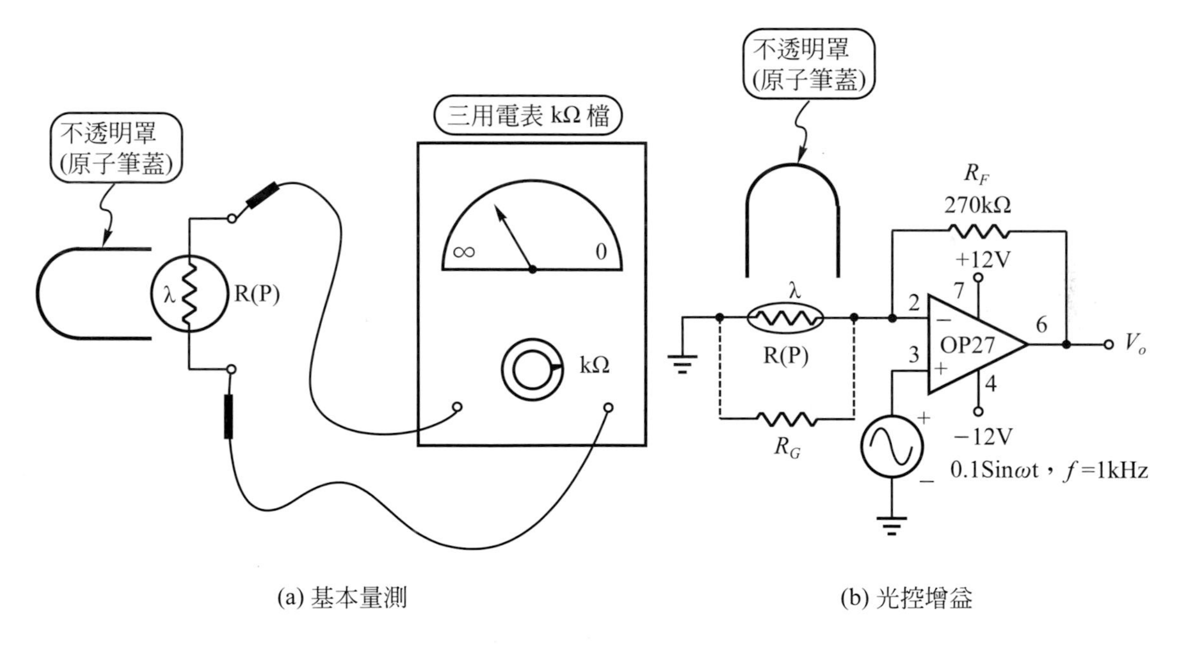

(a) 基本量測　　(b) 光控增益

圖 4-46　光敏電阻應用實習

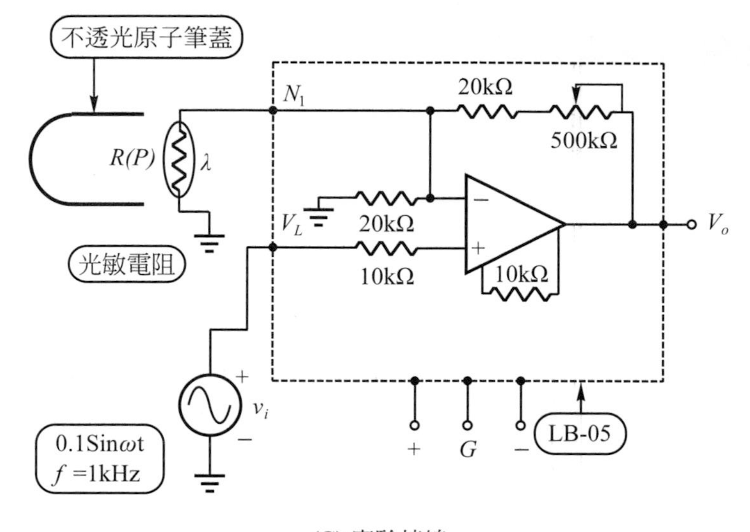

(C) 實驗接線

圖 4-46　光敏電阻應用實習(續)

實驗線路說明

(1) 圖(a)目的在於讓您眞正感受一下，照度不同時，$R(P)$的阻值也不一樣。

(2) 圖(b)乃光控增益基本原理。該電路爲一個非反相放大器，其增益

$$A_V = 1 + \frac{R_F}{R(P) /\!/ R_G} \cdots\cdots \text{由} R(P) \text{控制增益的大小}$$

照度增加時，$R(P)$隨之下降，則增益變大，反之變小。若把R_F和$R(P) /\!/ R_G$對調時，照度大則增益小。在電視機中自動亮度調整就是使用 CdS。

(3) R_G其目的在把$R(P)$的變化量由非線性修正爲部份線性。可參閱本書第三章有關熱敏電阻之非線性修正。做實驗時可令$R(P) = R_G$，或把R_G拿掉。

實驗開始

⑴　以您目前環境中的照度代表最亮的照度。

⑵　圖(a)：

最亮時$R(P)$最小值，$R(P)_{min}=$ ________ kΩ。

最暗時$R(P)$最大值，$R(P)_{max}=$ ________ kΩ。

⑶　圖(c)：

※v_i由信號產生器提供 $0.1\sin\omega t$，$f=1$kHz的正弦波。

①　用一個不透明罩蓋住CdS。

②　測量此時的V_o，$V_o=$ ________ V，理論上$V_o=\left(1+\frac{270k}{R(P)/\!/20k}\right)\times v_i$

※調LB-05的RV_1約在一半(250kΩ)。

③　把蓋子慢慢掀起來，並觀察V_o的變化情形。

答：________

討論分析

⑴　您所用的光敏電阻對什麼波長的光線具較大的靈敏度？

⑵　目前有一種光控線性可變電阻，請整理其相關資料。

⑶　香菇培養不希望陽光太強。希望您設計一個電路，當太陽光太強的時候，能讓警報器啓動或自動調節百葉窗。試試看，會賺大錢哦！

4-17　交流使用之光控元件

我們已經學過的光電晶體、光耦合器、光遮斷器、……等光電元件，知道這些元件只能控制直流負載，無法直接驅動AC110V，或AC220V的交流負載。當想控制交流負載的時候，必須外加介面轉換，才能達到使用光電晶體控制交流負載的目的。

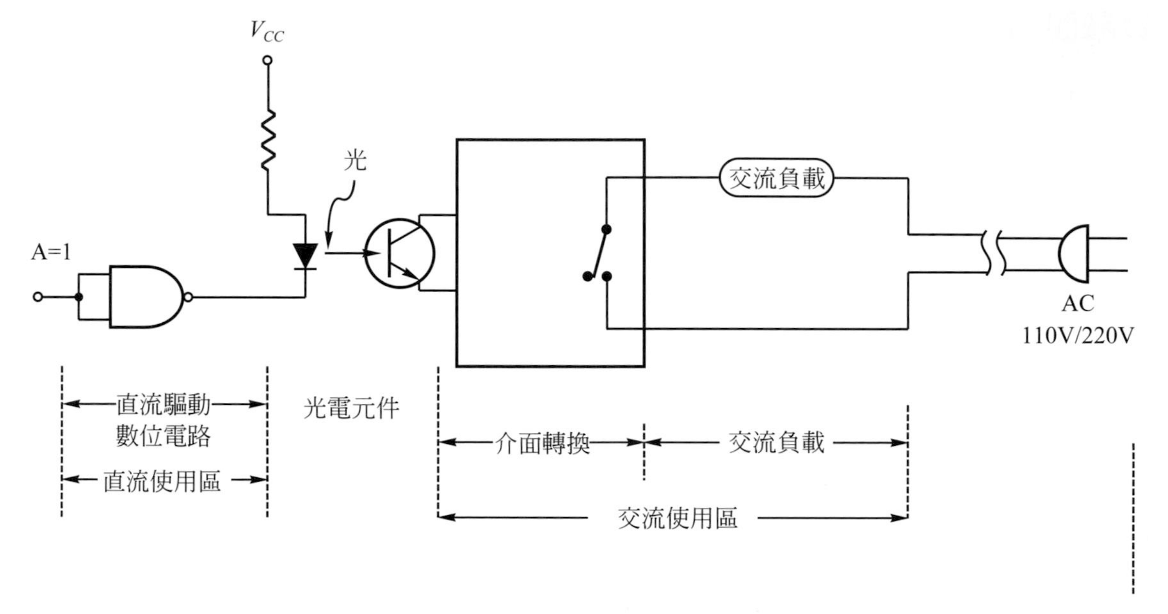

圖 4-47 光電元件使用介面轉換控制交流負載

直流使用區和交流使用區之間的信號傳輸由光來完成，已達到兩者的電源完全隔離。然後再經由介面轉換達到控制交流負載的目的。

介面轉換的等效電路爲一個能控制交流負載的開關。所以我們可以使用一般繼電器或磁簧開關(請參閱第五章有關各種感測開關的說明)來當做光電元件的介面轉換。

事實上，若用了光電元件再以繼電器來控制交流負載時，是一項錯誤又浪費錢的做法。因繼電器是由線圈流過電流產生磁力控制接點，而達到ON、OFF控制的目的。磁力已經是一項超距離，不必接觸就能動作，則交流電源與直流電源相互隔離各自獨立。所以當使用繼電器時，可以不必使用光電元件。

幸好目前各半導體廠商，已把光電元件和控制交流的工業電子元件(如SCR、DIAC、TRIAC、……)做在一起，變成能以光電信號去控制 AC110V/220V 的系統，其方塊如圖 4-49 所示。

工業控制用之交流矽控整流器等產品，如 SCR、DIAC、TRIAC 與光電元件共同組成能直接由光信號控制AC110V/220V交流負載的產品，稱之爲LASCR、LADIAC、LATRIAC(LA：Light Active)。

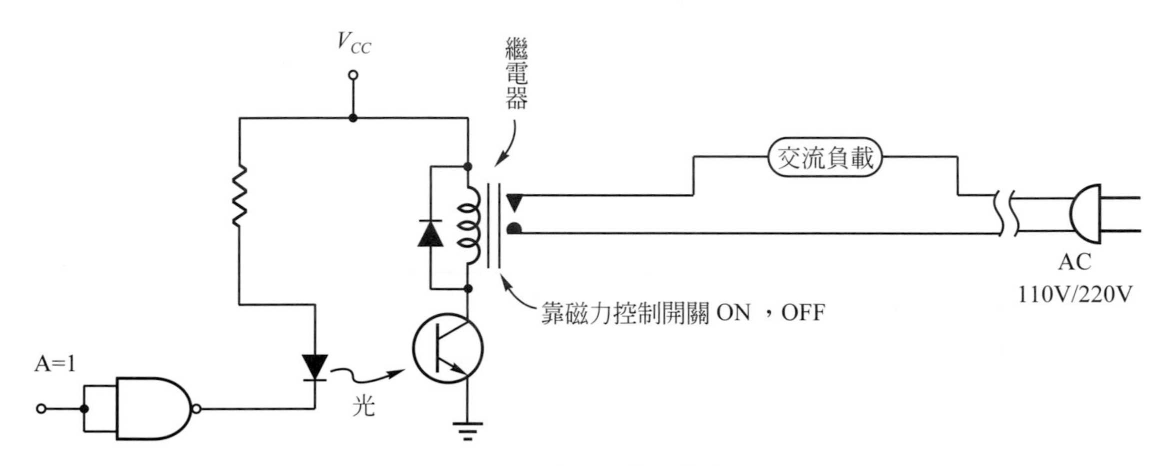

圖 4-48　多此一舉的做法

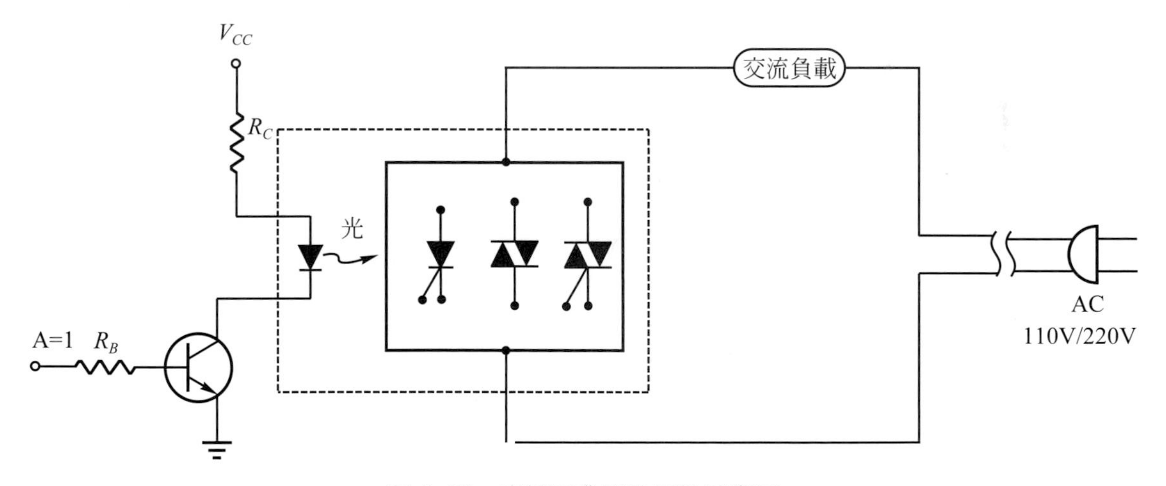

圖 4-49　光控工業電子元件示意圖

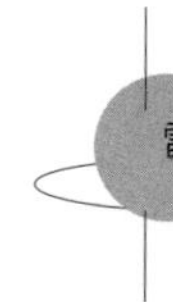

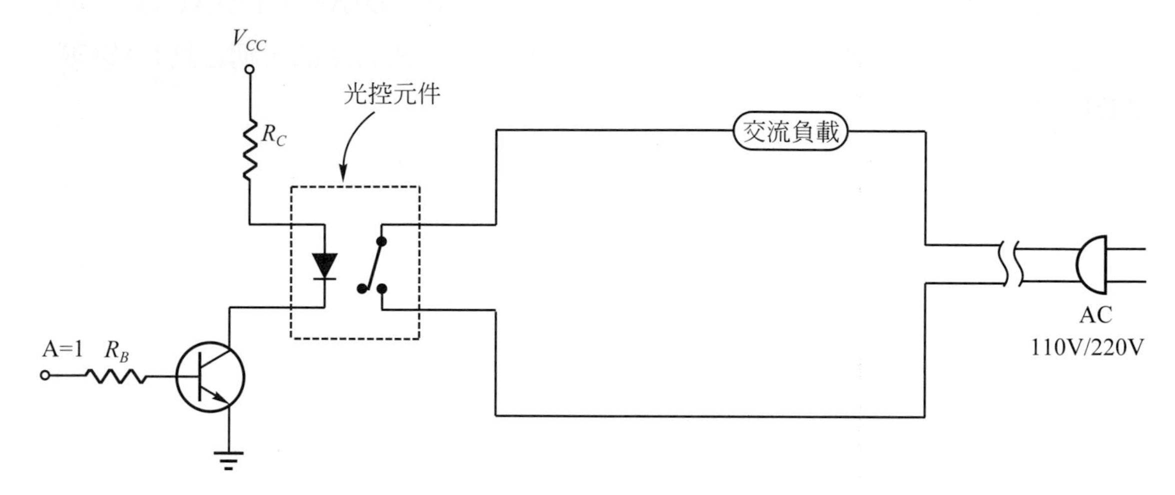

圖 4-50　光控工業電子元件等效電路

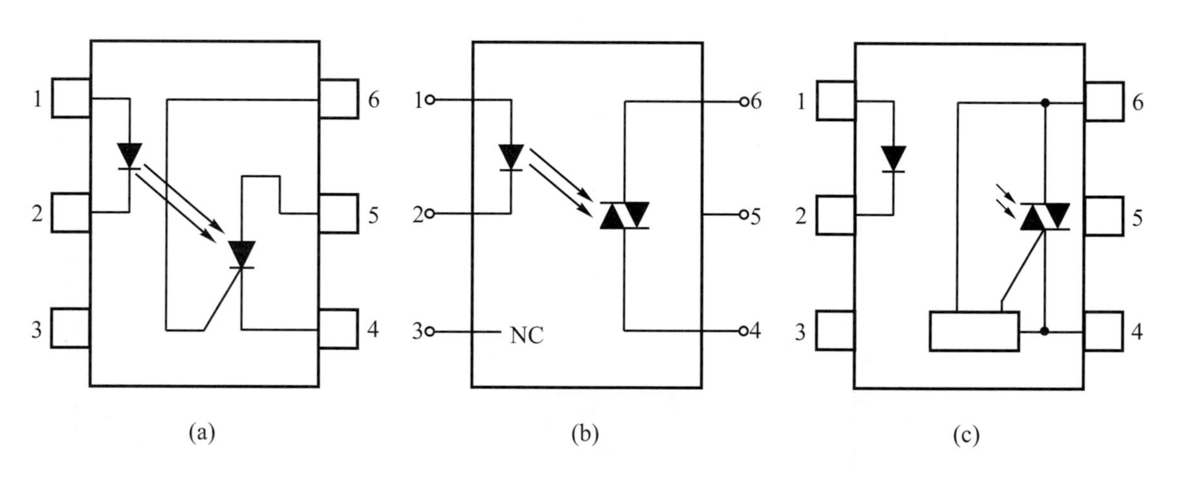

圖 4-51　光控工業電子相關產品

這種元件便能達到由微電腦或數位系統，只驅動發光二極體，進而完成交流負載ON-OFF的控制，大都以IC型式包裝，所以輸出電流較小。當與大功率的工業電子元件搭配組裝時，便能直接控制交流大電力系統，這種產品我們稱它爲**固態繼電器 SSR**(Solid State Relay)。因不用金屬接點，故亦稱之爲**無接點繼電器**。

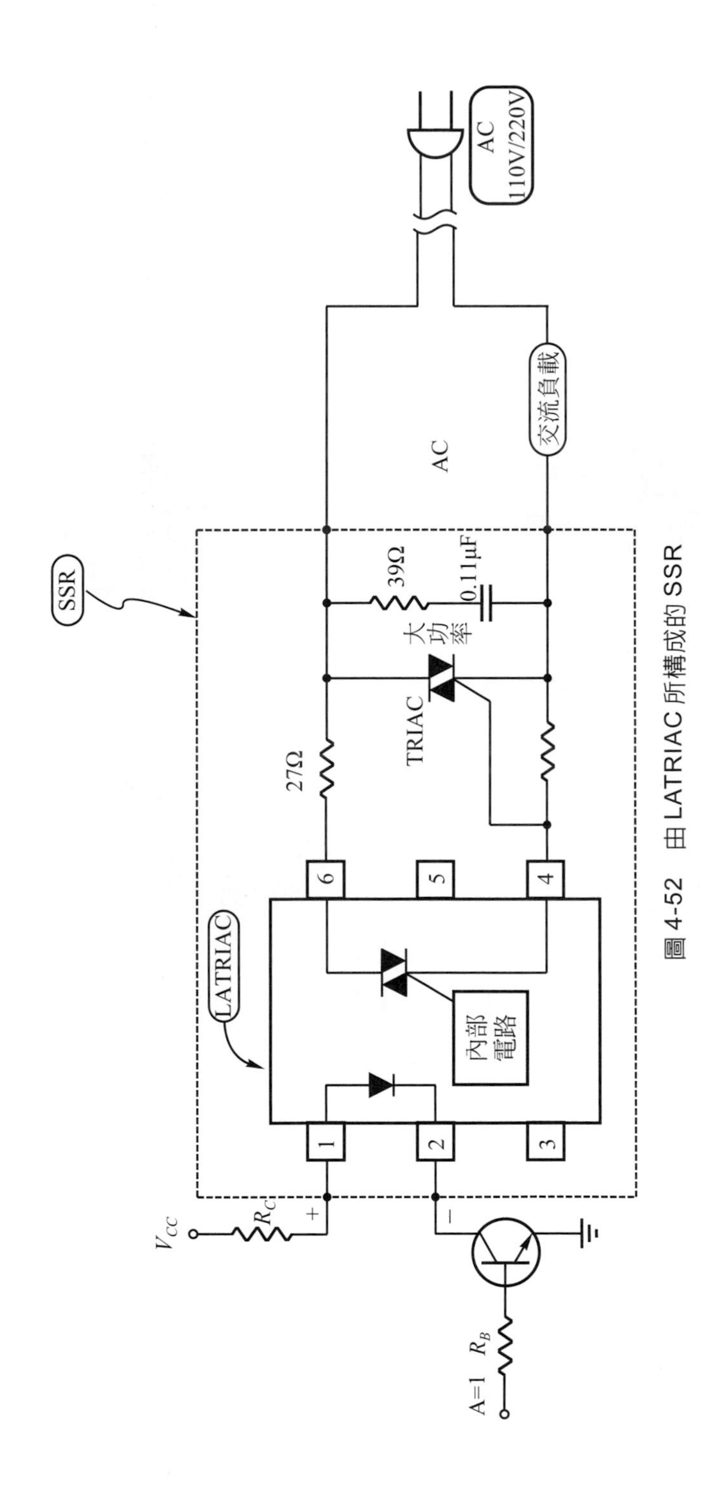

圖 4-52 由 LATRIAC 所構成的 SSR

可以把LASCR、LADIAC、LATRIAC配合大功率控制元件，組成SSR。故一般單相控制的SSR都只有四個接點，分別是(＋，－)和(AC兩端)且SSR的直流驅動，其內部大都已加限流電阻和保護電路，故大部份SSR直流驅動電壓可加4V～30V。

固態繼電器 S.S.R.
輸入/輸出模組 S.S.R.
UL.CSA.VDC.
● 負載電流：3A、10A、25A、40A

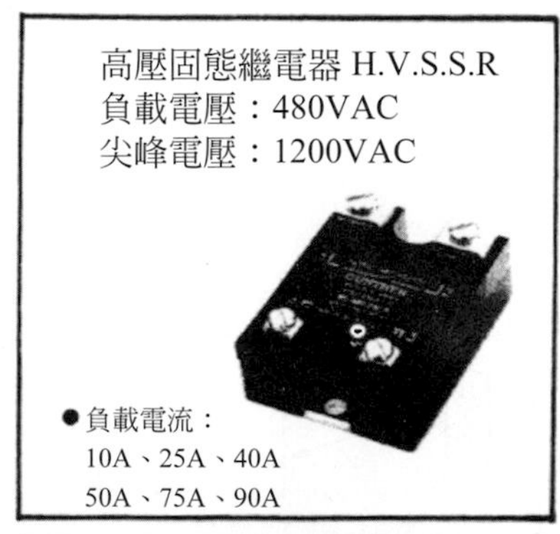

高壓固態繼電器 H.V.S.S.R
負載電壓：480VAC
尖峰電壓：1200VAC
●負載電流：
10A、25A、40A
50A、75A、90A

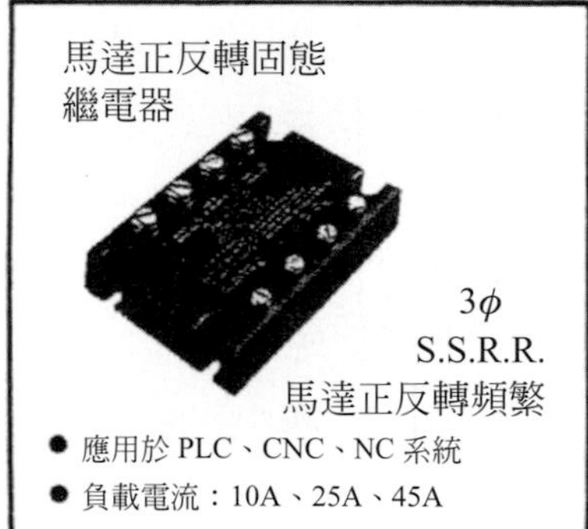

馬達正反轉固態
繼電器
3ϕ
S.S.R.R.
馬達正反轉頻繁
● 應用於 PLC、CNC、NC 系統
● 負載電流：10A、25A、45A

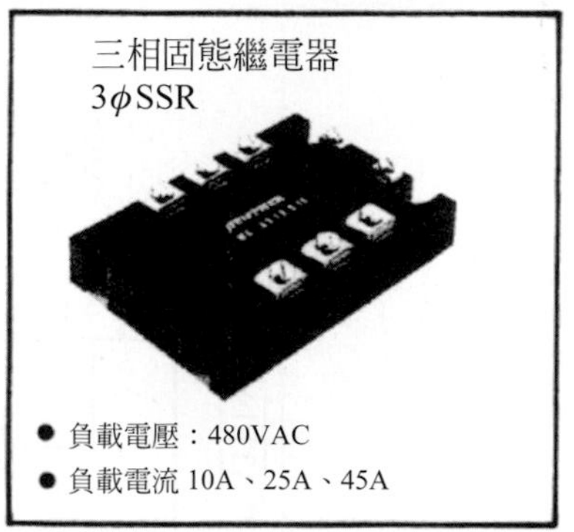

三相固態繼電器
3ϕSSR
● 負載電壓：480VAC
● 負載電流 10A、25A、45A

圖 4-53　各種 SSR 實物照片

有關SSR的線路分析，請參閱全華書號02959感測器應用與線路分析，第十六章。

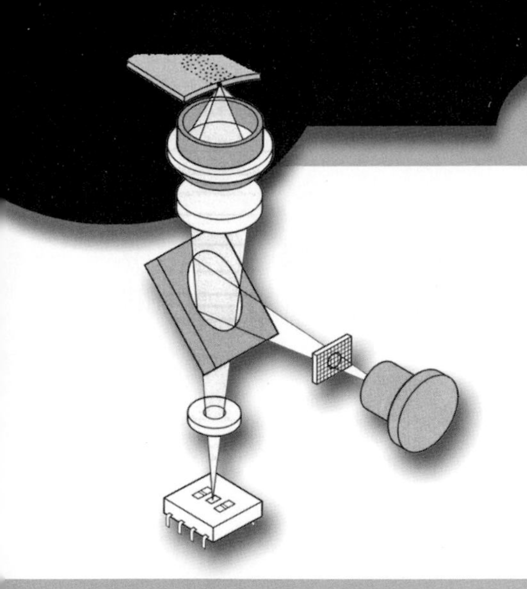

5 各種感測開關的應用

在自動化的應用中，配合各種感測元件所做成的感測開關，是使用量最大的自動控制元件。若能善用各式感測開關，將使自動化系統的設計更富彈性，尤其是把感測開關用於產業界的安全防護措施，已是一大趨勢。

例如溫度太高就靠溫度感測開關把電源切斷，或啟動冷卻系統，壓力太高或太低，則靠壓力感測開關啟動相關設備的降低或升高壓力。物件靠近或遠離，則能以各式近接開關偵測之……。各種感測開關的應用場合實在太多了，家庭自

學習目標

1. 認識各種感測開關的特性及使用方法。
2. 練習把感測開關使用於自動化系統中。
3. 體認感測開關是自動化設備及系統不可或缺的重要元件。
4. 學習把感測元件配合相關電路，做成各種感測開關。

動化、辦公室自動化、產業自動化及各種安全防護措施都會用到感測開關，使得感測開關的產值年年上升，應用方式各有巧妙。首先我們提出常用的感測開關供您參考，然後再逐一說明其使用方法及應用情形。

5-1 常用的感測開關

溫度開關

大部份溫度開關都是 N.C 接點(Normal Close)(短路)狀態。當溫度達到它所規定的額定值時，將變成 N.O 接點(Normal Open)(開路)狀態，而把電源切斷。例如冷氣機、電鍋、……等，都會用到溫度開關。

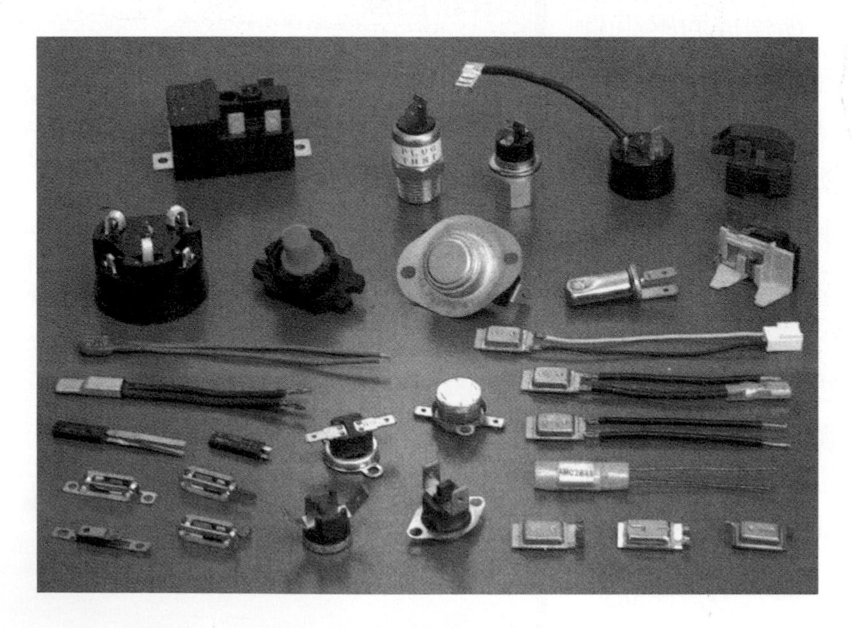

圖 5-1　溫度開關之實物照片

電流開關、電流斷路器

當所流過的電流超過電流開關的額定值時，電流開關會自動跳開，例如N.F.B開關(No Fuse Breaker)，小型電流保護器、電流斷路器等，都有電流過載而自動斷電的功能。

圖 5-2　電流開關之實物照片

微動開關、極限開關

這是一種靠外力下壓而動作的開關，只是其動作的施力非常小，動作的位移量非常短，或動作的壓力可以調整。使得在許多 ON-OFF 控制的自動化系統中，都可以看到微動開關的應用。例如一般水塔的自動抽水馬達控制，幾乎都使用極限開關配合浮球(灌八分滿的水)，完成抽水泵浦的自動控制。

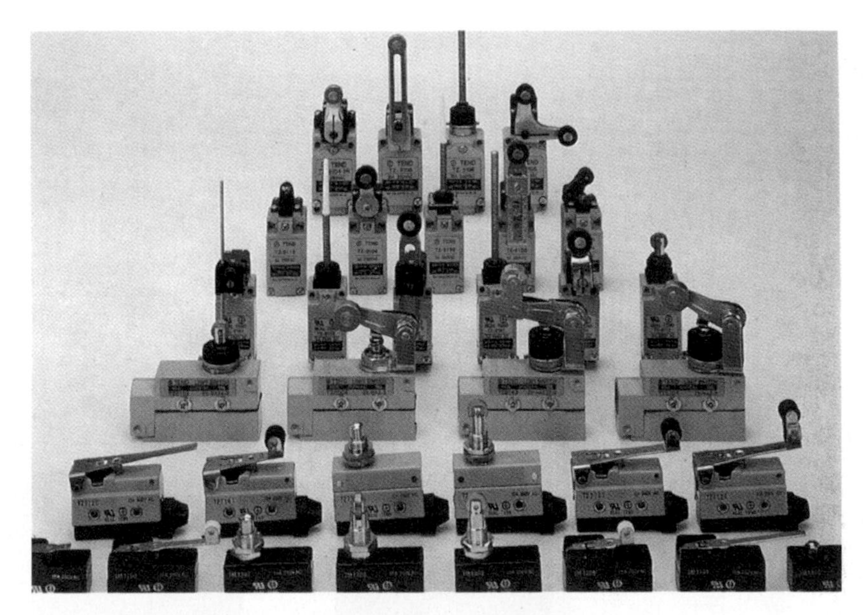

圖 5-3　各式微動開關和極限開關實物照片

近接開關

用以偵測物體靠近或遠離而做 ON-OFF 變化的感測開關。大致可分爲光電式、靜電式、電磁式、……等種類。能偵測金屬或非金屬物質靠近與否。在產業自動化中，近接開關的用途最大。(如圖 5-4 所示)

光電開關

主要是以光發射器和光接收器所組成的感測開關。經常用於偵測物體的有無或近接的情況。可分爲對射式和反射式兩大類。(如圖 5-5 所示)

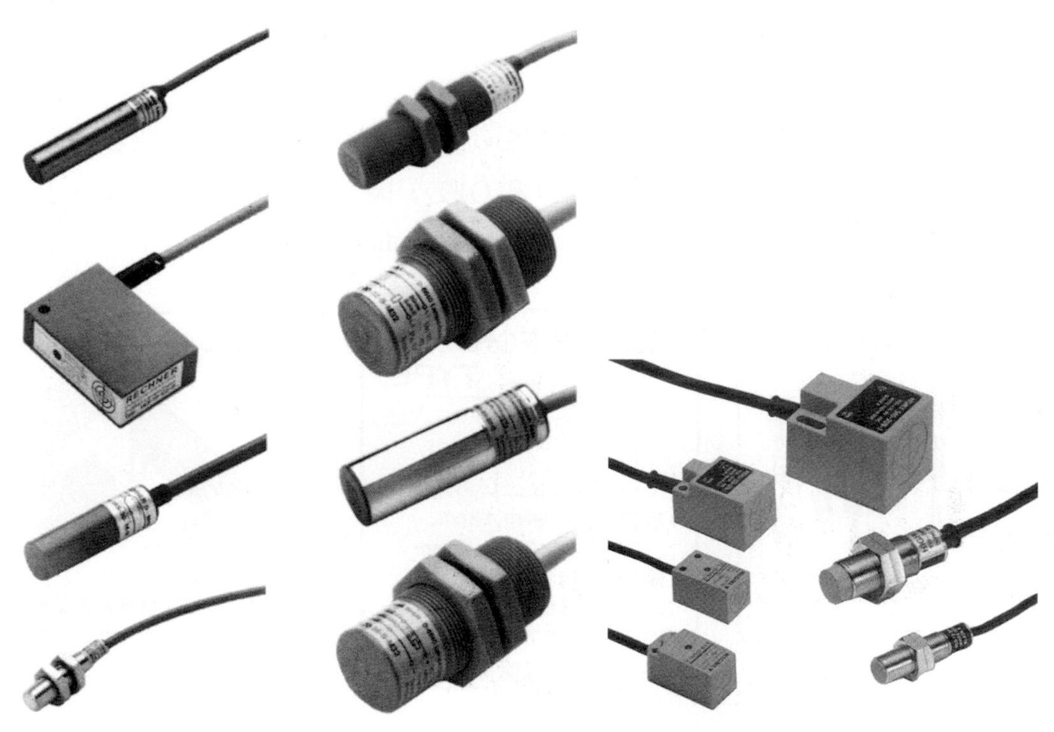

圖 5-4　各式近接開關實物照片

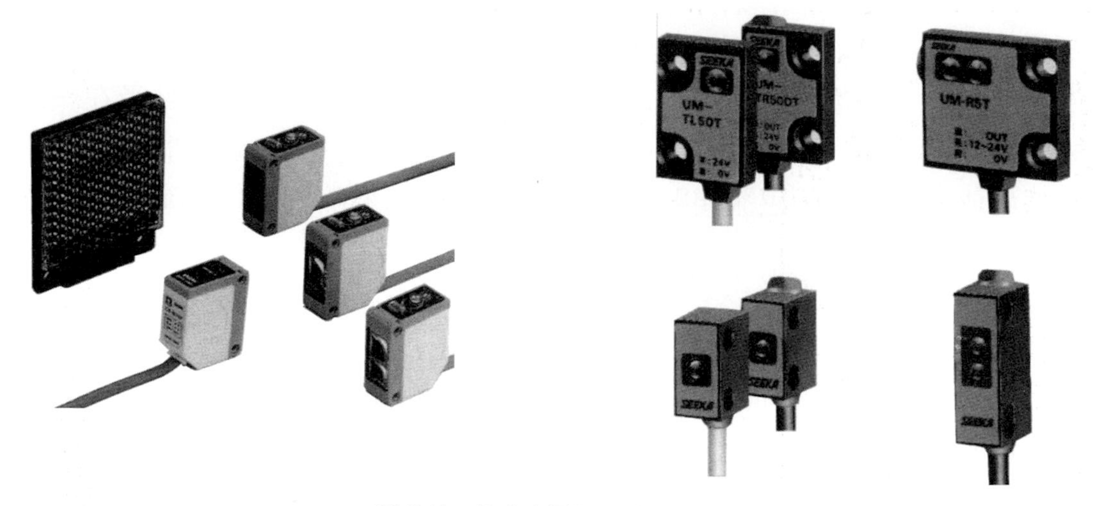

圖 5-5　各式光電開關實物照片

磁簧開關

這是一種把接點擺在玻璃管中的開關。當有磁場(永久磁鐵或電磁線圈所產生的磁場)的時候，則可控制接點的ON和OFF，因接點置於玻璃管中，故不容易被氧化。也不必額外的導磁材料，故體積可以非常小。

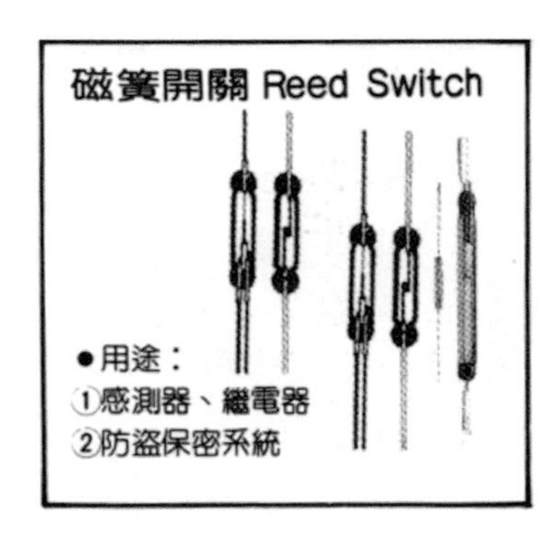

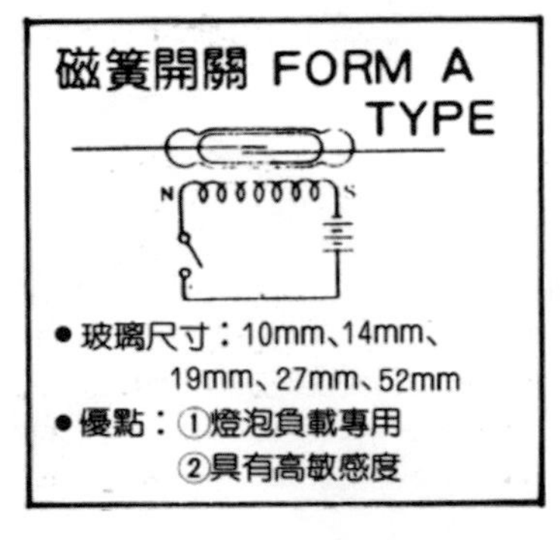

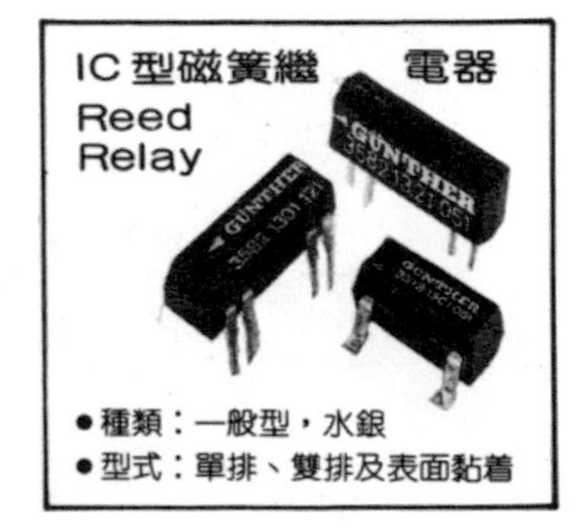

圖 5-6　各式磁簧開關實物圖

電磁繼電器

雖然繼電器不能被眞正看成是感測開關，但其應用實在太廣了，不提一提也說不過去。當電流流經繼電器的線圈而產生磁場，並把開關接點吸在一起或分開，而達到控制開關的 ON、OFF。電磁繼電器幾乎被拿來搭配各種感測電路，而做成各式各樣的感測開關。只因價格便宜、使用方便、更換容易。(如圖5-7 所示)

其它感測開關

壓力感測開關、超音波感測開關、水銀開關、轉速開關、流量開關、……等，都已由感測元件配合相關電路組成適當的感測開關，並應用於各種自動化系統中。

圖 5-7　各式電磁繼電器實物照片

本單元將著重於一般常用感測開關的使用方法或基本實驗，對於如壓力感測開關或超音波……等感測開關，其電路較為複雜，將擺在相關單元中說明，以求本章之完整性。

5-2 感測開關的基本架構

從圖 5-8 我們若以感測器所擺的位置來區分時，感測開關可概分成

⑴　整體型：內建感測器，使感測器和相關電路做在同一封裝中。

⑵　分離型：必須外加感測器，使感測器和相關電路，各自獨立。

而其接腳的種類概分為⑴電源線⑵輸出接點⑶物理量設定三種。因半導體的進步，使得整體型的感測開關愈來愈多。但不管如何，感測開關的電路方塊和一般感測之量測或控制電路，並沒有太大的差別。唯一不同的是，感測開關特別強調輸出裝置。因是當 ON-OFF 控制，所以其輸出裝置的等效電路為一個開關符號，然而實際應用電路或正式產品中，這個開關符號，主要代表著三種不同的類型。

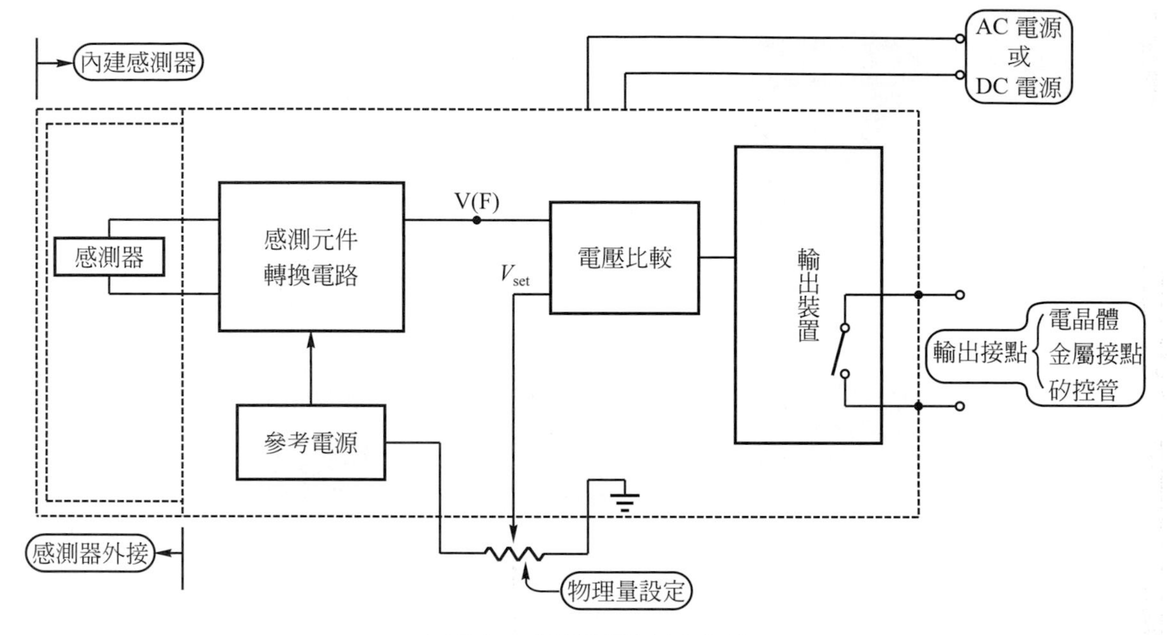

圖 5-8　感測開關的基本架構

感測開關的輸出

(1)　電晶體開關：*NPN*和*PNP*電晶體。(DC 適用)

(2)　金屬開關：金屬接點。(AC、DC 均適用)

(3)　矽控管開關：SCR、DIAC、TRIAC、……等之半導體開關。(AC適用)

也就是說，同一功用的感測開關，除了輸出裝置可能不一樣以外，其內部相關電路可以完全相同。所以於選購感測開關時，不能只提要偵測什麼物理量，必須進一步說明，您所要控制的東西是什麼，或所使用的電壓是AC、還是DC？且電壓值和電流值到底要多大？

5-3 感測開關輸出裝置之主要類別

電晶體輸出

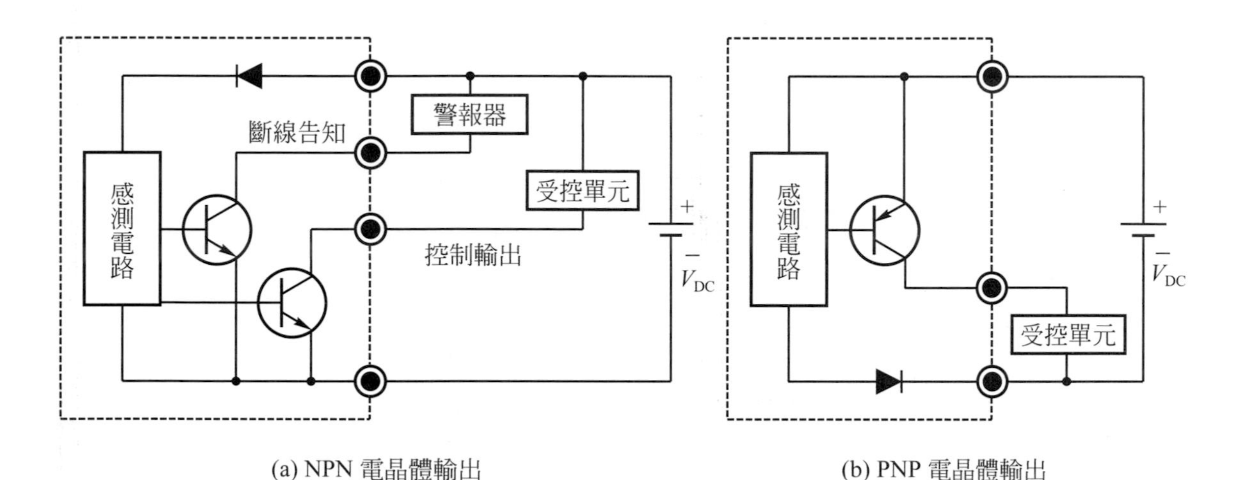

(a) NPN 電晶體輸出　　(b) PNP 電晶體輸出

圖 5-9　電晶體輸出範例

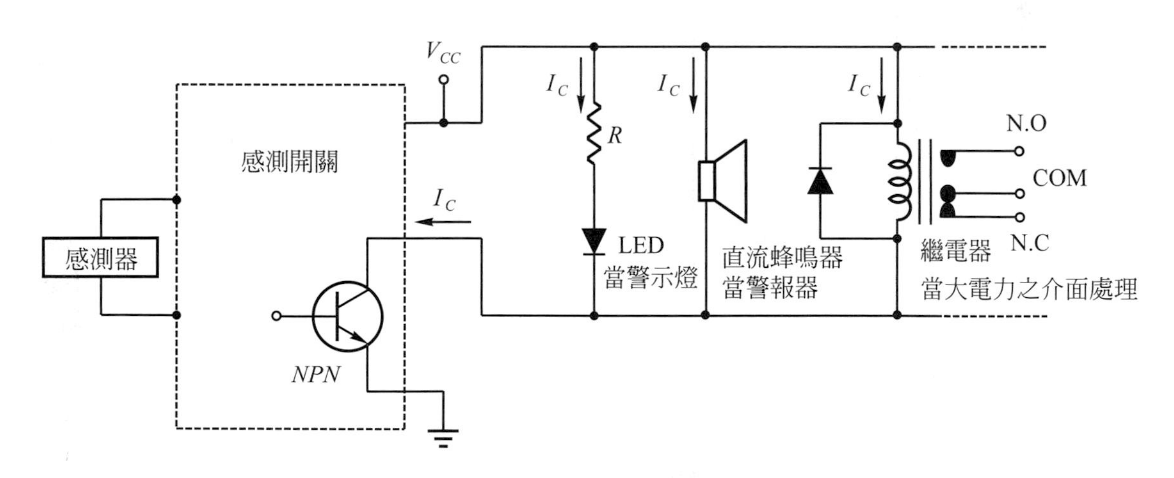

圖 5-10　*NPN*輸出的使用方法

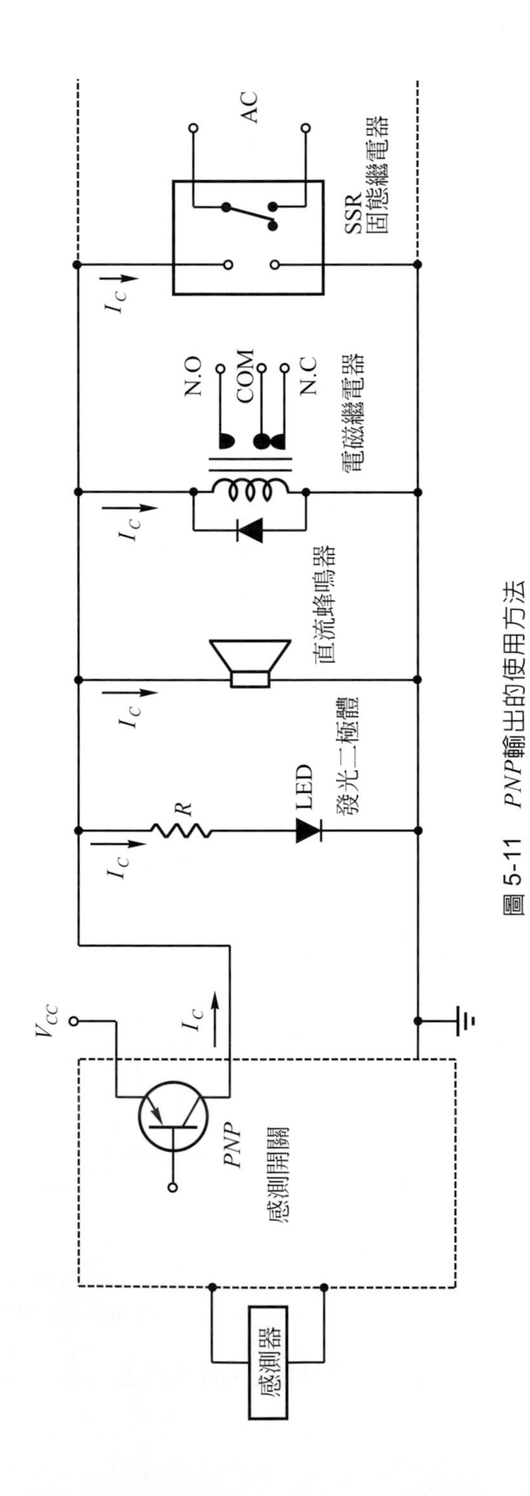

圖 5-11　*PNP*輸出的使用方法

電晶體輸出的感測開關，只要知道NPN和PNP電晶體的V_{CEO}和I_C的大小各是多少？不超過其額訂規格，您高興怎麼用就怎麼接。沒有什麼技巧可言。圖5-10和圖5-11，電晶體所接的負載可以是LED、蜂鳴器、繼電器、……。可單獨使用，也可並聯使用。

金屬接點輸出

當爲金屬接點的時候，只要考慮接點開路時的耐壓有多少？及接點閉合時所能承受的電流有多大。但請看清楚AC時的耐電壓及耐電流和DC使用時的額

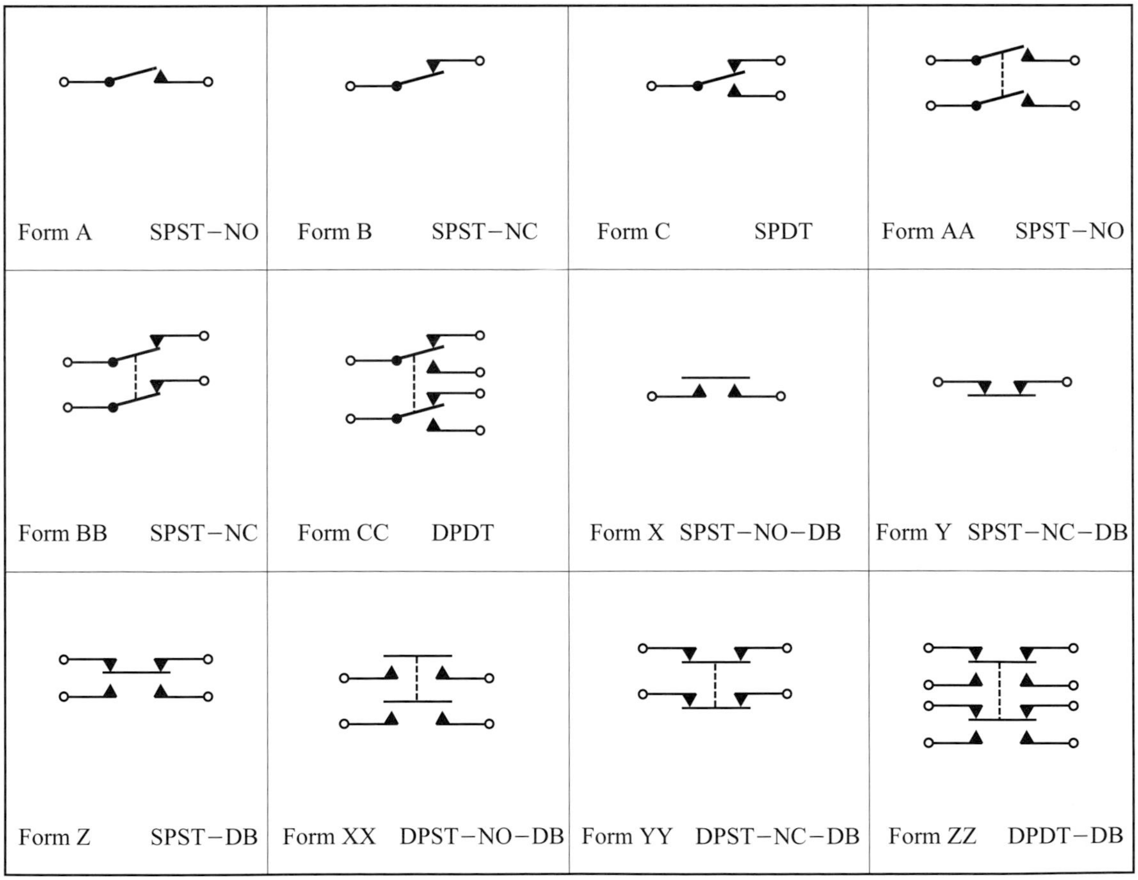

Form A　SPST−NO	Form B　SPST−NC	Form C　SPDT	Form AA　SPST−NO
Form BB　SPST−NC	Form CC　DPDT	Form X　SPST−NO−DB	Form Y　SPST−NC−DB
Form Z　SPST−DB	Form XX　DPST−NO−DB	Form YY　DPST−NC−DB	Form ZZ　DPDT−DB

圖 5-12　金屬接點的組合情形

訂值是不一樣的。一般 DC 之額定值一定較小。而更精密的要求爲，考慮接點導通時的接觸電阻必須要多小？所以有很多金屬接點，是使用白銀當做接點的材料，以減低接觸電阻及防止氧化，增加導電。

茲提供金屬接點的可能組合給您參考。(如圖 5-12 所示)

矽控管輸出

感測開關的輸出裝置若爲矽控管，則只能控制交流負載。雖不像金屬接點也能控制直流負載。卻是矽控管爲輸出裝置時，有兩項極大的優點：

(1) 乃半導體元件，故其動作速度極快。

(2) 不會有接點氧化的問題，正常使用可不必更換。

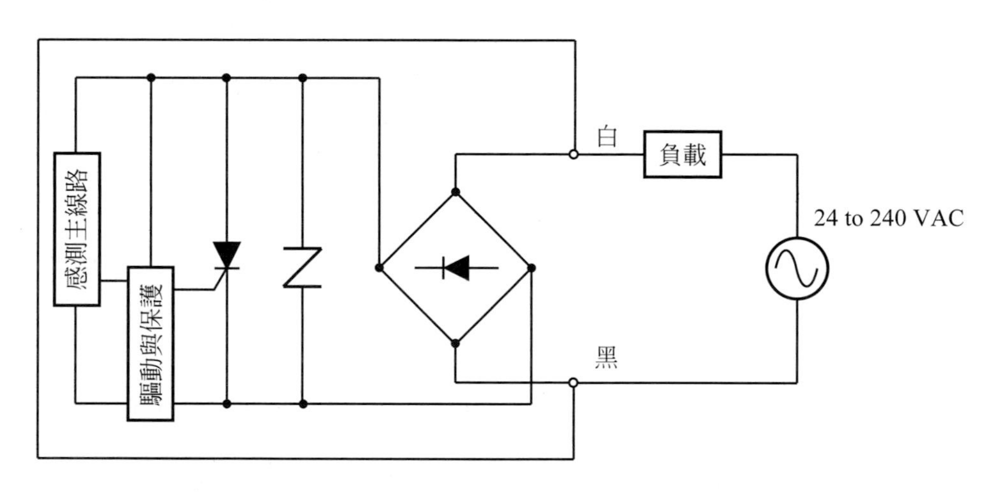

(a) SCR 輸出

圖 5-13　矽控管輸出直接控制交流負載

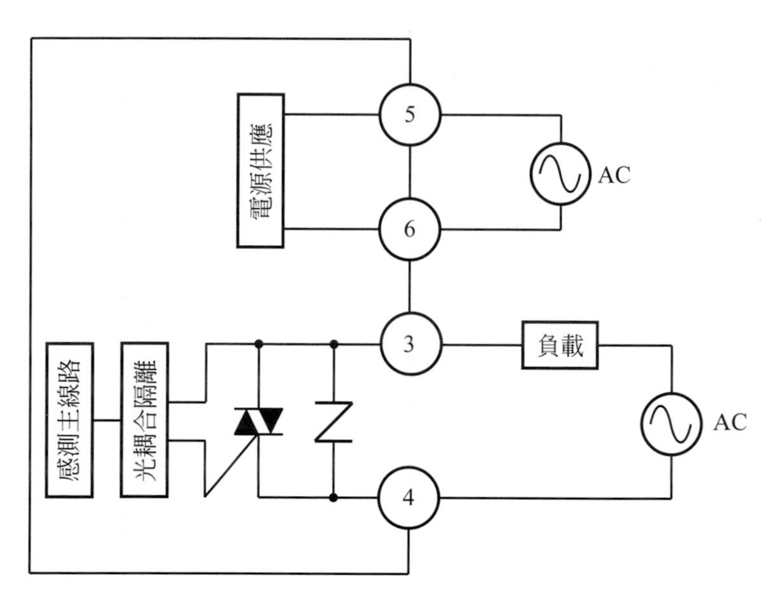

(b) TRIAC 輸出

圖 5-13　矽控管輸出直接控制交流負載(續)

綜合整理感測開關輸出裝置的規格為：

(1)

種類＼規格	電壓	電流
電晶體或 FET	DC。$V_{CEO(\max)}$	DC。$I_{C(\max)}$
金屬接點	AC、DC	AC、DC
矽控管	AC	AC

(2) 感測開關大都為二、三或四條接線的元件，很容易使用，只要把輸出裝置的種類搞清楚，其負載的電壓及電流符合感測開關的要求，您就可以放心地去使用各種感測開關。

5-4 溫度感測開關應用線路實驗

本節所要談的溫度感測開關是針對可以做溫度設定為主的感測電路。只要能用來量測溫度大小的感溫元件，都可以做成溫度開關。

實驗目的

學以致用，自己設計溫度感測開關。

實驗項目

可調式溫度開關設計。

實驗線路

N.O
COM
N.C
RY
V_{CC}=12V
R
LED
D
I_L
Q_1
R_{UP}
3kΩ
$I_{B(min)}$
D_1
8
7
4
1
LM311
3
2
V_{set}
V_{ref}
RV_4=2.536k
RV_5
RV_6=5.464k
7805
3kΩ
2kΩ
10kΩ
I(T)
AD590
V_3(T)
10kΩ
R_3
RV_3
R_2
RV_2
V_2(T)
Pt100
2500Ω
V_{CC}
7805
V_1(T)
R(T)
V_{CC}
LM35
調 RV_4=2.536kΩ
RV_6=5.464kΩ
其它溫度感測器
LM35 或 Pt100
溫度感測
AD590
溫度設定
電壓比較
輸出裝置

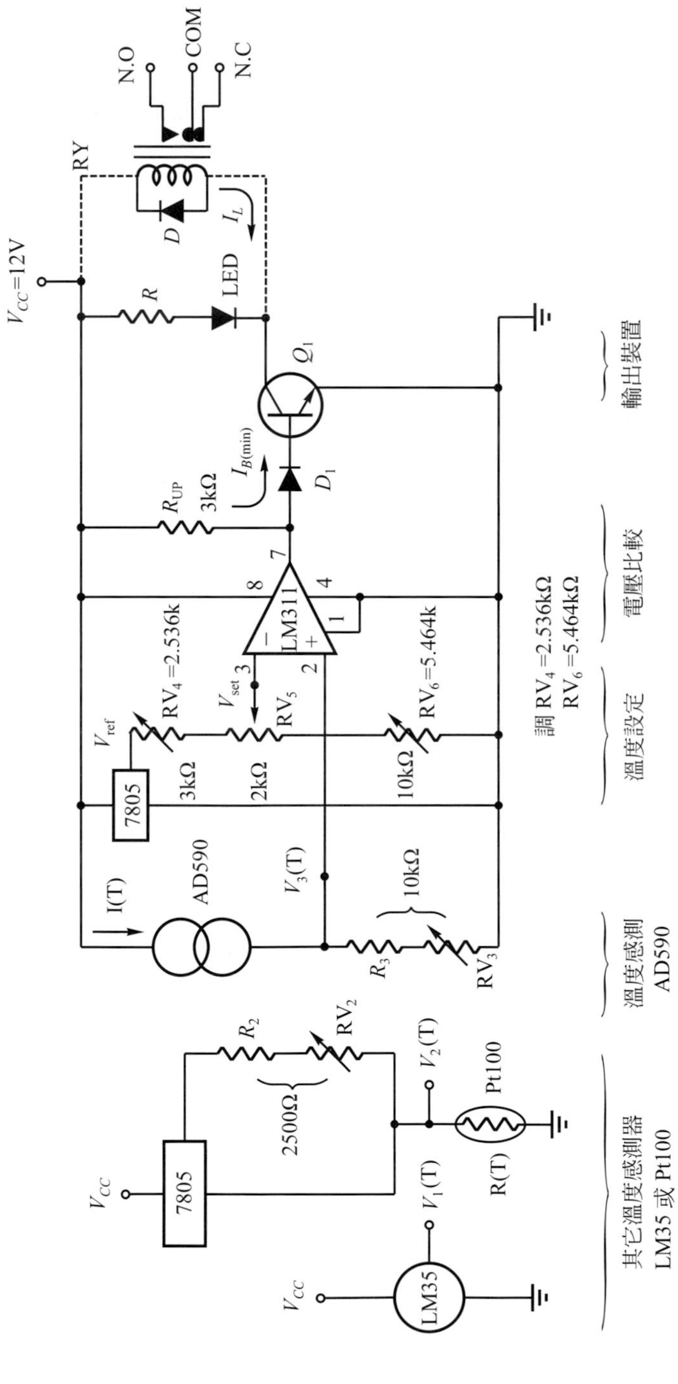

圖 5-14　溫度感測開關線路圖

實驗線路說明

圖 5-14 爲電晶體輸出型式，然後由*NPN*電晶體驅動電磁繼電器，當然您也可以設計成*PNP*電晶體輸出，只要把電壓比較器＋、－兩端對調，就能把*NPN*改成*PNP*，玆說明各部電路如下：

(1) 溫度感測

目前使用 AD590 做爲溫度感測元件(您可選用 LM35 或 Pt100)，並採用壓降法轉換方式，若$R_3 + RV_3 = 10\text{k}\Omega$，則$V_3(T)$每 1℃的變化量爲 $1(\mu\text{A}/℃) \times 10\text{k}\Omega = 10(\text{mV}/℃) \cdots\cdots V_3(T)$的電壓溫度係數。

(2) 溫度設定

因$R_3 + RV_3 = 10\text{k}\Omega$，又其$V_3(T)$電壓變化量爲 10mV/℃，使得$V_3(T)$有一定的大小，$V_3(0℃) = 2.732\text{V}$，$V_3(100℃) = 3.732\text{V}$，所以溫度設定的電壓值也必須被限制在 2.732V～3.732V 之間，所以溫度設定電路中加了一個定電壓源(穩壓 IC，7805)使調整的電壓始終保持固定的 5V，如此一來V_{CC}的變動就不會影響到所設定的數值。故V_{CC}可以使用 7～30V。(勿超過 30V，以免把 LM311 燒掉)

(3) 電壓比較

由 LM311 擔任電壓比較器，用 LM311 爲集極開路，故加了一個 3kΩ的提升電阻。同時爲增加抑制雜訊的能力，而加了一個二極體D_1，如此一來必須LM311 的輸出最少要 1.4V以上才能使*NPN*電晶體飽和。

(4) 輸出裝置

係採用*NPN*電晶體Q_1當做本溫度感測開關的輸出裝置，並由*NPN*電晶體控制電磁繼電器的 ON-OFF。

數據分析

※ AD590的$I(T) = 273.2\mu A + 1(\mu A/℃) \times T(℃)$

(1) $V_3(T) = I(T) \times (R_3 + RV_3) = [273.2\mu A + 1(\mu A/℃) \times T(℃)] \times 10k\Omega$

$= 2.732V + 10(mV/℃) \times T(℃)$

$V_3(0℃) = 2.732V$，$V_3(10℃) = 2.832V$，……$V_3(100℃) = 3.732V$

(2) 因7805輸出爲5V，故$V_{ref} = 5V$。爲確保RV_5最小時，$V_{set_{(min)}} = 2.732V$ (代表0℃)，RV_5最大時，$V_{set_{(max)}} = 3.732V$(代表100℃)，則必須

$$\frac{RV_6}{RV_4 + RV_5 + RV_6} \times 5V = 2.732V，\frac{RV_5 + RV_6}{RV_4 + RV_5 + RV_6} \times 5V = 3.732V$$

若先選用RV_5爲2kΩ的可變電阻，則解上述式子得知
在$RV_5 = 2k\Omega$的情況下，$RV_4 = 2.536k\Omega$，$RV_6 = 5.464k\Omega$，故以3kΩ可變電阻給RV_4使用，RV_6則用10kΩ之可變電阻，如此一來RV_5從最小轉到最大，代表其溫度設定爲0℃～100℃。

(3) 若電晶體的直流增益爲β，$I_L < I_{C(max)}$，則R_{UP}的最大值應該爲確保NPN電晶體一定ON的阻值。

$I_{B(min)} \geq \frac{I_{C(max)}}{\beta}$……一定能確保$NPN$電晶體ON

$I_{B(min)} = \frac{V_{CC} - V_{D1} - V_{BE}}{R_{UP}}$，所以$R_{UP} \leq \frac{\beta(V_{CC} - V_{D1} - V_{BE})}{I_{C(max)}}$

實驗開始

(1) 調RV_3，使$R_3 + RV_3 = 10k\Omega$。

(2) 測目前的溫度$T=$________℃。用$V_3(T)' = 2.732V + 10 \times T(mV)$看看理論值的$V_3(T)' =$________V。

(3) 實際量測，眞正的$V_3(T)=$________。若兩者有差，請略調一下RV_3，使理論值和實際值相等。(使$V_3(T)=V_3(T)'$)

(4) 調好$RV_4=2.536\text{k}\Omega$，$RV_6=5.464\text{k}\Omega$。

(5) 調RV_5到最低(阻值$=0\Omega$)，看看V_{set}是否$=2.732\text{V}$，否則修正RV_6。

(6) 調RV_5到最高(阻值$=2\text{k}\Omega$)，看看V_{set}是否$=3.732\text{V}$，否則修正RV_4。

(7) 重複(5)、(6)步驟，直到$RV_5=0\Omega$則$V_{set}=2.732$，$RV_5=2\text{k}\Omega$則$V_{set}=3.732\text{V}$。

(8) 改變AD590所偵測的溫度，一直到您的設定值，看看LED是否亮起來。

※可以不加繼電器，只用LED看實驗結果。

討論分析

(1) 若RV_5調整得到$V_{set}=2.982\text{V}$，代表設定溫度是多少？

(2) 爲了省錢可把7805改用齊納(Zener)二極體，其電路應如何處理？

(3) 若拿LM35來當做溫度感測器，圖7-14需要怎樣的修改呢？

(4) 若拿Pt100來當做溫度感測器，圖7-14需要怎樣的修改呢？

※提示只要修改RV_4和RV_6的阻值就可以了。

(a)LM35，$V_1(0℃)=0\text{V}$，$V_1(100℃)=1\text{V}$

(b)Pt100，$V_2(0℃)=0.2\text{V}$，$V_2(100℃)=0.277\text{V}$

※相關設計請回頭看一下第二章和第三章。

5-5 金屬接點感測開關之基本原理

對輸出裝置爲金屬接點的感測開關而言，不論它偵測的是哪一種物理量，也不論它是使用哪一種原理，我們都可以把金屬接點的感測開關看成是一個不必用『手』操作的機械式開關。故有N.O(常開)和N.C(常閉)兩種型式。

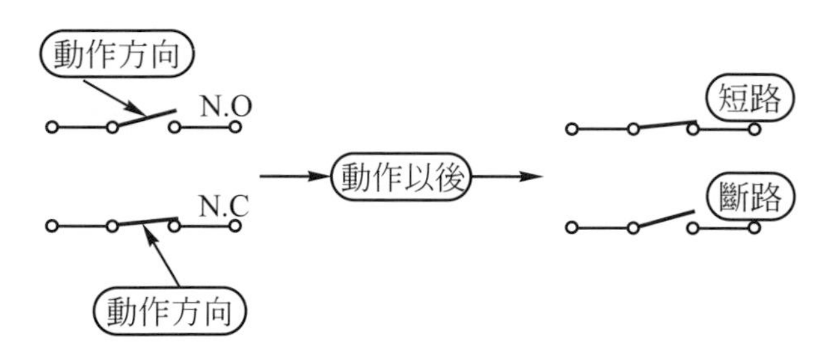

圖 5-15　接點動作的情形

用這兩種型式的接點，組成各種不同的開關，就有所謂單刀單投(SPST)、單刀雙投(SPDT)、雙刀雙投(DPDT)、……等。如圖 5-12 所示。

常用的金屬接點感測開關

(1) 溫度開關：以金屬膨脹產生機械力而控制開關 ON-OFF。
(2) 電流開關：有雙金屬及電磁式兩種，做過電流保護。
(3) 磁簧開關：完全靠磁場大小控制開關的 ON-OFF。
(4) 電磁式繼電器：由電流流經線圈產生磁力，而控制 ON-OFF。
(5) 水銀開關：由傾斜導致水銀流動而完成 ON-OFF 控制。
(6) 微動開關(極限開關)：由向下的重力達到 ON-OFF 的控制。

再次提醒您

使用金屬接點開關的注意事項：

(1) 開關斷路時，所能承受的耐壓到底是多少？
(2) 開關閉合時，所能承受的電流到底是多少？

5-5-1　金屬接點溫度開關之應用與實驗

溫度開關的基本原理

金屬接點的溫度開關，主要是利用雙金屬膨脹係數不一樣的特性。當雙金屬受溫而膨脹時，會向一方彎曲而產生推力，達到切斷開關接點的目的。

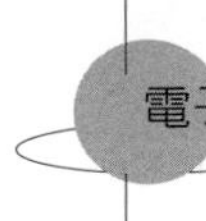

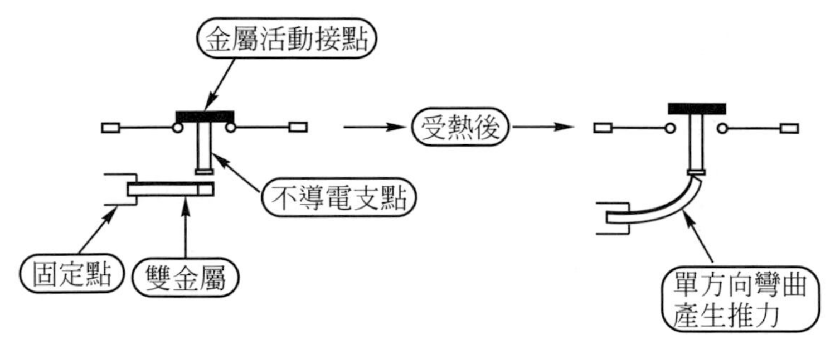

圖 5-16　雙金屬式溫度開關動作情形

溫度開關使用接線

一般雙金屬式的溫度開關，只針對某一溫度動作，例如開水飲用機所使用的溫度開關，只針對 100℃動作。並且大都鎖在受偵測的物件或產品的散熱表面上。例如冰箱的壓縮機外殼一定都鎖一顆溫度開關，若溫度太高，將斷電直到溫度下降。

所以溫度開關最主要的功用，乃是過熱保護，而自動斷電。所以溫度開關均與受偵測之產品的電源形成串聯的接線。

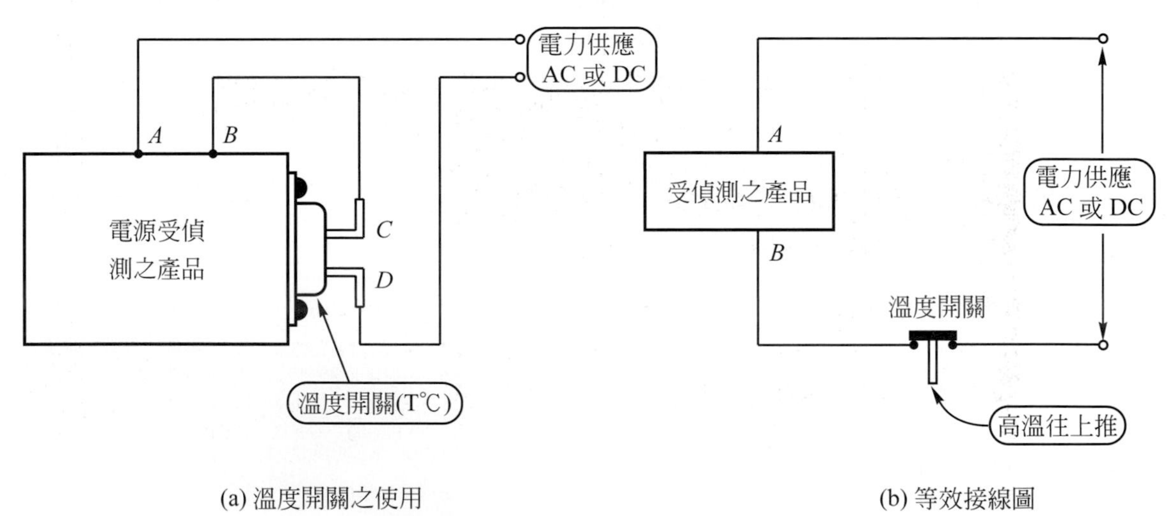

(a) 溫度開關之使用　(b) 等效接線圖

圖 5-17　溫度開關使用方法

溫度開關基本實驗

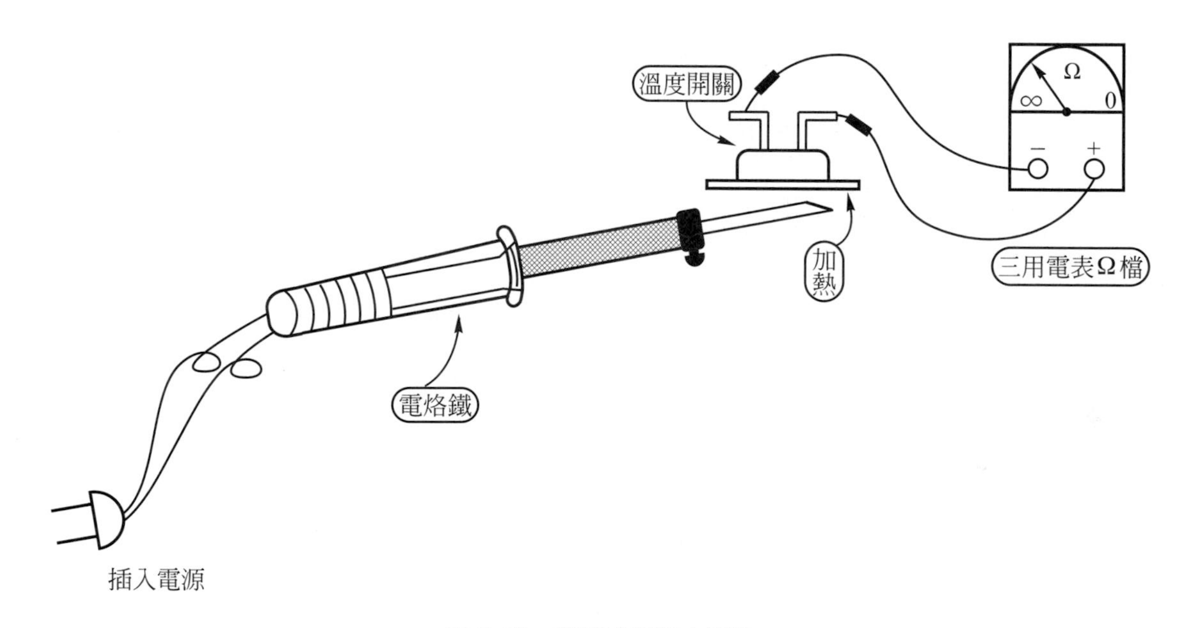

圖 5-18　溫度開關基本實驗

※注意事項

⑴　若已形成阻抗＝∞時，不必繼續加熱。

⑵　小心燙傷。

5-5-2　金屬接點電流開關之應用與實驗

金屬接點式的電流開關大致分成雙金屬膨脹和電磁作用兩類。雙金屬式乃於其內部裝了一個低電阻(或靠雙金屬本身)加熱器，當電流太大時，加熱器溫度上升，雙金屬膨脹而切斷開關。電磁式乃內部裝了一個磁性材料，當電流太大時，磁力變強，而把接點斷路。

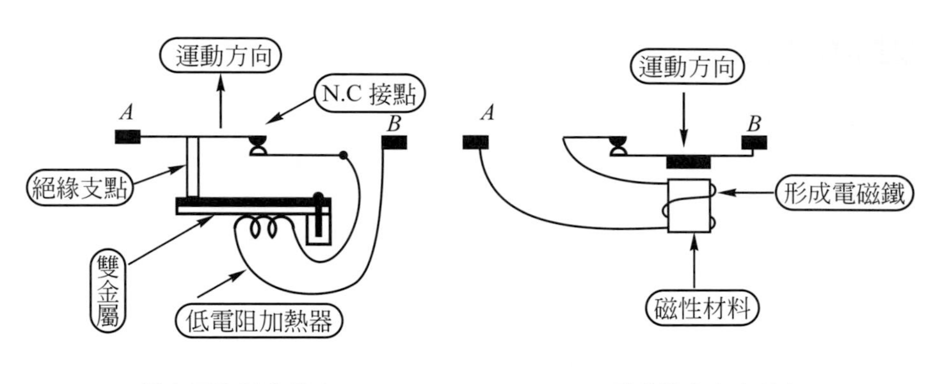

圖 5-19　電流開關之基本原理

目前市售之各種電流開關，其內部均加裝卡筍構造。當有過電流發生時，開關立即變成斷路狀態，且被卡筍卡住，一直保持斷路狀態。所以每一個電流開關均外加一個重置按鈕，以解除卡筍的動作，便能在過電流故障排除之後，繼續使用這顆電流開關，使電流開關變成不要更換的保險絲。

電流開關的使用接線

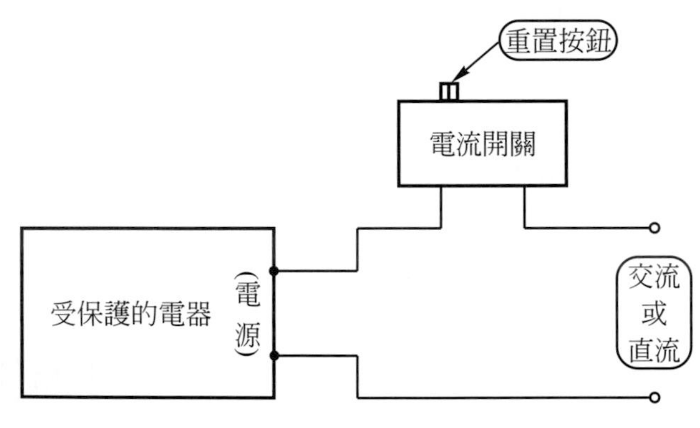

圖 5-20　電流開關之使用接線

一般使用電流開關時，其電流額定值大都採比工作電流大1.2～1.5倍，不能太小，太小則一天到晚電流開關跳個不停。但也不能太大，太大時，被保護的系統都燒光了，卻是電流開關完全不會斷開。所以電流開關一定和被保護系統的電源串聯起來。

電流開關基本實驗

實用的電流開關大都針對AC系統而考量，所以其電流值大都在5A、10A、……以上。電流斷路器能達數拾甚至數百安培。而以AC110V、220V做實驗較不安全，所以我們盡量用小電流的電流開關做實驗，或乾脆不做。(但必須知道怎樣用它)。

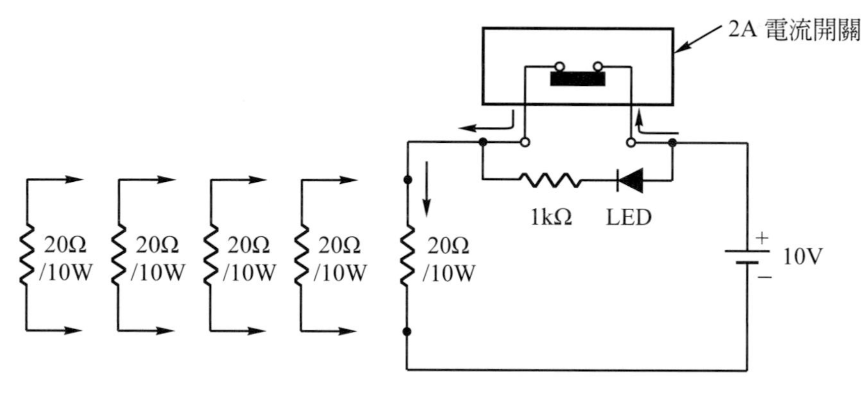

圖 5-21　電流開關基本實驗

(1)　20Ω、10W的電阻，一個個相繼並聯。

(2)　LED不亮，代表電流開關閉合正常動作。

(3)　LED亮，代表電流太大，進行斷路的保護動作。

5-6 磁簧開關的應用與基本實驗

在圖 5-6 中已經清楚地看到，磁簧開關乃把導磁金屬置於密閉的玻璃管中當做開關的接點，接點的 ON-OFF 受控於磁力的大小，而產生磁場的方法，可由永久磁鐵和線圈通電所產生。

磁簧開關使用方法

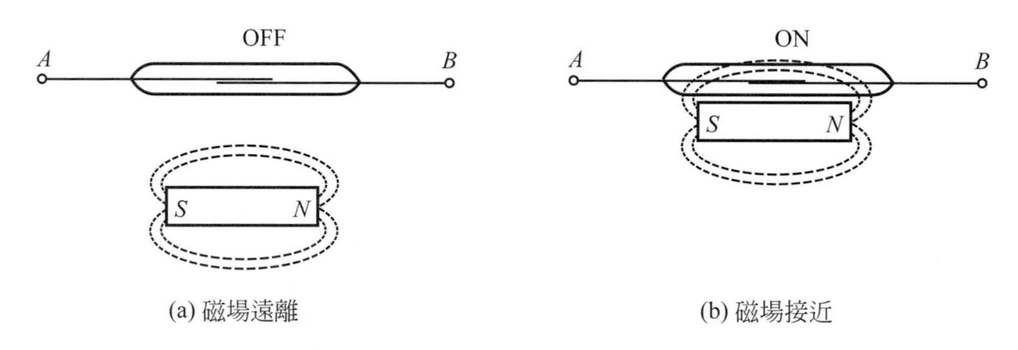

(a) 磁場遠離　　(b) 磁場接近

圖 5-22 永久磁鐵控制磁簧開關

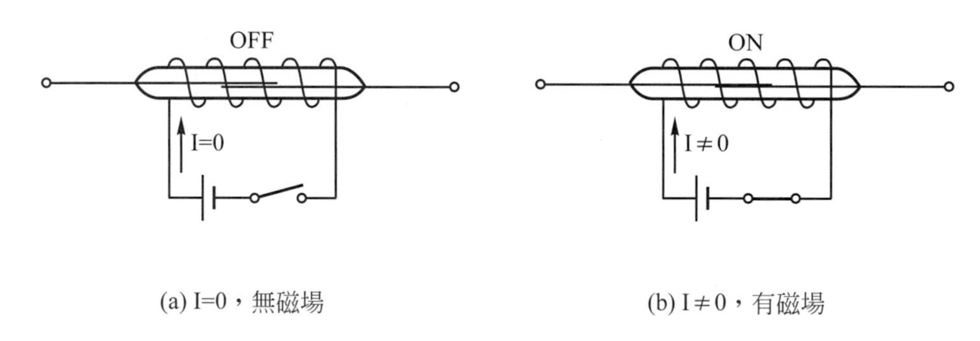

(a) I=0，無磁場　　(b) I≠0，有磁場

圖 5-23 由線圈所產生的磁場控制磁簧開關

因磁簧開關均置於密封的玻璃管中，故不易氧化，使用年限比一般金屬接點長很多。又因體積已能非常細小，故已大量被做成IC的包裝，用於數位電路中，當做信號隔離，我們稱之為 Reed Relay(葉片式繼電器)。

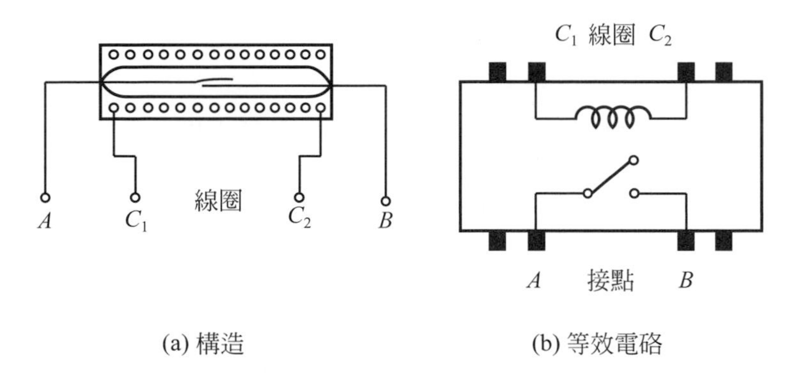

(a) 構造　(b) 等效電路

圖 5-24　Reed Relay 是何物？

磁簧開關基本實驗

讓我們以市面上所出售的防盜用磁簧開關來完成其基本實驗，防盜用磁簧開關乃把一支磁簧管和一個永久磁鐵各自包裝，分置於門窗的不同點，便能達到確認門窗是否被打開。

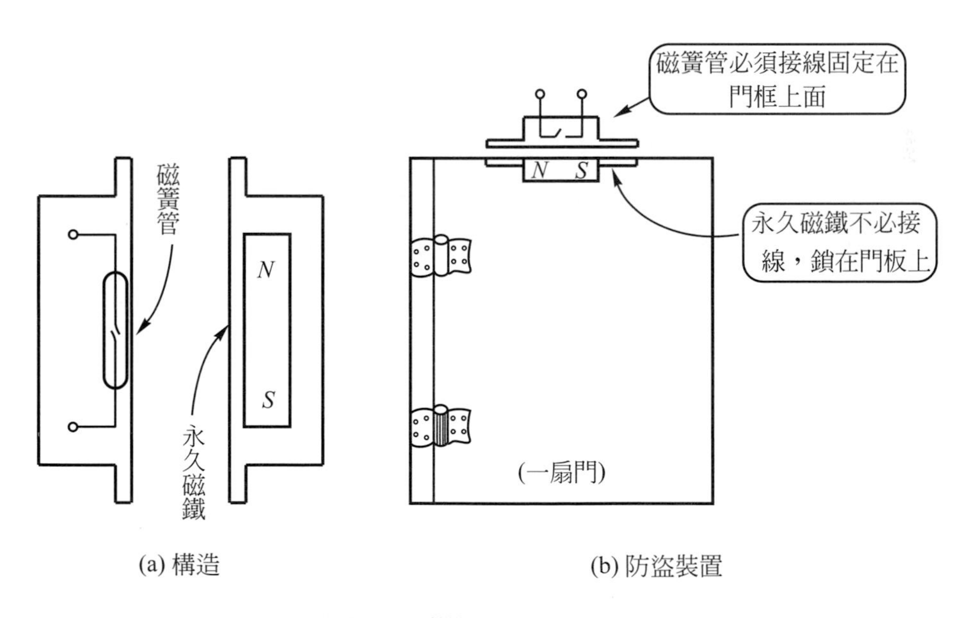

(a) 構造　(b) 防盜裝置

圖 5-25　磁簧開關之應用與實驗

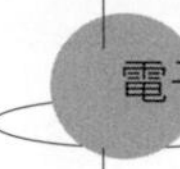

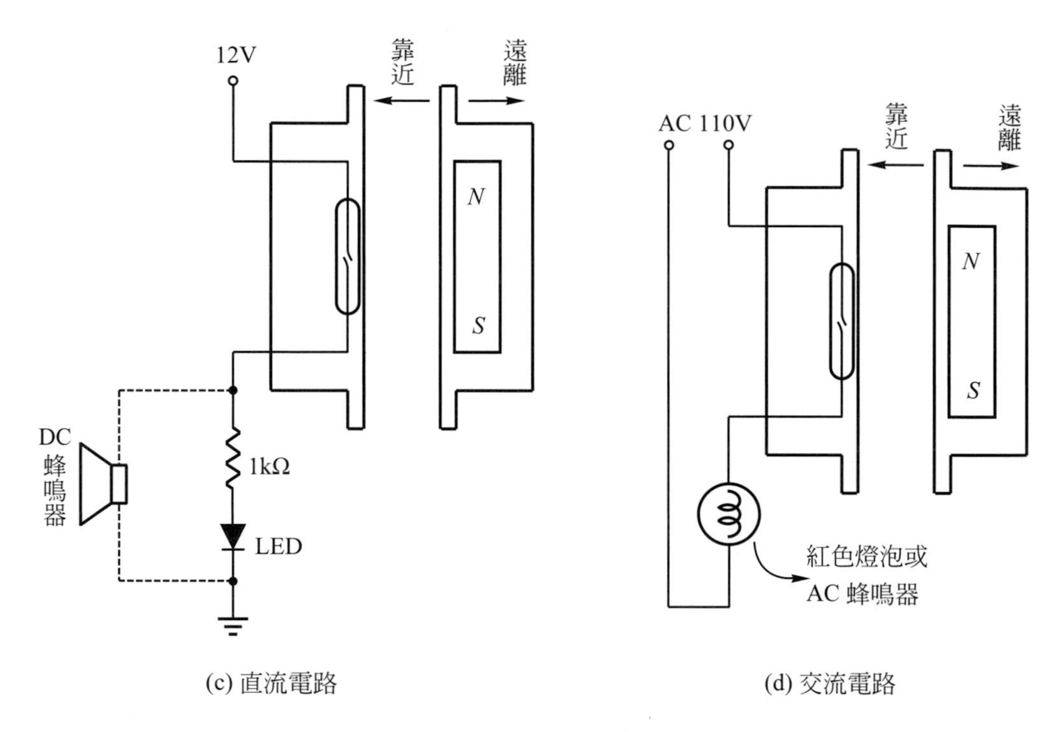

(c) 直流電路　　(d) 交流電路

圖 5-25　磁簧開關之應用與實驗(續)

⑴　把磁鐵靠近或遠離磁簧管，看看開關接點的動作情形。

⑵　試比較磁簧開關和一般電磁式繼電器的差別。

⑶　請用磁簧開關爲您家的門窗安置一組防盜設備

　①　門窗被打開時，警報器連續大叫。

　②　叫了 3 分鐘以後，自動停掉。

⑷　若把磁簧開關拿來做水位偵測，應如何設計？
提示：讓磁鐵能隨水位移動。

5-7 怎樣驅動電磁式開關的線圈：繼電器的使用

磁簧管和電磁式繼電器，都能以線圈所產生的磁場去吸附其接點做ON-OFF的控制。而AC電源和DC電源都能經線圈產生磁場。故電磁式繼電器的使用，必須注意其規格：

(1) 線圈的規格：驅動電壓是AC還是DC？電壓必須幾伏特？

(2) 接點的規格：接點的耐壓幾伏特，能承受的電流幾安培？

線圈是 AC 驅動者，大都為大電力控制用繼電器。若欲與微電腦配合使用時，其線圈的驅動電壓一定是直流電壓。

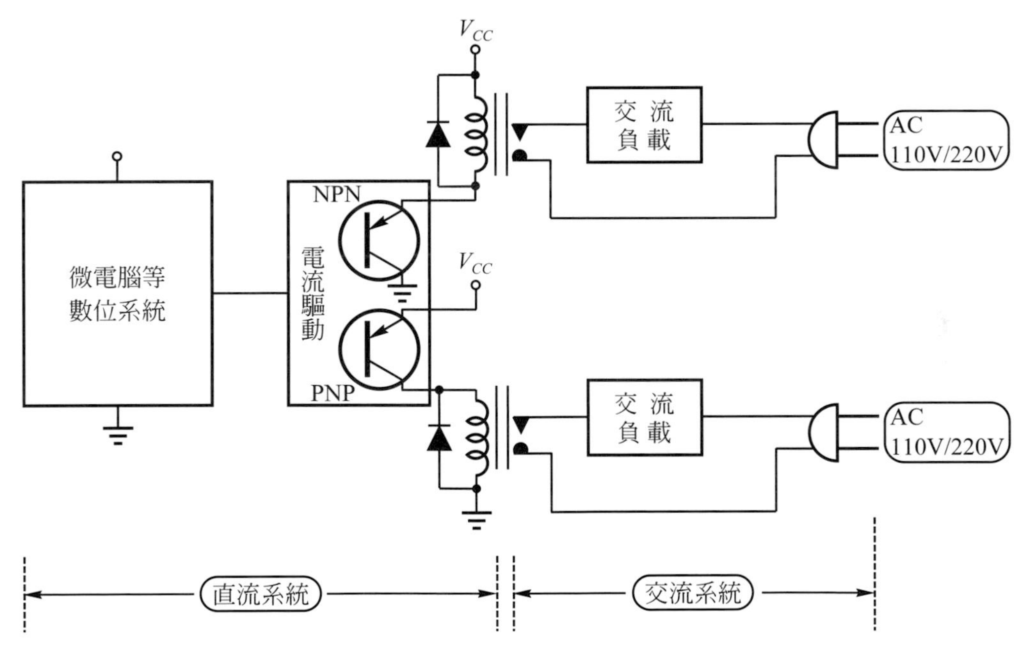

圖 5-26　繼電器的主要功用(隔離介面)

電磁式繼電器的主要功用有二：

(1) 以小電壓、小電流之直流系統做為驅動信號之處理與產生，則不會發生危險。

(2) 控制系統(DC 部份)和受控系統(AC 部份)的電源完全隔開，不會因而產生一邊燒掉另一邊也燒掉的不幸。

5-7-1 驅動電壓與驅動電流的確認

一般使用直流(DC)驅動的繼電器，經常犯了一個不易察覺的錯誤。那就是只注意驅動電壓的大小，及接點電壓、電流的規格，而忽略了驅動電流的大小。因直流繼電器大都與數位電路配合使用。卻是數位電路中的邏輯閘或微電腦的輸出埠，其輸出電流均相當有限(大都是數mA，很少超過20mA)。此時若因繼電器線圈的電流太大，將造成極大的負載效應，使數位電路的邏輯狀態錯誤，或使微電腦當機，不得不愼。

首先我們將從怎樣判別各接腳的組合情形，然後再談怎樣知道驅動電壓和電流是多少的方法。

接腳判斷

若不知道繼電器的接腳時(不管交流或直流驅動的繼電器)，都可用三用電表的歐姆檔判斷之。每次測量兩支腳

(1) 若爲短路狀況($R=0$)，可能同一接點有兩支腳，或是N.C接點組合之不同的兩支腳。

(2) 若爲斷路狀況($R=\infty$)，可能一腳爲線圈的某一端，另一腳爲開關接點，或正好是N.O接點的兩支腳。

(3) 若爲幾拾或幾百Ω，則該兩支腳必爲線圈的接腳。

(4) 另其中有一支腳，對另外兩支腳，分別是$R=0$和$R=\infty$，則該支接腳代表開關接點中的COM。

(5) 若繼電器上已有接腳的標示時，您就不必這麼辛苦了。

驅動電壓和電流各是多少

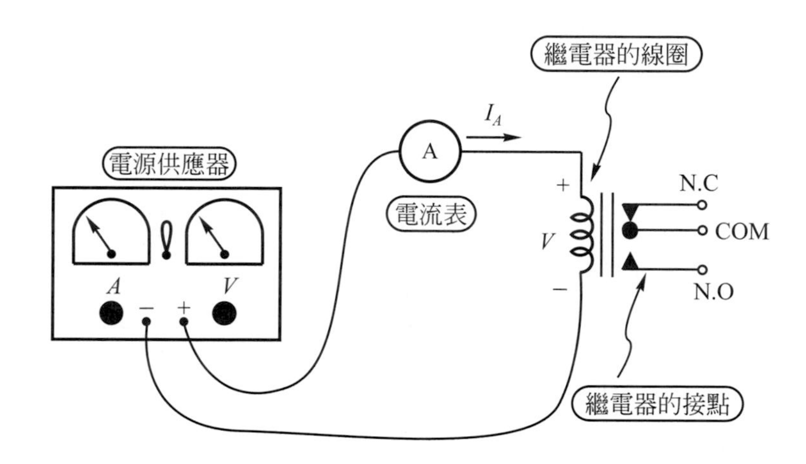

圖 5-27　繼電器線圈規格的判斷

當知道接腳以後，您就可以在線圈的兩端接上直流電壓，並準備測量繼電器的工作電流是多少？

(1) 直流電壓由0V往上增加，直到繼電器動作，會聽到「喀」的一聲或看到接點移動。

(2) 此時所加的電壓就代表啓動電壓。

(3) 一般繼電器的工作電壓約比啓動電壓大 1V～3V，以確保吸力足夠，接點不會彈開。

(4) 加比啓動電壓大2V的電壓到繼電器線圈，並測量此時的電流是多少？此即該繼電器的工作電流。

(5) 依您數位電路所要用的V_{CC}，加到繼電器線圈上，並記錄此時線圈的電流(I_A)，則數位輸出必須設法使其電流驅動能力達I_A以上。

※可借由NPN或PNP電晶體做具電流放大的電子開關。

5-7-2 繼電器線圈的驅動方法

一般數位 IC 的輸出電流均是$I_{OL} \gg I_{OH}$，使得驅動較大電流(數拾 mA 以上)都以低態輸出動作爲主。並且都是使用集極開路型的輸出。

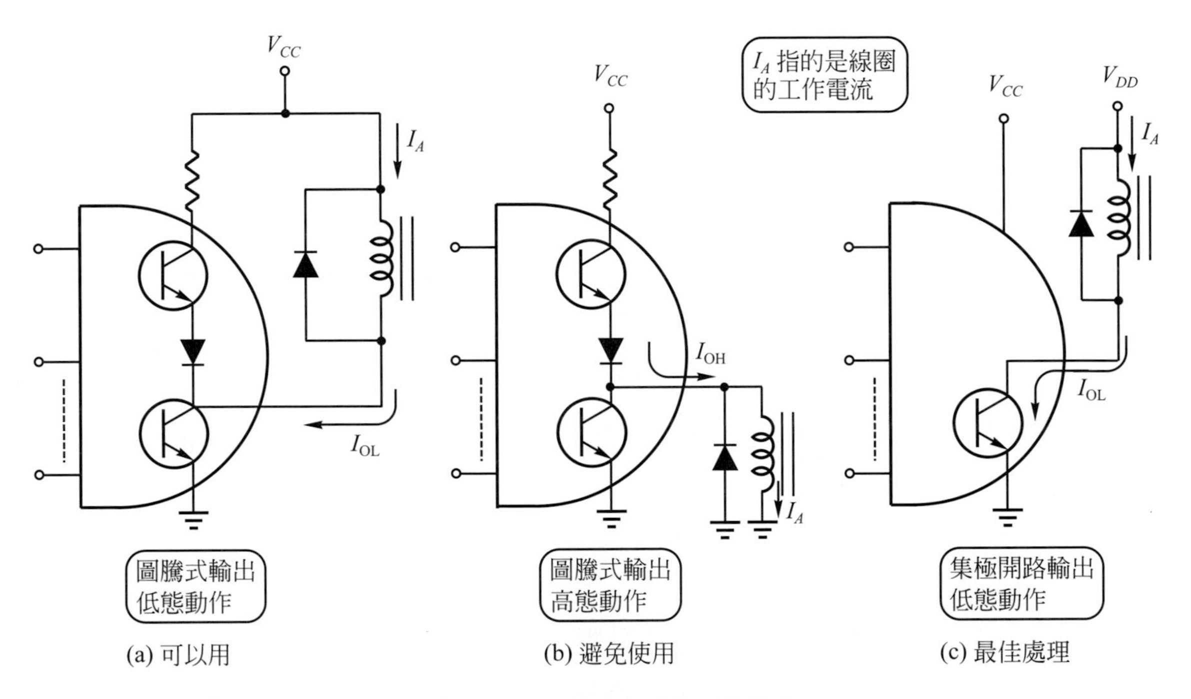

圖 5-28 數位輸出驅動線圈的情況

然此時的I_{OL}必須比線圈的工作電流I_A還大($I_{OL} > I_A$)，否則數位IC會因電流太大而受不了，它就會死給你看，所以用數位IC去驅動繼電器線圈時，必須仔細考慮。

數位 IC 驅動繼電器線圈注意事項

(1) $I_{OL}>I_A$時，可以直接驅動線圈。(大都是小型的 Reed Relay)

(2) 所用的數位IC，其輸出電路最好是集極開路型，因集極開路的I_{OL}均較圖騰式的I_{OL}大。

(3) 爲保護數位 IC 輸出電路，應於線圈兩端並聯保護二極體。

(4) 若$I_{OL}<I_A$時，必須外加電流驅動元件，以提昇電流量。

※即圖 5-29 和圖 5-30 中所加的*NPN*或*PNP*電晶體。

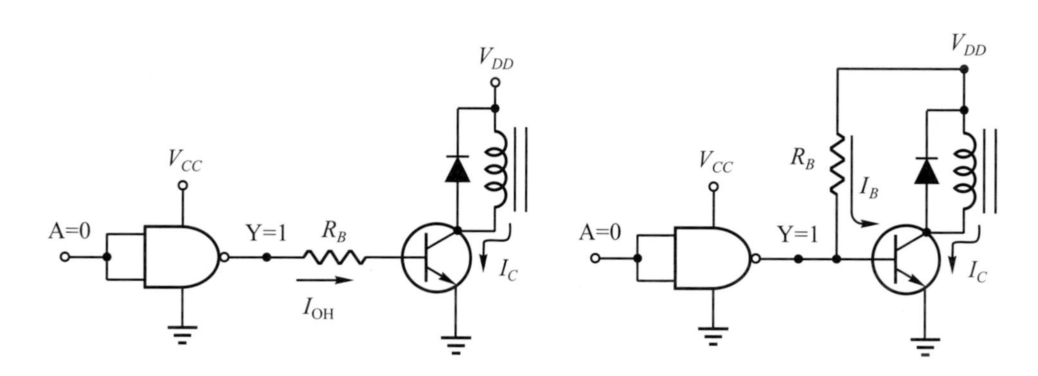

圖 5-29　用*NPN*電晶體當驅動元件($Y=1$)

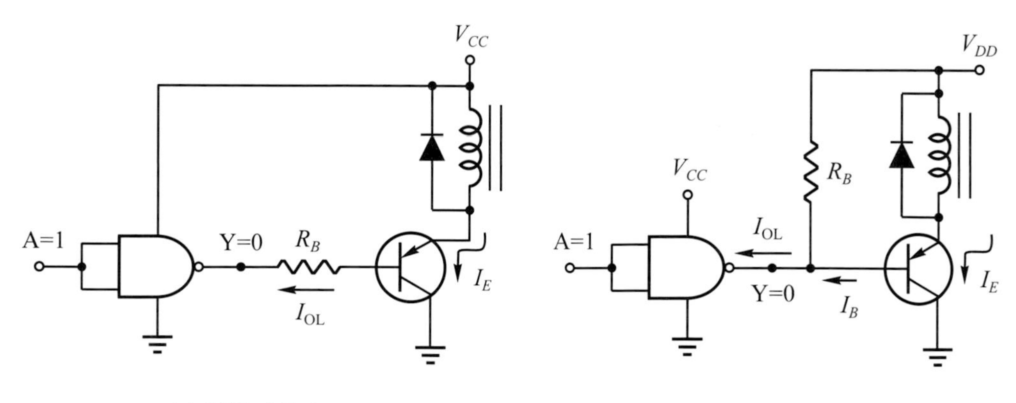

圖 5-30　用*PNP*電晶體當驅動元件($Y=0$)

圖 5-29、5-30 中V_{CC}和V_{DD}不見得要相同。例如使用TTL數位IC時，其V_{CC} = 5V，而您卻只有一個線圈電壓爲12V的繼電器，此時不必再去買一個線圈爲5V的繼電器，只要把V_{DD}接到12V就好了。

圖 5-29、5-30 共四個接線方法均可使用，但最好使用圖(b)的集極開路的數位IC，配合$NPN(Y=1$ 動作)或$PNP(Y=0$ 動作)。因怕數位IC的V_{OH}和V_{OL}會隨驅動狀況而改變，則可加入串聯二極體，以提升電路的雜訊抑制力。

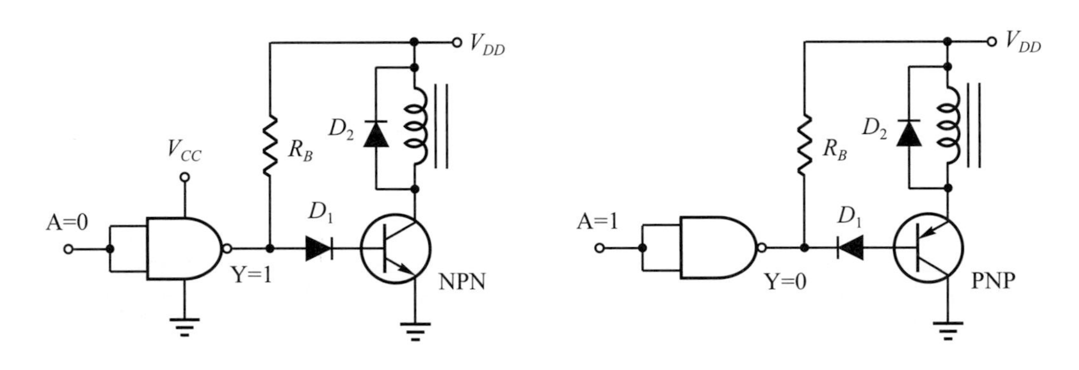

圖 5-31　串聯二極體抑制雜訊

輸出裝置不是金屬接點的感測電路，想控制 AC110V 或 220V 的負載時，大都會使用電磁式繼電器，或磁簧繼電路(Reed Relay)。當感測電路或數位輸出與受控負載之間的隔離介面。如圖 5-26 所示。

5-8 電磁式繼電器基本實驗

實驗目的

怎樣安全地以DC系統控制AC系統。

實驗項目

⑴　線圈及接腳怎麼判斷？

⑵　線圈的工作電壓及電流的確認。

⑶　DC 系統(數位或感測電路)驅動能力的考量。

實驗開始

⑴　隨便拿一個繼電器給學生，請學生依前述方法，繪出該繼電器的接腳方式。哪兩腳是線圈，其它各腳是N.O、COM、N.C？

⑵　當接腳確定以後，請依圖 5-27 的方法，判斷該繼電器的工作電壓和工作電流各是多少？

工作電壓＝________V，工作電流＝________mA。

實驗線路

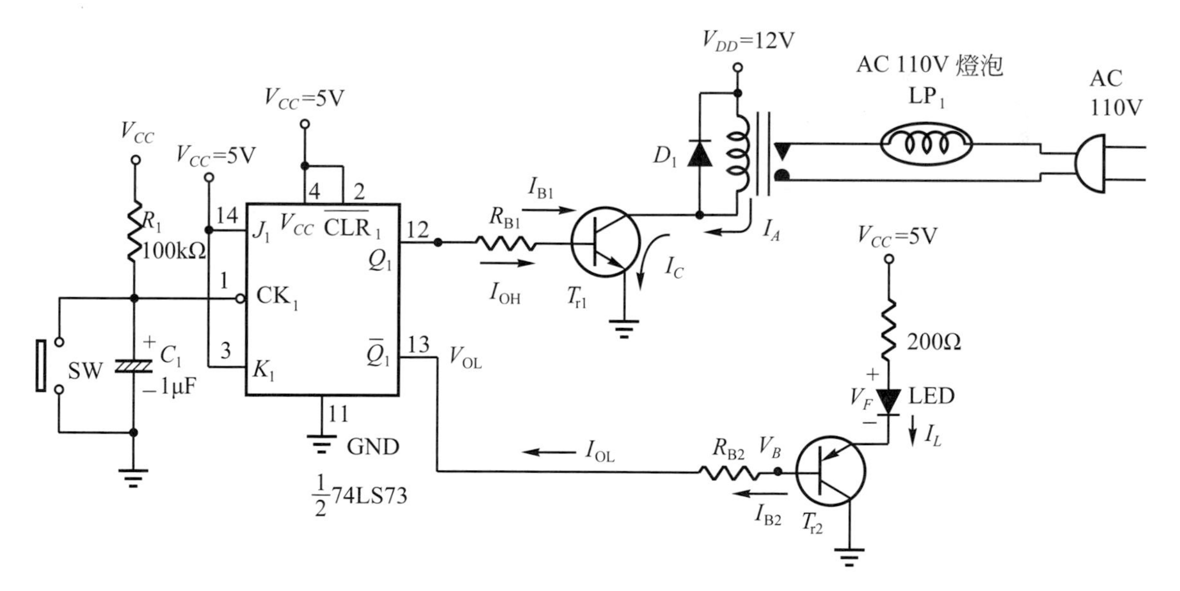

圖 5-32　數位 IC 怎樣驅動繼電器

實驗線路說明

我們故意拿 74LS73 來做實驗，一則是 74LS73 的輸出電流I_{OH}和I_{OL}都比10mA小，不足以驅動電流為數拾～數百mA的繼電路，再則這個電路完成了以觸碰按鈕控制燈光的ON-OFF。

SW按一下，則快速把C_1放電，導致CK_1得到一個負脈波觸發，將使Q_1和$\overline{Q}_1$的狀態反轉。是故每按一次SW，Q_1就由0變1，再按一次則為1變0。

Tr_1和Tr_2分別選用NPN和PNP電晶體，其目的在告知，驅動元件可任意選用。且得知$Q_1=1$時Tr_1 (NPN) ON，$\overline{Q}_1=0$時Tr_2 (PNP) ON，則電路中LP_1和LED都能被SW按鈕開關控制其ON-OFF。

數據分析

(1) 電晶體的$I_{C(\max)}$必須大於線圈的工作電流I_A。

(2) R_{B_1}或R_{B_2}的大小決定了電晶體I_B的大小，I_B又決定了I_C的大小，所以必須知道R_{B_1}、R_{B_2}到底可用多大的電阻？

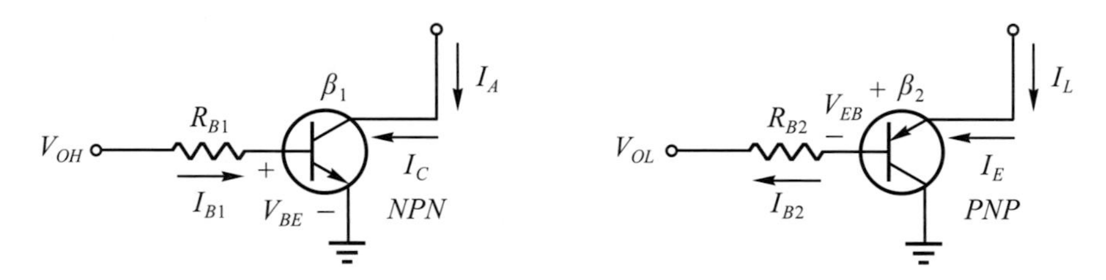

圖 5-33　R_{B_1}和R_{B_2}大小的決定

$$I_{B1} \gg \frac{I_{C(\text{sat})}}{\beta_1} = \frac{I_A}{\beta_1}$$，$I_{C(\text{sat})}$：飽和I_C。I_A：線圈工作電流

$$I_{B_1} = \frac{V_{OH} - V_{BE(\text{sat})}}{R_{B_1}} \geq \frac{I_A}{\beta_1}, \quad R_{B1_{(\max)}} \leq \frac{\beta_1 (V_{OH} - 0.8\text{V})}{I_A}, \quad V_{BE(\text{sat})} \approx 0.8\text{V}$$

$$I_{B_2} \geq \frac{I_{C(\text{sat})}}{\beta_2} = \frac{I_L}{\beta_2}$$

$$I_{B_2} = \frac{V_B - V_{OL}}{R_{B_2}}，V_B = V_{CC} - I_L \times (200\Omega) - V_F - V_{EB(\text{sat})}$$

$$I_{B_2} = \frac{V_{CC} - I_L \times 200\Omega - V_F - V_{EB(\text{sat})} - V_{OL}}{R_{B_2}} \geq \frac{I_L}{\beta_2}$$

$$\therefore R_{B2_{(\max)}} \leq \frac{\beta_2 (V_{CC} - I_L \times 200\Omega - 1.4\text{V} - 0.8\text{V})}{I_L}，V_F \approx 1.4\text{V}，$$

$V_{EB(\text{sat})} \approx 0.8$

若$I_A = 50\text{mA}$，$\beta_1 = 100$，$V_{OH} = 2.4\text{V}$

$$R_{B1_{(\max)}} \leq \frac{100(2.4 - 0.8)}{50\text{mA}} = 3.2\text{k}\Omega，故可選用R_{B_1} = 3\text{k}\Omega$$

R_{B_1}和R_{B_2}是一般常被忽略的地方，而導致系統控制不正常卻又不容易被察覺。使用PNP當驅動元件的時候，必須留意加給PNP電晶體的V_{CC}只能和74LS73的V_{CC}相同。否則可能使PNP的電晶體一直處於導通的狀態。

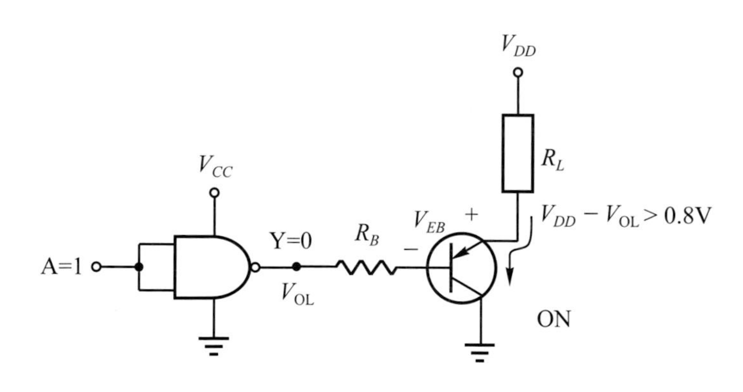

Y=0，正常導通

圖 5-34　$(V_{DD} - 0.8\text{V}) \geq V_{CC}$時，$PNP$電晶體一直 ON

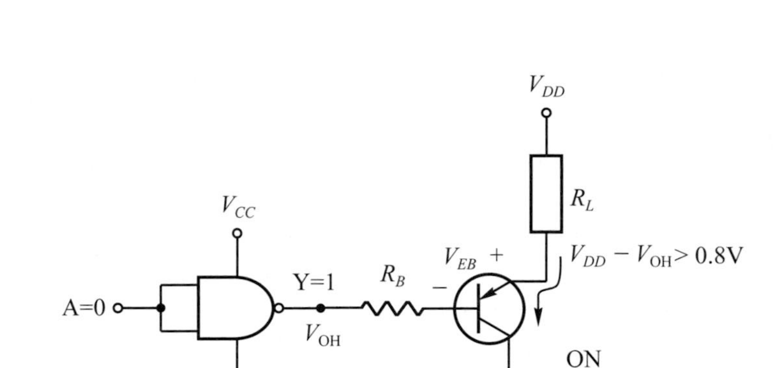

Y=1，不正常導通

圖 5-34　$(V_{DD} - 0.8V) \geq V_{CC}$時，$PNP$電晶體一直 ON(續)

※所以使用PNP電晶體時，儘量能採用$V_{DD} = V_{CC}$。

討論分析

(1) R_1、C_1是如何達到抑制開關(SW)的彈跳現象？

(2) 試分析 SW 按下去，然後手再鬆開時，CK_1電壓變化的情形，即繪出CK_1的動作波形。

(3) 爲什麼 SW 按一次，輸出Q_1和$\overline{Q}_1$就相互反相？

(4) 若$I_A = 2$安培，$\beta = 50$，將導致$I_B \approx 40mA$。74LS73 一定受不了，應該怎麼做才能符合驅動的要求？

※提示：什麼是達靈頓電晶體組態？

(5) 繼電器線圈所並聯的二極體有何功用？

(6) 若D_1二極體的極性接反了，有何後果？

5-9 水銀開關的使用

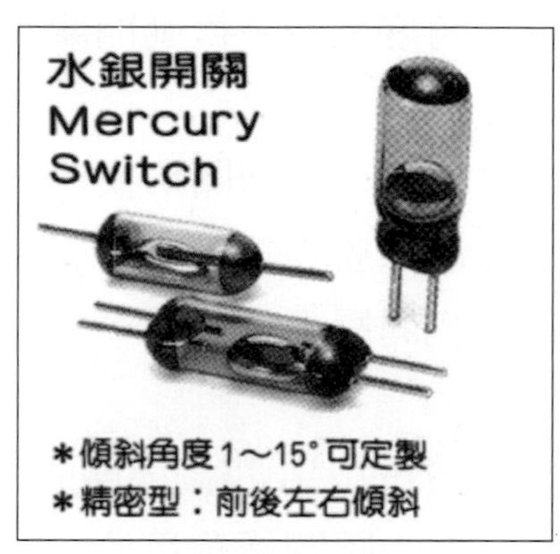

水銀開關360°

●角度可前後左右360°傾斜
●應用：檢測水平、警報系統

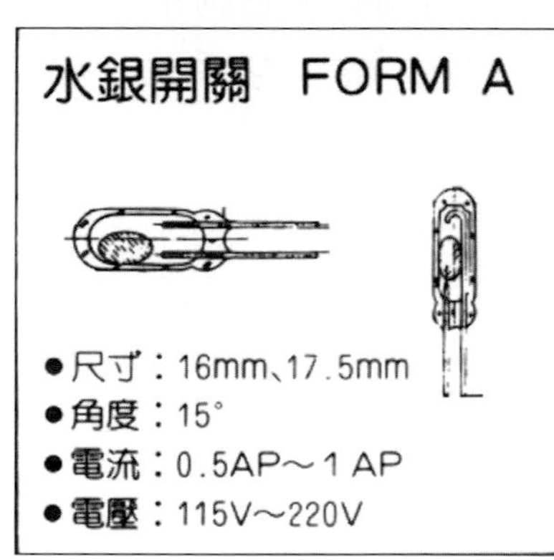

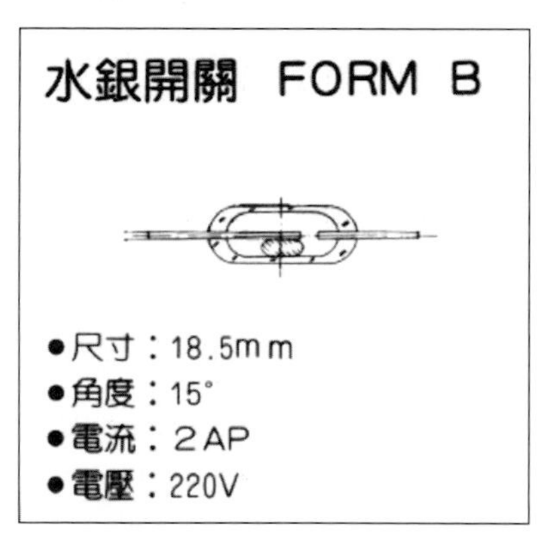

圖 5-35　各種水銀開關

水銀是一種液態金屬，有很好的導電率。又其表面張力非常大，使得水銀於流動時，幾乎是完全凝聚在一起。目前所生產的水銀開關，就是利用此一特性。把水銀注入玻璃或石英管中，玻璃管內所安置的金屬接腳，就有如開關的固定接點。而管中的水銀則變成了活動接點。

當玻璃管傾斜或倒置的時候，水銀將流向另一邊，而離開原來的接點，有如開關活動接點的動作，因而達到ON-OFF控制的目的。

5-10 微動開關(極限開關)的使用

如圖 5-3 所示爲各類型的微動開關。全部是三支接腳的產品，有 N.O、COM、N.C 三個接點。以ON-OFF開關控制的角度來看，微動開關和一般機械式開關並沒有什麼差別。

然而微動開關主要優點爲：微動開關非常穩定，且開關切換時所需要的位移量非常小。均固定在 1～2mm 之間。也就是說只要很短且又是固定的動作距離，就能達到 ON-OFF 控制的目的。並且於切換的壓力消失時，它會立刻回復到原來的狀態。

目前微動開關已配合彈簧調整，達到能以壓力的大小控制開關的ON-OFF。我們大都把它稱呼爲「極限開關」。使得這類型的開關能夠用於定點位置偵測之外，也能用於簡易壓力開關的設置中。其應用之巧妙存乎一心，各憑想像，僅提供數個使用範例供您參考。

1. 水平位置偵測

   在列表機中，印字頭會左右移動來回印字，所以在列表機機構上於左右兩端，都有微動開關在偵測已到最左邊或最右邊。甚至連紙張已經沒有了，也有用微動開關當偵測器的產品。

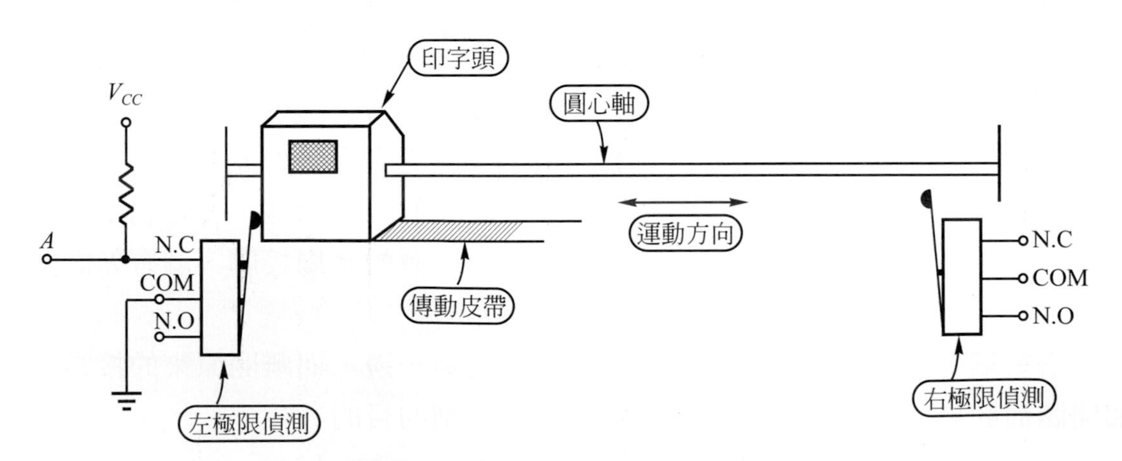

圖 5-36 微動開關，於列表機中的應用

2. 垂直位置偵測

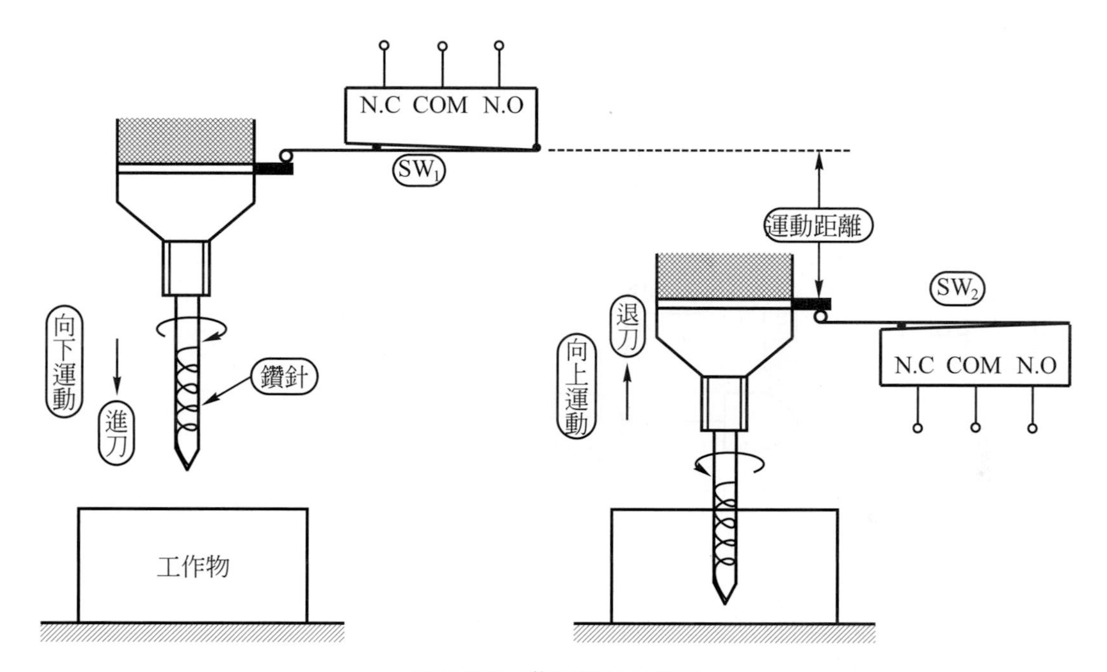

圖 5-37　鑽孔深度之偵測

只要把SW_1和SW_2動作時的狀態拿去應用，就能達到進刀(向下鑽孔)時，碰到SW_2，必須自動退刀，退刀到碰到SW_1時則停止。等待接收下一次啓動的命令。如此簡易的安排就能控制每一個工作物被鑽孔的深度是多少了。

3. 水塔之水位控制

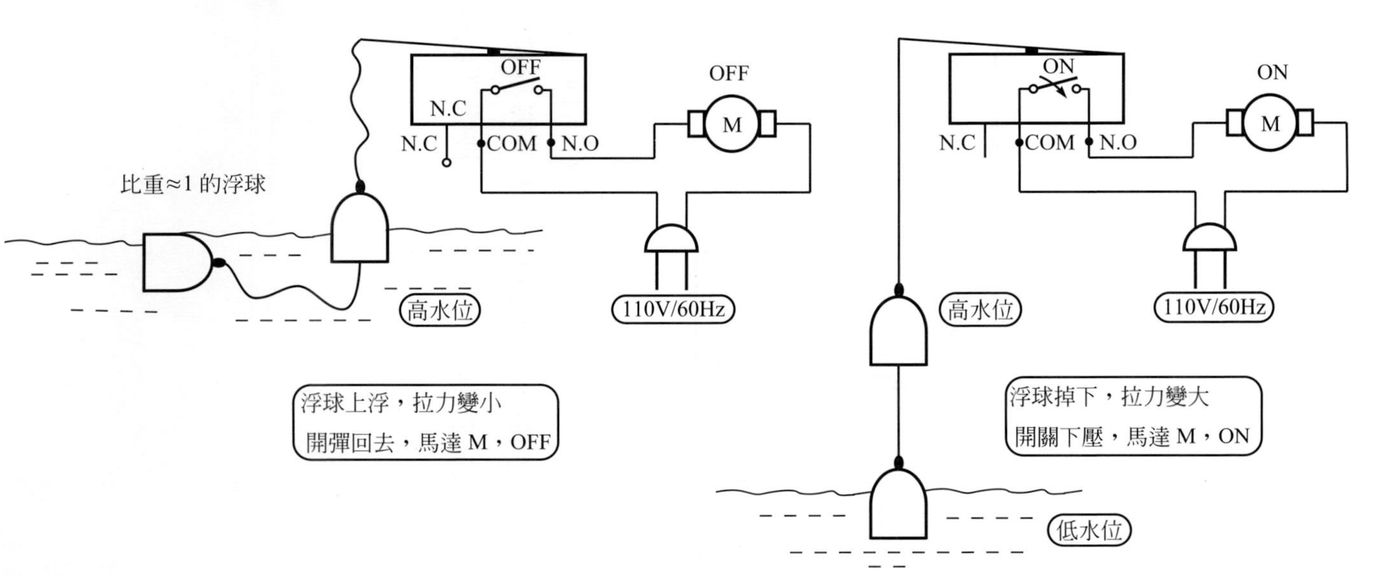

圖 5-38 水塔之水位控制(自動抽水設備)

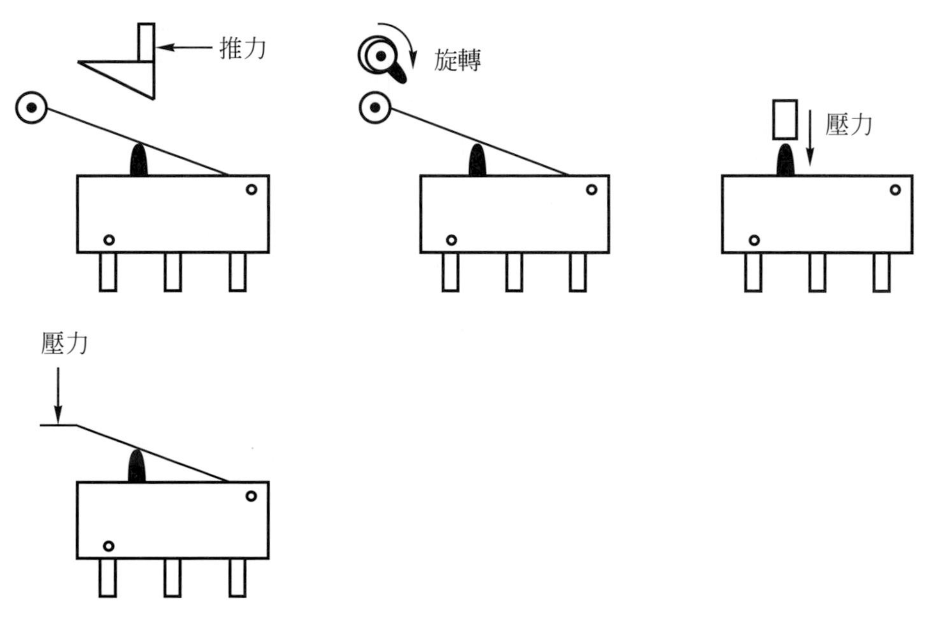

圖 5-39　微動開關使用情形示意圖

5-11　近接開關的使用

近接開關的種類不少，所用的近接偵測原理也不大相同，可有光電近接、超音波近接、電磁近接、靜電近接、磁控近接、……。其相關原理，請參閱全華圖書 02595「感測器應用與線路分析」乙書第十九章。此單元我們將以近接開關的使用範例提供給您參考。且每一個範例都不做說明，把最大的想像空間及創意，留給您去發揮，您只要知道，它是偵測物體是否靠近，及它的輸出裝置是*NPN*、*PNP*、或金屬接點或矽控管輸出，就足以把近接開關用的很好。

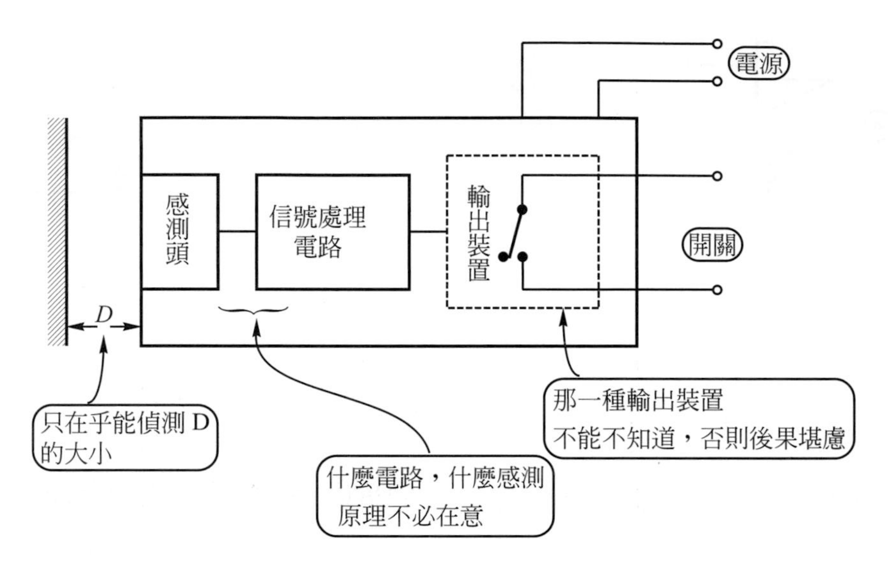

圖 5-40　近接開關使用大略

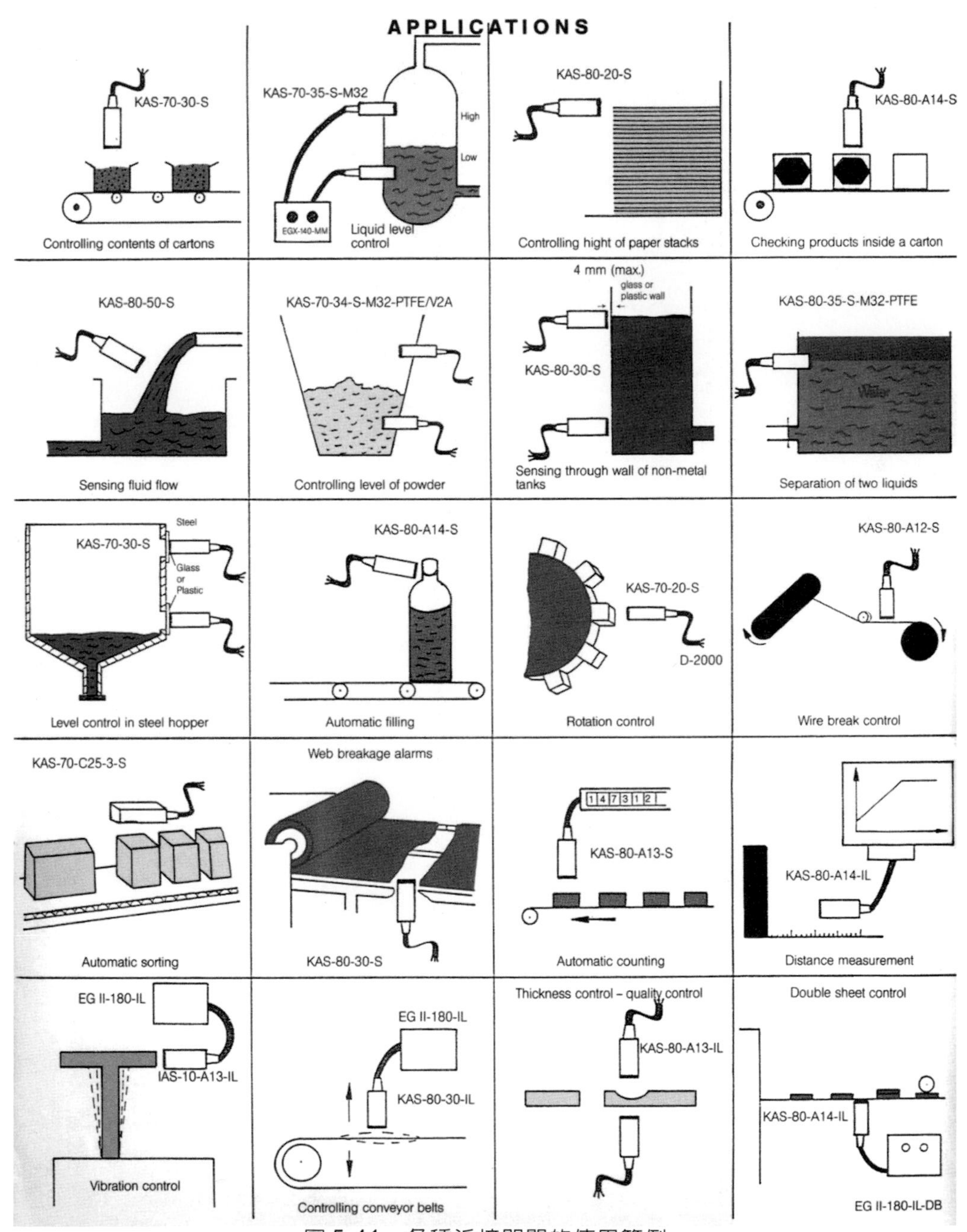

圖 5-41　各種近接開關的使用範例

6 人體感知器應用與遙控專題製作

每一個人都有的經驗：「進入百貨公司時，大門就自動打開了。」此時在門口一定有一個感測器，用以偵測有人到來。而這個感測器從早期的壓力開關，以人體的重量把壓力開關壓下去而啓動大門，接著有超音波感測器應用於大門開關控制，進而是反射式光電控制，到如今的人體感知器，均被使用於是否有人進來(入侵)的偵測。

學習目標

1. 認識焦電式紅外線感測器之人體感知應用。
2. 以光反射式應用於人體感知，如自動門、自動沖水、自動水龍頭、自動熱風……等等應用。
3. 紅外線光電元件之遙控應用及相關編碼與解碼。

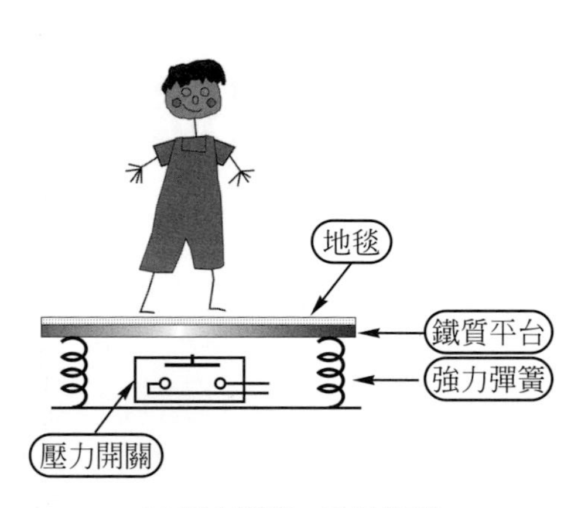

(a) 壓力開關：重量偵測

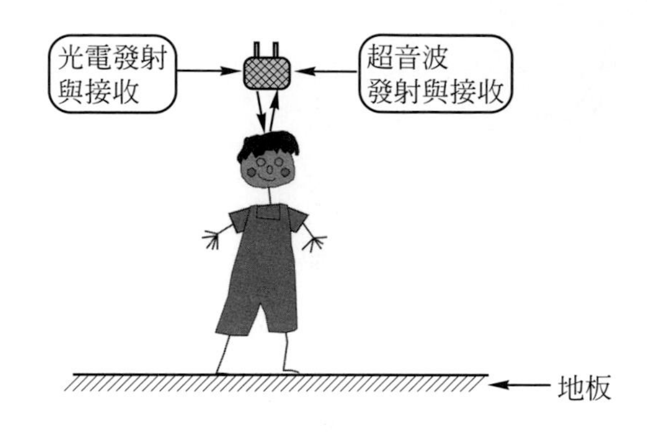

(b) 光電或超音波感測：近接偵測

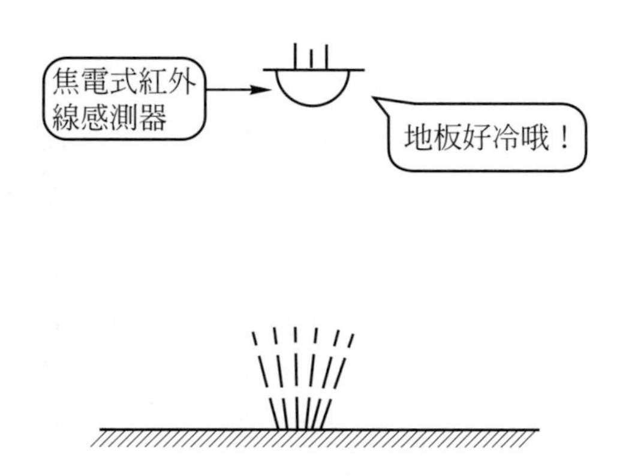

(c) 焦電感測：溫度變化

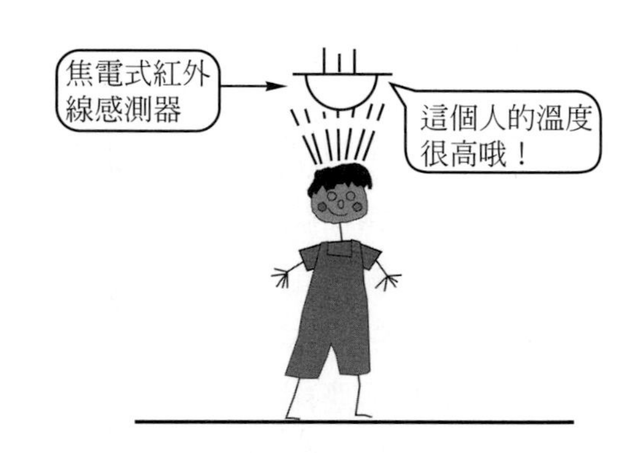

(d) 焦電感測：溫度變化

圖 6-1　百貨公司大門之人體偵測方法

目前幾乎不再使用壓力開關，大都使用光電反射式和焦電感測器偵測人體的有無。而光電反射的原理及實習，我們已於第四章略作說明。我們將就光電反射、焦電式紅外線感測及紅外線遙控三項應用，於本章做詳細的探討。

6-1 焦電式紅外線人體感知器應用實習

實習目標

1. 焦電式紅外線感測器之認識與特性量測。
2. 焦電式紅外線感測器應用實習與專題製作。

原理特性

焦電式紅外線感測器，係以強介電材質爲原料所做成的光感測器，大都以紅外輻射的接收，由熱電效應產生電荷的變化，然因電荷的變化不易直接使用。所以製造廠商就以高輸入阻抗的FET爲其輸出裝置。

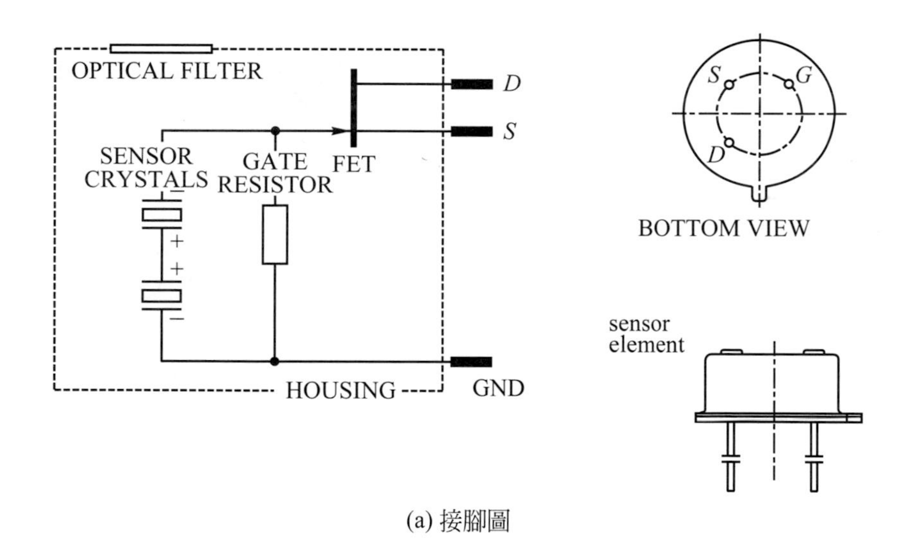

(a) 接腳圖

圖 6-2　焦電式紅外線感測器基本說明

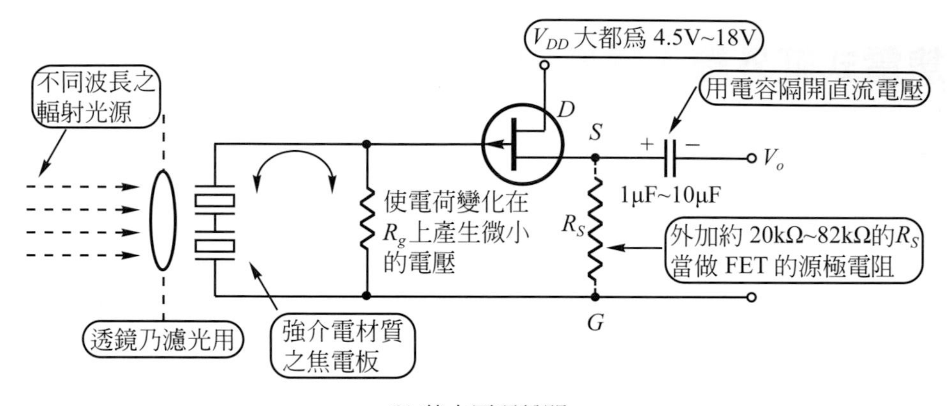

(b) 基本原理說明

圖 6-2 焦電式紅外線感測器基本說明(續)

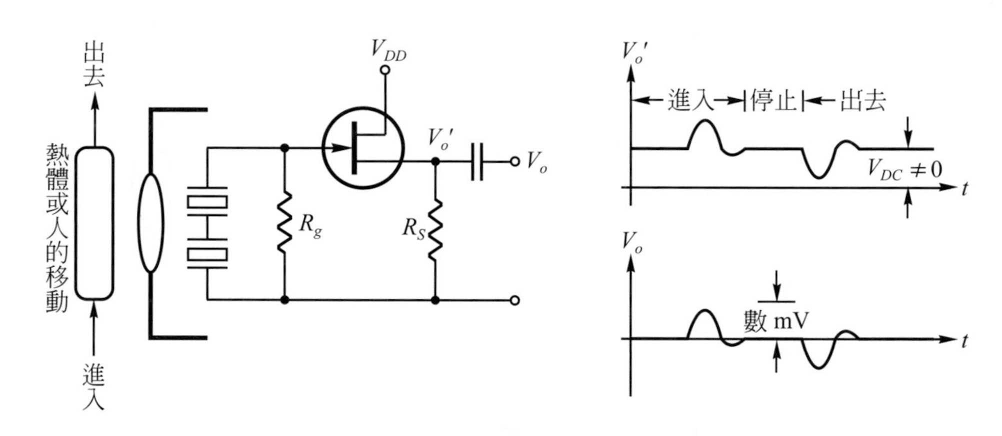

圖 6-3 焦電式紅外線感測乃偵測溫度的變化

從圖 6-3 清楚地看到當有熱體進入時，產生一個向上的突波，當熱體不動的時候，其輸出幾乎不再變化，而當熱體出去的時候，則又產生一個向下的突波。此乃意味著：焦電式紅外線感測器乃偵測溫度的變化，且溫度愈高時，其突波變化愈大。

當熱體進出焦電式紅外線感測器的時候，將因電荷移動方向的改變，而產生不同極性的輸出電壓(僅數mV或更小)，這就是焦電式紅外線感測器的基本特性。

啓發思考

焦電式紅外線感測器，所得到的輸出電壓只有數 mV 或更小，所以必須有放大率很高的放大器，把信號加以放大。而當放大率很大的時候，只要有微小的雜訊被引入，將造成極大的干擾，甚致因而產生振盪。所以焦電式紅外線感測器的應用線路設計，必須考慮到

(1) 防止雜訊干擾：使用反交連電路或低通濾波特性消除雜訊干擾。

(2) 要有足夠的放大率：實用產品其放大率均爲數仟倍或數萬倍。

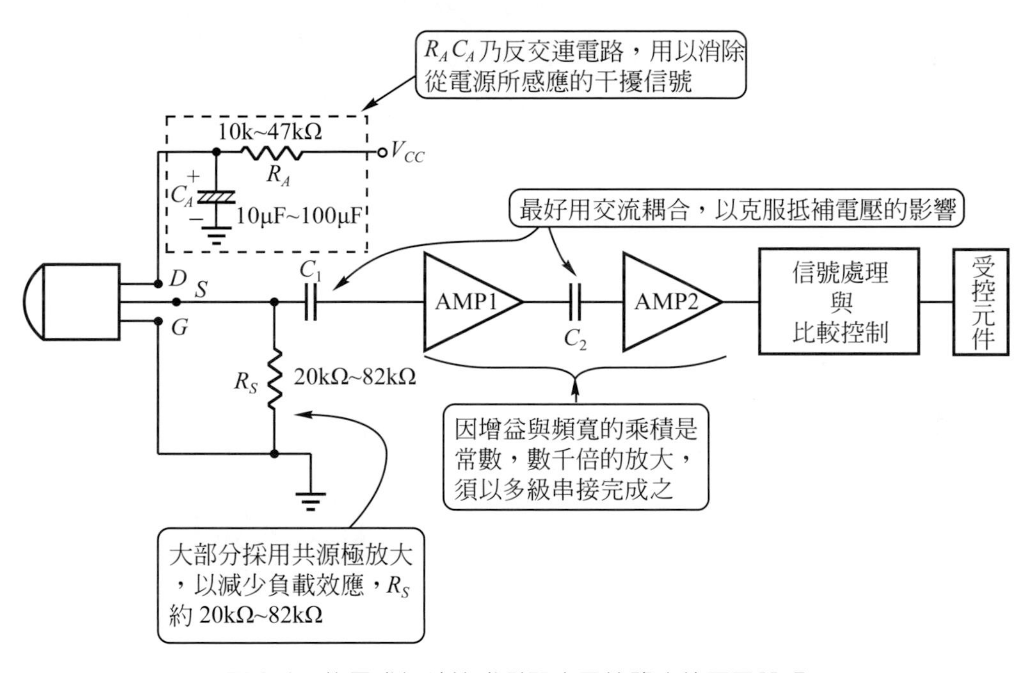

圖 6-4　焦電式紅外線感測器應用線路方塊圖及說明

線路分析

圖 6-5 乃以焦電式紅外線感測器(人體感知器)當做自動燈光點滅控制。當有熱體(人體)經過的時候，燈光自動亮起來，且延遲一段時間以後，燈光又自動

熄滅。除了節省電源以外，也是一項有效的防盜措施(小偷總是在黑暗中行動，若燈光忽然亮起來，小偷一定會嚇一跳，溜之大吉)。

這個線路看起來好像很複雜，其實不然。它只是用一些早已熟悉的小電路，一級一級串接而成(有如在玩積木遊戲)。讓我們一起以波形分析的方式，來說明這個電路的動作情形。

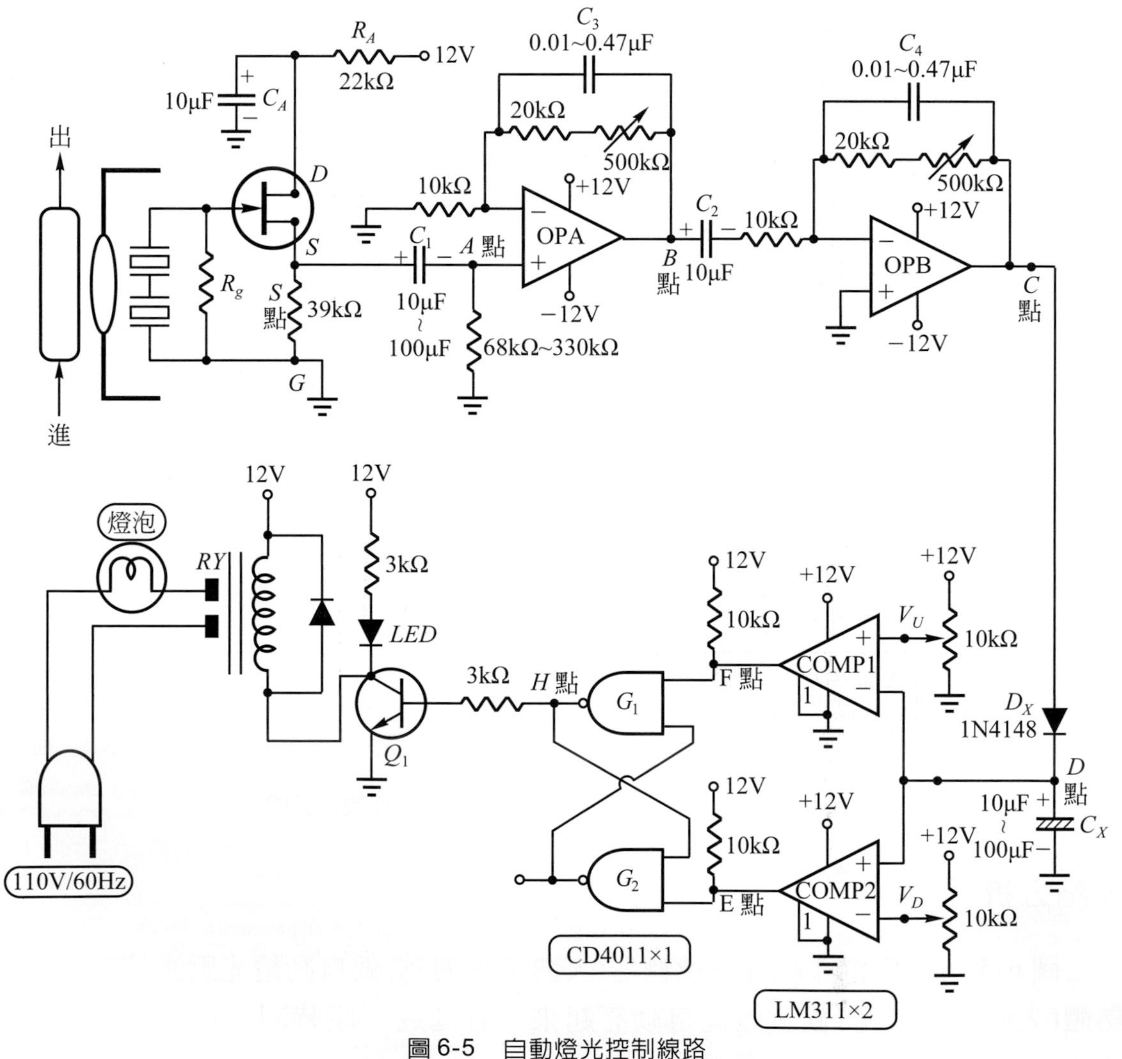

圖 6-5　自動燈光控制線路

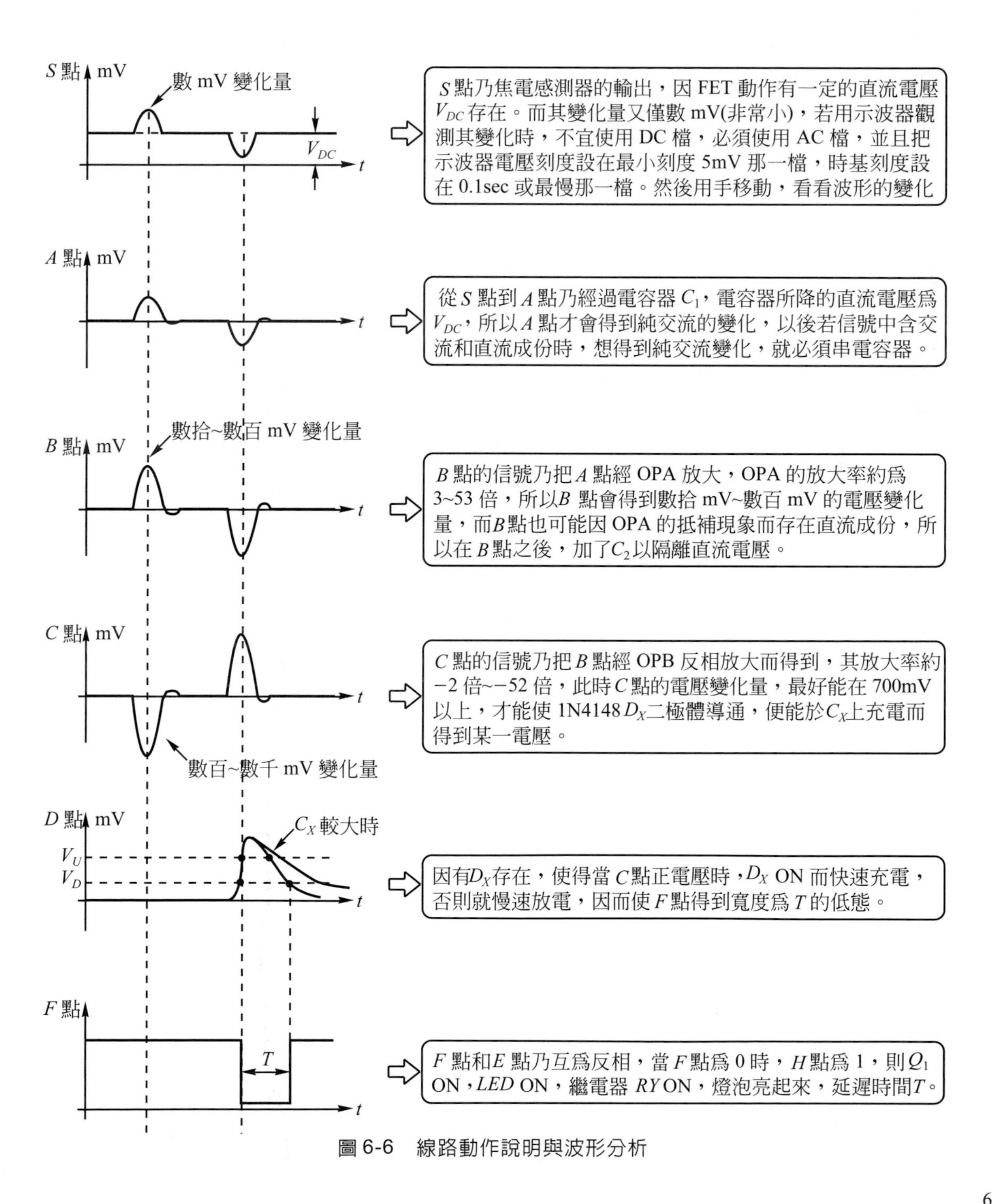

S 點 mV
數 mV 變化量
V_{DC}
t
S點乃焦電感測器的輸出，因 FET 動作有一定的直流電壓 V_{DC} 存在。而其變化量又僅數 mV(非常小)，若用示波器觀測其變化時，不宜使用 DC 檔，必須使用 AC 檔，並且把示波器電壓刻度設在最小刻度 5mV 那一檔，時基刻度設在 0.1sec 或最慢那一檔。然後用手移動，看看波形的變化
A 點 mV
從 S 點到 A 點乃經過電容器 C_1，電容器所降的直流電壓為 V_{DC}，所以 A 點才會得到純交流的變化，以後若信號中含交流和直流成份時，想得到純交流變化，就必須串電容器。
B 點 mV
數拾~數百 mV 變化量
B 點的信號乃把 A 點經 OPA 放大，OPA 的放大率約為 3~53 倍，所以B 點會得到數拾 mV~數百 mV 的電壓變化量，而B點也可能因 OPA 的抵補現象而存在直流成份，所以在 B 點之後，加了C_2以隔離直流電壓。
C 點 mV
數百~數千 mV 變化量
C 點的信號乃把 B 點經 OPB 反相放大而得到，其放大率約 −2 倍~−52 倍，此時 C 點的電壓變化量，最好能在 700mV 以上，才能使 1N4148 D_X二極體導通，便能於C_X上充電而得到某一電壓。
D 點 mV
C_X 較大時
V_U
V_D
因有D_X存在，使得當 C 點正電壓時，D_X ON 而快速充電，否則就慢速放電，因而使 F 點得到寬度為 T 的低態。
F 點
T
F 點和E 點乃互為反相，當 F 點為 0 時，H 點為 1，則 Q_1 ON，LED ON，繼電器 RY ON，燈泡亮起來，延遲時間T。

圖 6-6　線路動作說明與波形分析

實驗規劃

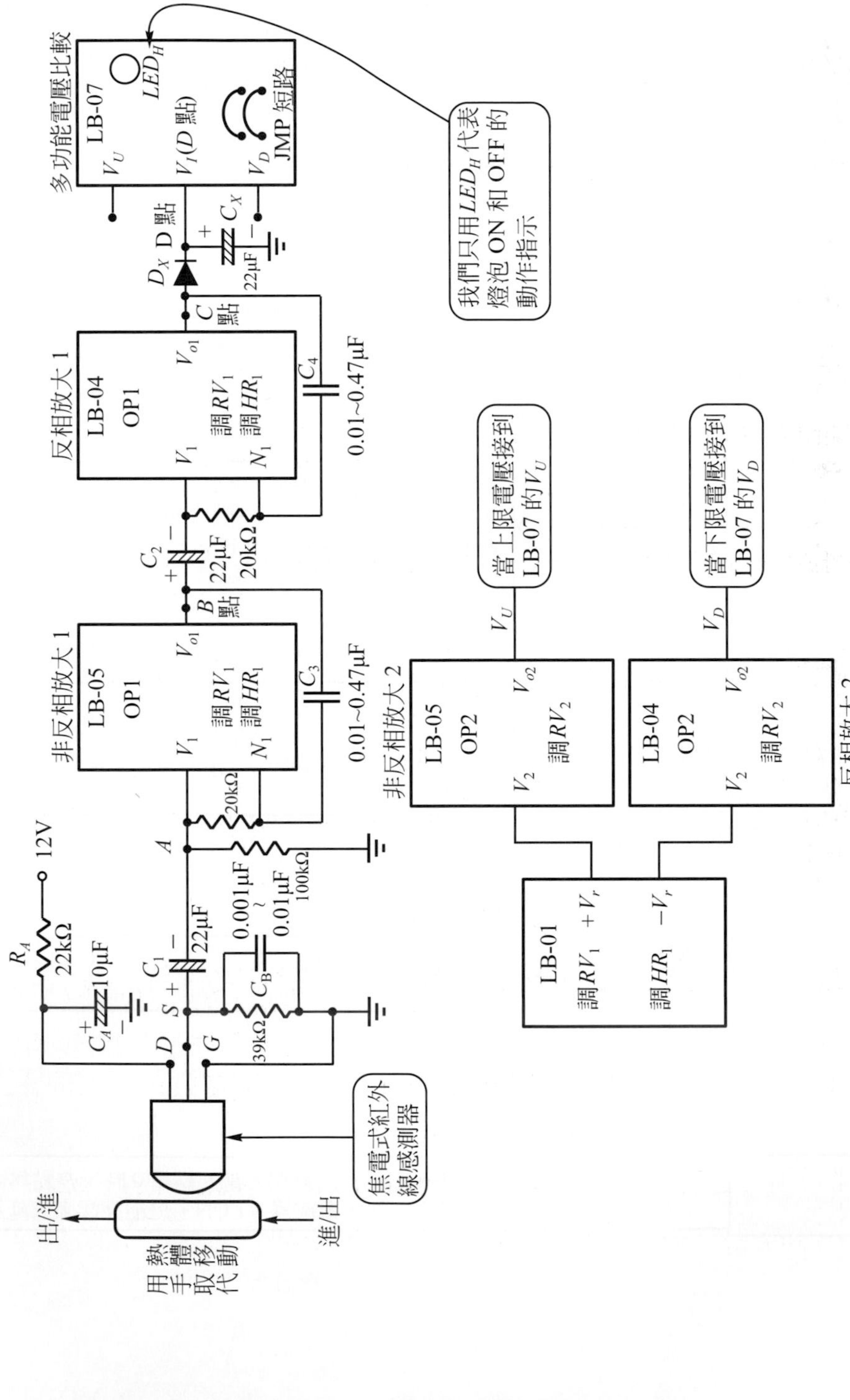

圖 6-7　自動燈光點滅控制實驗接線

圖 6-7 的接線就變得非常簡單了。剩下的工作只是調整校正。

調整校正

(1) 檢查各模板的電源是否正常，及焦電式感測器D、S、G三支腳是否接法正確。

(2) 焦電式感測器信號量測：測S點或A點。

① 示波器耦合選在 AC 檔(只看交流信號)。

② VOLTS/DIV(或 VOLTS/CM)(電壓刻度選擇鈕)，放在最小刻度(5mV)。

③ TIME/DIV(時基刻度選擇鈕)放在最大刻度(0.5sec 或 1sec)。

④ 用烙鐵(或您的小手)在焦電式感測器上面來回移動。

⑤ 注意示波器的輸出，注意示波器是否有垂直上、下跳動的變化。若有這種電壓變化，則代表您所使用的焦電式感測器已經能正常動作。

⑥ 若S點或A點有不定時的高頻干擾，則可把C_B加大一些，但請勿超過 0.1μF。

⑦ 若S點或A點有 60Hz 變動干擾，則可把C_A加大到 100μF。

(3) 放大器調校(一)測B點的信號。

① 把LB-05 OP1 的放大率調到最大(調RV_1)，目前放大率約爲 3～53 倍。

② 示波器撥到 DC 檔，看B點的變化情形，若B點有直流成分存在，調其HR_1(小螺絲刀做調整工具)，使B點 DC 成份最小(約 0V)。

③ 手掌在感測器上，左右移動，看看B點是否有上、下跳動的電壓。若有電壓變化，則代表第一級非反相放大器已正常。

④ 若B點有許多雜訊或脈波干擾存在時，可以在 LB-05 的V_{o1}和N_1之間加一個約 0.01μF～0.47μF的電容器，最好用陶瓷電容。

(4) 放大器調校(二)，測C點的信號。

① 把LB-04 OP1 的放大率調到最大(調RV_1)，放大率約－2～－52倍。

② 從S點到C點，信號大約被放大了$[53\times(-52)]\approx-2756$ 倍。

③ 示波器依然選在直流耦合狀態(DC 檔)。

④ 若C點有直流電壓存在，調 LB-04 的HR_1，使C點直流成份≈0V。

⑤ 用手掌在感測器上，左右來回移動，測觀測C點的電壓變化。

⑥ 若C點有高頻或脈波雜訊，請在LB-04 的V_{o1}和N_1之間接一個約 0.01 μF～0.47μF的陶瓷電容。

⑸ 上、下限電壓的設定(設定V_U和V_D的大小)。

① 注意觀測D點電壓變動情形，因目前D_X和C_X乃構成一個簡易式半波整流，也是一個峰值偵測電路，用以當做時間延遲控制。

② D_X和C_X動作分析。

③ 此時便能由D點觀測到其最高變化量是多少伏特，及雜訊干擾的變化量有多大。

④ 設定上限電壓V_U比D點的最高電壓小一些，小個 0.2～0.5V就可以。

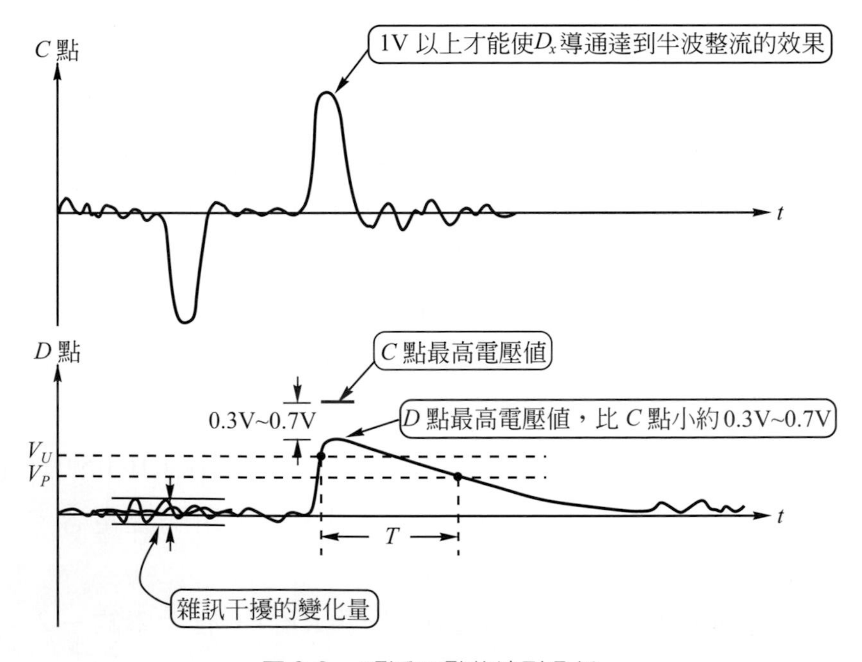

圖 6-8　C點和D點的波形分析

⑤ 設定下限電壓V_D，比D點的雜訊干擾電壓大一些。

⑥ 若D點最高電壓爲 1.2V，雜訊干擾電壓爲 0.3V，則可以設定$V_U =$ 0.8V，$V_D = 0.5V$(調 LB-05 和 LB-04 的RV_2)。

⑦ 當有人進入的時候$V_I > 0.8V$或$V_D < 0.5V$會相繼發生，則此時LB-07 V_I (D點)的電壓便已完成大比大的還大，$V_I = 1.2V$ 比$V_U = 0.8V$ 還大，小比小的還小，$V_I = 0.3V$ 以下比$V_D = 0.5V$ 還小。

⑧ 則LED_H會亮一下，亮多久，則可由C_X電容值的大小改變之。

實驗討論

(1) 線路圖中的R_A和C_A主要目的是什麼？

(2) 在 LB-05 或 LB-04 的V_{o1}和N_1之間加入電容的目的是什麼？

(3) 圖中的C_1和C_2主要功用是什麼？

(4) OPA 和 OPB 乃做交流放大，何以B點和C點會有直流電壓？

(5) B點或C點的直流電壓，應如何消除？

6-2 紅外線感測器應用實習——紅外線遙控開關

實習目標

(1) 了解紅外線發射與接收電路的功用。

(2) 用紅外線光電元件，設計紅外線遙控開關。

原理特性

我們已經談過，光發射器其實只是一般所說的LED，接收器則爲光電二極體或光電晶體。目前要用的紅外線光電元件，主要是所發出光源和所能接收光源的波長位於紅外線區間其波長約800nm～1200nm。使用方法和所談過的光電元件並沒有差別，只是要當遙控器時，電源爲乾電池，必須設法減低電能的消耗，又想遙控距離能遠一點，則又必須設法增加發射能量或提高接收靈敏度。再則背景光源的干擾，必須設法消除。所以紅外線遙控電路的設計，必須時時留意如下四項：

⑴ 電源爲乾電池，應如何減少電能損耗？

⑵ 在電能有限的情況下，要如何提升發射功率？

⑶ 在提高接收靈敏度的時候，應怎樣消除雜訊干擾？

⑷ 怎樣做介面轉換，以便控制AC 110V或220V的電器負載？

從上述的分析，我們歸納出，紅外線遙控電路，應該具備如下方塊圖所示的各項特性。

當沒有使用編碼器和解碼器的時候，就成了單一按鍵的紅外線控制開關。如果使用編、解碼IC的時候，就能做成像電視機一樣的遙控器。

振盪器提供脈波信號，便能減少直流功率損耗，並由驅動電路提高瞬間發射功率，便能使遙控距離增加，而接收端的帶通濾波，只能通過頻率爲 f_0 的信號，便能消除其它背景光源變動的干擾。且以信號放大提升其接收靈敏度。

我們將把遙控開關當做實驗項目，而把遙控器及編解碼IC的應用當做專題製作，於下一單元說明之。

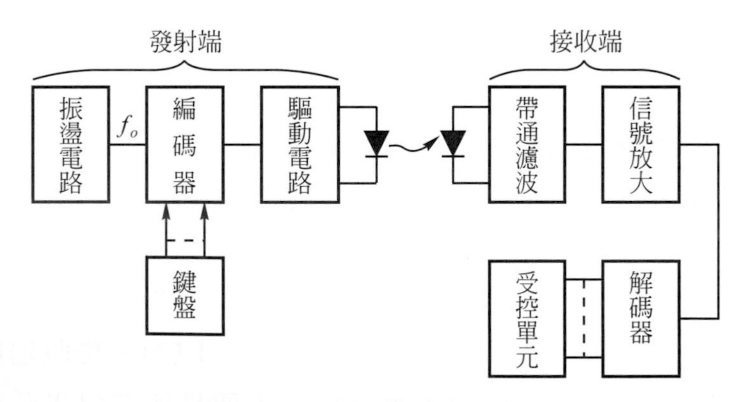

圖 6-9　紅外線遙控電路方塊圖

實驗線路分析——遙控開關

1.　發射端線路分析

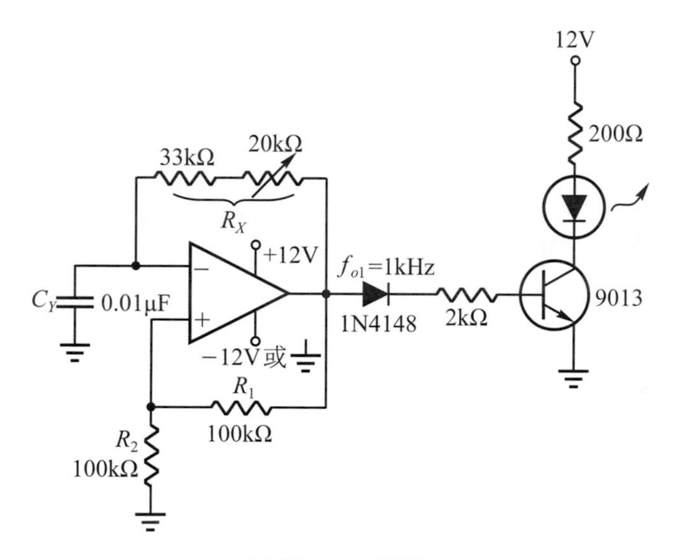

(a)OP Amp 振盪

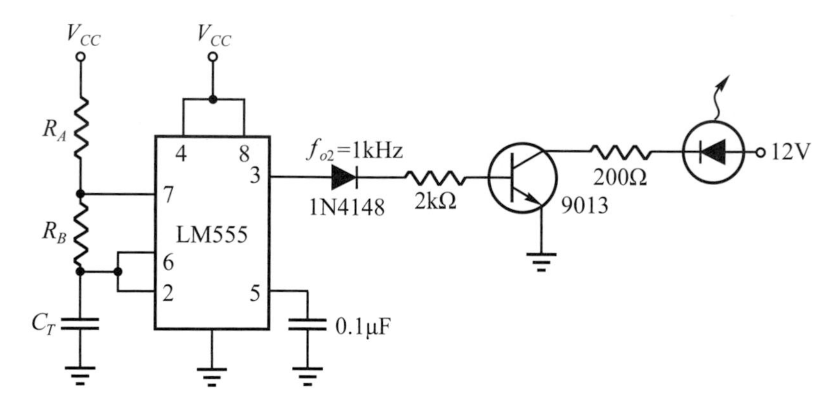

(b) LM555 振盪

圖 6-10　紅外線發射電路——脈波驅動

圖 6-10 是振盪電路，用以產生脈波信號，目前設定振盪頻率爲 1kHz。該脈波信號控制 9013(或其它 *NPN*、*PNP* 電晶體)，以提升驅動電流，使紅外線發射器能有較大的輸出功率，而增加遙控距離。當然您不用 OP Amp 或 LM555 做振盪器亦無不可，只要能產生脈波信號的電路都可以使用。

圖 6-10(a) OP Amp 振盪頻率 f_{01}

$$f_{01}=\frac{1}{2R_XC_Y\cdot\ln\left(1+\frac{R_2}{R_1}\right)}=\frac{1}{2R_XC_Y\cdot\ln3}\approx\frac{0.45}{R_XC_Y}\quad \text{Hz}$$

圖 6-10(b) LM555 振盪頻率 f_{02}

$$f_{02}=\frac{1}{(R_A+2R_B)\cdot C_T\cdot\ln2}=\frac{1}{0.693(R_A+2R_B)\cdot C_T}$$

$$=\frac{1.44}{(R_A+2R_B)\cdot C_T}\quad \text{Hz}$$

2. 接收端線路分析(如圖 6-11 所示)

(1) 光電二極體

此時光電二極體乃接收發射端所送出來的紅外線光源。目前採用逆向偏壓法。當接收到紅外線的時候，產生光電流 I_{PD} 會在 R_E 上產生 $I_{PD}\times R_E$ 的壓降。當然您也可以以 *NPN* 電晶體組成光電晶體。

(2) OPA 及相關零件

目前 OPA 及其相關零件乃組成電壓隨耦器。

(3) OPB 及相關零件

OPB 及其相關零件乃組成帶通濾波器，目前所用的電阻及電容，使其中以頻率大約爲 1kHz 左右(因電阻、電容都有其誤差)。

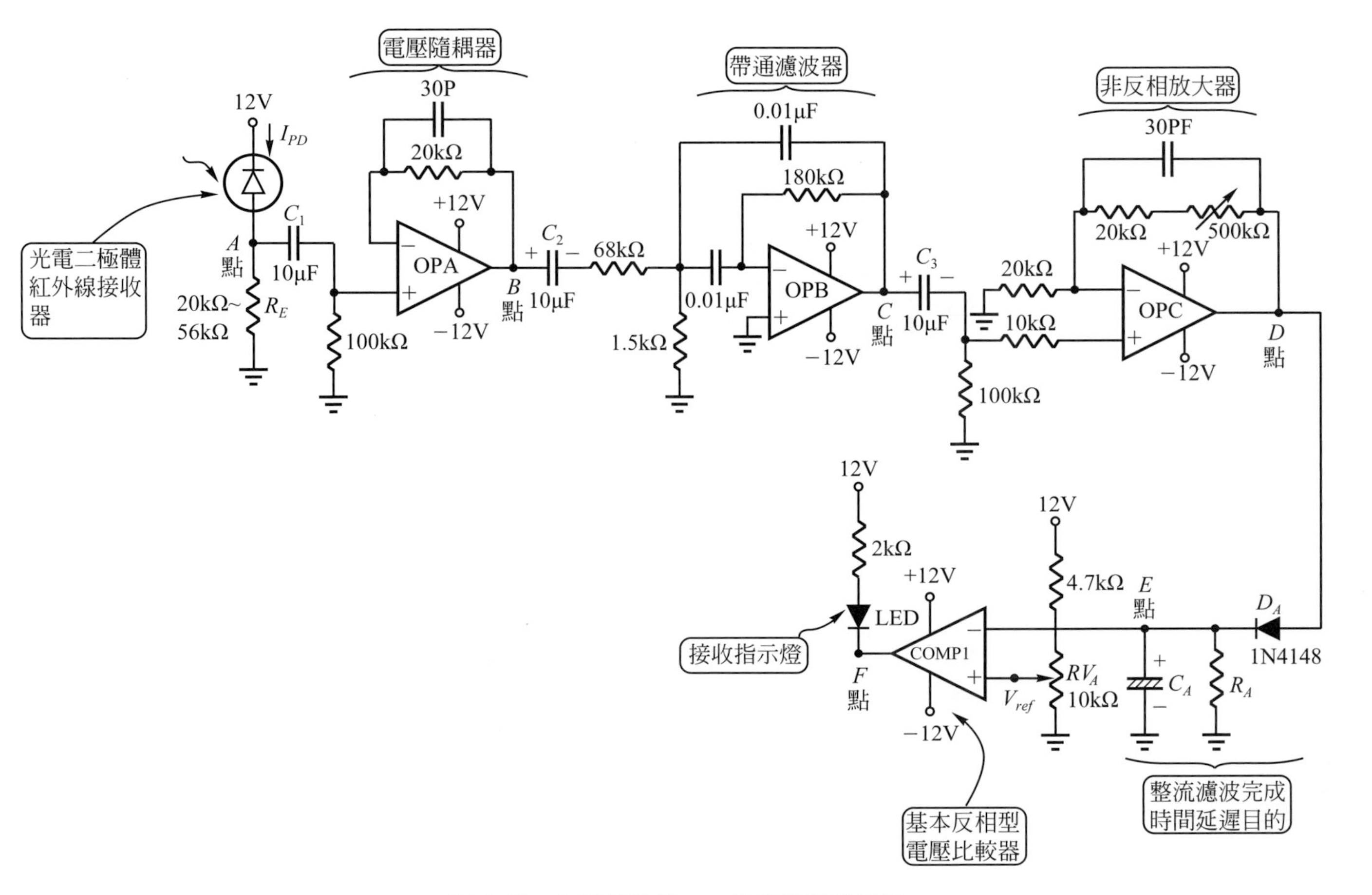

圖 6-11　紅外線遙控——接收端電路分析

⑷ OPC 及相關零件

OPC 和其相關零件也是組成非反相放大器。

⑸ D_A、C_A、R_A

D_A乃半波整流二極體，C_A乃濾波電容，則由D_A和C_A所構成的半波整流電路，便能把D點所接收到的脈波(交流信號)，轉換成直流電壓，而R_A乃洩放電阻，決定C_A放電的速度。達到時間延遲的長短控制。

⑹ COMP1 及相關零件

COMP1 只是一個基本電壓比較器，由RV_A設定"＋"端的V_{ref}(參考電壓)。當整流後的直流電壓V_E比V_{ref}大的時候，$COMP_1$ $v_{(-)}>v_{(+)}$，則其輸出$V_F=-12V[約為(-E_{sat})\approx(-10\sim-12V)]$，將使LED ON，以代表已接收到發射端所發射出來的光源。

若把 LED 改成繼電器，便能控制 110V 或 220V 60Hz 的交流負載，而此時最好把 COMP1 基本比較器，改成磁滯比較器，便能克服背景光源變動的干擾。

實驗規劃

為了使實驗進行得更快更順利，我們將以信號產生器，當做發射端的振盪器。(如圖 6-12 所示)

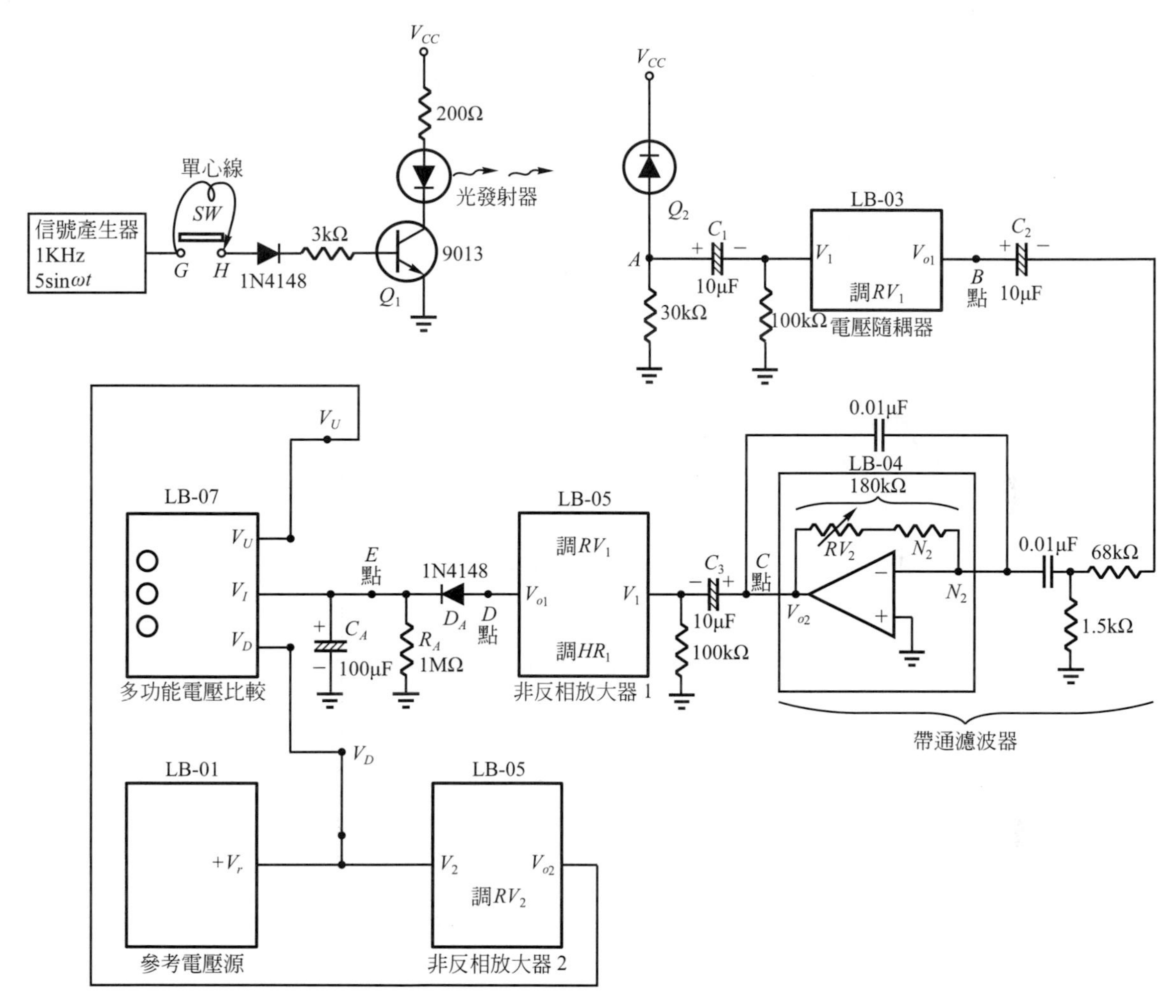

圖 6-12　紅外線遙控開關實驗接線

實驗量測與調校

⑴　把信號產生器調在輸出約 $5\sin\omega t$或調成約 5V 振幅的方波(即由信產生器“TTL”輸出端提供脈波信號)。

⑵　把 SW 開關按下去(實際上只是拿一條單心線當開關，把G、H兩端接起來，便能控制Q_1的 ON、OFF)。

⑶ 請用示波器觀測信號產生器輸出波形，和Q_1集極波形，並繪其波形(注意您所用的紅外線發射器是否正確，是否接法無誤)。

⑷ 首先把發射器和接收器相對擺置，如圖 6-13 所示。

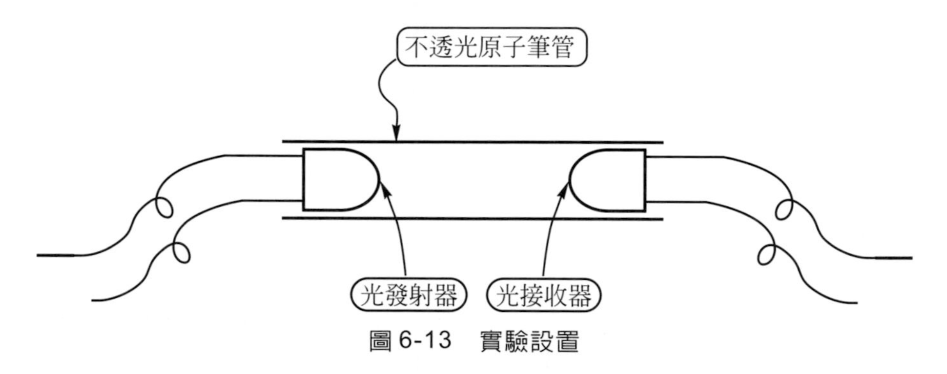

圖 6-13　實驗設置

⑸ 請測A點的波形，並繪其波形(注意A點是否有直流成分)，所以請把示波器選用 DC 檔。

⑹ 測B點的信號波形，理應A點和B點的波形相同且大小幾乎相等，因 LB-03 乃電壓隨耦器，其放大率爲 1 倍。

⑺ 測C點的信號波形，並調信號產生器的頻率，當頻率改變的時候，請找到某一頻率，使C點有最大的輸出振幅。
此時的頻率爲多少呢？頻率＝________Hz。

⑻ 測D點的信號波形，並調 LB-05 的RV_1，使D點波形的振幅，能達±3V 以上。

⑼ 測E點的直流電壓(若用示波器必須設在 DC 檔)，最好用三用電表量E點的直流電壓。E點的電壓(最大)＝________V $= V_{E(\max)}$。

⑽ 把 SW OFF(即拔掉G和H之間的單心線，表示沒有發射)。

⑾ 測E點的直流電壓。此時所測得的電壓，將是背景光源的干擾，所測得的電壓爲最小值，E點的電壓(最小)＝________V $= V_{E(\min)}$。

⑿ 若以有發射紅外線和沒有發射紅外線來做個比較時，E點的電壓值，將決定上、下限(V_U和V_D)必須設定多少伏特？

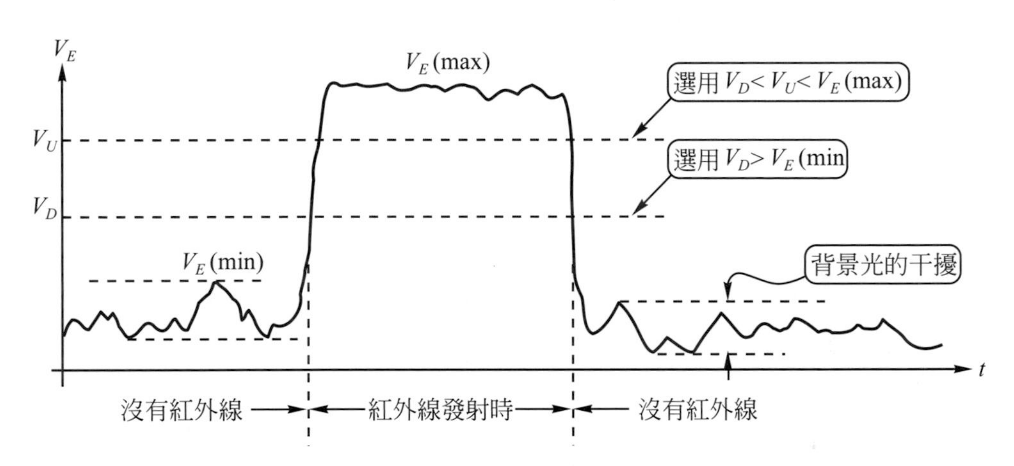

圖 6-14　E點的波形分析

若$V_{E(\text{max})} = 3.2$V，$V_{E(\text{min})} = 0.9$V，則可選用$V_U = 2.7$V，$V_D = 1.2$V，實際V_U和V_D的電壓值，請依您所測得的V_E做決定。

⒀ 請調LB-01的RV_1，使$+V_r =$(您所要選用的V_D)，並調LB-05的RV_2，使$V_{o2} =$(您所想要的V_U)。

⒁ 把 SW 按一下(即把G和H點短路一下)，看看 LB-07的 LED 是否有變化？有紅外線時哪一個 LED ON？________，沒有紅外線發射時，哪一個LED ON？________。

※※記得把LB-07的JMP(短路器)插好，使它成爲磁滯比較器。

實驗討論

圖 6-11 和圖 6-12 各種波形的繪製。

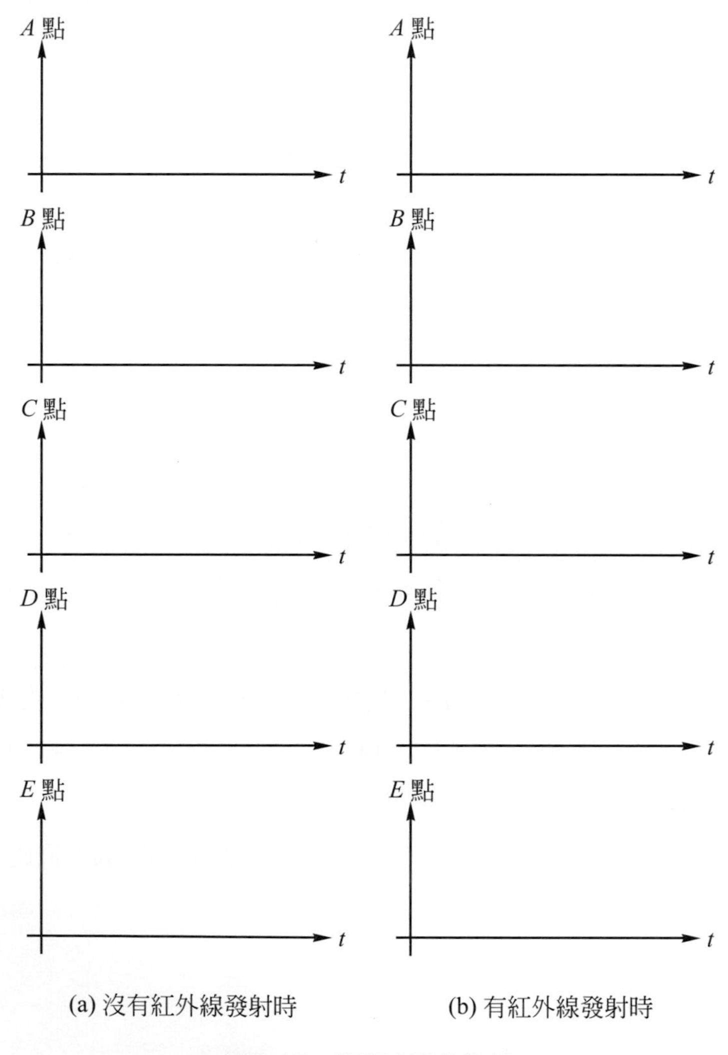

圖 6-15　各點波形的分析

(1) 沒有紅外線發射時，理應A點為$V_A = 0\text{V}$，但為什麼A點會有電壓？

(2) C_1、C_2、C_3的主要目的是什麼？

(3) 您所做的實驗中，OPB 帶通濾波器的中心頻率是多少呢？

(4) 為什麼要有 OPB 帶通濾波器，其目的何在？

(5) 為什麼希望D點輸出電壓的峰值能大於 1V 以上？

(6) 說明C_A的大小是如何達到時間延遲的目的？

(7) 請繪出沒有紅外線發射時，和有紅外線發射時，A～E各點波形。

※示波器請用 DC 檔，且注意信號產生器輸出頻率，應該和帶通濾波器的中心頻率相同。

6-3 單鍵紅外線遙控器(專題製作)

系統說明

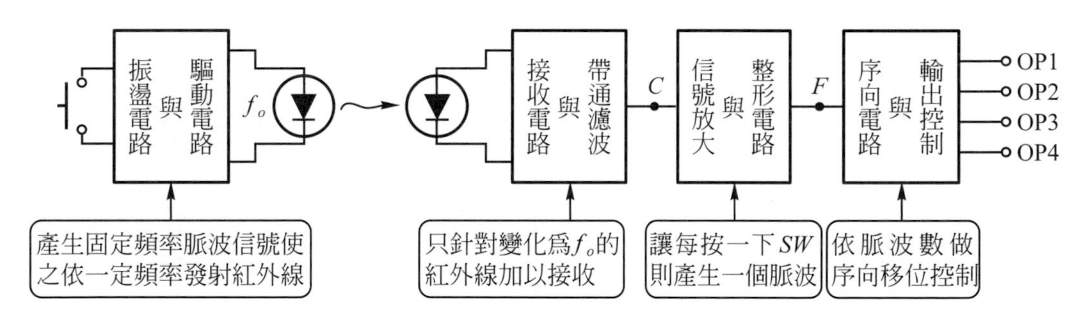

圖 6-16　單鍵紅外線遙控器系統方塊說明

線路分析

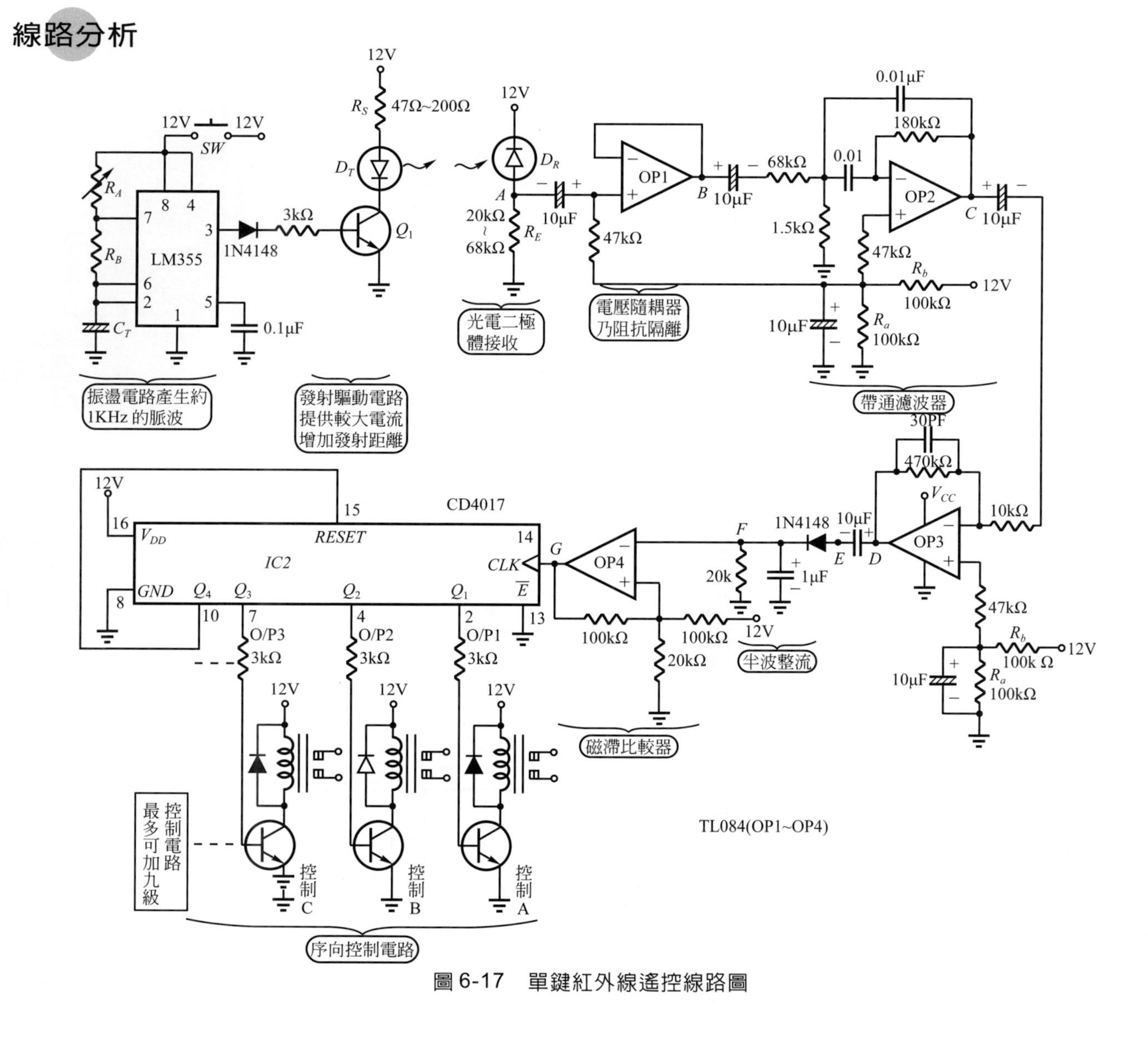

圖 6-17 單鍵紅外線遙控線路圖

(1) 振盪電路

由 LM555 定時用 IC，配合R_A、R_B和C_T組成振盪電路，用以產生的 1kHz 的脈波，其振盪頻率f_0乃由R_A、R_B和C_T所決定。

$$f_0 = \frac{1}{0.693(R_A + 2R_B) \cdot C_T} = \frac{1.44}{(R_A + 2R_B) \cdot C_T} \quad \text{Hz}$$

為使振盪頻率與接收端帶通濾波器的中心頻率完全相同，故用可變電阻取代R_A，則能由調整R_A的阻值，而修正f_0的大小。

(2) 發射驅動電路

由LM555所產生的脈波，經Pin3 加到Q_1。其中 1N4148 乃提升Q_1導通的臨界電壓，必須LM555 Pin3 的電壓達$V_{BE1} + V_D = 1.4\text{V}$以上，$Q_1$才會 ON，則能消除邏輯 0 所受的干擾。其中 3k 只是限流電阻，一般電晶體當開關使用時，其基極一定會串一個電阻。而R_S 47Ω～200Ω串聯電阻乃限制發射器的操作電流，請使用$\frac{1}{2}$瓦或 1 瓦的電阻。

(3) 接收器D_R和OP1

目前紅外線接收器(光電二極體)，採逆向偏壓法操作，當有紅外線時，光電二極體的光電流I_{PD}，將於R_E上產生$I_{PD} \times R_E$的壓降，而得到頻率和發射端相同波形(正弦波的波形)，而 OP1 此時乃當阻抗隔離作用，使光電二極體和 OP2 帶通濾波器之間不會有分流之負載效應發生。而目前OP1～OP4 都使用單電源(＋12V)，所以必須加入偏壓，使每一個都約有$\frac{1}{2}V_{CC}$的工作偏壓。也就是說，您量測每一個OP Amp的輸出端時，都會有約$\frac{1}{2}V_{CC}$的直流電壓。該直流偏壓乃由R_a和R_b(各100kΩ)，針對V_{CC}分壓而得到$\frac{1}{2}V_{CC}$的電壓。

(4) OP2 乃組成帶通濾波器，OP3 為反相放大器

OP2 是帶通濾波器，我們已經在上一單元說明了。於今我們用更直接的方法教您判斷爲什麼OP2是組成帶通濾器，所謂帶通濾波器，乃指在某一特定頻率時有最大的輸出，該頻率以外的輸出都將變小。

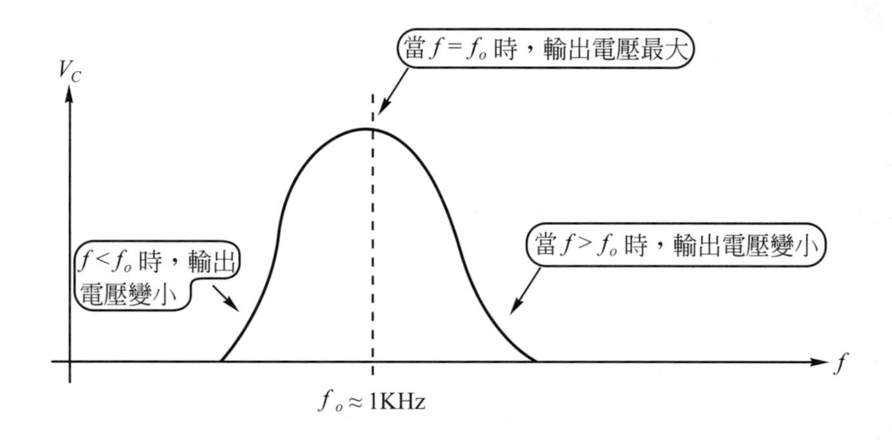

(a) 帶通濾波器特性曲線

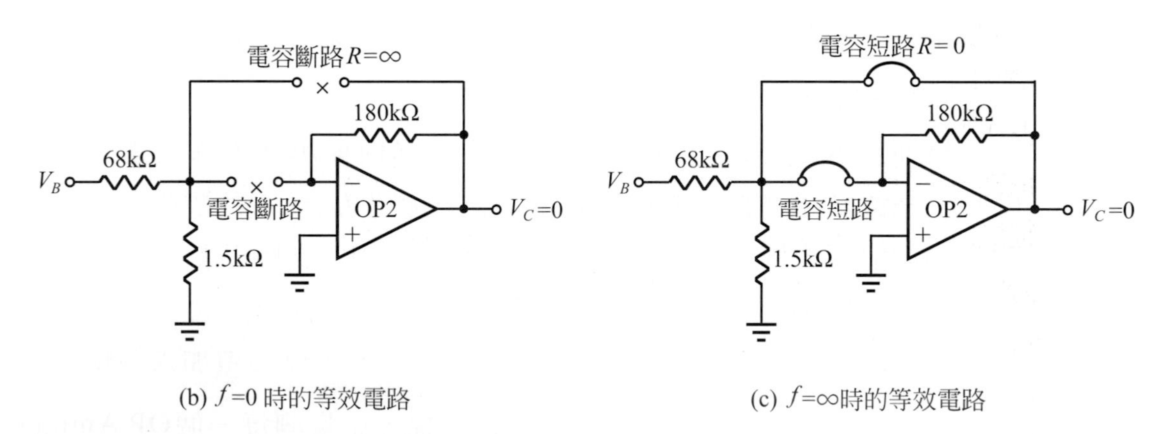

(b) f=0 時的等效電路　　(c) f=∞時的等效電路

圖 6-18　帶通濾波器頻率特性分析

圖(b)$f=0$的分析

當$f=0$時，電容器視同斷路，則輸入電壓V_B無法達到OP2的輸入端，此時OP2的$v_{(+)}=v_{(-)}=0\text{V}$，則$V_C=0\text{V}$。

圖(c)$f=\infty$的分析

當$f=\infty$時，電容器視同短路，則回授電阻相當於$0\Omega /\!/ 180\text{k}=0\Omega$，此時$V_C=-\dfrac{0\Omega}{68\text{k}}\times V_B=0\times V_B=0\text{V}$。

而 OP3 乃把V_C的信號加以放大，使V_D的波形能達 $8V_{P\text{-}P}$的振幅。若輸出電壓(V_D)太小，則可把470kΩ電阻加到820k或1M。

(5) 半波整流

1N4148和1μF及20kΩ的電阻組成半波整流，乃把E點的電壓做半波整流及濾波，使F點變成直流電壓(發射一次，於F點產生一個正脈波)。

(6) 磁滯比較器

OP4乃組成反相型磁滯比較器，此時的高臨界電壓V_{TH}和低臨界電壓V_{TL}，約為

$$V_{TH}\doteqdot\frac{20\text{k}}{(100\text{k}/\!/100\text{k})+20\text{k}}\times 12\text{V}\doteqdot 3.4\text{V}$$

$$V_{TL}\doteqdot\frac{100\text{k}/\!/20\text{k}}{(100\text{k}/\!/20\text{k})+100\text{k}}\times 12\text{V}\doteqdot 1.2\text{V}$$

即當F點的電壓大於3.4V時，G點輸出約0.2V，當F點電壓小於1.2V時，G點輸出約12V。

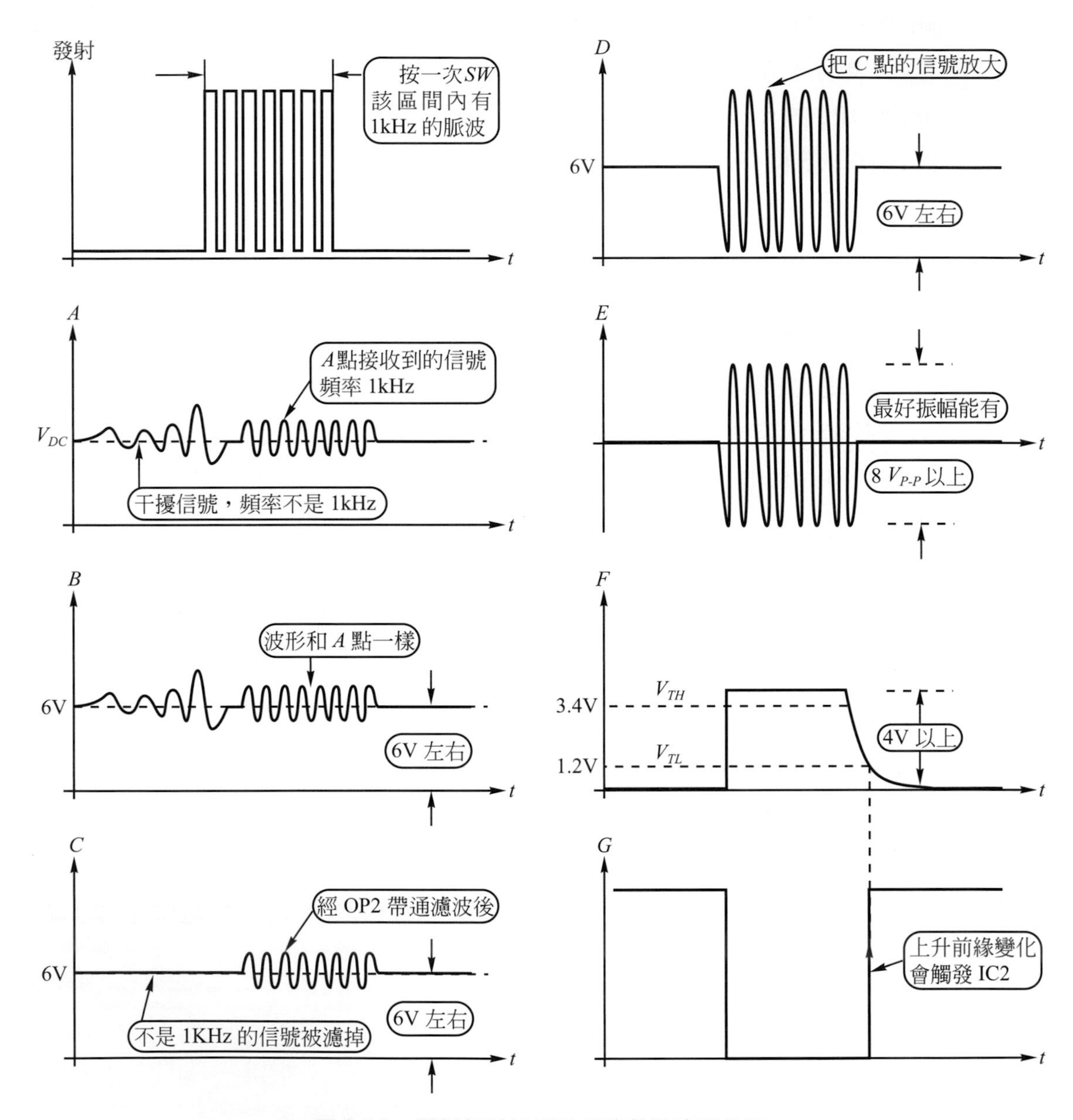

圖 6-19　單鍵紅外線遙控線路各點波形分析

(7) 序向控制電路

我們把G點的脈波加到 CD4017 的 CLK，此時 CD4017 的輸出會依序由Q_0、Q_1、Q_2、Q_3、……輸出正脈時，便能依序控制繼電器。而CD4017是一顆內含計數器和解碼器的CMOS數位IC。

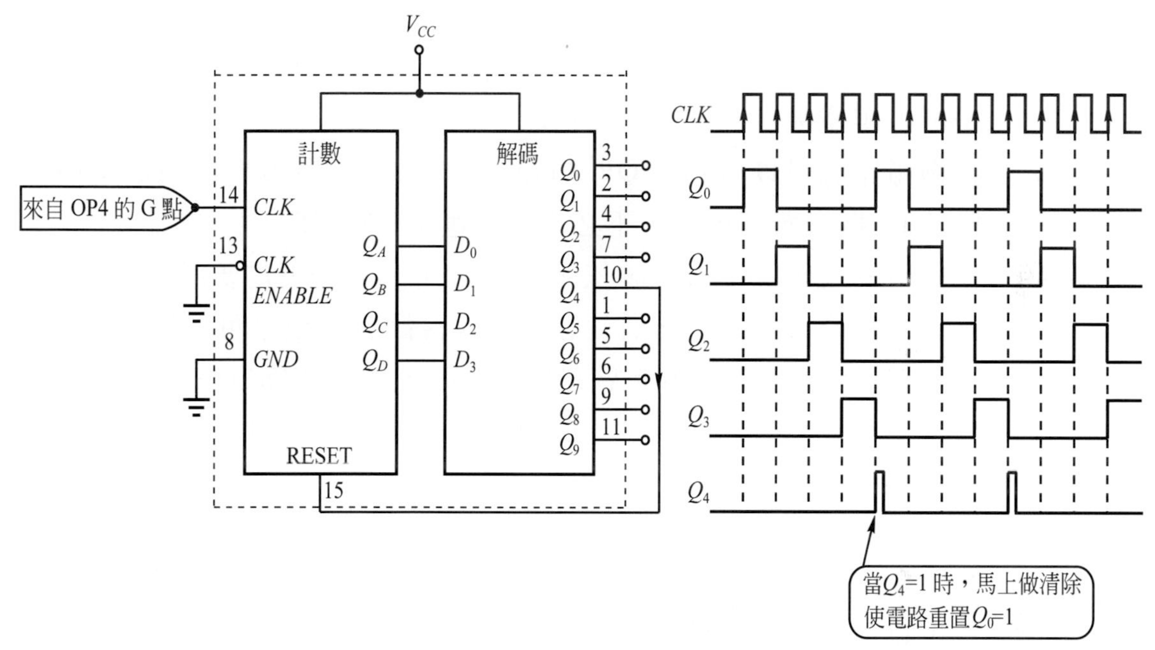

圖 6-20　CD4017 內部結構與波形分析

從圖 3-20 很清楚地看到，只要遇到CLK的前緣，便能觸發其內部計數器，使$Q_DQ_CQ_BQ_A$由 0000 變化到 1001，此時解碼器將依序由其輸出Q_0～Q_9產生邏輯 1，但目前我們是把Q_4(Pin10)接到RESET(Pin15)，即當$Q_4 = 1$的時候，也相當於 RESET ＝ 1，將做重置的動作，使計數值$Q_DQ_CQ_BQ_A = 0000$，則此時只有Q_0(Pin3)爲邏輯 1，其它都爲邏輯 0。

簡單地說，當第一個脈波動作時($Q_1 = 1$，$Q_2 = 0$，$Q_3 = 0$)，第二個脈波時($Q_1 = 0$，$Q_2 = 1$，$Q_3 = 0$)，第三個脈波時($Q_1 = 0$，$Q_2 = 0$，$Q_3 = 1$)，第四個脈波時($Q_1 = 0$，$Q_2 = 0$，$Q_3 = 0$)，即每四個脈波便循環乙次。如果我們把三個繼

電器分別控制三盞燈，則達到按一下開關亮第一盞，按第二下亮第兩盞，按第三下，亮第三盞，按第四下，則全部都熄滅。

製作與調校

⑴ 請準備相關的零件

① 紅外線發射器和接收器(即紅外線發光二極體和光電二極體)，只要是紅外線產品就好，不需管它什麼型號)。

② 振盪電路您可以用其它 OP Amp 或電晶體振盪(多諧振盪電路)，或數位 IC 振盪器都可以，不必一定要選用 LM555。

③ 振盪器的電阻與電容，請依所給的公式，自己決定要用多少，就用多少。以不燒掉、能振盪就好，“我喜歡有什麼不可以”。

④ 電晶體只要是*NPN*就好，管它什麼型號，能動作爲目標。而 1N4148 有就用。沒有時，隨便拿一個，只要極性裝對，也不管它是黑的、還是透明的。

⑤ OP1～OP4，只用一顆內有四個 OP Amp 的類比 IC，TL084。而事實上您用TL064、074 或LF347……等IC都可以，只要接腳沒搞錯，都可以拿來用。(因我們所處理的信號只有 1kHz，算是低頻)

⑥ 電容器的使用只要耐壓 16V 以上者，極性沒有接反，則一切 OK。10μF用成 20μF、30μF……也無所謂啦！

⑦ CD4017，請您乖乖地去買這顆IC來用，因用這顆IC已經是使用零件最少的電路了。

⑧ 若只是做實驗，則把控制 A～控制 C 的電晶體和繼電器，改用 LED 取代之。

⑵ 調校與修正

① 首先用示波器，測振盪器的輸出，看看是否有 1kHz的脈波。並測Q_1的C極，是否有波形。(確定發射器的極性沒有接反)

② 測接收端A和B兩點的波形(記得把發射器和接收器，面對面擺好)。示波器可用 AC 檔，則A、B兩點的波形應該相同。若用 DC 檔，則A、B兩點，將各自有不同的直流電壓存在，其交流波形應該相同。

③ 測C點的波形(最好用 AC 檔)，然後調振盪器的頻率(調R_A)，使C點得到最大的輸出電壓，即代表振盪頻率和帶通濾波器的中心頻率相同。

④ 測D點和E點的波形，D點有直流成分，E點爲純交流信號，因D和E之間有電容存在。

⑤ 確定E點波形的振幅，正半波應該要在 4V 左右，若E點電壓太小，可增加 OP3 的放大率(把 470k 改用 820k 或 1M)。

⑥ F點的波形，看看是否爲直流電壓，有發射時，爲高電壓，沒有發射時爲低電壓。依目前的 OP4，F點的脈波應該在 3.4V 以上，才能使 OP4 磁滯比較器動作。

⑦ 測G點的波形，每按一次開關G點應該產生一個負脈波，若F點的電壓太小時，可改變 OP4 磁滯比較器電路中的 20kΩ電阻，若把 20kΩ改成 10kΩ時，則$V_{TH} = 2V$、$V_{TL} = 1V$。那麼F點的高電壓只要比 2V 大，低電壓比 1V 小，便能正常動作。

(3) 快樂看成果

① 按一下 SW，控制 A 動作。

② 再按一下，控制 B 動作。

③ 再按一下，控制 C 動作。

④ 再按一下，三個都停止動作。

6-4 紅外線遙控編碼與解碼 IC 介紹

系統方塊說明

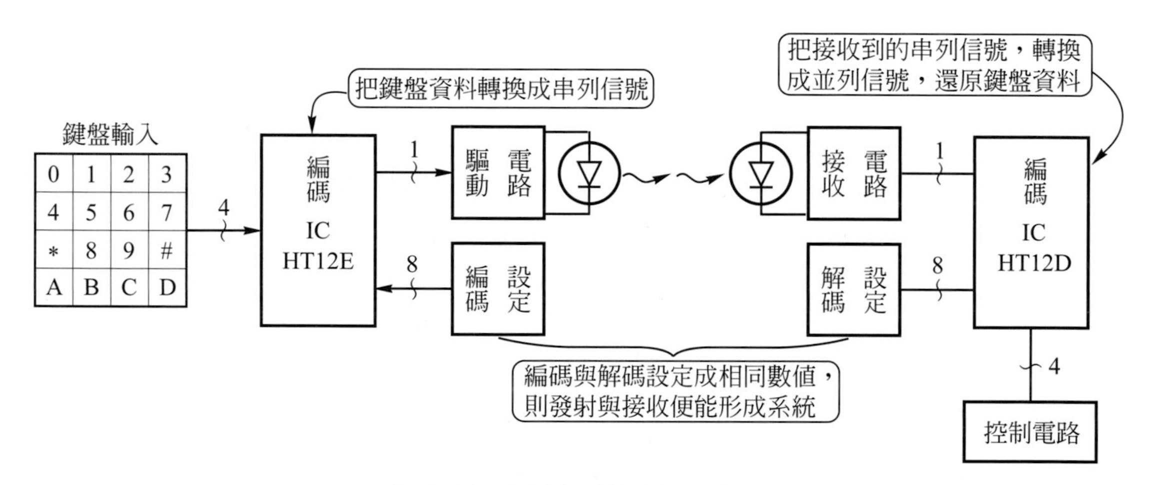

圖 6-21 多鍵紅外線遙控方塊圖

遙控電路不管是無線電遙控或紅外線遙控，當鍵盤輸入一個數值的時候，可能是四位元或七位元等數位資料代表該按鍵，是屬於並列資料，如0000～1111，每按一個鍵時，這四位元的資料同時產生，當按“9”的時候，同時產生 1001 的資料。此時編碼 IC 主要的功用乃把並列資料轉換成串列資料(因只有一組發射器)，相當於把1001依序發射出去。而解碼IC的功用正好和編碼IC的功用完全相反。玆以圖示方式說明編碼與解碼 IC 的功用如下。

目前我們所使用的編碼 IC 和解碼 IC 為 HT12 系列，HT12E 和 HT12D，圖 6-21 中的編碼設定和解碼設定，必須設成相同數值，才能使發射與接收之間有正確的資料傳送。簡言之，編碼設定和解碼設定乃 HT12 系列的密碼。必須兩者的密碼相同，才能做正確的溝通和資料的傳送與接收。

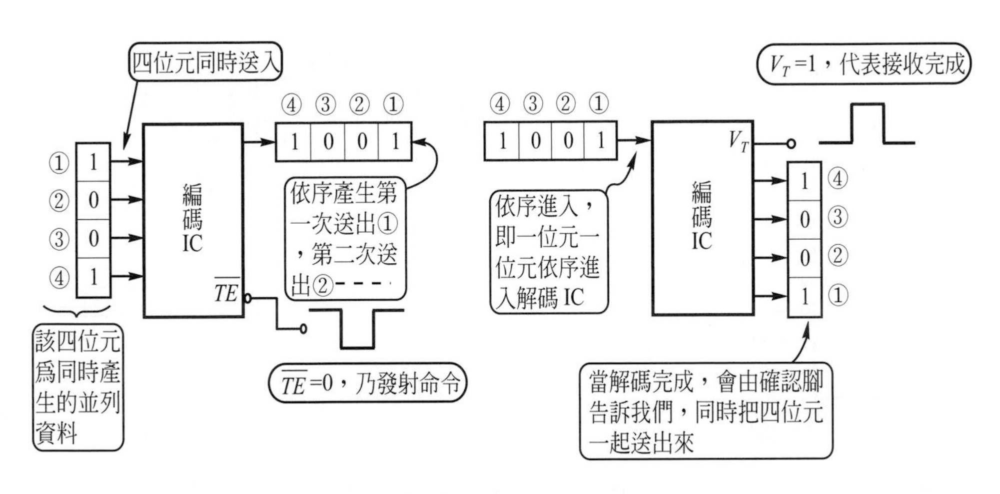

圖 6-22　編、解碼 IC 功能說明

產品介紹

首先我們介紹HOLTEK公司的遙控用編碼IC和解碼IC。這組IC可以設定密碼達2^{12}種，且電源電壓約可從－0.3V～13V。

編碼 IC　HT12A/B/C：…－0.3V～5V，最大工作電流 400μA～800μA

編碼 IC　HT12E/EA：…－0.3V～13V，最大工作電流 150μA～300μA

解碼 IC　HT12D/F：…2.4V～13V，最大工作電流 200μA～400μA

從上述的介紹我們了解，因電源電壓範圍很廣，且適合乾電池使用。耗電流亦不大，所以在許多遙控產品中，經常使用這組 IC 當做編碼和解碼。

HT12 系列編碼 IC 計有 HT12A、HT12B、HT12C 和 HT12E，其使用方法大致相同。解碼IC計有HT12D和HT12F，之間差別乃HT12D有四支腳可以當資料線。相關資料請參閱附錄資料。

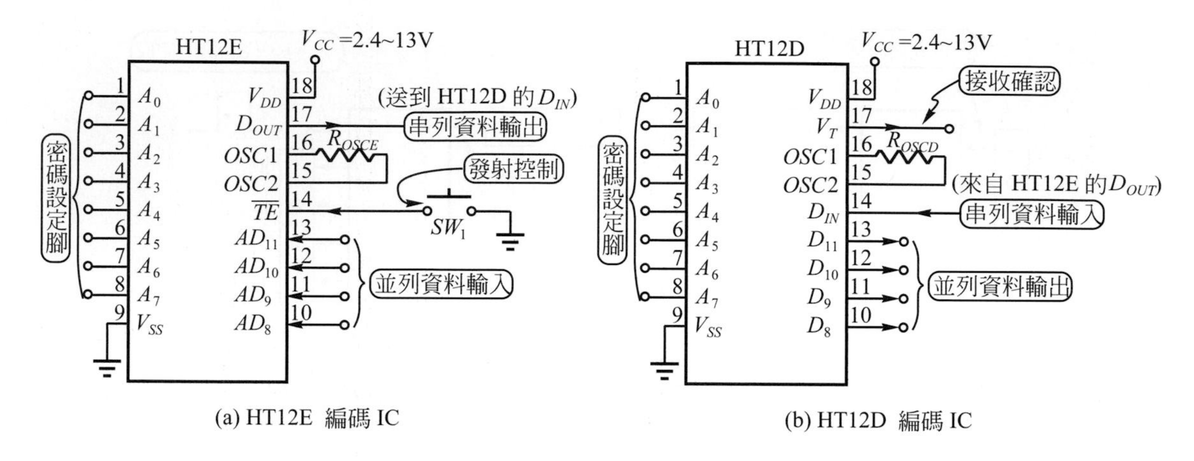

(a) HT12E 編碼 IC

(b) HT12D 編碼 IC

圖 6-23　HT12E 和 HT12D 接腳功能說明

遙控 IC 的使用

(1) 振盪頻率的決定

HT12E 和 HT12D 內部線路就好像是一部小型電腦一般，負責把並列輸入資料(AD_{11}～AD_8)轉換成串列輸出資料(HT12E)，及把串列輸入資料轉換成並列輸出資料(D_{11}～D_8)(HT12D)。一定要有時脈信號(CLOCK)主控整個系統的運作。

而 HT12E 和 HT12D 兩顆遙控 IC，只要外加一個電阻R_{OSCE}和R_{OSCD}，其內建振盪器就會自動產生 CLOCK，供內部線路使用。而這兩顆 IC，依原廠的規訂，來定出R_{OSCD}和R_{OSCE}的大小。

從圖 6-24 圖(a)和圖(b)清楚地看到，兩項重要訊息：

① 接收器 HT12D 的振盪頻率＝ 50 倍發射器 HT12E 的振盪頻率。

② 當所用的電源電壓不一樣的時候，必須使用不同的電阻。

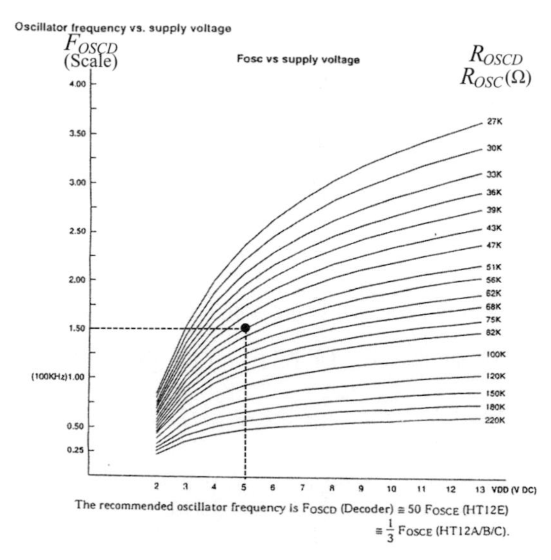

(a) HT12D 頻率關係

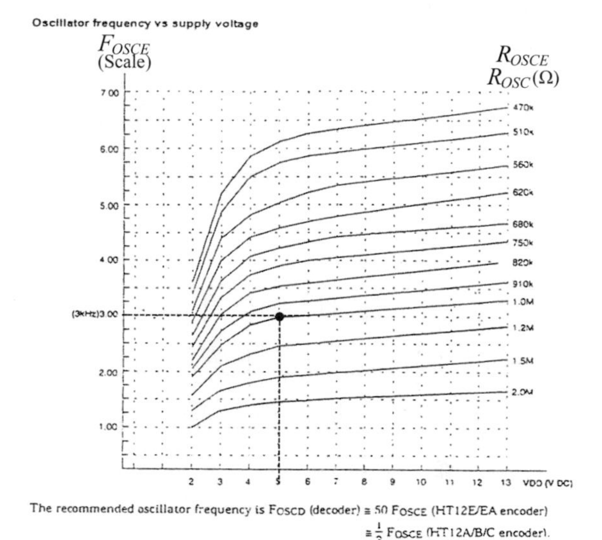

(b) HT12E 頻率關係

圖 6-24　HT12D 和 HT12E 振盪頻率特性曲線

例如當 HT12D 的R_{OSCD}使用 51kΩ，且所用的電壓爲 5V 時，從圖(a)得知，其振盪頻率爲 150kHz。即$F_{\text{OSCD}} = 150\text{kHz}$，那麼$F_{\text{OSCE}}$就必須爲 3kHz。此時若發射器 HT12E 所用的電源爲 5V 時，則從圖(b)的特性曲線中，我們找到，此時在$V_{DD} = 5\text{V}$，$F_{\text{OSCE}} = 3\text{kHz}$，則必須使用約 1MΩ的$R_{\text{OSCE}}$。(即$V_{DD} = 5\text{V}$，$F_{\text{OSCE}} = 3\text{kHz}$，$R_{\text{OSCE}} = 1\text{M}\Omega$)

(2) 密碼的設定

只要把 HT12E 和 HT12D 的密碼設定値，用成相同的設定値，HT12E 所編成的資料就能被 HT12D 正確地解出來。

(3) 信號發射傳送

接好R_{OSCE}電阻，並設定好密碼(A_0～A_7所設的數位値)。若$A_{D_{11}}$～A_{D_8}的資料是$(A)_{16} = (1010)_2$，此時按一下SW_1，把 HT12E 的$\overline{TE}$設定成$\overline{TE} = 0$，則代表已經把$(A)_{16} = (1010)_2$的資料轉成串列資料，並由D_{OUT}送

出去。

> **簡單地說，只要按一下$\mathbf{SW_1}$使$\overline{TE}=\mathbf{0}$就完成信號的發射**

(4) 信號接收確認

當 HT12D 和 HT12E 的密碼相同，且用對R_{OSCD}阻值，使$F_{\text{OSCD}}=50F_{\text{OSCE}}$就能正確地接收，當 HT12D 接收到 HT12E 所傳過來的資料時，在接收確認腳V_T會得到一個正脈波。

> **意思是說，只要V_T得到一個正脈波$V_T=\mathbf{1}$，代表已做正確接收**

則接收端的資料$(D_8D_9D_{10}D_{11})$＝發射端的資料$(AD_8AD_9AD_{10}AD_{11})$

6-5 單鍵紅外線遙控基本實習與應用專題

實習目的

1. 了解遙控用編碼和解碼 IC 的功用。
2. 以此實習拓展成實用產品之設計。

實驗線路

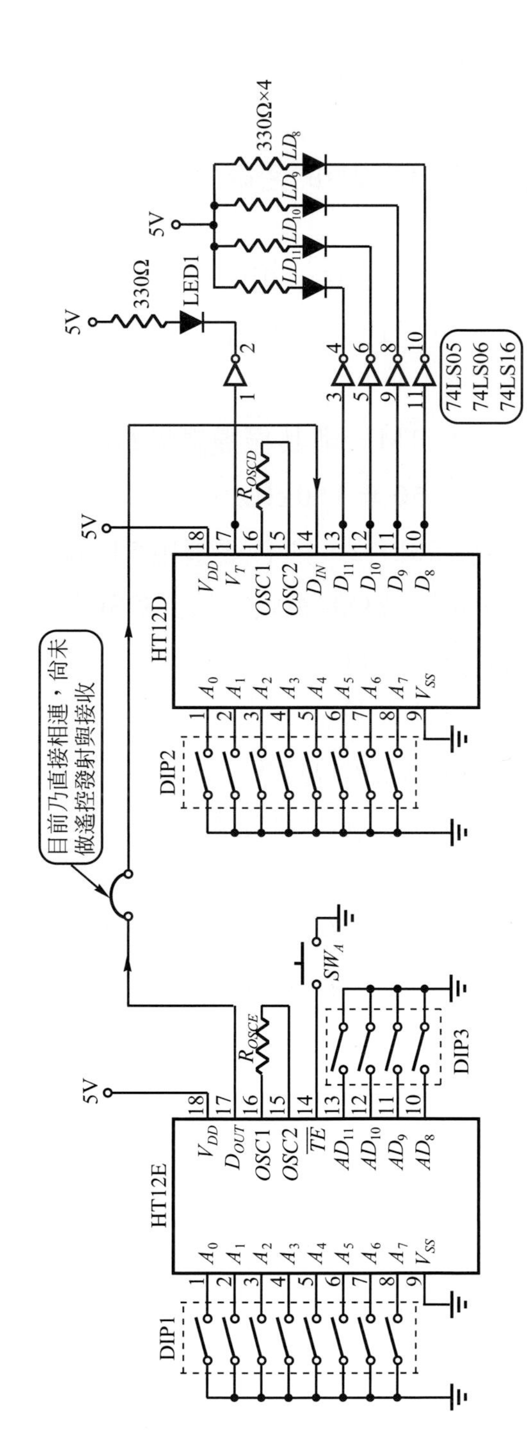

圖 6-25　HT12E 和 HT12D 基本實習接線

實習說明與記錄

(1) 把HT12E的密碼(由DIP1設定)和HT12D的密碼(由DIP2設定)調成相同。

※最簡單的方法是A_0～A_7全部開路，或其中相同位元接相同狀況，例如A_0都接地，A_1～A_7都空接，就已代表密碼相同。

(2) 由特性曲線得知

HT12E在$V_{DD}=5\text{V}$時，若$R_{\text{OSCE}}=1\text{M}$，則其振盪頻率$F_{\text{OSCE}}=3\text{kHz}$。

$F_{\text{OSCD}}=50F_{\text{OSCE}}$，則$F_{\text{OSCD}}=3\text{k}\times 50=150\text{kHz}$。

HT12D在$V_{DD}=5\text{V}$時，想得到150kHz，則必須選用51kΩ。

請把R_{OSCE}用1MΩ的電阻、R_{OSCD}用51kΩ的電阻，接到OSC1和OSC2。

(3) 設HT12E的$(A_0\sim A_7)=(0,1,1,1,1,1,1,1)$

設HT12D的$(A_0\sim A_7)=(0,1,1,1,1,1,1,1)$

(4) HT12E的$(AD_8,AD_9,AD_{10},AD_{11})=(0,1,0,1)$時，按一下$\text{SW}_A$，使$\overline{TE}=0$

測$(D_8,D_9,D_{10},D_{11})=$(____,____,____,____) LED_1是否亮一下？________。

指示燈(LD8,LD9,LD10,LD11)的亮法是(____,____,____,____)。

(5) HT12E的$(AD_8,AD_9,AD_{10},AD_{11})$設成(1,0,0,1)，並按一下$\text{SW}_A$，$\overline{TE}=0$

測$(D_8,D_9,D_{10},D_{11})=$(____,____,____,____) LED_1是否亮一下？________。

指示燈(LD8,LD9,LD10,LD11)的亮法是(____,____,____,____)。

(6) 把HT12E的$(A_0\sim A_7)$設成$(A_0\sim A_7)=(0,1,1,1,1,1,1,1)$

把HT12D的$(A_0\sim A_7)$設成$(A_0\sim A_7)=(0,0,1,1,1,1,1,1)$

(7) HT12E的$(AD_8,AD_9,AD_{10},AD_{11})=(0,1,0,1)$，按一下$\text{SW}_A$，$\overline{TE}=0$

測$(D_8,D_9,D_{10},D_{11})=$(____,____,____,____) LED_1是否亮一下？________。

指示燈(LD8,LD9,LD10,LD11)的亮法是(____,____,____,____)。

(8) 再把 HT12E 和 HT12D 的密碼(A_0～A_7)設成相同數值，並設發射資料 $(AD_8,AD_9,AD_{10},AD_{11})=(1,1,0,1)$，然後按一下$SW_A$，
測$(D_8,D_9,D_{10},D_{11})=($____,____,____,____$)$，$LED_1$是否亮一下？______ 。
指示燈(LD8,LD9,LD10,LD11)的亮法是(____,____,____,____)。

(9) 把$R_{OSCE}=1M\Omega$，改成 $510k\Omega$。
此時密碼相同，資料改變$(AD_8,AD_9,AD_{10},AD_{11})=(1,0,0,0)$，按一下$SW_A$
測$(D_8,D_9,D_{10},D_{11})=($____,____,____,____$)$，$LED_1$是否亮一下？______ 。
指示燈(LD8,LD9,LD10,LD11)的亮法是(____,____,____,____)。

實習討論

(1) 若V_{DD}加 3V 時，希望$F_{OSCE}=3kHz$，則$R_{OSCE}=$________Ω。

(2) 若$F_{OSCE}=3kHz$而HT12D的V_{DD}加 12V，試問$F_{OSCD}=$________kHz，$R_{OSCD}=$________Ω。

(3) 密碼相同時，所發射的資料(AD_8～AD_{11})和所接收到的資料(D_8～D_{11})是否相同？

(4) $\overline{TE}$主要的功用是什麼？

(5) V_T主要的功用是什麼？

(6) 請以此實習加以改裝成紅外線遙控電路。請您設計之
按第一次 $\overline{TE}$：亮一個燈
按第二次 $\overline{TE}$：亮兩個燈
按第三次 $\overline{TE}$：亮參個燈
按第四次 $\overline{TE}$：全部熄滅
…詳細解答請看 6-6

6-6 應用專題：單鍵紅外線序向控制

如圖 6-26 所示。

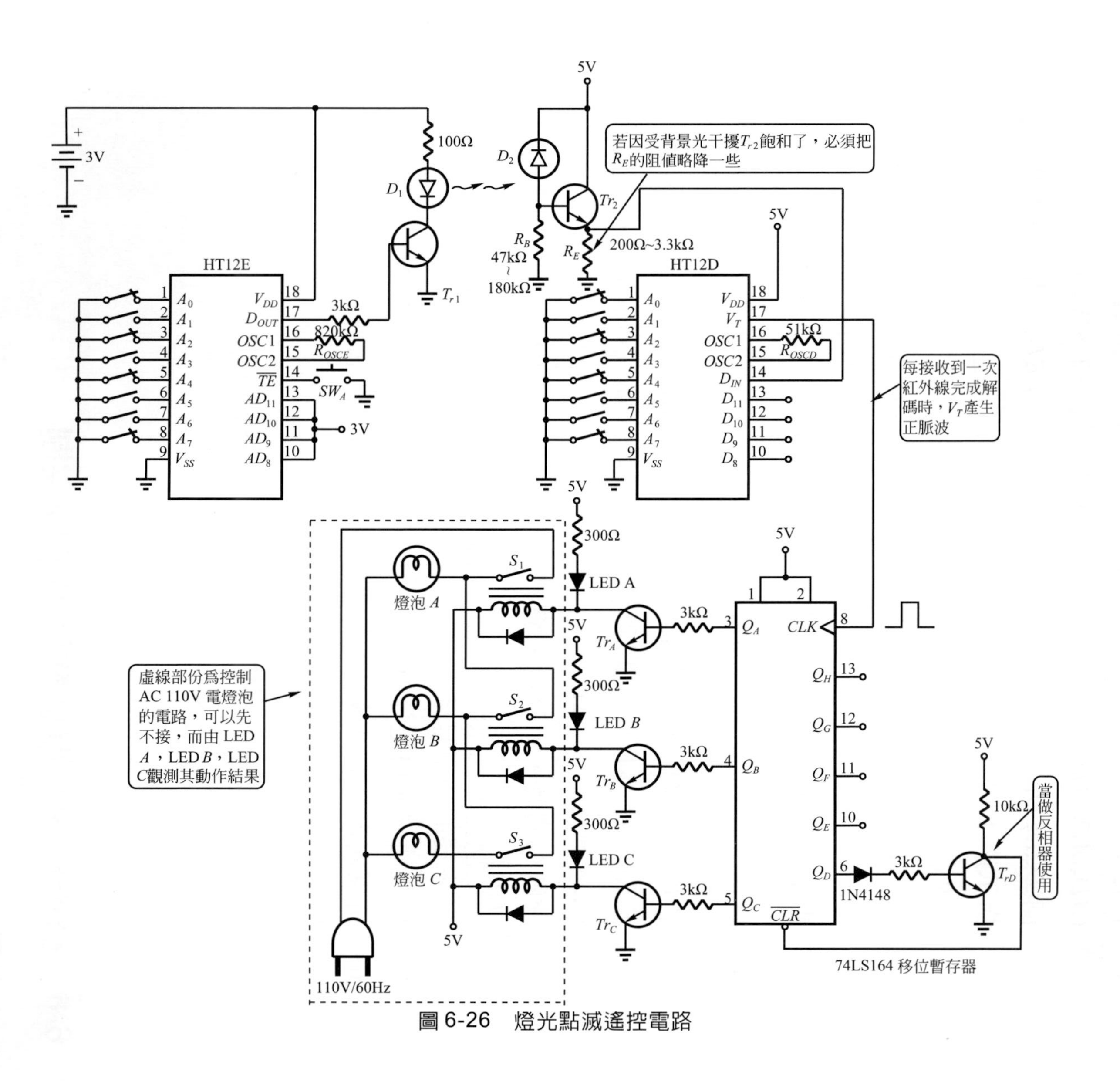

圖 6-26　燈光點滅遙控電路

線路分析與製作技巧

(1) 振盪頻率的決定

① HT12E 目前使用 3V 電源(兩個乾電池)

使用R_{OSCE} = 820kΩ，則F_{OSCE} = 3kHz。

② HT12D 目前使用 5V 電源(爲了配合 TTL 74LS164)

F_{OSCD} = 50F_{OSCE} = 150kHz，查圖 6-24 得知，R_{OSCD} = 51kΩ。

(2) 密碼設定必須一致

① HT12E：(A_0～A_7)=(01010110)

② HT12D：(A_0～A_7)=(01010110)

(3) 資料設定(目前沒有使用)

① HT12E：(AD_8～AD_{11})=(1111)(設邏輯 1，可以減少電流消耗)。

② HT12D：(D_8～D_{11})(空接，代表目前沒有使用這些資料)(D_8～D_{11}=(1111))

(4) 資料輸出端D_{out}

HT12E編碼後的信號經 3kΩ送到Tr_1的基極，控制Q_1的ON或OFF，相當於控制D_1(紅外線發光二極體)的發射狀況，而所串聯的100Ω乃限流電阻，以免電流太大。(若想發射功率大一些，則可把 100Ω略降低到 50Ω、47Ω或 33Ω左右)

(5) 資料接收端D_{IN}

接收端乃由D_2(紅外線光電二極體)配合Tr_2做光電流放大，得到把光訊號轉換成電壓信號，並送入HT12D的D_{IN}進行解碼比對。此時Tr_2乃共集極放大，避免背景光的干擾而加了R_B(47k～180k)，且R_E不要太大($R_E \approx$ 200Ω～3.3kΩ)可用示波器DC檔觀測R_E上的波形，若邏輯 0 的電壓大於 0.8V時，必須降低R_B或R_E的阻值。不管那一種NPN電晶體。

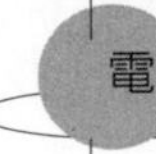

目前暫以$R_B = 47k\Omega$，$R_E = 470\Omega$使用之。當接收不正確時，請您再依上述說明修改之。

(6) 信號發射與接收確認

按一下SW_A時，編碼信號由D_1發射出去，由D_2接收進來，當兩邊(HT12E 和 HT12D)的密碼相同時，則 HT12D 的V_T將產生一個正脈波(⎍)。代表正發射乙次，且密碼相同，也確認已經完成接收工作。

(7) 移位序向控制 74LS164

74LS164 是一個串列輸入並列輸出的移位暫存器，每接收到一次正脈波(CLK，Pin8)時，便自動完成一次移位。把$(A \cdot B)$的狀態移入Q_A，而先前Q_A的狀態移入Q_B，先前Q_B的狀態移入Q_C，……。有如站一排人在傳遞磚塊一般。左手把磚塊接進來，同時把右手原有的磚塊往右送。

而當$\overline{CLR}$(Pin9)＝ 0 的時候，是做清除的工作，會把 74LS164 內部所有R-S正反器的輸出Q_A～Q_H全部清除爲 0。

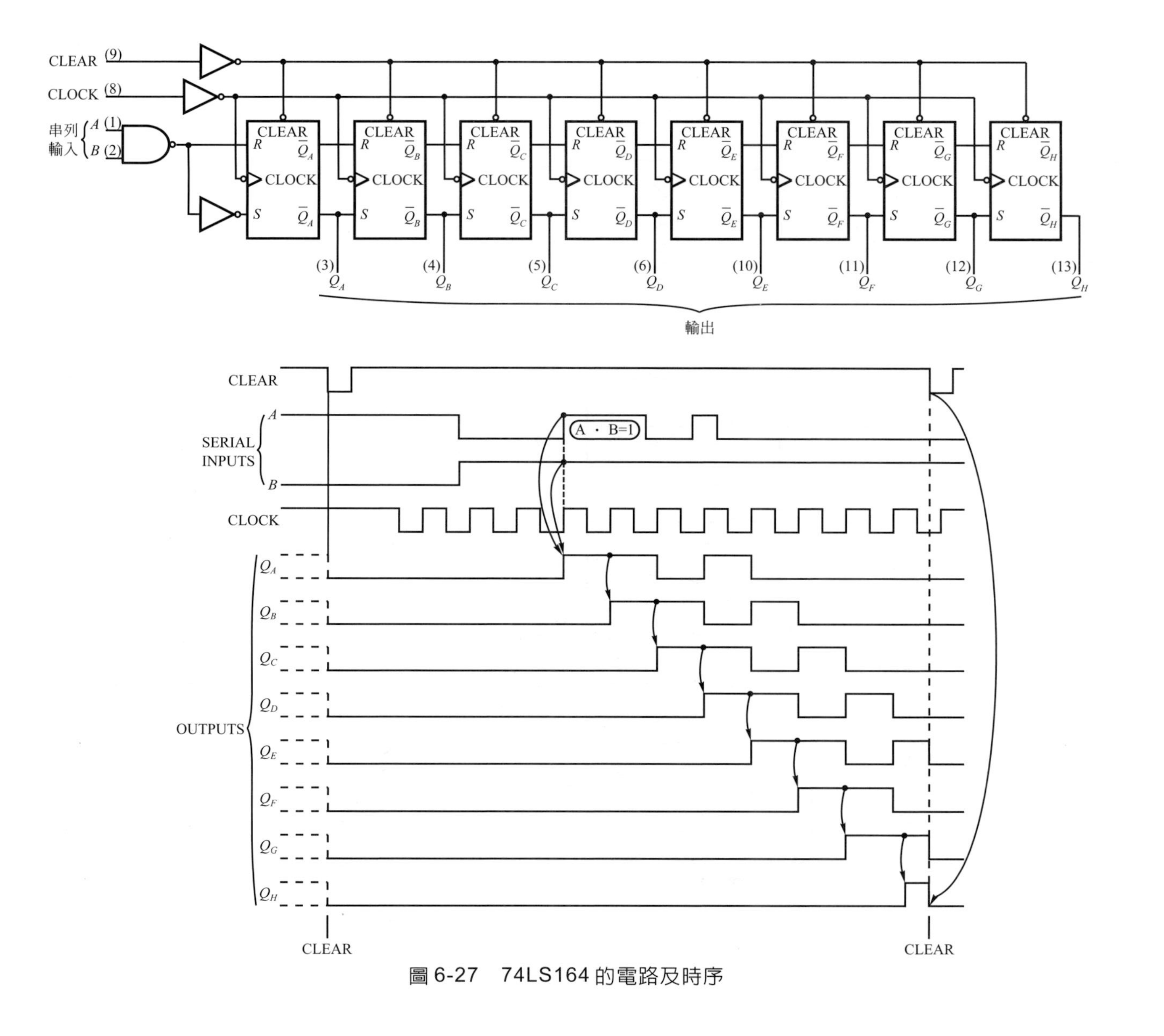

圖 6-27　74LS164 的電路及時序

以目前我們的線路設計方式來分析，則如下波形所示：

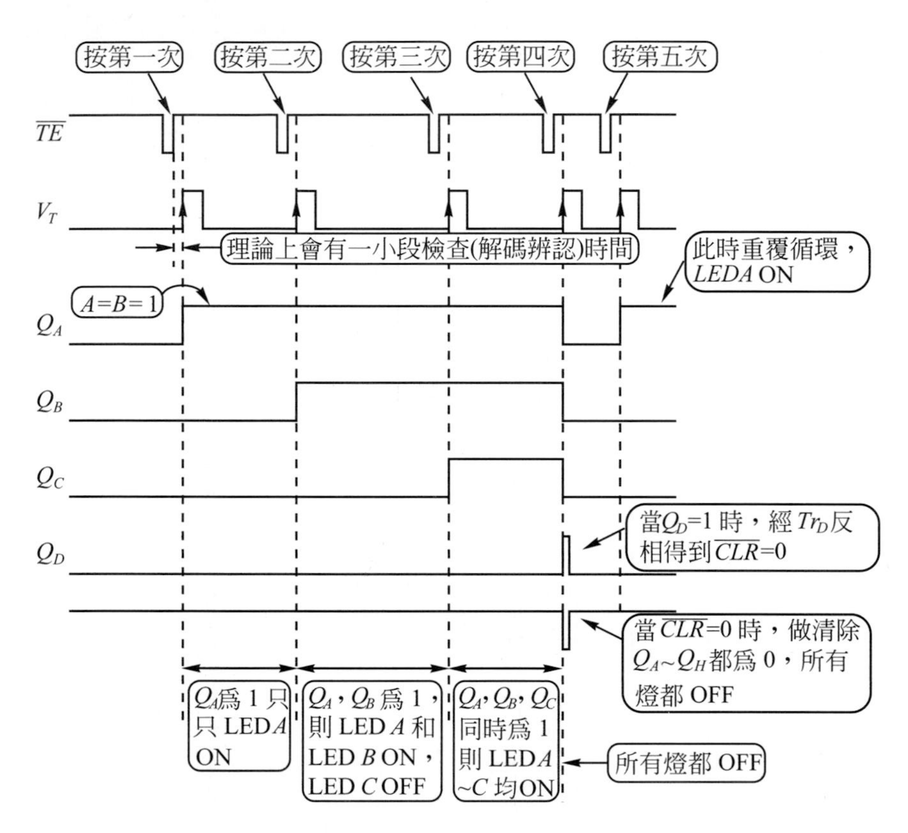

圖 6-28　實際動作之時序分析

(8) 驅動電路

Tr_A、Tr_B、Tr_C只爲了提供當大電流控制開關，控制繼電器的 ON 和 OFF。另外Tr_D只是當反相放大器。當$Q_D = 1$時，經Tr_D反相，使得$\overline{CLR} = 0$，而清除所有輸出使$Q_A \sim Q_H$全部爲 0，則Tr_A、Tr_B、Tr_C都 OFF，即所有燈在此時全部被熄滅。

⑼　電源介面轉換(虛線框內的電路)

因數位 IC 是用直流電壓工作(目前接收端為 5V)，不能直接控制 AC110V 的負載，所以用繼電器來完成 DC 控制 AC 燈泡的動作。

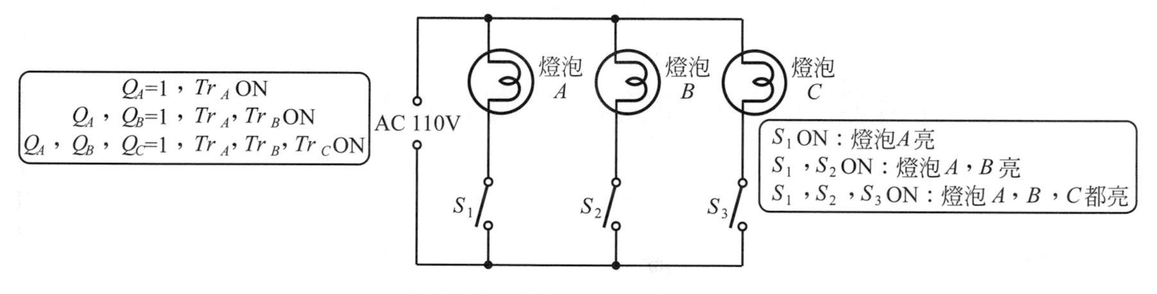

圖 6-29　開關接點的等效接線

線路再改良

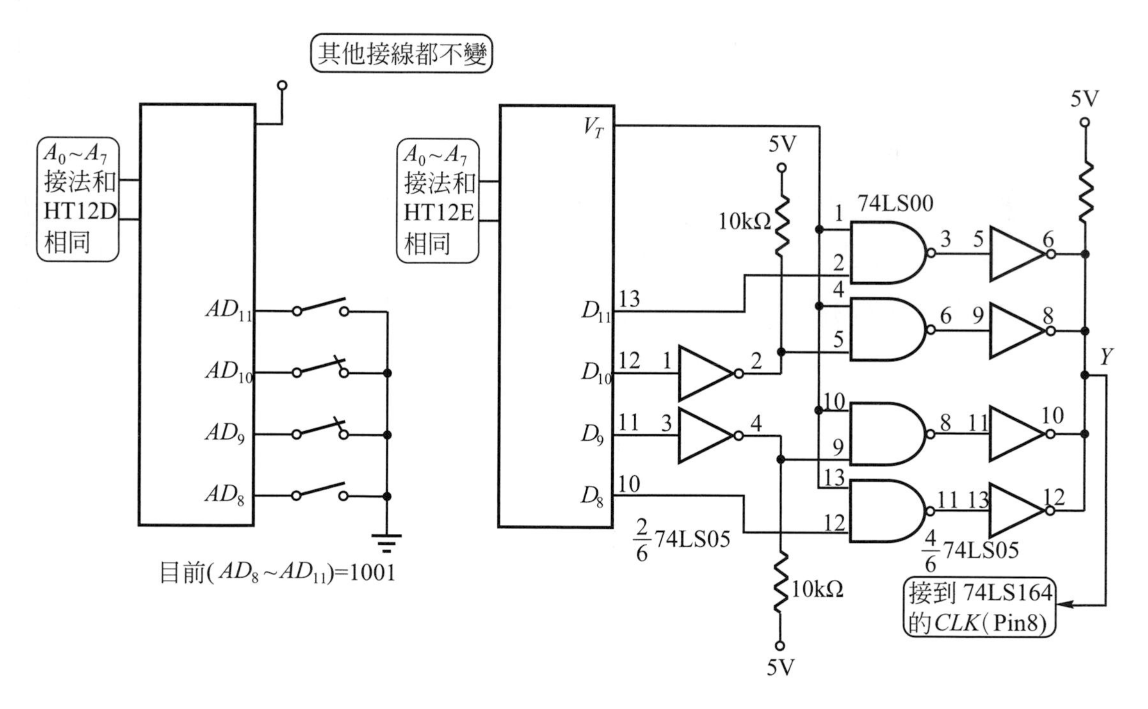

圖 6-30　遙控線路改良

① 74LS00和74LS05目前主要的功用是什麼？

② 平常沒有發射時，$V_T=0$，$Y=$？

③ 當做密碼正確的發射時，$Y=$？

④ 若D_8～D_{11}(HT12D)所接收到的資料不是1001時，$Y=$？

6-7 多鍵紅外線遙控專題製作及微電腦整合應用

如圖6-21所示。

線路分析

(1) 振盪頻率的決定

① HT12E目前使用3V電源，若希望$f_{OSCE}=3\text{kHz}$，則$R_{OSCE}=820\text{k}\Omega$。

② HT12D目前使用5V電源，$f_{OSCD}=50f_{OSCE}=150\text{kHz}$，則$R_{OSCD}=51\text{k}\Omega$。

(2) 密碼設定

HT12E和HT12D必須設定相同的密碼，目前A_0～A_7=(00100110)。

(3) 鍵盤資料編碼

目前使用74C922當鍵盤編碼器，當按"5"的時候，鍵盤值會被74C922編成二進制0101，並且送到$DCBA$，使$DCBA=0101$。同時在ACK(Pin12)產生一個正脈波。ACK的正脈波經Q_2反相成負脈波，該負脈波正好使HT12E的$\overline{TE}=0$，相當於HT12E將做一次發射的動作，把$DCBA=AD_8AD_9AD_{10}AD_{11}=0101$，並列資料轉成串列資料，並由$D_{OUT}$送出去，控制$Q_1$，由$D_1$把串列資料，以紅外線發射出去。

如此一來只要按一下鍵盤，74C922就會自動產生0000～1111之中的一個數碼，並由HT12E經紅外線發光二極體發射出去。

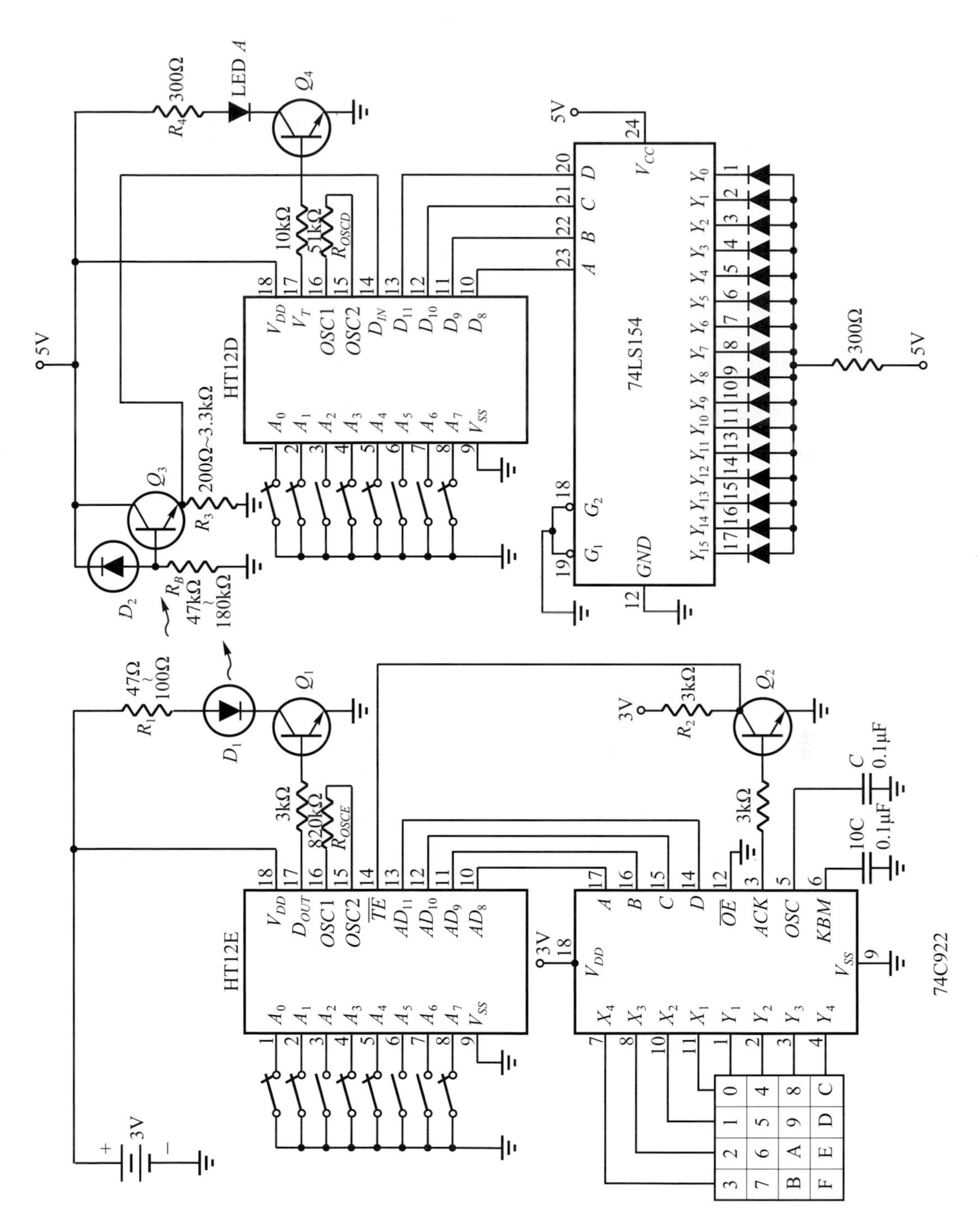

圖 6-31　多鍵紅外線遙控電路

(4) 接收端的動作情形(與圖 6-26 接收端相同電路)

當D_2收到D_1所發射的紅外線後，會把光信號轉換成電流信號，並由Q_3把電流放大β倍，且於R_E上產生電壓信號，加到HT12D的D_{IN}進行接收端的解碼工作。並把結果由D_8～D_{11}輸出。此時也會於V_T腳產生一個正脈波。目前V_T輸出乃控制Q_4，當接收正確時$V_T = 1$，Q_4 ON，LEDA ON。即每一次正確的接收，LEDA 都會亮一下。

(5) 74LS154 二進制四對十六解碼器的動作

當 HT12D 接收到正確的資料顯示於 HT12D 的$DCBA$接腳時，74LS154 將依輸入值使其中的一個輸出為 0，其它均為 1。例如當接收到的$DCBA = 0101$時，則$Y_5 = 0$，Y_5所控制的 LED ON，其它輸出都將為 1。若$DCBA = 1001$時，則$Y_9 = 0$，Y_9所控制的LED ON，其它的LED 都 OFF。

當然我們也可以把HT12D的$DCBA$接到七線段解碼器(如 7447)便能由七線段顯示器，顯示按鍵遙控器所傳送的數字。

微電腦整合應用說明

我們經常希望把微電腦的信號，經由無線電或紅外線傳送出去，雖然目前我們所用遙控 IC HT12E 和 HT12D 只能每次傳送四位元的資料(以後您會找到一次傳送 8 位元的遙控IC)，但HT12E和HT12D已足夠我們做許多微電腦遙控應用。

圖 6-32 若用於遠端偵測系統中，則其V_{CC}可以使用太陽能電源，當有偵測狀態要傳送時，則由微電腦的程式直接控制整個動作。當然把紅外線發射接收，改用無線電發射接收將更實用。至於資料傳送的方式，您可以自己設定。

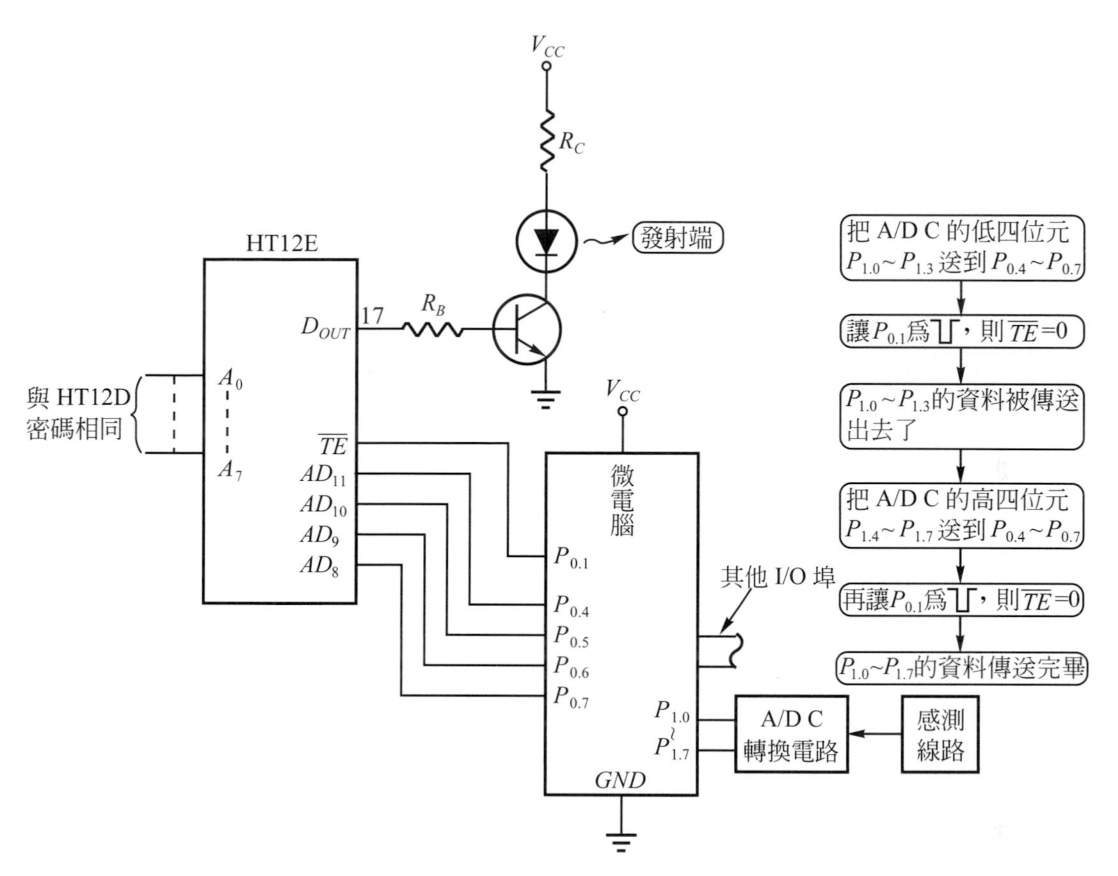

圖 6-32　微電腦資料之紅外線傳送

圖 6-33 您可以用 HT12D 的 V_T 做中斷處理，或如虛線所示的方式，分時檢查 Q 的狀態，而不用中斷方式。只要能正確的接收到資料以後，要怎麼處理後續動作，或控制什麼東西，就變得非常容易。因剩下的工作大都是軟體資料的比對或計算，然後對 I/O 做相對的設定。

當然您也可以設定不同的密碼達到不同的應用。其使用之巧妙，憑各人喜好。當然也各憑實力。

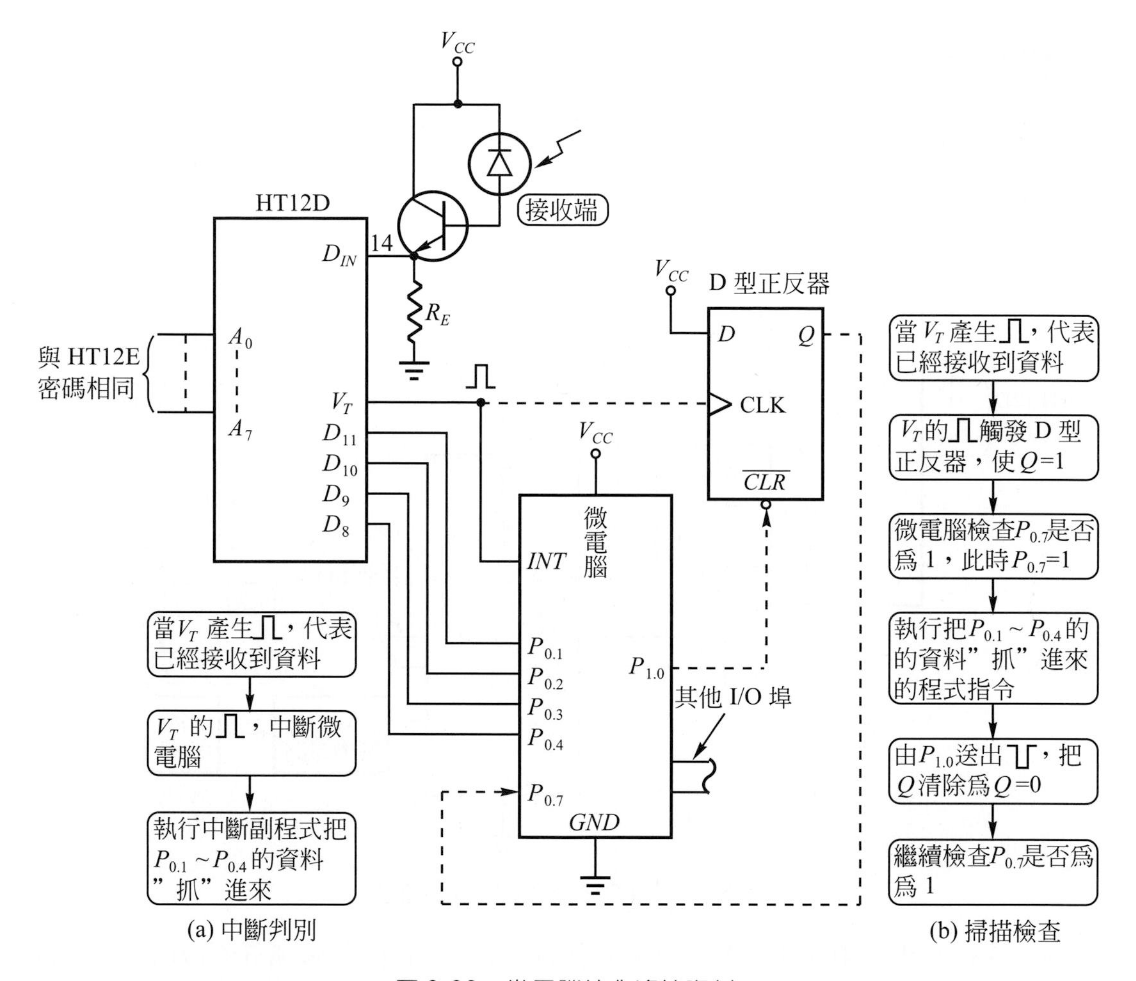

圖 6-33　微電腦接收遙控資料

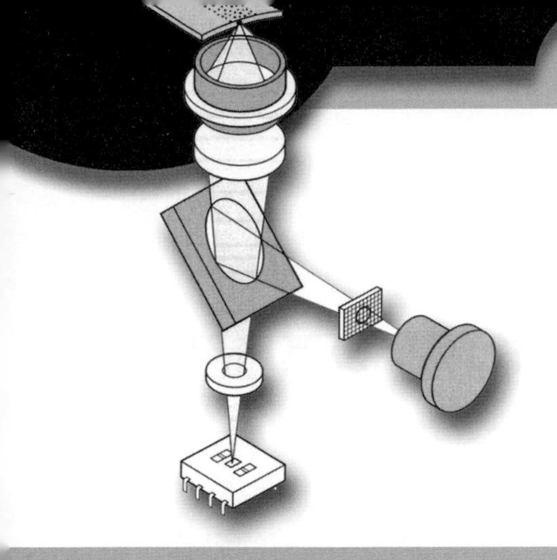

7 磁性感測器及其應用

於各種電器產品中，能產生磁場變化或必須偵測磁場強度或磁極的地方，都有可能用到磁性感測器。例如各種居家防盜應用中所用的磁簧開關，乃以磁鐵的靠近或遠離，控制開關的ON、OFF。漏磁大小的偵測也必須使用到磁性感測器，再則無刷馬達或軟式磁碟機中，都會使用到磁性感測器，以判斷磁場的極性，是N極或S極，而非接觸式的電流計(電流鉤表)，乃以電磁原理，由磁性感測器偵測電線所產生的磁通量，倒算回去，而知道，該電線目前所流經的電

學習目標

1. 了解各種磁性感測元件的種類和特性。
2. 練習各種磁性感測元件的處理線路和應用情形。
3. 各種感測器應用線路實習及實用產品之設計與製作。

流是多大。且各種磁性感測器的應用更是廣泛，可做成近接開關、角度量測、旋轉偵測、……等等實用的產品，值得我們細心學習。

7-1 常用磁性感測元件的介紹(一)——磁簧開關及其應用

這是一種磁力型開關，但它不同於一般電磁式繼電器必須由線圈產生磁力線，造成吸力作用並帶動接點運動，完成開關ON、OFF的動作(參閱5-8節)。而磁簧管乃是以磁場直接對導磁簧片作用，就能完成開關 ON、OFF 的動作。並且該簧片乃置於密閉的玻璃管中，不會和空氣產生氧化作用，使其壽命相當長。一般在安全額定電流操作下，其動作次數可達10^8～10^9次，即一億次～十億次。

綜合上述說明，您已經了解只要有磁力線產生的地方，就可以拿磁簧開關來當感測元件：而產生磁力方法，不外乎永久磁鐵和線圈流過電流兩種方式。所以磁簧開關的應用就有如下各圖所示。磁簧開關與磁場之相對位置爲平行、垂直、正交。

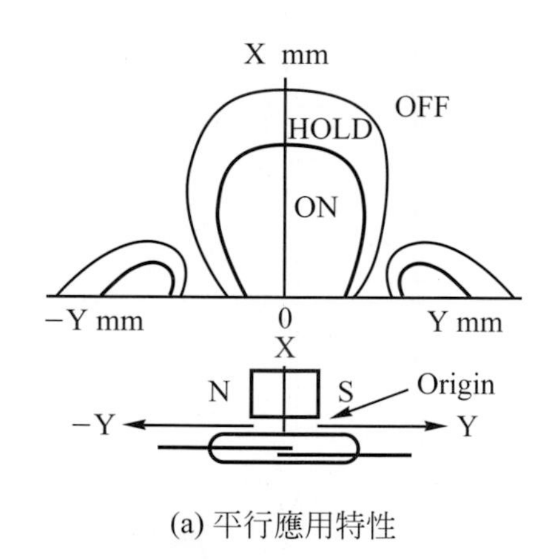

(a) 平行應用特性

圖 7-1　磁簧開關與磁場相互運動特性

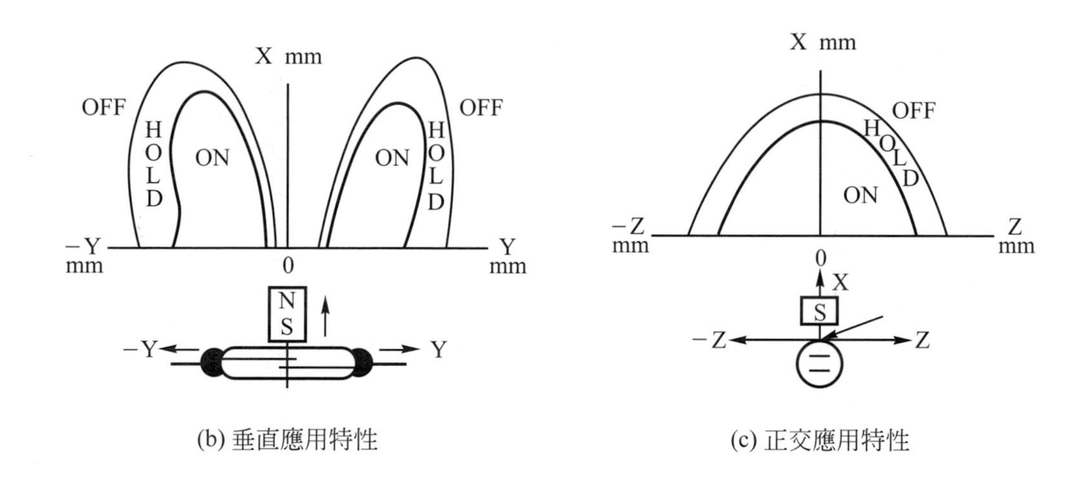

圖 7-1　磁簧開關與磁場相互運動特性(續)

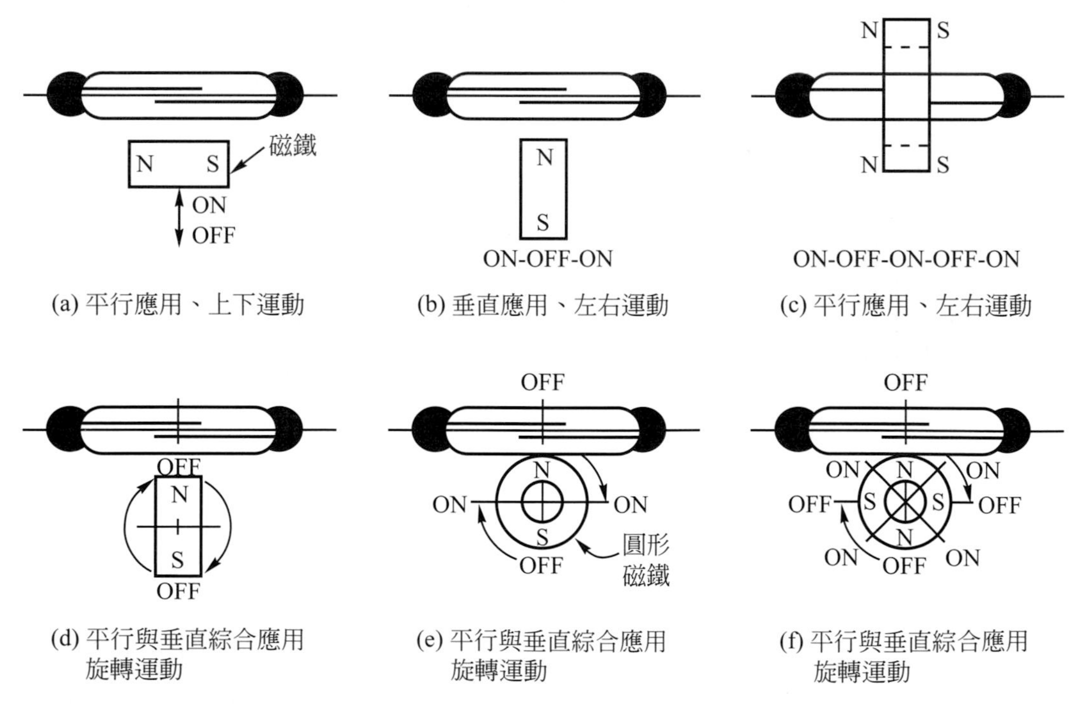

圖 7-2　磁簧開關的可能應用方式

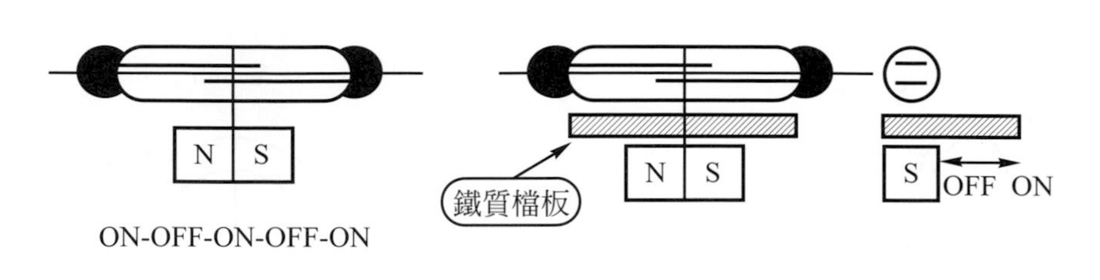

(g) 平行應用、左右運動

(h) 平行應用與正交應用
磁場遮蔽運動

圖 7-2　磁簧開關的可能應用方式(續)

應用說明

圖(a)平行應用

此種應用乃磁鐵所產生的磁力線和簧片相互平行，當磁鐵靠近的時候，簧片相吸而導通(ON)，當磁鐵遠離的時候，簧片分開而OFF。這種方式已被大量使用於門窗防盜裝置中。

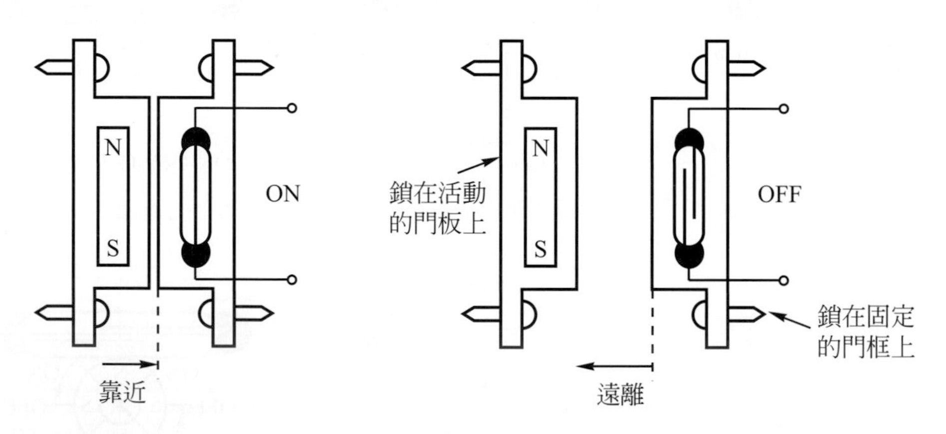

圖 7-3　磁簧開關之門窗防盜應用

當門是鎖好的時候，鎖在門板的磁鐵和鎖在門框上的磁簧管相互靠近，則簧片相吸而處於 ON 的狀態。當有外人入侵把門打開的時候，門板上的磁鐵將被移開，而使得簧片上的磁場消失，簧片不相吸而彈開，則處於OFF的狀態。

則只要判斷簧片是 ON 或 OFF 便能知道是否有人把門打開。您就可以用它當防盜器，或把它當近接開關使用。

圖(b)垂直應用

這種安置方式乃磁鐵(*N*、*S*極)和磁簧管相互垂直。當調整其相對位置於正中央時，開關 OFF。當磁鐵左、右偏移時，使開關 ON。一般場合比較少使用垂直應用。但若把它使用於振動偏移監視，將是很不錯的實用產品。其動作特性如圖 7-1 的圖(b)。

圖(c)平行應用

這是以環形中空磁鐵和磁簧管共同組成的應用。當左右運動時，開關將做 ON→OFF→ON 的切換。但若把磁鐵改成線圈時，它就變成了目前使用量相當大的“磁簧繼電器”(Reed Relay)因不必產生很強的磁場，所以只要用很小的電流去驅動線圈，使線圈產生磁場，便達到控制簧片開關的 ON、OFF。

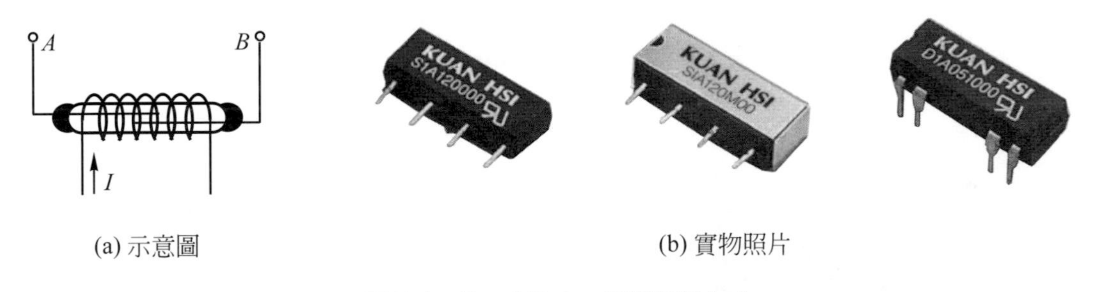

(a) 示意圖　　(b) 實物照片

圖 7-4　Reed Relay 相關資料(一)

因磁簧繼電器大都是小型 IC 化的產品，其開關接點的容量有限(即所能承受的電壓和電流不能太大)，其電流容量約在 500mA 以下。若需要較大的電流容量，則必須選用線圈外露型，不能使用如圖 7-4 IC 型的產品。

因電流容量有限，於控制負載時必須留意泳浪電流(surge current)所造成的影響。尤其是電感性負載所造成的突波現象。所以必須對簧片接點有所保護。其方法如下。

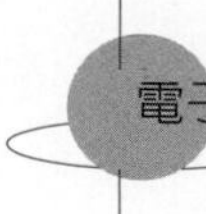

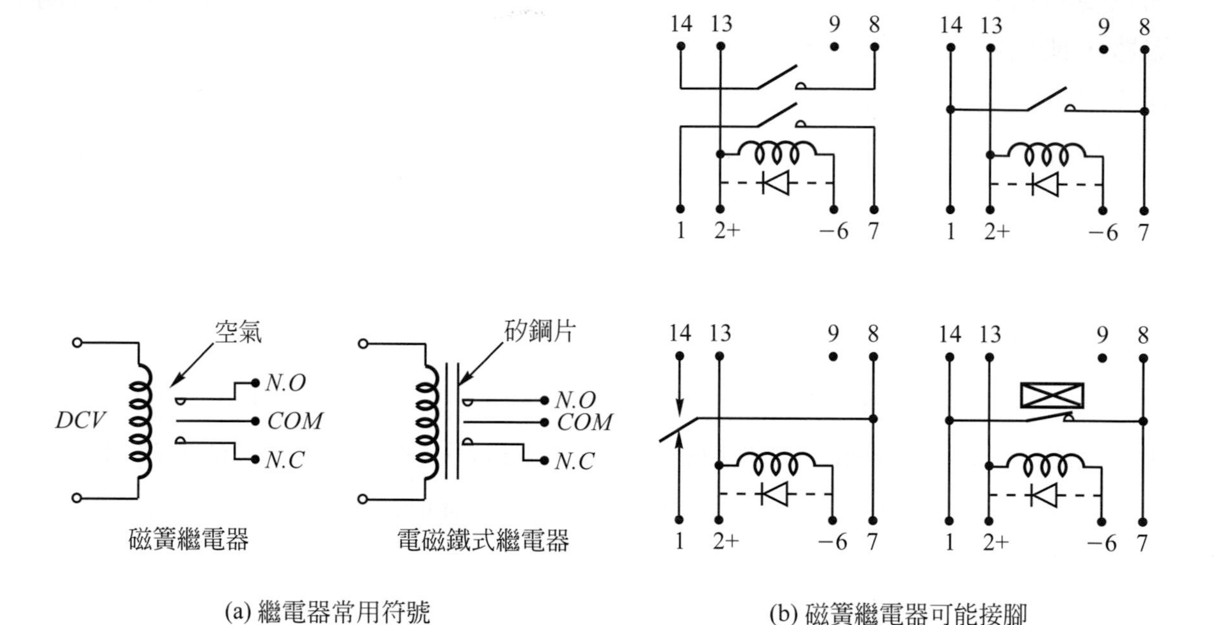

(a) 繼電器常用符號

(b) 磁簧繼電器可能接腳

圖 7-5　Reed Relay 相關資料(二)

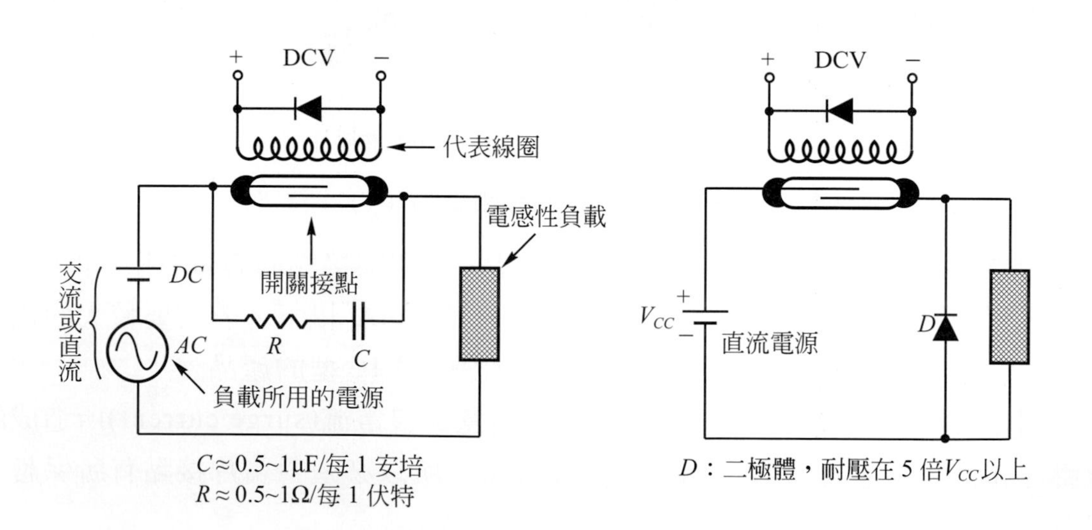

圖 7-6　簧片接點的保護方法

在許多微電腦控制應用中，都是使用Reed Relay來控制各種AC負載。唯一必須注意的是您的Reed Relay其電壓與電流規格到底是多少？您不能超負荷使用。

圖(d)、(e)、(f)平行與垂直綜合應用

這類的應用乃以旋轉方式來控制開關的ON和OFF。只要簧片開關的動作速度夠快，則不失爲是一種實用又省錢的旋轉偵測器。決定磁簧開關的速度有：接觸時間(OFF到ON)，釋放時間(ON到OFF)以及彈跳時間。這些時間的總和決定了磁簧開關的反應速度。一般約可操作到100Hz～500Hz。對機械式的動作而言100Hz乃每秒切換100次，已經相當快了。

針對高速旋轉馬達rpm達12000轉／分，即200轉／秒(等於200Hz)，依然可以使用Reed Switch(磁簧開關)當旋轉偵測，是非常實用的應用產品。

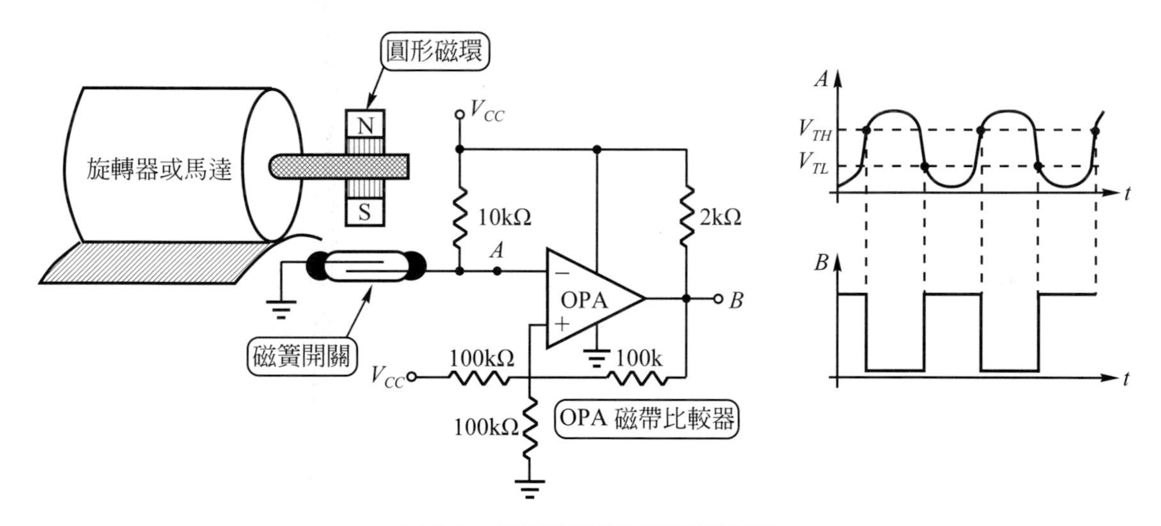

圖 7-7　磁簧開關應用於旋轉偵測

當旋轉而帶動正交的圓形磁環，將使磁簧開關做ON-OFF的切換，則於A點將得到脈波，再經OPA反相型磁滯比較器做波形整型，將得到B點近似方波的信號。計算脈波的個數便是旋轉的次數了。

圖(g)平行應用

這種應用和圖(c)是相同的結果，只是此時是用長條型磁鐵。而圖(b)是用環形中空磁鐵。

圖(h)平行與正交應用

這種應用方法也被大量使用，因此時乃把磁鐵和磁簧管固定，以導磁軟鐵當做活動遮蔽板，當導磁軟鐵進入時，磁場被遮蔽無法到達磁簧開關，則OFF。導磁軟鐵抽離時，磁場直接對磁簧開關動作，則ON。

應用設計思考

請想出磁簧開關實用範例三種：

(1)說明該範例的功用。

(2)繪出該範例的結構圖。

(3)並完成該範例的系統方塊說明。

(4)最好是把線路也設計出來。

提示：位置偵測(電梯、氣缸、……)

：門窗防盜(冰箱門、保險櫃、汽車門、家中門窗、……)

：旋轉偵測(近接開關、旋轉速度、……)

：水位偵測(水塔水位、開飲機水位、……)

：各種防水開關

7-2 常用磁性感測元件的介紹(二)——霍爾元件與霍爾 IC

以 InSb、InAs、或 GaAs 等材質所做成的磁性感測元件，乃應用霍爾效應(Hall Effect)：控制流經半導體的電流I_C(Z方向)，當有磁場垂直(Y方向)穿透其間時，則於X方向將得到其輸出電壓V_H。即

> 霍爾電壓$V_H = K \cdot I_C \cdot B$
> 代表V_H與B(磁通密度)成正比

從結構圖中清楚地看到，霍爾感測器(1、3)腳爲輸入端，(2、4)腳爲輸出端。所以通用的符號有如“十字架”。而要提供I_C的方法可以由定電壓驅動和定電流驅動兩種方式。

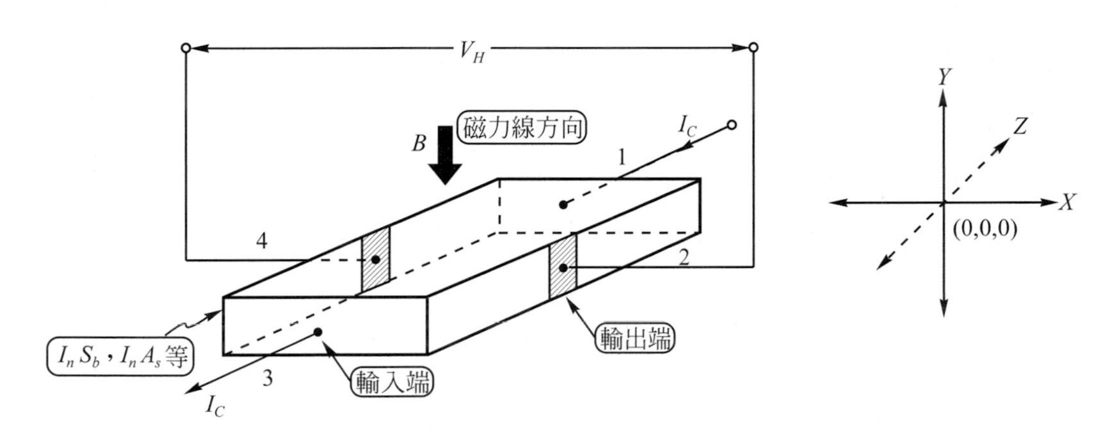

圖 7-8　霍爾元件結構示意圖

定電壓驅動法

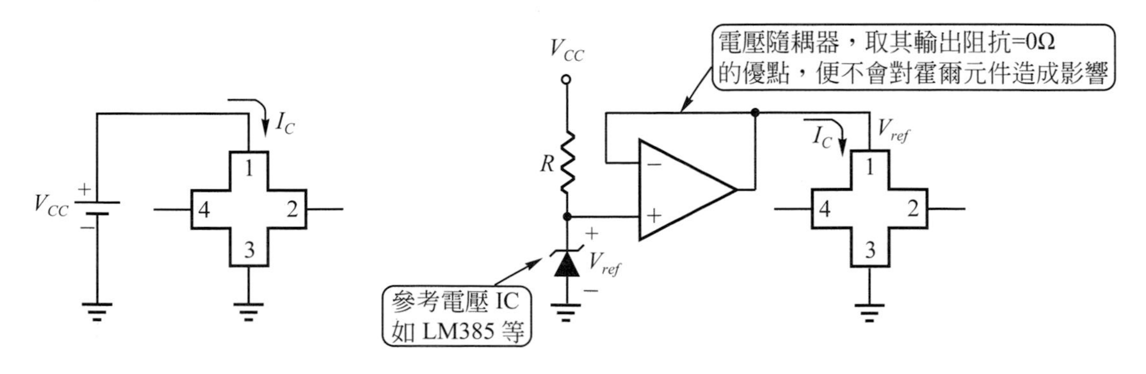

圖 7-9　霍爾元件之定電壓驅動

定電壓驅動的最大優點爲電路簡單，但其控制電流I_C將因霍爾元件 1、3 腳輸入電阻(R_H)受溫度影響而改變，則$V_H = K \cdot I_C \cdot B$亦隨之改變。且強磁場的情況下，所造成的磁阻現象，將使R_H上升亦將把I_C拉下變小，使得V_H的大小和磁通密度B之間有相當的非線性關係產生。

定電流驅動法

定電流驅動的最大優點是控制電流I_C不變，則霍爾電壓受溫度的影響比較小，即使於強磁場的狀況下產生磁阻現象也因控制電流I_C不變，而得到較佳的線性關係。

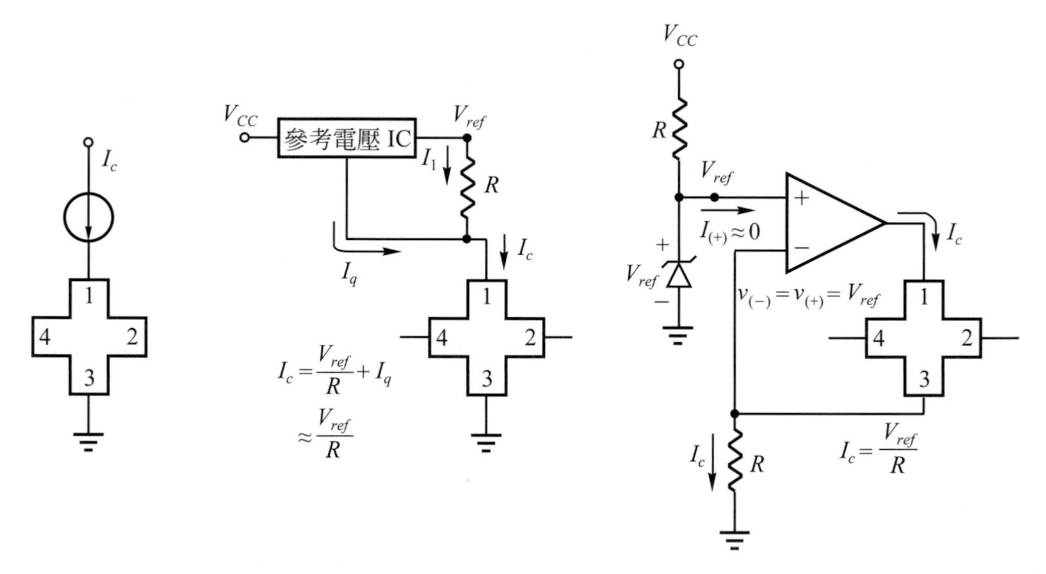

圖 7-10　霍爾元件之定電流驅動

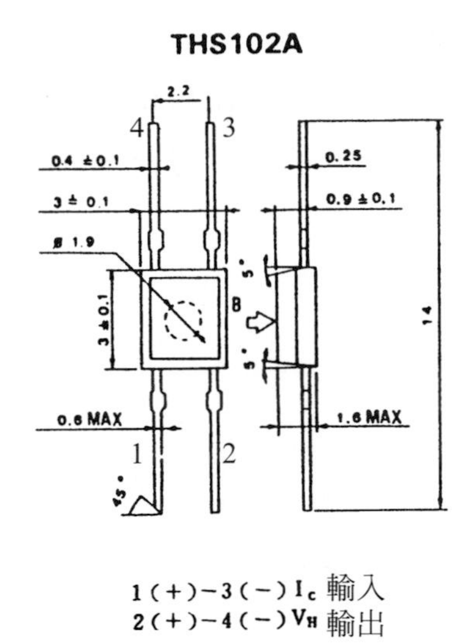

THS103A/107A

C 1.2　4.0 ± 0.1　C 1.2

Ø 1.8

0.3 ± 0.1

0.6MAX.

0.4 − 0.1

1.6

2.9 ± 0.1

0.5

1.0 ± 0.1

12.0MIN.

1.0　1.0　1.0

0.2 (TYP.)

B

3°　3°

0.23

1 2 3 4

0.3

1.5 ± 0.1

2(+)−3(−)Ic 輸入
2(+)−4(−)VH 輸出

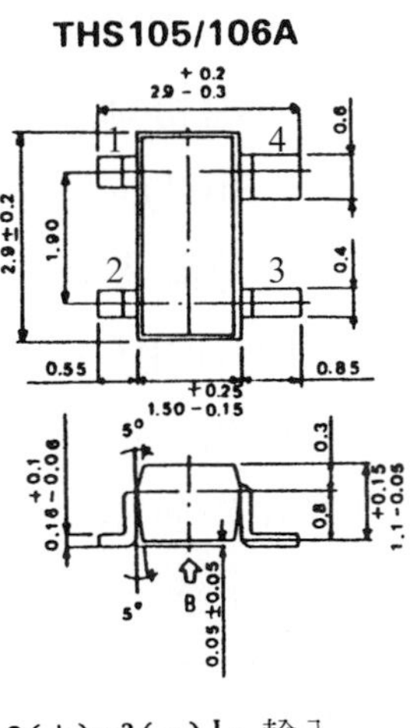

圖 7-11　霍爾感測元件的式樣圖

輸出電壓的處理

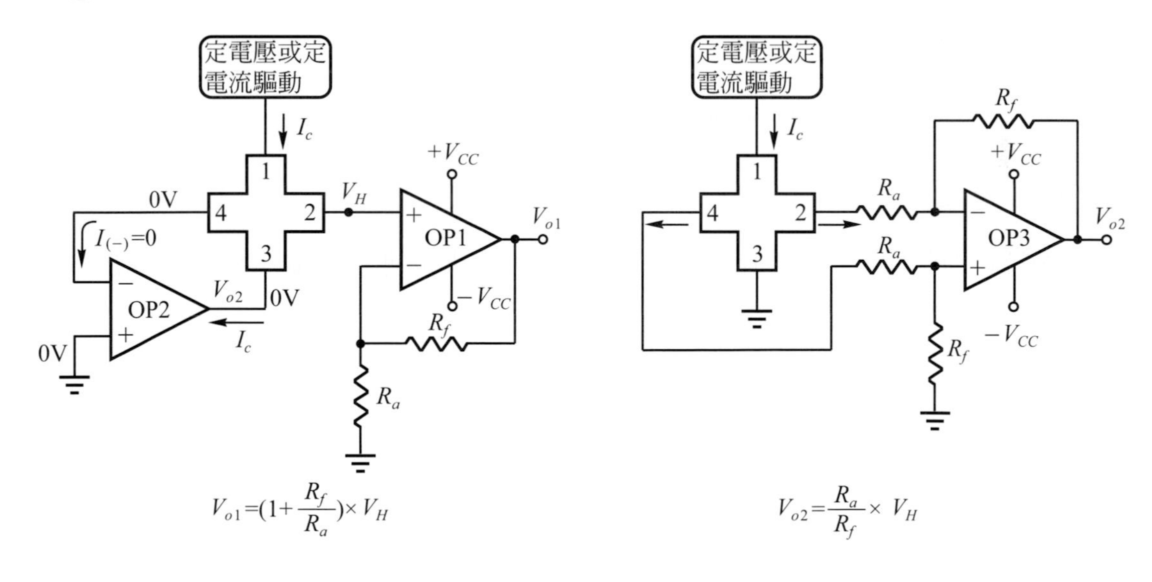

圖 7-12　霍爾元件輸出電壓的處理

圖(a)乃利用 OP2 虛接地的特性，因(V_{O2}) Pin3 接回 Pin4 (－端)形成負回授，故有虛接地，則 Pin3 和 Pin4 都是 0V，使得輸入端(Pin1 和 Pin3)和輸出端(Pin2 和 Pin4)，具有相同的參考電壓(0V)，所以可以使用單一輸入的非反相放大器。I_C乃流入 OP2 內部。

圖(b)利用OP3 差值放大器，是一般經常使用的方法。若R_a不夠大，將使I_C分流跑到R_a，造成負載效應，建議您把 OP3 差值放大器改成儀器放大器，便能得到更好的效果。

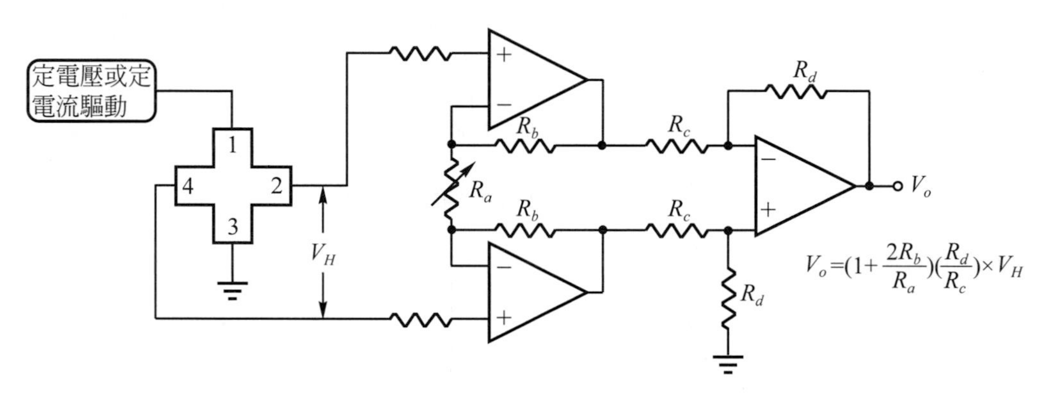

圖 7-13　霍爾元件常用的方法：儀器放大器

不平衡的校正

對霍爾元件而言，其輸出電壓$V_H = K \cdot I_C \cdot B$，理應$B$(磁通密度)等於 0 時(即沒有外來磁場影響下)，$V_H = 0$，但實際上V_H並不等於 0V。此乃因爲霍爾元件其內部等效電路可以看成是一個電阻電橋，而存在著電橋不平衡的現象，才使得$V_H \neq 0$V。

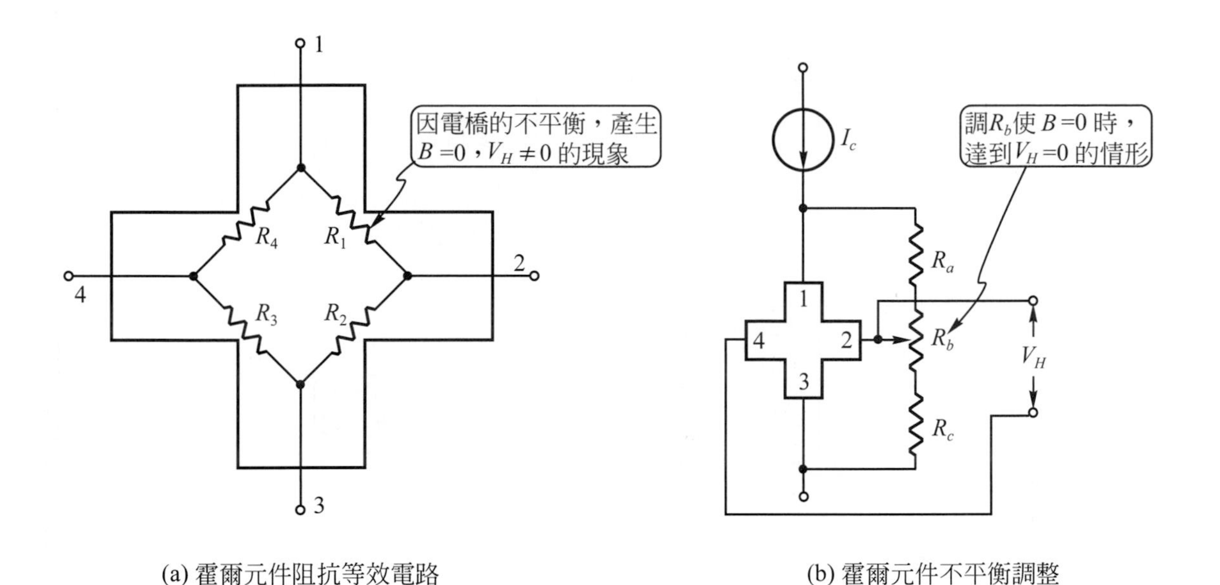

(a) 霍爾元件阻抗等效電路

(b) 霍爾元件不平衡調整

圖 7-14　不平衡調整的相關說明

霍爾元件特性曲線判讀

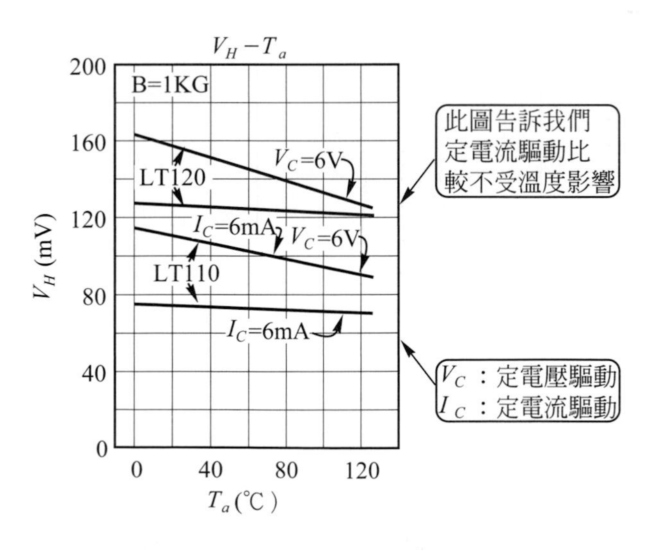

圖 7-15　溫度對霍爾電壓的影響

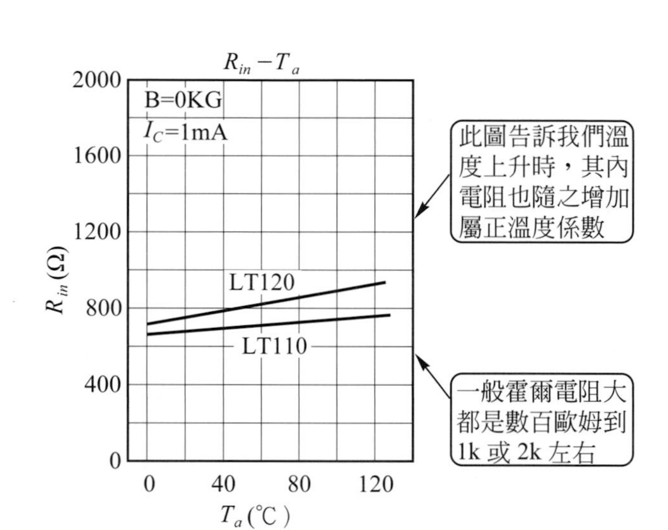

圖 7-16　溫度R_{in}的影響

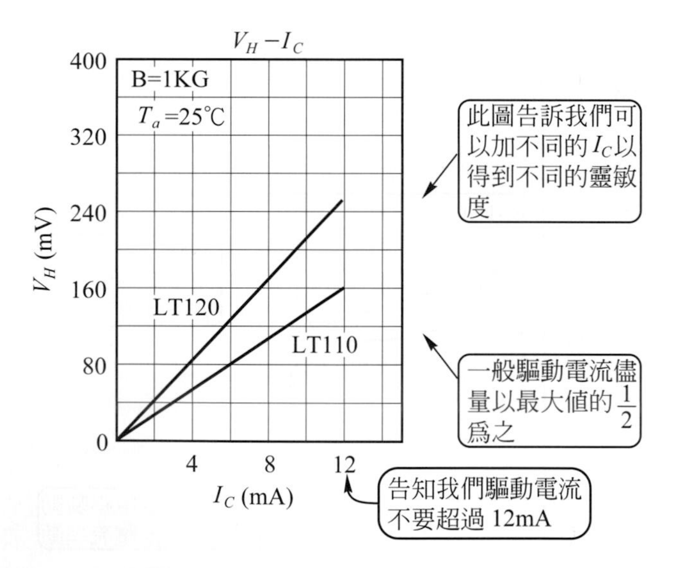

圖 7-17　驅動電流與霍爾電壓的關係

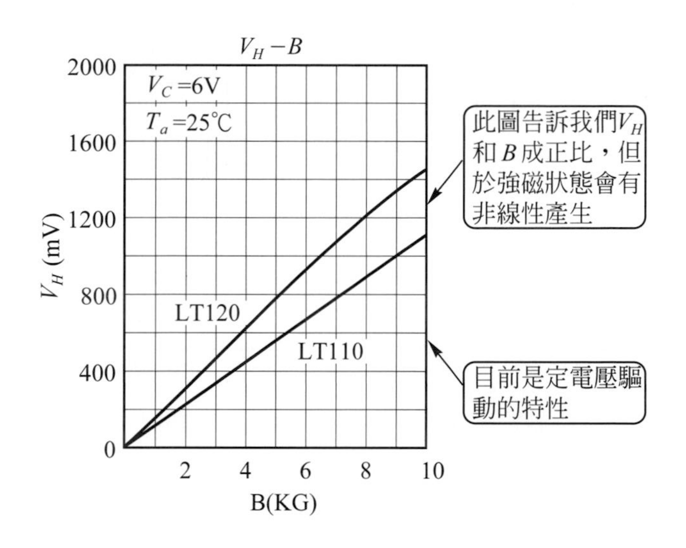

圖 7-18　磁通密度(B)和霍爾電壓的關係

霍爾 IC 介紹

事實上製造廠商已經把霍爾元件和驅動電路(定電壓或定電流驅動法)及輸出電壓放大器全部做在同一個包裝內。便成爲相當實用的霍爾IC了，此時您就不必再設計相關驅動電路和放大器電路，只要接好電源就可以使用。

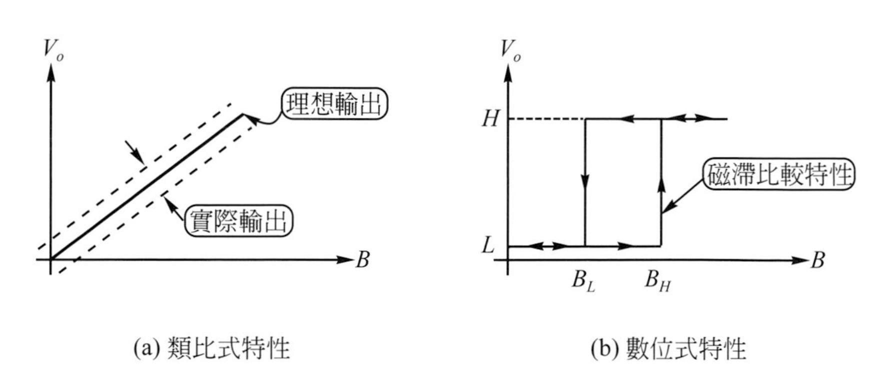

圖 7-19　霍爾 IC 的特性說明

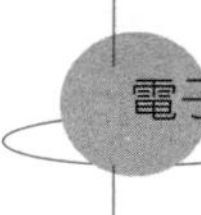

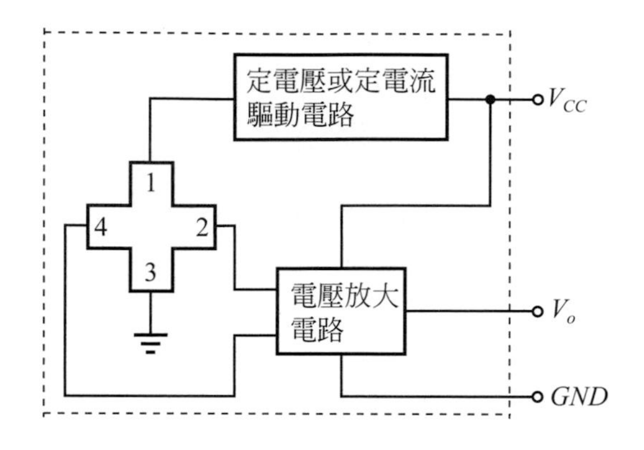

(a) 類比式線路方塊圖

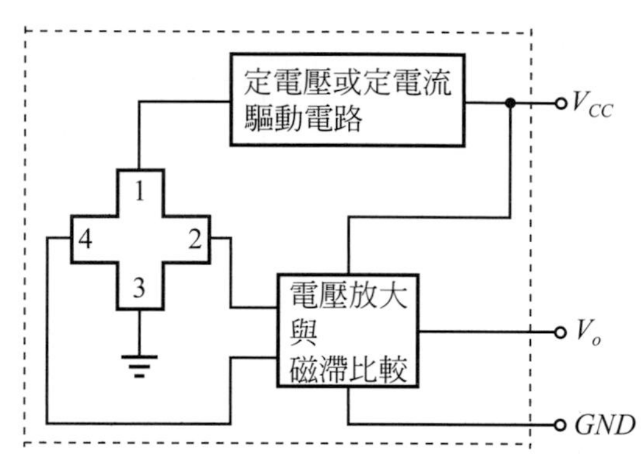

(b) 數位式線路方塊圖

圖 7-20　霍爾 IC 內部電路方塊圖

也有把電壓比較器(磁滯比較器)和霍爾元件包裝在一起的產品。因而霍爾 IC 的輸出可概分爲類比式(V_o和B成正比)以及數位式(大於B_H時$V_o = H$，小於B_L時，$V_o = L$，或反相操作)。

更有把兩個霍爾IC和相關處理電路做在同一個包裝，則此時便成了有兩個輸出端的產品。

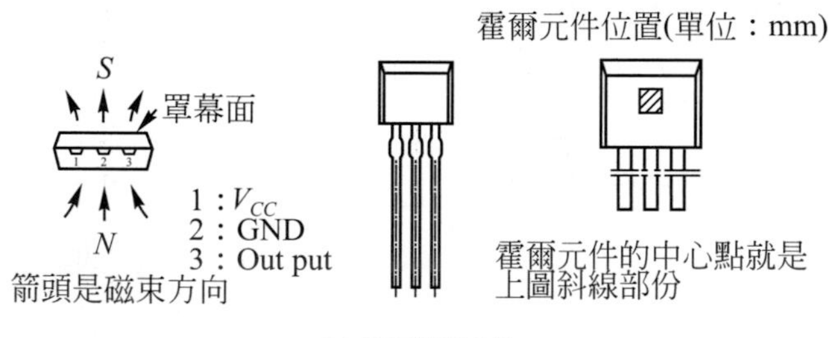

(a) 單霍爾元件

圖 7-21　霍爾 IC 外觀

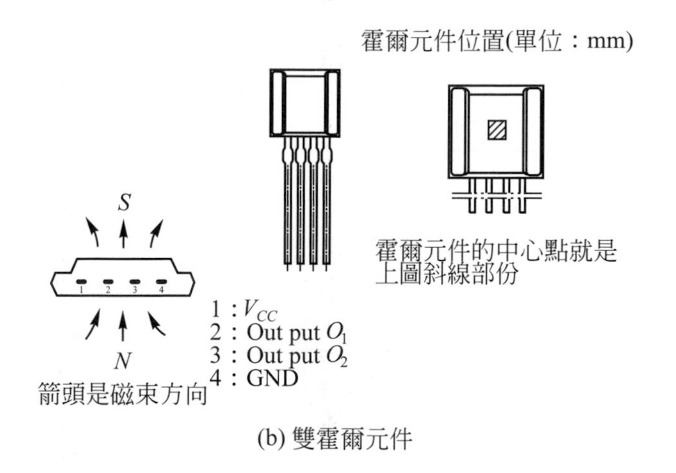

(b) 雙霍爾元件

圖 7-21　霍爾 IC 外觀(續)

當有了類比式或數位式霍爾IC以後，想做磁場量測、磁極判斷都變得非常容易。但想要設定的大小無法改變，是霍爾IC的一大缺點。所以怎樣使用霍爾元件配合驅動電路及相關放大或比較電路，組成實用且精確，又能依需求設定大小的方法還是非常有用的。並非找到霍爾IC以後，所有磁場偵測與量測都能適用。

7-3 霍爾元件及霍爾 IC 的應用實習

實習目的

1. 了解霍爾元件的驅動方法及電壓放大。
2. 了解霍爾電壓將受磁通密度的影響。

實習項目

1. 設計高斯計，以量測磁通密度的大小。
2. 以定電流驅動並使用儀器放大器。

實習線路分析

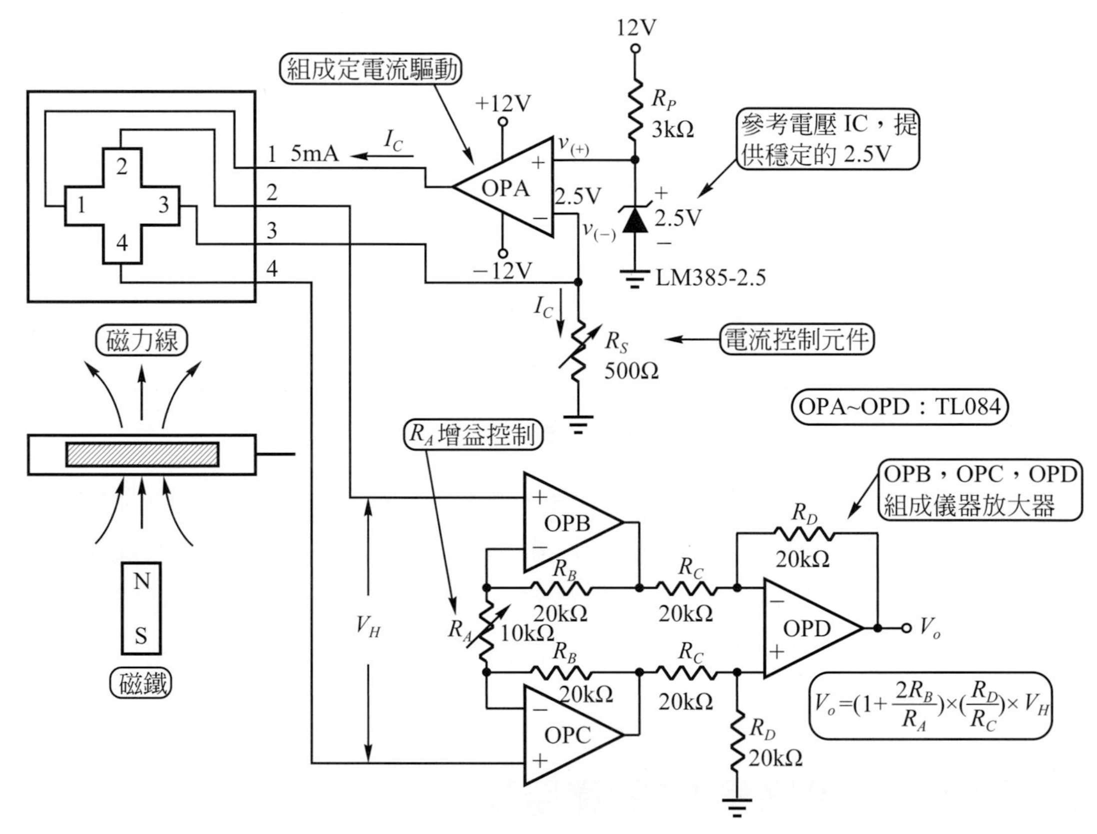

圖 7-22　高斯計實習線路分析

OPA 乃因霍爾元件 Pin1 和 Pin3 分別接到 OPA 的輸出和“－”端，因而具有負回授，則$v_{(+)}=v_{(-)}$，又 OPA 的$I_{(-)}\approx 0$，則流經R_S的電流即I_C的大小，

$$I_C=\frac{v_{(-)}}{R_S}=\frac{v_{(+)}}{R_S}=\frac{2.5\text{V}}{500\Omega}=5\text{mA}$$

表示此時霍爾元件乃以定電流源(負載浮接型)驅動之。其中 2.5V 乃參考電壓 IC LM385-2.5 的標準電壓值。R_P(3kΩ)只是限流電阻而已。OPB、OPC、OPD 組成儀器放大器，負責放大V_H的信號。

實習接線說明

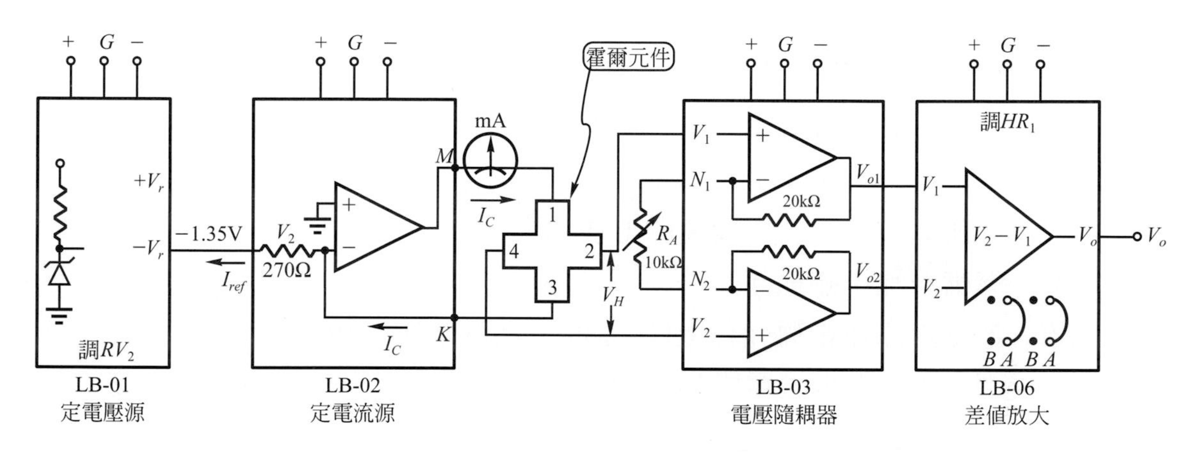

圖 7-23　高斯計實習線路接線

(1) LB-01 和 LB-02 構成負載浮接型的定電流源

$$I_{\text{ref}} = I_C = \frac{0\text{V} - (-1.35\text{V})}{270\Omega} = 5\text{mA}$$

(2) 把霍爾元件輸入端(Pin1 和 Pin3)接到 LB-02 的M和K兩點。

(3) 在 LB-02 的M點和霍爾元件間接一個電流表，以量測I_C值。

(4) LB-03 和LB-06 組成參OP Amp的儀器放大器，取代線路圖中的OPB、OPC和 OPD。

(5) 在LB-03 的N_1和N_2之間接一個 10kΩ可變電阻(R_A)，LB-06 JMP_1和JMP_2把“A”短路，則代表此時差值放大器放大率為 1 倍。

(6) 如此安排，將使V_o為

$$V_o = \left(1 + 2 \times \frac{20\text{k}}{R_A}\right) \times V_H \cdots\cdots \text{便能由} R_A \text{調整放大率}$$

實習步驟與記錄

(1) 依圖 7-23 把所有接線接好。

(2) 調LB-01的RV_2，使$-V_r=-1.35$V，但此時依然必須量I_C的大小，若$I_C\neq 5$mA，請再修正$-V_r$(調LB-01的RV_2)，並且使$I_C=5$mA。

(3) ※※因一般實驗室並沒有高斯計，無法測得目前磁鐵的磁通密度是多少。所以……我們以變通的方法爲之……

① 準備一塊小磁鐵。

② 把磁鐵靠在霍爾元件上(最靠近，定距離$D=0$mm)。

③ 調外加 10k 可變電阻R_A，使$V_o=5.00$V……(表示最大磁通密度)。

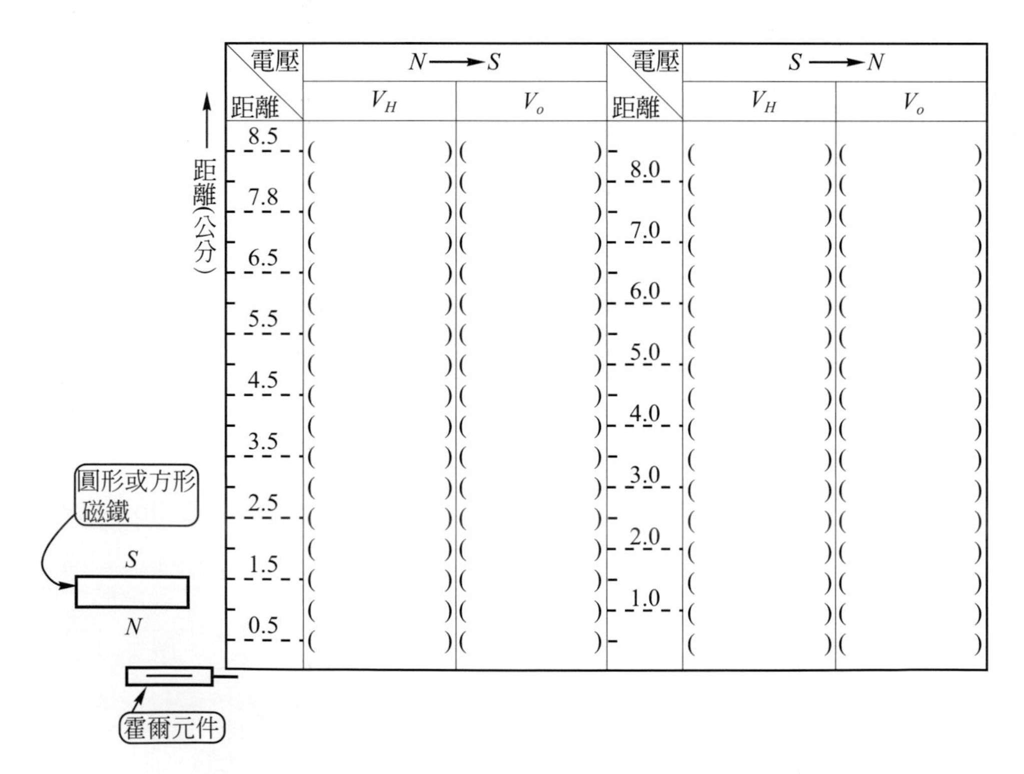

圖 7-24　實習記錄

④ 把磁鐵遠離($B=0$)，測V_o大小，若$V_o \neq 0$V，調 LB-06 的HR_1使$V_o=$ 0V。

⑤ 表示最大磁通密度B_{max}以 5.00V 代表。最小磁通密度B_{min}的 0V 代表之。

(4) 以距離的遠近代表磁通密度的大小。

(5) 把磁鐵由最近(0 公分)開始，每 0.5 公分做一次記錄。

※若您得到的是負電壓，則只要把磁極反轉，便能得正電壓。

※注意V_H的電壓值一般乃以 mV 當單位。

實習討論

(1) 當磁鐵遠離的時候，理應$B=0$，則$V_H=0$，但此時可能在沒有磁場的情況下，$V_H \neq 0$，為什麼？

(2) 若在$B=0$的情況下，已存在$V_H \neq 0$的現象，應如何克服呢？

(3) 當磁極反轉時，輸出電壓V_o為什麼也能得到不同極性的電壓。(這已代表了霍爾元件可以做N、S極的判斷)。

(4) 若以距離代表磁通密度，每 1mm 代表 1 高斯時，您所做的實習每 1 高斯可以得到多少電壓輸出？

提示：$\dfrac{15\text{mm 的 } V_o - 5\text{mm 的 } V_o}{15\text{mm} - 5\text{mm}} = \dfrac{\Delta V_o}{10\text{ 高斯}} = 0.1\,(\Delta V_o)$伏特／高斯

(5) 請把V_o加到一個判斷電路，當N極時若紅色 LED ON，S極則由綠色 LED ON 代表之。請您設計該電路。

① $V_U=1.5$V，$V_D=-1.5$V，代表目前是以多少高斯當判斷值？

② 若以此當近接開關，當磁鐵靠近到 5mm 時，讓蜂鳴器大叫，應如何設計呢？

③ 若希望距離在 5mm～10mm 為標準值，低於 5mm 及高於 10mm 必須讓警報器 ON，應如何設計？

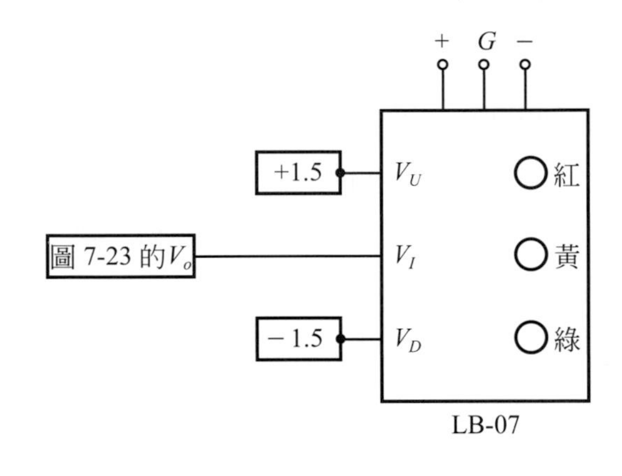

圖 7-25

7-4 霍爾元件的應用——旋轉偵測

實習目的

1. 了解如何使用霍爾元件做旋轉偵測。
2. 轉速偵測應如何計算。

實習項目

1. 了解霍爾元件不同的轉換方法。
2. 配合磁滯比較以得到脈波輸出。

實習線路分析

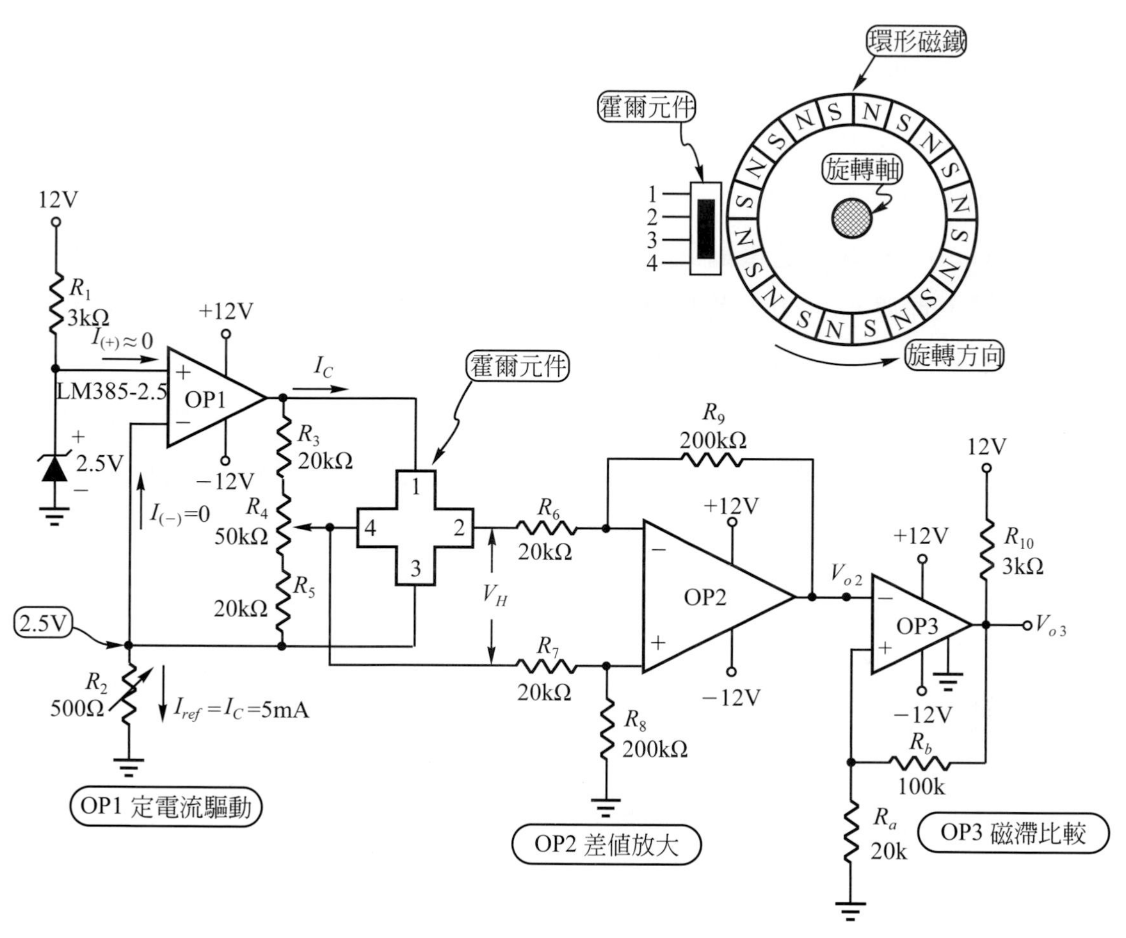

圖 7-26 霍爾元件旋轉偵測電路

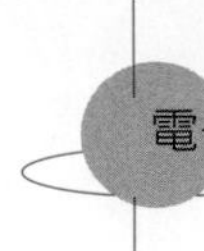

(1) 由霍爾元件的 Pin1 和 Pin3 使 OP1 具有負回授，則便有虛接地存在，$v_{(+)}=v_{(-)}=2.5\text{V}$。

$$I_{\text{ref}}=\frac{v_{(-)}}{R_2}=\frac{2.5\text{V}}{500\Omega}=I_C=5\text{mA}$$

此時R_1乃限流電阻，配合參考電壓 IC LM385-2.5 提供標準的 2.5V 給 OP1 的“＋”端。

(2) R_3、R_4、R_5只是霍爾元件不平衡的校正電路，當磁通密度$B=0$的時候，理應$V_H=0$，若$V_H\neq 0$，則可調整R_4，使在$B=0$的情況下，調到使$V_H=0$。以滿足$V_H=K\cdot I_C\cdot B$。

(3) OP2 目前只是當差值放大器，其輸出$V_{o2}=10\times V_H$。若嫌差值放大器不夠好(輸入阻抗只有 40k，略嫌太小，增益不好調整。則可如圖 7-22，改成儀器放大器)。

(4) OP3 目前是一個反相型磁滯比較器，我們使用LM311 電壓比較器，因它是屬於集極開路式的IC，所以必須外加一個提升電阻R_{10}(3kΩ)(必須令$R_b\gg R_{10}$，才不會影響磁滯電壓V_{TH}和V_{TL}的大小)。此時的V_{TH}和V_{TL}分別為

$$V_{TH}=\frac{R_a}{R_a+R_b}\times V_{CC}=\frac{20\text{k}}{100\text{k}+20\text{k}}\times 12\text{V}=2\text{V}$$

$$V_{TL}=\frac{R_a}{R_a+R_b}\times(-V_{CC})=\frac{20\text{k}}{100\text{k}+20\text{k}}\times(-12\text{V})=-2\text{V}$$

此地加了一個磁滯比較器的目的乃把V_{o2}的波形加以整型，使V_{o3}得到的脈波信號。

(5) 波形分析

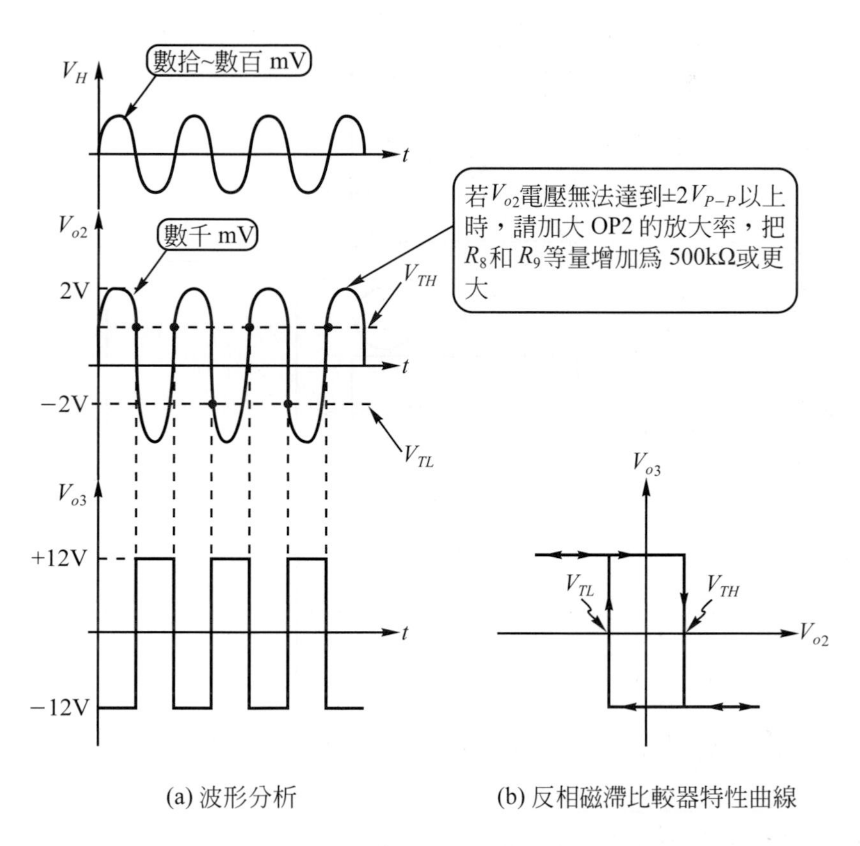

(a) 波形分析　　(b) 反相磁滯比較器特性曲線

圖 7-27　波形分析與特性曲線

實習接線說明

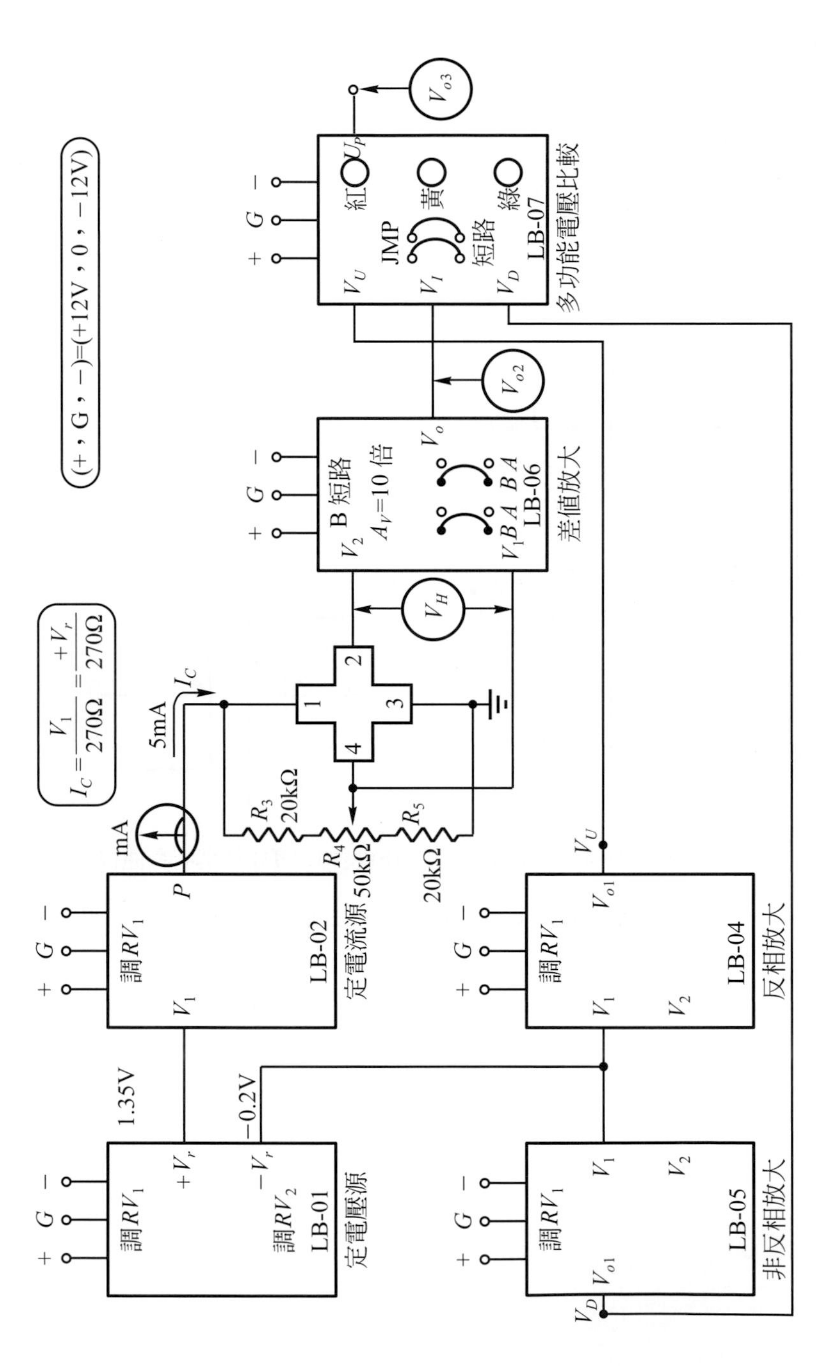

圖 7-28 旋轉偵測實習線路接線

(1) 調 LB-01 的RV_1，使$+V_r \approx 1.35$V，則量I_C是否爲 5mA。

(2) 在$B=0$(磁場不存在的情況下)，調線路中的R_4，使$V_H=0$V。

(3) 調 LB-01 的RV_2，使$-V_r \approx -0.2$V。

(4) LB-04 和LB-05 便能把-0.2V加以放大，-0.2V再反相放大LB-04 則得到正電壓當V_U。-0.2V 被非反相放大得到負電壓當V_D。

(5) 若沒有環形多極磁鐵時，請以下列方式爲之。

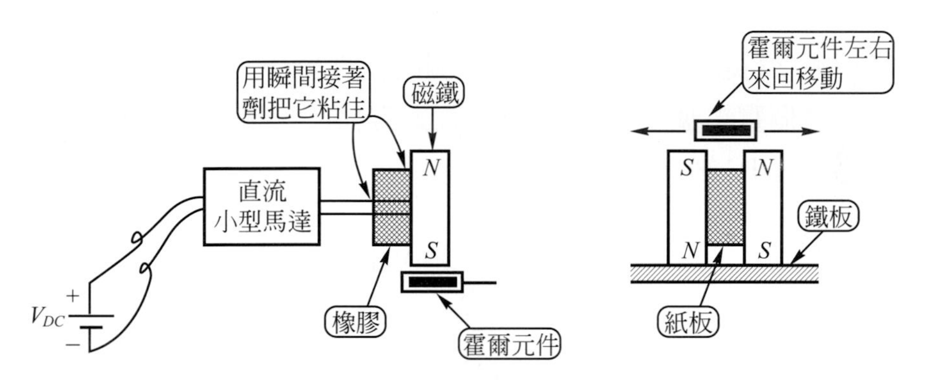

圖 7-29　克難式的旋轉偵測

實習步驟與記錄

(1) 當接好接線以後，讓霍爾元件游走於N和S極的交互變換(即讓霍爾元件在N、S兩極來回感應了)。

(2) 讓 LB-06 JMP_1和JMP_2 的B短路，則代表放大率爲 10 倍。

(3) 用示波器測 LB-06 的輸出電壓(即V_{o2})。

在N極時，正$V_{o2(\max)}=$________，在S極時，負$V_{o2(\min)}=$________。

(4) 設V_U比$V_{o2(\max)}$小，調 LB-04 的RV_1，使$V_U<$正$V_{o2(\max)}$，$V_U=$________ $(V_U>0)$。

(5) 設V_D比$V_{o2(\min)}$大，調 LB-05 的RV_1，使$V_D>$負$V_{o2(\min)}$，$V_D=$________ $(V_D<0)$。

(6) LB-07的JMP都短路，則LB-07為磁滯比較器，且$V_U=V_{TH}$，$V_D=V_{TL}$。
(7) 用示波器測UP的波形，及DN的波形。

實習討論

(1) 若所得到的正$V_{o2(\text{max})}=1.8\text{V}$，負$V_{o2(\text{min})}=-1.6\text{V}$，則此時$V_{TH}$和$V_{TL}$最好設為多少值？$V_{TH}=$＿＿＿＿＿，$V_{TL}=$＿＿＿＿＿。
(2) 若已調好R_4，使$V_H=0$，而V_{o2}卻不等於0，原因何在？應如何馬上做修正呢？(提示：LB-06上有可調的元件)。
(3) 如果這個實習使用霍爾IC，那就太容易了，因為霍爾IC早已把相關線路都做在IC裡面了。

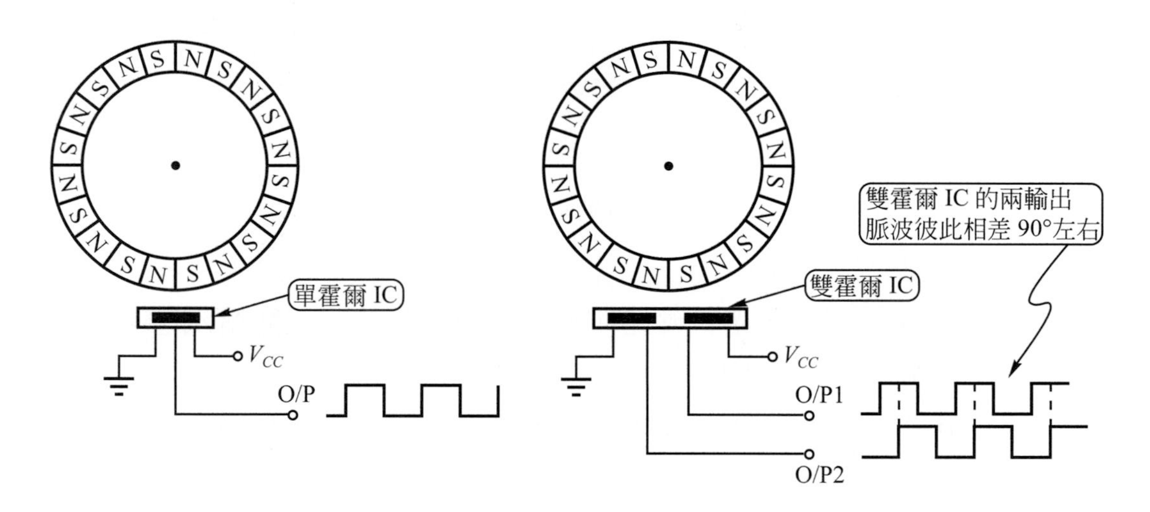

圖 7-30　霍爾旋轉示意圖

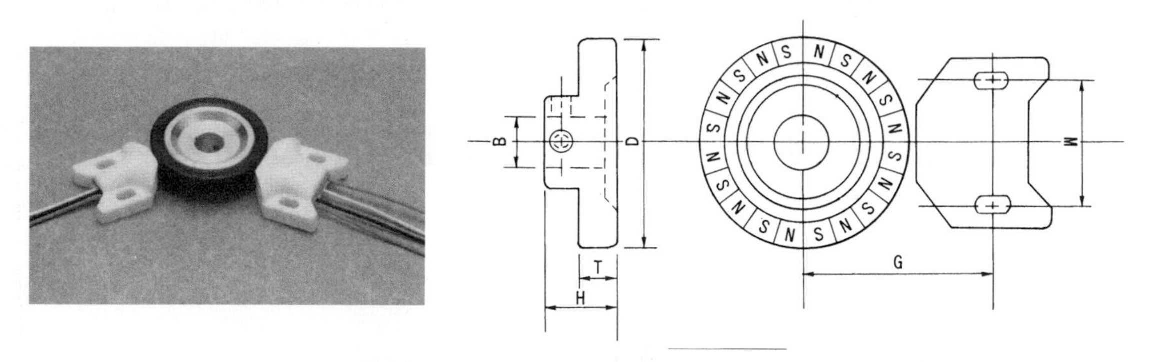

圖 7-31　霍爾旋轉偵測器(磁性編碼器)

⑷　有了兩個相差約 90°的脈波後，便能由這兩個脈波來判斷正轉、還是反轉。

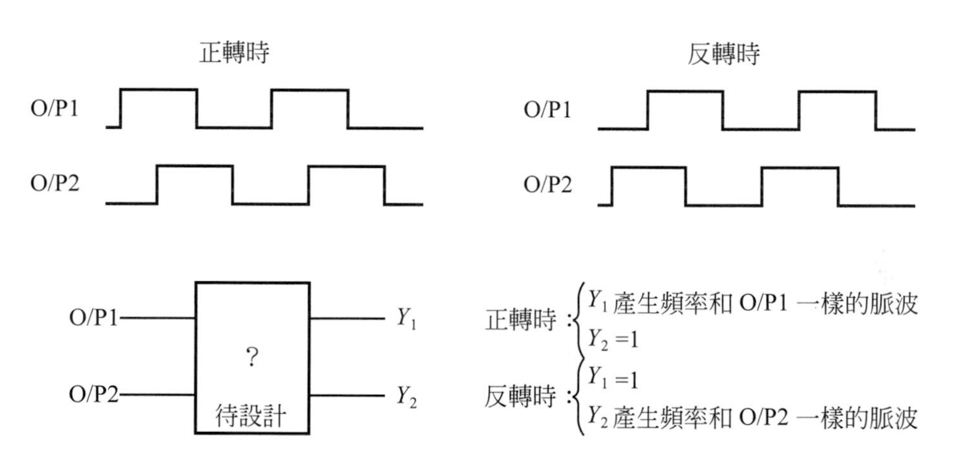

圖 7-32　正反轉判斷線路設計

請您設計這個線路，完成上述功能。

⑸　若在 0.6 秒中計算得到 360 個脈波，而磁環的磁極 N、S 共 30 對。試問：

①　10 秒共轉了幾圈？

②　轉速 rpm ＝？

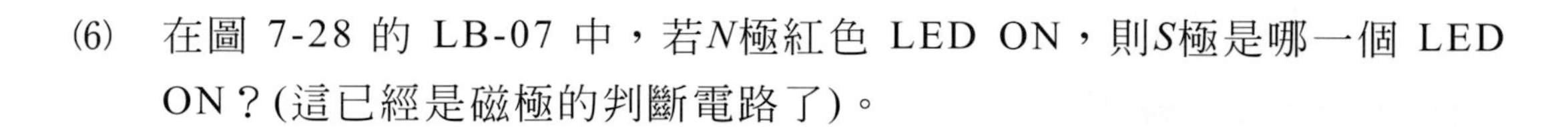

(6) 在圖 7-28 的 LB-07 中，若N極紅色 LED ON，則S極是哪一個 LED ON？(這已經是磁極的判斷電路了)。

7-5 霍爾電流感測器——非接觸電流量測實習

實習目的

1. 了解通電流的電線會產生磁場。
2. 以霍爾元件量測電流所產生的磁場而得知電流的大小。

實習項目

1. 霍爾電流感測器的認識。
2. 非接觸式電流量測線路設計。

原理說明

我們從電磁學課本中，可以學到由電產生磁的各種方法，而最基本的原理乃通電流的電線會於其周圍產生磁場，電流愈大所產生的磁場愈強。此時若把所有磁力線集束在導磁環中，測得磁環中的磁通密度，便能倒算回去，而得知此時所通過的電流大小是多少？如此一來便不必接觸到電線，便能測得其中的電流大小，此乃“非接觸式”電流量測的方法之一。當然您也可以使用傳統的比流設備或稱之爲“電流變壓器”(CT)。

目前已經有許多廠商生產各種以霍爾元件爲感測器的電流量測元件，我們稱它爲霍爾電流感測器。

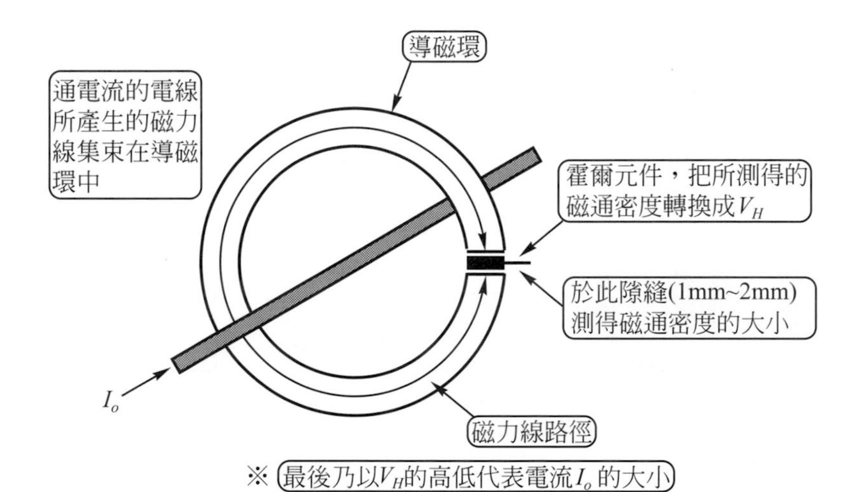
導磁環
通電流的電線所產生的磁力線集束在導磁環中
霍爾元件，把所測得的磁通密度轉換成V_H
於此隙縫(1mm~2mm)測得磁通密度的大小
I_o
磁力線路徑
※ 最後乃以V_H的高低代表電流I_o的大小

圖 7-33　霍爾電流感測器示意圖

HCS-6-S
HCS-6-S

圖 7-34　各種電流感測器(Hall 和 CT)

產品介紹

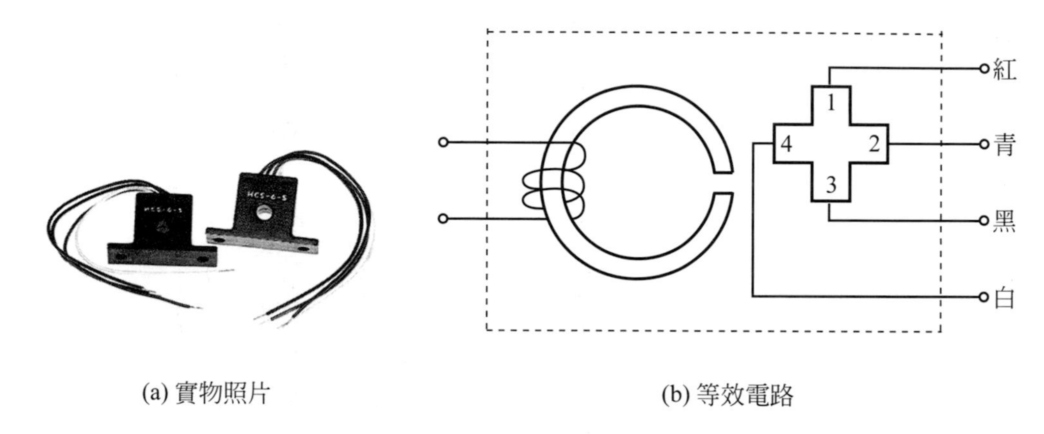

(a) 實物照片　　(b) 等效電路

圖 7-35　霍爾電流感測器 HCS-6-S

HCS-6-S 相關規格說明：

(1) 額定電流：表示可量測的電流範圍，0～300 安培為線性刻度。

(2) 飽和電流：超過此電流(500 安培)時，磁路飽和而無法使用。

(3) 靈敏度：每一安匝(AT)所產生的霍爾電壓為 0.6mV±0.2mV。

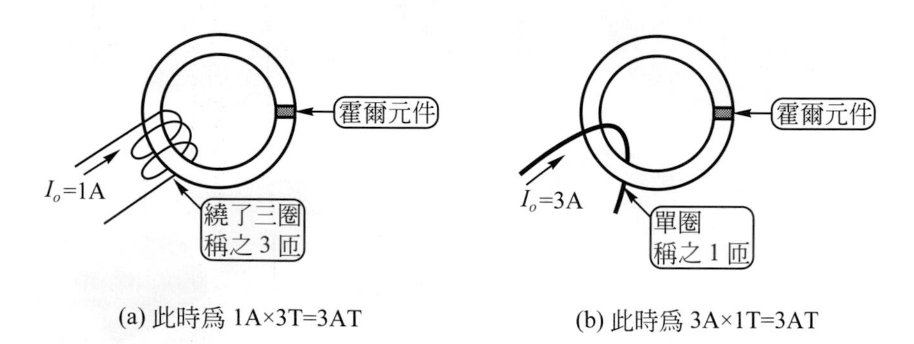

(a) 此時為 1A×3T=3AT　　(b) 此時為 3A×1T=3AT

圖 7-36　什麼叫 AT 的說明

(4) 偏移電壓：±8mV，表示在 0A 時，因不平衡而有±8mV 的誤差電壓存在。可做不平衡調整克服之。

(5) 驅動電流：標準值爲 5mA(最大 10mA)，表示以 5mA 定電流驅動時，會有 0.6mV±0.2mV/AT 的靈敏度(不要超過 10mA)。

(6) 頻率響應：0Hz～6kHz 以下，爲線性關係，則可測直流電，也可以測交流電(60Hz)的電流。

實習線路分析

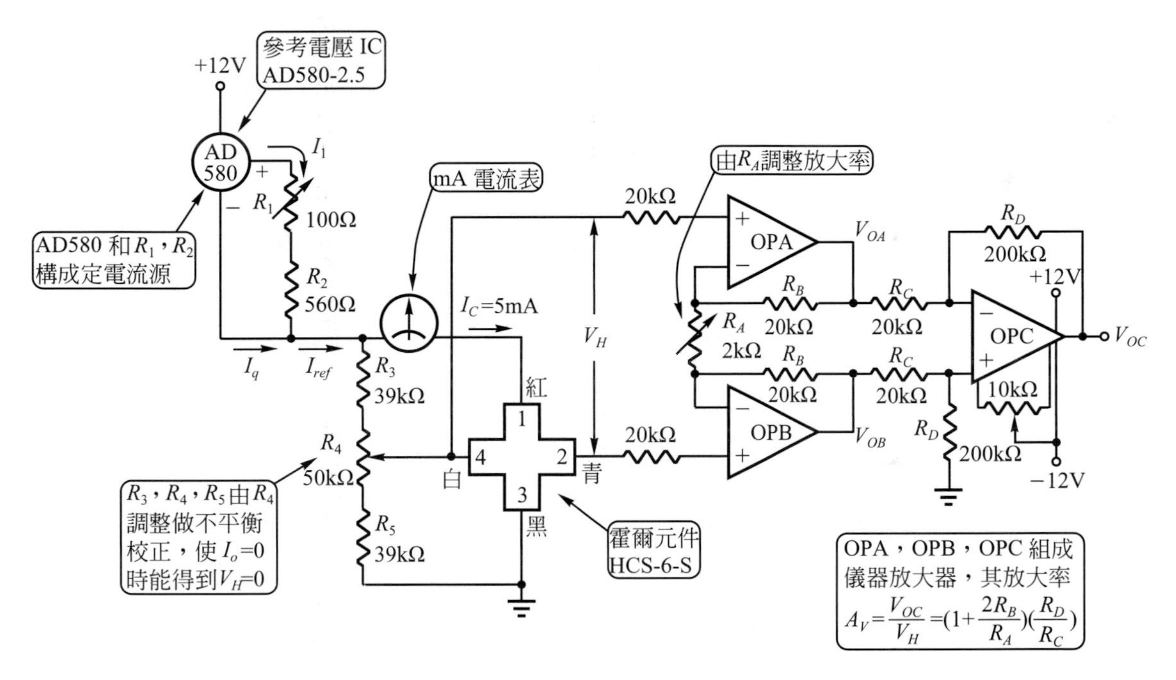

圖 7-37　非接觸式電流量測線路

(1) 定電流分析

$I_{\text{ref}} = I_1 + I_q$，$I_q = 1\text{mA}$ 左右

$I_{\text{ref}} \approx I_1 = \dfrac{2.5\text{V}}{R_1 + R_2}$，調 R_1，使 $I_{\text{ref}} \approx 5\text{mA}$

由 mA 電流表觀測 I_C 的大小，並調 R_1 使 $I_C = 5\text{mA}$。

則此時便完成以定電流驅動霍爾元件。

(2) 不平衡調整分析

當流過的電流$I_0 = 0$時，測V_H大小，理應$V_H = 0\text{V}$。即$V_{OA} = V_{OB}$，且必須是$V_{OC} = 0$。當$V_H \neq 0\text{V}$時，調R_4，使$V_H = 0\text{V}$。在$V_H = 0\text{V}$時，$V_{OA} \neq V_{OB}$則可對 OPA 和 OPB 做抵補校正。於$V_{OA} = V_{OB}$的情況下，若$V_{OC} \neq 0\text{V}$，則對OPC做抵補校，使$V_{OC} = 0\text{V}$，如此一循環校正下來，才眞正做好整個線路的歸零校正。即$I_0 = 0$時，必須先得到$V_H = 0$，在使$V_{OA} = V_{OB}$，最後才是使$V_{OC} = 0$，則眞正達到$I_0 = 0\text{A}$，$V_{OC} = 0\text{V}$。

(3) 儀器放大器的分析

儀器放大器有如下的優點：

① 輸入阻抗非常大……因V_H均由OP Amp“＋”端輸入。

② 能抵消共模雜訊……因差值放大器OPC存在。

③ 也相當於共模拒絕比非常大……(CMRR≈∞：理想值)

④ 調整增益只由一個電阻負責……R_A調增益。

放大率的分析，我們不再重複說明，僅列其公式如下：

$$A_V = \left(1 + \frac{2R_B}{R_A}\right)\left(\frac{R_D}{R_C}\right)$$ ……可放大數百～數千倍

實習模組接線說明

(1) 爲了避免量測 110V/AC(易生危險)，我們以量測直流電做爲實習量測對象。

(2) 請用幾個大瓦特數的水泥電阻當負載。目前由兩個 10W、20Ω的水泥電阻並聯，則其值爲 10Ω(相當於 20W、10Ω)。

(3) 把電源供應器的電壓由0V慢慢往上增加，則I_0的電流也會隨之上升。

※※※“電阻會發熱，小心燙傷”

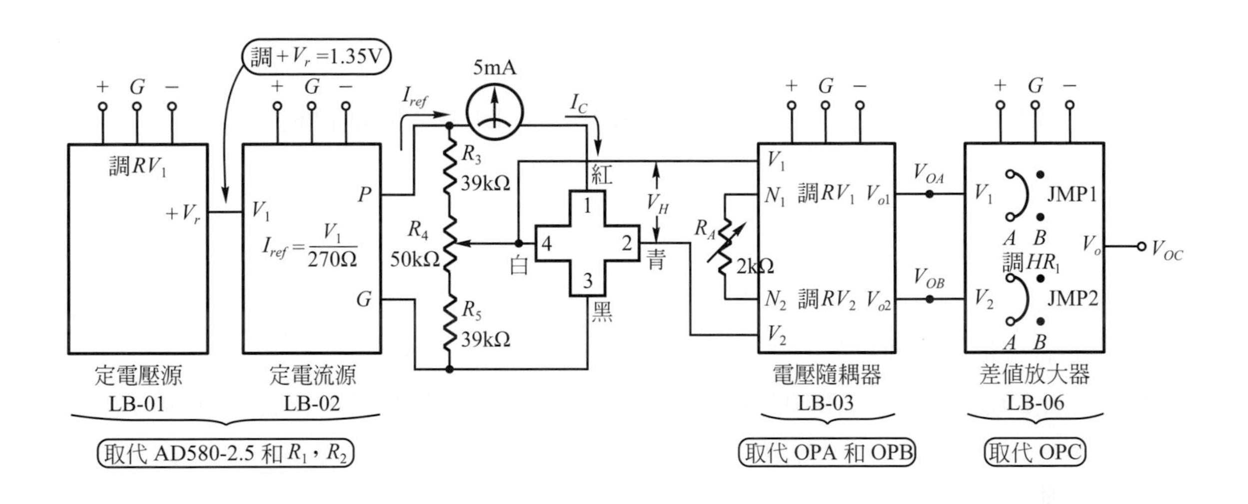

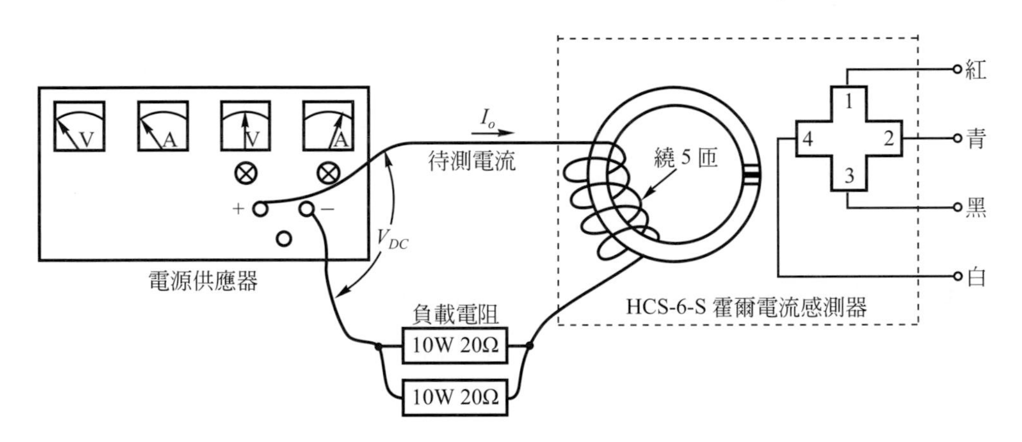

圖 7-38 電流量測實習接線

實習步驟與記錄

⑴ 先調 LB-01 的RV_1，使＋V_r＝1.35V，則 LB-02 能提供的定電流為

$$I_{ref}=\frac{1.35V}{270\Omega}=5mA$$

⑵ 由電流表測I_C，若$I_C \neq 5mA$(因R_3、R_4、R_5會分流)，則修正 LB-01 RV_1的大小，使I_C＝5mA

⑶ ※此時必須注意 LB-02 P點(霍爾 IC 的 Pin1)的電壓，不能超過＋E_{sat}約 10V～11V。若P點電壓超過 11V時，代表霍爾元件的R_H太大了，已造成 LB-02 內部 OP Amp 飽和了(您可以設 2.5mA 或 2mA 的I_C)。

⑷ 在電源供應器的V_{DC}＝0V 時，I_0(待測電流)＝0A，理應V_H＝0V，則測V_H＝________V。若為$V_H \neq 0V$，請調圖中的R_4，使V_H＝0V。

⑸ V_H＝0V 時，再調 LB-03 的RV_1和RV_2使 LB-03 的$V_{o1}=V_{o2}$。

⑹ 再測LB-06 的V_o，若V_H＝0，$V_{o1}=V_{o2}$，而此時$V_{OC} \neq 0V$，調整LB-06 的HR_1使V_{OC}＝0V。

⑺ 調電源供應器的輸出直流電壓V_{DC}，使I_0＝0.2A。

※因繞了 5 匝，即 0.2A × 5T＝1A/T，理應V_H＝0.6mV±0.2mV

測此時的V_H＝________V。

⑻ 再調V_{DC}，使I_0＝0.4A，則代表 2AT，此時V_H＝________V。

⑼ 若希望I_0＝1A 時，V_{OC}＝1V，則必須調放大率。

⑽ 調線路圖中的R_A，使I_0＝1A 時，V_{OC}＝1V(若V_{OC}＝－1V，請改變V_{DC}極性)

※或許有少許誤差，請照實記錄。

表 7-1　實習記錄

V_{DC}	I_0	V_H	V_{OC}
1V			
2V			
3V			
5V			
6V			
8V			
10V			

實習討論

(1) 若所設定的電流I_C始終無法達到5mA，代表什麼現象？

(2) 若所繞的匝數爲10匝時，在$I_0 = 1A$的情況下$V_H = ?$

(3) 請說明儀器放大器的優點。

(4) 您所做的實習，I_0每1A是用多少V_{OC}代表之？

(5) 若希望以HCS-6-S測交流電流時，儀器放大器的線路應如何修改成只針對交流信號做放大？

(6) 若希望交流電流 0～100A 量測範圍得到 0～10V_{P-P}的輸出，電路應如何設計？

(7) 若希望交流電流0～100A量測範圍得到0～5V_{P-P}的輸出，電路應如何設計？

7-6 磁阻元件及其應用

這是一種一般人比較不知道的磁性感測元件，當磁通密度改變的時候，磁阻元件本身的電阻值也會隨之改變，磁阻元件大都以InSb爲材質。我們將不再做結構說明，僅以其等效電路提供給您參考。

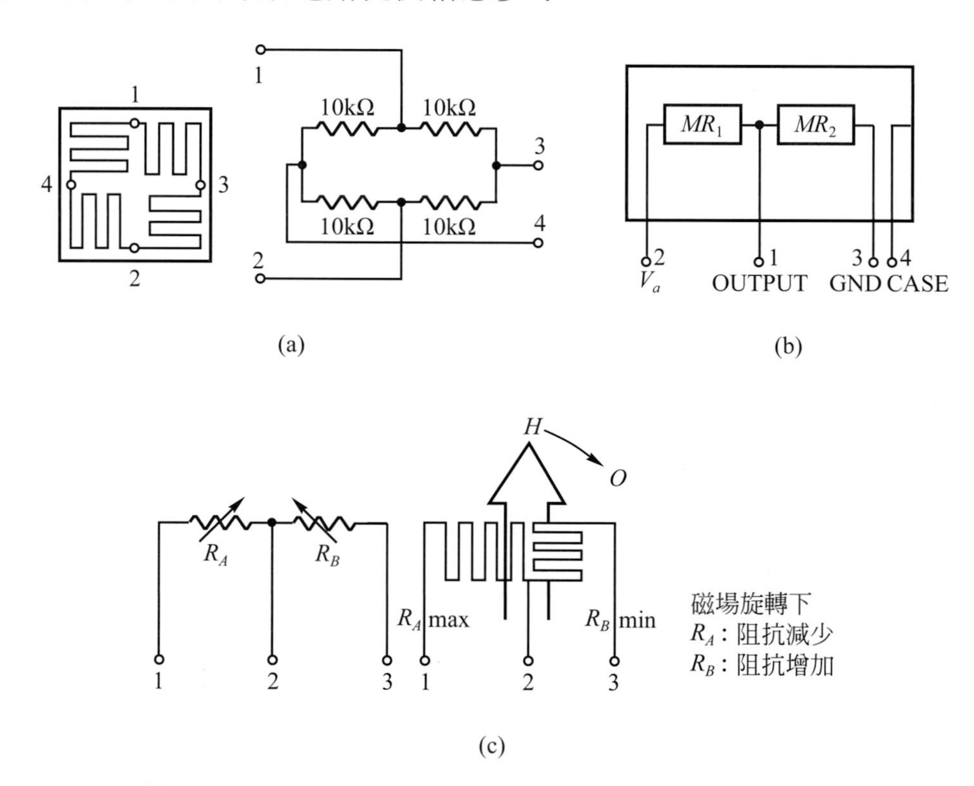

圖 7-39　磁阻元件的各種等效電路

從圖 7-39 清楚地得知，已做成實用產品的磁阻元件，都不做成單一個磁阻，而是做成兩個串聯的組合，或四個電阻電橋的組合，更有把磁阻做不同方向的安排，以得到阻值增加和減少的特性。

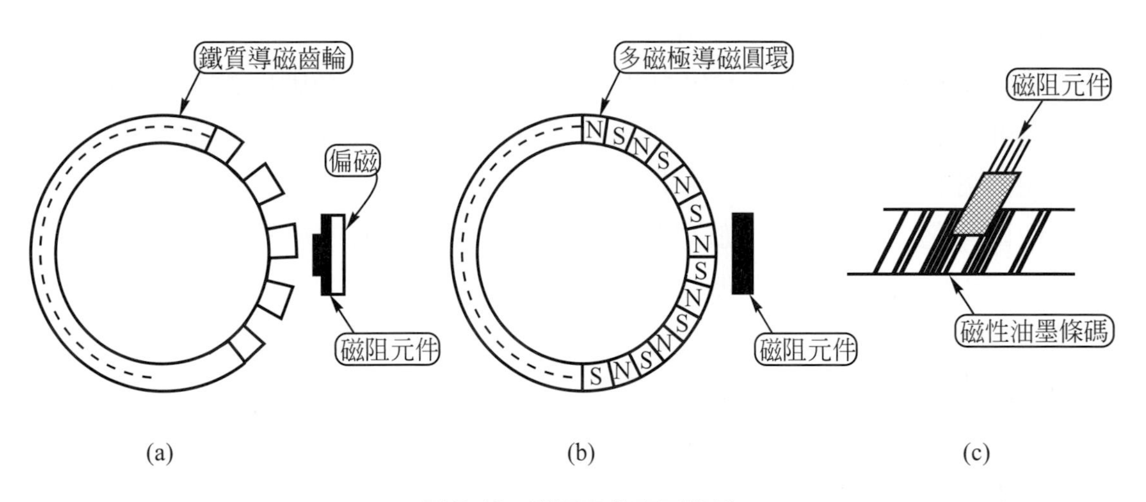

圖 7-40　磁阻元件應用範例

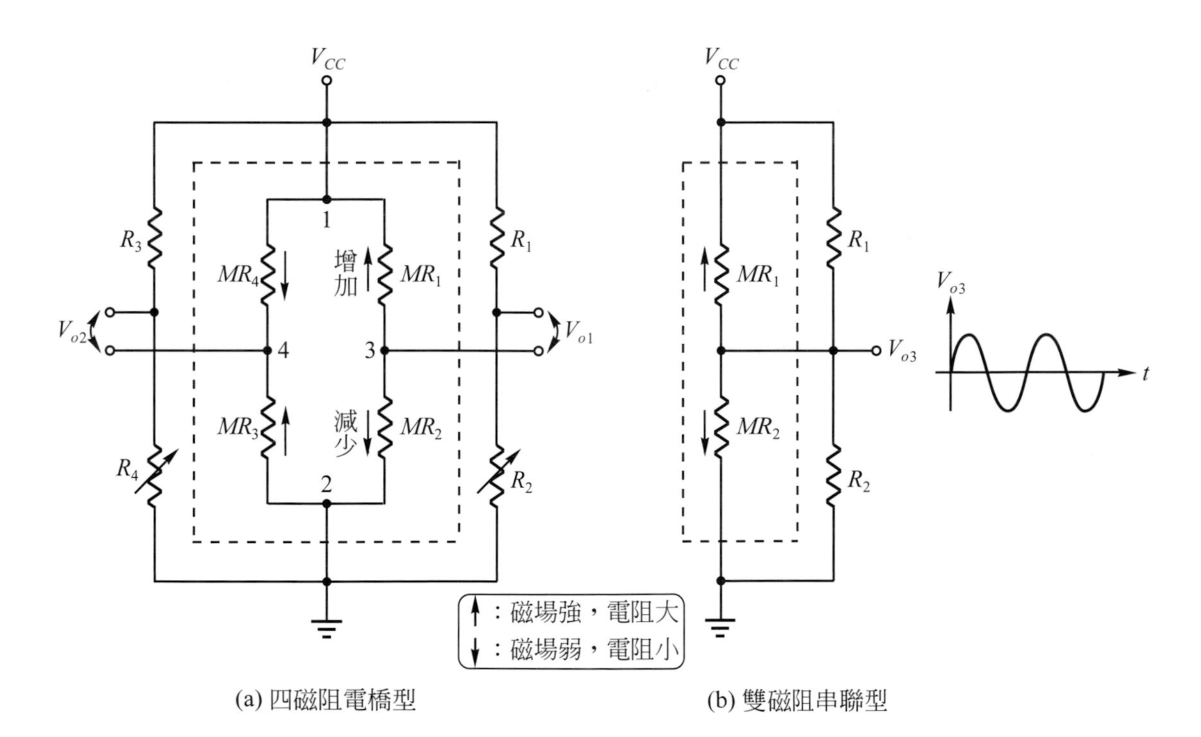

圖 7-41　磁阻元件之轉換電路

從圖 7-40 得知磁阻元件可用於位置偵測、旋轉偵測、近接偵測。一般人所用的金融卡上就有磁性條碼，也有用磁阻元件當做磁性條碼的讀取頭。而目前許多磁阻元件的生產廠商也已經把相關的電路做在同一個包裝(IC)裡面，而可以直接輸出各種感應到的類比輸出或數位輸出。

若把磁場置於圖(a)上方旋轉時，因MR_1、MR_2和R_1、R_2組成另一個電橋，MR_3、MR_4和R_3、R_4又是另一個電橋。此時的排列，正好是彼此有不同的變化。於V_{o1}和V_{o2}將得到如下的輸出。

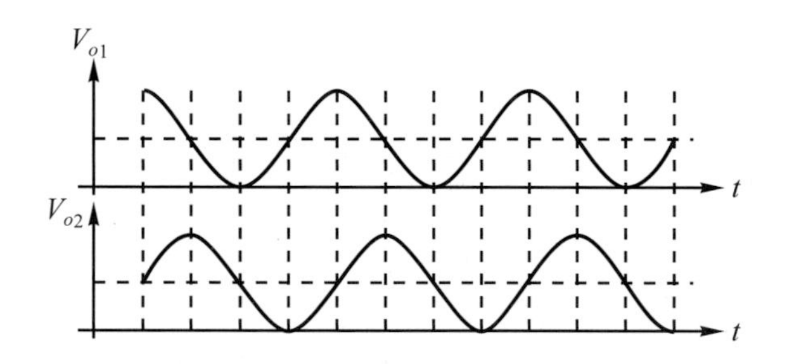

圖 7-42　V_{o1}和V_{o2}得到相差 90°的弦波

有了圖 7-42 的波形，我們就可以偵測旋轉的速度及判斷是否正轉還是反轉。

7-7 磁阻元件應用實習

實習目的

1. 了解磁阻元件，能偵測磁場強度，且改變其阻值。
2. 練習磁阻元件應用線路的設計。

產品介紹

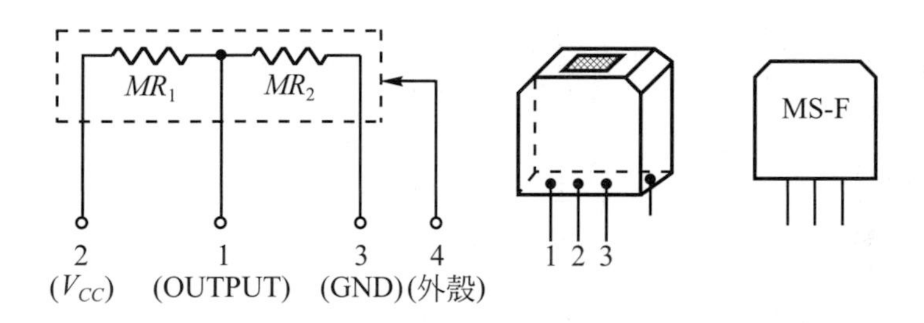

圖 7-43　MS-F-06 等效電路與外觀

MS-F-06 是一個雙磁阻串聯型的磁阻元件，它本身含有偏磁的裝置(小型磁鐵)，當導磁體或外加磁場靠近的時候，將改變其磁通密度，而使磁阻的阻值隨之改變。它可用來偵測磁性條碼，磁性體旋轉狀況及位置，並能測知 AC 和 DC 的電流大小。

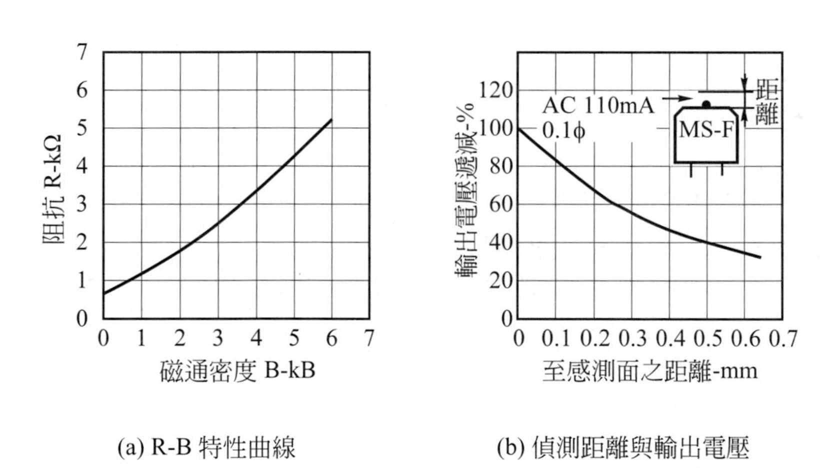

(a) R-B 特性曲線　　(b) 偵測距離與輸出電壓

圖 7-44　MS-F-06 相關特性曲線

表 7-2　MS-F-06 特性資料

電氣特性($T_a = 25$℃)

項目	符號	條件	min	typ	max	單位
輸出電壓	V_o	$V_a = 5$V(註 1)	0.16		0.42	mV_{rms}
元件阻抗	$R_{(MR_1+MR_2)}$	$I = 1$mA	700		4500	Ω
中點對稱性	d	$I = 1$mA(註 2)			30	%
內部雜訊	V_{NW}	$V_a = 5$V			50	$\mu V_{P\text{-}P}$
壓電雜訊	V_{NP}	$V_a = 5$V，按壓 10g			300	$\mu V_{P\text{-}P}$
檢測面磁束密度	B				750 (S極)	G
檢測寬度	W				3	mm

註 1.輸入用 0.1mmφ線，電流爲 50Hz，100mA_{rms}就會產生磁束。

註 2.$d = (MR_1 - MR_2)/MR_1$或$(MR_2) \times 100$。

從圖 7-44 看到磁通密度與阻抗的關係及距離和輸出電壓的衰減情形。而從表 7-2 整理得知：

(1) 使用的驅動電源爲DC 5V，在 100mA的情況下，其輸出電壓可能位於 0.16mV～0.42mV。此項提醒我們每一個 MS-F-06 其靈敏度都可能不一樣。

(2) MS-F-06 的總阻抗值爲$R_T = R_{(MR_1)} + R_{(MR_2)} = 700\Omega \sim 4500\Omega$。

(3) 中點對稱性告訴我們$R_{(MR_1)}$和$R_{(MR_2)}$並非相等。此時必須注意V_{CC}和GND是用哪一支腳。

(4) 把待測電流的電線擺在中央，不要偏離超過±1.5mm，即電線和感測器 MS-F-06 必須固定且準確安置。

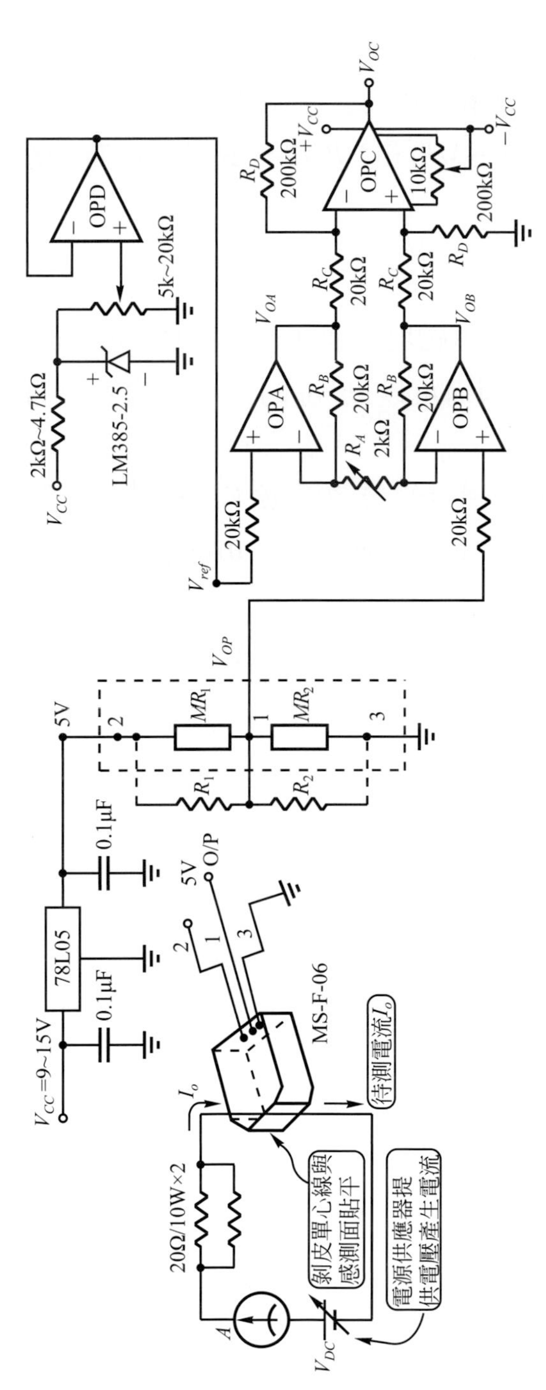

圖 7-45　磁阻元件之電流量測實習線路

(1) 78L05 提供固定的定電壓 5V 給磁阻元件使用。

(2) 目前先不要接R_1和R_2，則MR_1和MR_2乃雙磁阻串聯型。

(3) 當$V_{DC} = 0V$，則$I_0 = 0A$，理應MR_1和MR_2沒有改變，此時分壓為

$$\frac{MR_2}{MR_1 + MR_2} \times 5V = V_{O/P} \cdots\cdots (I_0 = 0A)$$

當I_0改變而使$I_0 \neq 0A$時，將產生磁場，而使MR_1和MR_2隨之改變，則所得到的分壓亦將隨之改變，因而可以以V_{OP}的大小，代表待測電流I_0的大小。

(4) LM385-2.5 和 OPD 乃提供一固定的參考電壓 V_{ref}，若 V_{ref} 調到和 V_{OP} (在 $I_0 = 0$ 的情況下)的大小一樣時，則在 $I_0 = 0A$ 的情況下，應使 $V_{OC} = 0V$。

(5) OPA、OPB、OPC 乃儀器放大器，其放大率為

$$A_V = \frac{V_{OC}}{V_{O/P} - V_{ref}} = \left(1 + \frac{2R_B}{R_A}\right)\left(\frac{R_D}{R_C}\right)$$

實習模板接線

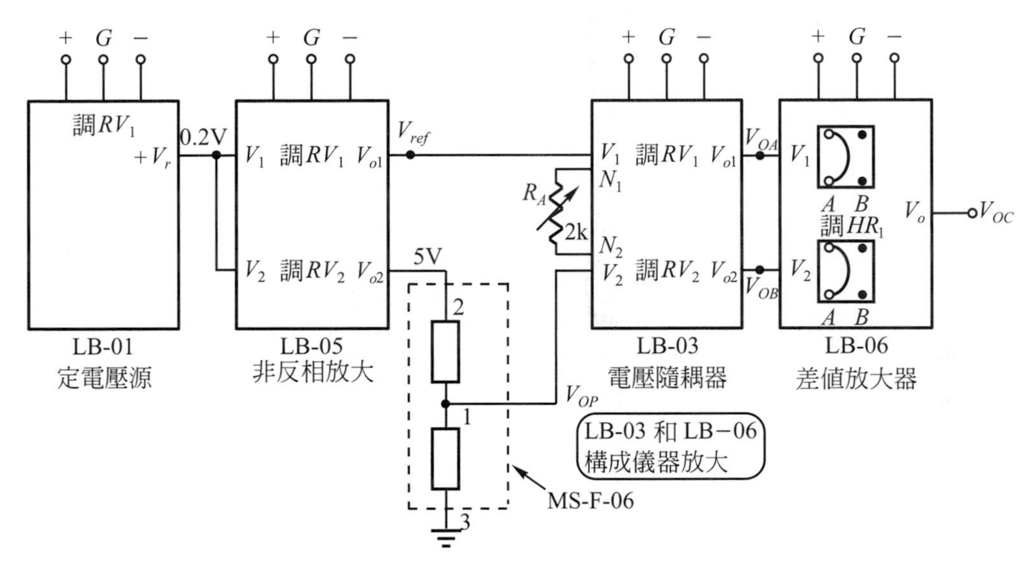

圖 7-46　MS-F-06 之電流量測實習接線

(1) LB-01 提供穩定的固定電壓$+V_r = 0.2$V，給 LB-05。

(2) LB-05 非反相放大器把$+V_r = 0.2$V加以放大，提供 5V 和$V_{OP}(I_0 = 0\text{A})$。

(3) LB-03 和 LB-06 組成儀器放大器，放大率由$R_A(2\text{k}\Omega)$調整之。

(4) 改變電源供應器的V_{DC}，則I_0待測電流將隨之改變。

實習步驟與記錄

(1) 依序調 LB-01 的RV_1鍵，使$+V_r$約 0.2V，再調 LB-05 的RV_2，使$V_{o2} =$ 5V。

(2) 把電源供應器的V_{DC}調成 0V，使$I_0 = 0$A。

(3) 測$I_0 = 0$A 時的V_{OP}，$V_{OP}(I_0 = 0\text{A}) =$ ________ V。

(4) 調 LB-05 的RV_1，使$V_{o1} = V_{\text{ref}} = V_{OP}(I_0 = 0\text{A})$，即讓 LB-03 的$V_2 = V_1$。

(5) 調 LB-06 的 HR_1，使 LB-03 的 $V_{o1} = V_1 = V_{OP}$ ($I_0 = 0$A)，調 RV_2 使 $V_{o2} = V_2 = V_{OP}$ ($I_0 = 0$A)。

(6) 調LB-06的 HR_1，使LB-06的 $V_o = 0$V，即最後輸出 $V_{OC} = 0$V。※JMP (接 A 短路)

※※上述(2)～(6)的步驟乃歸零校正也。

(7) 依序調整 V_{DC} 的大小，使 I_0 改變並記錄 V_{OP} 和 V_{OC}。

(8) 調 V_{DC} 使 $I_0 = 0.1$A，並調 R_A(2kΩ)使 $V_{OC} = 0.1$V。

表 7-3　實習記錄

I_0	0.1A	0.2A	0.3A	0.4A	0.5A	0.6A	0.8A	1.0A	1.5A
V_{OP}									
V_{OA} / V_{OB}									
V_{OC}	0.1V								

※要加多少 V_{DC} 您自己決定，得到多少 I_0 照實記錄。

※電壓 V_{DC} 不要超過 20V，請注意電阻太燙，避免燙傷。

實習討論

(1) 若把電線(I_0)往外移(遠離 1m/m)，其結果會怎樣？

(2) 目前您所做的實習，儀器放大器的放大率是多少倍？

(3) 這個實習的靈敏度如何？(每一 mA 得到多少輸出電壓)

(4) 您所得到的結果，是否為線性關係？(I_0 與 V_{OC} 為直線關係)

(5) 若把 I_0 換成 AC 60Hz 的電流時，V_{OC} 會得到什麼波形？

8 旋轉感測器及其應用

在各種需要用到轉動(圓周運動)及傳動(直線運動)的各種機械中，幾乎都由馬達帶動(或引擎帶動)，而馬達乃是旋轉運動的最佳驅動方法。此時有關其轉動角度及轉動速度的量測就變得非常重要。甚至怎樣判斷正轉和反轉也有其必要。至於怎樣控制馬達的轉速，將因不同馬達而有不同的方法，且“控制馬達”的技術乃電機機械等相關課程的內容，本章將不做深入分析。茲就本章學習目標明示於下。

學習目標

1. 了解光學編碼器怎麼完成旋轉角度與旋轉速度的偵測。
2. 了解磁性編碼器怎麼完成旋轉角度與旋轉速度的偵測。
3. 了解磁阻角度感測器之旋轉角度量測。
4. 了解電位計之旋轉角度量測。
5. 有關旋轉對直線運動的轉換方法的認識。
6. 旋轉偵測之電路設計與應用。

8-1 光學編碼器之旋轉偵測

事實上光學編碼器只不過是光遮斷器(第四章已說明)的應用實例之一。茲以圖示說明光學編碼器的基本原理如下：

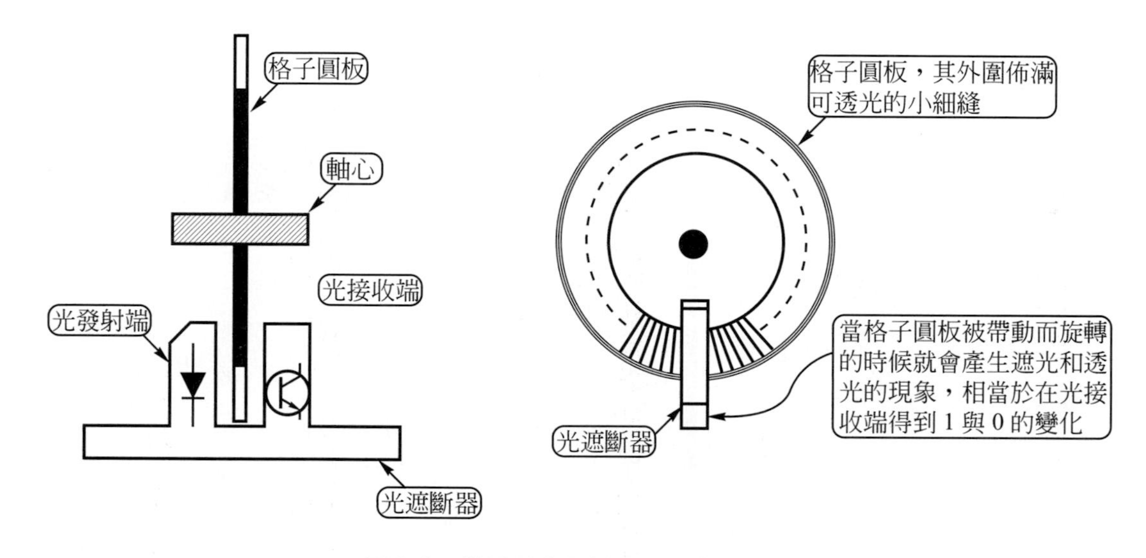

圖 8-1 增量型光學編碼器示意圖說明

而事實上，實用的光學旋轉編碼器乃使用兩組光遮斷器並排設計，並且把相關電路均做在同一個包裝裡，而只留出四支接腳，其一爲V_{CC}，GND 和兩個輸出 OUT1 和 OUT2，便能產生兩個相位不同的脈波。我們可以由脈波相位的領前或落後，判斷其正、逆轉的情形(正、逆轉判斷我們將以實習規劃爲學習對象)。

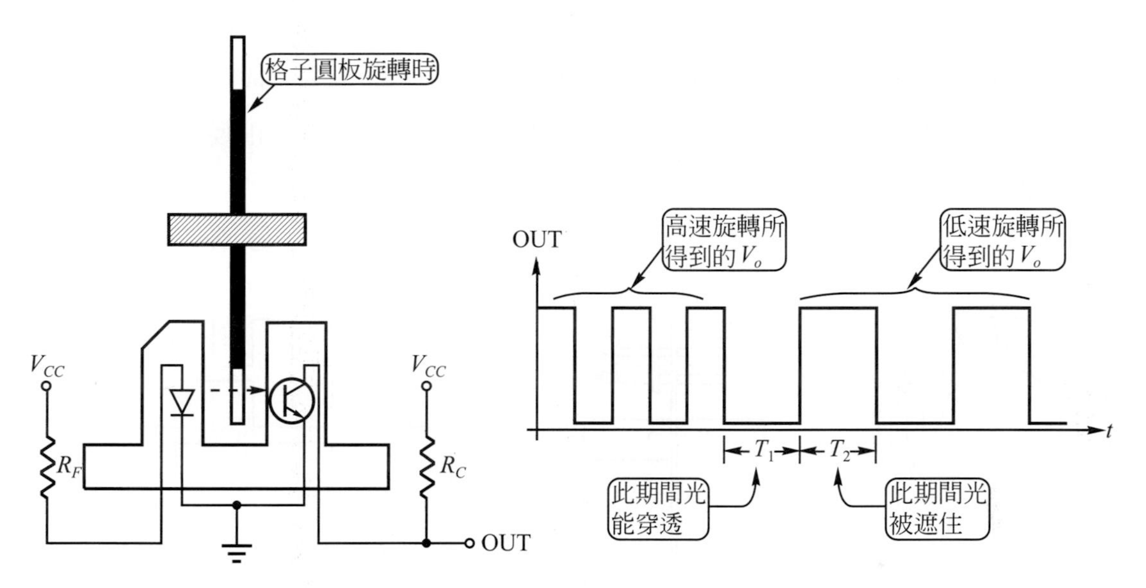

圖 8-2　光學編碼器基本電路架構與輸出波形

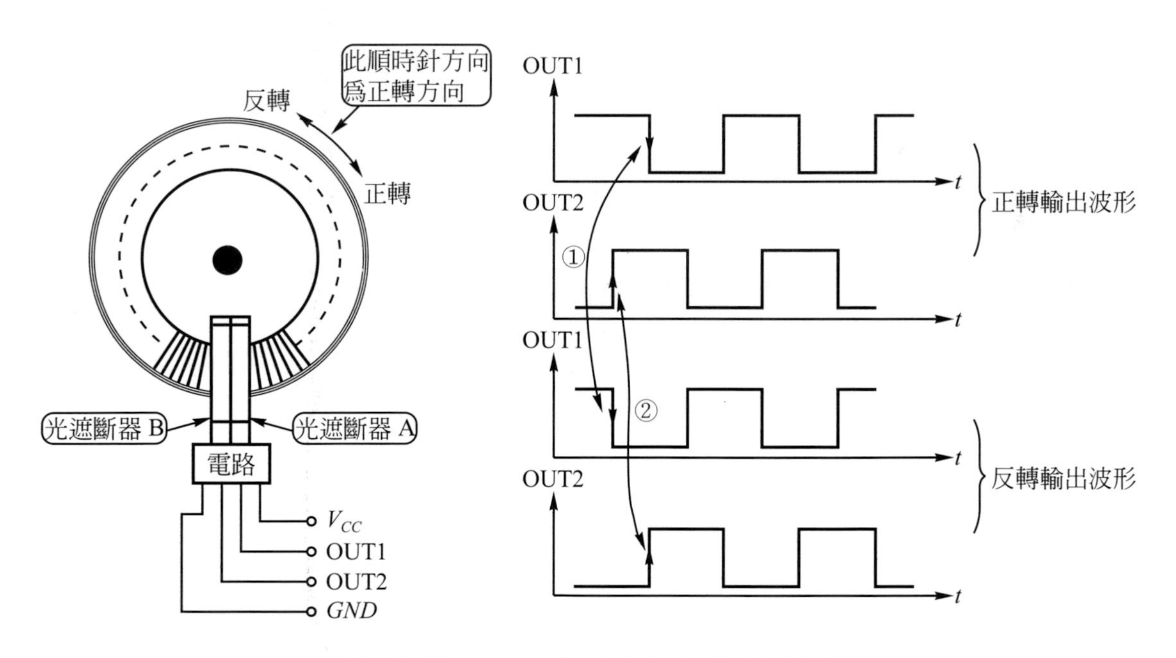

圖 8-3　實用型光學旋轉編碼器及輸出波形

可從所產生的脈波輸出，比較前緣(或後緣)誰比較領前，便能判斷目前是正轉還是反轉。而從所計算的脈波數便能知道轉了多少圈，或是轉速有多快。後面各章節我們會做到怎樣計算轉了多少圈、轉速怎麼測、正反轉怎麼判斷的各種方法和實習。

而另外一種光學編碼器稱之爲絕對型光學編碼器，其示意圖如下：

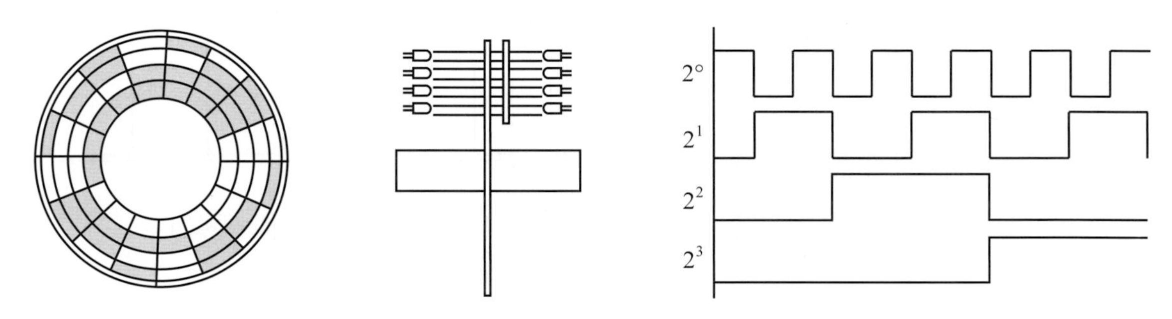

圖 8-4　絕對型光學編碼器示意圖

從圖 8-4 我們清楚地看到，其旋轉光柵被歸劃成相對的數碼(二進制碼或格雷碼)，目前由四組光遮斷器，偵測其狀況，則可得到 0000～1111 共十六等份的代表數碼值，相當於把一個圓分成十六等份(當然也可以分到八位元或十位元)。如此一來其最低位元的變化乃 0,1,0,1,……，則可當增量型光學編碼器使用。而以數碼應用時，則相當於指出目前所旋轉的角度是多少？所以絕對型光學編碼器，可以當做“直讀式”角度量測使用。

8-2 磁性旋轉編碼器

磁性旋轉編碼器乃利用環型多極磁鐵與磁性感測元件所組成的旋轉編碼器，在一般解析度要求不高的旋轉偵測應用中，磁性旋轉編碼器已被大量地使用。主要乃因價格便宜、安裝方便。該編碼器所使用的磁性感測元件大都爲霍爾元件，所以該旋轉編碼器又被稱之爲“霍爾旋轉感測器”，且都以兩個霍爾IC當感測元件，便能產生相差約 90°的 A 、B 相脈波。

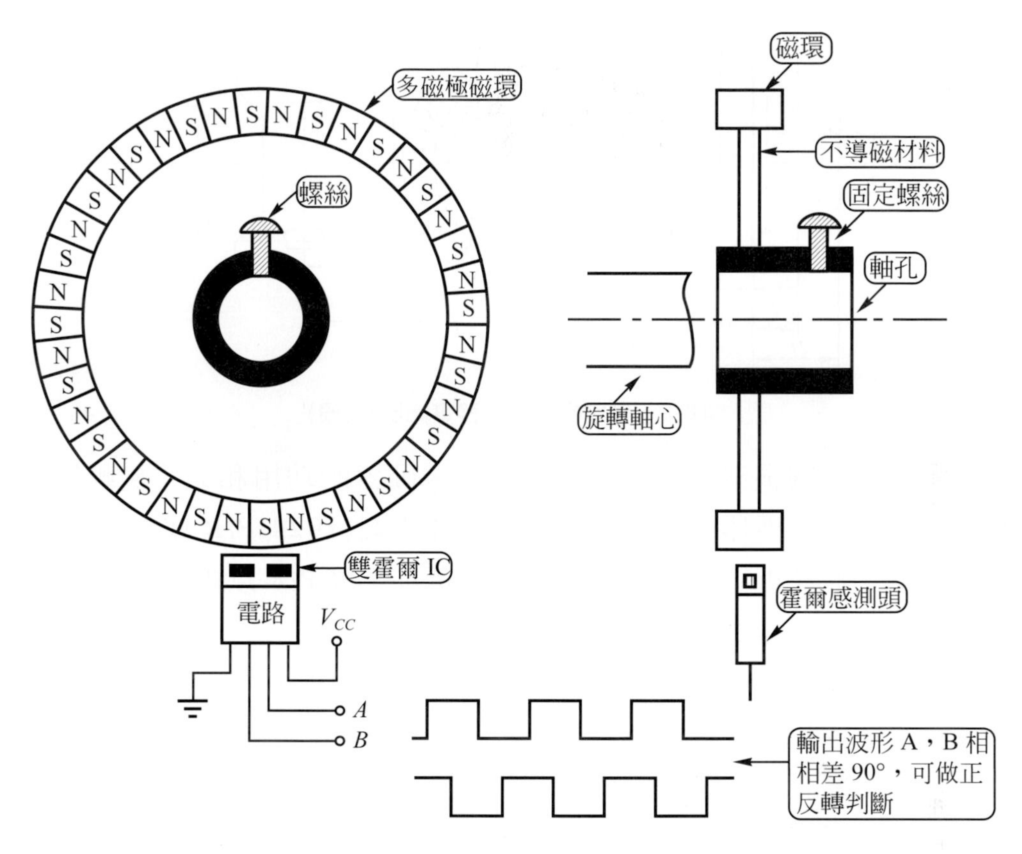

圖 8-5　磁性旋轉編碼器之示意圖

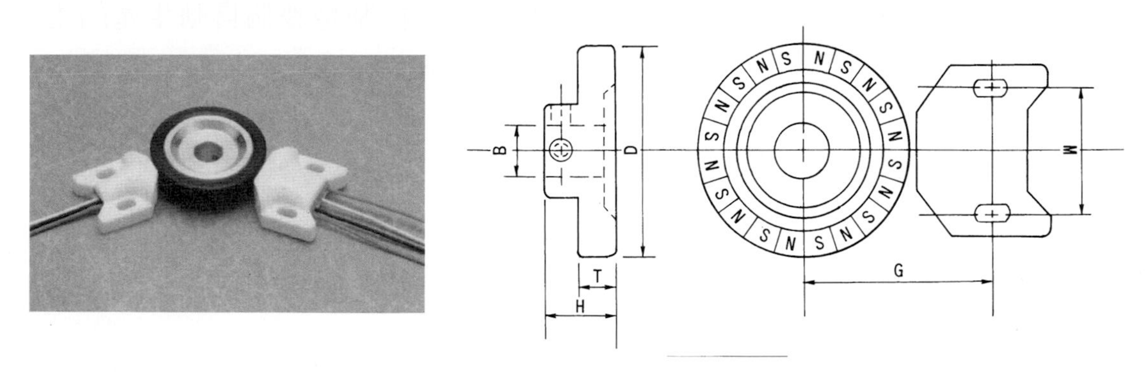

圖 8-6　霍爾旋轉感測器實物照片

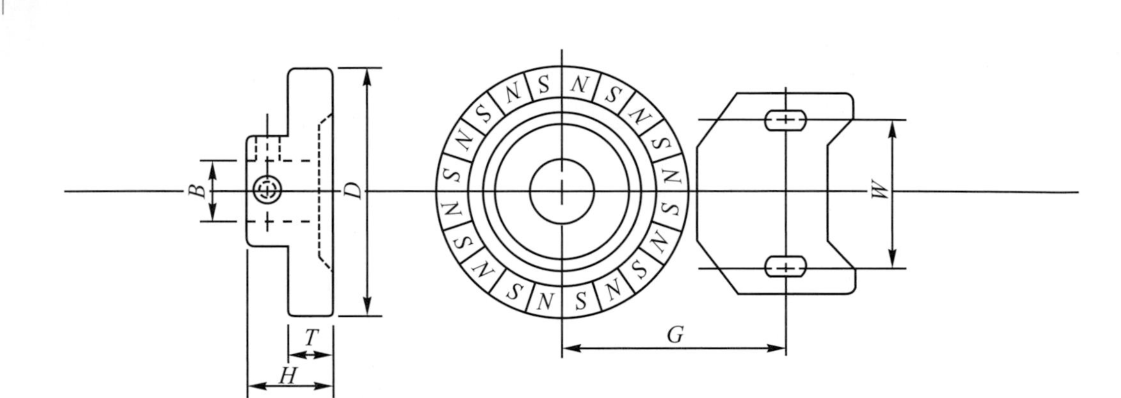

圖 8-6　霍爾旋轉感測器實物照片(續)

從上述的示意圖很清楚地看到霍爾旋轉編碼器的功用和光學旋轉編碼器完全一樣，只是光學編碼器的解析度可以做到非常高(1024 P/R 或 4096 P/R：旋轉 1 圈產生多少脈波 P/R)。而磁性編碼器大都在 100 P/R 以內。

所以對旋轉編碼器的應用情形可概分爲

⑴　旋轉了多少圈？…………………………………………………… 圈數控制

⑵　轉速是多少？………………………………………………………… 轉速控制

⑶　旋轉角度有多大？…………………………………………………… 角度控制

⑷　旋轉所造成的直線位移是多少？ ………………………………… 位移控制

從上述歸納得知旋轉編碼器是產業自動化不可或缺的重要感測器，因自動化控制中，圈數控制、轉速控制、角度控制及位移控制是整個自動生產的主要制動項目。接著我們將以旋轉編碼器來完成這四種主要應用項目的實習。

8-3 旋轉編碼器的基本實習

實習目的

1. 了解光學編碼器的使用方法及其應用。
2. 了解磁性(霍爾)旋轉編碼器的使用方法及其應用。

實習項目

1. 基本信號量測——脈波輸出。
2. 旋轉偵測：圈數、轉速(rpm)和正反轉判斷。

實習架構設計

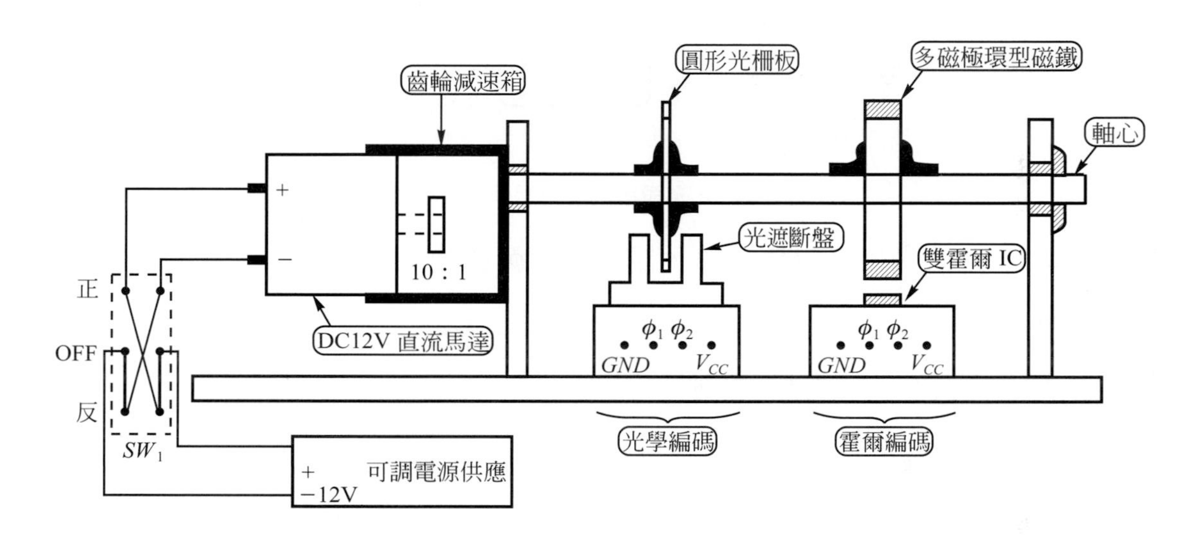

圖 8-7 旋轉偵測之實習架構設計

這個實習架構只是把光學式旋轉編碼器和霍爾旋轉編碼器組裝在同一個基座上，由小型直流齒輪馬達帶動，並由SW_1雙刀雙投開關，切換電源極性而做正反轉的選擇。可調電源供應器則能提供不同的電壓給直流馬達而達到轉速的改變和設定。

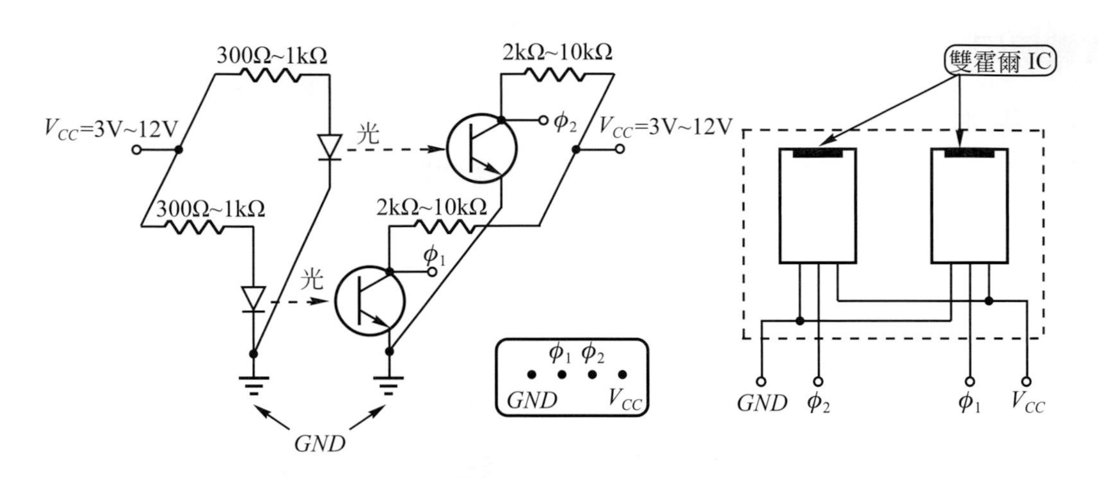

圖 8-8 光學與霍爾旋轉編碼器之接線

若霍爾IC的輸出是集極開路，請在ϕ_1，ϕ_2各接一個約2k～10k的電阻，到系統上的*Vcc*。

實習步驟與記錄——信號量測

(1) 可調電源供應器，調其電壓爲DC 12V給直流馬達使用。

① 測光學編碼器的ϕ_1和ϕ_2，並繪其波形(V_{CC}使用12V)。

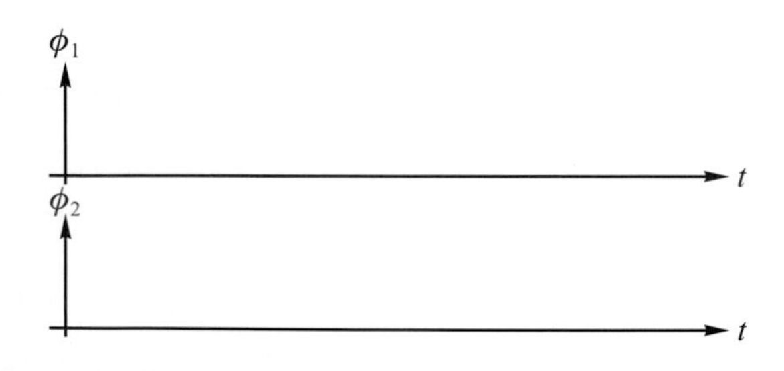

圖 8-9 光學編碼波形記錄

② 測霍爾旋轉編碼器的ϕ_1和ϕ_2，並繪其波形(V_{CC}使用12V)。

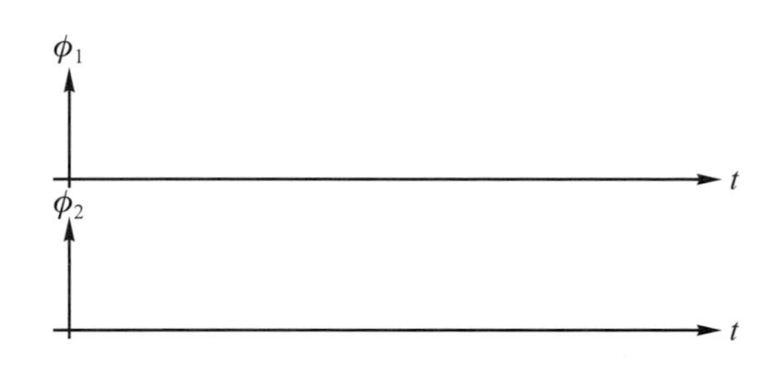

圖 8-10　霍爾編碼波形記錄

⑵　把可調電源供應器，調其電壓比 DC 12V 小(約 8～10V)，然後再觀ϕ_1和ϕ_2的波形是否有變化(指的是頻率的改變)。

※此目的乃告知不同的電壓會使馬達產生不同的轉速。至於如何控制各種馬達的轉速，則必須參考相關馬達控制書籍。

實習步驟與記錄——旋轉圈數計算

⑴　目前使用的圓形光柵板共刻劃成 20 組透光與不透光的光柵，所以當馬達轉 10 圈，經齒輪箱減速$\frac{1}{10}$後，軸心只轉 1 圈，其產生 20 個脈波。反過來計算脈波的個數便能知道軸心轉了幾圈，同時也知道馬達轉了幾圈。因而可以達到旋轉圈數的控制。※請看圖 8-11。

⑵　若SW撥在Y_D，而脈波計數器的數值爲 23，則代表了

①　軸心轉了幾圈？________

②　馬達轉了幾圈？________

⑶　若SW撥在Y_M，而脈波計數器的數值爲 240，則代表了

①　軸心轉了幾圈？________

②　馬達轉了幾圈？________

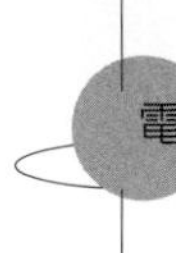

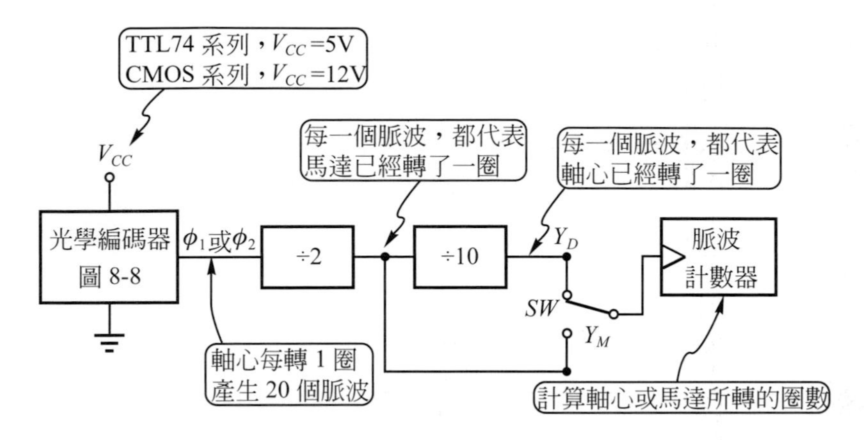

圖 8-11　旋轉圈數計算之方塊圖

實習步驟與記錄——旋轉圈數的設定與控制

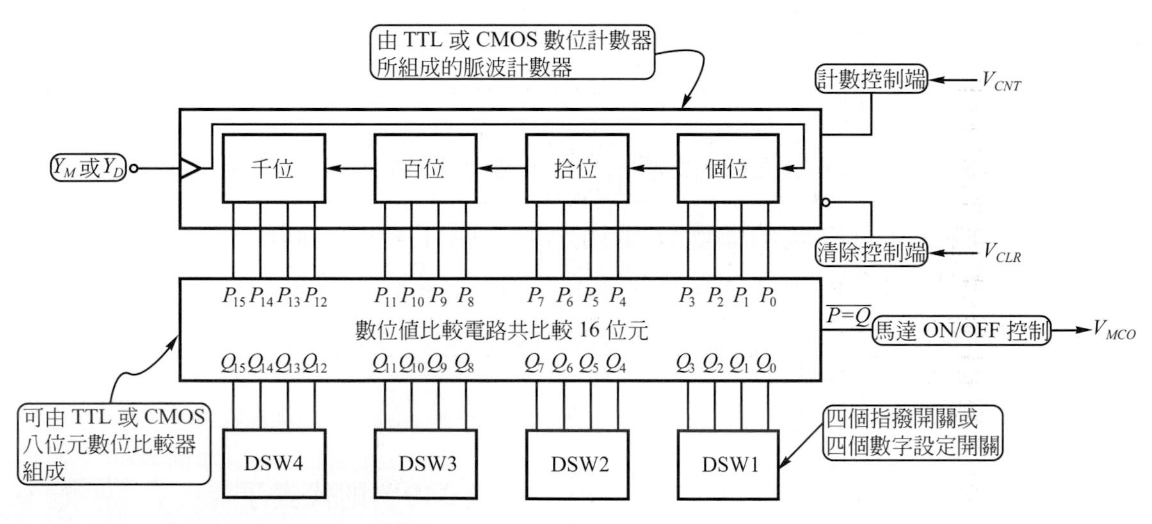

圖 8-12　旋轉圈數控制系統方塊

(1) Y_M和Y_D乃來自(÷2)和(÷20)的輸出，分別代表馬達或軸心轉動時，所產生的脈波信號。

(2) 脈波計數器則計算輸入脈波(Y_M或Y_D)的脈波個數，用以代表總共轉了多少圈？

(3) 脈波計數器以 BCD 碼組成千、百、拾、個共四位數，而有16位元的輸出線。即($P_{15}P_{14}P_{13}\cdots\cdots P_1P_0$)。

(4) DSW_4、DSW_3、DSW_2、DSW_1四個設定開關，可組成16位元資料，用以設定所需旋轉的圈數，即($Q_{15}Q_{14}Q_{13}\cdots\cdots Q_1Q_0$)。

(5) 首先把清除控制端(V_{CLR})加入邏輯 0，把脈波計數器全部清除爲“0”(由0開始計數的意思)。然後計數控制端V_{CNT}加邏輯1便能正常計數，則($P_{15}P_{14}P_{13}\cdots\cdots P_1P_0$)將由0開始增加，一直到……。

(6) 當($P_{15}P_{14}P_{13}\cdots\cdots P_1P_0$)＝($Q_{15}Q_{14}Q_{13}\cdots\cdots Q_1Q_0$)的時候，代表所旋轉的圈數和預先所設定的圈數相同了，則於比較電路($\overline{P=Q}$)馬達ON/OFF控制端(V_{MCO})將產生控制信號，而把馬達切到OFF，便停止旋轉。

※至於馬達的旋轉慣性，可使用附有煞車系統的馬達，便能達到立即停止的目的。然一般設計均會先減速再煞車。

(7) 若是使用Y_D當脈波計數器的輸入信號，且(DSW_4～DSW_1)設定爲$(2001)_{10}$時，則

① 軸心轉了多少圈？________

② 馬達轉了多少圈？________

(8) 若是使用Y_M當脈波計數器的輸入信號，且(DSW_4～DSW_1)設定爲$(3658)_{10}$時，則

① 軸心轉了多少圈？________

② 馬達轉了多少圈？________

(9) 在$(3658)_{10}$的設定值下，脈波信號來自ϕ_1或ϕ_2時，

① 軸心轉了多少圈？________

② 馬達轉了多少圈？________

實習步驟與記錄——轉速計算

(1) 若光學編碼器有20個光柵(旋轉一圈產生20個脈波變化)，則此時馬達的轉速是多少呢？(以DC12V的值計算之)。

Ans：若DC12V時，光學編碼器所得到的脈波(ϕ_1或ϕ_2)，其頻率為N

N：代表每一秒鐘所得到的脈波數

$\frac{N}{20}$：代表每一秒鐘所轉的圈數

$$\left(\frac{N}{20}\right)[\text{圈}/\text{秒}] \times 60[\text{秒}/\text{分}] = 3N\text{圈}/\text{分}$$

$3N$：代表每一分鐘所轉的圈數。此為軸心的轉速(rpm)。

rpm(軸心的轉速)$=3N$……代表馬達軸心每一分鐘轉了$3N$。

圓軸心乃由齒輪箱帶動，其比例為10：1，所以

馬達的轉速$=3N\times 10= 30N$……代表馬達每一分鐘轉了$30N$。

如此一來便能由脈波的頻率，知道馬達的轉速是多少。若把脈波的頻率透過(F/V C)頻率對電壓的轉換器，便能得到該轉速時的電壓值，便能依此完成閉迴路的馬達轉速控制，而達定速運轉的設定。

(2) 若霍爾旋轉編碼器的多磁極共有12組N、S磁極，請以實際量測到的數據，計算目前馬達的轉速是多少？

① 所測得的頻率＝________。

② 每一秒鐘軸心轉了幾圈？________。

③ 軸心的rpm＝________。

④ 馬達的rpm＝________。

⑶ 轉速計算與量測的方塊圖如下所示

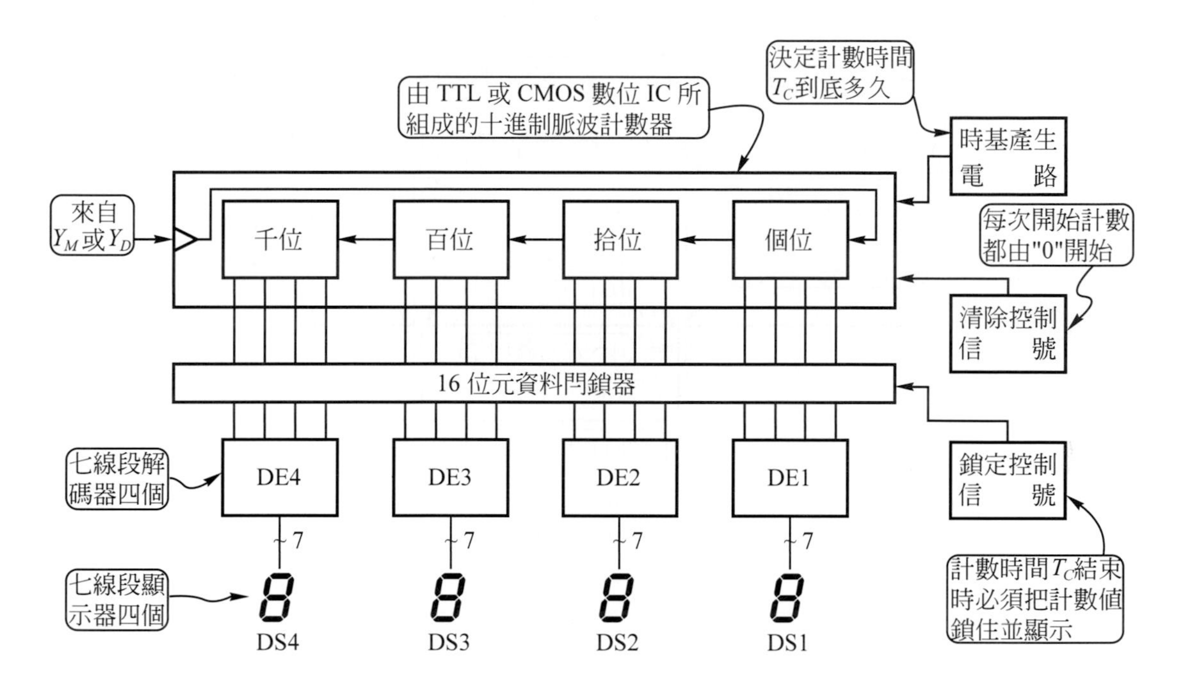

圖 8-13 轉速計算的系統方塊圖

⑷ 轉速計算時序說明：圖 8-14

⑸ 若每一次計數所得到數值都相同，則代表設馬達的轉速非常穩定。

⑹ 若脈波計數器的輸入脈波來自Y_D(每一個脈波代表軸心轉了一圈)，且 $T_C=6$ 秒鐘，而所顯示的數字是$(365)_{10}$，則

① 軸心的 rpm = ________。

② 馬達的 rpm = ________。

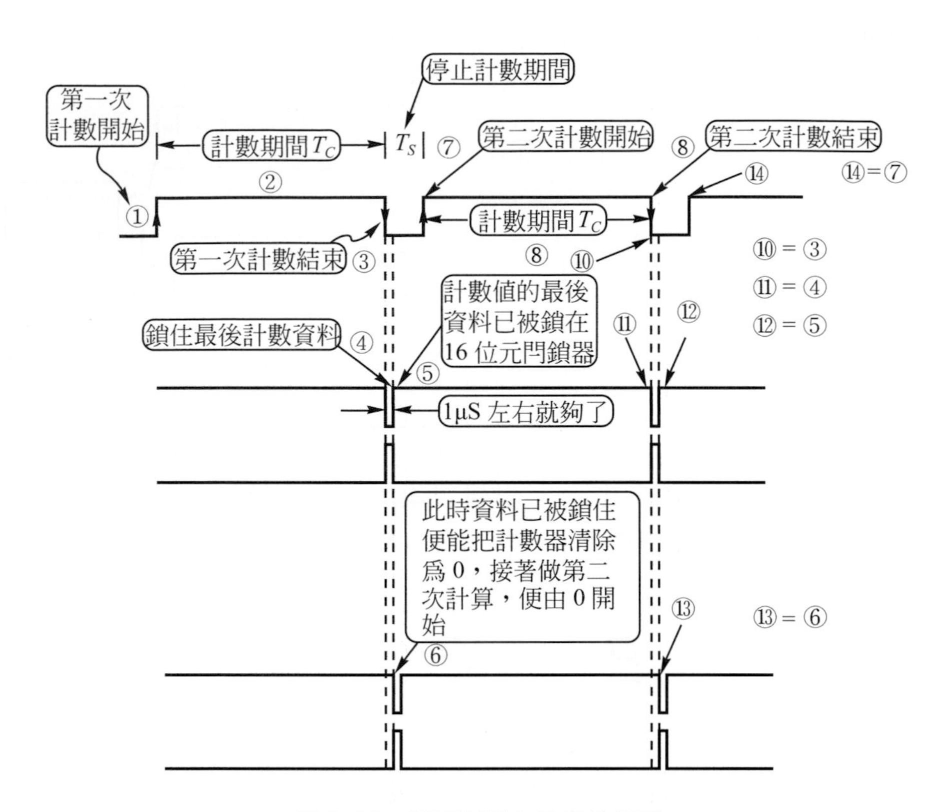

圖 8-14　轉速量測之時序分析圖

要把圖 **8-13** 的線路做出來，再來做本實習，雖不難但花費時間太長，僅提供意見如下：

(1)詳細線路分析請參閱高立圖書公司“邏輯設計與思考實驗”乙書，第十六章或台科大圖書“感測器原理與應用實習”第九章。

(2)用變通的方法來做本實習。

(7) 變通方法測轉速

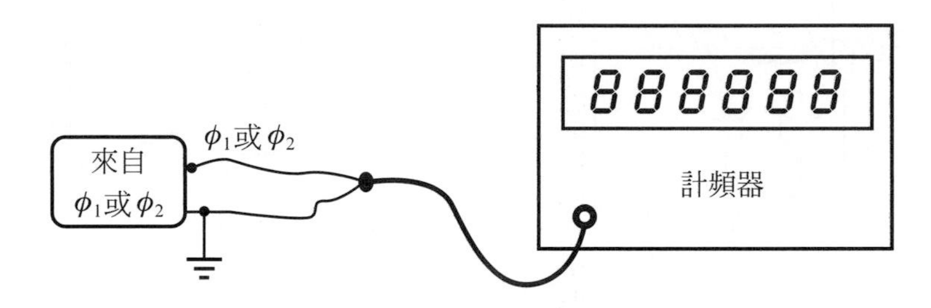

圖 8-15　變通方法的轉速量測

(8) 因軸心帶動光柵板，軸心每轉 1 圈ϕ_1或ϕ_2將產生 20 個脈波，而軸心乃經齒輪箱減速 1/10，則相當於馬達已轉了 10 圈。如此一來則代表每 2 個脈波就代表馬達已轉了 1 圈。

計頻器乃顯示 1 秒鐘有多少個脈波的儀器。若計頻器所顯示的數值是 100，即代表ϕ_1或ϕ_2的頻率為 100Hz，表示 1 秒鐘ϕ_1或ϕ_2各自產生 100 個脈波。

(9) 100 脈波／秒÷2 脈波／轉＝ 50 轉／秒，表示馬達每秒的轉速rps為 50 (即每秒馬達轉了 50 圈)。

(10) 50 轉／秒 × 60 秒／分＝ 3000 轉／分，表示馬達每分鐘的轉速 rpm 為 3000(即每分鐘馬達轉了 3000 圈)。

(11) 若計頻器所顯示的數目是 80，請問：

① 軸心的 rps ＝________，rpm ＝________。

② 馬達的 rps ＝________，rpm ＝________。

實習討論

(1) 旋轉編碼器，可能被用到哪些地方呢？

Ans：請看圖說故事。

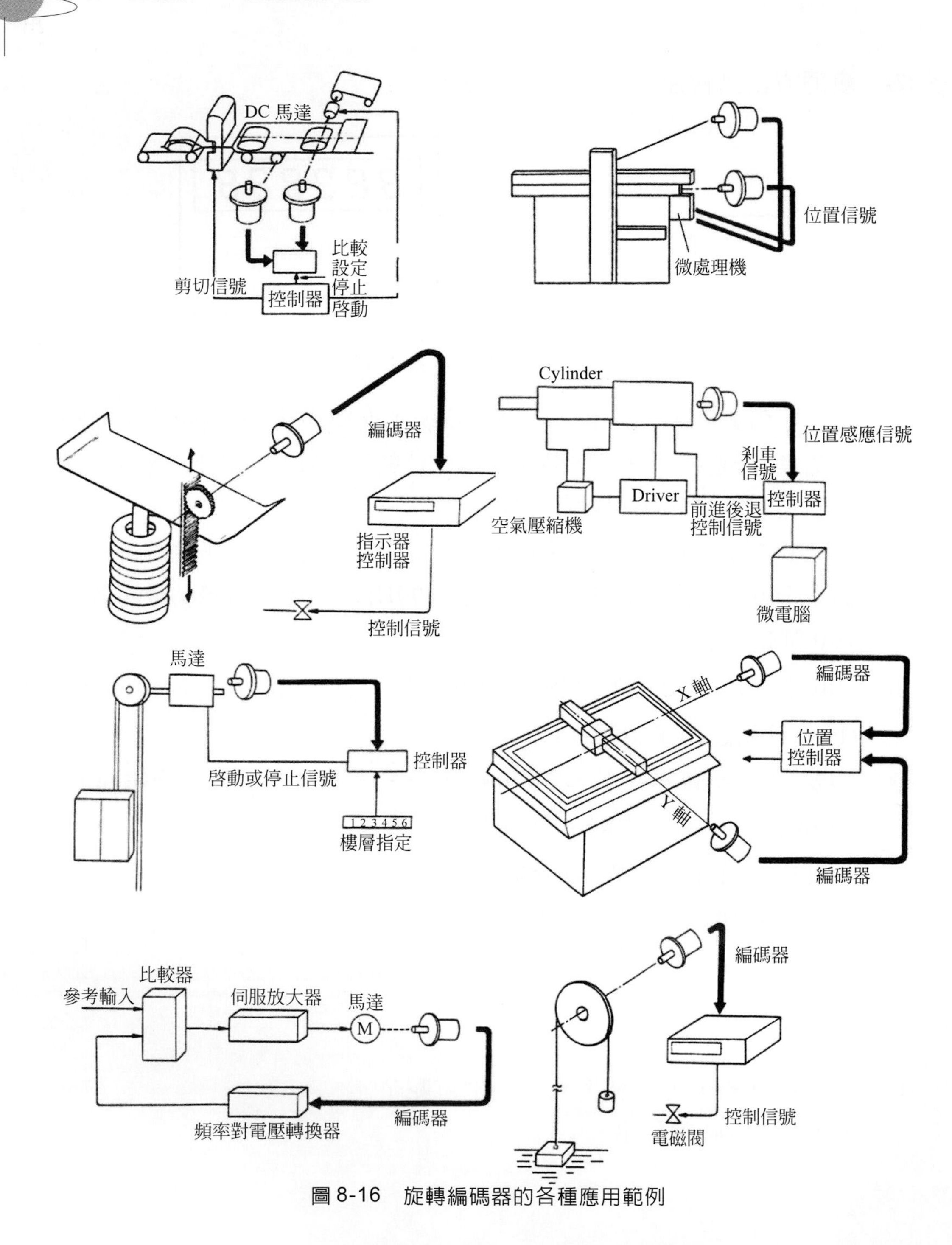

圖 8-16　旋轉編碼器的各種應用範例

⑵　絕對型編碼與增量型編碼之結構大致如何？

Ans：請看圖說故事。

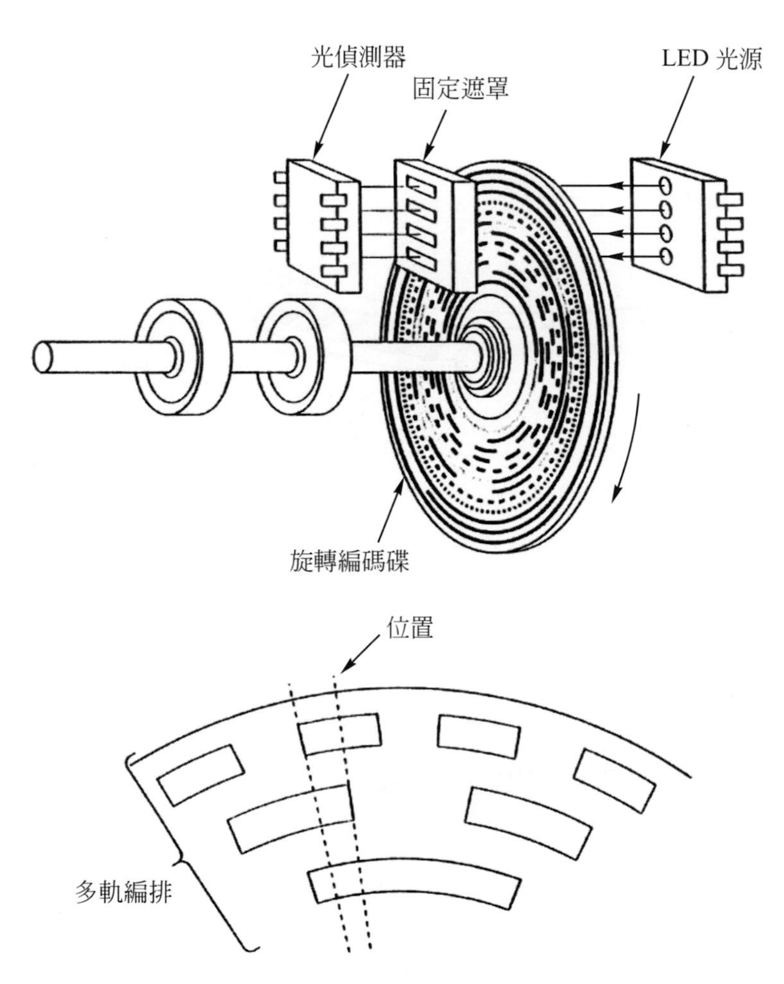

圖 8-17　絕對型編碼器結構圖

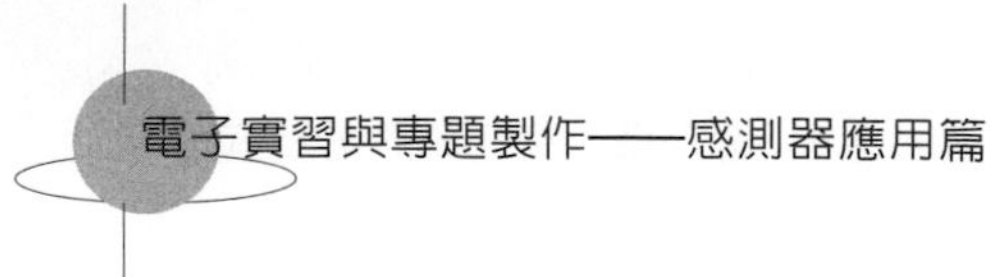

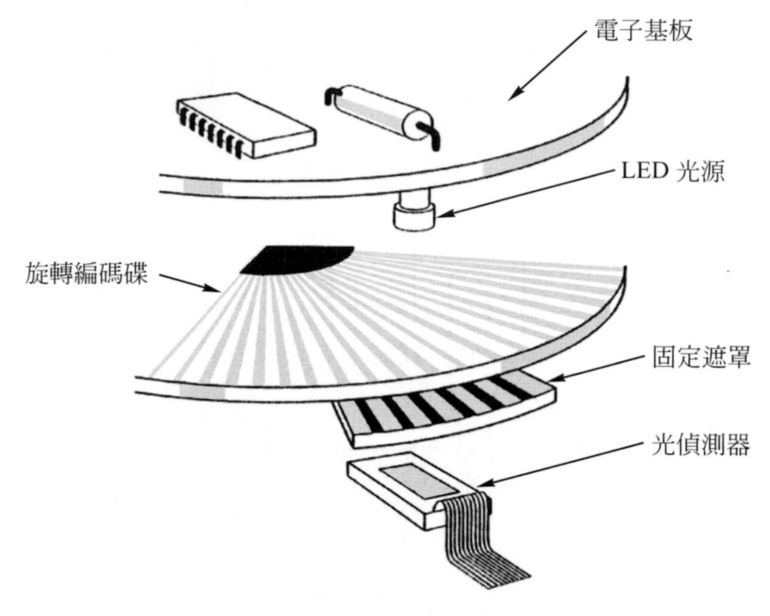

圖 8-18　增量型編碼器結構圖

(3)　學以致用——專題設計

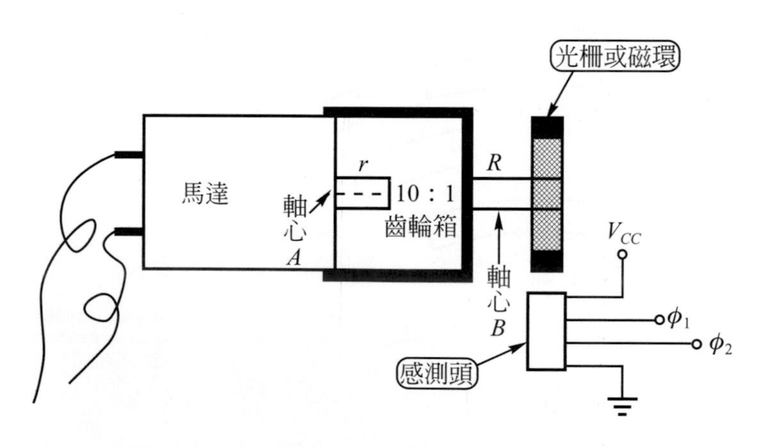

ϕ_1與ϕ_2的脈波乃 20P/R
軸心每轉 1 圈，則產生
20 個脈波

圖 8-19　設計題意說明

① 請設計一個可以計算馬達所轉的圈數，馬達每轉到 500 圈便停止。
※目前ϕ_1和ϕ_2乃齒輪箱的編碼輸出。

② 請設計一個轉速計，並且能顯示四位數的轉速指示，所顯示的數值是 rpm 而不是 rps。

③ 請設計一個能由ϕ_1和ϕ_2判斷正反轉的電路。

❶ 正轉綠燈亮，反轉紅燈亮。

❷ 正轉時：正轉輸出端F_1的頻率和ϕ_1一樣，$R_1 = 1$。

❸ 反轉時：$F_1 = 1$，R_1的頻率和ϕ_1一樣。

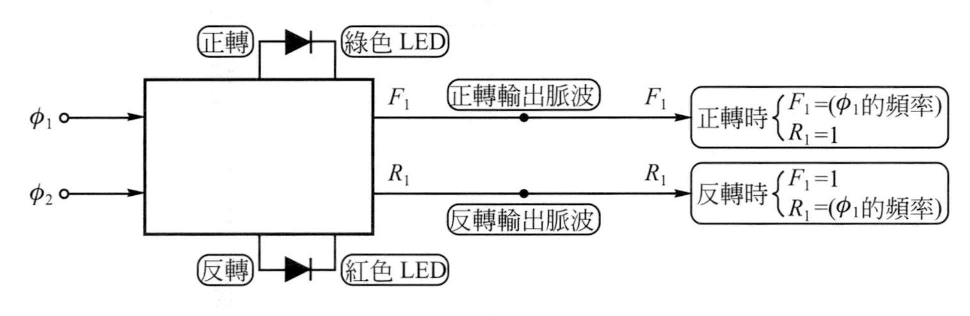

圖 8-20 正反轉判斷電路說明

※(3)的詳細原理及設計方法，請參閱**8-4**節。

8-4 旋轉編碼器之正反轉判斷電路應用實習

實習目的

1. 怎樣由ϕ_1和ϕ_2判斷正轉與反轉。
2. 正、反轉判斷電路的設計。

原理說明

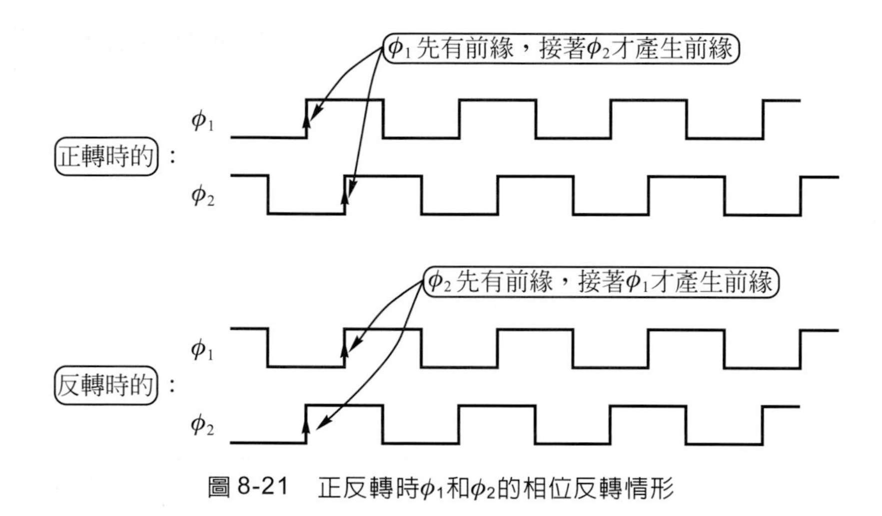

圖 8-21　正反轉時ϕ_1和ϕ_2的相位反轉情形

若單就ϕ_1和ϕ_2而言，ϕ_1先產生前緣時若為正轉，則當ϕ_2先產生前緣就為反轉，則此時便能以

檢查ϕ_1和ϕ_2誰先產生前緣狀態，即能判斷正、反轉。

正轉分析：圖 8-22，8-23

正轉的時候，ϕ_2的前緣正好是ϕ_1的邏輯 1，而對D型正反器而言，若CLOCK的前緣時，將使$1Q=D$，因$D=\phi_1=1$，所以$1Q=1$。而$F_1=1Q\cdot\phi_1$，則$F_1=\phi_1\cdot 1=\phi_1$。且在$1Q=1$時，$1\overline{Q}=0$，$Y_F=1\overline{Q}=0$。故LED1 ON。

反轉分析：圖 8-22，8-23

反轉的時候，ϕ_2的前緣正好是ϕ_1的邏輯 0，而對D型正反器而言，在CLOCK的前緣時，將使$1Q=D$，且因$D=\phi_1=0$，所以$1Q=0$，則$1\overline{Q}=1$。而$R_1=1\overline{Q}\cdot\phi_1=1\cdot\phi_1=\phi_1$，而此時$Y_R=\overline{1\overline{Q}}=\overline{1}=0$，則LED2 ON。

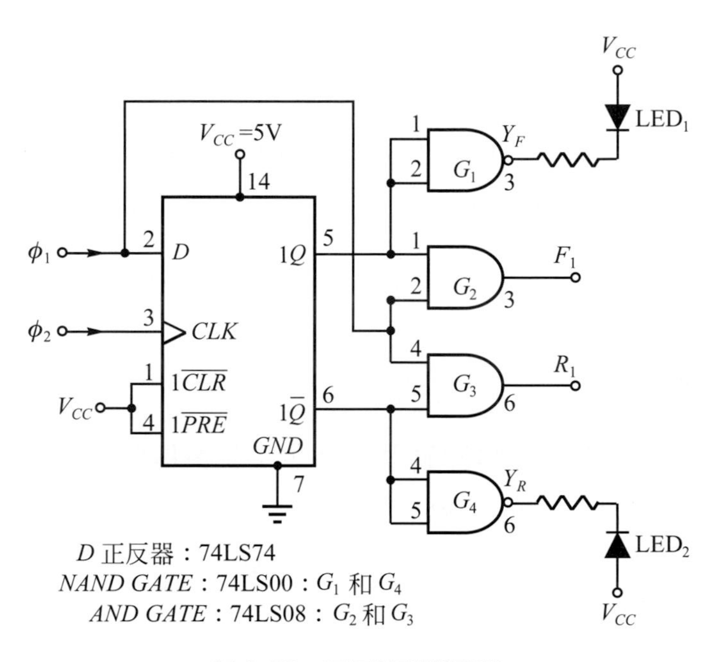

圖 8-22　正反轉判斷電路

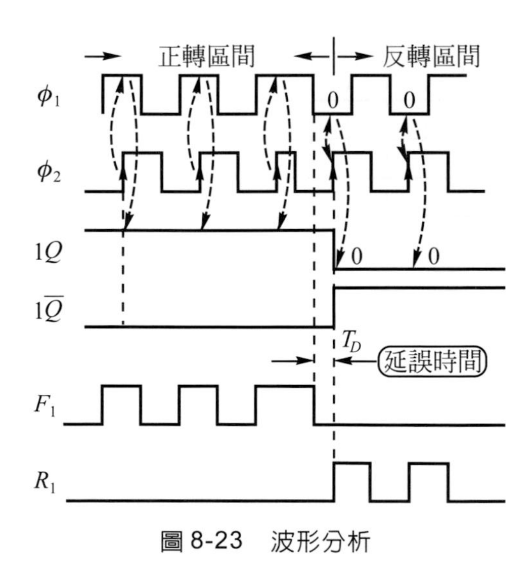

圖 8-23　波形分析

總結分析：

$$\text{正轉時：}\begin{cases} F_1 = \phi_1，R_1 = 0(\text{若想 } R_1 = 1\text{，則只要加反相器}) \\ 1Q = 1，Y_F = 1\overline{Q} = 0\text{，LED1 ON。} \end{cases}$$

$$\text{反轉時：}\begin{cases} F_1 = 0，R_1 = \phi_1(\text{若想 } F_1 = 1\text{，則只要加反相器}) \\ 1\overline{Q} = 1，Y_R = \overline{1\overline{Q}} = 0\text{，LED2 ON。} \end{cases}$$

實習步驟與記錄

(1) 若有光學(或霍爾)旋轉編碼器，產生ϕ_1和ϕ_2信號時，請依序完成實習記錄。否則請跳到(3)的步驟。

(2) 讓馬達做某一定速旋轉，請計算ϕ_1和ϕ_2的頻率是多少？

① ϕ_1和ϕ_2的頻率＝________f。

② 若倒算回去，馬達的轉速 rpm＝________。

③ 請繪出ϕ_1、ϕ_2和F_1、R_1的波形。

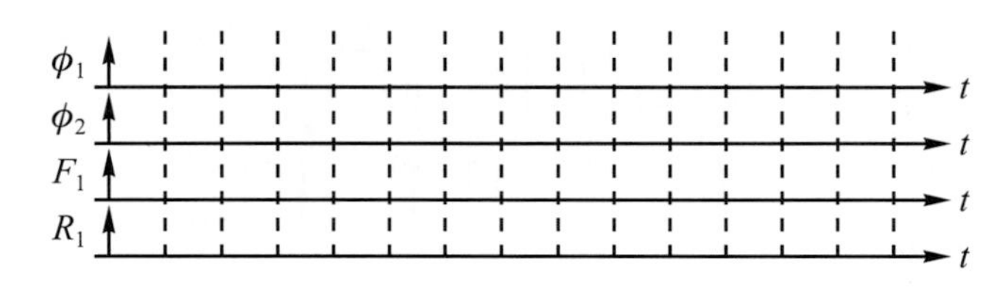

圖 8-24　波形記錄(一)

④ 請把馬達的電源極性反轉(即＋、－對調)，然後再繪製ϕ_1、ϕ_2和F_1、R_1的波形。

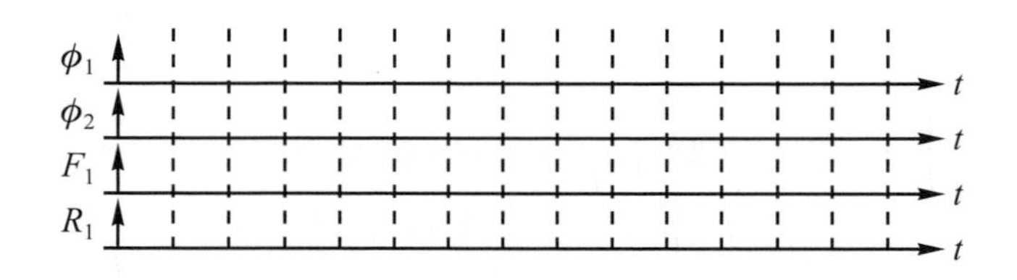

圖 8-25　波形分析記錄(二)

(3) 當沒有編碼器產生ϕ_1和ϕ_2時，想做正、反轉判斷電路實習，則可自行先產生相類似的波形。

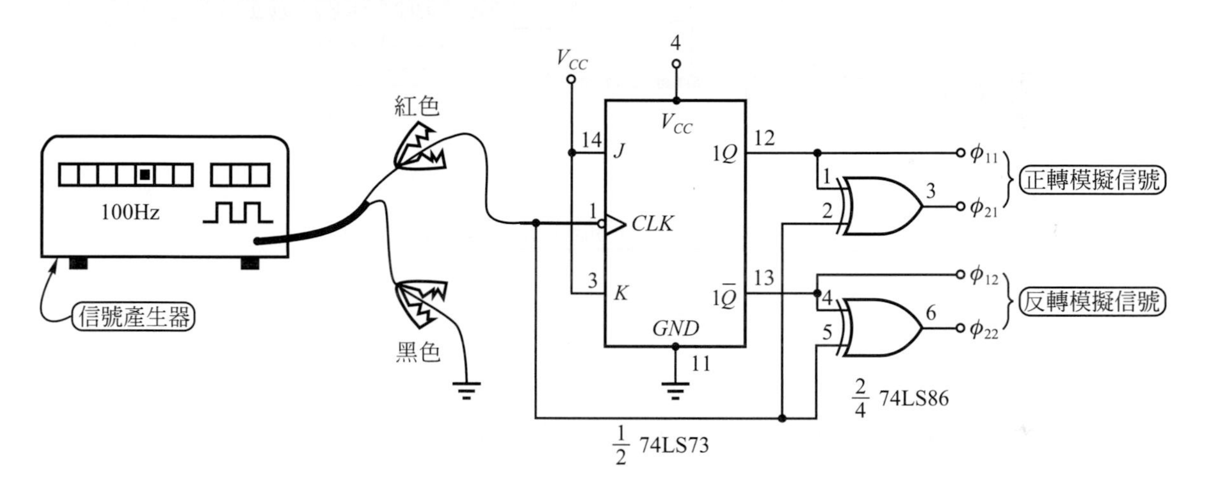

圖 8-26　產生ϕ_1和ϕ_2的模擬電路

(4) 請用示波器觀測(ϕ_{11},ϕ_{21})和(ϕ_{12}和ϕ_{22})分別代表正反轉時的ϕ_1和ϕ_2。(即ϕ_{11}和ϕ_{21}或ϕ_{12}和ϕ_{22}爲相差 90°的脈波波形)。

(5) 用ϕ_{11}和ϕ_{21}代表正轉，並做圖 8-24 的波形記錄(一)。

(6) 用ϕ_{12}和ϕ_{22}代表反轉，並做圖 8-25 的波形記錄(二)。

(7) ϕ_{11}(或ϕ_{12})加到圖 8-22 的ϕ_1。

(8) ϕ_{21}(或ϕ_{22})加到圖 8-22 的ϕ_2。

實習討論

請您設計一組正、反轉控制系統，動作要求如下：

(1) 馬達乃DC12V，雙出軸，光柵為100個透光孔。

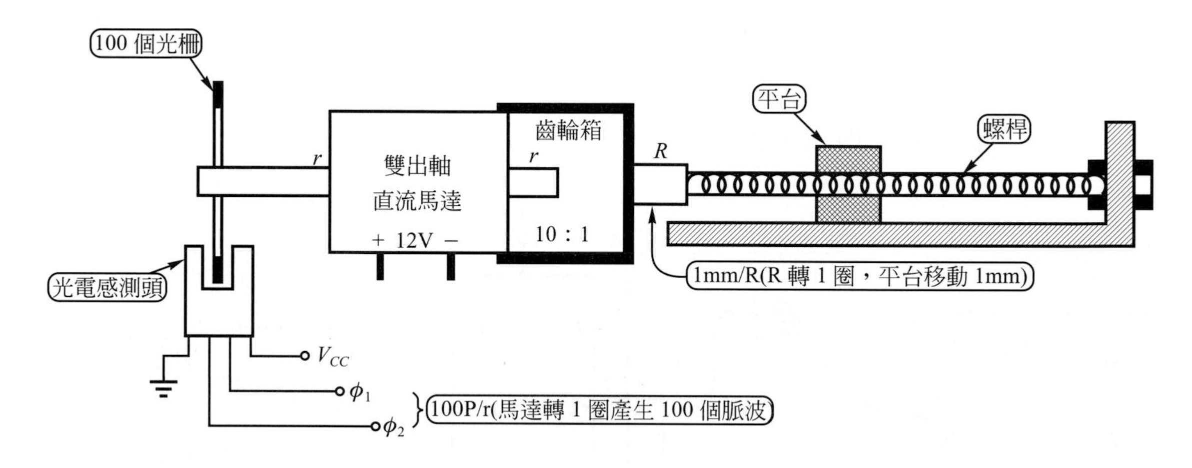

圖 8-27　水平移位控制系統

(2) DC12V極性相反時，馬達反轉。

(3) 齒輪箱減速比為10：1，且齒輪箱轉軸R每轉一圈，螺桿帶動平台移動1mm。

(4) 請您完成平台左右來回各20mm。(即向右20mm後，再向左20mm的來回平移運動)。

(5) 必須顯示前進右移和後退左移的狀態指示。

提示

① 左右20mm平移，表示R正轉20圈然後反轉20圈。

② R轉20圈，倒算回來，馬達軸心r必須轉200圈。

③ r轉200圈，表示ϕ_1(或ϕ_2)必須產生20000個脈波。

④ 設計20000的數位比較(參閱圈數控制的實習)。

⑤　設計正、反轉判斷電路。

⑥　處理馬達電源極性對調的電路。

8-5 旋轉角度量測實習

實習目的

(1)　了解角度量測的方法及所用的感測器。

(2)　設計各種旋轉角度量測線路。

原理說明

事實上角度量測和定位的方法有很多，於此我們將捨棄電機方式的同步器或解角器，而以一般較常用的電位計及磁阻角度感測器，或以旋轉編碼完成角度的量測，做爲本單元的主要內容。

1. 電位計角度感測——電阻對角度的轉換

事實上電位計就是一個非常精密的旋轉型可變電阻，並且它也被做成能夠旋轉 360°，甚至連續旋轉。不同的旋轉角度就會得到不同的電阻。所以說電位計乃電阻對角度的轉換。

從符號上就很容易了解旋轉電位計，事實上，就是一個可變電阻而已。只是它很精密，價格也不便宜，大都數千元。

總阻值$R_T = R_{13} + R_{32}$(且爲線性度很好的可變電阻)。

電阻與角度比值爲：$\frac{R_T}{360^\circ} = \alpha$……每 1°的電阻值。

我們能以最簡單的分壓法或定電流法，把電阻的改變量轉換成電壓，便能以電壓的高低代表角度的大小。

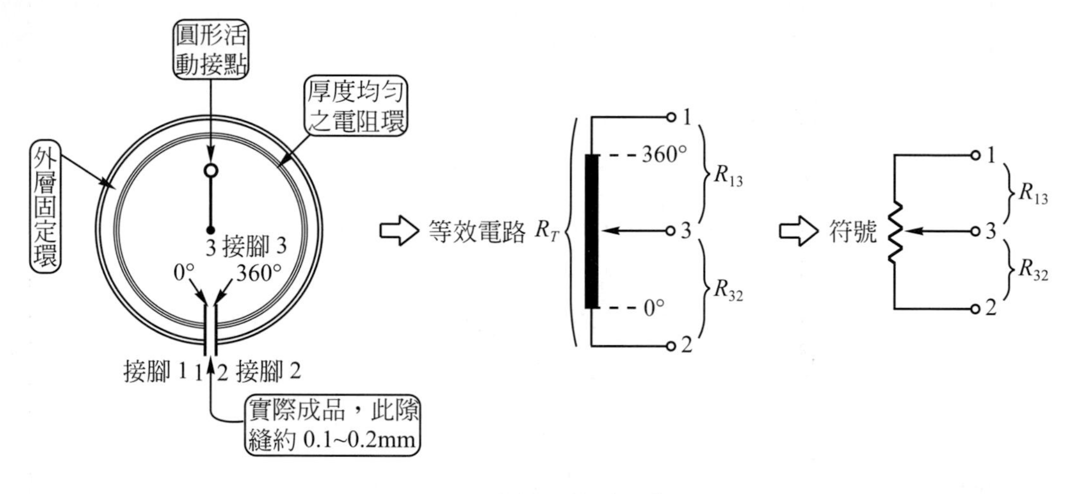

圖 8-28　旋轉電位計示意圖

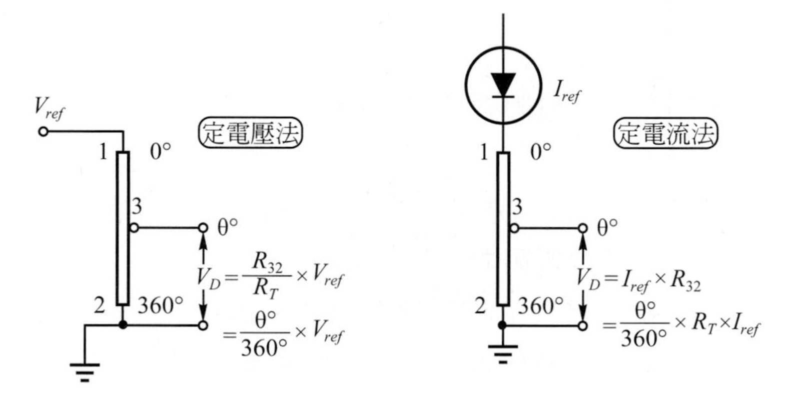

圖 8-29　角度轉換成電壓大小的方法

2. 旋轉編碼器之角度量測——脈波數對角度的轉換

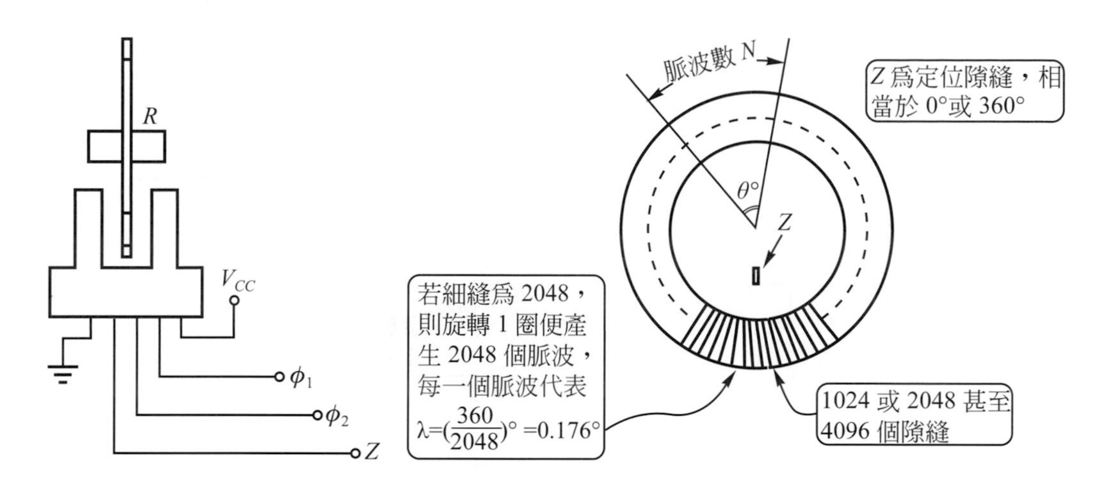

圖 8-30　旋轉編碼器當做角度量測示意圖

若細縫有 2048 個，則解析度爲 2048 P/R……每轉一圈產生 2048 個脈波。亦代表每轉 360°將輸出 2048 個脈波，所以每一個脈波所代表的角度α

$$\alpha=\frac{360^\circ}{2048}\quad(\text{度／脈波})$$

當產生N個脈波的時候，代表角度θ°

$$\theta^\circ=\left(\frac{360^\circ}{2048}\right)\times N$$

N→由脈波數 N 的大小代表角度的大小

其中 Z 細縫乃當原點(起始點)，對旋轉而言就是 0°(或 360°)，即每當Z產生一個脈波即代表已經轉了一圈(360°)或說此時爲另一圈旋轉的開始(0°也)。

3. 磁阻型角度感測器——電阻對角度的轉換

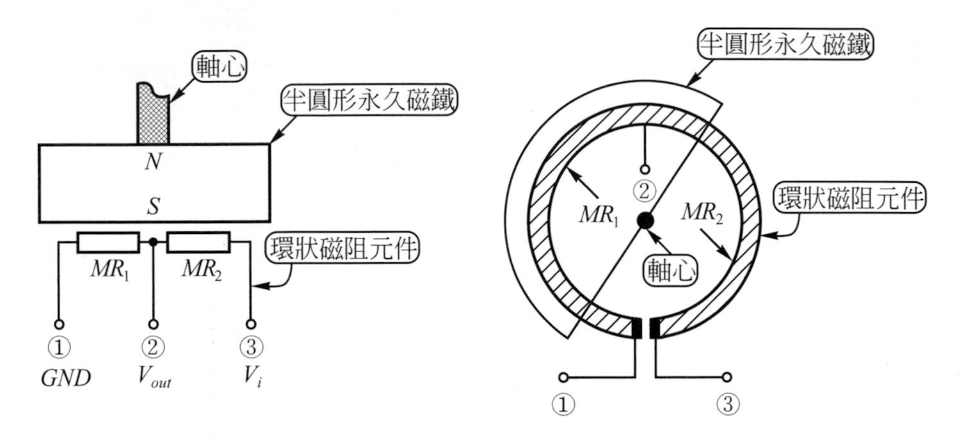

圖 8-31　磁阻角度感測器示意圖

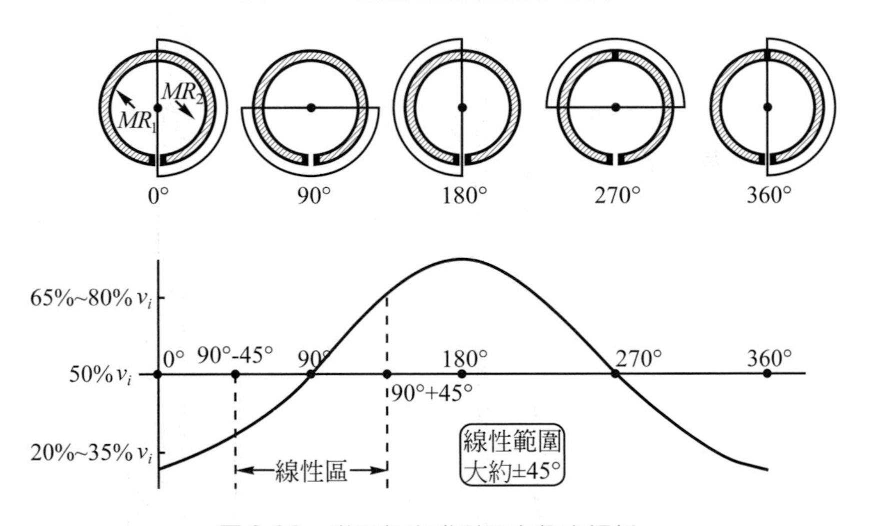

圖 8-32　磁阻角度感測器之角度解析

磁阻旋轉感測器最主要是因爲它不必相互接觸(沒有磨擦問題，旋轉電位計會因磨擦而損壞)，是靠磁場感應造成電阻變化，而得到不同角度會有不同的阻值。所以磁阻旋轉感測器，也可以看成是一個旋轉電位計(可變電阻是也)。除非轉軸鏽蝕而卡死，在額定電流範圍的使用情形下，磁阻旋轉感測器可看成是半永久性的產品。

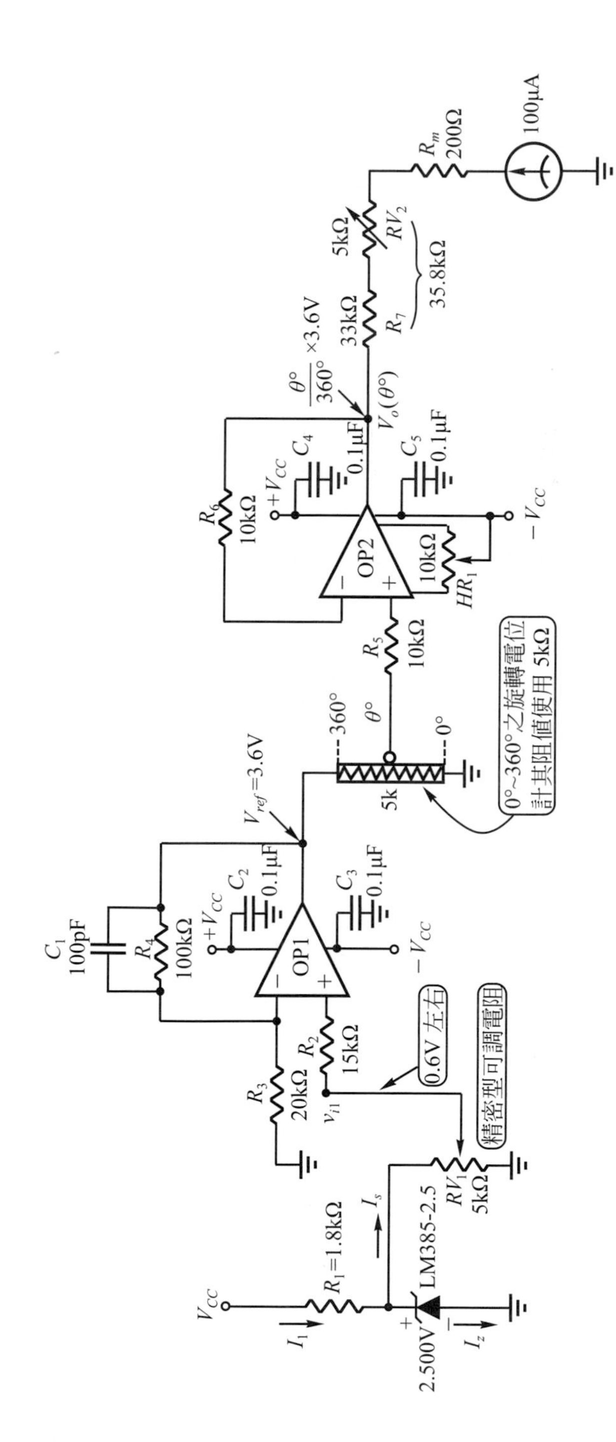

圖 8-33　旋轉電位計角度量測線路

1. 參考電壓部份

LM385-2.5 是一個溫度係數僅 20ppm/℃的參考電壓 IC，其標準電壓爲 2.500V±0.8％，而R_1是一個限流電阻，用以限制流入LM385-2.5 的電流。I_Z在 20μA～20mA 之間，LM385-2.5 都能有穩定的 2.500V±0.8％。

$I_1 = I_Z + I_S$，若選用$I_Z = 5\text{mA}$

$I_1 = 5\text{mA} + \frac{2.5\text{V}}{5\text{k}} = 5.5\text{mA}$，則$R_1 = \frac{V_{CC} - 2.5\text{V}}{I_1}$。若$V_{CC} = 12\text{V}$

$$R_1 = \frac{12 - 2.5\text{V}}{5.5\text{mA}} = 1.727\text{k}\Omega$$

故選用 1.8kΩ(或 1.5kΩ)的電阻取代R_1。而RV_1精密型可調電阻(可轉 10 圈的可變電阻)，乃做電壓設定使用。

2. 放大器部份

OP1 目前是當非反相放大器，其放大率爲R_3和R_4決定之，$A_{v1} = \left(1 + \frac{R_4}{R_3}\right) = \left(1 + \frac{100\text{k}}{20\text{k}}\right) = 6$ 倍，則可調整RV_1，使輸入電壓v_{i1}爲 0.6V，則OP1 的輸出電壓V_{ref}爲

$V_{\text{ref}} = v_{i1} \times A_{v1} = 0.6\text{V} \times 6 = 3.6\text{V}$……加到旋轉電位計

則旋轉電位計每轉動 1°的電壓變化量爲

$\frac{3.6\text{V}}{360^\circ} = 10\text{mV}$ ／度……每 1°改變 10mV

而 OP1 中的R_2(15k)[$\approx R_3 /\!/ R_4$]可減少偏壓電流所造成影響。C_2和C_3(及 OP2 的C_4和C_5 0.1μF)均爲電源之旁路電容可減少線路的電感效應，因而能降低電源雜波的干擾。OP1 加了一個回授電容C_1(100pF)，將使 OP1 具有低通濾波器的特性，便能把高頻雜訊給濾除。

3. 緩衝級部份

OP2只是一個電壓隨耦器，其目的乃阻抗隔離。而OP2的輸出電壓就能代表旋轉的角度了。所以

$$V_o(\theta^\circ)=\left(\frac{3.6\text{V}}{360^\circ}\right)\times\theta^\circ=10\text{mV}／度\times\theta^\circ$$

例如若旋轉了180°，即$\theta^\circ=180^\circ$時，$V_o(180^\circ)=10\text{mV}／度\times 180^\circ=1.8\text{V}$，我們就可以用1.8V代表180°了，則2.7V就代表270°。

4. 角度指示部份

因是用100μA的電流表，360°時，$V_o(360^\circ)=3.6\text{V}$，若3.6V直接接到100$\mu$A的電流表，會把電流表燒掉，所以必須加限流電阻$R_7$和$RV_2$，而$R_7+RV_2+R_m=\dfrac{3.6\text{V}}{100\mu\text{A}}=36.0\text{k}\Omega$。

當電流表的內阻$R_m=200\Omega$時，

$$R_7+RV_2=36.0\text{k}-200\Omega=35.8\text{k}\Omega$$

因而可用$R_7=33\text{k}$串聯RV_2 5k的可變電阻去調成$R_7+RV_2=35.8\text{k}\Omega$。

實習步驟與記錄

(1) 實習接線，如圖8-34。

(2) 調LB-01的RV_1，使$+V_r\approx 0.6\text{V}$。

(3) 調LB-05的RV_1，使$V_{\text{ref}}=3.6\text{V}$。

(4) 調旋轉電位計到0°，即LB-03的$V_1=0\text{V}$。再測LB-03的V_{o1}(即$V_o(\theta^\circ)$)，若$V_o(\theta^\circ)\neq 0\text{V}$，則調LB-03的$RV_1$，使$V_o(\theta^\circ)=0\text{V}$。

(5) 調旋轉電位計到360°，即LB-03的$V_1=3.6\text{V}$，則$V_o(360^\circ)=$______V。

(6) 調外加可變電阻RV_2，使指針指在100μA的位置。

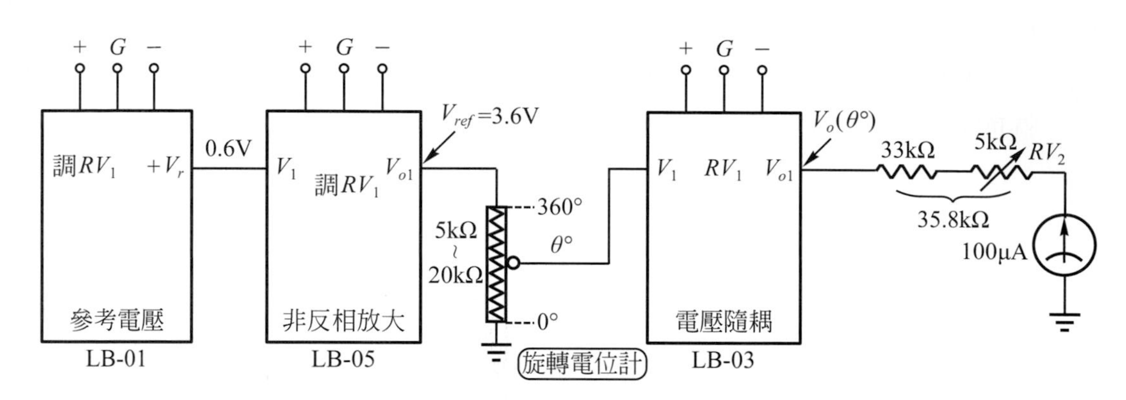

圖 8-34　旋轉電位計實習接線

(7) 拆下電流表的玻璃蓋，把μA改成(度)，且把 100μA改成 360°，50μA改成 180°。

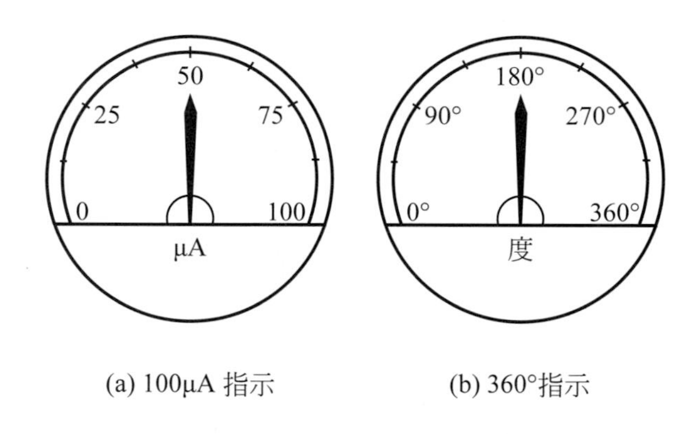

(a) 100μA 指示　　(b) 360°指示

圖 8-35　刻度指示的改變

實習討論

(1) 若V_{ref} = 1.8V 時，電位計每轉 1°，其電壓改變多少？
Ans：________V。

(2) 若採用定電流驅動，使用驅動電流I_{ref} = 1mA 時，電位計 0°～360°的總阻值為 5kΩ，則電位計每轉 1°，其電壓改變多少？

Ans：________V。

⑶ 請您設計定電流源爲1mA的電路，並完成0～360°旋轉時，得到0V～5V的電壓輸出。

⑷ 若以增量型光學編碼器當做角度量測器，已知光學編碼器的解析度爲1800 P/R(表示轉一圈會產生1800個脈波)。

① 每轉1，應產生多少個脈波？ Ans：________

② 若得到脈波數爲300個，則代表轉了幾度？ Ans：________

⑸ 請用 5k(0°～360°)的電位計，設計一組來回旋轉 90°的控制電路。即向右旋轉90°後，再向左旋轉90°。

⑹ 請用解析度爲1800 P/R的光學編碼器，完成上題的要求。

⑺ 搜集下列產品的資料各三份(三家不同廠商的產品)

① 旋轉電位計

② 光學編碼器

③ 磁阻旋轉角度感測器

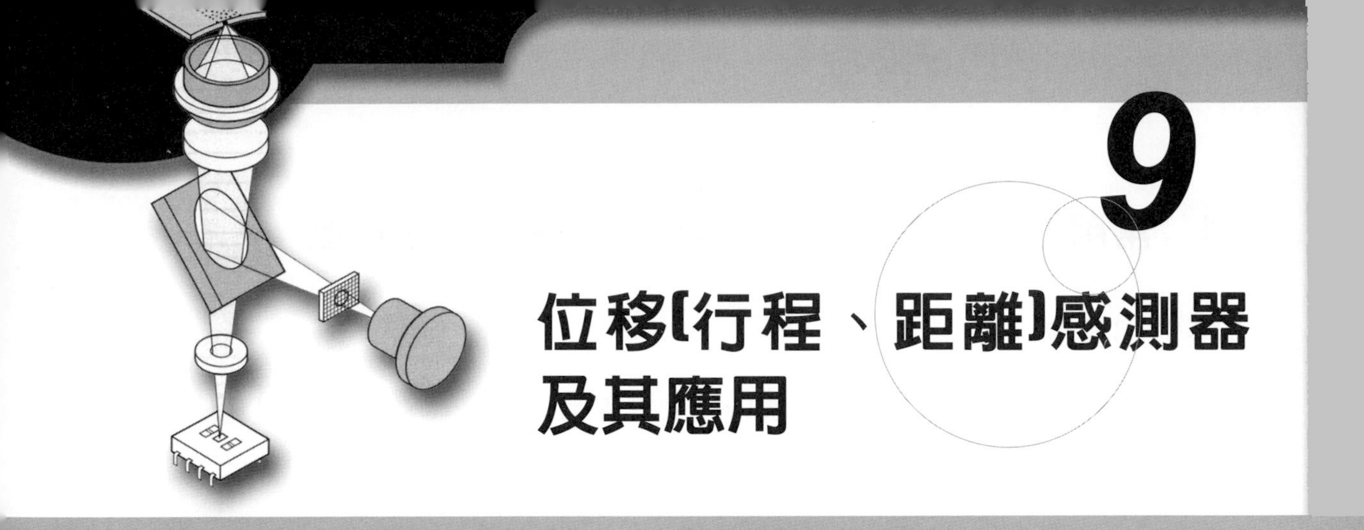

9 位移(行程、距離)感測器及其應用

位移、行程、距離的設定和量測是產業自動化中，應用得最多的項目，例如鑽孔要鑽多深，車床加工時、車刀進刀多少，要走多遠(車多長的意思)，沖床加工時，走多長要沖一下，甚至印表機的控制，……都是在做位移、行程、距離或深度的量測與控制。各種不同的應用有不同的做法，所以有關位移等感測器的種類也相當多。我們將以常用的方法爲本章內容，詳細說明其原理及應用方法並輔之以適當的實習。

學習目標

1. 了解位移、行程或量測與控制的方法。
2. 各種位移量測感測元件的認識及其使用方法。
3. 位移量測與控制範例的學習。
4. 位移量測與控制的應用實習。
5. 自製實用型位移量測。

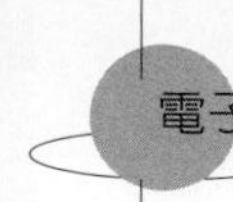

9-1 常用位移量測與控制方法(一)：等距位移控制

等距位移控制

等距位移控制，指的是每一次所走的行程都一樣，最常見的應用範例為自動鑽孔機，來回鑽洞。

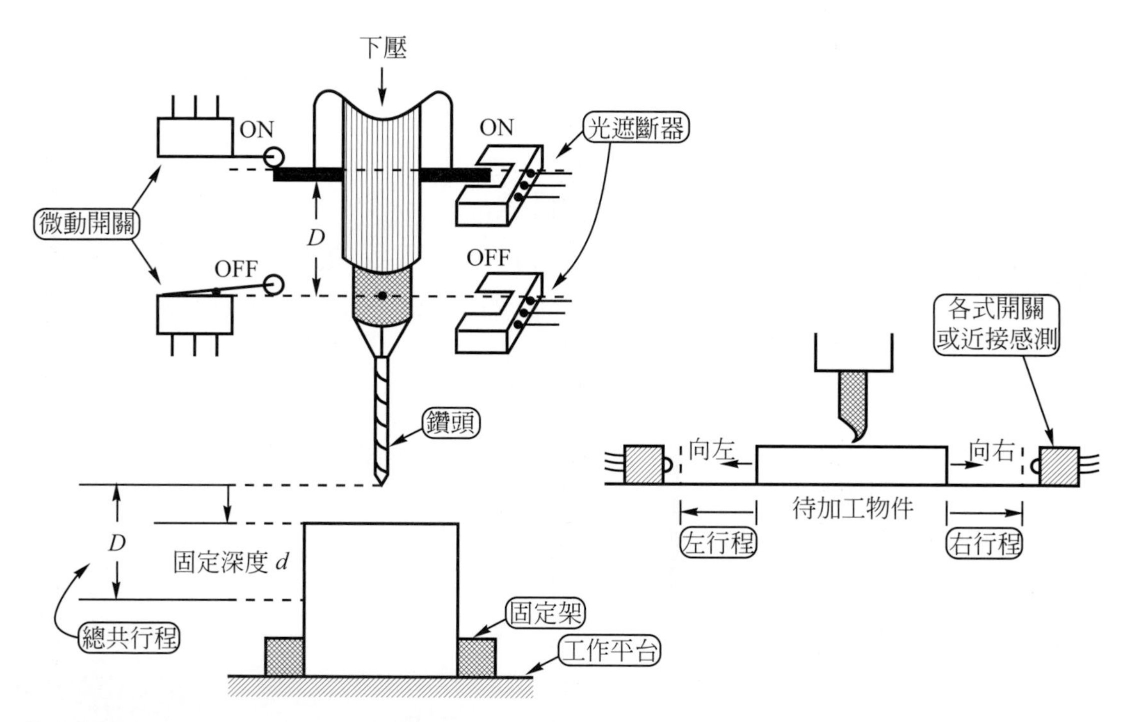

圖 9-1 等距位移設定與控制

等距位移設定和控制所用的感測器大都是 ON/OFF 型的感測開關，可參閱本書第五章，於此不再重複介紹。至於機械應用中可能以凸輪或曲柄等方式，完成固定距離來回運動的控制，請自行參閱一般機械傳動的相關書籍或資料。

9-2 常用位移量測與控制方法(二)：電阻尺位移量測

電阻尺位移量測

電阻尺位移量測，乃以精密的可變電阻當做量測工具，是一種線性滑動(不是像電位計用旋轉轉動)的可變電阻，我們一般稱之爲電阻尺。電阻尺之距離量測基本原理如下所示。

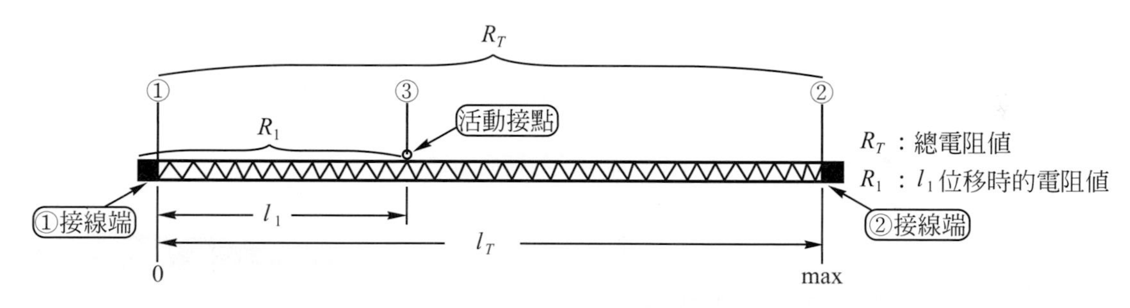

圖 9-2　電阻尺原理說明

電阻尺所採用的電阻分佈特性爲線性型，即位移的大小和阻值成正比。若以①爲起點，②爲終點，則③所移動的位移爲

$$\frac{R_1}{R_T}=\frac{l_1}{l_T}，l_1=\frac{R_1}{R_T}\times l_T$$

從圖 9-3 清楚地看到，可以使用定電壓(V_{ref})和定電流(I_{ref})去驅動，則所得到的輸出電壓 V_{O1} 或 V_{O2} 都和所移動的距離(位移) l_1 成正比。簡單地說就是：移動多少距離，就產生多少電壓，最後達到以輸出電壓 V_{O1} (或 V_{O2})代表位移的大小。

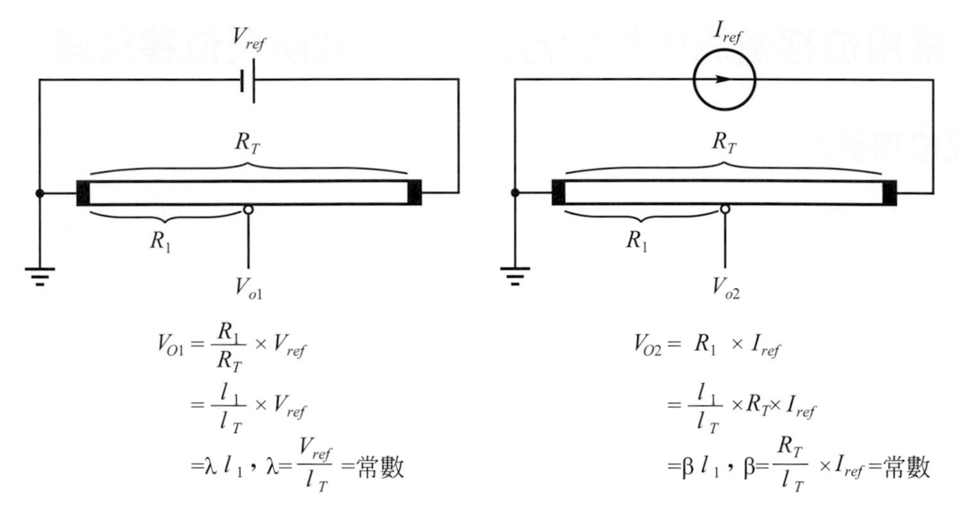

V_{ref}
I_{ref}
R_T
R_1
V_{o1}
V_{o2}
$V_{O1}=\frac{R_1}{R_T}\times V_{ref}$
$=\frac{l_1}{l_T}\times V_{ref}$
$=\lambda l_1$，$\lambda=\frac{V_{ref}}{l_T}$=常數
$V_{O2}=R_1\times I_{ref}$
$=\frac{l_1}{l_T}\times R_T\times I_{ref}$
$=\beta l_1$，$\beta=\frac{R_T}{l_T}\times I_{ref}$=常數

圖 9-3　電阻尺的轉換方法

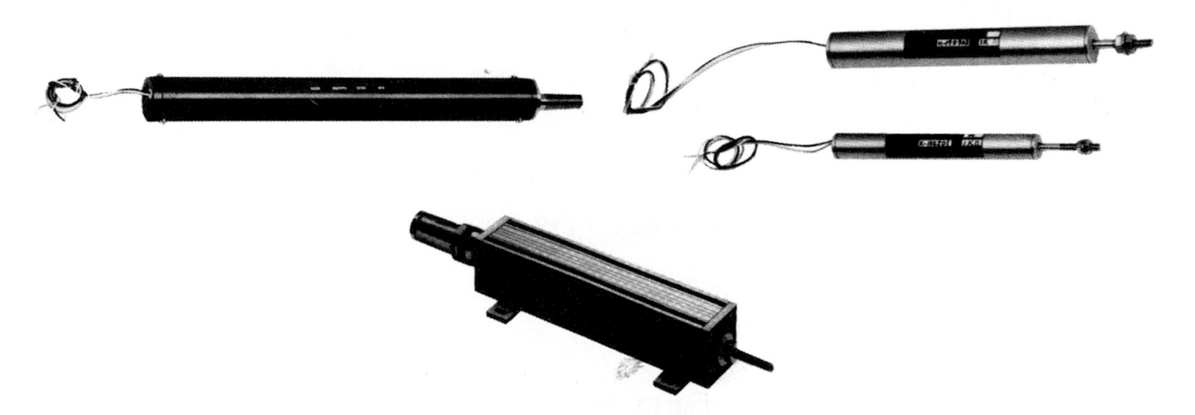

圖 9-4　各種電阻尺的實物照片

電阻式液位量測

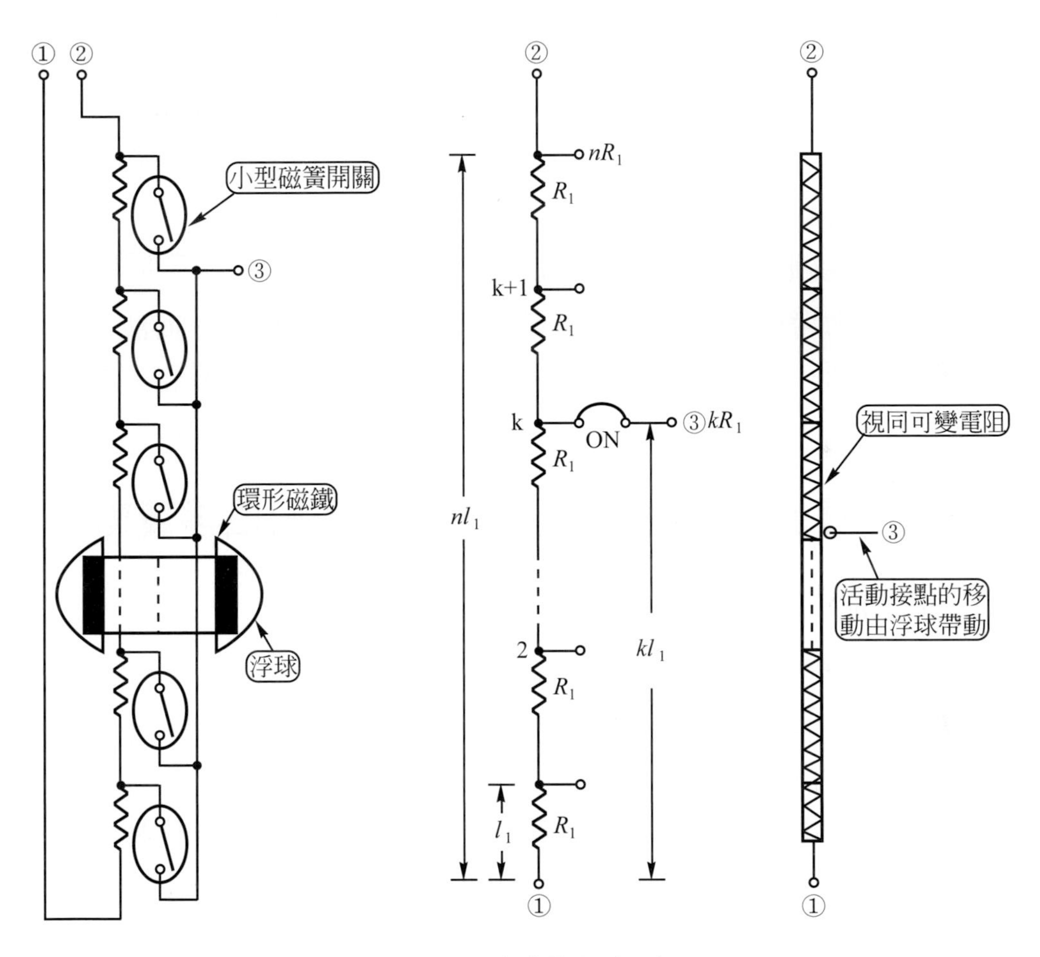

圖 9-5　電阻式液位量測示意圖

電阻式液位量測，乃把串接的電阻和當做選擇開關的小型磁簧管所共同組成，當浮球隨著水位的升降而改變位置的時候，環形磁鐵將對不同的磁簧開關動作，以圖 9-5 為例，代表第 k 個磁簧開關動作，則所得到的阻值為 kR_1。即不圖的液位將得到不同的電阻值。如此一來，電阻式液位量測就變成了一支電阻尺，則其動作原理和電阻尺(或電位計)都完全相同。差別只是電阻尺乃外力帶動活動接點，達到電阻的「連續」變化。而液位量測計乃由液面帶動浮球而控制活動接點，此時電阻的變化並非連續變化，故其精確度較差。

圖 9-6　浮球帶動之電阻式液位量測計

9-3　常用位移量測與控制方法(三)：光學尺位移量測

光學尺位移量測

目前許多精密工作母機或量測位移的計器，大都採用光學尺。而光學尺實際上可以看成「線性運動」的「旋轉式光學編碼器」(有關旋轉式光學編碼器在第八章已經說明了)。

產業界目前所使用的光學尺其精確度可以高達 1μm。即每移動 1μm就產生一個脈波。故其解析度為 1μm/P(每一個脈波代表 1μm的意思)。圖 9-7 是光學尺的示意圖。其內部置有刻度極細的玻璃尺及活動的游標引尺，和光發射與接收器，彼此做精密的安排，於滑動的行程中將有透光和不透光的變化相互交錯，因而產生 0 與 1 變化的脈波。便能由這些脈波的個數計算所走的距離。

從圖 9-7 可以看到由A、B相的判斷，可以確認它是左移運動或右移運動(判斷方法和光學式旋轉編碼器一樣，請參閱第八章)，而 ABS 相乃每一區段(某一固定距離)都有一個 ABS 標誌刻度，則能用於區段的校正，使長距離的量測不致產生誤差量的累積。

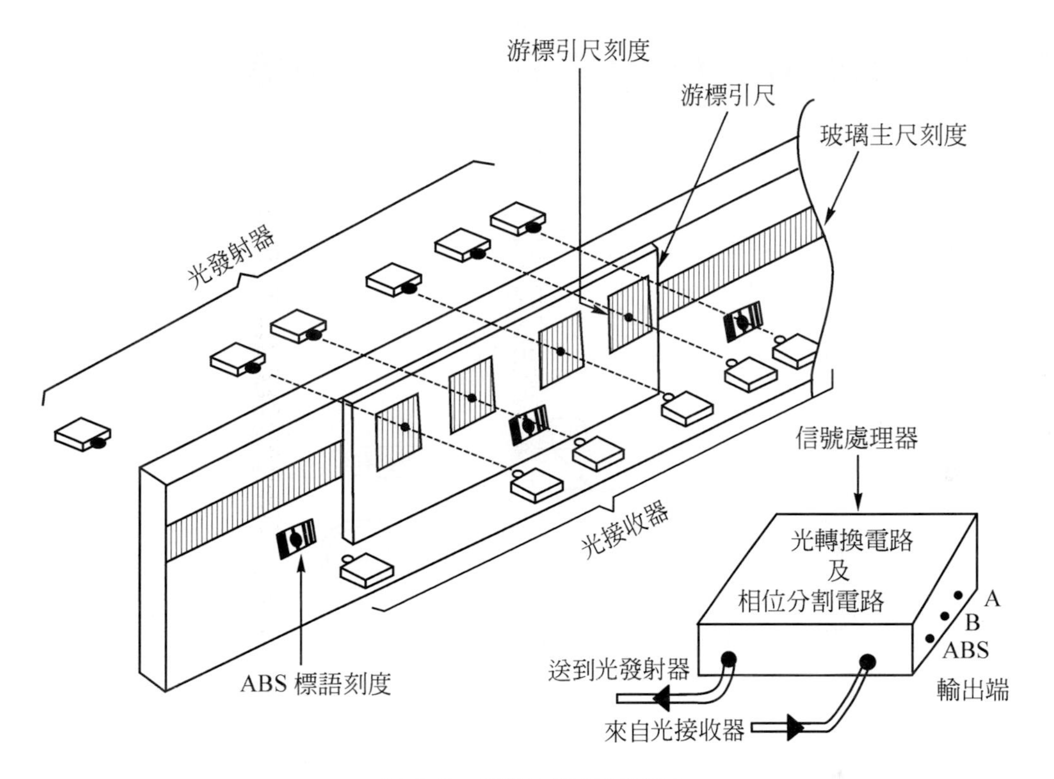

圖 9-7　光學尺結構示意圖

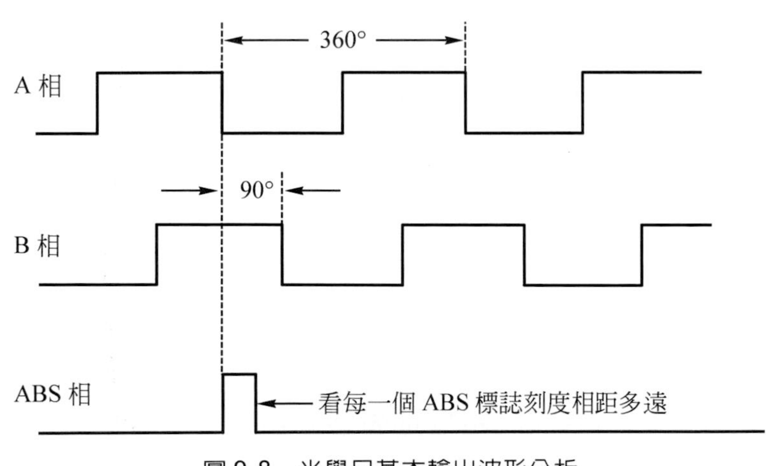

圖 9-8　光學尺基本輸出波形分析

9-4 常用位移量測與控制方法(四)：旋轉編碼之線性轉換

旋轉編碼之線性轉換

由馬達帶動皮帶(時規皮帶)，螺桿等機構，乃把旋轉運動，變成線性運動，此時我們便能由旋轉的角度、圈數，代表皮帶所走的距離。此時便能藉由偵測旋轉的角度與圈數倒算出線性運動所走的行程。

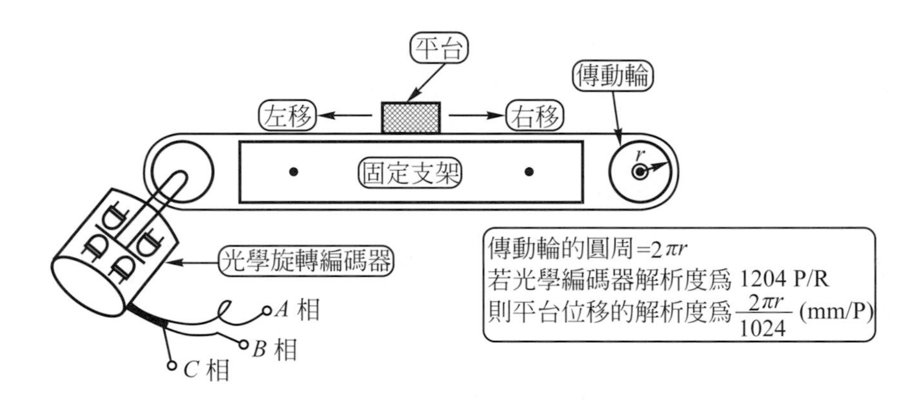

圖 9-9　旋轉編碼之線性轉換

光學式旋轉編碼器每轉 1 圈產生 1024 個脈波，而轉動 1 圈的時候，皮帶所走的距離正好是傳動輪的圓周$2\pi r$。若$r = 20$mm 時，每轉 1 圈，皮帶所走的行程為$2\pi \times 20\text{mm} = 125.66\text{mm}$，則

$$\frac{125.66\text{mm}}{1024\text{P}} = 0.1227\text{mm/P}$$……每一個脈波代表 0.1227mm

所以只要改變不同半徑的傳動輪，便能得到不同的解析度，並且在一般要求精度只要 0.1mm($= 100\mu$m)的機構中，此種方法相當可行，且安裝方便、價格便宜。由旋轉編碼器所做成的距離量測感測器，大致分成，直式電子尺和輪式電子尺，儘提供真相關結構或實物照片供您參考。

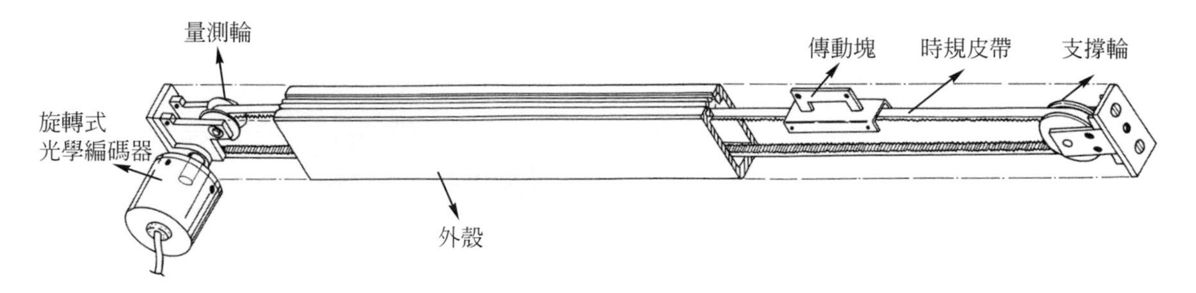

圖 9-10　直式電子尺

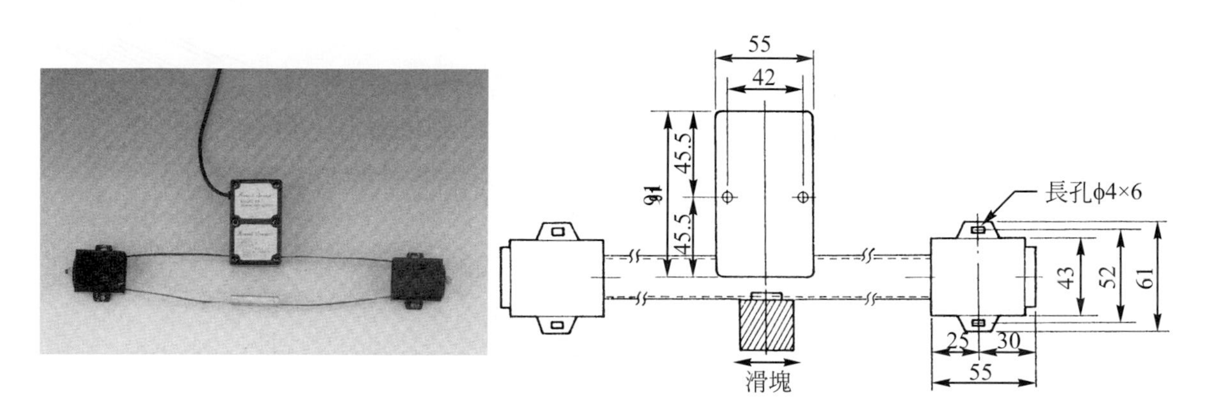

圖 9-11　簡易直式電子尺

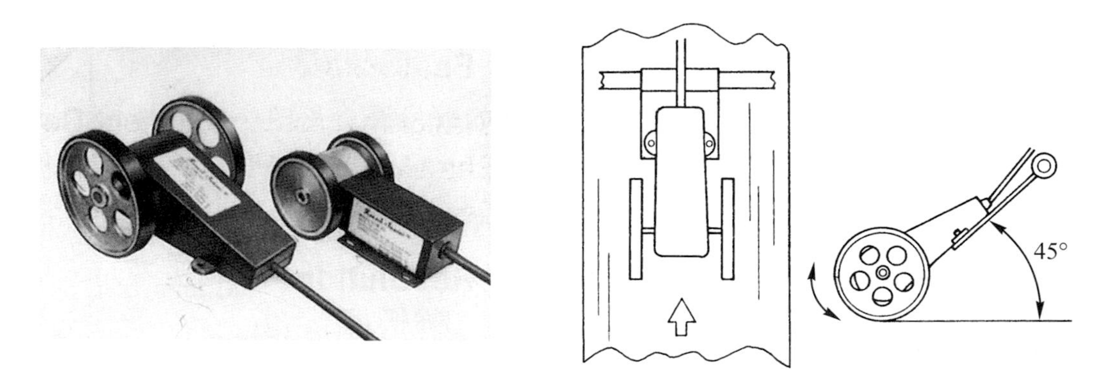

圖 9-12　輪式電子尺

尚有以光學式旋轉編碼器所做成「拉線式電子尺」，茲提供其產品照片及應用範例供您參考。

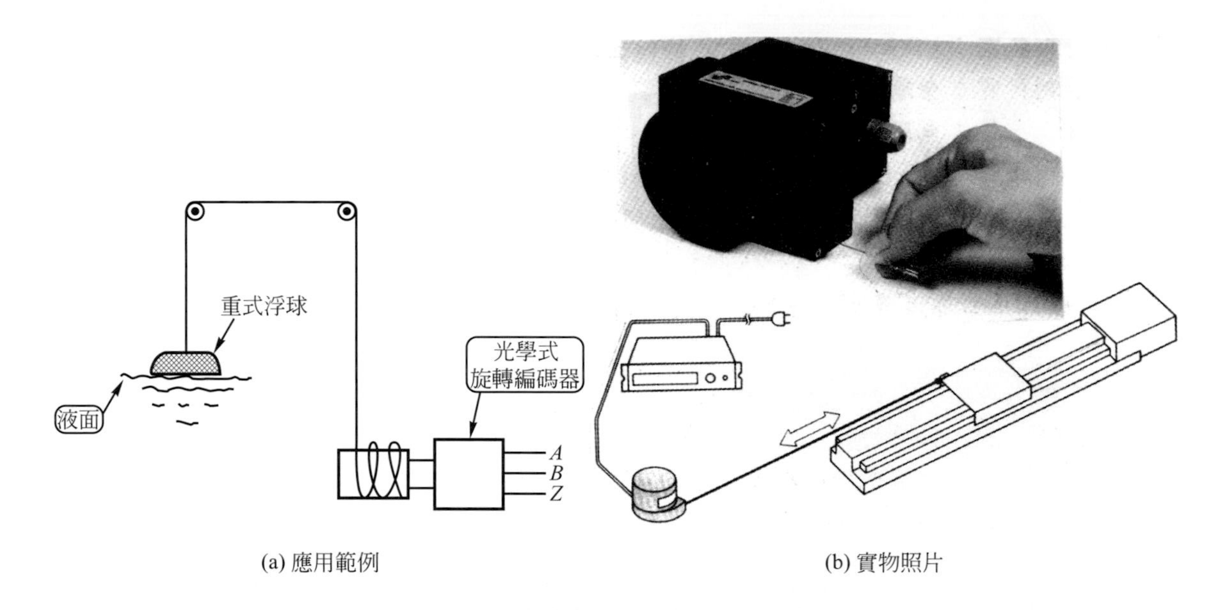

(a) 應用範例　　(b) 實物照片

圖 9-13　拉線式電子尺應用及其照片

9-5 常用位移量測與控制方法(五)：其它方式之位移量測

LVDT 差動變壓器

LVDT 主要是應用於微小距離的量測，如薄片厚度量測，內外徑量測或振動、加速度及各種精密伺服系統的位置量測。它量測的範圍大都在 50mm(5 公分)之內，然其解析度可高達 1μm以上。經特殊安排，LVDT亦可使用於流量、角度水平等方向的量測。只是 LVDT 的價位均不便宜，單支少則數千元，甚至達萬元以上。

茲說明 LVDT 的原理架構如下。LVDT 主要是以變壓器的原理，一次線圈(P)加入固定電壓，固定頻率的交流信號，則於二次線(S_1和S_2)圈的感應電壓，將因鐵心位置的移動而改變。則能以二次線圈的電壓值代表鐵心位移的量有多少。因而可以用來當作位移量測的感測元件。其示意圖如圖 9-14，原理說明如圖 9-15。

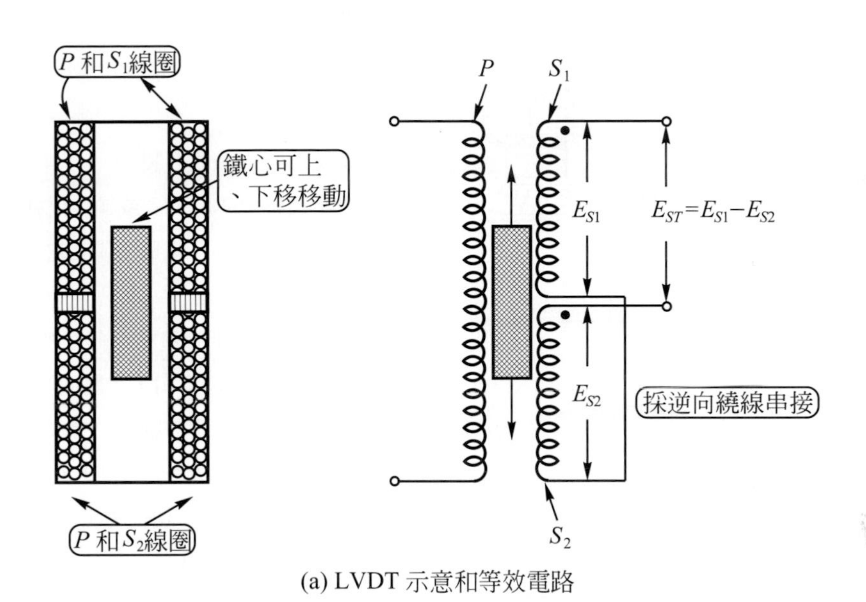

(a) LVDT 示意和等效電路

圖 9-14　LVDT 示意圖和等效電路

<table>
<tr><th colspan="2">水位／厚度／間距／直徑/壓力　　　量測器等</th></tr>
<tr><td>感測器(LVDT)及控制器
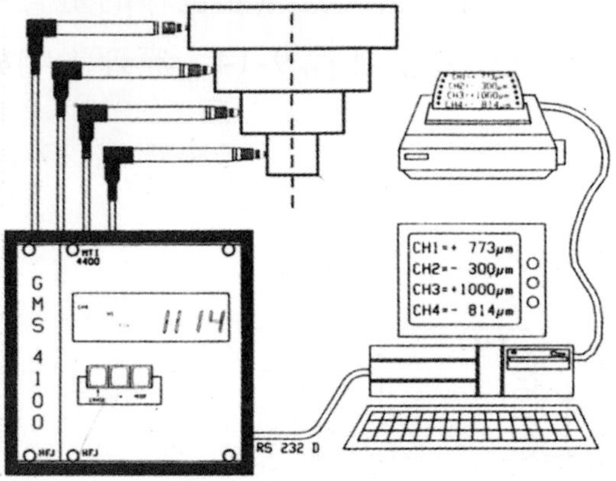

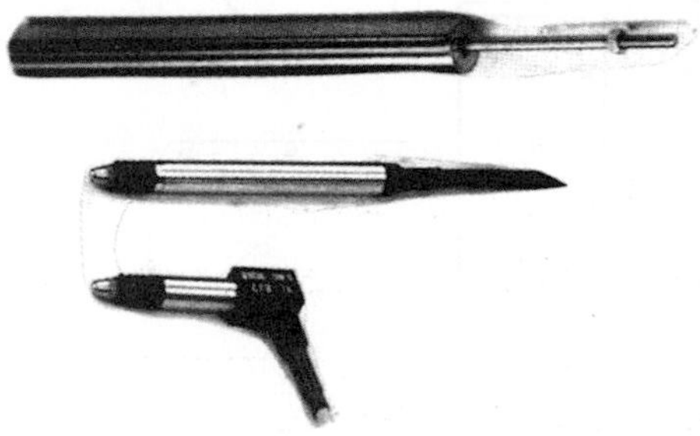</td>
<td>1.LVDT 量測行程：±0.5~2000mm
2.精度：0.01/0.001mm
3.解析：無限小
4.保護等級：IP55~68(或防爆、防水等級)
5.適用：位移，厚薄度，管徑，間隔，速度等自動品管或靜態抽驗量測等應用
6.特點：(控制器)
・可少量及為特殊功能訂製
・多段設定及輸出(RS232C 或類比信號)
・可做比較值量測或一般量測或其它
7.適用行業：
①一般印花/紙張等上膠塗布厚薄度控制電線或 PVC 管直徑押出，金屬或塑膠、木材等固體厚度量測控制
②模具，刀具之磨耗檢查，及 3D 量測運用
③各式自動 CNC 車床，加工物品之檢查控制
④其他如間隙，微細位移等自動品管之應用</td></tr>
</table>

(b) LVDT 照片及其應用

圖 9-14　LVDT 示意圖和等效電路(續)

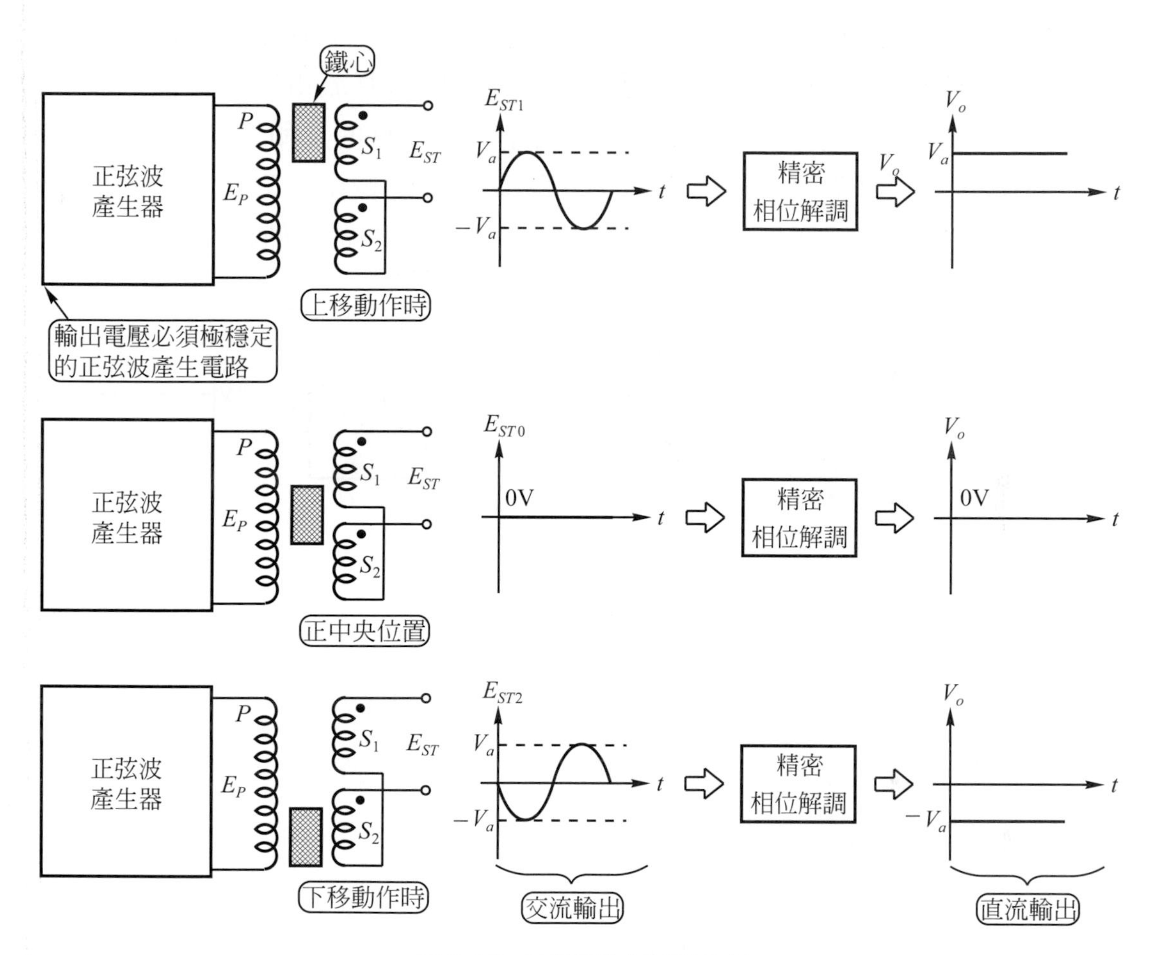

圖 9-15　LVDT 動作情形分析

只要依廠訂規格提供其額定電壓及固定頻率的正弦波信號到一次線圈(P)，則將於二次線圈S_1和S_2產生E_{S1}和E_{S2}，而因線圈乃採逆向繞線串接，當鐵心位於中央位置時，$E_{ST0}=$ 0V，當鐵心上移時所產生的輸出電壓E_{ST1}，將和下移時所產生的輸出電壓E_{ST2}相差 180°(此時上移和下移的移動量相同，則輸出電壓的振幅相同，但相位差 180°)。

我們可以用一次端正弦波產生器的信號當標準值，加到相位解調電路，便能輕易地把不同相位的輸出電壓，轉成正、負極性的直流電壓，便能以該直流電壓的極性代表上移或下移，而其電壓的大小就代表上移的量和下移的量有多少。

而我們亦可採用整流差動的方式，處理 LVDT 的輸出。只是此時不用逆向繞線串接，而是二次線圈S_1和S_2各自獨立，各別整流再做差值運算。

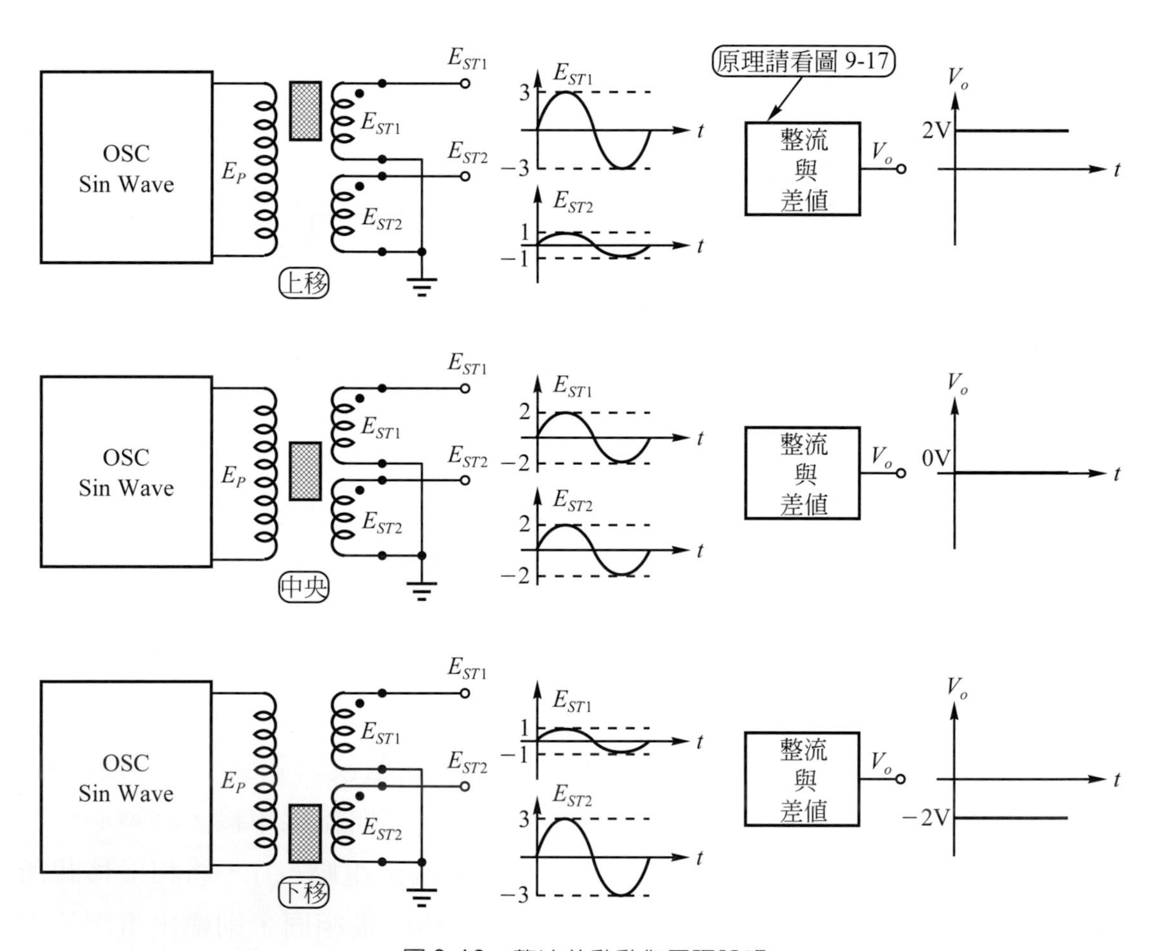

圖 9-16　整流差動動作原理說明

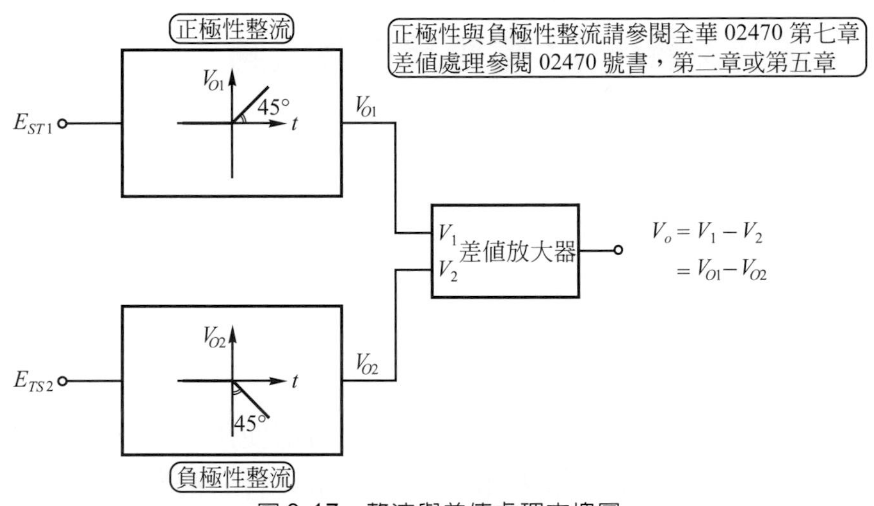

圖 9-17　整流與差值處理方塊圖

超音波距離量測

超音波感測器用於距離量測，乃利用音波的速度約爲常數(定速)的原理。測量發射到接收的時間，便能倒算出距離是多遠。此地我們只說明其原理，詳細線路留待振動與波動單元說明之。

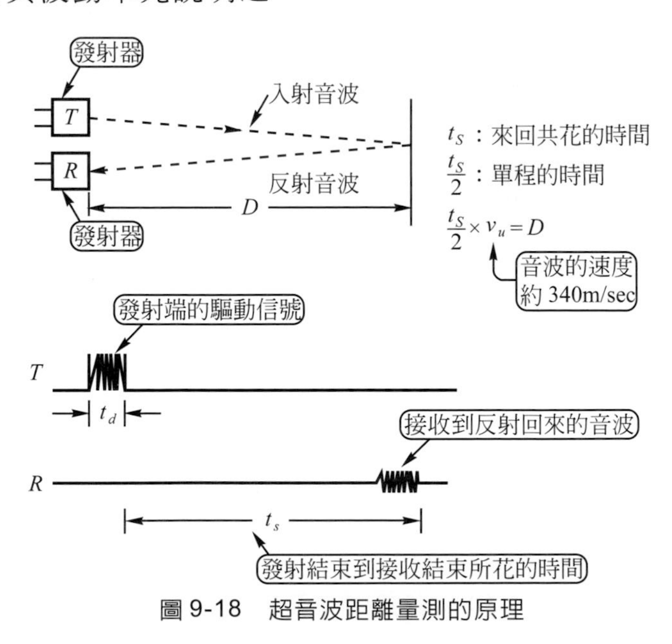

圖 9-18　超音波距離量測的原理

9-6 位移量測實習(一)：電阻尺位移量測

實習目的

1. 了解電阻尺距離量測方法。
2. 設計以電阻尺做為距離量測的電路。

實習架構設計

茲一般電阻尺每支約兩千元左右，若每一組都使用一支，則花費可觀，故改以一般線性調整的可變電阻當做電阻尺來使用。且一般線性電阻的構造並非精密可靠，尤其是最低和最高電阻值的兩端，均有不小的定位誤差存在，所以必須略作改裝，以期得到最準確的實習結果。

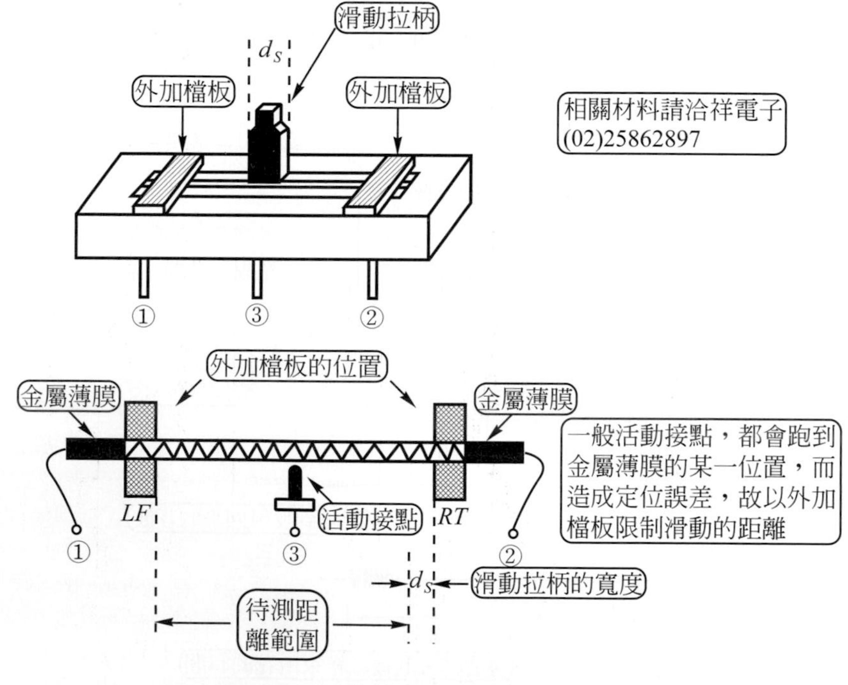

圖 9-19　滑動型線性可變電阻的改裝

實習線路分析與實習步驟

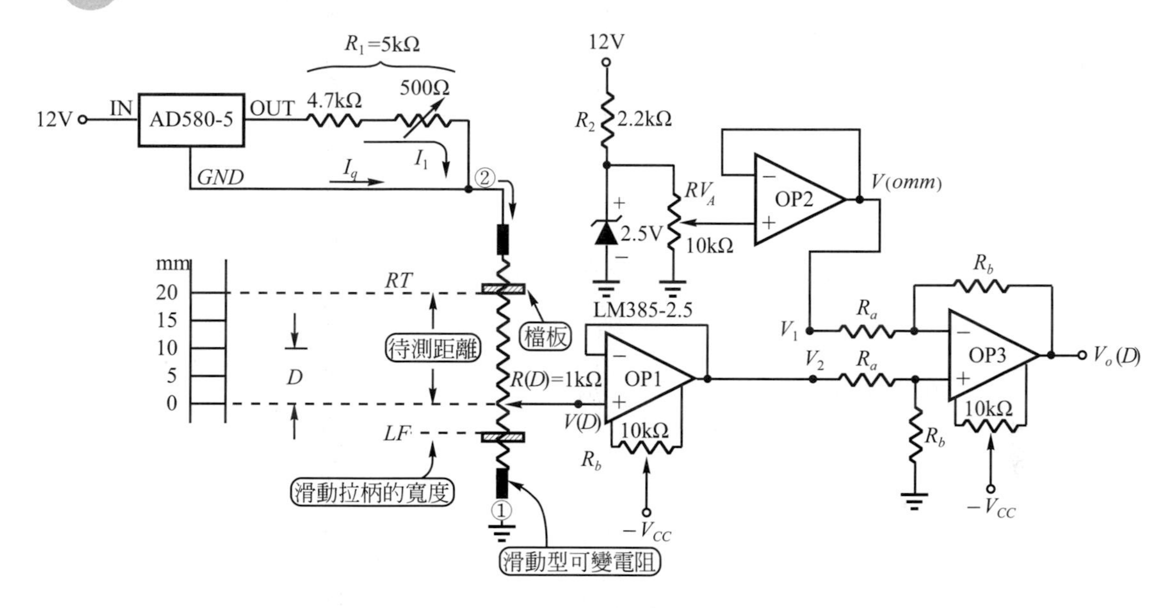

圖 9-20　電阻尺之實習線路

(1) 定電流源之提供

AD580-5 為標準 5V 的參考電壓 IC。$I_1=\dfrac{5\text{V}}{R_1}=\dfrac{5\text{V}}{5\text{k}}=1\text{mA}$，$I_q\approx 1\text{mA}$，$I_{\text{ref}}=I_1+I_q=2\text{mA}$。則 2mA 將流入滑動型可變電阻，於可變電阻上的壓降 $V(D)$ 便能代表距離的長短。

(2) 實習規劃

檔板限制滑動拉柄移動的距離，當移到 LF 位置時，代表原點(0 的位置)，當往上移到 RT 的位置時(20 的位置)，代表最大量測距離。此時必須先量測原點和最高點的輸出電壓各是多少，用以代表解析度的大小(每 1mm 的電壓改變量)。

0mm 時的 $V(0\text{mm})=$________ V。20mm 時的 $V(20\text{mm})=$________ V。

$$\text{解析度}=\frac{V(20\text{mm})-V(0\text{mm})}{20\text{mm}}=\_\_\_\_\_\_\_\_=\alpha_D(\text{V/mm})$$

當往上移動Dmm的位移時，其輸出電壓$V(D)$爲

$$V(D)=V(0\text{mm})+D\times\alpha_D \quad 反之$$

$$D=\frac{V_{(D\text{mm})}-V_{(0\text{mm})}}{\alpha_D}$$

移動Dmm時所增加的電壓

走 1mm時的電壓

(3) 信號處理

若希望每走 1mm，最後能有 100mV 的變化量，則必須把α_D(V/mm)加以放大，且其放大率爲

$$A_V=\frac{100\text{mV/mm}}{\alpha_D}=\underline{\qquad\qquad}。$$

又在0mm的位置時，$V(D)=V(0\text{mm})\neq 0$，所以必須設法先減掉$V(0\text{mm})$的電壓，使得最後能以$V(D)=0\text{V}$ 代表 0mm。而$V_0(20\text{mm})=100\text{mV/mm}\times 20\text{mm}=2000\text{mV}=2.0\text{V}$。所以必須使用差値放大器OP3。其輸出$V_0(D)$

$$V_0(D)=(V_2-V_1)\times\frac{R_b}{R_a} \qquad \frac{R_b}{R_a}=A_V=\frac{100\text{mV/mm}}{\alpha_D}$$

$$=[(V(0\text{mm})+D\times\alpha_D)-V(0\text{mm})]\times\frac{100\text{mV/mm}}{\alpha_D}$$

$$=D\times\alpha_D\times\frac{100\text{mV/mm}}{\alpha_D}，則D=\frac{V_0(D)}{100\text{mV/mm}}$$

即當$V_0(0\text{mm})=0\text{V}$……代表0mm

$V_0(1\text{mm})=100\text{mV}$……代表1mm

⋮

$V_0(20\text{mm})=2000\text{mV}$……代表20mm

※請注意$V(D)$和$V_0(D)$並非同一電壓值，各有不同含義。

實習記錄與調校

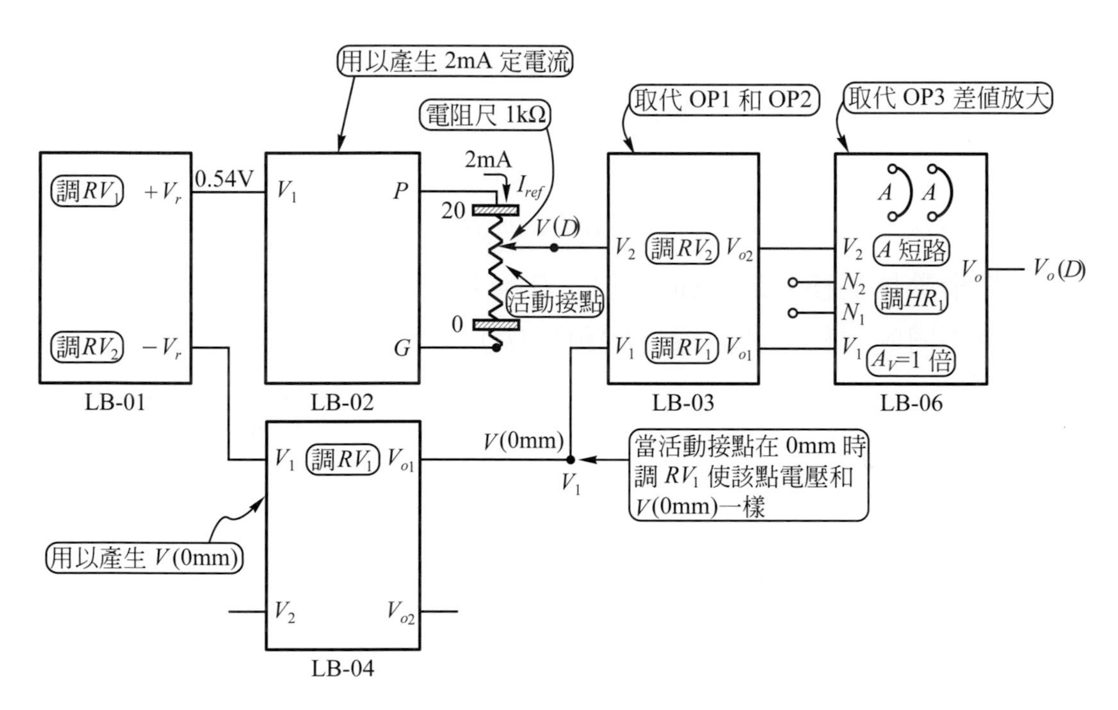

圖 9-21　電阻尺實習接線

(1) 調 LB-01 的RV_1，使$+V_r=0.54$V。

(2) 量 LB-02 P點的輸出電流$I_{\text{ref}}\neq 2$mA，請調 LB-01 的RV_1。

(3) 把滑動拉柄移到最下面[(0mm)的位置]，並測此時的$V(D)=V(0\text{mm})$。
$V(0\text{mm})=$__________V。

(4) 調 LB-01 的$-V_r=-0.1$V，再調 LB-04 的 RV_1，使 LB-04 的 V_{O1} 和 $V(0\text{mm})$的電壓值相等[LB-04 的$V_{O1}=V(0\text{mm})$]。

(5) 把滑動拉柄移到最上面[(20mm)的位置]，並測此時的$V(D)=V(20\text{mm})$。
$V(20\text{mm})=$__________V。

(6) 請計算該電阻尺量測 0～20mm 的解析度α_D

$$\alpha_D = \frac{V(20\text{mm}) - V(0\text{mm})}{20\text{mm}} = \_\_\_\_\_\_\_\_ (\text{V/mm})$$。

(7) 做 LB-03 的抵補校正

① 測 LB-03 的 V_2，並調其 RV_2，使 $V_{O2} = V_2 = V(D)$

② 測 LB-03 的 V_1，並調其 RV_1，使 $V_{O1} = V_1 = V(0\text{mm})$

(8) 把滑動拉柄移到最下面，則 $V(D) = V(0\text{mm})$，並測 $V_O(D)$，看看 $V_O(0\text{mm})$ 是否為 0V，若此時 $V_O(D) \neq 0\text{V}$，則調 LB-06 的 HR_1 做差值放大抵補。

(9) 把滑動拉柄移到最上面，則 $V_O(D) = V_O(20\text{mm}) =$ ________ V。

(10) 調不同的位移，並記錄 $V(D)$ 和 $V_O(D)$。

D	0mm	5mm	10mm	15mm	20mm
$V(D)$					
$V_O(D)$					

(11) 驗證一下，是否 $V_O(D) = V(D) - V(0\text{mm})$，(是________，否________)。

實習討論

(1) 目前所做的實習，$\alpha_D =$ ________ (V/mm)。

(2) 當位移為 18mm 時，$V(D) = V(18\text{mm}) =$ ________ V，$V_O(D) = V_O(18\text{mm})$ $=$ ________ V。

(3) 若希望得到 0mm 時 $V_O(0\text{mm}) = 0\text{V}$，20mm 時 $V_O(20\text{mm}) = 2000\text{mV}$，則電路應如何修改呢？

(4) 有一支長 20 公分的電阻尺，其阻值為 5kΩ。

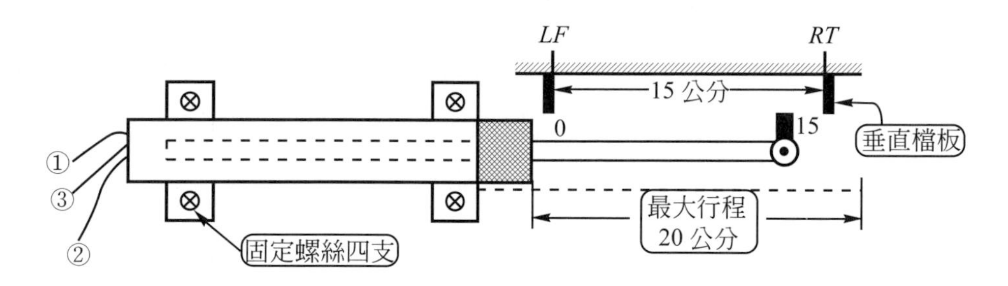

圖 9-22　電阻尺距離量測設計

① 請設計有效行程爲 15 公分的位移量測電路。

② LF 位置時，$V_O(D) = V_O(0\text{mm}) = 0\text{V}$，RT 位置時 $V_O(D) = V_O(150\text{mm}) = 1.5\text{V}$。

9-7 位移量測實習(二)：旋轉編碼器之位移量測轉移

實習目的

1. 了解光學編碼器如何轉換成直線位移。
2. 設計該系統之位移顯示電路。

實習架構設計

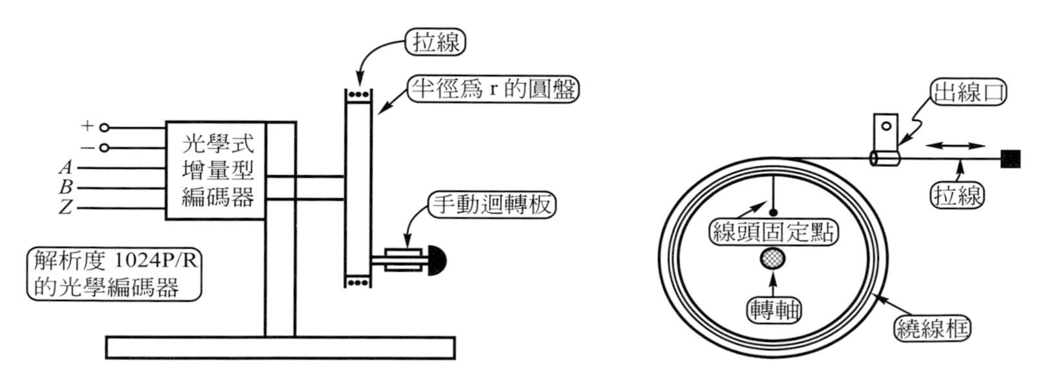

圖 9-23　旋轉編碼之拉線式距離量測架構

當拉線被拉出時，同時轉動光學式增量型旋轉編碼器，則於A、B輸出將得到一連串的脈波，且我們已經說明，當圓盤轉一圈時，相當於拉線被拉出的距離為$2\pi r$，且光學編碼器產生 1024 個脈波。則每一個脈波所代表的距離為$(2\pi r/1024)$。則往後只要計算脈波的個數，便能知道所走的位移有多少。

紙上實驗與線路設計

(1) 若$r = 3.26$公分，則解析度是多少？

Ans：解析度$= \dfrac{2\pi r}{1024} = \dfrac{2 \times 3.14159 \times 3.26 \text{ 公分}}{1024} = 0.02$ 公分／脈波

即每一個脈波代表位移量為 0.02 公分 = 0.2mm

(2) 當所計算的脈波數為 3000 時，則位移量是多少呢？

Ans：________。

(3) 若為了省錢把光學編碼器改用低解析度 100 P/R 的產品，則在半徑為 3.183 公分的情況下，每一個脈波所代表的位移量是多少呢？

Ans：$\dfrac{2\pi \times 3.183}{100} = \dfrac{2 \times 3.14159 \times 3.183}{100} = 0.2$ 公分 = 2mm

(4) 若希望以半徑是 1.592 公分、旋轉編碼器解析度是 100 P/R，做成位移量測時，請您設計該電路，並顯示所量測的結果。

設計分析(一)：解析度

位移解析度$= \dfrac{2\pi \times 1.592 \text{ 公分}}{100} = 0.1$ 公分 = 1mm

表示旋轉編碼器每產生一個脈波，就有 1mm 的位移。

設計分析(二)：左移與右移判斷

利用旋轉編碼器A相和B相的輸出信號，便能分辨目前是左移還是右移(可如第 8-4 節所提的方法)。

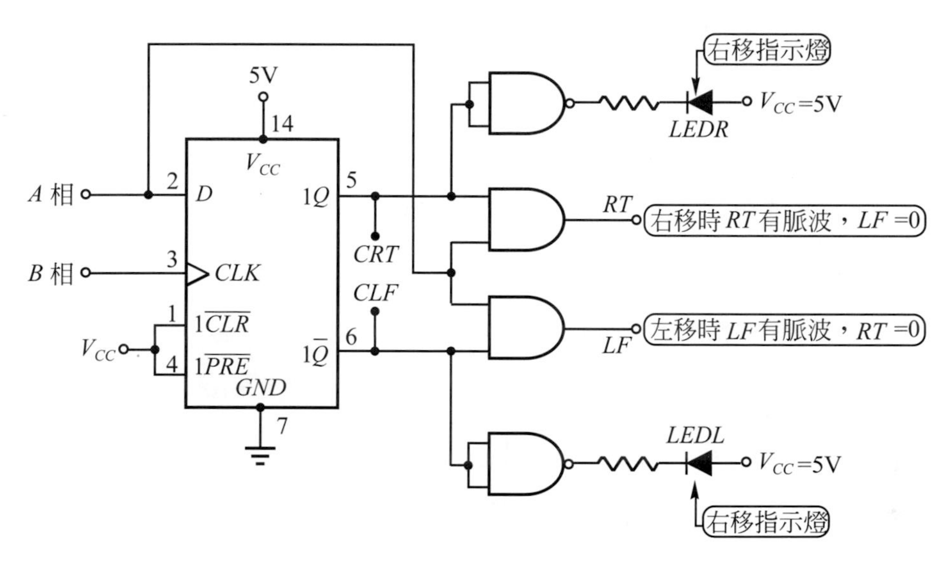

圖 9-24　左右移判斷電路

設計分析(三)：位移量大小計算電路

把圖 9-24 和圖 9-25 的線路串接起來，則由計算光學編碼器所產生的脈波數，便能知道水平位移到底有多少。目前使用 1.592 公分半徑的輪圈，已知光學編碼器所轉換的比例爲，每一個脈波代表 1mm。

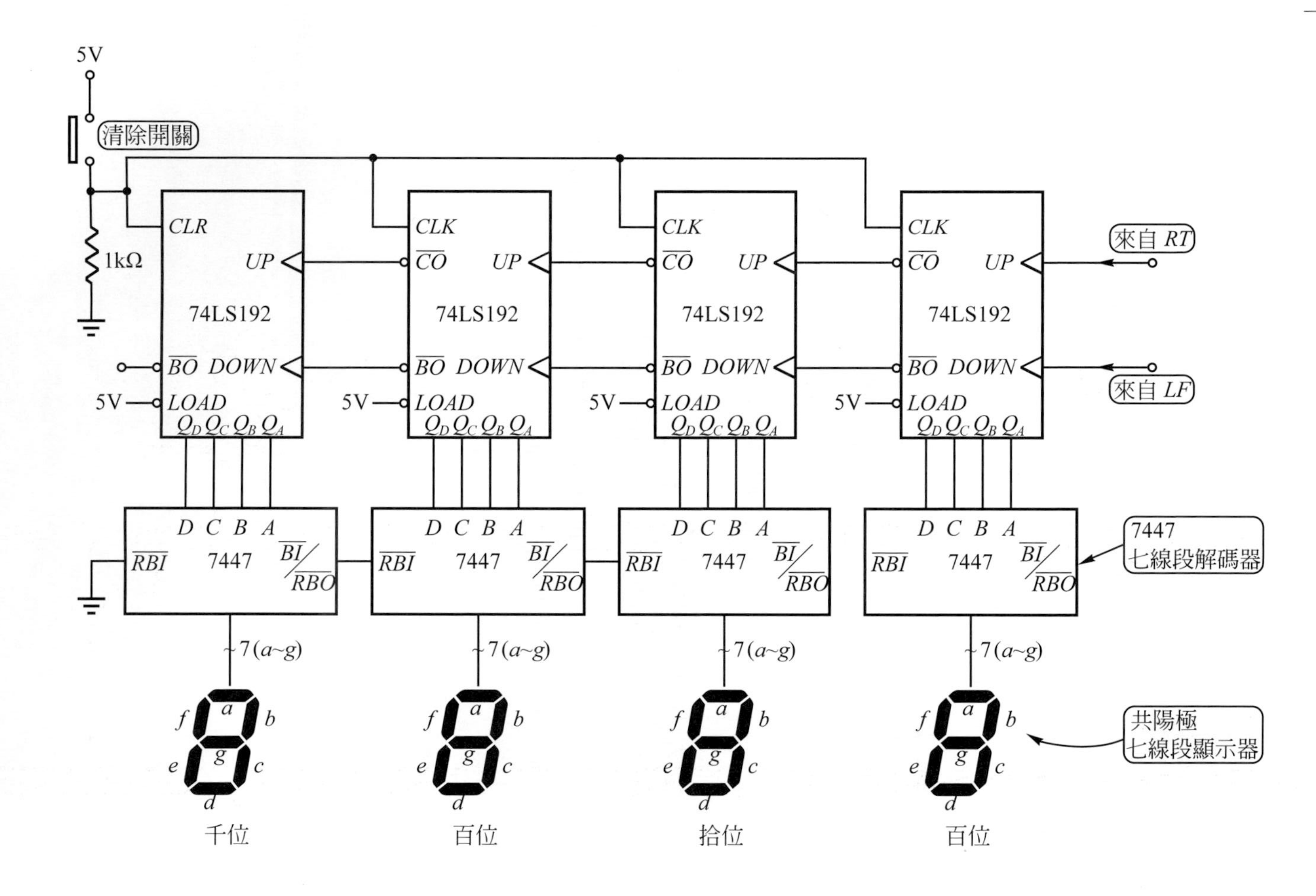

圖 9-25　0～9999mm 計算及顯示電路

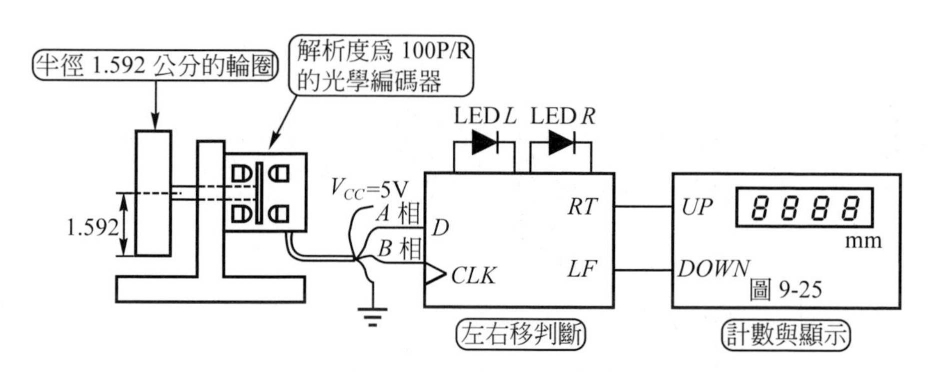

圖 9-26　旋轉量對水平位移之量測系統(右移量測)

如圖 9-26 的安排有一項很重要的優點，當量測過程中有來回抖動的情形發生時(即有一小段左移、右移來回往復變化)。該電路系統正好有上數(UP)和下數(DOWN)右移做上數、左移做下數。

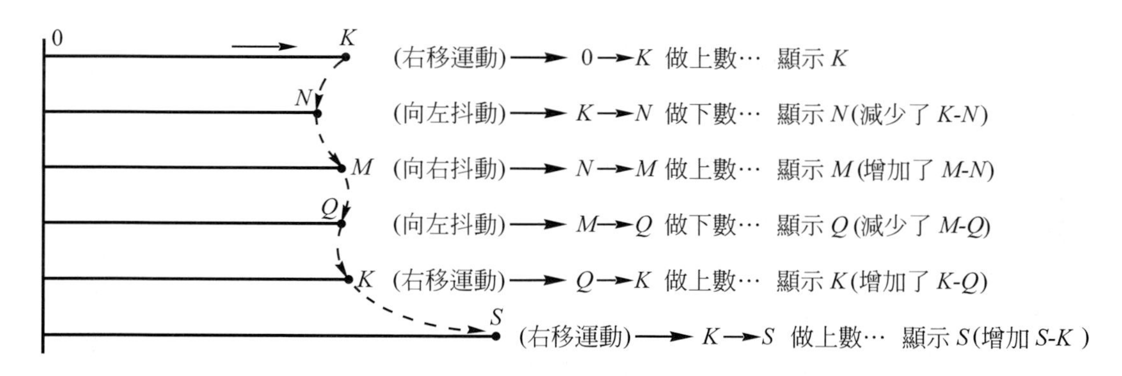

圖 9-27　右移運動的可能情況

從圖 9-27 清楚地看到，當抖動發生時，會自動調整上、下數的數值，達到抖動時所產生的偏差量，並不會改變右移的總位移量。便能得到精確的結果。

實習討論

⑴ 光學尺的價位都相當高，而事實上直線位移光學尺和旋轉式光學編碼器是一樣的東西(原理)，請您搜集

① 光學尺的相關產品資料兩份。

② 光學尺的相關應用範例參種。

※(光學尺因價位太高了，故不做實習規劃)。

⑵ 請您以旋轉式光學編碼器，設計一個輪式距離量測儀器。如圖 9-12 輪式電子尺的構造。解析度 1 公分就好。

9-8 位移量測實習(三)：簡易光學尺

實習目的

1. 了解光學尺的動作原理。
2. 設計以光學尺的位移量測系統。

實習架構設計

因一般光學尺少則數千元多則數萬元，若加上其讀取及顯示儀器價格更是驚人。若學校有光學尺給學生做實習最好。若沒有光學尺，就讓我們來設計一把光學尺。

有先用電腦規劃每間隔 0.5mm 劃一條黑線，共劃 20 公分，然後以透明膠片列印出來，並貼於透明度很好的玻璃上(或透明壓克力)，則能當做光電尺的刻度。再做兩組光遮斷器，便完成了一支實用的光學尺。

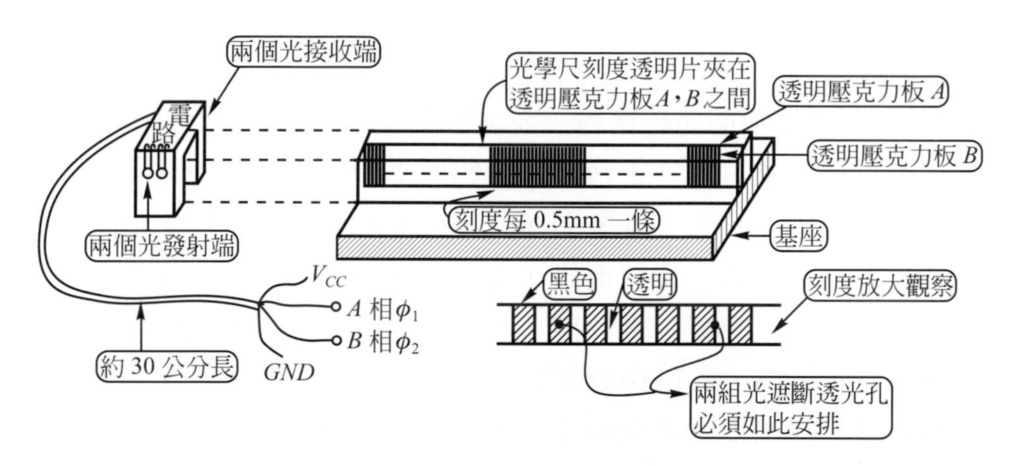

圖 9-28　自製簡易式光學尺

如果兩組光遮斷器的透光孔位置安排不易時，乾脆就用一個現成的光遮斷器就好。把光遮斷器在自製光學尺刻度上移動，便能產生每0.5mm得到一個脈波的實習結果。

而更簡單的方法就是拿一支透明的長尺，每一支尺的上面都有刻度，只要在光遮斷器上面移動，光遮斷器就會依序產生脈波，又大都數長尺的刻度乃以1mm 1格，所以此時所產生的每一個脈波，就代表移動了1mm。

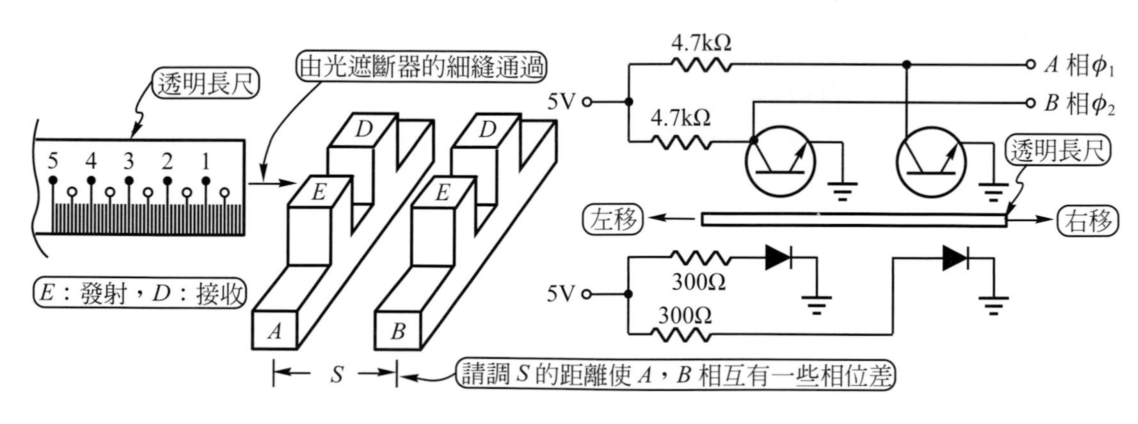

圖 9-29　光學尺實習方法與電路

實習步驟與記錄

⑴ 如圖 9-29 排兩個光遮斷器，並依圖接線。

⑵ 接線完畢，拿長尺往上滑動，並觀看A、B相是否有脈波輸出。

⑶ 若脈波變化不明顯，請修改 300Ω的阻值(加大或減小)，使A、B相有脈波輸出。※請留意脈波邏輯 1 是否大於 2.4V 以下，邏輯 0 是否小於 0.8V以下。若不是如此，請於A、B相的輸出端，再加一組具有史密特輸入特性的IC(如 7414 之類)。

⑷ 長尺在光遮斷器的細縫中移動，並觀察A、B相是否有相位差存在。※可以把尺移慢一點，便能清楚觀察到彼此的相位差。

⑸ 改變S的距離，使A、B相有較大的相位差。

⑹ 把尺停住，然後移動 3 公分，試問
A相產生幾個脈波，Ans：________，
B相產生幾個脈波，Ans：________。

⑺ 若總共測得 128 個脈波，則代表移動了多少距離？
Ans：________。

實習討論

⑴ 搜集光學尺的資料 3 種？

⑵ 光學尺中有一個ABS輸出信號，其功用何在？

⑶ 光學尺和圖 9-10 由旋轉編碼所做成的電子尺，兩者主要的差異何在？解析度誰會比較高？

⑷ 請您以圖 9-29 的光學尺設計出
①具左、右移指示②顯示所移位的距離是多少了？

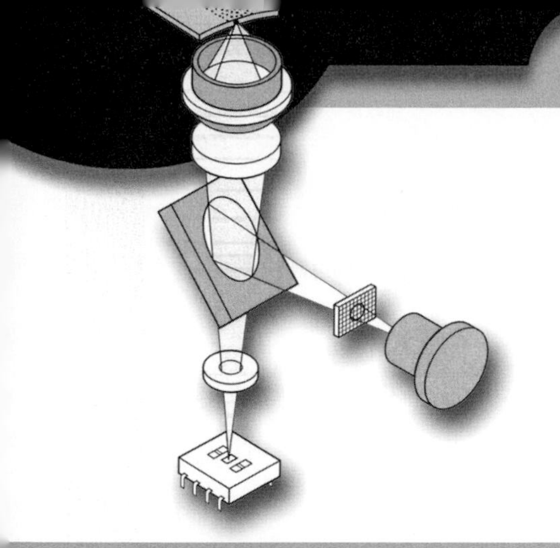

10 音波與振動感測器及其應用

人耳所能聽到的頻率一般稱之爲音頻信號，超出人耳所能聽到的聲音信號，我們稱它叫超音波信號。大部份人耳朵的靈敏度約在 15Hz～18kHz。超音波感測器所發射的信號和所接收的信號，約從 25kHz 開始。常見的超音波感測器其操作頻率爲 25kHz 和 40kHz 兩種，當然還有其它操作頻率的感測器，甚至高達 100kHz 的超音波感測器。

回過頭來看看音頻信號的感測器有哪些？事實上您在唱 KTV 的時候就已經用到兩種音頻感測器，其一爲麥克風，其二爲喇叭。

學習目標

1. 認識音波和振動感測器的原理及其應用。
2. 麥克風、超音波感測元件的使用。
3. 壓電薄膜及振動感測器的使用。
4. 音波與振動感測器應用範例。
5. 相關產品的介紹及其線路設計。

麥克風：把音波振動信號轉換成電壓信號的感測元件。

喇叭：把電氣(電流)信號轉換成位移量，上、下移動帶動喇叭的紙盆而壓縮空氣，產生音頻信號。

上述不論是超音波感測器或麥克風都是因“振動”而達到能量的轉換。麥克風乃把音波振動的能量，轉換成電氣能量。即我們所說的感測器，其實都是一種能量轉換元件(換能器)。

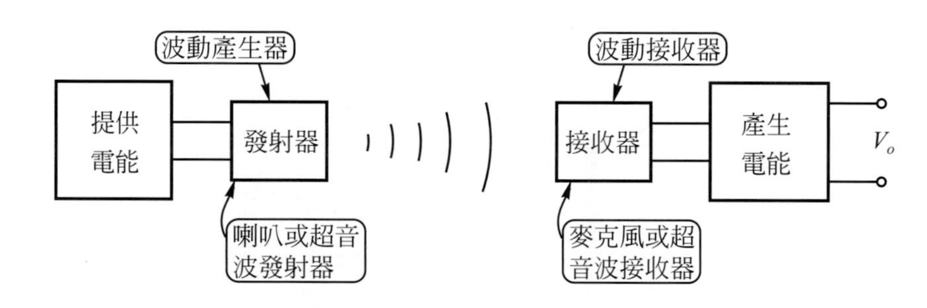

圖 10-1　音波感測基本說明

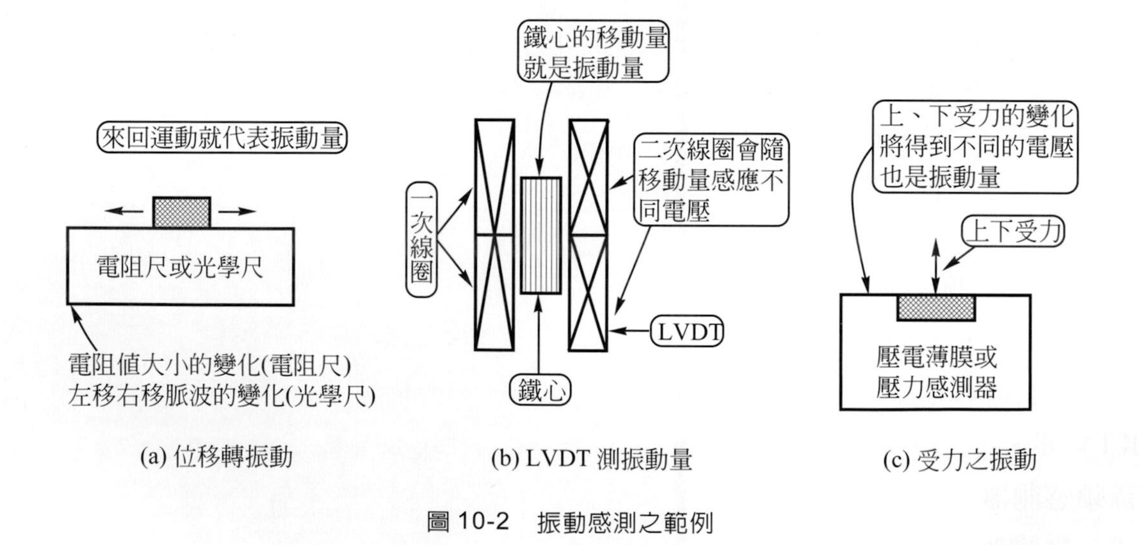

圖 10-2　振動感測之範例

至於振動感測器的種類並無一致的標準，因各種不同的感測器做不同的安排，均可使用於振動的量測，例如 LVDT、壓電薄膜、光學尺、壓力感測器……，可使用於振動量的感測，使用之妙存乎一心。

10-1 音頻信號接收器：電容式和動圈式麥克風

音頻信號接收器指的就是麥克風，常用的有電容式和動圈式麥克風。而音頻信號發射器，指的乃俗稱的喇叭和蜂鳴器。簡言之麥克風乃把音波所造成的振動，轉換成電的信號，喇叭就爲相反操作的元件，把電的信號轉換成振動而產生音波。

電容式麥克風

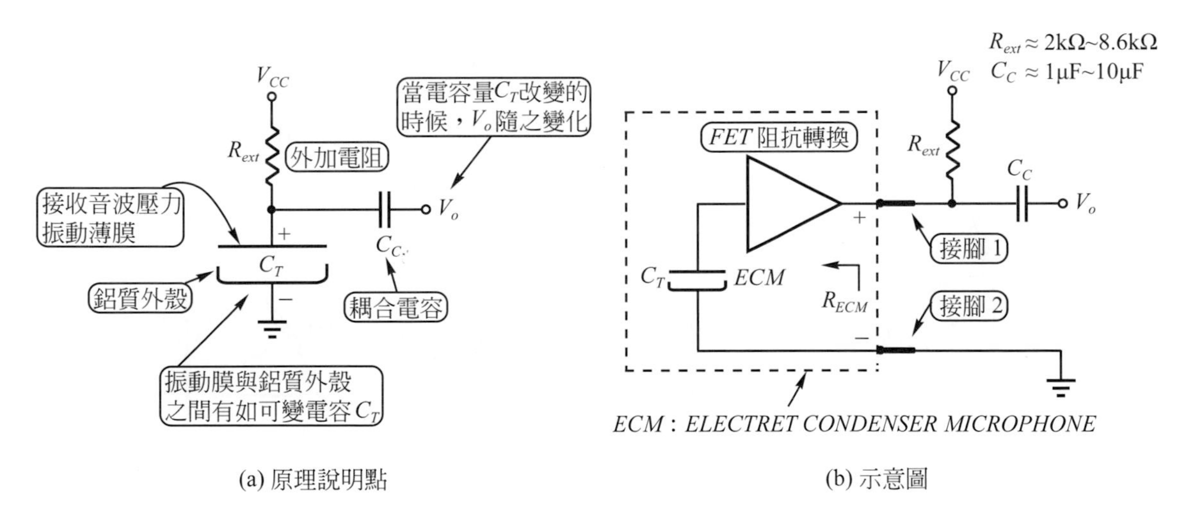

(a) 原理說明點　　(b) 示意圖

圖 10-3　電容式麥克風基本認識

ECM電容式麥克風眞正的產品並非從電容器C_T直接輸出，而是經FET完成阻抗的轉換，即R_{ECM}乃隨C_T的大小而改變。C_T乃隨音波強弱而改變，簡言之，音波振動壓力改變了振動薄膜的位移量，而使C_T改變，轉換成不同的R_{ECM}，勢必使R_{ext}和R_{ECM}的分壓改變，則將得到不同的v_o輸出。所以使用電容器麥克風實在太簡單了，只要於“+”端(外殼爲“−”端)外加一個電阻R_{ext}就完成了電容式麥克風的接線。而耦合電容乃隔離其直流電壓，使v_o得到純交流的輸出。且電容式麥克風的操作電壓大約爲V_{CC} = 1.5V～10V之間。而所吃的電流均很小，可小到1mA以下。

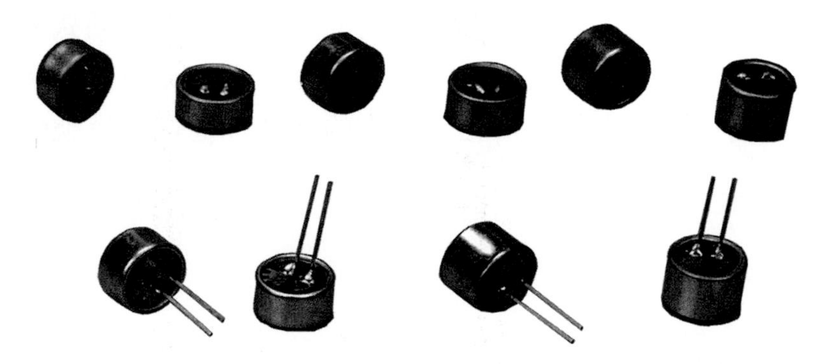

圖 10-4　各式電容式麥克風實物照片

然而各家生產公司爲配合不同需求，而開發出無向型、單向型及雜訊消除型(Omnidirectional, Unidirectional, Noise Canceling)等麥克風。

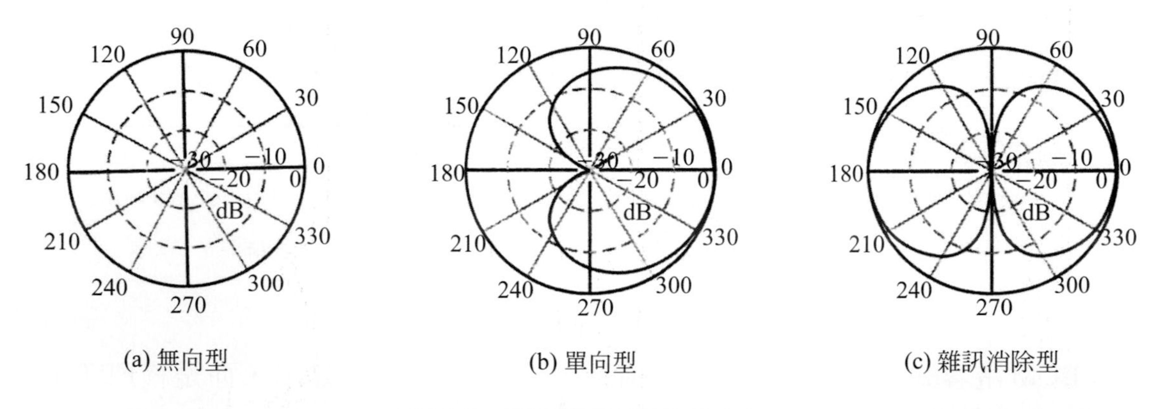

圖 10-5　電容式麥克風的指向性

目前所用的電容式麥克風所能接收音波信號的頻率大約是數百 Hz 到拾幾 kHz(約 12kHz 左右)，大概一般人的聲音頻率範圍，對於要求質感俱佳的演唱會來說，電容式麥克風並不適合。目前大都使用於一般錄音機或會議室等，不太要求高頻響應的場合。

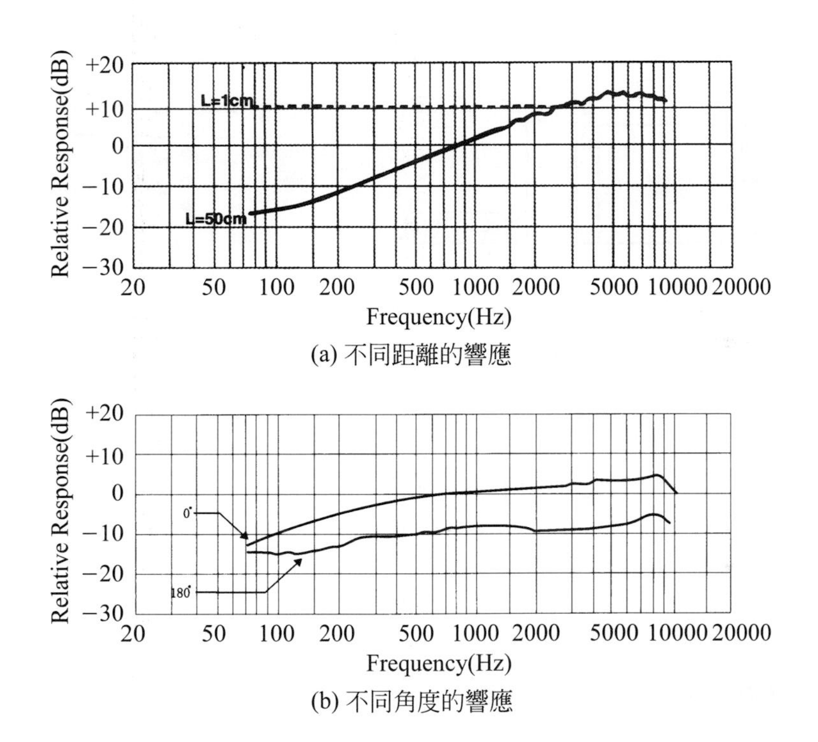

(a) 不同距離的響應

(b) 不同角度的響應

圖 10-6　電容式麥克風的頻率響應

動圈式麥克風

顧名思義，動圈式麥克風從字義上可以知道，它是因線圈振動而完成音波信號轉換成電氣信號的元件。即音波壓力對振動薄膜施力，振動薄膜同時帶動線徑極細的線圈，因而使線圈與磁力線相互切割，而產生與振動頻率相同的感應電動勢。簡單地說動圈式麥克風就是，因振動而使線圈上、下運動，切割磁場而產生電壓輸出的“發電機”。只是所產生的電壓非常小而已。再加以適當地放大，便能驅動喇叭，又發出擴大的音效。

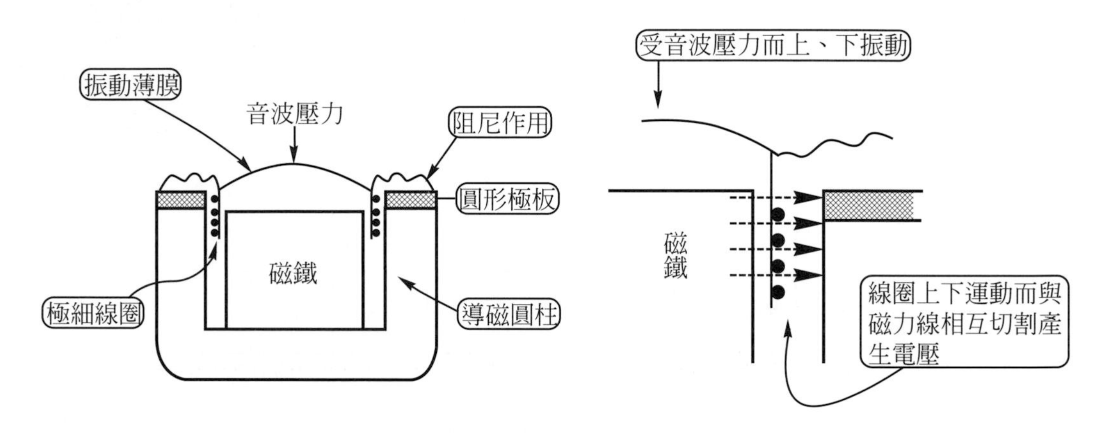

圖 10-7　動圈式麥克風結構與原理說明

而動圈式麥克風因由線圈產生電壓信號(線圈的阻抗一般都不大)，必須採高輸入阻抗的放大器，以免對線圈造成負載效應。然動圈式麥克風的優點是它的頻率響應均比電容式麥克風的頻率響應寬，所以一般唱歌所使用的麥克風乃以動圈式的爲主。

10-2　音頻發聲元件：喇叭與蜂鳴器

人的聲帶讓我們發出聲音，即聲帶乃人的發聲元件。所有的樂器都是發聲元件。而目前我們想說的發聲元件是指“能把電氣信號轉換成音波信號的元件”。簡單的說就是要介紹能當做喇叭的各種元件。

電磁轉換的音波元件：喇叭與蜂鳴器

此地我們所說的電磁轉換，指的是由電能而產生磁能並帶動相關彈片、簧片或紙盆……，導致壓縮空氣而產生聲音的元件。常見的有喇叭或電磁式蜂鳴器(尚有壓電式蜂鳴器)。

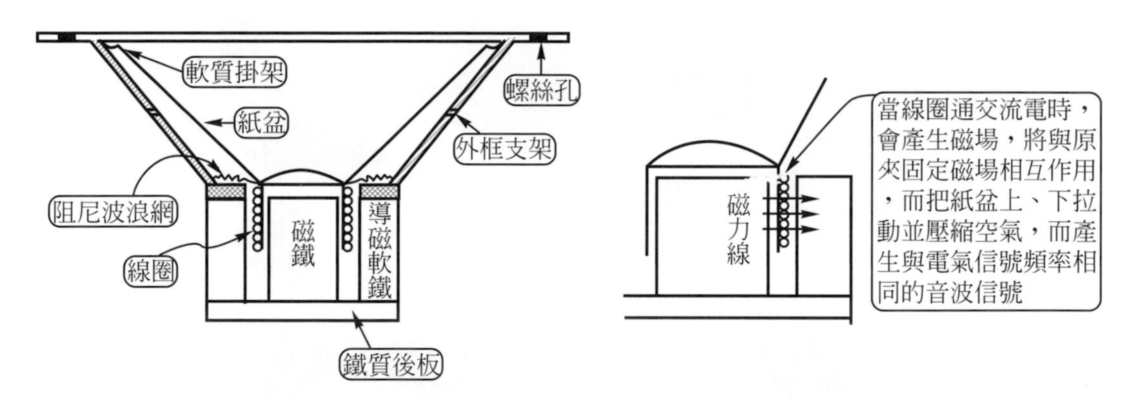

圖 10-8　動圈式揚聲器(喇叭)的構造與原理說明

而電磁式蜂鳴器可概分爲直流蜂鳴器和交流蜂鳴器。直流蜂鳴器的發聲元件是簧片振動所產生的單一頻率的聲音。交流蜂鳴器可看成是一個小型的喇叭，依輸入的交流頻率不同而發出不同頻率的聲音。

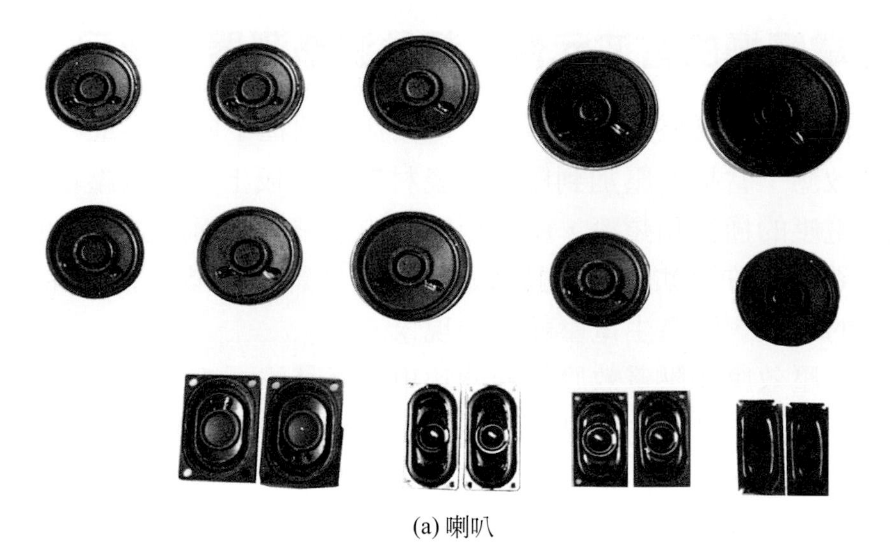

(a) 喇叭

圖 10-9　喇叭與蜂鳴器實物照片

(b) 蜂鳴器

圖 10-9　喇叭與蜂鳴器實物照片(續)

10-3　壓電轉換的音波元件：超音波感測器等產品

目前我們所談的壓電元件，事實上是概括了兩種不同的能量轉換。

1. 電壓效應：當把電壓加到壓電陶瓷材質的極板上時，該壓電陶瓷將依所加入電壓的極性和頻率，產生相對映的機械形變而產生振動的現象。
2. 壓電效應：許多如石英、鈦酸鋇……等材質的結晶，於受外力(壓力也)作用的時候，將產生電壓輸出的現象。

茲整理電壓效應和壓電效應的相關功用或產品如下：

(1) 電壓效應所做成的產品如：超音波發射器、壓電蜂鳴器……

(2) 壓電效應所做成的產品如：超音波接收器、壓電振動檢知器、壓電式麥克風、壓電唱頭、壓電薄膜……

而超音波感測器的應用原理，正好用到電壓效應和壓電效應。超音波發射器乃以某一特定頻率的電氣信號，加到石英晶體或鈦酸鋇、鈦酸鉛……結晶，將因電壓效應而使晶格產生振動，壓縮空氣而發出與電氣信號頻率相同的超音波。

對超音波接收器而言，它是利用壓電效應，超音波的音波壓力，對該壓電材料施力作用，而產生相對應的電氣信號。

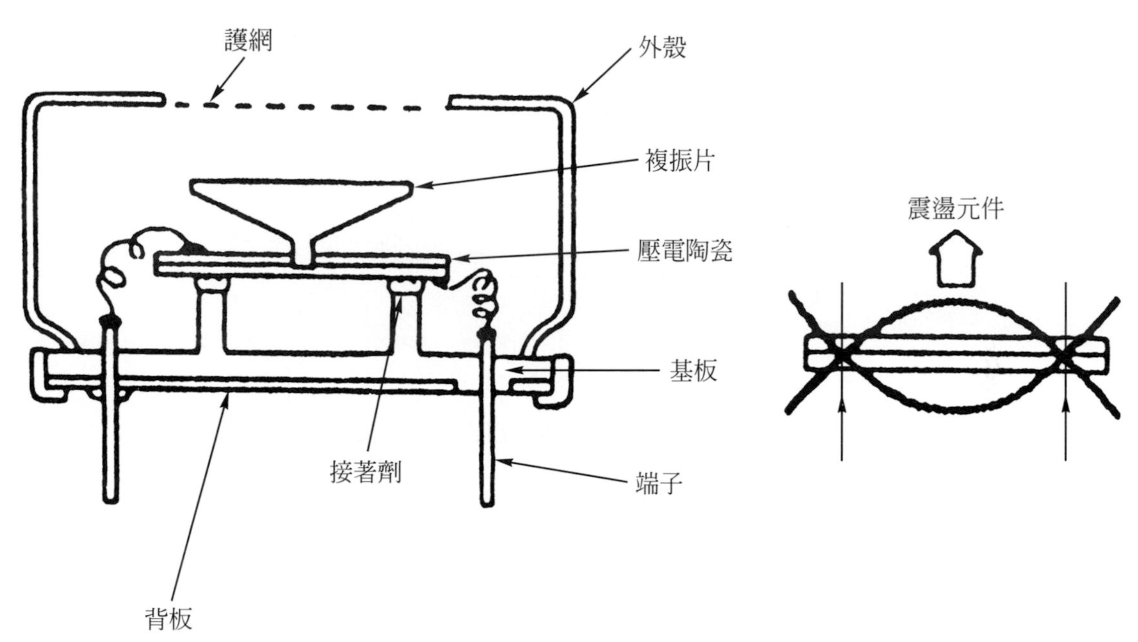

圖 10-10　超音波感測器的結構參考圖

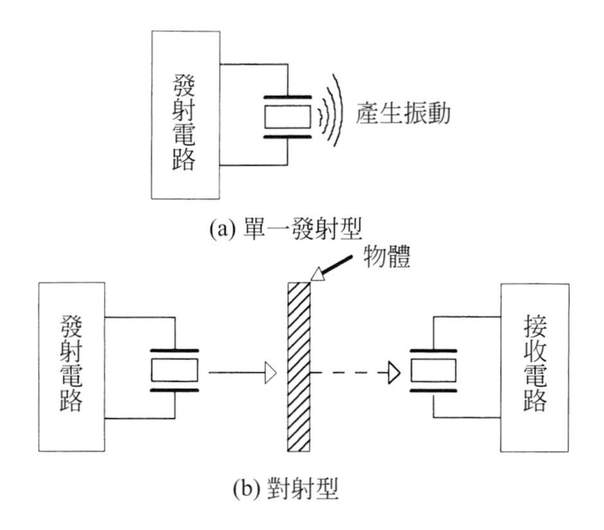

圖 10-11　超音波感測應用方式示意圖

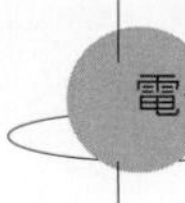

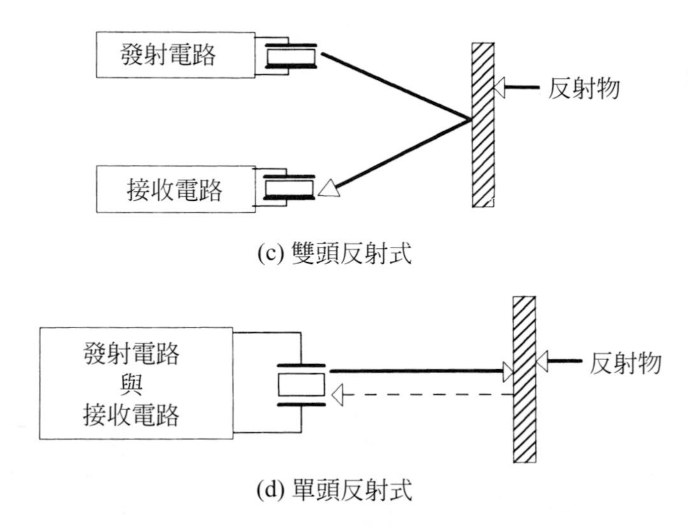

圖 10-11　超音波感測應用方式示意圖(續)

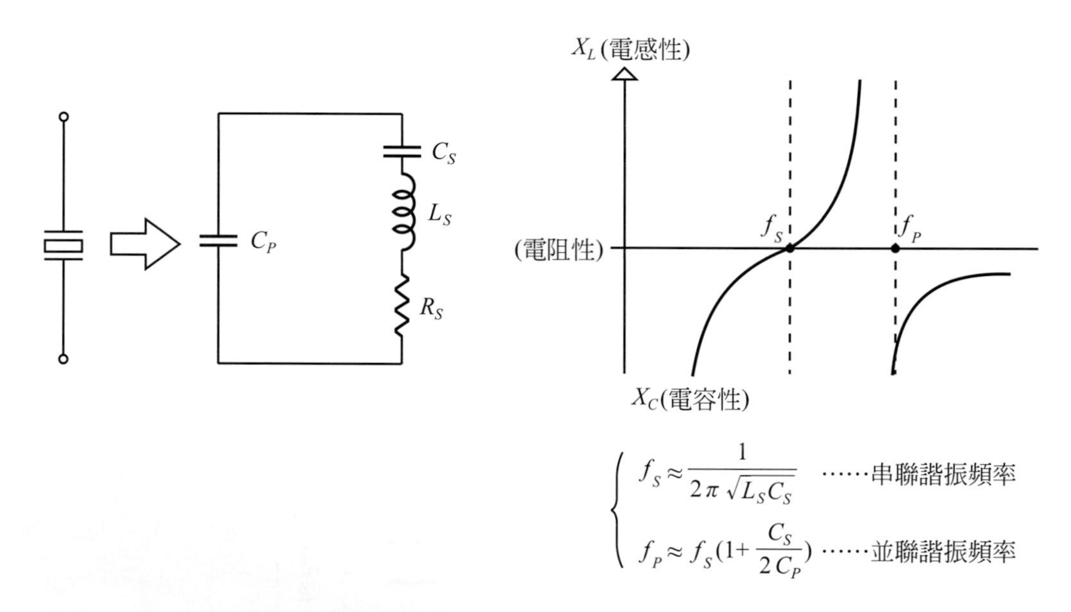

圖 10-12　超音波感測器等效電路及阻抗特性

超音波感測器主要是以類似石英晶體的電壓效應和壓調效應完成超音波的發射和接收。所以超音波感測器的等效電路可被視為石英晶體的特性，如圖10-12所示。

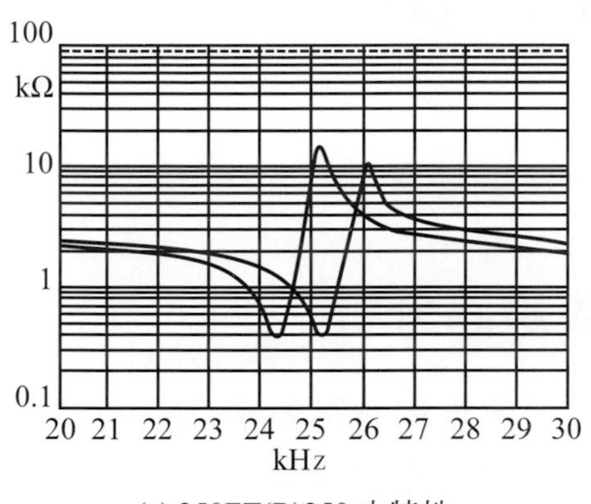

(a) 250ET(R)250 之特性

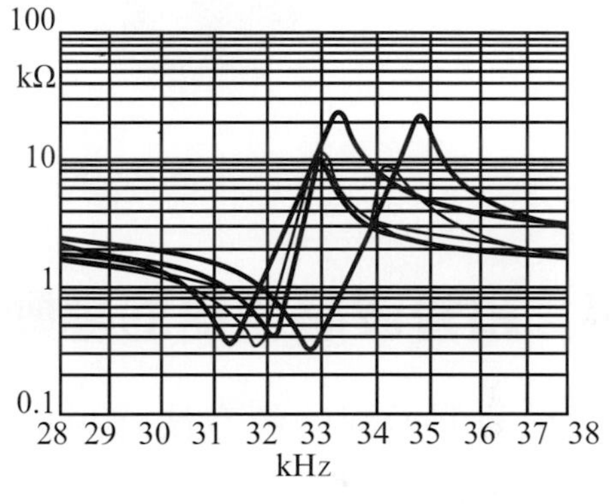

(b) 328ET(R)180，250 之特性

圖 10-13　超音波感測器之阻抗頻率響應曲線

超音波感測器的發射頻率和接收頻率必須相同，才能得到最高的靈敏度。雖然頻率相同，但對晶體本身的諧振頻率而言，發射器可視為串聯諧振點，低阻抗的應用，接收器可視為並聯諧振點，高阻抗的應用。所以於使用超音波感測器的時候，接收器和發射器應避免互相對調。

而超音波的應用除偵測物體有無、距離量測及近接開關的使用外，目前醫學上的超音波顯像術，工業應用中的超音波熔接和超音洗淨機，小到超音波驅蚊器和超音波防盜器。而一般美容護膚中心也用到超音波磨膚器。超音波感測器的應用相當廣泛。而除了壓電材料所產生的“小能量”超音波外，尚有由電磁感應而產生超音波，或磁震而產生大能量的超音波發射器。本單元將以“小能量”，壓電式的超音波感測器為使用對象。

圖 10-14　各種超音波感測器的外觀

10-4　超音波感測器的驅動與接收線路分析

目前我們所談的超音波感測器，將以壓電效應和電壓效應爲主的“石英晶體”或“壓電陶瓷”爲主的超音波感測器。對超音波感測器的發射和接收應有如下的特性。

1. **超音波發射器的驅動電路之一：自激振盪法……圖 10-15**

   已知超音波的發射器的等效電路與石英晶體的特性相同，便能把超音波發射器看成是一個某一特定頻率的振盪子，如此一來便是把超音波感測器的發射器當做振盪器電路中的必備元件。使振盪器的振盪頻率和超音波感測器本身的諧振頻率相同，就能達到“電壓效應”的效果，而使晶格共振，壓縮空氣，產生超音波向外發射。這種把超音波感測器看成是振盪子的驅動方式，我們稱之爲“**自激振盪法**”。

2. **超音波發射器的驅動電路之二：它激振盪法……圖 10-16**

   我們也可以把超音波發射器當做壓電式的喇叭，則只要於其上加入與超音波感測器諧振頻率相同的電氣信號，也能使超音波感測器因“電壓效應”而產生共振，並發出超音波，這種把超音波感測器，看成是喇叭的驅動方式，我們稱之爲“**它激振盪法**”。

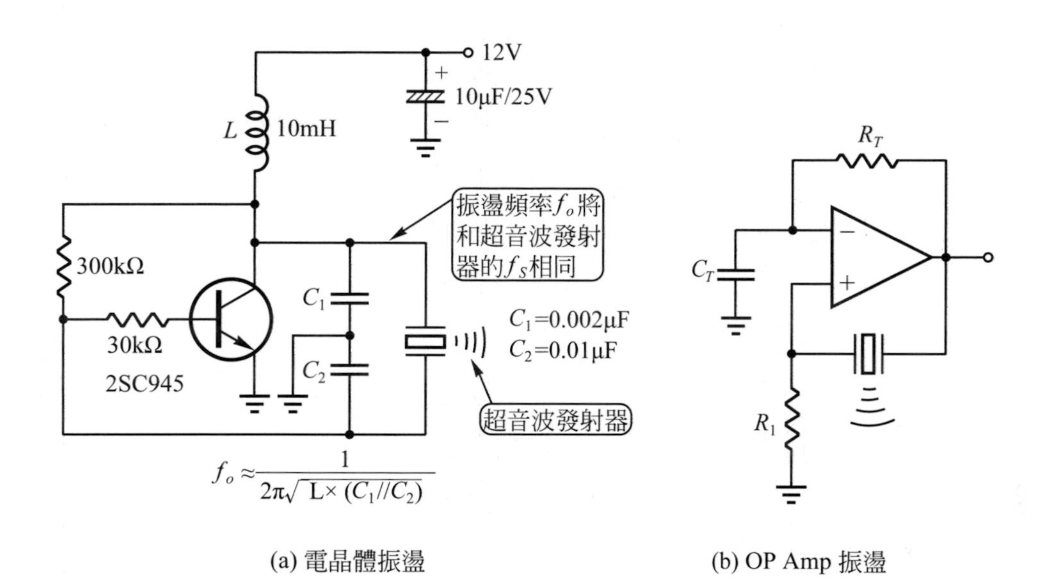

(a) 電晶體振盪 (b) OP Amp 振盪

圖 10-15 自激振盪法之超音波驅動

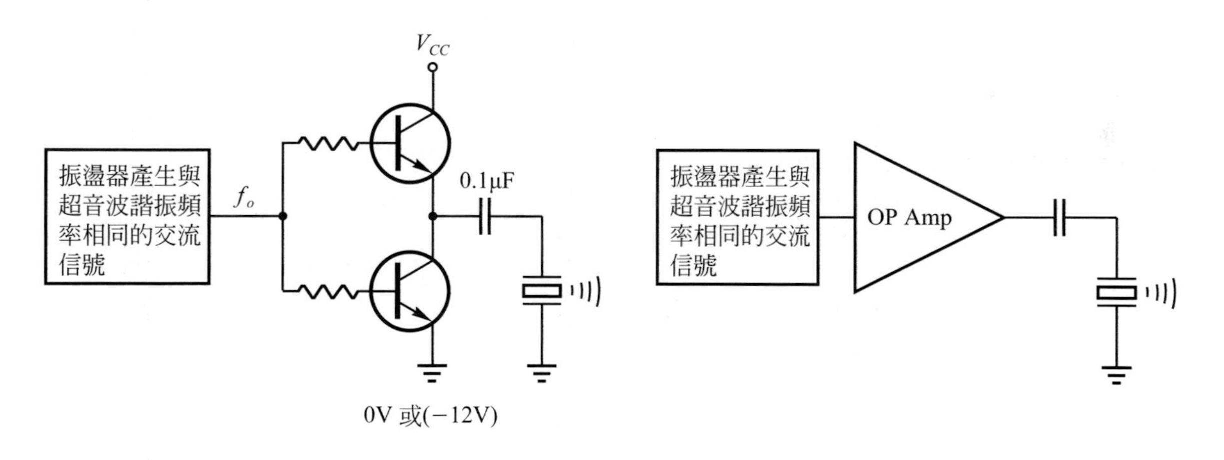

(a) 電晶體推挽輸出 (b) OP Amp 輸出

圖 10-16 它激振盪法之超音波驅動

3. 超音波接收器的放大電路

超音波接收器乃“壓電效應”原理的應用。當超音波接收器受到與其諧振頻率相同的音波壓力後，便轉換成該頻率的交流信號，只是其信號非常小必須加以放大，然後再做波形整形處理。而放大電路經常加入“諧振電路”或“帶通濾波器”，以使放大電路只針對與該超音波感測器諧振頻率相同的信號做放大，將得到最大的輸出(最好的靈敏度)，並抑制其它信號的干擾。

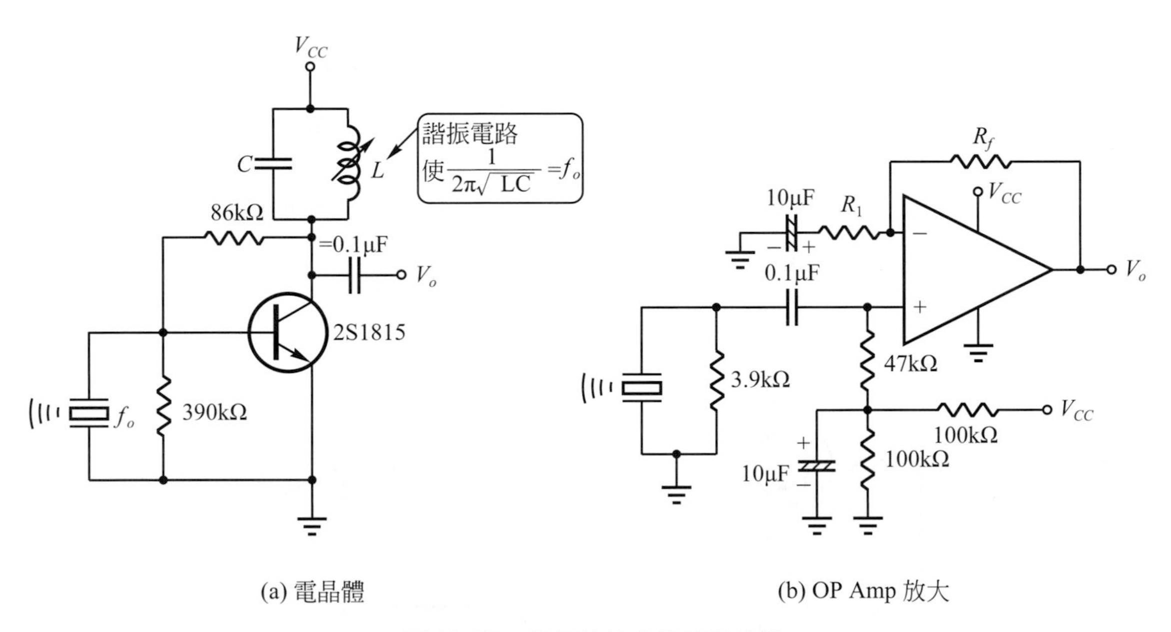

圖 10-17　超音波接收器應用線路

一般超音波感測器的頻率大約25kHz～100kHz，所以一般電晶體均可拿來做爲放大器(一般電晶體的操作頻率少則數 MHz，大都爲幾拾MHz)。當使用OP Amp當放大器的時候，必須注意該OP Amp的頻寬限制，因增益與頻寬的乘積幾乎是常數($A_V \times BW$＝常數)。若使用40kHz的超音波感測器，若放大用的OP Amp其$A_V \times BW$＝ 1MHz，則相當於該OP Amp只能達到25倍的放大率(乃因40kHz × 25 ＝ 1MHz)。

10-5 自製手提式擴音器之應用實習

實習目的

(1) 了解電容式麥克風或動圈式麥克風的原理。

(2) 了解喇叭的動作原理。

(3) 練習設計擴音器相關線路。

實習線路分析

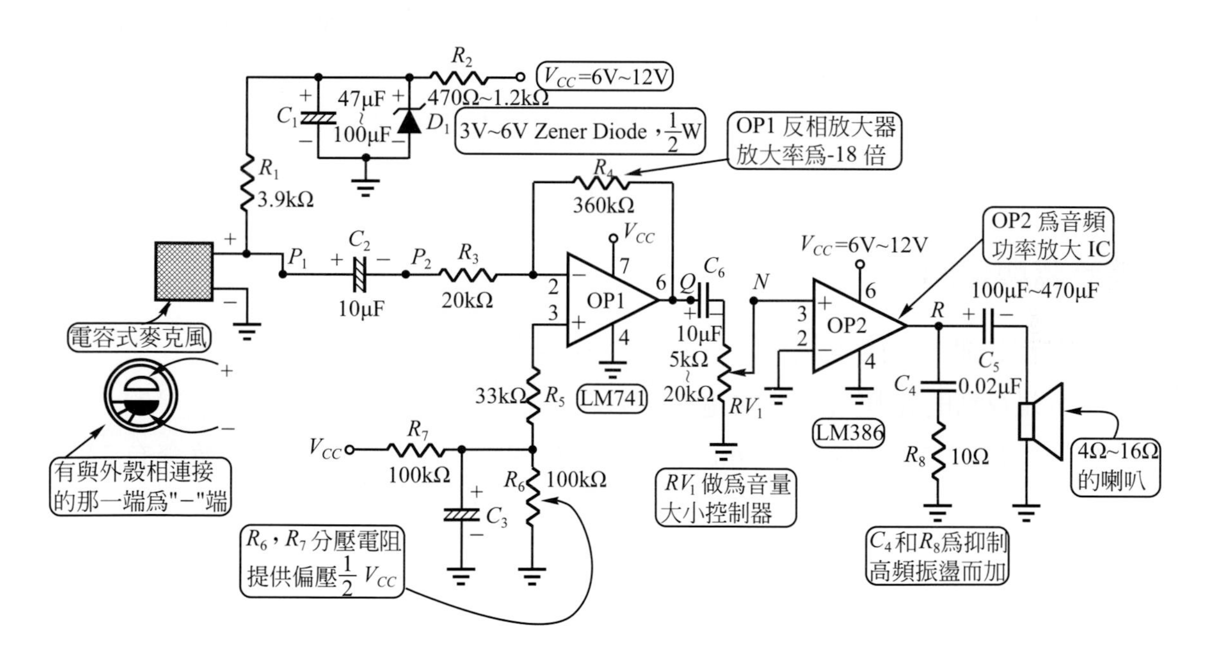

圖 10-18　手提式擴音器實習線路

相關元件功能說明

R_1：當電容麥克風裡面 FET 汲極(D)的負載電阻約 2k～6.8k。

D_1：齊納二極體(Zener Diode)，以確保電容麥克風能安全工作。因常用的電容式麥克風經常把工作電壓限制在 5V 左右。

C_1：平滑電容使齊納二極體兩端的電壓更穩定，同時也能消除電源所感應的高頻干擾。

R_2：降壓與限流作用。若D_1的齊納電壓為 4.7V時，則R_2將負責降掉(12V－4.7V)＝7.3V，最大電流則被限制為(4.7V÷R_1)

C_2：交流耦合電容，即只讓交流信號能通過，直流電壓將全部降在C_2兩端，才能使 OP1 只放大交流信號。

C_5：避免 OP2 的直流電壓直接加到喇叭上(喇叭加直流電有可能燒掉)。

※其它元件之說明，如圖 10-18 之旁白說明。

實習步驟與量測

⑴ 首先把P_1點切開(即先不使用電容器麥克風)。

⑵ 量Q點的電壓和R點的電壓，V_Q＝________V，V_R＝________V。

⑶ 由信號產生器提供 50mV($V_{P\text{-}P}$)，頻率為 1kHz的正弦波，並含有 2V的直流成份，加到P_1點，即所輸入的信號為 2V＋50mVsin2πft。

※ 怎樣由信號產生器輸出 2V＋50mVsin2πft的正弦波

① 調信號產生器的振幅旋鈕(Amplitude)，使輸出為 50mVsin2πft。

② 注意頻率約設在 1kHz 的地方，示波器請用 DC 檔。

③ 若示波器振幅(VOLTS/CM)設在 10mV，則應該看到 5 格的波形。

④ 把信號產生器的DC OFFSET拉起，並調整之，使 50mVsin2πft的正弦波位於直流 2V 上。

⑤ 相關步驟請參考圖 10-19 的說明。

(4) $2V + 50mV \sin 2\pi ft$ 的設定方法

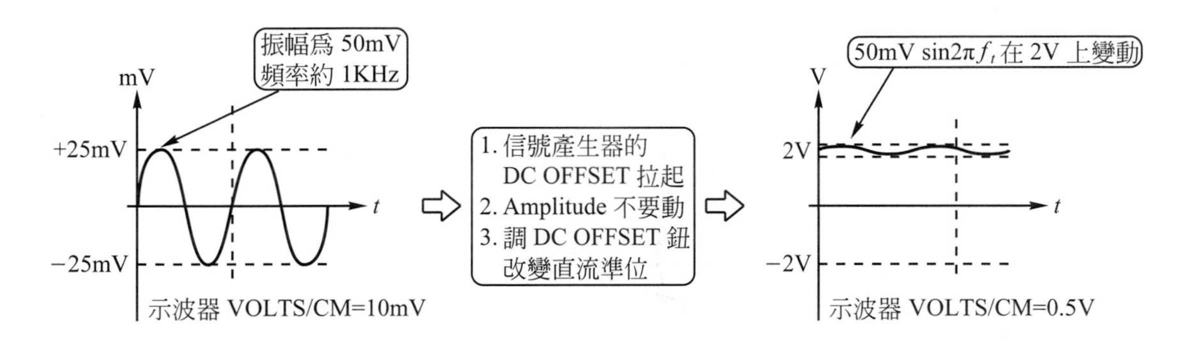

圖 10-19　產生 $2V + 50mV\sin 2\pi ft$ 的方法

(5) 此時請您測各點波形(因為喇叭太吵，請先不加喇叭)，我們先做"無載狀況"的測試。請量測各點波形，並繪於圖 10-20。

(6) 計算 OP1 和 OP2 目前的放大率各是多少？

$A_{V_1} = \dfrac{V_Q}{V_{P_2}} =$ ________，$A_{V_2} = \dfrac{V_R}{V_N} =$ ________。

(7) 把 RV_1 調到最高點(即把音量調到最大的情況)，再測 V_R 的波形。

(8) 改變輸入信號的振幅(調信號產生器的 Amplitude 其它不要動)。

(9) 讓輸出電壓 V_R 產生切頭切尾的失真波形，並記錄最高點和最低點的電壓各是多少？

$V_{R(\max)} =$ ________ V，$V_{R(\min)} =$ ________ V。

(10) 把信號產生器的振幅調小一點，一直到沒有失真(不再有切頭或切尾的情形發生)時，就停止改變輸入信號(不要動了)。

(11) 測此時的 V_{P_1}(即信號產生器的輸出)及 V_R。

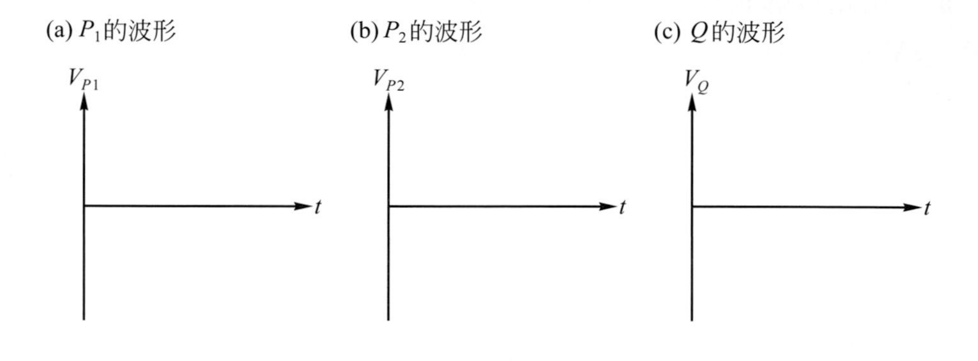

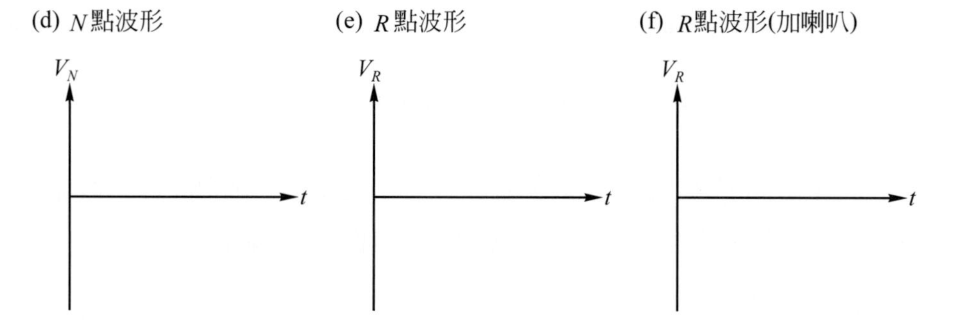

※各點波形電壓大小請自行標記之

圖 10-20　各點波形記錄

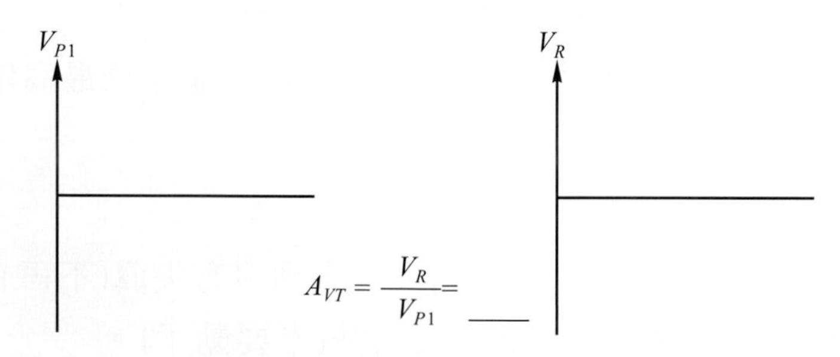

圖 10-21　最大輸入和最大輸出

⑿　總放大率為$A_{V_T} \approx A_{V_1} \times A_{V_2}$嗎？

※意思是說麥克風的輸出電壓不能比⑾所測得的V_{P_1}還大，否則於大音量輸出時會產生非線性的失真。

⒀　接上麥克風，也接上喇叭(兩者不要相向或離太近，否則會產生回授振盪而吱吱叫)。

⒁　一切 OK，可以自由發音了，為自己唱一首……我一定會成功。

⒂　把它洗成 PC 板，自己做乙台手提式擴音機吧！

實習討論

(1)　若$R_6 = 50\text{k}\Omega$，V_Q的直流電壓是多少呢？

(2)　若C_2短路了，會有什麼情況發生？

(3)　您所做的電路總放大率是多少呢？

(4)　請找到 LM386 的技術資料(特性資料)。

①　LM386 的最低及最高放大率各是多少 dB？

②　請把 dB 值換成是多少倍？

③　若想使 OP2 放大率改變，應如何處理？

④　請用 LM386 設計一個放大率為 100 倍的音頻功率放大器。

10-6　壓電薄膜和震動感測

壓電薄膜顧名思義就是因壓力而產生電壓的元件，有關其材料種類及製作方法，並非本單元所要闡述的項目，我們將著重於壓電薄膜的特性及其應用線路之分析與製作。

目前各家所生產的壓的薄膜，幾乎都是把極薄的壓電材料成長於具有彈性的膠片上，當膠片受力而變化(彈跳、震動、扭曲、壓著、伸展……)的時候，其上的壓電材料將產生交流振盪信號，且因長度、寬度及厚度的不同和材質的差異，各廠家所提供的壓電薄膜，其振盪頻率不盡相同。

事實上壓電薄膜只是一片小小的小薄片，但其應用卻非常廣泛，目前所知的應用產品甚多，舉例如下：

壓電薄膜的應用範例：

(1) 工業與儀器上的應用

壓力感測，應變計、衝擊感測、震動感測、加速度量測、位準感測、防盜開關……。

(2) 醫學上的應用

氣體流量、液體流量、心跳、血壓、瞬間熱感……。

(3) 商用產品上的應用

開關、鍵盤、觸摸開關、喇叭、麥克風、玩具、運動器材……。

只因壓電薄膜體積小、使用方便、價格便宜，其應用只存乎一心，各憑想像，所以應用非常廣泛。

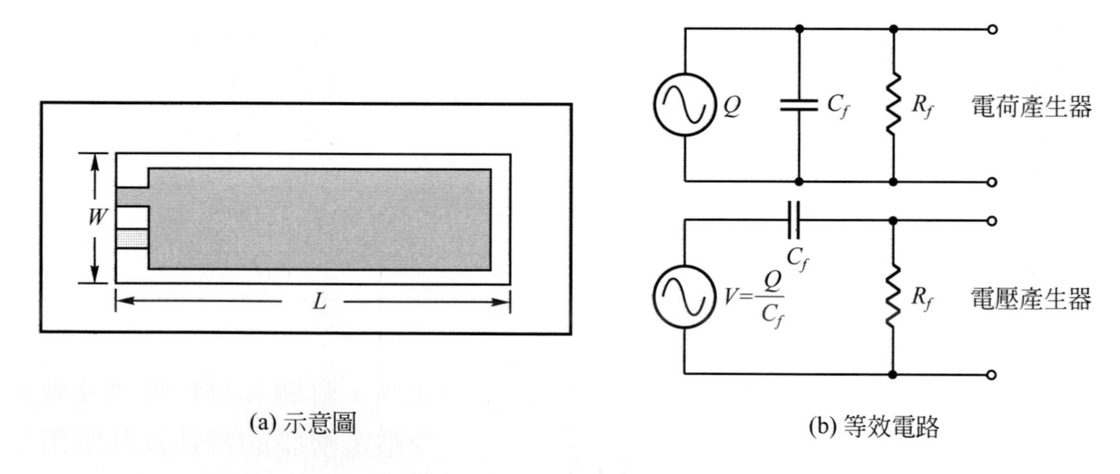

(a) 示意圖 (b) 等效電路

圖 10-22 壓電薄膜相關資料

圖 10-22 中壓電薄膜的厚度約 10μm～60μm(非常薄)，其長度約 30mm～180mm，寬度約 15mm～25mm。均為長條狀的產品。而其等效電路可視為電荷產生器或

電壓產生器兩種。所以說壓電薄膜可分類爲“電壓變化型”的感測元件。其轉換電路可如下方法完成。

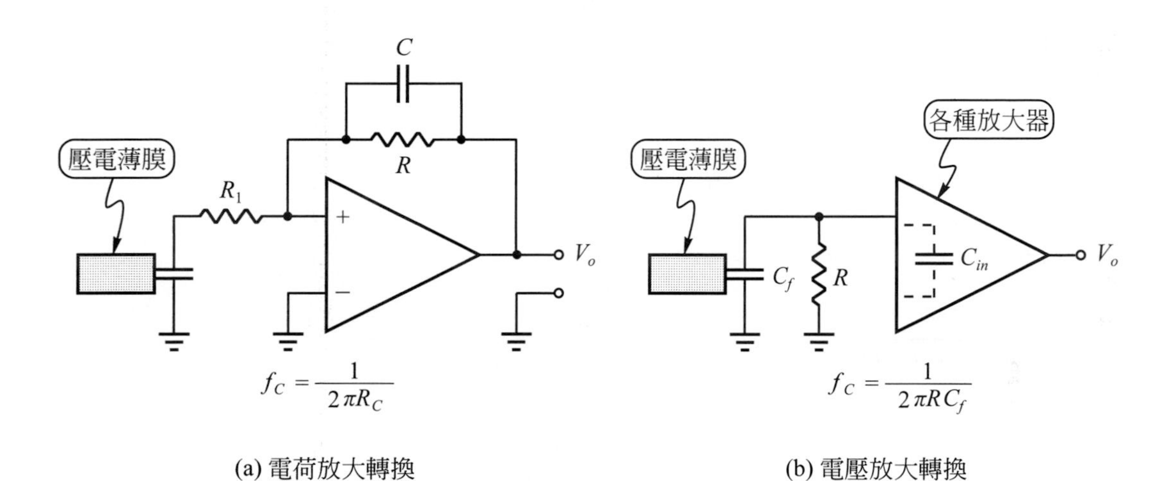

圖 10-23　壓電薄膜的轉換電路

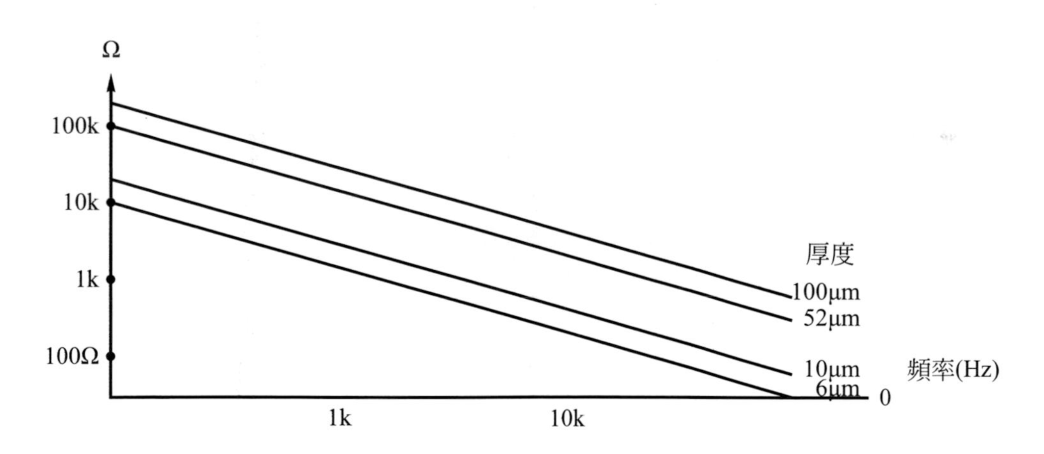

圖 10-24　壓電薄膜的頻率與阻抗關係

10-6-1 壓電薄膜基本實習與應用

實習目的

(1) 了解壓電薄膜的轉換電路。

(2) 震動(衝擊)警報器線路分析與製作。

實習線路

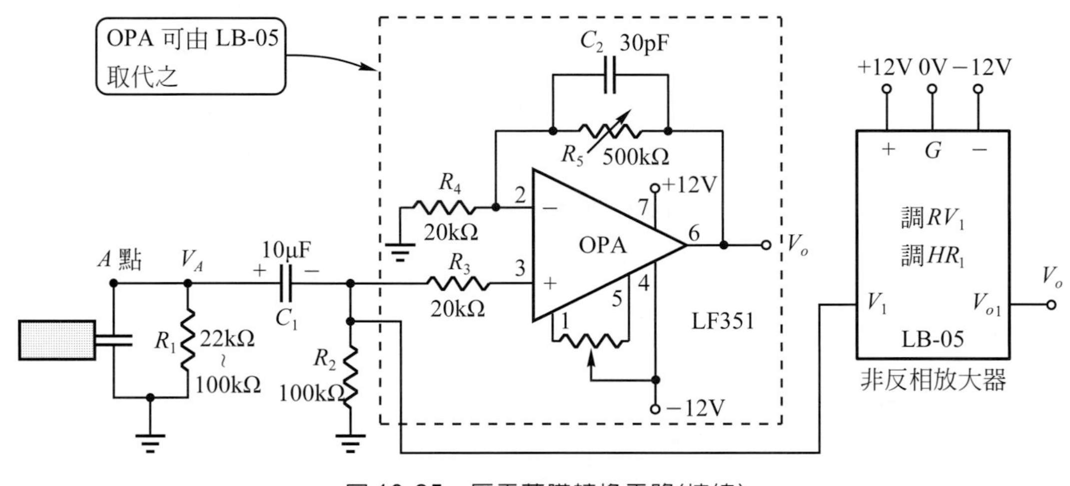

圖 10-25 壓電薄膜轉換電路(接線)

實習步驟與記錄

(1) 實習時可用 LB-05 取代 OPA(好用又方便)。

(2) 用示波器測A點和V_O(示波器用 AC 檔)。

※測A點時：振幅設定鈕(VOLTS/DIV或VOLTS/CM)設小一些(mV)。

(3) 用手指頭彈壓電薄膜

① 用快速彈一下，請注意V_A和V_O的變化情形。

② 慢速彈一下，再請注意V_A和V_O的變化情形。

(4) **問題一**

① 快速彈動和慢速彈動時，V_O有何差別？

② 彈動時，所看到的V_O是一個脈波，還是有許多正弦波變化呢？(正弦波乃由大變小的情形)

※此時示波器的時基應設小一點(μs的位置)

③ 若所看到的是一串衰減變化的正弦波，這說明了壓電薄膜，具有怎樣的特性？

④ 請繪出壓電薄膜受到震動後，其產生的波形。

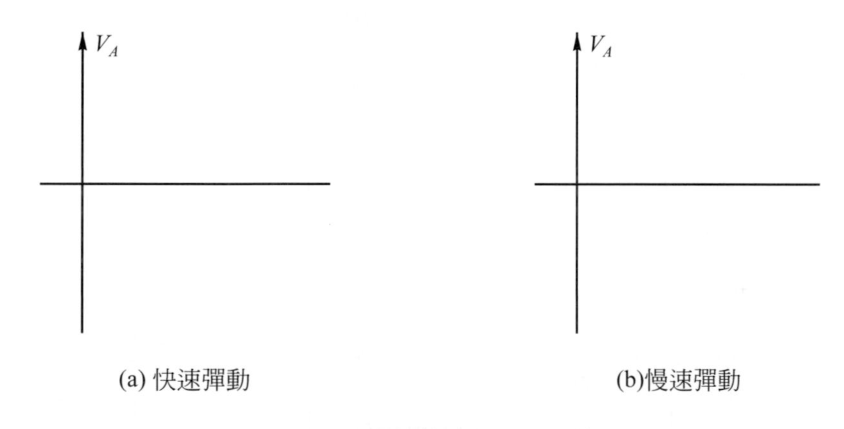

(a) 快速彈動　　(b)慢速彈動

圖 10-26　壓電薄膜受震動的輸出

10-6-2　壓電薄膜的應用：衝擊感測之加速度量測

應用線路

這個線路最主要的功能是拿來偵測衝擊量的大小，當壓電薄膜受到震動(用手指彈它一下)，當彈得愈快時，所亮的 LED (D_1～D_{10})愈多個，若已達最高指示時，全部LED都會亮起來。

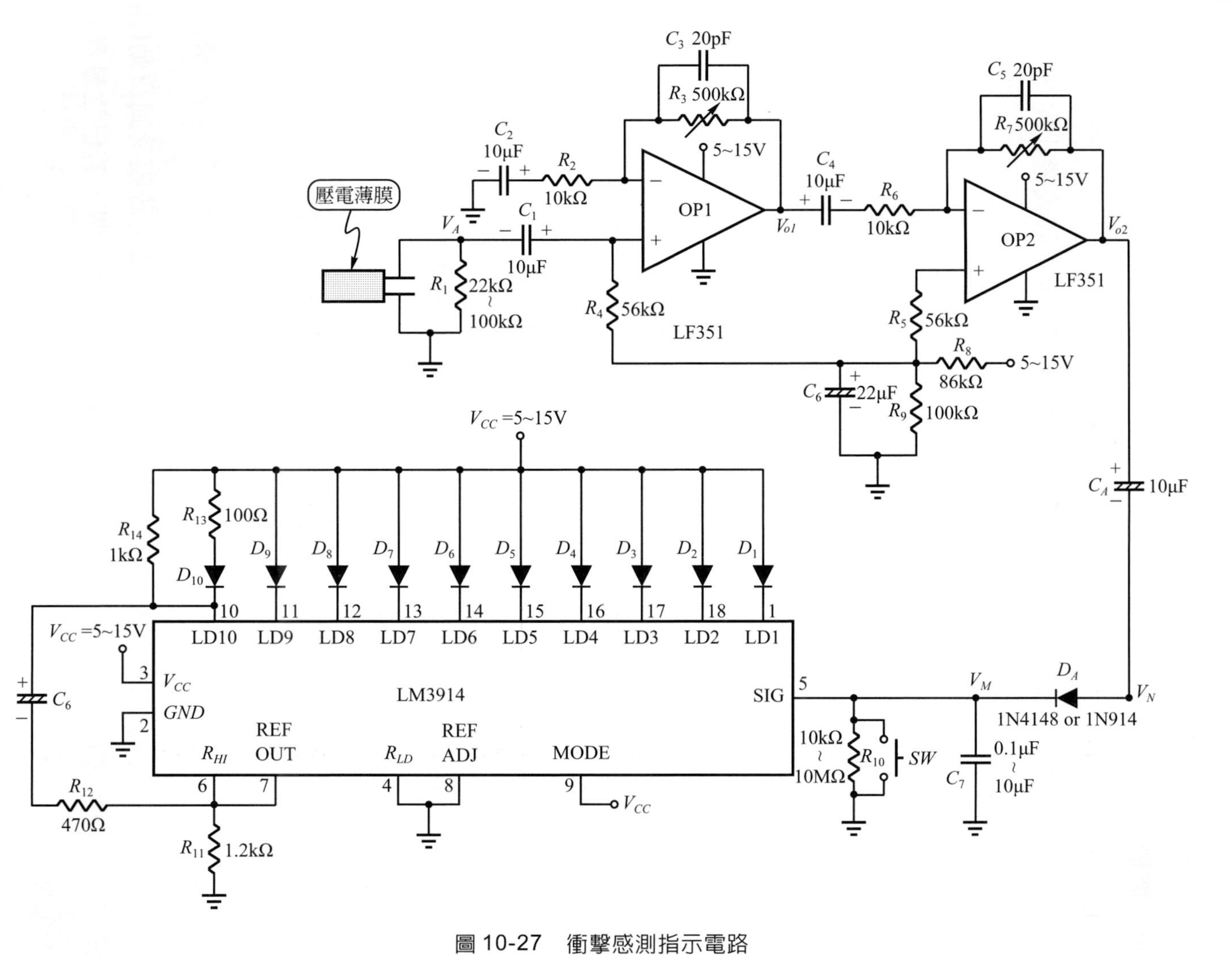

圖 10-27　衝擊感測指示電路

動作分析

這個線路於壓電薄膜受到衝擊的時候，V_A產生微小的電壓經OP1和OP2放大，並經 D_A 做半波整流，C_5 做濾波，則於 V_M 會得到一個隨衝擊量大小而變化的直流電壓。把 V_M 的大小拿去給LM3914當輸入電壓，且前LM3914輸入端 SIG 若接收到 0V～1.2V 的電壓，LED (D_1～D_{10})會依電壓不同而亮不同的LED，且是一個接一個亮(並非每次只亮一個)。則從亮了多少個LED便知道，衝擊量的大小。茲以各點波形分析如下。

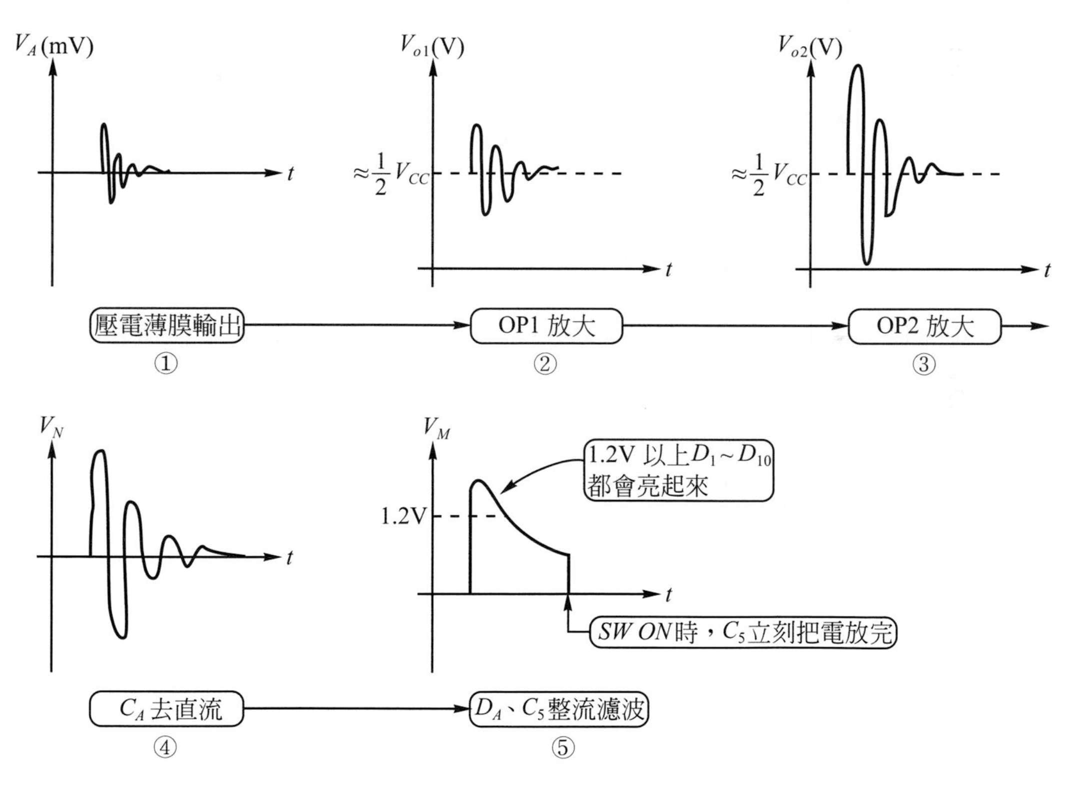

圖 10-28　線路動作分析與各點波形

線路分析及各元件功能說明

(1) 壓電薄膜及R_1

受彈震以後，壓電薄膜將於 R_1 上產生 V_A 的弦波信號，此時 R_1 正好形成電氣迴路。若因 R_1 太小而造成負載效應時，可以把 R_1 加大。(甚致把 R_1 拿掉)

(2) C_1，C_4，C_A

都是耦合電容，其目的乃使交流通過而且阻隔直流電壓，使前後級的直流偏壓不要互相影響。因 $|X_C|=\dfrac{1}{2\pi fC}$，交流時 f 大 $|X_C|$ 小能通過，直流時 $|X_C|=\infty$，進而達到隔離直流的目的。

(3) C_2，R_2，R_3 及 OP1

乃構成一個非反相放大器，其放大率爲$\left(1+\dfrac{R_3}{R_2}\right)$，可以改變 R_3 的阻值，達到調整放大率的目的。且只放大交流信號。對直流而言，因 C_2 的存在，使得直流時 $|X_{C2}|=\infty$，則 OP1 變成電壓隨耦器，直流放大率爲 1 倍。

(4) R_6，R_7，OP2

構成一個反相放大器，其放大率爲$\left(-\dfrac{R_7}{R_6}\right)$，也因有 C_4 的存在，使得該OP2 電路，只放大交流信號，直流等效電路分析時，OP2 的反相放大變成了電壓隨耦器，直流放大率也是一倍。

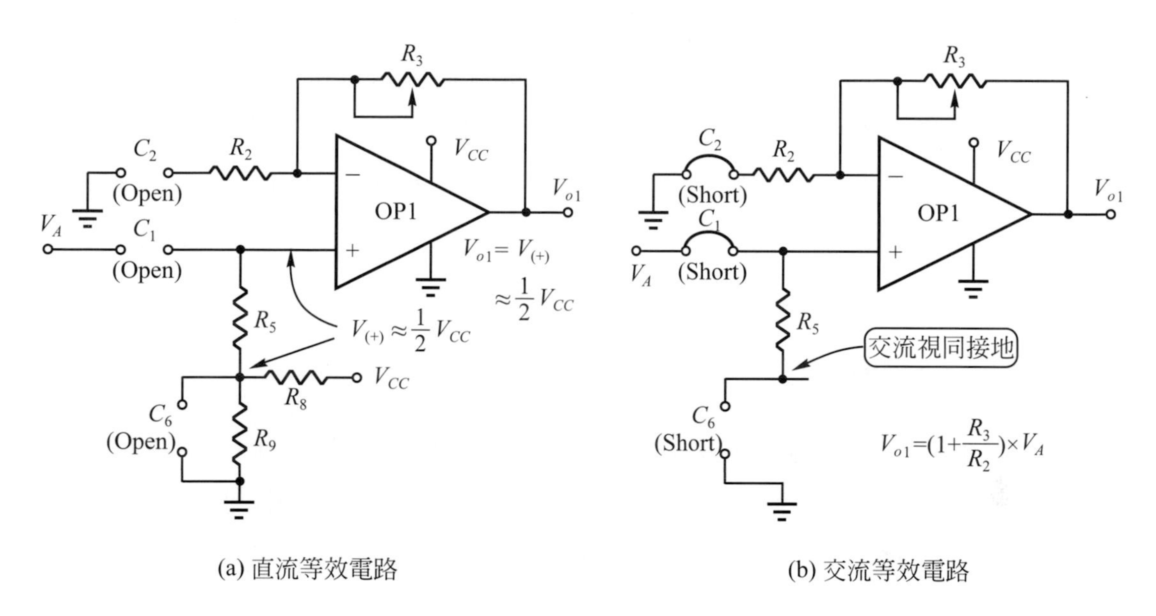

(a) 直流等效電路　　(b) 交流等效電路

圖 10-29　單電源放大器等效電路分析

(5) R_4，R_5，C_6，R_8，R_9

其目的都是提供OP1和OP2的直流偏壓，使得單電源操作時的OP Amp放大能有不失眞且振幅最大的輸出信號此時的阻值，幾乎使得OP Amp 輸出一直爲$\frac{1}{2}V_{CC}$ 的電壓。若您用的 OP Amp IC 其輸入阻抗夠大(JFET輸入的OP Amp IC)，則能把 R_8 和 R_9 設成相同阻值的電阻。

(6) C_3，C_5

此乃負回授電容，將使輸出的高頻流回“－”端，形成高頻負回授，使得高頻信號的放大率變小。相當於是說低頻信號會得到較大的輸出，高頻信號輸出變小。此乃低通濾波的特性。簡言之，C_3 和 C_5 使得 OP1 和 OP2 具有低通濾波的效果。

(7) C_A，D_A，C_7，R_{10}

C_A 把 V_{O2} 的直流隔離，而其交流信號經 D_A 半波整波，由 C_7 完成濾波。因而在 V_M 會得到一個直流電壓。用以控制LM3914 SIG輸入電壓的大小，便能達到控制那幾個LED(D_1～D_{10})亮起來。而 R_{10} 主要目的乃把 C_7 的電荷放掉，R_{10} 是一個洩放電阻。所以LED(D_1～D_{10})亮光的慢快將由C_7和R_{10}所決定。

電壓指示器 LM3914 的介紹

LM3914是一顆由輸入電壓的大小決定要亮那一「個」LED[依電壓大小分別亮D_1～D_{10}其中一個]，或是要亮那一「段」LED[依電壓大小同時亮(D_1，D_2，D_3)，(D_1，D_2，D_3……)]，我們做個簡單分類「亮單點」或「亮一段」都可以被加以選擇設定。

所以LM3914是一個簡單型的電壓大小指示器，而其輸入電壓可以很方便地加以調整設定。我們可以設0～1.2V 由D_0～D_{10} 代表之，也可以設定0～5V由D_0～D_{10} 代表之，而且還有一項閃爍功能圖。10-30中LM3914的接線已經一項簡單的應用範例第7腳REF OUT爲1.25V則COMP1～COMP10的比較定爲$\frac{1.25V}{10}=0.125V$，0.25V，0.375V，……。意思是說：當SIG IN輸入電壓小於0.125V時，沒有LED亮。而0.3V時，若MODE(Pin9)＝1，則LED1，LED2 ON(亮一段)。MODE＝0，則只有LED2亮(亮單點)，剩下REF OUT和REEF ADJ會用以後，LM3914就搞定了。

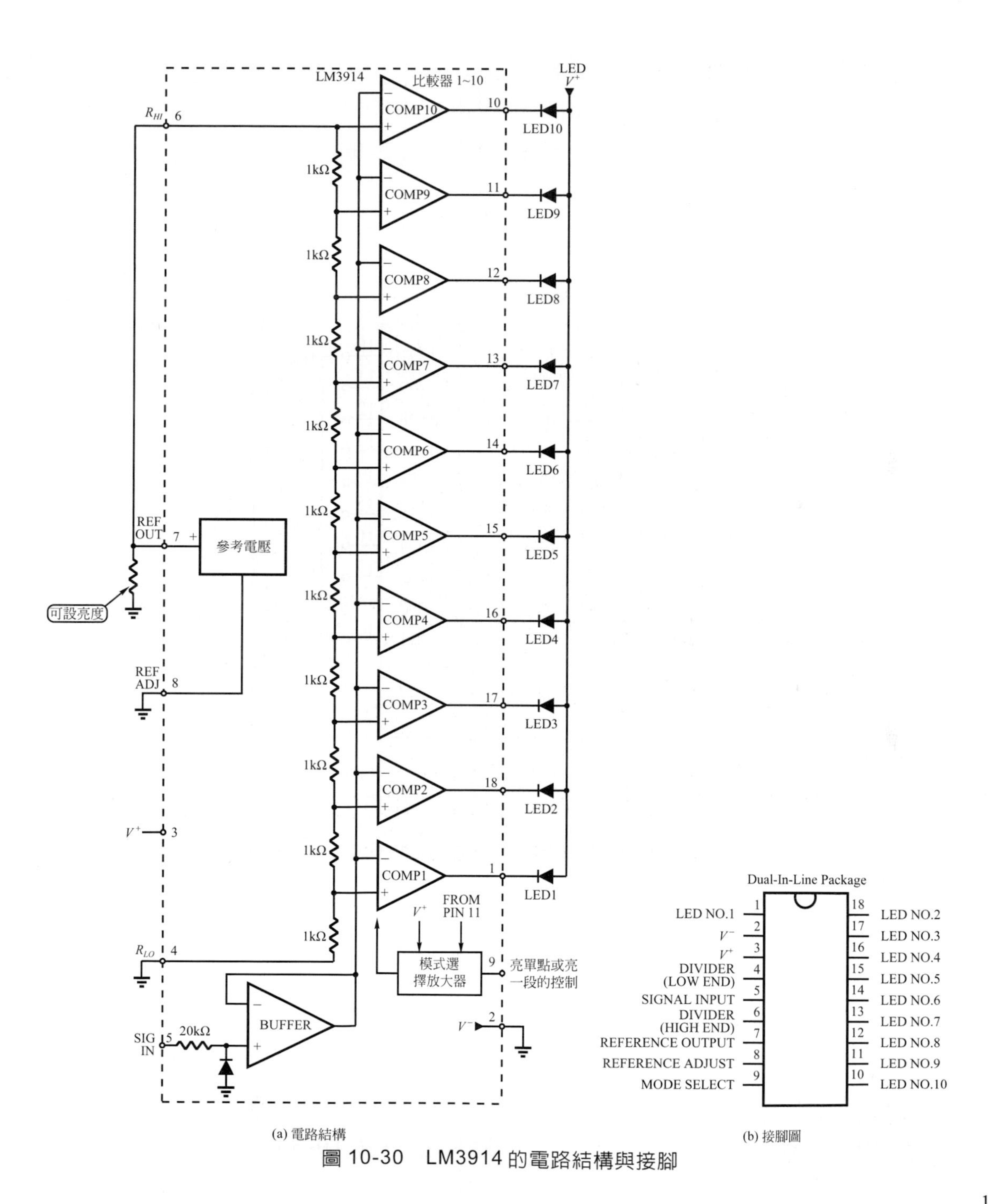

(a) 電路結構　　(b) 接腳圖

圖 10-30　LM3914 的電路結構與接腳

從圖 10-30 清楚地看到其內部有 10 個比較器和 10 個 1k 的電阻，正好能把加到R_{HI}和R_{LO}兩端電壓分成 10 等份。然後再和 SIG IN 的輸入電壓做比較，以決定要亮那一「個」或那一「段」的LED。茲先說明各接腳的功用，然後再談使用方法說明及其應用方式和如何串接。

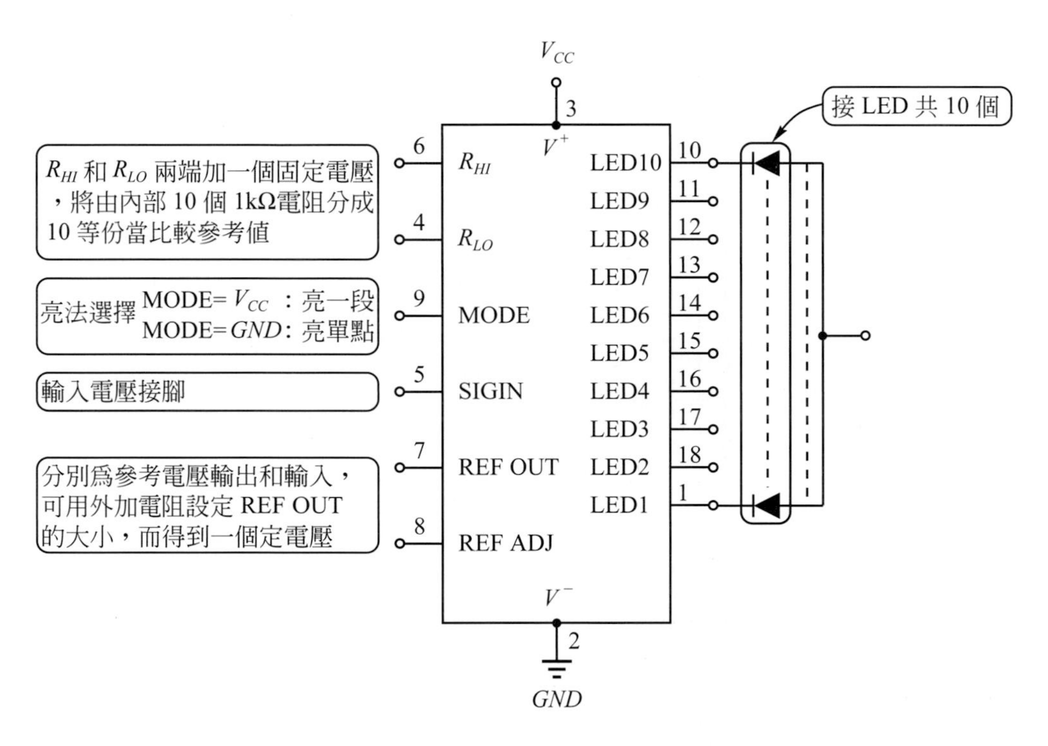

圖 10-31　LM3914 各接腳功能說明

LM3914 應用範例說明：圖 10-32

(1) 因 MODE ＝V^+，所以LED是以「亮一段」顯示。

(2) 目前REF ADJ 接地，所以REF OUT ＝ 1.25V。

(3) REF OUT 接到R_{HI}，且R_{LO}接地，代表比較設定為每一差距 0.125V。

(4) 若 SIG 大於 1.25V，則所有 LED ON。

圖 10-32 LED的亮法，我們以圖示說明之。(圖 10-33)

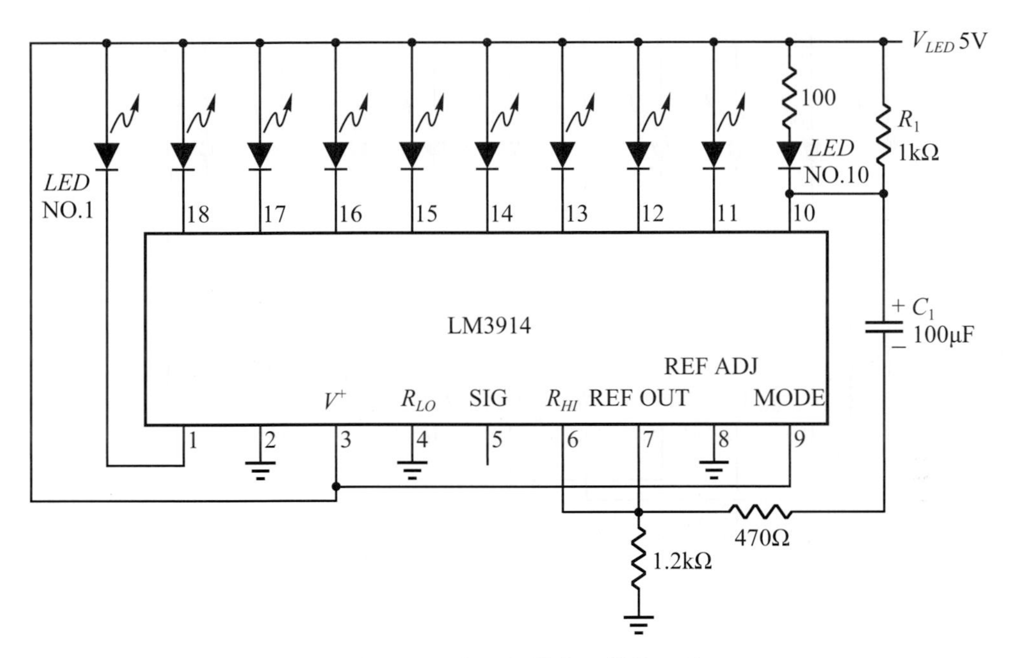

圖 10-32　亮一段並含閃爍的用法

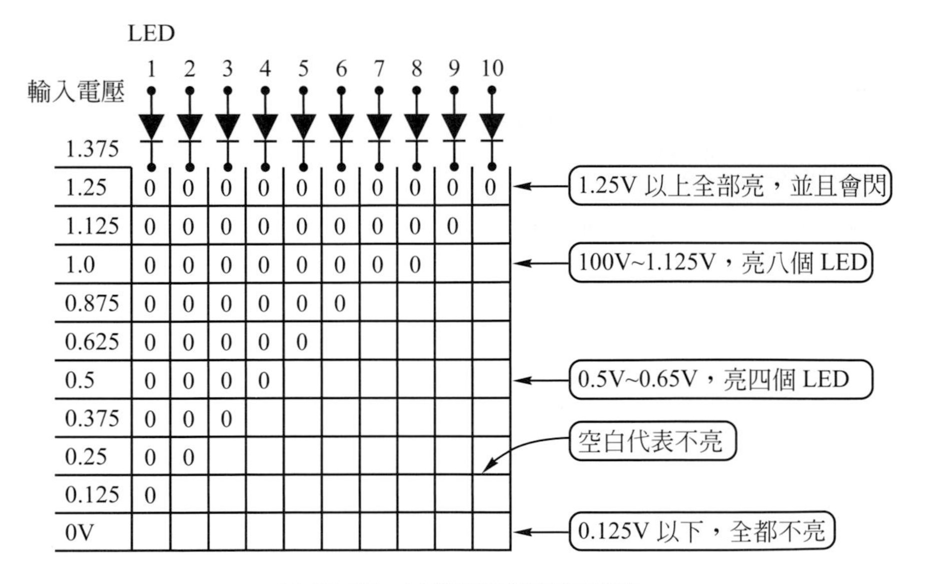

圖 10-33　LED 如何亮法的說明

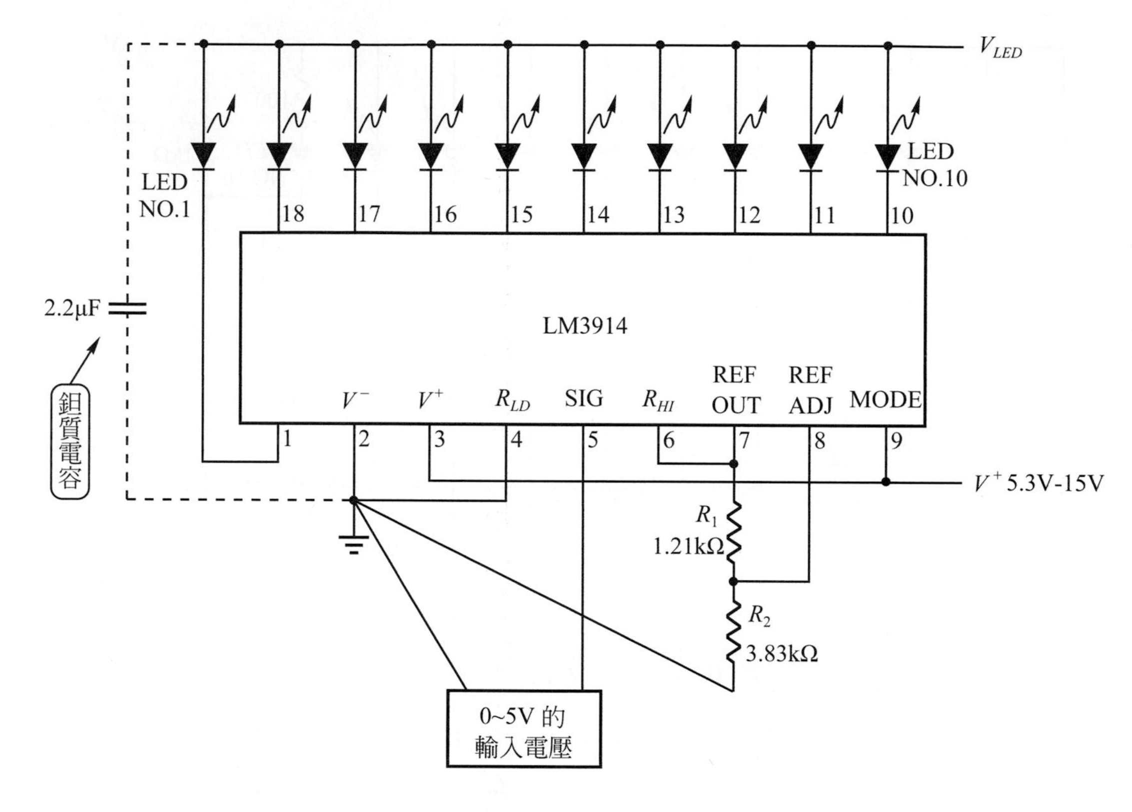

① REF OUT 的電壓 $= 1.25\text{V} \times \left(1 + \dfrac{R_2}{R_1}\right)$

②流過 LED 的電流 $= \dfrac{12.5\text{V}}{R_1}$

③ MODE $= V^+$，是“亮一段”顯示

圖 10-34

這個線路最主要是讓輸入電壓的範圍設定在 0V～5V。相當於每 0.5V(5V/10 = 0.5V)爲間距，而其重點乃由 R_1 和 R_2 完成 REF OUT 電壓的調整。目前 REF OUT 的輸出電壓爲 $1.25\text{V} \times \left(1 + \dfrac{3.83\text{k}}{1.2\text{k}}\right) \approx 5\text{V}$。所以 SIG 所能接收的電壓值爲 0V～5V。而且 R_1 的大小同時控制了LED的亮度。設電路 $R_1 = 1.2\text{k}\Omega$，則流過

LED 的電流約 12.5V/1.2k ≈ 10mA。所以往後您只要設定 R_1 和 R_2 的比值。就能決定輸入電壓(SIG)的範圍，並且 R_1 的值，決定 LED 的亮度。

事實上 LM3914 還有另一個類似產品 LM3915。只是 LM3915 乃以對數值的轉換做為電壓大小的指示，適合在音響中當音量大小的閃爍燈光。有關LM3914 和 LM3915 更詳盡的資料，請參閱原廠資料手冊。

實習量測與製作調校：圖 10-27

(1) 依圖完成接線，加入適當的 V_{CC}(5V～15V)。

(2) 彈一下壓電薄膜時，用示波器 AC 檔測一下各點波形。

① V_A有沒有變化？(記得 V_A電壓很小，示波器VOLTS/CM用小一些)。

② V_{O1} 有沒有變化？(記得 V_{O1} 有約$\frac{1}{2}$ V_{CC} 的直流電壓，若示波器用DC檔，有可能看不到信號，時基線跳太高而看不到)。

③ V_{O2}有沒有變化？(注意V_{O2}信號的正半波是否比 2V 還大)，若V_{O2}的電壓太小，請調整OP1和OP2的放大率，使V_{O2}的振幅V_{P-P}能超過4V。

④ V_M是否有直流電壓存在？(注意量V_M的時候，示波器請用DC檔，才能看到V_M下降的情形)。

⑤ 把 SW 按下去，LED 是否全部不亮？

Ans：＿＿＿＿＿＿＿＿＿＿＿

⑤ 當 SIG 大於 1.25V 時(即 LED D_{10} ON)，LED 的亮度有何改變？

Ans：＿＿＿＿＿＿＿＿＿＿＿

而目前以壓電材料所做成震動感測器亦有如下的產品，把壓材料置於金屬外殼包裝中，則能減少灰塵、濕氣，及腐蝕，而被大量使用。

(a) 外觀

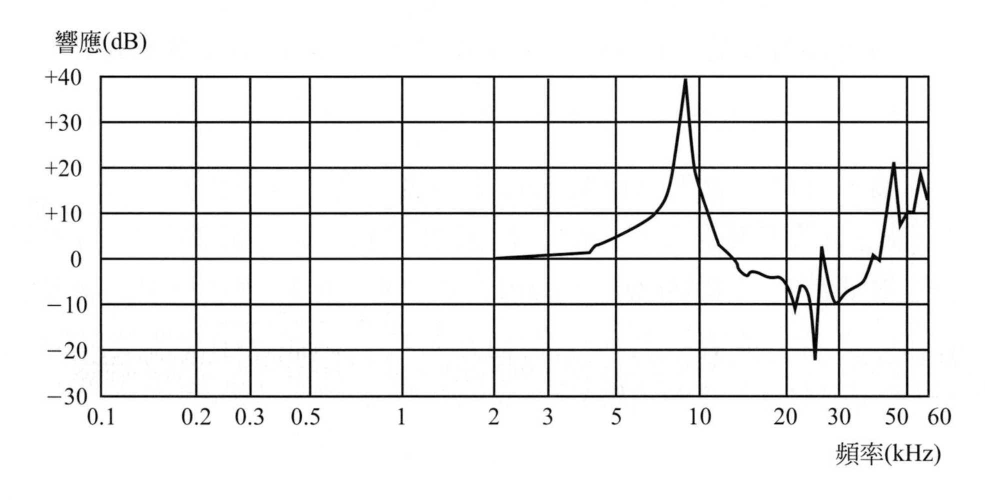

(b) 頻率響應圖

圖 10-35　壓電薄膜之應用產品 AM-×××系列產品

※相關資料可洽鉦祥電子(02)25862897

10-7　震動開關與傾斜開關

震動開關或傾斜開關被應用於各種機具、家電、防盜系統中。例如電熨斗、電爐傾斜或倒掉時的自動切斷電源，汽車防盜或碰撞警報器，當有人撞了車子(碰撞)或有人移動車子(想偷車)的時候，震動開關就會反應，進而使警報器啓動。

在自動水平偵測、陡坡警告、傾斜指示……都會用到傾斜開關，而各廠所做的震動開關大都是金屬接點ON或OFF的動作。只是其應用材料不外乎一般固體(金、銀、銅……)和液體金屬(水銀)兩種。

所以可以把各式震動開關或傾斜開關，看成是以震動量或傾斜量達到切換ON，OFF狀態的金屬開關。所以這類型的感測元件，其等效電路就是一個按鈕開關 —o͟o— 或 —o‾‾o— 。

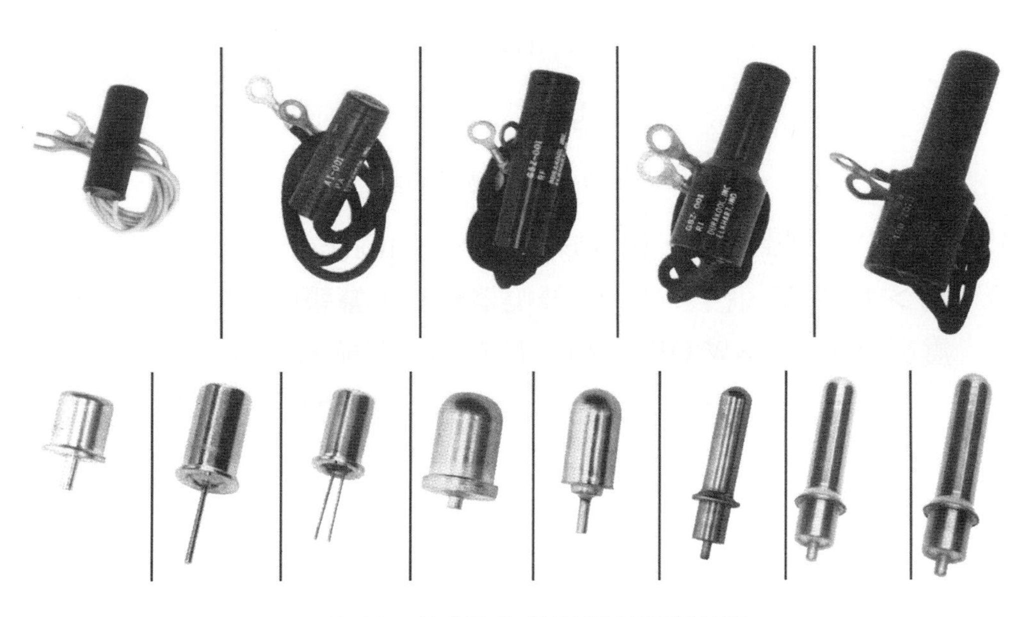

圖 10-36　各式震動或傾斜開關類似外觀

10-7-1 震動開關的應用

※目前我們使用鉦祥電子的 TV-1 當震動感測器。

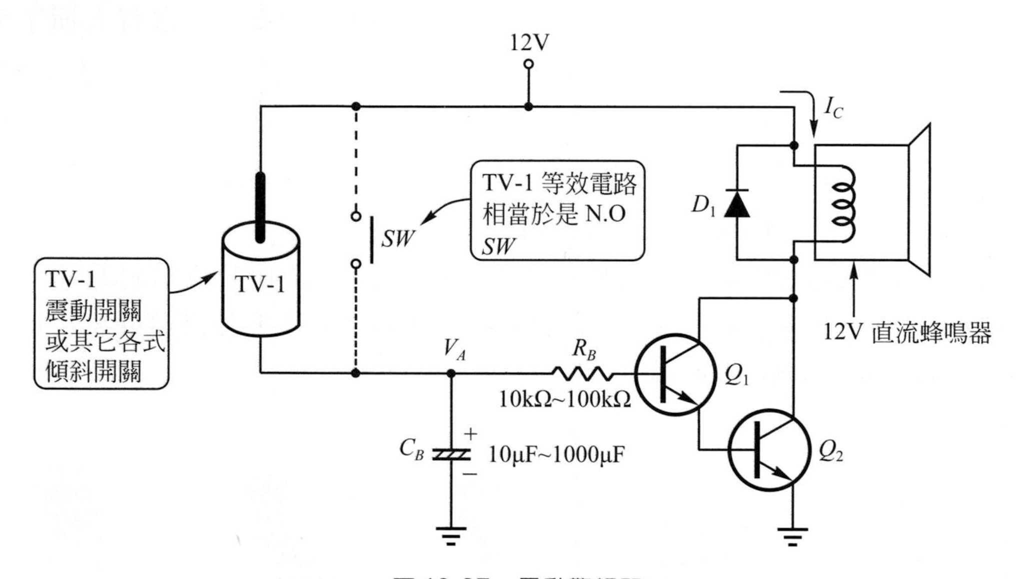

圖 10-37 震動警報器

(1) 只要TV-1 受到震動，相當於SW ON，則C_B快速充電到 12V。(V_A = 12V)

(2) V_A > 1.4V 時，Q_1，Q_2 ON 蜂鳴器動作，警報聲大叫。

(3) 震動停止後，SW OFF，但C_B所存的電荷並未放電，又因 I_B 非常小($I_B = I_C / \beta_1 \times \beta_2$)，放電非常慢，使得蜂鳴器繼續動作。直到$V_B$電壓下降到 1.4V 以下。

(4) **問題**

若想受震一次，叫一分鐘，應如何修正線路？

提示：CD4538

10-8 超音波感測器應用實習——物體偵測及防盜

實習目的

(1) 了解超音波感測器的原理及使用方法。

(2) 練習超音波感測器應用線路設計。

實習線路分析

為了方便了解超音波感測器的使用，我們將以它激式的驅動為主，把超音波感測器之發射器當喇叭看待，而接收器當然就當麥克風看待了。若您所使用的超音波感測器之諧振頻率為40kHz，則振盪電路也必須產生40kHz的脈波。

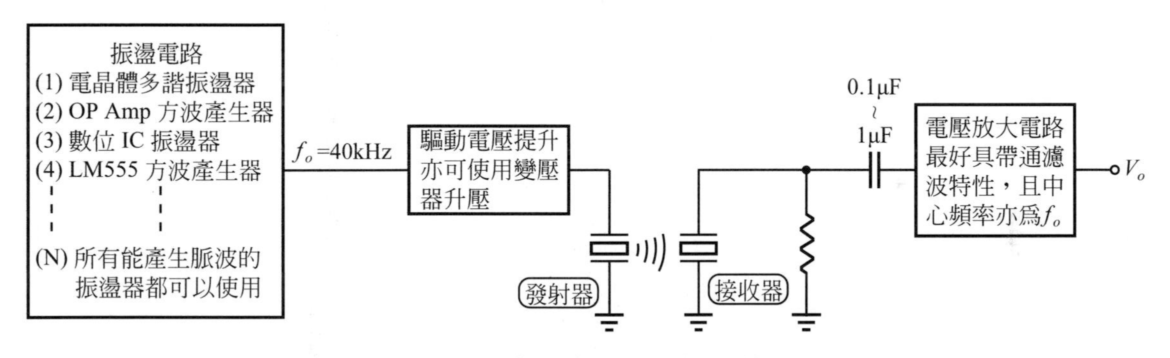

圖 10-38　超音波應用之系統方塊圖

我們已給了系統方塊，請您依所學過的電路，以積木方式把電路組合起來，並繪於圖 10-39 和圖 10-40。

圖 10-39　超音波發射電路(讀者繪製)

圖 10-40　超音波接收電路(讀者繪製)

實習規劃

反射式超音波偵測。

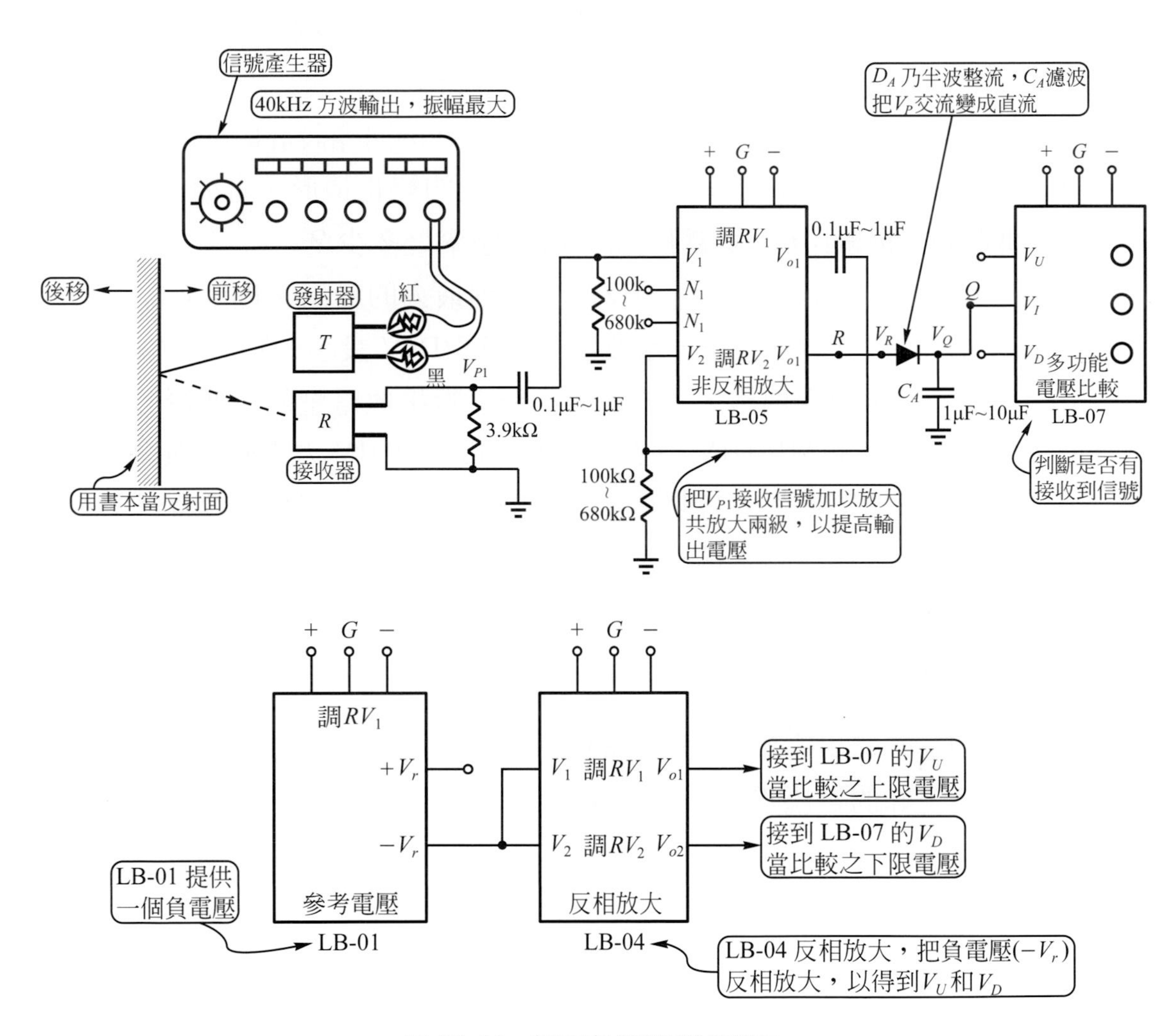

圖 10-41　超音波感測實驗接線圖

實習步驟與記錄

⑴ 把信號產生器選用方波，振幅調最大。頻率設在 40kHz 左右。

⑵ 用示波器測接收端V_{P1}的波形，並把書本前後移動，找到V_{P1}最大時的位置後，書本(反射面)就不要再移動。

※反射面近或遠的變化情形，乃超音波近接開關設計的原理。

⑶ 再調信號產生器的頻率控制鈕，看看V_{P1}的變化情形，當頻率太高或太低時V_{P1}都變小，記錄當V_{P1}最大時的頻率是多少？

Ans：當頻率f_0 = ________Hz時，得到最大的輸出。$V_R = V_{R(\max)}$。

※測V_{P1}時，因V_{P1}較小，示波器 VOLTS/DIV 設小一點，使V_{P1}在螢幕上，最少出現四格，才方便觀察頻率對接收電壓的影響情形。

※示波器的 TIME/DIV 不要用太大，TIME/DIV 太大時，螢幕只看到一、兩週的波形，可以用小一點點，則最高和最低電壓點，將變成兩條平行線一般，就容易觀察電壓變化的情形。

⑷ 測V_{o1}和V_{o2}的波形，並調RV_1和RV_2使放大率增加。

$\frac{V_{o1}}{V_R} = A_{V_1} =$ ________，$\frac{V_{o2}}{V_{o1}} = A_{V_2} =$ ________，$A_V = A_{V_1} \times A_{V_2} =$ ________。

⑸ 注意V_{o2}的輸出電壓(目前R點的V_R)，是否正、負半波都有 1V 以上。(即峰對峰的電壓為 $2V_{P\text{-}P}$以上)。

※V_R電壓大於$2V_{P\text{-}P}$的目的，是為了能使D_1 ON，做半波整流。

⑹ 若$V_R < 2V_{P\text{-}P}$時，請您增加一級放大器。

⑺ 測V_R和V_Q的波形，並繪於圖 10-42。

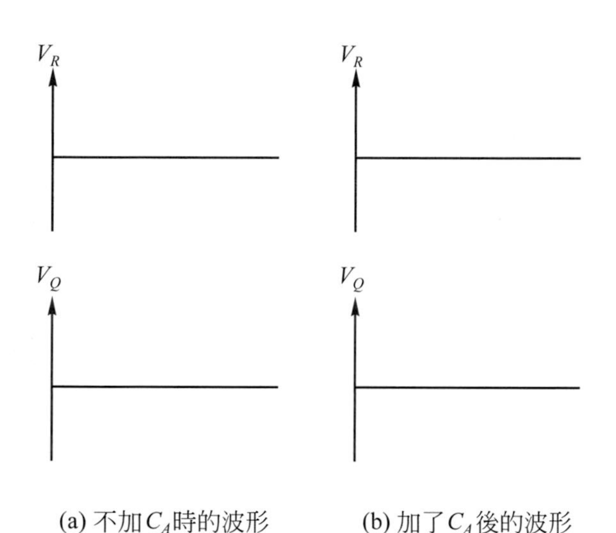

(a) 不加C_A時的波形　　(b) 加了C_A後的波形

圖 10-42　了解D_A和C_A的功用

(8) 把當書本的反射面前後移動，並觀測V_R和V_Q的變化情形。

① 遠離(前移)時，V_P、V_Q變化情形爲________。

② 靠近(後移)時，V_P、V_Q變化情形爲________。

③ 和接收器的距離是多少公分的時候，得到最大的輸出？

距離等於________公分時，得到最大的輸出。(即電壓代表距離)

(9) 請移動反射面並記錄V_R的大小(以V_R的峰對峰電壓代表之)。

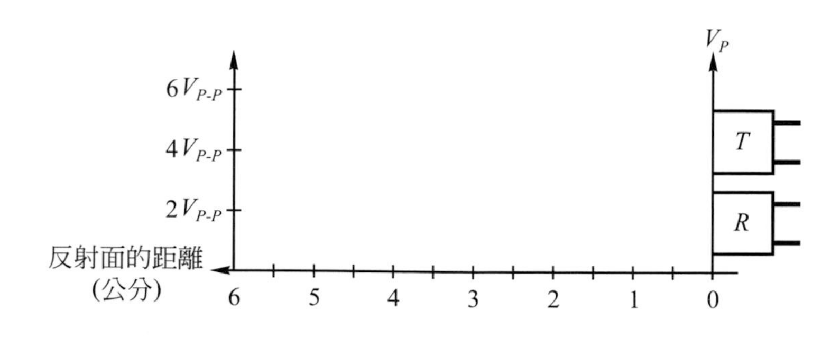

圖 10-43　距離和輸出電壓的關係

11 氣體感測器及其應用

我們所常見的氣體感測器不外乎氣體濃度的偵測，例如瓦斯濃度、酒精濃度、一氧化碳濃度……。以及空氣中水蒸氣的含量(即濕度)。由於工安的要求愈來愈被重視，使得各種氣體感測器的應用更加廣泛。居家廚房中的瓦斯洩漏警報器，地下室沼氣或一氧化碳偵測，交通臨檢時的酒精濃度測試、儲存槽或精緻農業中所用濕度控制器……，都是氣體感測器的應用實例。本章將就氣體濃度感測器的原理、應用與實習逐項說明。

學習目標

1. 了解氣體濃度感測器乃電阻變化之感測元件
2. 氣體濃度感測器之使用方法
3. 酒精濃度偵測電路
4. 瓦斯洩漏警報電路
5. 實用產品線路分析

11-1 氣體濃度感測器基本原理及轉換電路

氣體濃度感測器，雖然有相當多數的公司生產該類產品，然各家所依據的原理大玫相同，均以氧化物爲主體。僅以FIGARO公司產品爲例說明之，該公司之氣體感測器以SnO_2爲主體。其組織和表面結構如圖 11-1 所示。

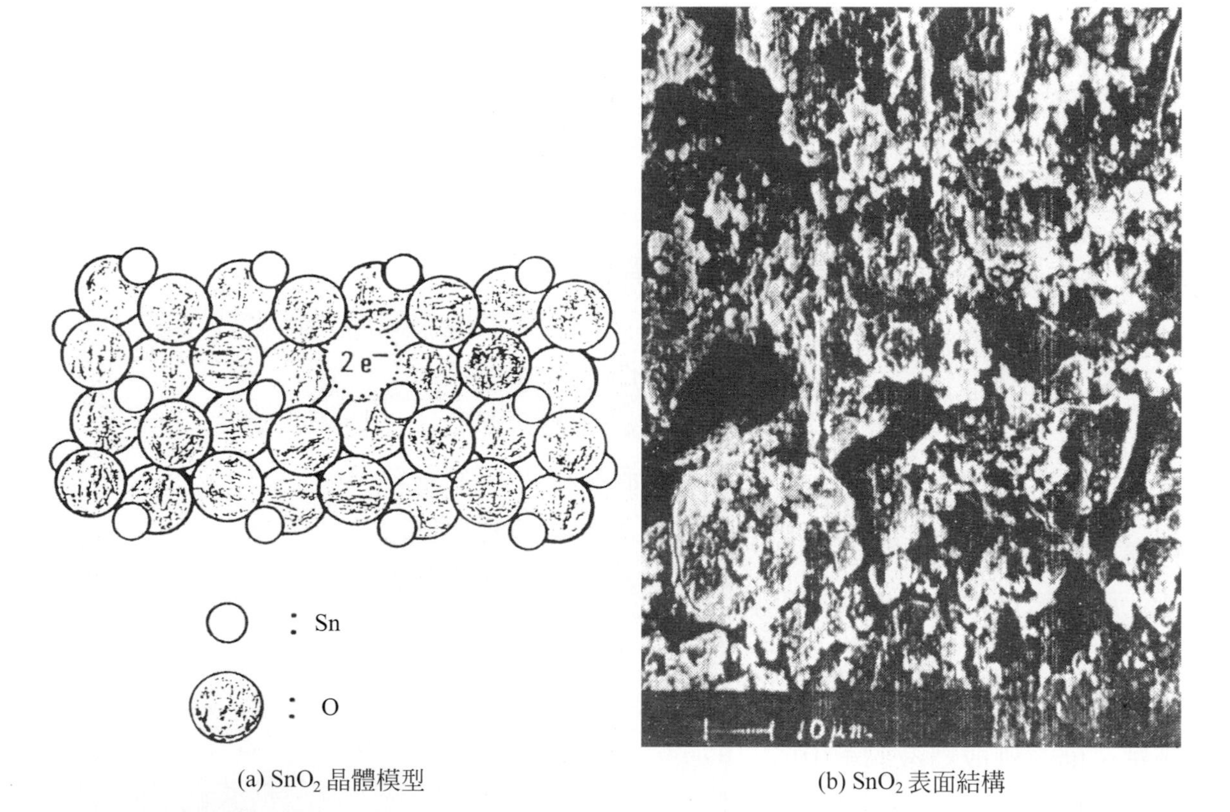

(a) SnO_2 晶體模型

(b) SnO_2 表面結構

圖 11-1　SnO_2特性資料說明

爲當有待測氣體(如瓦斯、酒、一氧化碳……)接近而附著於SnO_2的時候，將與氧作用，使得晶格中的氧被釋放，而產生電子($2e^-$)，則導致SnO_2的導電率上升，簡言之：**阻抗變小了**。縱觀目前各家所用原理，我們可以把氣體濃度感測器看成是：電阻變化型感測元件。

爲保持SnO_2表面乾淨，避免受濕度影響，現今各式TGS氣體感測器，均加裝加熱器，所以正常使用下，TGS氣體感測器都會有一點溫溫熱熱的感覺。且於感測器的外包裝均有細網目的不鏽鋼網罩，以防氣爆的現發生。

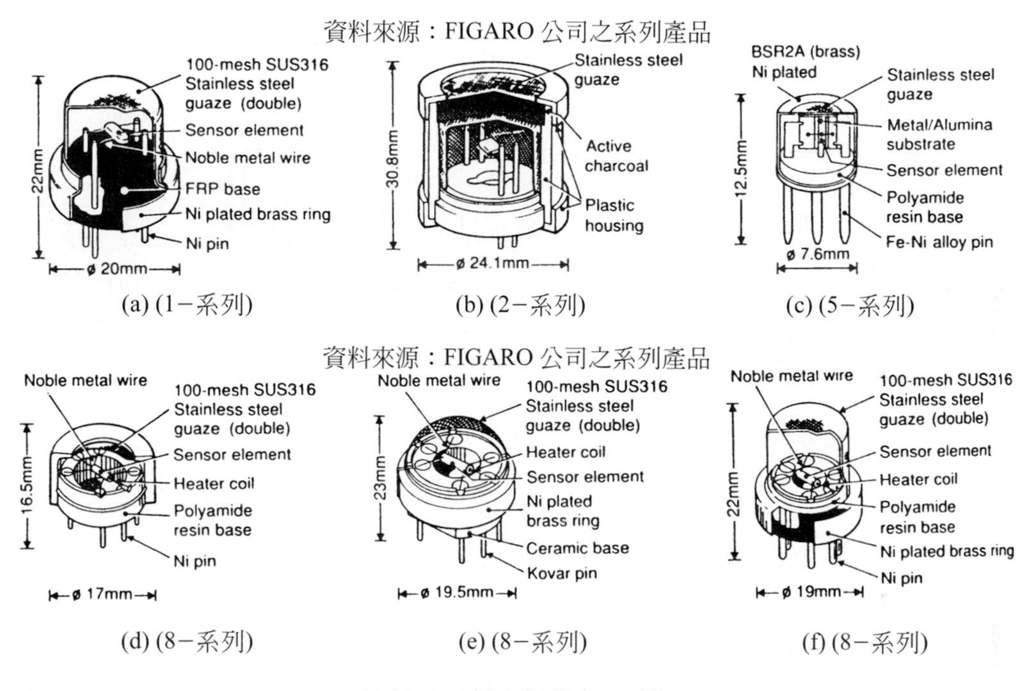

圖 11-2 TGS 相關產品外觀

11-2 TGS 氣體感測器特性分析

(一)加熱方式

我們已讀過TGS氣感測器內含加熱器，而加熱的方式可概分爲兩種：直接加熱式和間接加熱式。

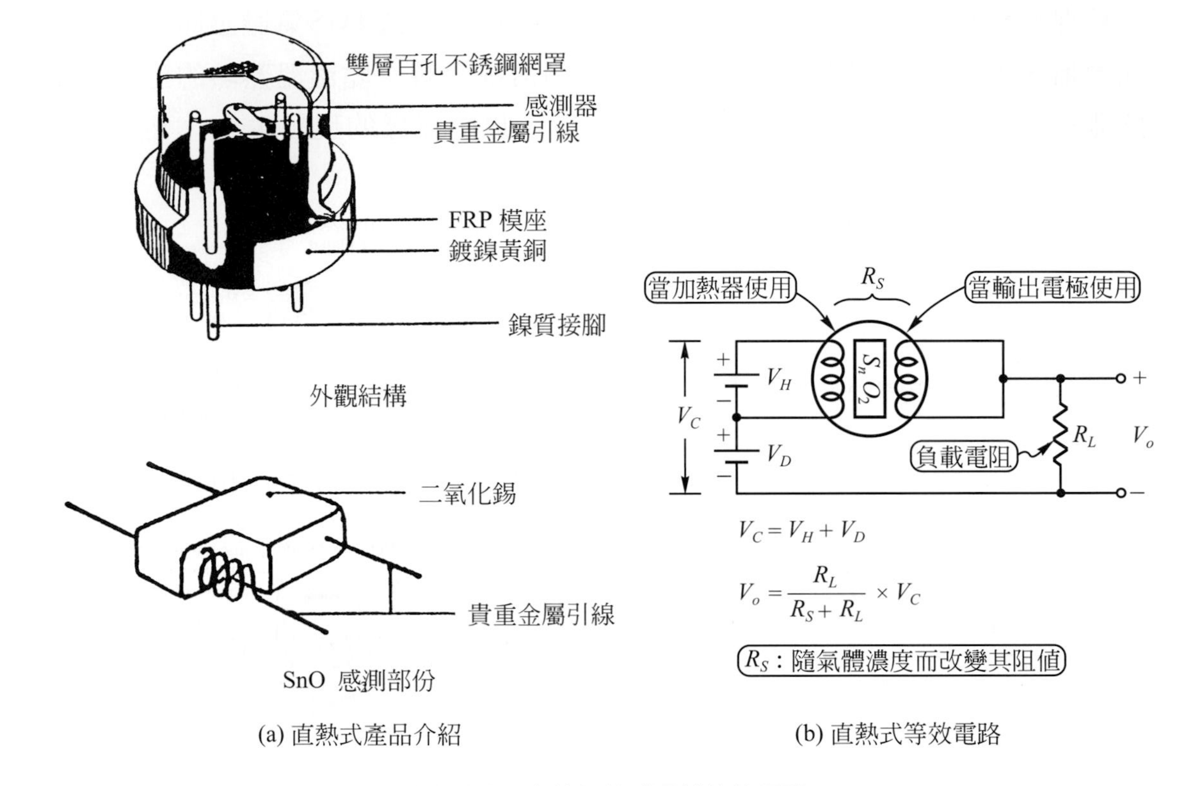

(a) 直熱式產品介紹　　(b) 直熱式等效電路

圖 11-3　直接加熱式及其等效電路

從圖(a)得知於SnO_2內有兩條貴重金屬絲(如白金類)：一條當加熱端，另一條當輸出電極。其等效電路如圖(b)所示。

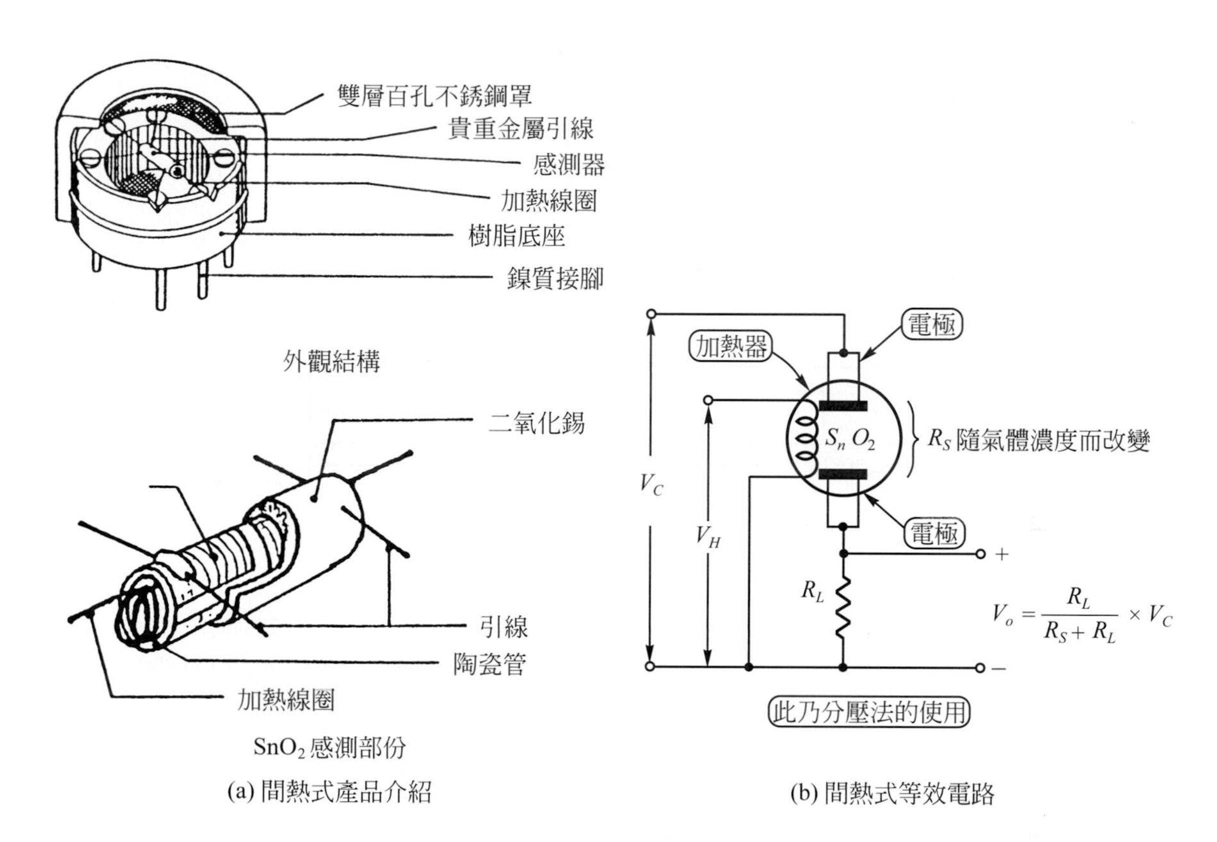

(a) 間熱式產品介紹　　(b) 間熱式等效電路

圖 11-4　間接加熱式及其等效電路

(二)溫濕度對 TGS 感測器的影響

因 SnO_2 所做成的氣濃度感測器的電氣特性有如 N^- 型半導體的特性，具有負溫度係數的變化，所以溫度的變化，也會影響到TGS的準確度。在許多精密的應用中，必須加入適當的溫度補償。圖 11-5 乃以 TGS109 為例，說明在一定濕度的情況下，溫度變化對 $R-S$ 的影響情形：

所以想做極精密的氣體濃度量測時，必須考慮

(1)　R_S 對氣體濃度的變化量。

(2)　溫度對 R_S 的影響有多少？

(3)　濕度對 R_S 的影響有多少？

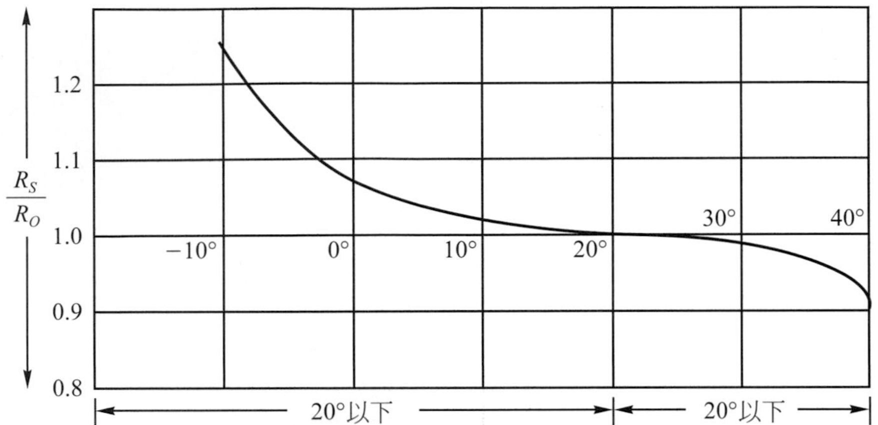

圖 11-5　溫度對 TGS 氣體感測器的影響

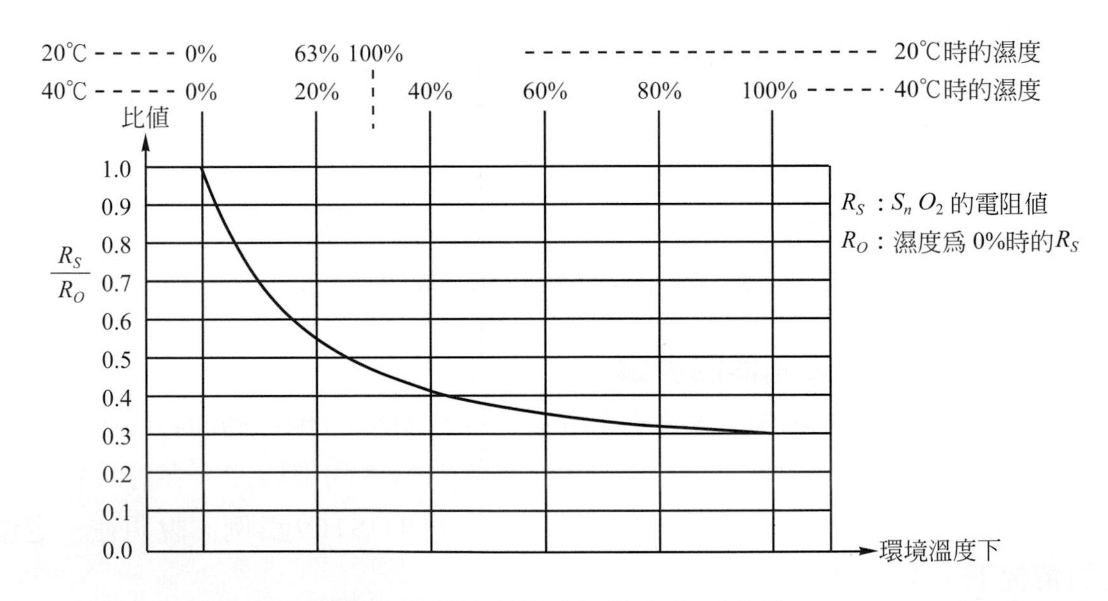

圖 11-6　濕度對 TGS 氣體感測器的影響

(三)氣體濃度感測器的反應時間

TGS 氣體濃度感測器有一項反應時間的重要參數，必須特別留意「待機時間」必須足夠，否則所得到的數據完全錯誤。

當電源啓動的那一段時間，因加熱器尚未加熱完全，此時SnO_2有一段阻值變小的時間，大概數拾秒鐘或數分鐘後，才會得到穩定的數據。

而每一次測試完畢待測氣體移開後，要把感測器置於乾淨的空氣中，且必須等到一段時間後，R_S才會恢復到待機狀況的數據。

總歸納 TGS 氣體感測器應注意：

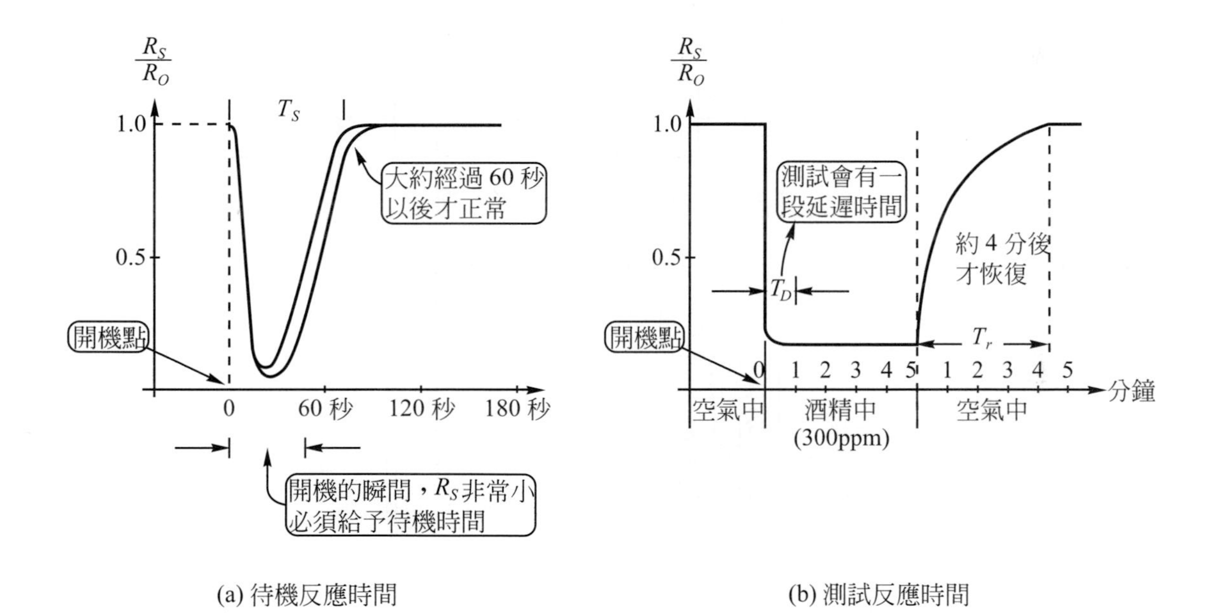

圖 11-7　反應時間(TGS109)

總歸納 TGS 氣體感測器應注意：

(1) 開機不要馬上測，隔 1～2 分鐘再做測試($T > T_S$)。

(2) 測量氣體濃度時，應保持一定的測試時間($T > T_D$)。

(3) 連續測試時，必須確保，己經恢復到待機狀況($T > T_r$)。

11-3 酒精濃度偵測應用設計與實習驗證

(一)系統與資料分析

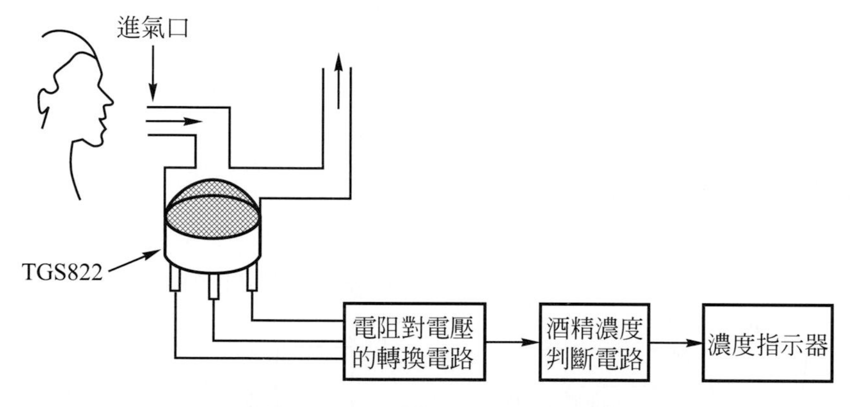

圖 11-8 酒精濃度偵測系統方塊

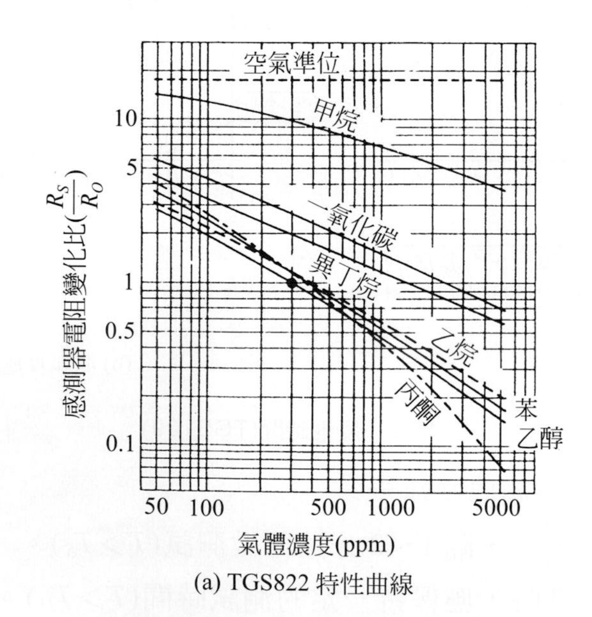

(a) TGS822 特性曲線

圖 11-9 TGS822 特性曲線和外觀圖

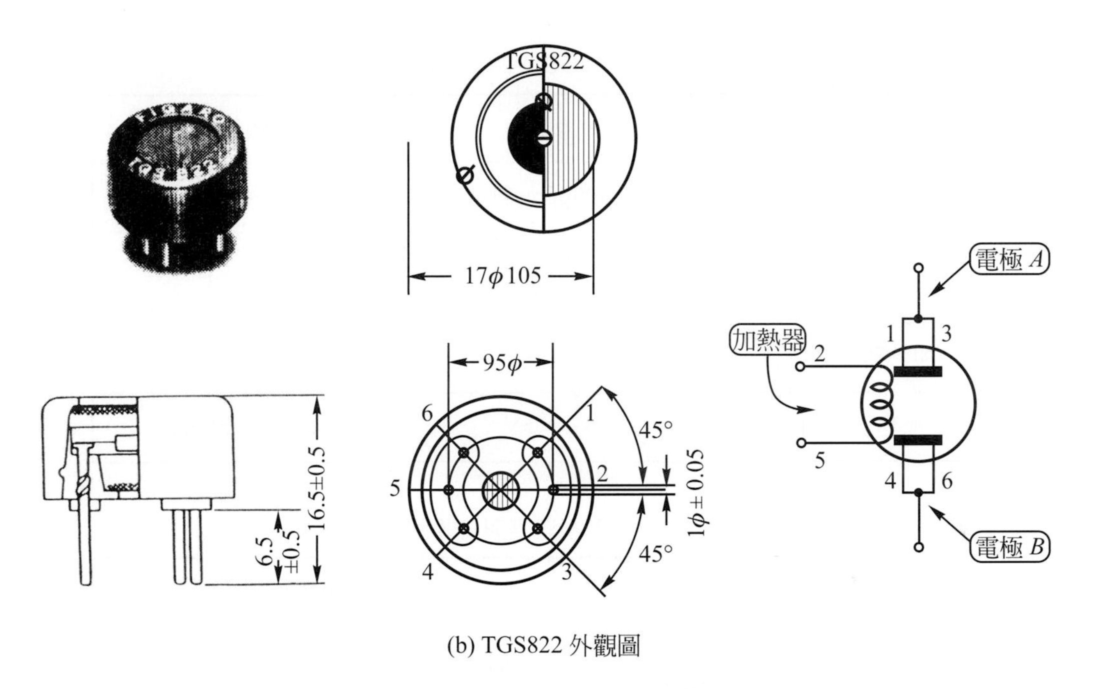

(b) TGS822 外觀圖

圖 11-9　TGS822 特性曲線和外觀圖(續)

從圖 11-9(a)特性曲線中，清楚地看到 TGS822 並非只能偵測酒精(乙醇)的濃度，其它可燃性氣體 TGS822 也都能偵測，請善用該曲線以求得最佳的設計值。還有必須注意的事項爲，下列各表所提供的各項參數。

表 11-1　TGS822 電氣規格

參數	符號	數據	註
線路電壓	V_C	24V max	AC or DC
加熱電壓	V_H	5V±0.2V	AC or DC
功率損耗	P_S	14mW max	$P_S = V_C^2 R_S/(R_S + R_1)^2$
儲存溫度		－30～＋70℃	勿需冷凝
操作溫度		－10～＋40℃	

表 11-2 TGS822 特性數據

項目	狀況	數據
感測器電阻(R_S)	R_S在 300ppm(酒精中)	1kΩ～10kΩ
電阻變化	$\frac{R_S\text{在 300ppm(酒精中)}}{R_S\text{在 50ppm(酒精中)}}$	0.4±0.1
加熱器電阻(R_H)	在室溫中	38Ω±3Ω
加熱功率損耗	$V_H = 5V$	660mW±55mW

表 11-3 酒精濃度與身體狀況

酒精濃度	人體狀況
0.1～0.2mg/l＝52～104ppm	氣氛愉快，精神爽，臉略紅
0.25～0.5mg/l＝130～260ppm	幾分酒意，動作開始遲緩
0.55～0.75mg/l＝286～390ppm	身體搖，手足舞蹈，語多無常
0.85mg/l 以上＝416ppm 以上	酩酊大醉，不醒人事，大吐

(1) 線路電壓不能超過 24V，目前我們預計採用 5V。

(2) 加熱電壓標準値爲 5V，勿任意增減加熱電壓V_H。

(3) 功率損耗指的是SnO_2所能承受的功率損耗，勿超出 14mW。

從表 11-3 看到，我們要測的範圍大約在 500ppm以下。此時從表 11-2 中得知在 300ppm 時，$R_S \approx 1k \sim 10k$，由圖 11-9(a)特性曲線找到$R_S/R_O \approx 0.7$，則在 500rpm時的R_S爲$R_S(500ppm) \approx 0.7k\Omega \sim 7k\Omega$。代入表 11-1 的$P_S$，以求得所能使用用的$R_L$爲多少

$$P_S = \frac{R_S}{(R_S + R_L)^2} \times V_C^2 < 14\text{mW} \cdots\cdots (500\text{ppm 時})$$

$$= \frac{0.7\text{k}}{(0.7k + R_L)^2} \times 5^2 < 14\text{mW}，則 R_L > 350\Omega$$

避免R_L小於350Ω以下，才不致於使$P_S > 14$mW。我們將選用$R_L = 2.4$k當做R_S的分壓電阻。

(二)基本線路分析

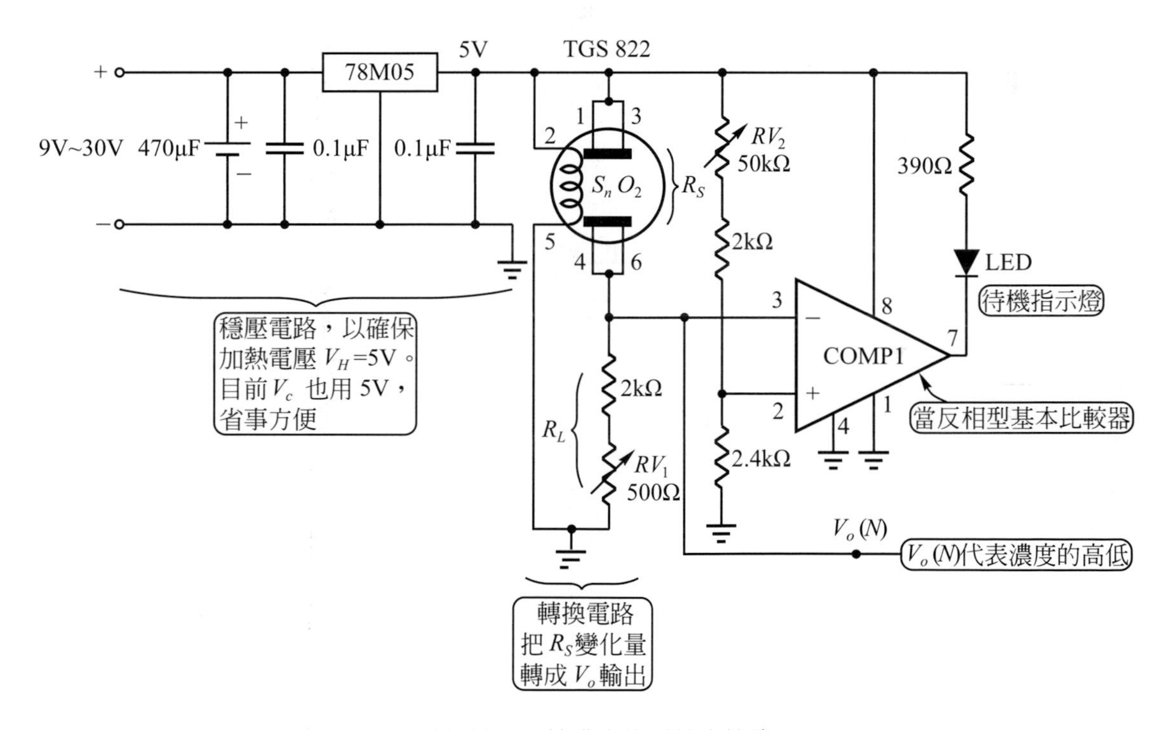

圖 11-10　酒精濃度偵測基本線路

開機的時候，如圖 11-7(a)有待機反應時間，開機之初尚未完全加熱，此段時間R_S很小，將使V_O變很最大，使得COMP1的$v_- > v_{(+)}$，則COMP1的輸出為0，LED ON。一直到經過約60秒～100秒之後，加熱正常，R_S變大，V_O下降，才使COMP1的$v_- > v_{(+)}$，LED OFF。即每一次測量之前，必須看到LED OFF才可以測量。

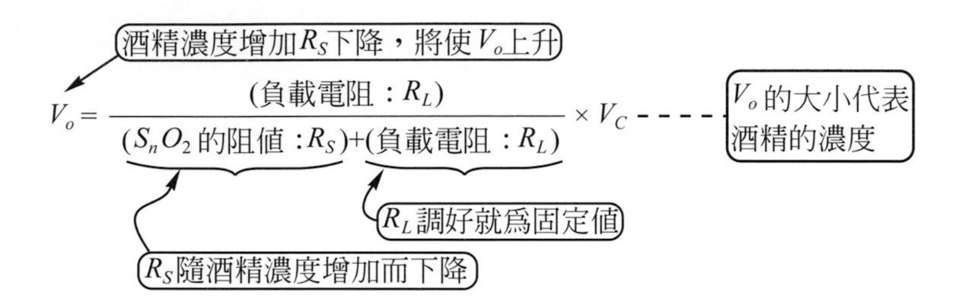

酒精濃度增加R_S下降，將使V_o上升
$V_o = \frac{(負載電阻：R_L)}{(S_nO_2的阻值：R_S)+(負載電阻：R_L)} \times V_C$
V_o的大小代表酒精的濃度
R_L調好就為固定值
R_S隨酒精濃度增加而下降

(三)實習規劃

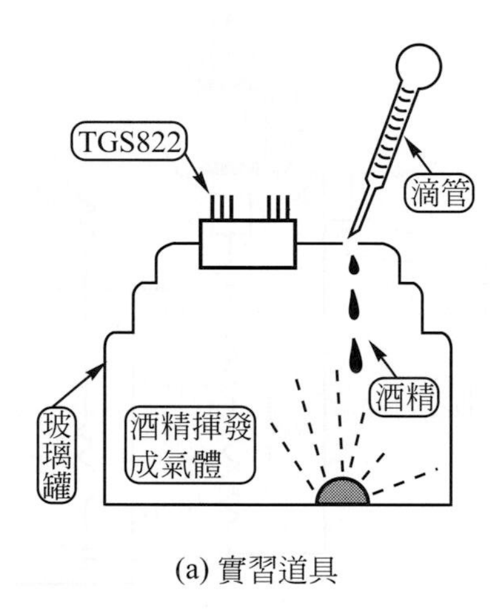

(a) 實習道具

圖 11-11　酒精濃度偵測實習

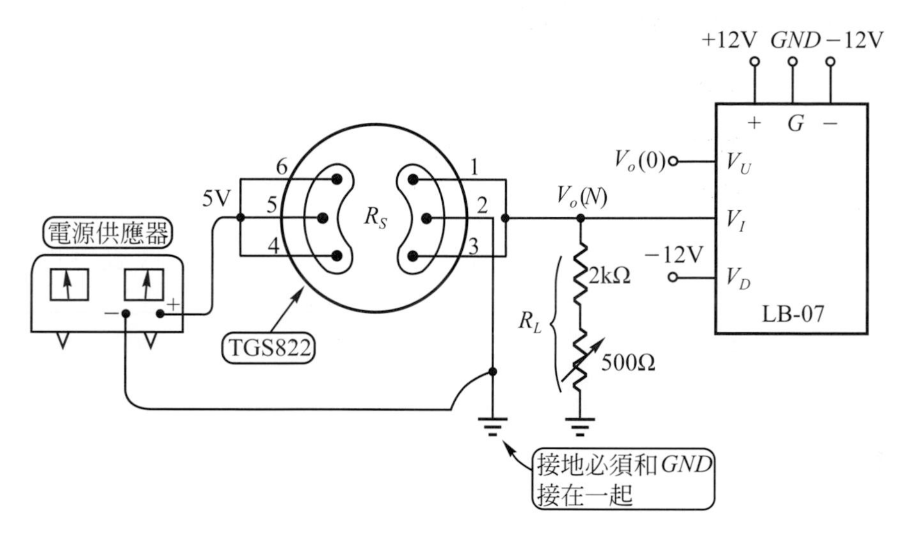

(b) 實習接線

圖 11-11　酒精濃度偵測實習(續)

做此實習嚴禁煙火，違者死當三次！！

(1) 拿一個裝醬菜的玻璃罐，蓋子上挖一個大洞，放 TGS822，另一個小洞滴酒精。滴管請用"小號"的產品。

(2) 請依實習接線完成接線，再如下測試與調校。

(3) 先不要滴酒精，把 5V 的電源打開那一瞬間，請測 $V_O(N)$，觀摩 $V_O(N)$ 的變化情形。

Ans：$V_O(N)$的變化情形是：________________

(4) 等待一兩分鐘，請測 $V_O(N)$ 的電壓，此時代表乾淨空氣中做量測，則以 $V_O(0)$ 代表乾淨空氣中的 $V_O(N)$。

$$V_O(N)=\frac{R_L}{R_S+R_L}\times 5\text{V}=V_O(0)=\underline{\qquad\qquad}\text{V}$$。

倒算回R_S(空氣中)$=\dfrac{5\text{V}\times R_L}{V_O(0)}-R_L$。

R_S(空氣中)$=R_O=$＿＿＿＿＿＿。

(5) 每滴(N)一滴酒精就測一次$V_O(N)$，每次測試完畢，必須把瓶子內的殘餘酒精吹乾淨。$N=0$，1，2，…9

(6) 因一般實驗室沒有酒精濃度偵器儀，所以就以滴數代表濃度。

酒精數N	0	1	2	3	4	5	6	7	8	9
$V_O(N)$										
$R_S(N)$										

※$R_S(N)=\dfrac{5\text{V}\times R_L}{V_O(N)}-R_L$

(7) 請把所測得的$V_O(N)$和$R_S(N)$繪於下圖中

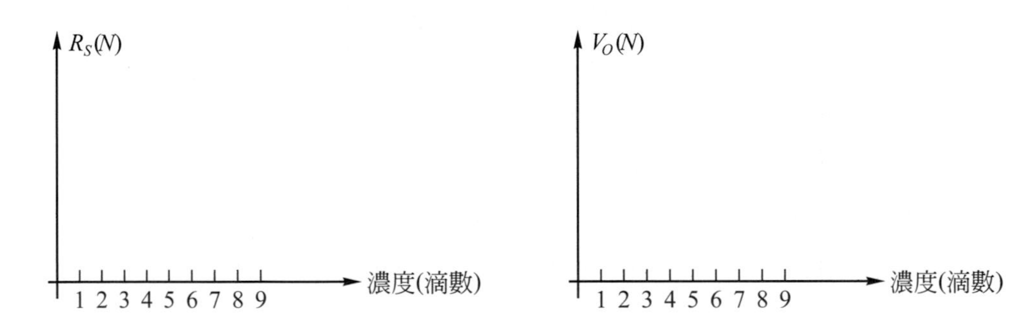

※ Y 軸的刻度請您自己訂定

圖 11-12　酒精濃度偵測實習記錄

(四)應用設計

到目前我們已經得到輸出電壓$V_O(N)$，隨酒精濃度的不同而改變，則此時我們便能依不同的$V_O(N)$代表不同的酒精醉程度。

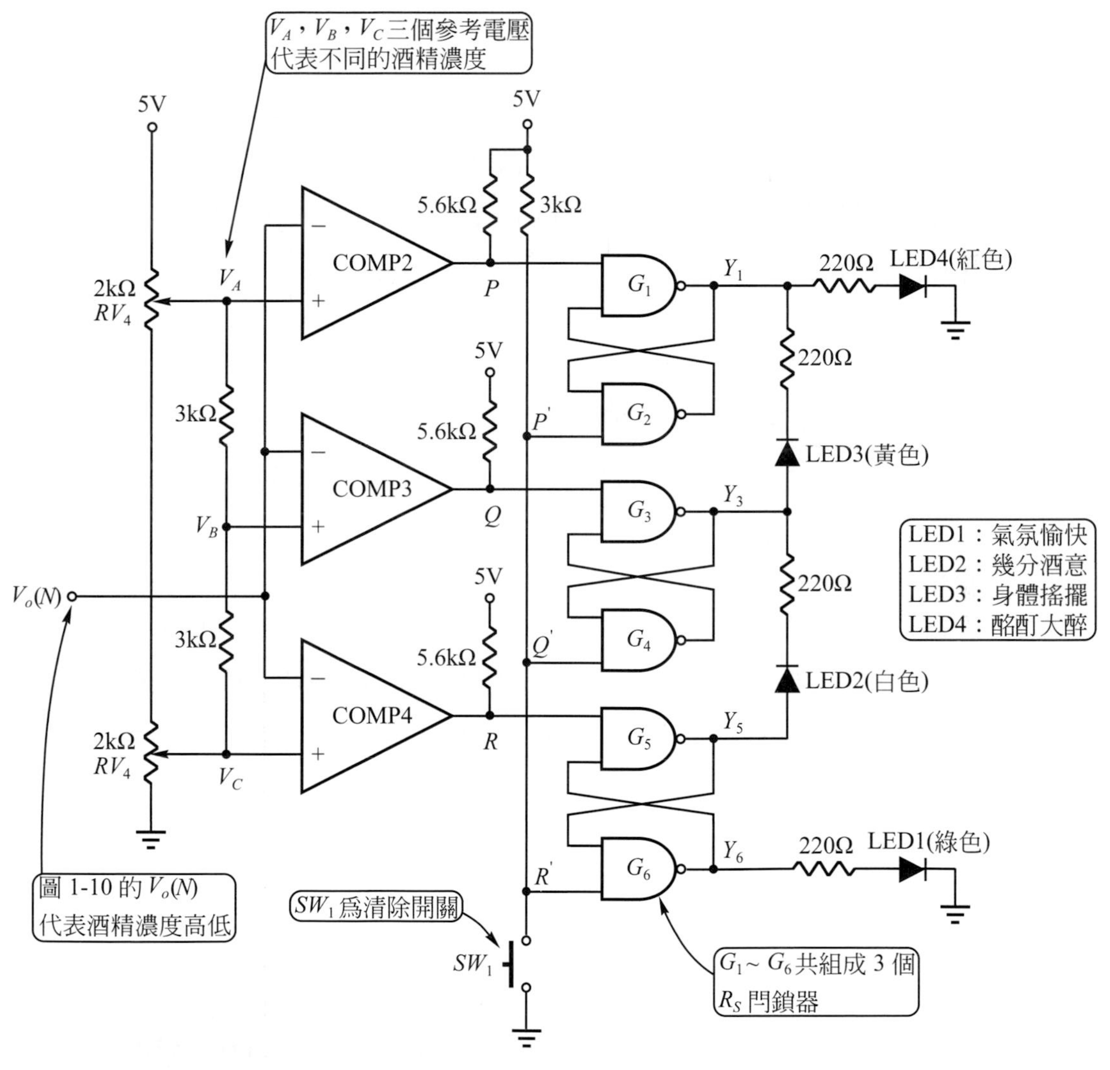

圖 11-13　酒精濃度指示電路

茲分析該電路的動作情形如下

1. 乾淨空氣中(酒精濃度爲 0ppm 時)

在乾淨空氣中，酒精濃度爲$V_O(0)$，假設於圖 11-10 您所量到的$V_O(0) = 1.6V$，則此時調整RV_3使V_C比 1.6V 大一點，若$V_C = 1.7V$，並調RV_4使$V_A = 3.7V$(V_A代表最高濃度設定值)。則$V_B \approx \frac{1}{2}(V_A + V_C) = 2.7V$(因$V_A$和$V_C$之問由兩個 3k 電阻分壓)，則$V_A > V_B > V_C > V_O(N)$，使得 COMP2～COMP4 的輸出都爲 1。按一下SW_1做清除工作，P'、Q'、R'都有一瞬間爲邏輯 0，將使($Y_6 = 1$，LED_1 ON)，($Y_5 = 0$，$Y_3 = 0$，LED_2 OFF)，($Y_3 = 0$，$Y_1 = 0$ LED_3 OFF)，($Y_1 = 0$，LED_4 OFF)。

> **於乾淨空氣中**
>
> $V_A > V_B > V_C > V_O(0)$
>
> $Y_6 = 1$，$Y_5 = 0$，$Y_3 = 0$，$Y_1 = 0$，**只有LED_1，ON**

2. 當酒精濃度有一瞬間達到$V_A > V_O(N)) > V_B$時

當$V_A > V_O(N) > V_B$時，勢必$V_O(N)$也大於V_C，將使COMP4 和COMP3 的$v_{(-)} > v_{(+)}$，則其輸出R與Q均爲邏輯 0，則G_3、G_4閂鎖器和G_5、G_6閂鎖器將被重置(Reset)，使得($Y_6 = 0$。LED_1 OFF)，($Y_5 = 1$，$Y_3 = 1$，LED_2 OFF)，($Y_3 = 1$，$Y_1 = 0$，LED_3 ON)，($Y_1 = 0$，LED_4 OFF)，代表此時酒精濃度已經使此人體左右晃動。

> **當酒精濃度增加到**
>
> $V_A > V_O(0) > V_B > V_C$
>
> $Y_6 = 0$，$Y_5 = 1$，$Y_3 = 1$，$Y_1 = 0$，**只有LED_3，ON**

很清楚地了解該電路乃指示每次測試的最大濃度。

3. 當酒精濃度有一瞬間達到$V_O(N(>V_A$時

當$V_O(N)>V_A$時，COMP$_4$、COMP$_3$、CMOP$_2$都是$v_{(-)}>v_{(+)}$，則R、Q、P均爲邏輯 0，則(G_1、G_2)，(G_3、G_4)，(G_5、G_6)的閂鎖器均被重置，使得($Y_6=0$，LED$_1$ OFF)，($Y_5=1$，$Y_3=1$，LED$_2$ OFF)，($Y_3=1$，$Y_1=1$，LED$_3$ OFF)，($Y_1=1$，LED$_4$ ON)當LED$_4$ ON的時候，代表此人已經酩酊大醉不醒人事了。

當酒精濃度增加到

$\mathbf{V_O(0)>V_A>V_B>V_C}$

$\mathbf{Y_6=0}$**，**$\mathbf{Y_5=1}$**，**$\mathbf{Y_3=1}$**，**$\mathbf{Y_1=0}$**，只有LED$_4$，ON**

(五)線路製作與調校：圖 11-14

(1) 首先測量整流與濾波電路的輸出電壓

變壓器爲 6V 降壓時：$6V\times\sqrt{2}\approx 8V$ 左右

變壓器爲 9V 降壓時：$9V\times\sqrt{2}\approx 12V$ 左右

(2) 測穩壓 IC 78M05 的輸出電壓應該有 4.8V～5.2V 標準值爲 5V。

(3) 測每一個 IC(LM339 和 CD4011)的V_{CC}是否有正常的工作電壓。

(4) 觀測電源打開(POWER ON)時 LEDA 是否亮起來，因 LEDA 乃待機指示燈，當 LEDA 亮的時候先不要做酒精濃度測量。等到 LEDA OFF 時才做測量。

(5) 開機以後，先不要測酒精濃度(保持乾淨的空氣)，此時並測$V_O(N)$的變化，理應$V_O(N)$由大變小，最後保持某一固定電壓。請記錄該固定電壓的大小，$V_O(0)=$__________V。[$V_O(0)$：乾淨空氣時的電壓]

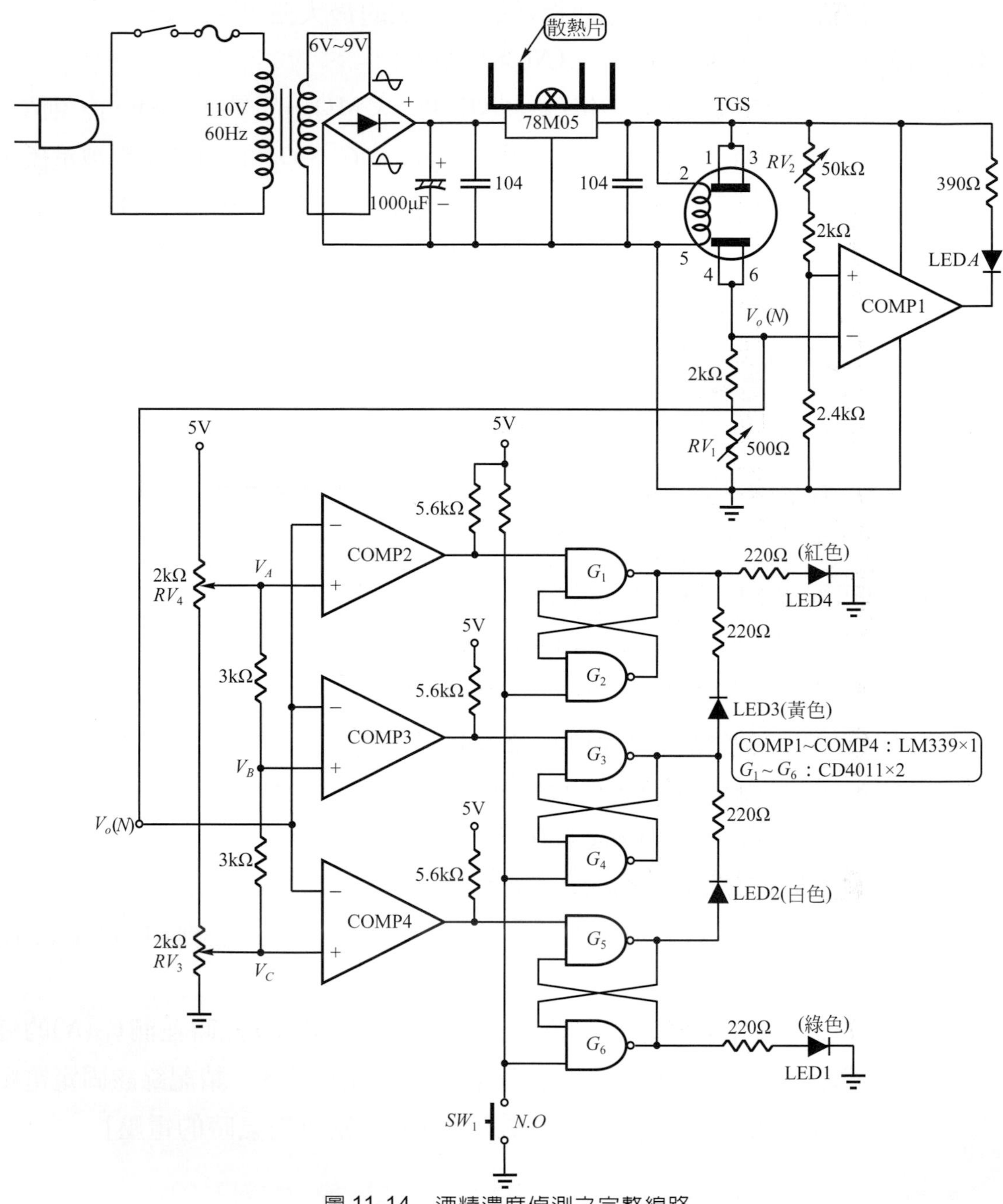

圖 11-14　酒精濃度偵測之完整線路

(6) 調RV_2使COMP1的“＋”端有$V_O(0)+0.2V$的電壓值。便能確保待機指示燈LEDA正常動作。必須於LEDA OFF的情況下，才去做酒精濃度的量測。

(7) 調RV_3，使V_C比$V_O(0)$大一點點，可設$V_C \approx V_O(0)+0.2V$。

(8) 把感測器置於最高濃度酒精氣中，並量$V_O(N)$的電壓值，此時電壓$V_O(N)_{(\text{max})}=$ ________ V。

(9) 調RV_4，使V_A比$V_O(N)_{(max)}$小一點點，可設$V_A \approx V_O(N)_{(\text{max})}-0.2V$。

(10) 關掉電源，等待約3～5分鐘，再從新開機

① 看看LEDA是否由ON變成OFF。

② 待LEDA變成OFF以後，才開始測精濃度。

(11) 看看不同的酒精濃度是否會亮不同的LED(LED1～LED4)。

(12) 祝您製作成功。

11-4 瓦斯洩漏警報器(專題製作)

事實上純瓦斯乃無色無味無臭，但其中所含的一氧化碳(CO)卻會造成中毒，所以瓦斯燃料均被添加含臭味的硫化物，以使人們聞到，避免瓦斯洩漏而中毒。

但當人們於熟睡中或密閉空間裡，常因瓦斯濃度的累積而不自知，當有所警覺的時候，又因神經系統正被侵襲而行動遲緩，導致無力呼救死亡，爲自己家中的廚房或熱水器加裝瓦斯洩漏警報器實有其必要。

(一)瓦斯洩漏警報器系統方塊分析

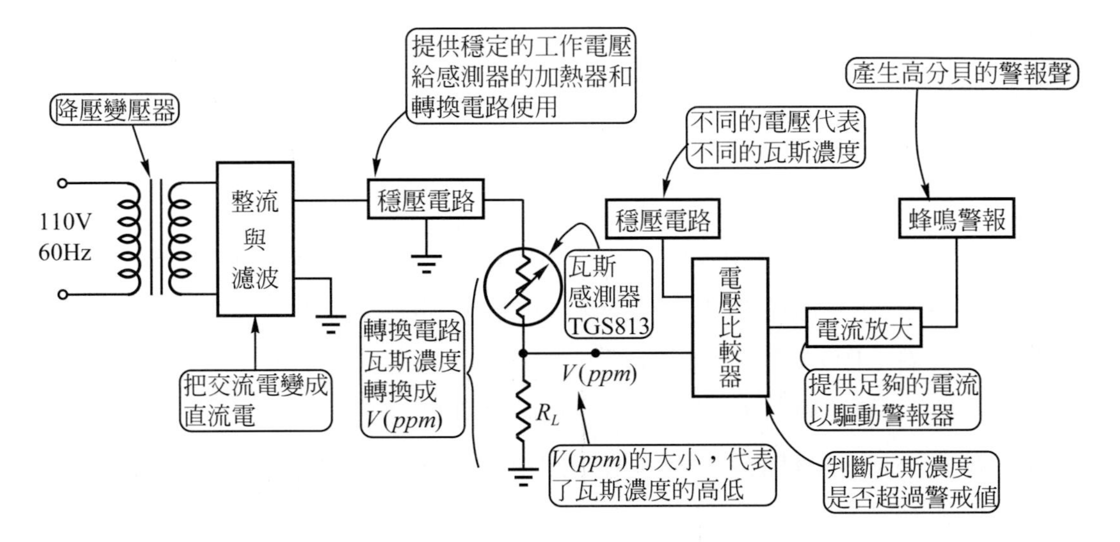

圖 11-15　瓦斯洩漏警報器系統方塊說明

(二)瓦斯洩漏警報器線路分析

(1)　T_1降壓變壓器

把AC 60Hz 110V降壓為9V－0V－9V。此時整個線路所消耗的電流大概250mA。(TGS813加熱線圈的電流約5V/38Ω ≈ 130mA，蜂鳴器大約100mA左右)。所以您購買的變壓器大概500mA～1A已經足夠使用。

(2)　D_1，D_2整流二極體

整流電路所用的二極體目前用1安培就足夠了(1N4001)，而整流電路大致可分為如下兩種。

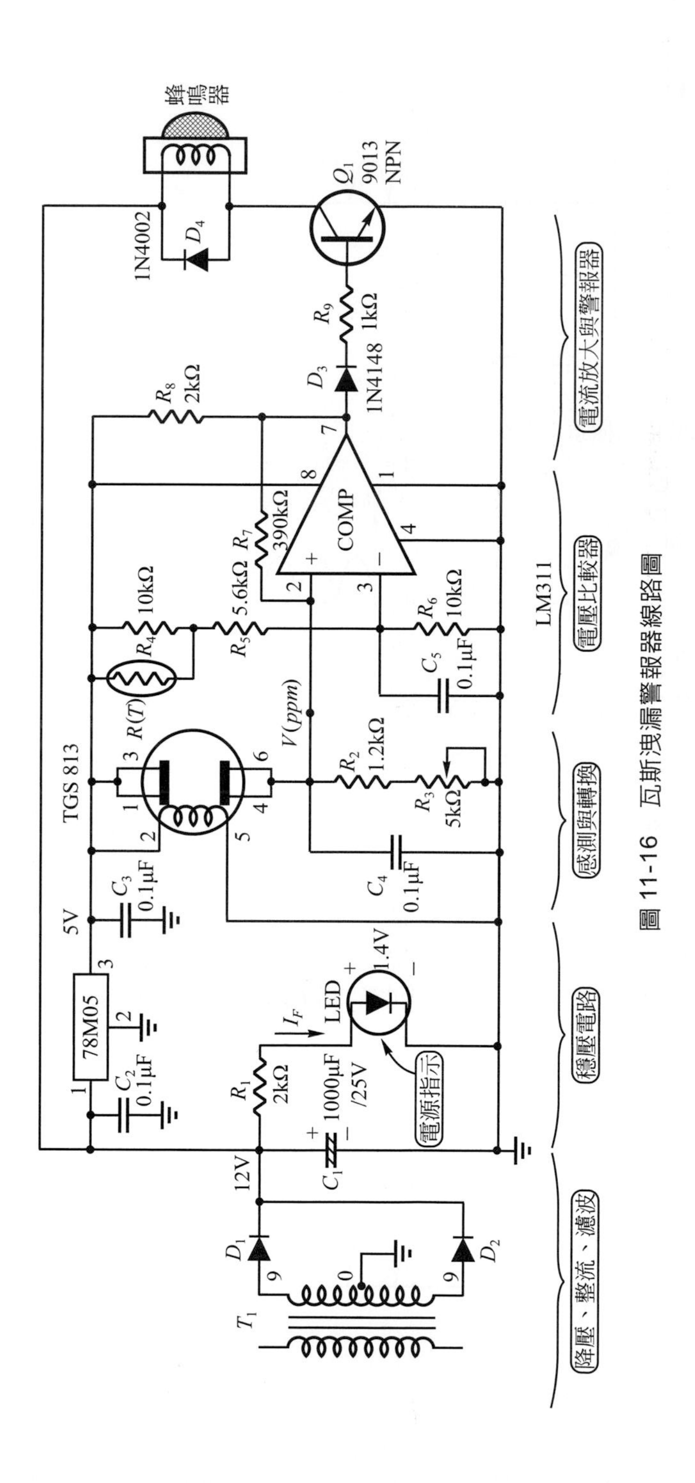

圖 11-16　瓦斯洩漏警報器線路圖

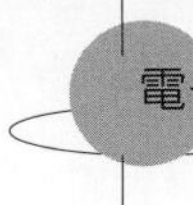

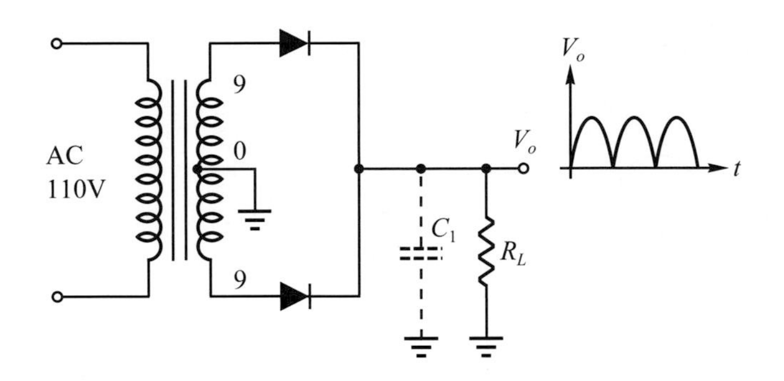

(a) 中間抽頭全波整流

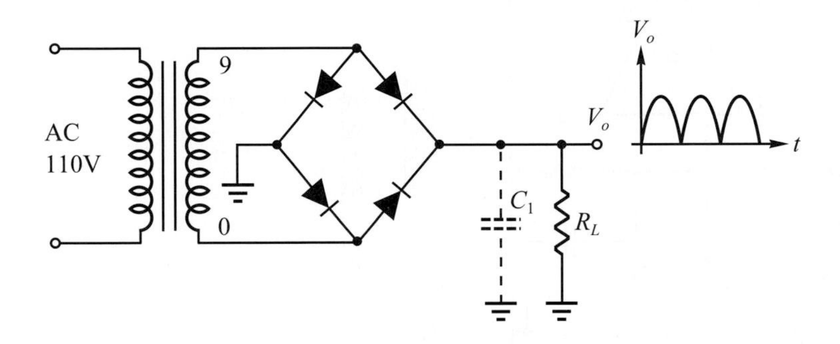

(b) 橋氏全波整流

圖 11-17　全波整流的種類

(3)　C_1 100μF/25V 濾波電路

圖 11-17 電路中若加作C_1濾波電容，則V_O將得到趨近直流電壓。其電壓值$V_{DC} \approx 9V \times \sqrt{2} - 0.7V \approx 12V$。

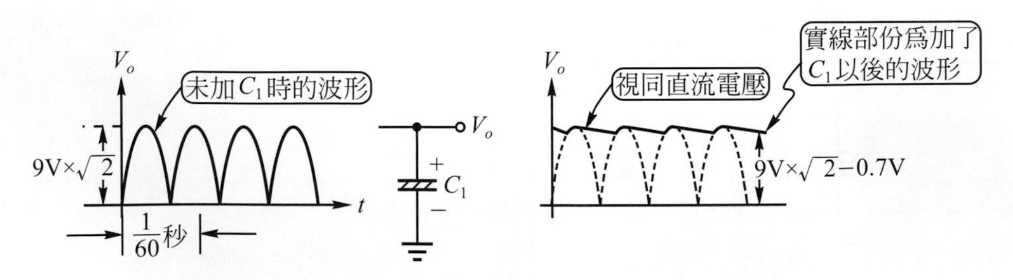

圖 11-18　濾波電容的功用

當電容器加大時，其漣波將更小，而此時必須注意電容器的耐壓是否足夠，現在使用25V耐壓的電容，已足夠承受12V的壓降。

(4)　R_1和LED

LED當電源指示燈，也可以加在78M05的輸出，只要R_1限流電阻改變即可。一般 LED 約5～10mA 已經夠亮了，目前$R_1 = 2k\Omega$則其電流I_F爲

$$I_F = \frac{12V - 1.4V}{R_1} = \frac{11.6V}{2k} \approx 5.8mA$$

若嫌不夠亮，可把R_1用小一些。而式子中的1.4V只是一個大概值。因一般發光二極體導通時的順向壓降，大約爲 Si 質二極體順向壓降的2～3 倍(1.4V～2.1V)。

(5)　C_2，78M05，C_3

78M05是一顆三支腳的穩壓IC。輸入端(P_{in} 1 加 8V～30V，輸出端都會維持在5V。C_2、C_3濾除高頻干擾。當然還有7806、7809、7812……分別是 6V，9V，12V 的穩壓 IC。若想得到負電壓，則可使用7905，7906，7909，7912……而得到－5V，－6V，－9V，－12V……。

(6)　TGS813和R_2、R_3、C_4構成分壓法的轉換電路

TGS813 可當瓦斯濃度偵測的感測器，它是一個電阻變化型的感測元件。當瓦斯濃度增加的時候，R_S會變小。此時R_S和R_2及R_3構成分壓電路。瓦斯濃度增加R_S變小，則V(ppm)上升。

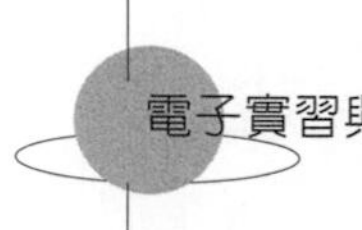

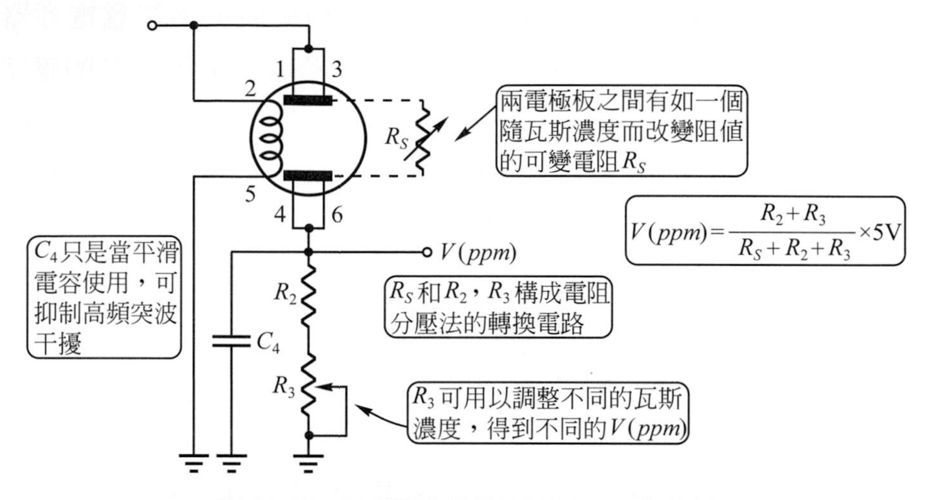

1
3
2
R_S
兩電極板之間有如一個隨瓦斯濃度而改變阻值的可變電阻R_S
5
4
6
$V(ppm)=\frac{R_2+R_3}{R_S+R_2+R_3}\times5V$
C_4只是當平滑電容使用，可抑制高頻突波干擾
$V(ppm)$
R_2
R_S和R_2，R_3構成電阻分壓法的轉換電路
C_4
R_3
R_3可用以調整不同的瓦斯濃度，得到不同的$V(ppm)$

圖 11-19　瓦斯濃度對輸出電壓$V_{(ppm)}$的分析

(7)　COMP 和R_4～R_8及$R(T)$

COMP 只是電壓比較器，其中因有R_7由輸出接回輸入的正端，而形成具有磁滯比較特性電壓比較器茲分析其等效電路如下：

$$\frac{R_7}{[R_S /\!/ (R_2+R_3)]+R_7}\times 5\text{V}+\frac{R_S /\!/ (R_2+R_3)}{[R_S /\!/ (R_2+R_3)]+R_7}\times V_O=V_{\text{ref}}$$

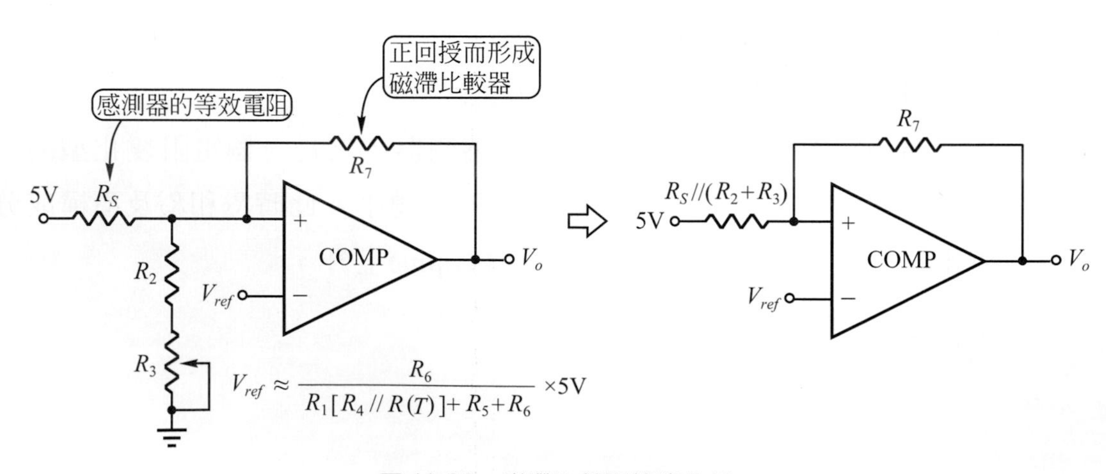

正回授而形成磁滯比較器
感測器的等效電阻
R_7
5V
R_S
+
COMP
V_o
R_2
V_{ref}
−
R_3
$V_{ref}\approx\frac{R_6}{R_1[R_4/\!/R(T)]+R_5+R_6}\times5V$
$R_S/\!/(R_2+R_3)$

圖 11-20　磁滯比較器線路分析

當比較器輸出$V_O = +E_{sat} \approx V_{CC} = 5V$時，爲高臨界電壓，當比較器輸出$V_O = 0.4V$(以下)時，爲低臨界電壓，此乃以不同的$R_S$(代表不同的瓦斯濃度)，造成“＋”端電壓的改變，才能改變輸出狀態，$V_O = V_{CC}$代表瓦斯濃度已超出安全範圍了。

圖 11-16 中的C_5也是平滑電容，用以消除高頻率突波干擾，使比較器的“－”端有穩定的參考電壓V_{ref}。而線路中的$R(T)$是負溫度係數的熱敏電阻(也可以不接，效果較差)，做溫度補償之用，避免TGS813受溫度影響，而產生誤動作。而圖中的$R_8(2k\Omega)$乃因 COMP 使用的 IC 是LM311，它是一顆集極($P_{in}7$)和射極($P_{in}1$)皆開路構造。目前必須接提升電阻R_8到V_{CC}，並把($P_{in}1$)接地，如此一來V_O就有高電壓輸出$V_O \approx V_{CC}$和低電壓輸出$V_O \approx 0.4V$(以下)。

(8) D_3，R_9，Q_1，D_4和蜂鳴器

這些零件乃電流驅動和警報器，其中D_3的主要功用乃提高雜音邊限，避免電路誤報。因一般比較器的輸出，理論上低電壓爲 0.4V 左右，但實際上低電壓值可能達到0.8V～1.2V的情況，將使得Q_1從輸出低電壓到高電壓均一直導導，也就是說若不加D_3，可能使蜂鳴器一直叫而停不下來。

而R_9可視爲Q_1的基極電阻，D_4乃保護用二極體，用以保護Q_1，避免蜂鳴器(由線圈所做成的發聲元件)線圈所產生的反電動勢太大時，而把Q_1的 C.E 擊穿。目前我們所用的鳴器爲 DC 12V 的規格。

(三)製作與調校

對這個線路而言，只要您有 TGS813 或相類似的瓦斯感測器，您都可以依圖接線，而完成實用的產品。

首先在乾淨的空氣中調整R_3，使$V(\text{ppm}) < V_{\text{ref}}$，當$V(\text{ppm}) < V_{\text{ref}}$的時候，相當於COMP比較器的$V_{(+)} < V_{(-)}$，則COMP比較器的輸出$V_O \approx 0.4\text{V}$，則$Q_1$ OFF，蜂鳴器不會動作。

接著依實際需要，把R_3略微調小，即代表必須有一定量的瓦斯濃度，才會使$V(\text{ppm}) > V_{\text{ref}}$，意思是說您可以設定瓦斯濃度達到多少 ppm 以後，啓動警報器，可以調整R_3設定之。

附錄 A　實驗模板線路分析與製作

APPENDIX

實驗模板材料請洽鉦祥電子(02)25862897

A-1 設法把工控感測實驗變成積木遊戲

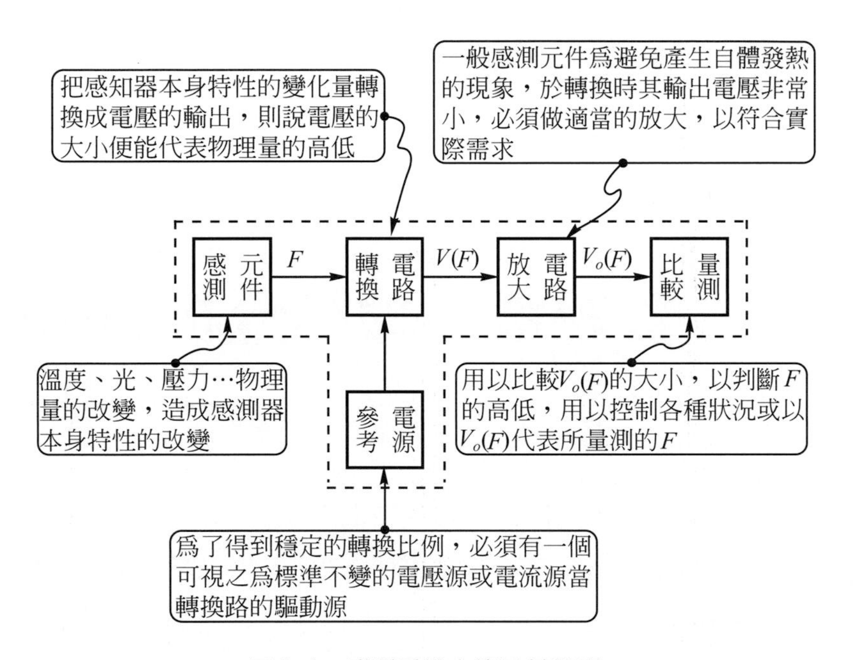

圖 A-1　感測系統方塊及其說明

圖 A-1 虛線內的各部份是一個感測線路所必備的基本架構。若想做一個實用的感測線路，除了選用適當的感測器以外，還要包含轉換電路、參考電源、放大電路、比較量測等部份，才能完成一件有用的作品。若每次都要接這麼多線路，將使感測實驗與專題製作，變得非常麻煩和困難。學生痛苦，老師幫忙除錯也不輕鬆。

苦思良久，與其讓學生照圖接一、兩個線路，不如讓學生依自己的理念去創造很多意想不到的作品。讓實驗變得有趣，並知其所以然，且達教學相長的實現。

經多次探討及實驗授課中的改良，而著重於感測器特性與規格的說明及轉換電路的設計。其它相關部份都把它們模組化，則任何感測實驗或專題製作，只要做好轉換電路(約 5～8 個元件)，其它部份只要把模組接上，就能看到也量測到所要的結果。

A-2 請看模組化的好處

圖A-2 是一個溫度感測器的應用線路。AD590 是一顆感溫IC。若您照圖中元件接線，一定可以完成溫控的應用。目前Q_1～Q_3只控制LED_1、LED_2和LED_3的ON和OFF。而$V_o(F)$的大小乃代表溫度的高低，此時$V_o(F)$的變化量爲 100mV/℃，即溫度每增加 1℃，$V_o(F)$便增加 100mV，若$V_{UP} = 2.5V$，$V_{DOWN} = 2.3V$，則分別代表溫度上限訂爲 25℃，下限訂爲 23℃。

當溫度大於 25℃時，LED_1 ON，溫度小於 23℃時LED_3 ON，溫度在 23℃～25℃時，LED_2 ON。這個線路有點複雜，接線也不少，您若不會分析，沒關係。此地我們並不是在談線路分析，於第一章AD590 實驗時，已有很詳細的說明。現在我們只想告訴您，這麼複雜的接線，若以我們已經爲您準備好的模組去完成時，只要接l_1～l_7，7 條線和各模組的 3 條電源(＋、G、－)，(即＋V_{CC}、接地和－V_{CC})，便能完成該線路的功能。照圖接線和模組化接線兩相比較，您將體會我們的用心。

模組化實驗與專題製作的優點：

1. 使類比或感測實驗不再只是做簡單特性的量測。
2. 讓感測實驗提升到系統應用與專題製作的境界。
3. 接線簡單，則接錯的機率大大減少。
4. 各模組可獨立使用及個別調校，更能做系統組合。
5. 模組總共 8 片，幾乎可以取代所有感測應用線路中的放大器、參考電源、比較量測和電源供應器。

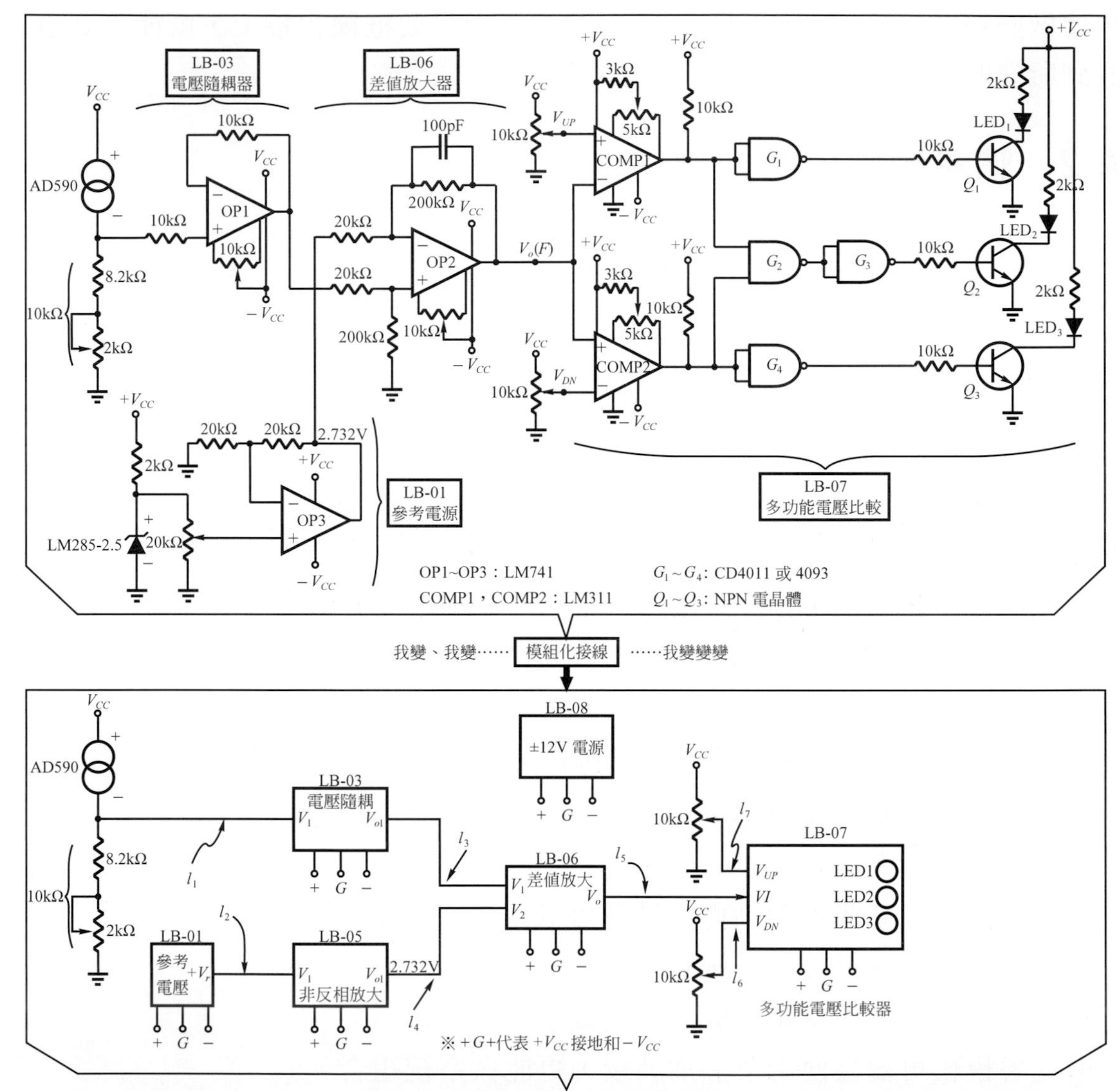

圖 A-2　模組化使系統整合變容易了

首先預祝您模組製作片片成功

學以致用

A-3 模組線路種類與功能說明

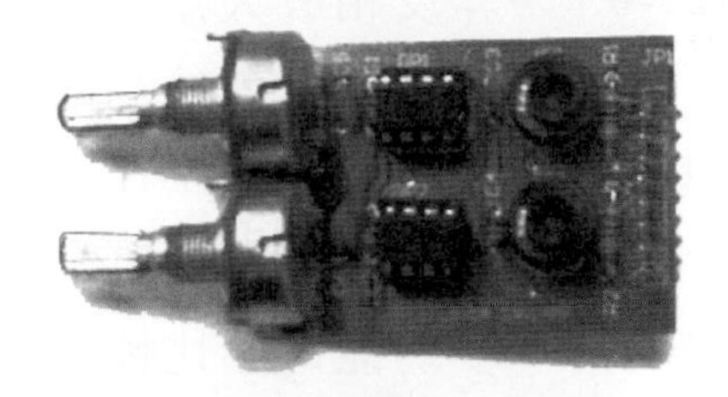

圖 A-3　各模組之實物照片

模組總共有 8 片，分別為

(1) LB-01：參考電壓(Ref. Voltage)
提供 0V～2.5V 或－2.5V～0V 之參考電壓各一組。

(2) LB-02：參考電流(Ref. Current)
提供負載接地型和負載浮接型之定電流源各一組。

(3) LB-03：電壓隨耦器(V Follower)
提供兩組可做抵補調整之電壓隨耦器。

(4) LB-04：反相放大器(Inver. Amp)
提供兩組增益可調及具抵補調整之反相放大器。

(5) LB-05：非反相放大器(Noninv. Amp)
提供兩組增益及抵補均可調整之非反相放大器。

(6) LB-06：差值放大器(Differ. Amp)
提供一組可設定 1 倍和 10 的差值放大器。

(7) LB-07：多功能電壓比較器(Multi-Comp.)
具大、中、小比較和顯示，並能設定成磁滯比較器。

(8) LB-08：電源供應器(Power ±12V)
提供具穩壓作用的＋12V、接地和－ V_{CC}的電源

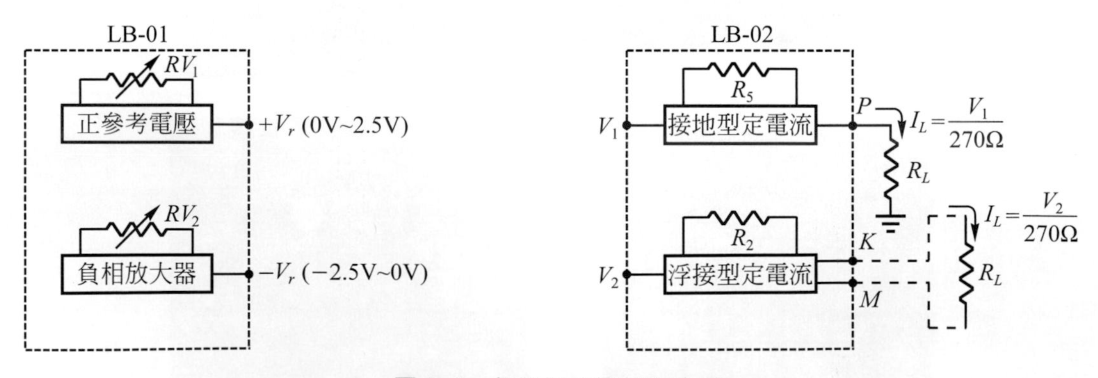

圖 A-4　各模板的等效方塊圖

※※N_1和N_2是 OP Amp 的反相輸入端(－端)

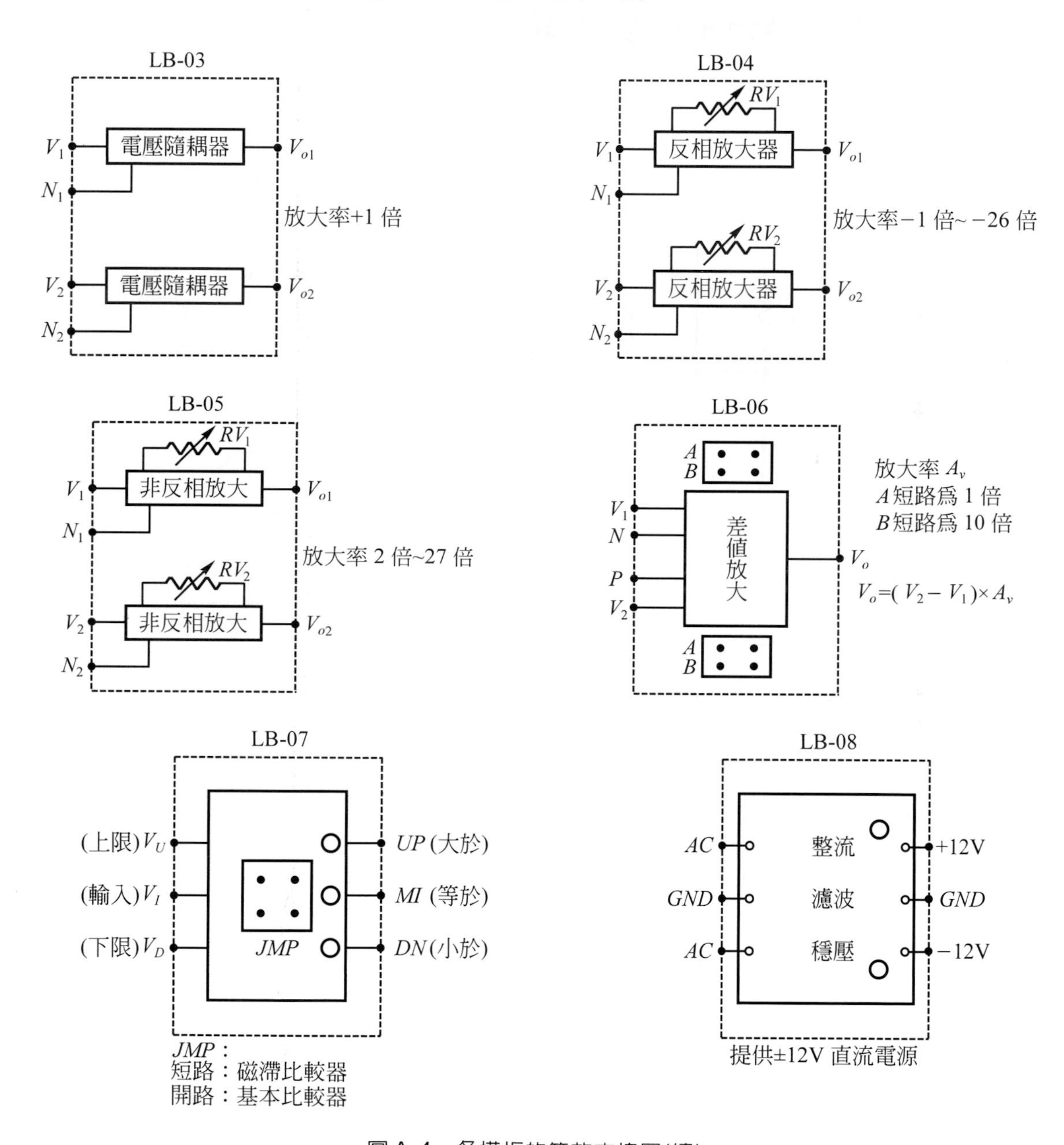

圖 A-4　各模板的等效方塊圖(續)

A-4 LB-01 線路分析與製作調校技巧

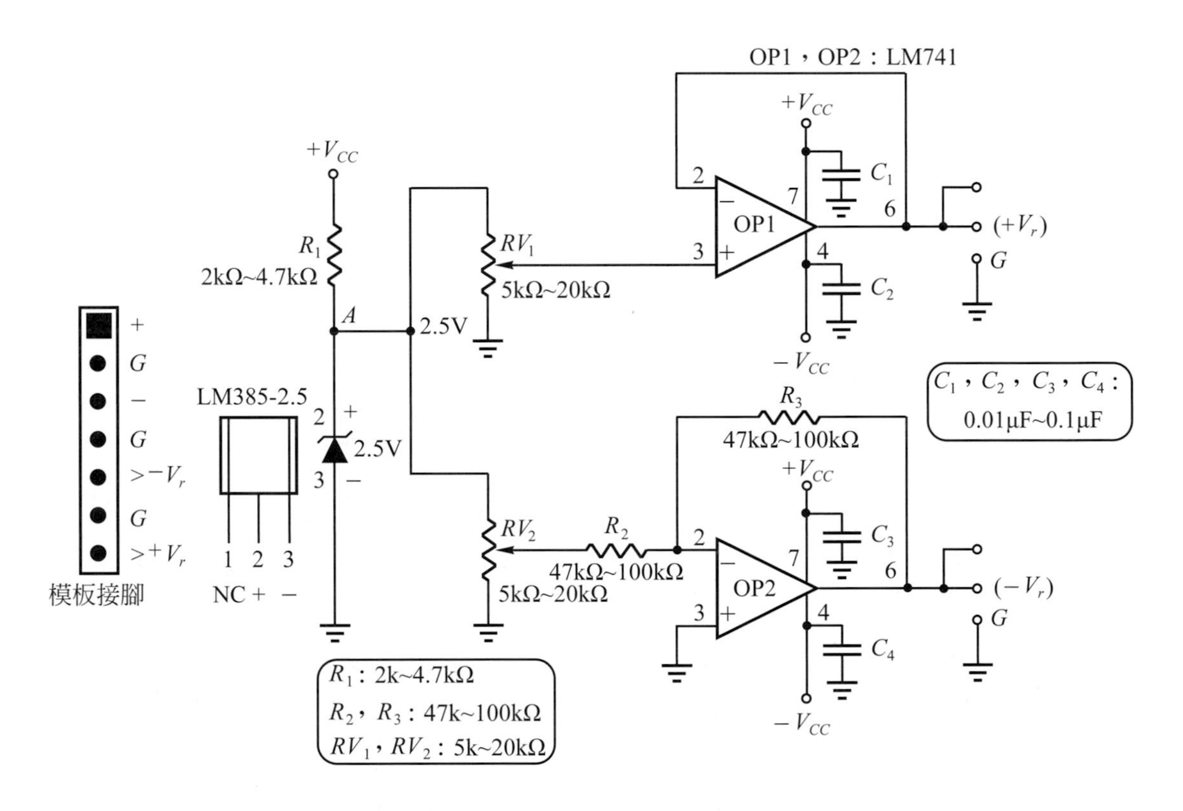

圖 A-5　LB-01 參考電壓線路圖

這個線路是由參考電壓IC LM385-2.5 提供穩定的定電壓，然後由RV_1和RV_2可變電阻調整之，並分別由OP1和OP2輸出($+V_{\text{ref}}$)和($-V_{\text{ref}}$)。LM385-2.5是NS公司生產的參考電壓IC，尚有LM336-2.5、LM336-5.0、……等類別，可依您的需要加以選用。目前我們採用LM385-2.5，是屬於2.5V的定電壓源。

各元件的功用

(1) LM385-2.5：其內部具有溫度補償之穩壓電路，可視爲是一個精密的齊納(Zener)二極體。其標準輸出電壓爲 2.5±0.8 %。

(2) R_1：限流與降壓電阻，用以限制流經 LM385-2.5 之最大電流，並且把電壓降於R_1之上，則V_{CC}從 5V～15V 都能使V_Z得到穩定的 2.5V。

(3) RV_1、RV_2：分別做爲電壓調整之用，調RV_1以設定($+V_r$)的大小，調RV_2以設定($-V_r$)的大小。

(4) OP1：當做電壓隨耦器，有極高的輸入阻抗，則不會對 LM385-2.5 造成負載效應，並有極低的輸出阻抗。

(5) OP2：此時 OP2 乃當反相放大器使用，其輸入電阻與回授電阻，應盡量提高，以增加反相放大器的輸入阻抗，故目前選用 100kΩ。OP2 的輸出乃提供$-V_r$的參考電壓。

LB-01 製作與調校

(1) 依圖A-6 所示，把各零件逐一焊好，IC最好使用IC腳座，以方便更換不同編號的 IC。

(2) 焊接完畢，依序檢查是否有漏焊(空焊)或短路的地方，並逐一排除其故障。

(3) 焊完的成品，插上麵包板，並加上電源($+V_{CC}$、接地、$-V_{CC}$)。

(4) 測量 LM385-2.5 的V_Z(於 PCB 上找到其接腳位置)。

(5) 調RV_1，並測 OP1 的輸出($+V_r$)，看看是否改變？即以後需要多少伏特的“正”參考電壓($+V_r$)，調RV_1就是了。

(6) 調RV_2，並測 OP2 的輸出($-V_r$)，看看是否改變？即以後想要用多少伏特的“負”參考電壓，則調RV_2就是了。

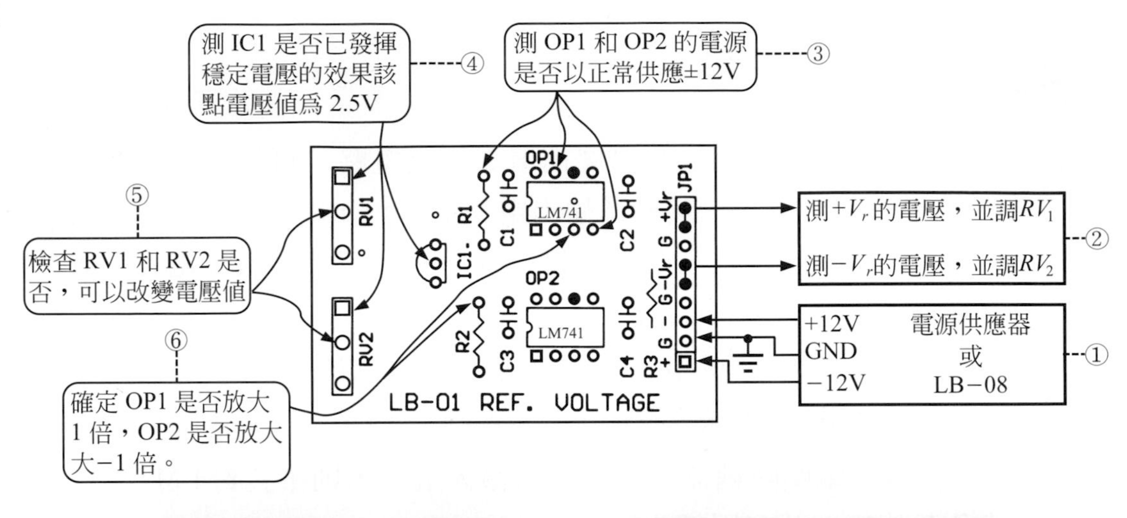

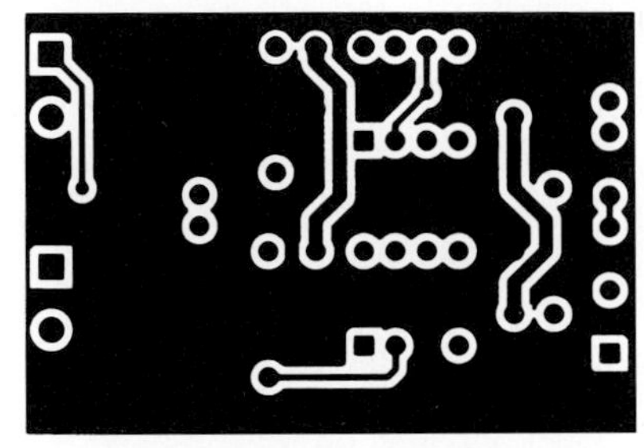

(a) 正面(零件面)佈線面圖

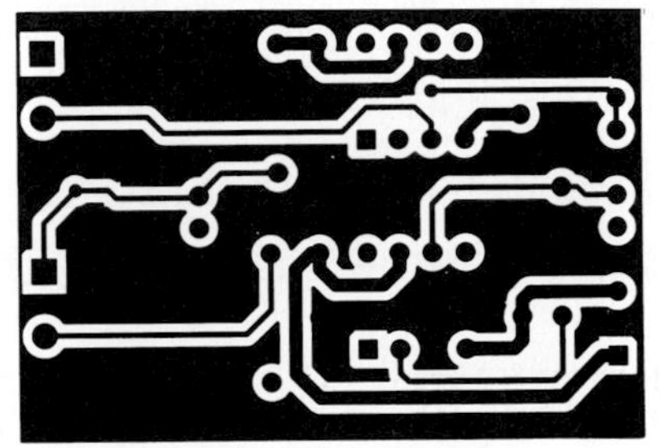

(b) 反面(焊接面)佈線面圖

圖 A-6　LB-01 零件位置圖與 PC 板

故障排除

(1)　若$V_Z = 0$V，故障何在？

Ans：一定是LM385-2.5 正端被短路到地電位，然此時LM385-2.5 的"＋"端分別接到RV_1、RV_2。雖然都是同一點，但其接線可能由左邊拉到右邊，並非只有一個點，而是一條繞來繞去的曲線，該線任何地方短路都會使$V_Z = 0$V，先以目視法檢查是否有焊點太大而碰在一起，不然必須把RV_1、RV_2逐一切斷(焊掉其中一支腳或切開其銅箔接線)，才能判斷到底哪一腳短路了(注意：切斷的地方，記得補焊回去)。

⑵　若調RV_1，依然無法改變$+V_r$的大小，故障何在？

Ans：⑴RV_1中間引線斷了，則所得到的電壓，始終無法達到 OP1 的輸入端，則 OP1 的輸出$+V_r$當然不會改變。

⑵ OP1 有故障時，將使其輸出為$+V_{CC}$或$-V_{CC}$，先檢查 IC 是否插好，及各接腳是否有相互短路的現象。

LB-01 參考電壓，其目的乃在使實驗做得更準確請多加利用

A-5　LB-02 線路分析與製作調校技巧

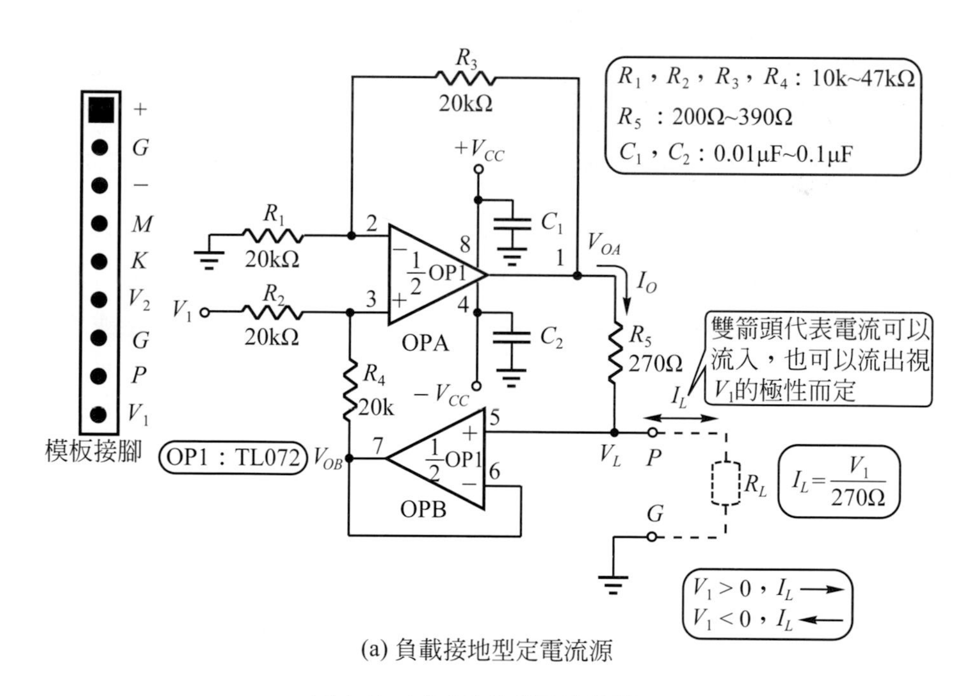

(a) 負載接地型定電流源

圖 A-7　LB-02 參考電流線路圖

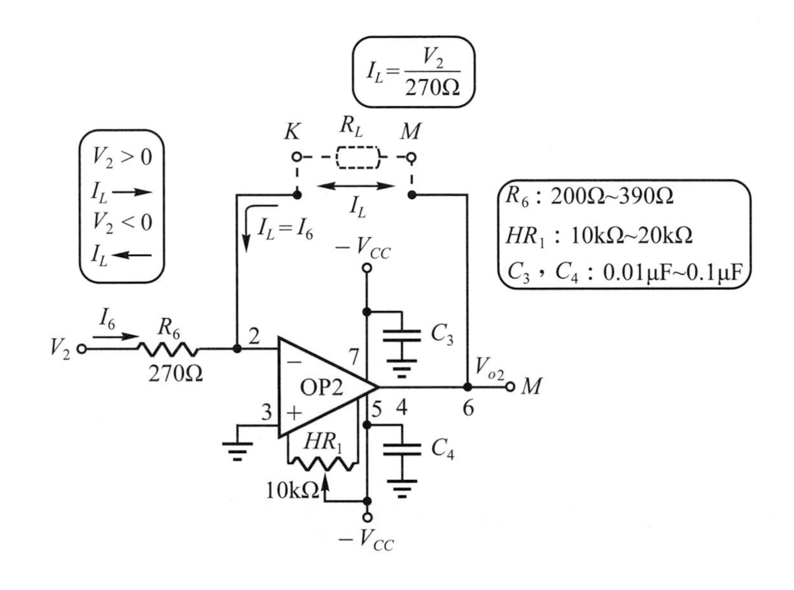

(b) 負載浮接型定電流源

圖 A-7　LB-02 參考電流線路圖(續)

圖A-7有兩種不同的定電流源，分別爲圖(a)負載接地型定電流源和圖(b)負載浮接型定電流源。大部份定電流源均使用於電阻變化感測元件的轉換電路之中，使定電流流經電阻變化的感測元件，會於其上產生相對應的電壓變化，便能以電壓值的大小，代表電阻值的變化，因而達到把電阻變化量轉換成電壓輸出的目的。

負載接地型定電流源線路分析

從圖A-7的圖(a)看到，OPA是一個非反相型的加法器，OPB是一個電壓隨耦器。分別繪出各OPA和OPB的等效線路如下。

$$V_{OA}=\left(\frac{R_4}{R_2+R_4}V_1\right)\times\left(1+\frac{R_3}{R_1}\right)+\left(\frac{R_2}{R_2+R_4}V_{OB}\right)\times\left(1+\frac{R_3}{R_1}\right)$$

$$=V_1+V_{OB}\cdots\cdots 因 R_1=R_2=R_3=R_4=20\text{k}\Omega$$

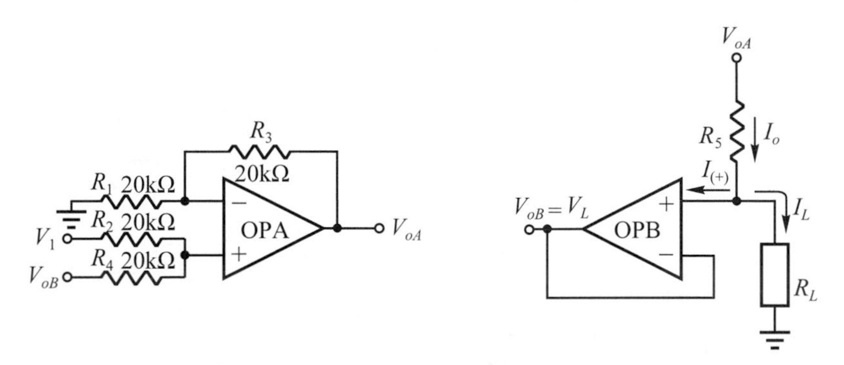

圖 A-8　等效線路分析

$V_{OB}=V_L$……OPB 電壓隨耦器，放大率一倍

$I_O=I_L+I_{(+)}=I_L$……$I_{(+)}\approx 0$

$$I_O=\frac{V_{OA}-V_L}{R_5}=\frac{V_{OA}-V_{OB}}{R_5}=\frac{(V_1+V_{OB})-V_{OB}}{R_5}\text{，}I_O=I_L$$

$I_L=\dfrac{V_1}{R_5}$……表示流經R_L的電流I_L和R_L大小無關，由V_1控制之。

從上述的分析清楚地了解到，只要控制電壓V_1的大小不變，$I_O=I_L$就成了固定的電流源。所以我們可由V_1的設定，而得到不同定電流源。但使用該定電流源的時候，必須符合如下的要求。即$V_{OA}<E_{sat}$(飽和電壓)$\approx(V_{CC}-2\text{V})$，所以

$V_{OA}=I_O\times R_5+I_L\times R_L$，又$I_O\approx I_L$，則

$V_{OA}=I_L(R_5+R_L)<V_{CC}-2\text{V}$

即先確定R_L的變化範圍，再決定I_L的大小且符合$I_L\times[R_5+R_{L(\max)}]<V_{CC}-2\text{V}$的要求

負載浮接型定電流源線路分析

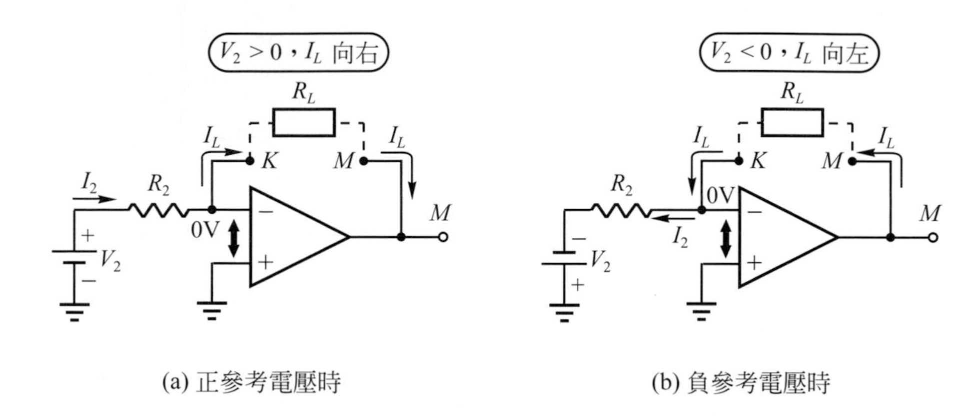

(a) 正參考電壓時　　(b) 負參考電壓時

圖 A-9　負載浮接型定電流源線路分析

圖 A-9 因R_L並沒有眞正接地點，而是跨在 OP Amp 的輸出和負端之間，所以我們給它一個名字叫做「負載浮接型定電流源」，因OP Amp虛接地的緣故，使得$v_{(+)}=v_{(-)}$，即 OP Amp 的“－”端此時也爲 0V，則

$$I_2=\frac{V_2-v_{(-)}}{R_2}=\frac{V_2}{R_2}$$

$$=I_L+I_{(-)}=I_L\cdots\cdots\text{因}I_{(-)}\approx 0$$

從上述的分析也得知流經R_L的電流$I_L=I_2$，而I_2乃由V_2和R_2所決定，和R_L的大小無關，只要V_2和R_2是定值，那麼$I_2=I_L$就是定電流源了。而使用正、負參考電壓只是I_L的方向改變。

正參考電壓時：$V_M=-I_L\times R_L\cdots\cdots V_M$隨$R_L$上升而下降

負參考電壓時：$V_M=+I_L\times R_L\cdots\cdots V_M$隨$R_L$上升而增加

在使用負載浮接型定電流源時，依然要符合$V_M<E_{sat}$的要求，才不會使 OP Amp 工作於正飽和或負飽和。電路的動作將不正常。必須$I_L\times R_L=V_M<E_{sat}=V_{CC}-2V$，例如若$V_{CC}=12V$，$R_L$的範圍是 500Ω～2kΩ，則$I_L\times 2k\Omega<10V$，即

$I_L < 5\text{mA}$。若您所設定的電流為 10mA 時，當$R_L = 1\text{k}\Omega$以上，V_M都一直為 10V 左右，而無法正確動作。

LB-02 製作與調校技巧

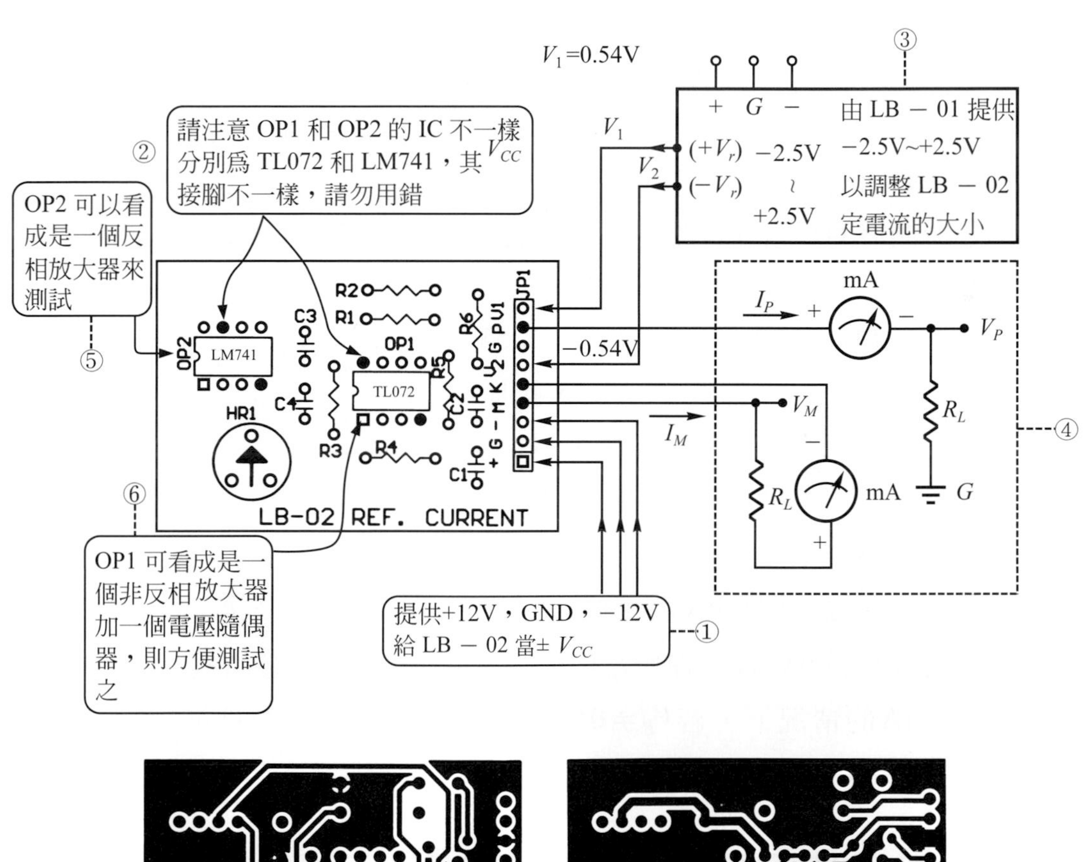

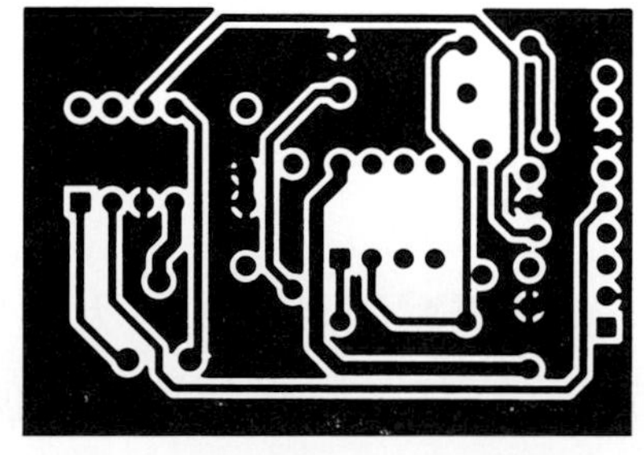

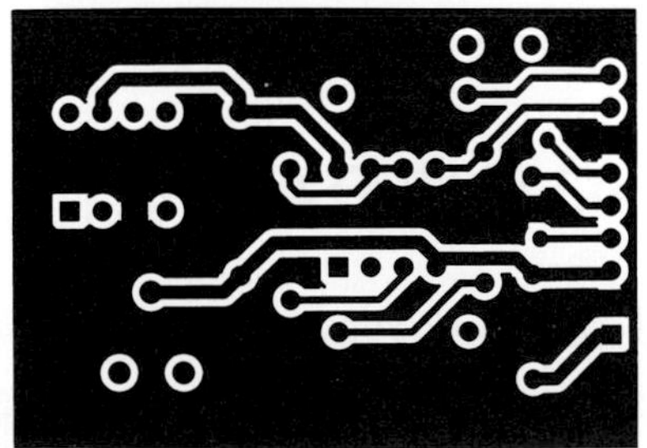

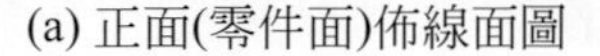
(a) 正面(零件面)佈線面圖

(b) 反面(焊接面)佈線面圖

圖 A-10　LB-02 零件位置圖與 PC 板

(1) 依圖 A-10 把各零件逐一焊好，IC 最好使用 IC 腳座，以便更換不同編號的 IC。焊好後請檢查是否正確，有無漏焊或短路。

(2) 接好±12V 的電源，然後由已測好的 LB-01 提供參考電壓給 LB-02 的 V_1 和 V_2。

(3) 調 LB-01 的 RV_1 和 RV_2 使 $+V_r = 0.54\text{V}$，$-V_r = -0.54\text{V}$，分別提供給 LB-02 的 V_1 和 V_2，則其電流約爲 2mA。

(4) R_L 用 100Ω、200Ω、510Ω、1k、1.5k、2k 之各種不同阻值時，測 I_L 的大小是否改變？

(5) 若所測得的 I_L 都沒有改變，則代表它是定電流源了。因 I_L 並沒有隨 R_L 而改變。

(6) 若把 V_1 和 V_2 各調成 +2.5V 和 −2.5V 時，$I_L =$ ________ mA。R_L 的最大阻值只能多大，否則 OP Amp 會進入飽和。

(7) 若 P 點一直爲 12V 左右，故障可能是哪些？

① R_L 太大了，則 $I_O(R_5 + R_L)$ 已大於 E_{sat}，則 OP Amp 一直飽和，其電壓一直無法改變。

② 若 R_3 斷線，則 OPA 將變成比較器，則輸出不是 $+E_{sat}$ 就是 $-E_{sat}$。

(8) 當 V_1 或 V_2 爲 0V 時，理應 $I_L = 0\text{mA}$，則 V_P 和 V_M 都必須爲 0V。此時在 $I_L = 0\text{mA}$ 的情況下，若 $V_P \neq 0\text{V}$，$V_M \neq 0\text{V}$，則必須做抵補校正，以修正爲 $I_L = 0\text{mA}$，$V_M = 0\text{V}$。

A-6 LB-03 線路分析與製作調校技巧

LB-03 只是以 OP Amp 當電壓隨耦器，雖然電壓隨耦器的放大率只有 1 倍，但它具備了極高的輸入阻抗和極低的輸出阻抗。有了這兩項特性，使得電壓隨耦器，在感測應用線路中，擔任極重要的任務。

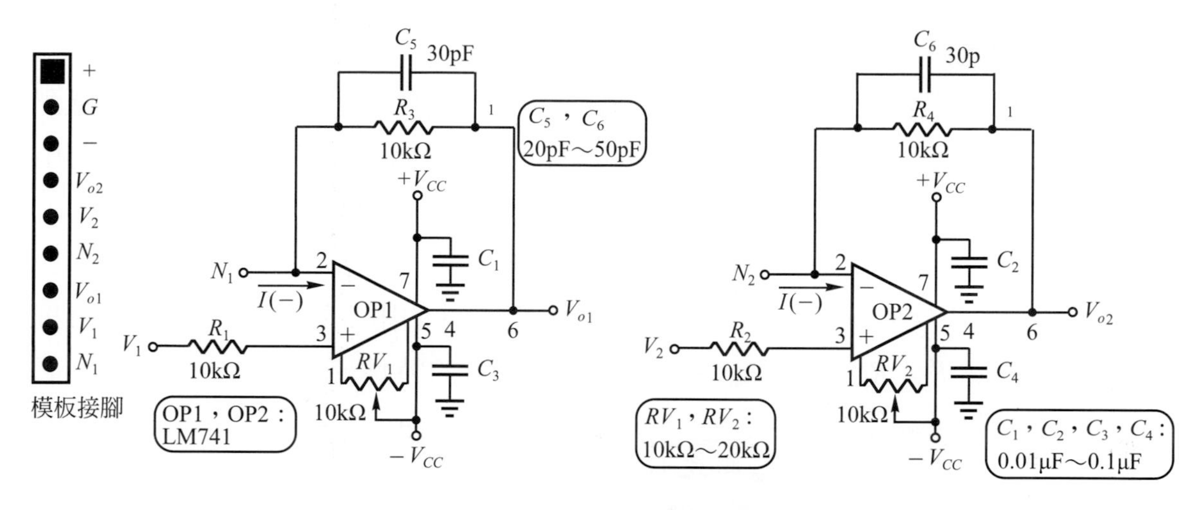

圖 A-11　LB-03 電壓隨耦器線路

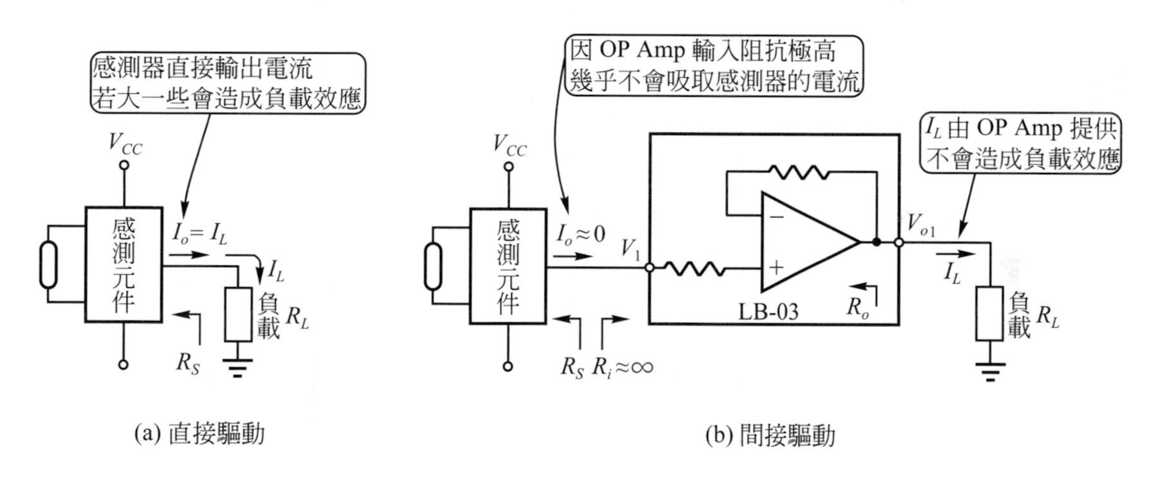

(a) 直接驅動　　　(b) 間接驅動

圖 A-12　電壓隨耦器所擔任的任務

圖(a)直接驅動：

此時相當於感測元件本身的阻抗R_S和負載R_L形成並聯的電路，則會改變感測器原有的特性，且並聯後的阻值變小，將使得輸出電流I_O上升，一則對感測元件造成嚴重的負載效應，再則將因I_O電流增加，而產生自體發熱的現象。將使所得數據的誤差更大。

圖(b)間接驅動：

因電壓隨耦器的放大率為 1 倍，則$V_{O1} = V_1$，則加到負載上的電壓值和感測元件輸出端的電壓值相同，所以負載可以接在 OP Amp 輸出端。則I_L電流乃由 OP Amp 提供，而不會對感測元件造成負載效應。再則因電壓隨耦器的輸入阻抗極高，導致此時的$I_O \approx 0$，不會造成負載效應，就不必擔心自體發熱的現象發生。又$R_S /\!/ R_i \approx R_S /\!/ \infty \approx R_S$，即此時不會改變感測元件的阻抗特性。又輸出端阻抗$R_O \approx 0$，則$R_O + R_L \approx R_L$，意思是說不會影響負載$R_L$的特性。

> 感測元件使用之小技巧
> 時時記住電壓隨耦器的存在，善加利用

LB-03 製作與調校技巧

⑴ 依圖所示焊好各元件，並檢查是否短路或空焊。然後大膽地接上電源，不用怕。有問題時再依序逐一排除其故障，是使自己更厲害的不二法門。

⑵ V_1和V_2都把它接地，則$V_1 = V_2 = 0\text{V}$，測V_{O1}和V_{O2}，看看是否$V_{O1} = V_{O2} = 0\text{V}$？

⑶ 若$V_1 = V_2 = 0$時，$V_{O1} \neq 0$，$V_{O2} \neq 0$(請用mV檔)，則分別調整RV_1和RV_2到$V_{O1} = V_{O2} = 0\text{V}$。

⑷ V_1和V_2加入適當的電壓(可由 LB-01 $(+V_r)$和$(-V_r)$提供)，然後測V_{O1}和V_{O2}，看看是否$V_{O1} = V_1$，$V_{O2} = V_2$。

⑸ 若誤差太大時，建議您把 OP Amp LM741、μA741、……xx741 換成接腳相同，而特性更佳的 IC(如 LF351)。

⑹ 以下所列是一些接腳和 741 完全一樣的IC，提供給您參考，圖A-14。

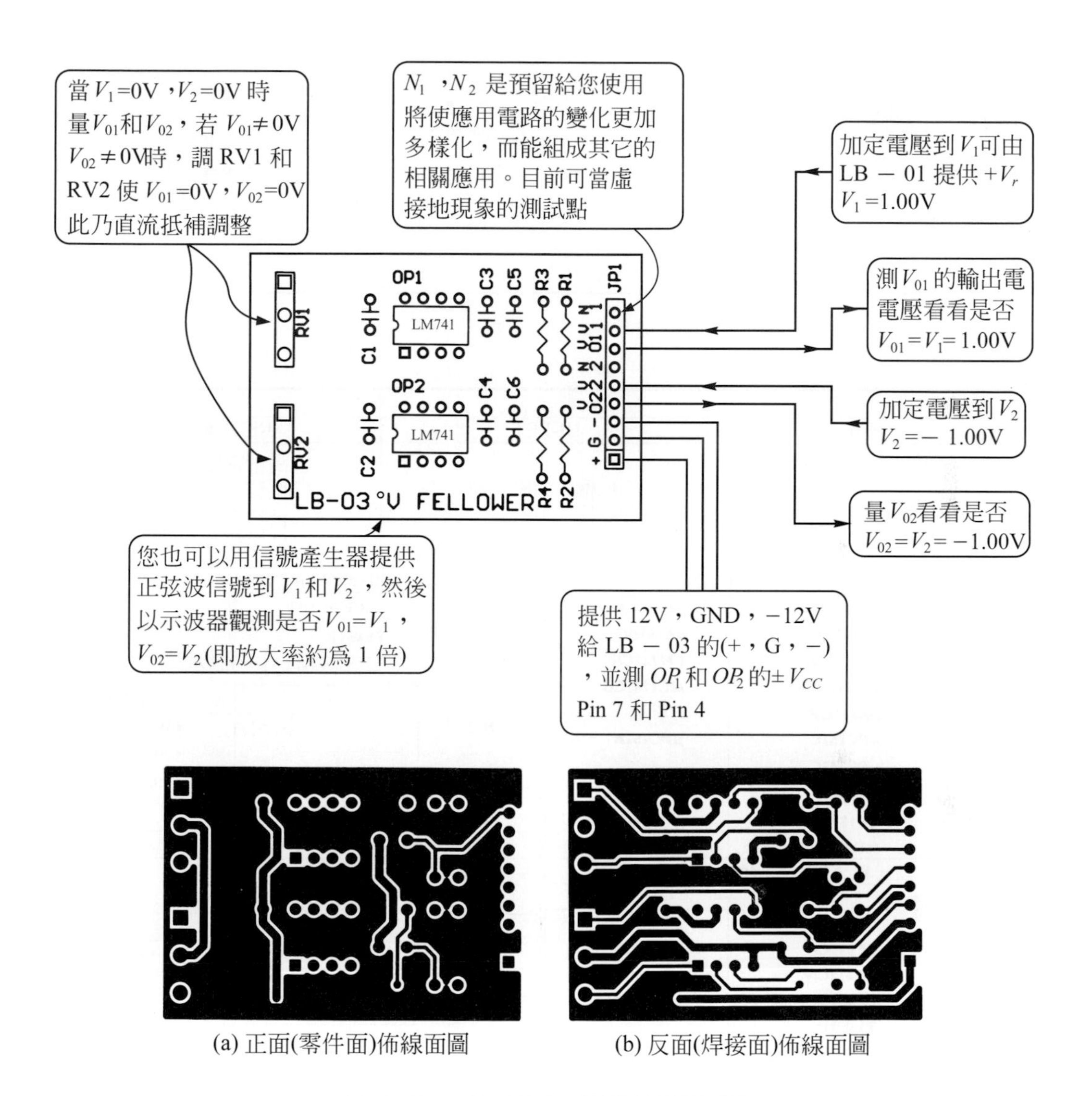

當 V1=0V，V2=0V 時
量 V01 和 V02，若 V01≠0V
V02≠0V 時，調 RV1 和
RV2 使 V01=0V，V02=0V
此乃直流抵補調整
N1，N2 是預留給您使用
將使應用電路的變化更加
多樣化，而能組成其它的
相關應用。目前可當虛
接地現象的測試點
加定電壓到 V1 可由
LB－01 提供 +Vr
V1=1.00V
測 V01 的輸出電
電壓看看是否
V01=V1=1.00V
加定電壓到 V2
V2=－1.00V
量 V02 看看是否
V02=V2=－1.00V
您也可以用信號產生器提供
正弦波信號到 V1 和 V2，然後
以示波器觀測是否 V01=V1，
V02=V2 (即放大率約為 1 倍)
提供 12V，GND，－12V
給 LB－03 的(+，G，－)
，並測 OP1 和 OP2 的±VCC
Pin 7 和 Pin 4
OP1
OP2
LM741
LM741
RV1
RV2
C1
C2
C3
C4
C5
C6
R1
R2
R3
R4
JP1
LB-03°V FELLOWER
(a) 正面(零件面)佈線面圖
(b) 反面(焊接面)佈線面圖

圖 A-13　LB-03 零件位置圖與 PC 板

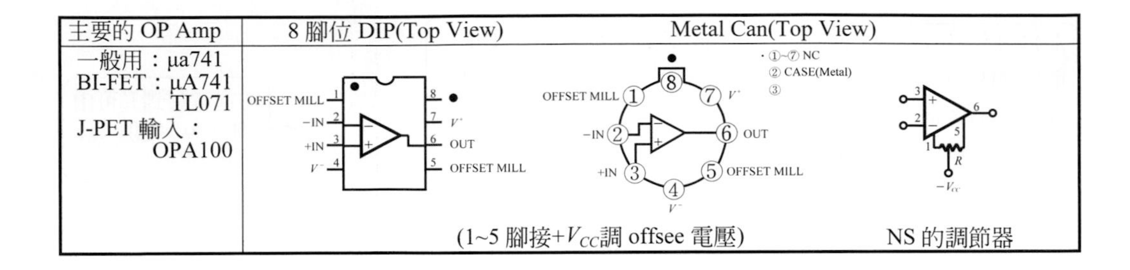

概要		
一般用	BI-FET	J-FET 輸入
○最為一般使用的	○低輸入偏壓電流 ○高輸入阻抗	○高精密度 ○低雜音 ○低輸入電流 ○低偏移(drift)

① 一般用(R：10kΩ)	8 Pin DIP	Metal Can
FC	μA741TC	μA741HC
NS	LM741CN	LM741CH
MOT	MC1741CP1	MC1741CG
TI	μA741CP	
NEC	μPC151C	μPC151A
	μPC741C	
東芝	TA7504P	
日立	HA17741PS	
富士通	MB3609	
② BI-FET (R：10 kΩ)	**8 Pin DIP**	**Metal Can**
NS	LF351N	LF351H
	LF441CN	LF441CH
	LF411CN	LF411CH
	LF13741N	LF13741H
TI	TL091P	
RCA(Bi-MOS)	CA081E	CA081CS
	CA3420AE	CA3420AS
AD		AD547H
③ BI-FET (R：100 kΩ)	**8 Pin DIP**	**—**
TI	TL071P	
	TL081P	
NEC	μPC801C/4081C	
日立	HA17080PS	

④ BI-FET (R：250 kΩ)	8 Pin DIP	—
TI	TL061P	
⑤ HYBRID (R：10 kΩ)	**—**	**Metal Can**
NS		LH0022CH
		LH0042CH
		LH0052CH
⑥ 高速 (R：10kΩ)	**8 Pin DIP**	**—**
SIG	NE530N	
	NE531N	
⑦ 高速(R：100kΩ)	**8 Pin DIP**	**—**
SIG	NE538N	
⑧ J-FET輸入(R：10kΩ～100kΩ)	**8 Pin DIP**	**Metal Can**
BB	OPA100G	OPA100M
		OPA103M
		OPA104M
⑨ Low Power (R：100kΩ)	**8 Pin DIP**	**Metal Can**
NS	LM4250CN	LM4250CH
NEC	μPC802C/4250C	
JRC	NJM4250D	

圖 A-14　LM741 之相互取代

A-7 LB-04 線分析與製作調校技巧

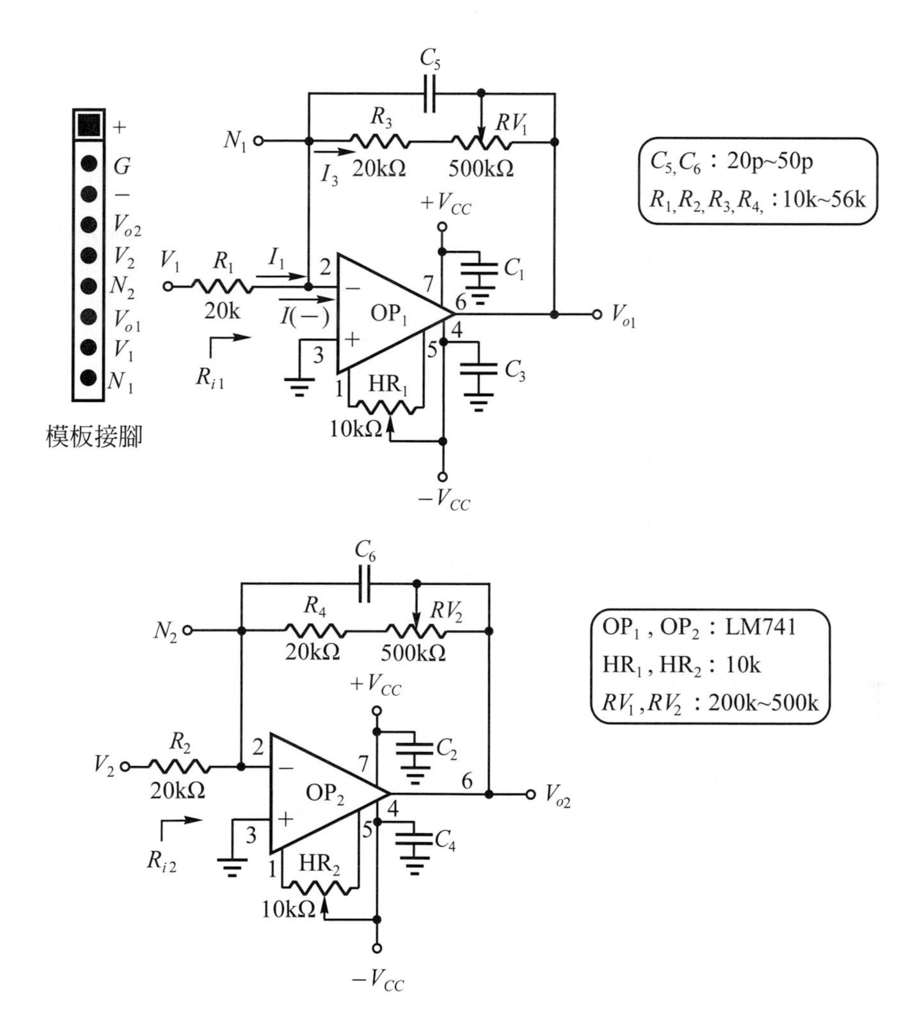

圖 A-15　LB-4 反相放大器線路圖

LB-04 內建兩個反相放大器，其放大率分別由RV_1和RV_2調整之。放大率的大小爲：

$$A_{V_1}=\frac{V_{O1}}{V_1}=\frac{R_3+RV_1}{R_1}，A_{V_2}=\frac{R_4+RV_2}{R_2}$$

放大率的範圍：$\left(-\frac{20k+0\Omega}{20k}\right)\sim\left(-\frac{20k+500k}{20k}\right)=-1$ 倍～-26 倍

其中HR_1和HR_2分別調整 OP1 和 OP2 的直流抵補電壓，使$V_1=0V$ 時、$V_{O1}=0V$，$V_2=0V$ 時、$V_{O2}=0V$。事實上我們可以令R_1或R_2小一點，若$R_1=R_2=2k\Omega$時，其放大率將為－10 倍～－260 倍。但 OP Amp 的增益和頻寬的乘積，幾乎是常數，

[電壓增益(放大率)]×[頻寬]＝常數

意思是說放大率愈大的時候，其使用的頻寬將會愈窄。例如，LM741，於單一增益($A_V=1$ 倍)時，頻寬可達 1MHz 左右。但放大率為 10 倍的時候，頻寬約 100kHz，乃因：1 倍×1MHz＝10 倍×100kHz。所以對單獨一個 OP Amp 使用時，增益不要設計得太大，以免頻率高些就變成衰減器而不是放大器。

LB-04 製作與調校技巧

(1) 依圖焊好各零件，並檢查是否有空焊或短路，並大膽接上電源，若故障再修理。或許天將降大任於你也，先勞你心志，再給你成就。

(2) V_1和V_2都接地，$V_1=V_2=0V$，調HR_1和HR_2使$V_{O1}=0V$，$V_{O2}=0V$，此乃做直流抵補調整也。

(3) 把V_1和V_2加入適當的電壓(可由 LB-01 提供)，然後調RV_1和RV_2，看看V_{O1}和V_{O2}是否改變？(注意：此乃反相放大器)

(4) 若欲設定一個放大率為－10 倍的反相放大器時，您會怎麼做呢？

Ans：輸入某一電壓，然後量輸出電壓，使輸入電壓和輸出電壓的比例為－10 倍。例如：

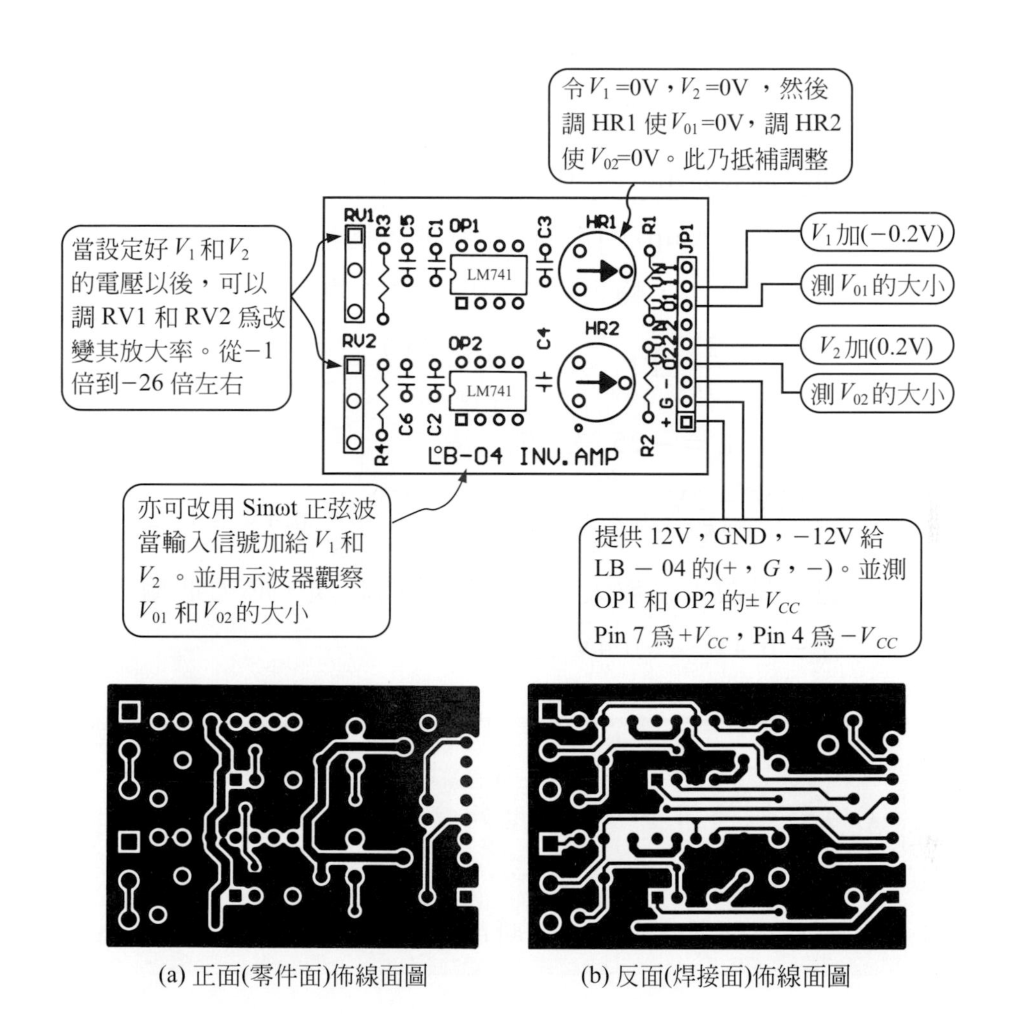

令 V_1 =0V，V_2 =0V ，然後調 HR1 使 V_{01}=0V，調 HR2 使 V_{02}=0V。此乃抵補調整
當設定好 V_1 和 V_2 的電壓以後，可以調 RV1 和 RV2 爲改變其放大率。從−1倍到−26 倍左右
V_1 加(−0.2V)
測 V_{01} 的大小
V_2 加(0.2V)
測 V_{02} 的大小
LB-04 INV. AMP
LM741
亦可改用 Sinωt 正弦波當輸入信號加給 V_1 和 V_2 。並用示波器觀察 V_{01} 和 V_{02} 的大小
提供 12V，GND，−12V 給 LB − 04 的(+，G，−)。並測 OP1 和 OP2 的± V_{CC}
Pin 7 爲 +V_{CC}，Pin 4 爲 −V_{CC}

(a) 正面(零件面)佈線面圖　　(b) 反面(焊接面)佈線面圖

圖 A-16　LB-04 零件位置圖與 PC 板

令 $V_1 = 0.5\text{V}$，則調 RV_1 使 $V_{O1} = -5\text{V}$，$A_V = \dfrac{-5\text{V}}{0.5\text{V}} = -10$ 倍，或

令 $V_1 = 1\text{V}$，則調 RV_1 使 $V_{O1} = -10\text{V}$，$A_V = \dfrac{-10\text{V}}{1\text{V}} = -10$ 倍

(5) 若令 $V_1 = 2\text{V}$，再調 RV_1，卻是 $V_{O1} \neq [2\text{V} \times (-10) = -20]$……爲什麼？

Ans： 此乃因 OP Amp 輸出電壓的最大值一定比 V_{CC} 小 2V～3V

$|V_{O1} = A_{V_1} \times V_1| \leq (V_{CC} - 2\text{V})$，若$V_{CC} = 12\text{V}$，則

$|V_{O1} = A_{V_1} \times 2\text{V}| \leq 10\text{V}$，則$|A_{V_1}| = 5$ 倍，$A_{V_1} = -5$ 倍

而目前設定$A_{V_1} = -10$ 倍時，$|-10 \times 2\text{V}| = 20\text{V}$，早已超過$V_{CC}$，使得OP Amp工作於飽和狀態，而無法正常放大。所以對任何放大器而言，輸入電壓和放大率的關係必須符合：

$$\frac{V_{CC} - 2\text{V}}{A_{V_1}} \leq V_1 \leq \frac{-(V_{CC} - 2\text{V})}{A_{V_1}}$$

例如：$A_V = -25$ 倍，則

$$\frac{12\text{V} - 2\text{V}}{-25} \leq V_1 \leq \frac{-(12 - 2\text{V})}{-25}，-0.4\text{V} \leq V_1 \leq +0.4\text{V}$$

也就是說，當放大率為-25 倍的時候，必須把輸入電壓V_1限制在$-0.4\text{V} \sim +0.4\text{V}$ 之間。

使用放大器請留意：

(1)做好抵補調整……怎麼調？

(2)放大率×頻寬＝常數……有何用意？

(3)輸入信號和放大率之間的取捨……勿使 **OP Amp** 飽和。

A-8　LB-05 線路分析與製作調校技巧

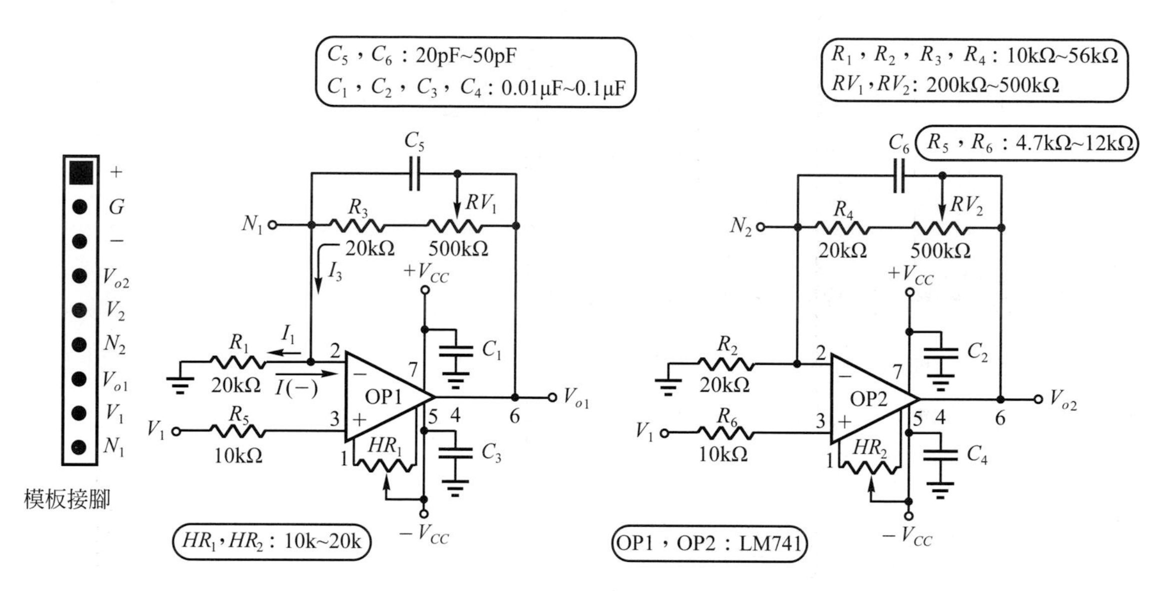

圖 A-17　LB-05 非反相放大器線路

LB-05 和 LB-04 都是放大器，只是反相和非反相的差別。反相放大時，輸入和輸出相位差爲 180°，非反相放大時，相位差爲 0°。茲比較反相放大和非反相放大之差異如下：

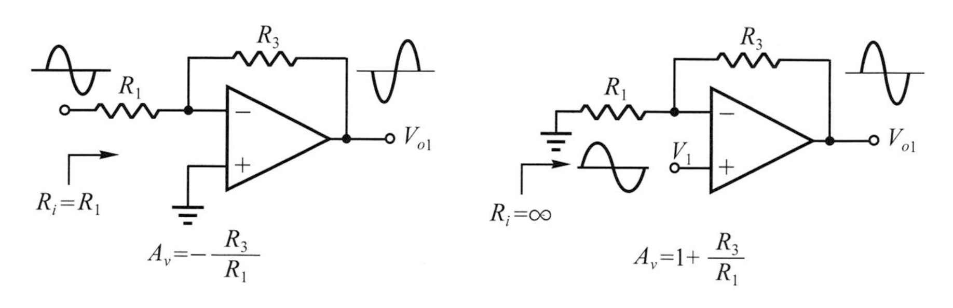

圖 A-18　反相與非反相放大器的比較

反相與非反相放大器的結構和原理均可說是同一脈。只是一個從反相端輸入，另一個是由非反相端輸入。LB-05 非反相放大器的放大率可由RV_1和RV_2調整之，其放大率為

$$A_V = 1 + \frac{R_3 + RV_1}{R_1} = \left(1 + \frac{20\text{k}}{20\text{k}} \sim 1 + \frac{520\text{k}}{20\text{k}}\right) = (2\text{倍} \sim 27\text{倍})$$

LB-05 的調校方式和 LB-04 相同，請依前述方式為之。

LB-05 故障排除

LB-01～LB-06 都是以 OP Amp 當做放大器使用，差別只是反相，非反相及相位差的不同，其分析方法和電路結構幾乎相近。故障排除的方法與技巧也幾近相同。

(1) 若調RV_1，而V_{O1}並沒有改變，幾乎是$V_{O1} = V_1$，故障何在？

Ans：因$V_{O1} = \left(1 + \frac{R_3 + RV_1}{R_1}\right) \times V_1$，能造成$V_{O1} = V_1$的情形，只有兩種原因。

①$R_3 + RV_1 = 0\Omega$，表示該串接電阻短路了。即 OP Amp 的輸出端直接和輸入“－”端短路在一起。關掉電源，測這兩端的電阻，若電阻為 0Ω，則表示該兩點短路了。

②$R_1 = \infty$，即R_1斷線。切斷電源，測輸入“－”端和地的阻抗，是否為$R_1 = 20\text{k}\Omega$，若比 20kΩ還大很多，則代表R_1斷線。

(2) 若V_1改變，卻是V_{O1}一直不變，故障何在？

Ans：①V_1根本沒有進來，即R_5斷線，沒有輸入信號被放大，則V_{O1}根本無從改變。

②RV_1三支腳短路，使得$RV_1 = 0\Omega$，怎麼調也不會改變其放大率，則輸出電壓V_{O1}當然無法得到不同的電壓值。

③放大率太大，或輸入電壓V_1太大了，將使輸出一直處於飽和的狀態，則$V_{O1} \approx -V_{CC}$或$V_{O1} \approx +V_{CC}$。

④R_3和RV_3串聯電路斷線，將使得OP Amp沒有負回授，而變成電壓比較器，則$V_{O1} = -V_{CC}$或$V_{O1} = +V_{CC}$。

(3) 放大率設定成10倍，輸入信號加10kHz的正弦波，且其振幅爲$V_{P\text{-}P} = 2V$，理應輸出$V_{O1} = 10 \times 2V = 20V_{P\text{-}P}$的正弦波，卻是$V_{O1}$只有$4V_{P\text{-}P} \sim 8V_{P\text{-}P}$(比$20V_{P\text{-}P}$小)的波形，故障何在？

Ans：使用LM741或相類似的OP Amp，放大10kHz的正弦波絕對沒有問題，更何況放大率只有10倍。此時不必懷疑OP Amp有故障，而是應該檢查C_5、C_6是否用錯電容。若C_5、C_6錯用成104 (0.1μF)的電容，那輸出可能更小。因C_5、C_6乃構成低通濾波器的效果，電容愈大其截止頻率愈小，使得OP1和OP2的頻寬大大的減少，無法操作到10kHz頻率的信號。而變成不放大反而衰減的現象。

(4) 圖A-19的量測，請您練習決定要怎麼測。

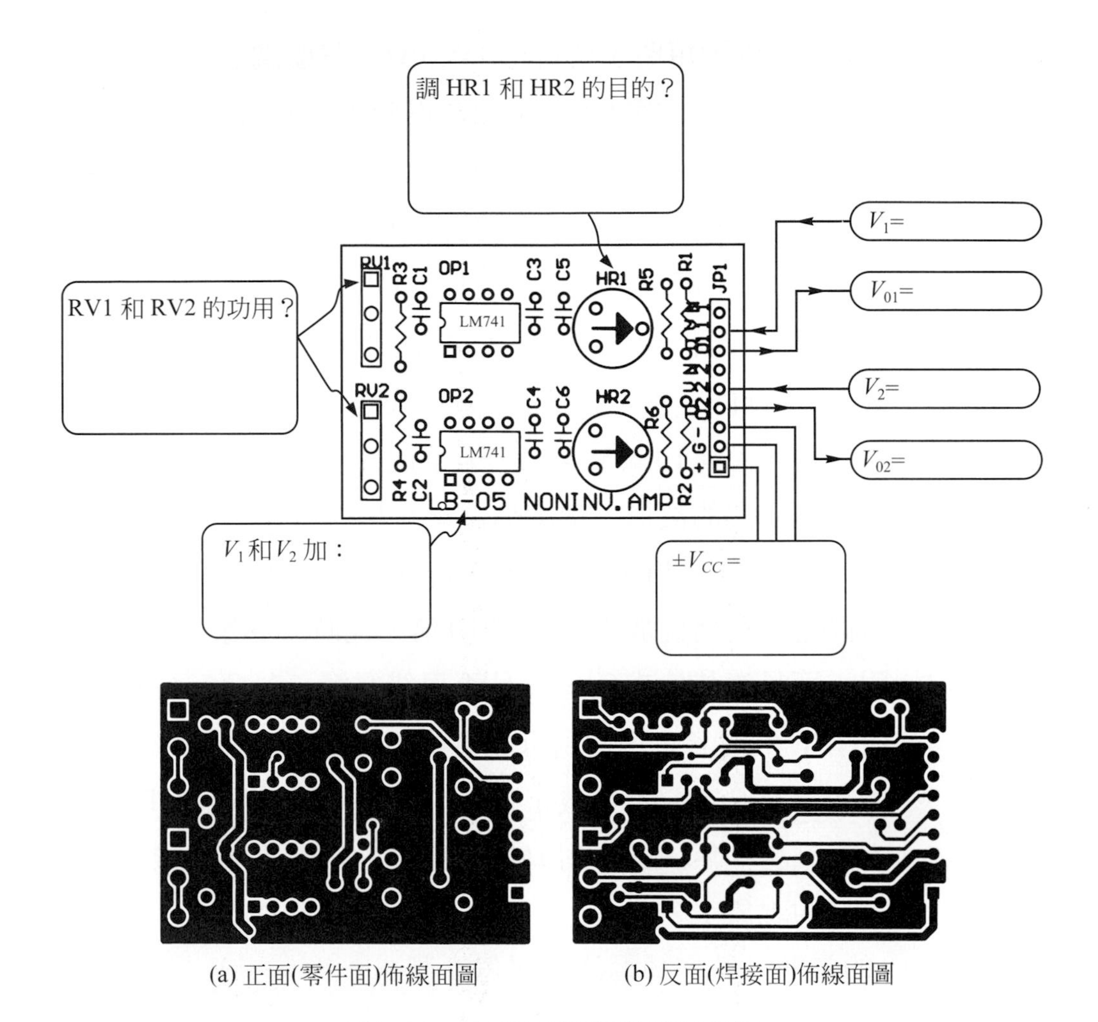

(a) 正面(零件面)佈線面圖　　(b) 反面(焊接面)佈線面圖

圖 A-19　LB-05 零件位置圖與 PC 板

A-9　LB-06 線路分析與製作調校技巧

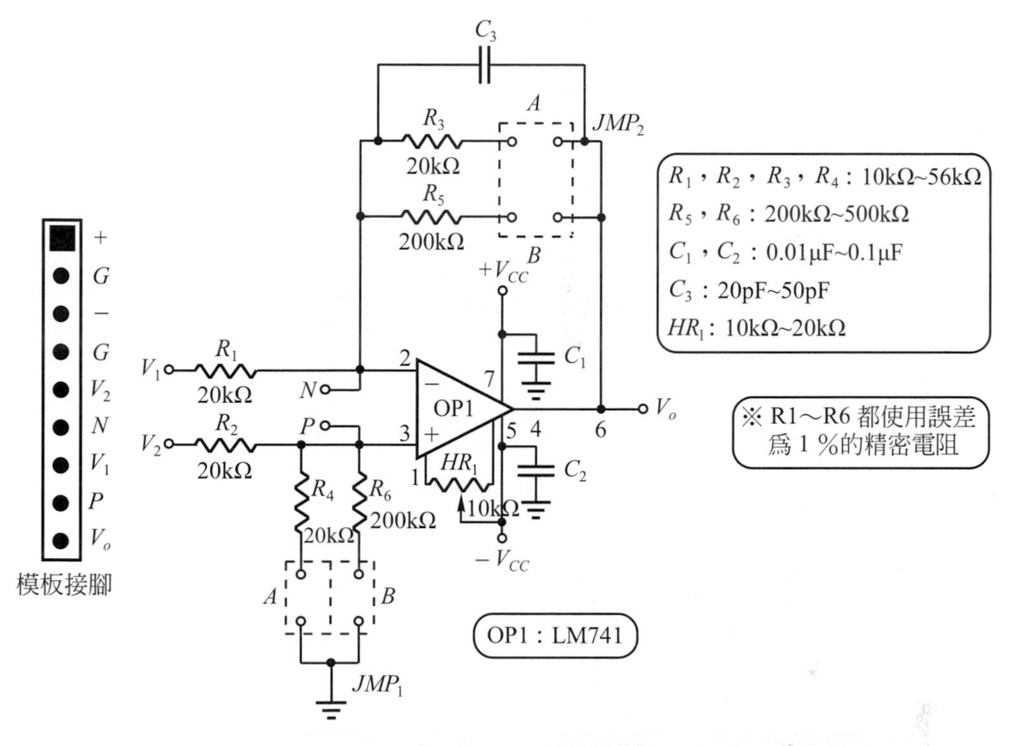

圖 A-20　差值放大器線路

這只是一個差值放大電路，目前我們使用兩個 JMP(跨接腳座)，提供放大率 1 倍和 10 倍的選擇。為了達到差值放大器能抵消共模雜訊的優點。選用$R_1 = R_2$，$R_3 = R_4$，$R_5 = R_6$，其放大率輸出電壓V_O分別為

放大率 1 倍時(把 JMP_1，JMP_2的A都短路，B都開路)

$$V_O = \frac{R_3}{R_1}(V_2 - V_1) = \frac{20\text{k}}{20\text{k}}(V_2 - V_1) = V_2 - V_1$$

放大率 10 倍時(把 JMP_1，JMP_2的B都短路，A都開路)

$$V_O = \frac{R_3}{R_1}(V_2 - V_1) = \frac{200\text{k}}{20\text{k}}(V_2 - V_1) = 10(V_2 - V_1)$$

LB-06 製作與調校技巧

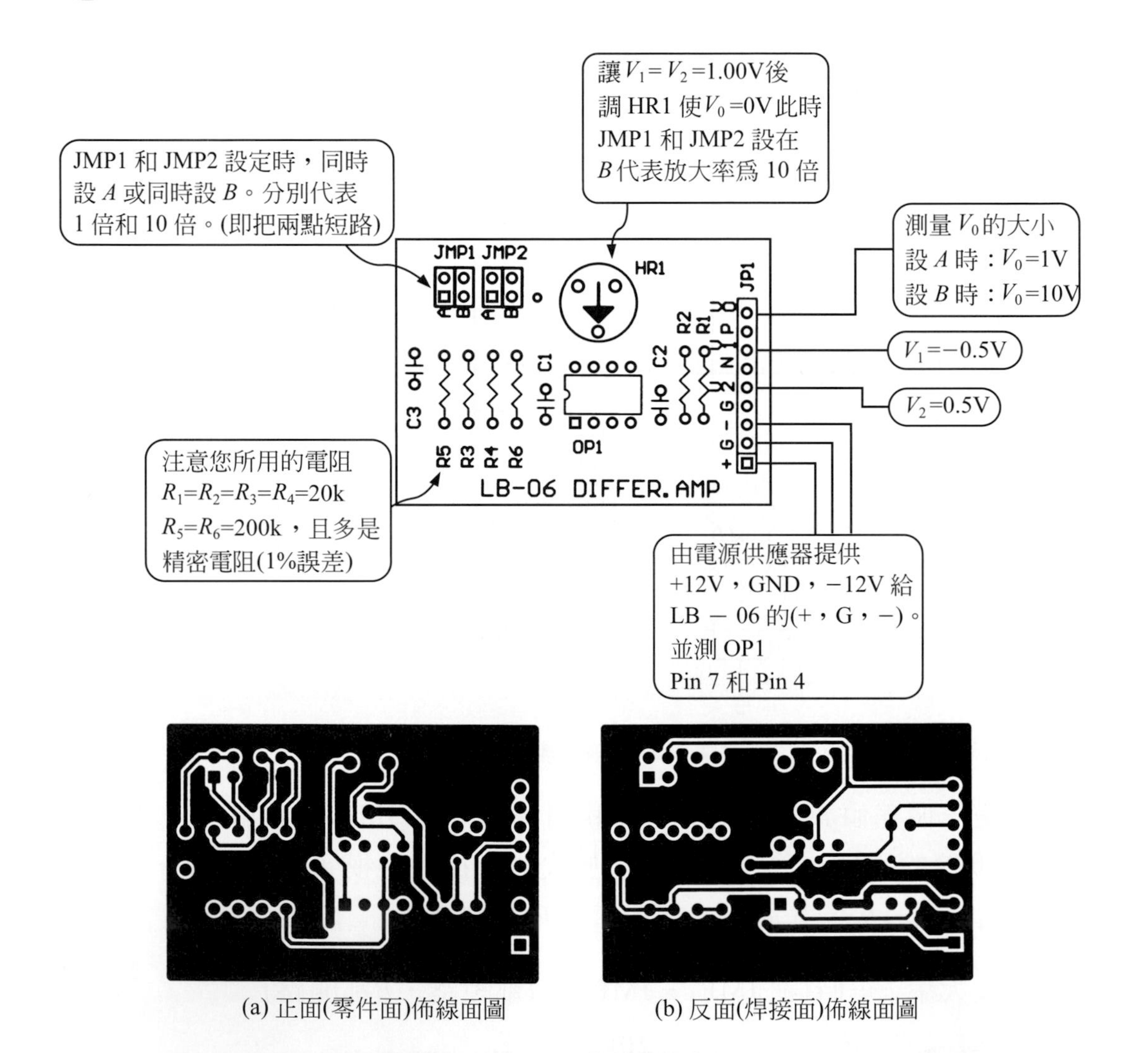
讓$V_1=V_2$=1.00V後
調 HR1 使V_0=0V此時
JMP1 和 JMP2 設在
B代表放大率爲 10 倍
JMP1 和 JMP2 設定時，同時
設 A 或同時設 B。分別代表
1 倍和 10 倍。(即把兩點短路)
測量V_0的大小
設 A 時：V_0=1V
設 B 時：V_0=10V
V_1=−0.5V
V_2=0.5V
注意您所用的電阻
$R_1=R_2=R_3=R_4$=20k
$R_5=R_6$=200k，且多是
精密電阻(1%誤差)
由電源供應器提供
+12V，GND，−12V 給
LB − 06 的(+，G，−)。
並測 OP1
Pin 7 和 Pin 4
JMP1 JMP2
HR1
JP1
LB-06 DIFFER. AMP
OP1
(a) 正面(零件面)佈線面圖
(b) 反面(焊接面)佈線面圖

圖 A-21　LB-06 零件位置圖與 PC 板

(1)　依線路焊好零件，檢視短路與空焊否，然後接上電源$\pm V_{CC}$。

(2)　令$V_1=V_2=$ 0V，或$V_1=V_2=$某一電壓，並測V_O，若$V_O\neq$ 0V，則調整HR_1使$V_O=$ 0V。

(3)　令$V_1 = 0$V，$V_2 = 1$V，跨接A點(放大率 1 倍)，則$V_O = 1$V。

(4)　令$V_1 = 0$V，$V_2 = 1$V，跨接B點(放大率 10 倍)，則$V_O = 10$V。

(5)　令$V_1 = 1$V，$V_2 = 2$V，跨接A點(放大率 1 倍)，則$V_O = 1$V。

(6)　令$V_1 = 1$V，$V_2 = 2$V，跨接B點(放大率 10 倍)，則$V_O = 10$V。

(7)　若上述量測誤差不大(在 2 %以內)，是正常的現象，因精密電阻各有 1 %的誤差存在。除非把R_1改成精密型可調電阻，便能調整其滿刻度誤差，而用HR_1調整其歸零誤差。

(8)　此時$R_1 + R_2 =$ 20k＋20k ＝ 40k，對差值放大而言，其輸入阻抗只有 40kΩ，並不是很大。您可以用LB-03 電壓隨耦器以提升整體的輸入阻抗。

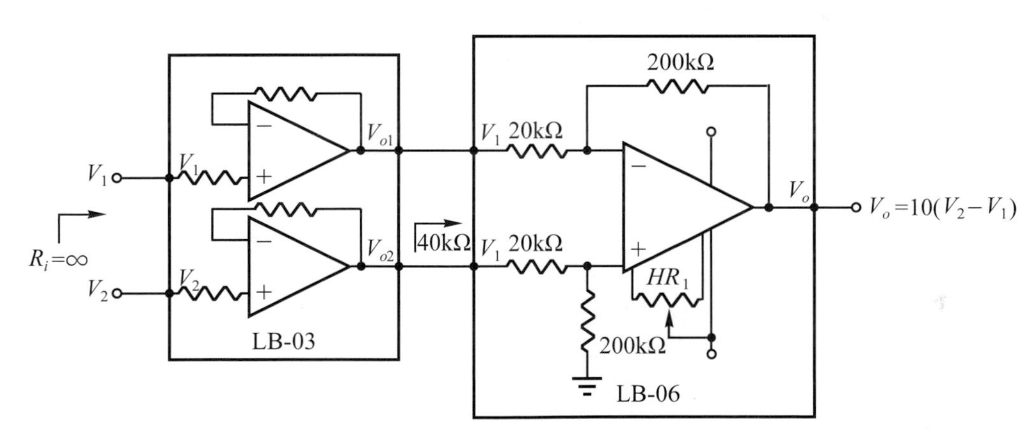

圖 A-22　提昇 LB-06 輸入阻抗的方法

A-10 LB-07 線路分析與製作調校技巧

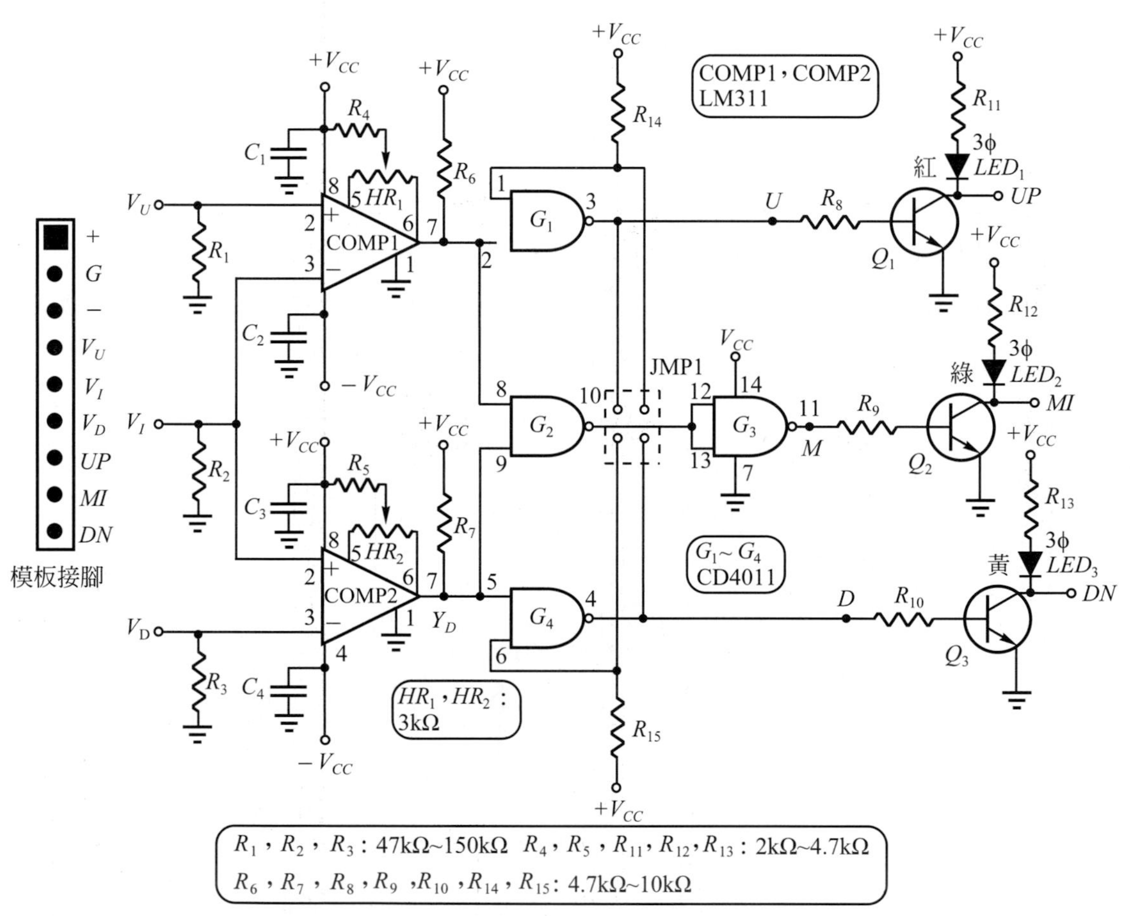

圖 A-23　多功能電壓比較器線路

這個線路能達到比較電壓大、中、小的指示，若輸入電壓

(1) $V_I > V_U$(大於上限電壓)，LED_1 ON。

(2) $V_U > V_I > V_D$(位於上、下限之間)，LED_2 ON。

(3) $V_I < V_D$(小於下限電壓)，LED_3 ON。

各元件功能和動作原理

(1) R_1、R_2、R_3：

當做V_U、V_I、V_D的輸入阻抗，以免 COMP1 和 COMP2 輸入端處於開路空接的狀態。

(2) COMP1、COMP2：

這兩個電壓比較器都是 LM311。其電源使用雙電源$\pm V_{CC}$，使得 COMP1 和COMP2 可以做正、負電壓的比較，即V_U、V_I、V_D可以使用正電壓或負電壓。又因LM311 第 1 腳接地，使得其輸出電壓轉換成只有 0V 和V_{CC}(沒有－V_{CC}的情況)，便能於 LM311 輸出端直接驅動數位 IC。若$\pm V_{CC}=\pm 5V$，則可用 TTL 數位 IC，或 CMOS 數位 IC。若$\pm V_{CC}=\pm 12V$、$\pm 15V$，則可用 CMOS IC 配合之。

(3) R_6、R_7：

因COMP1 和COMP2 是集極開路的電壓比較器，必須外加一個提升電阻，使其輸出有邏輯 1 和邏輯 0 的狀態，而不會變成空接。

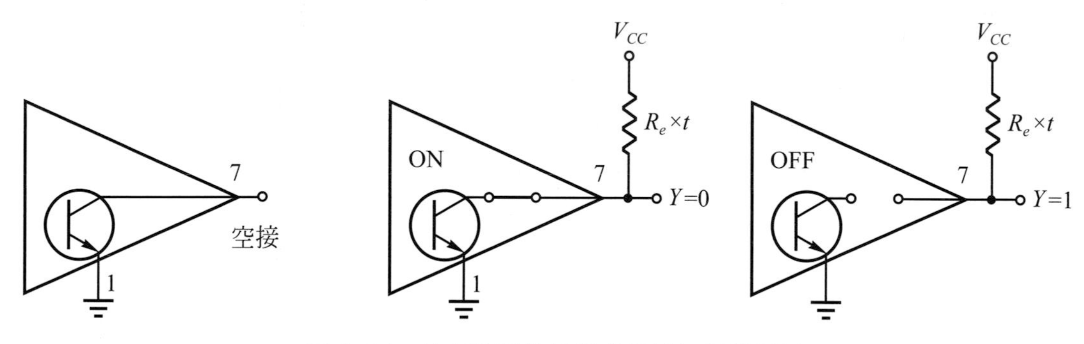

圖 A-24　集極開路的輸出必須外加提升電阻

(4) G_1～G_4：

目前使用CMOS IC、CD4011 或CD4093，因CMOS IC的電源電壓爲 3V～18V，如此一來這個電路的$\pm V_{CC}$可以使用$\pm 5V$～$\pm 12V$ 或

±15V，G_1～G_4是當做電壓大、中、小的判斷電路，茲說明如下：

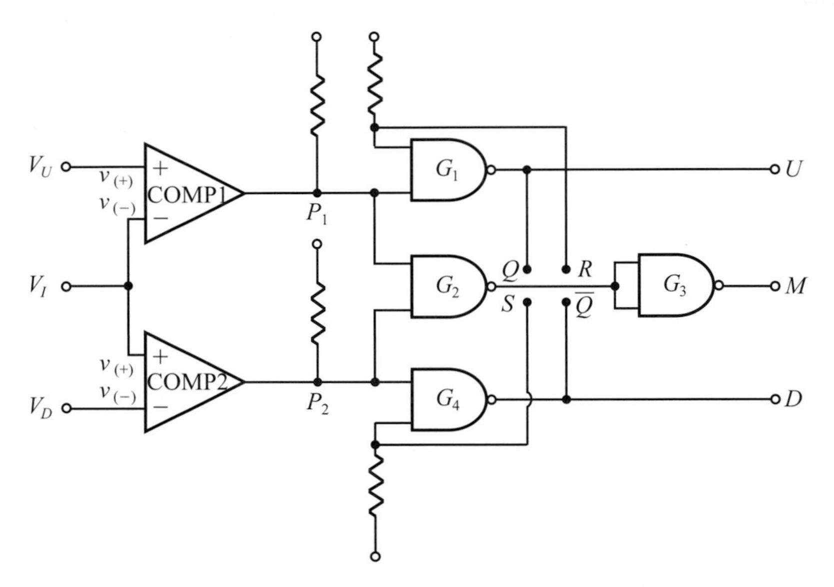

圖 A-25　G_1～G_4乃大、中、小之判斷電路

電壓大小 \ 判斷狀況	COMP1	P_1	COMP2	P_2	$U=\overline{P_1}$	$M=P_1 \cdot P_2$	$D=\overline{P_2}$
$V_I > V_U$	$v_{(+)} < v_{(-)}$	0	$v_{(+)} > v_{(-)}$	1	1	0	0
$V_D < V_I < V_U$	$v_{(+)} > v_{(-)}$	1	$v_{(+)} > v_{(-)}$	1	0	1	0
$V_D > V_I$	$v_{(+)} > v_{(-)}$	1	$v_{(+)} < v_{(-)}$	0	0	0	1

從上述的分析得知這個電路可以比較出電壓大、中、小，$U=1$代表$V_I > V_U$(上限值)，$D=1$代表$V_I < V_D$(下限值)，當$M=1$時代表V_I位於上、下限之間，即$V_D < V_I < V_U$。

(4)　R_8、R_9、R_{10}：

分別爲Q_1、Q_2、Q_3的基極限流電阻。

(5) Q_1、Q_2、Q_3

分別爲大、中、小控制用之電晶體開關，以控制LED_1、LED_2、LED_3的 ON 和 OFF。並且能經由輸出端(UP, MI, DN)去控制其它如SSR或繼電器等大電流開關，便能達到驅動110V或220V的交流負載。

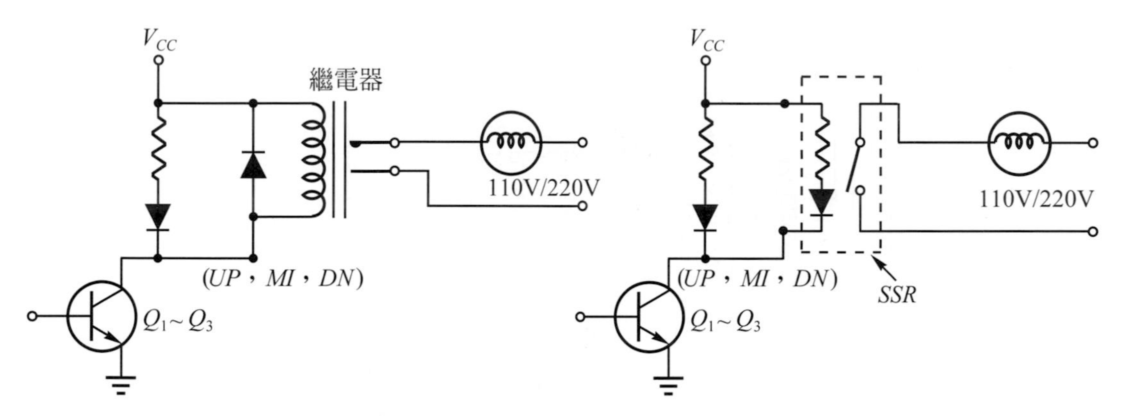

圖 A-26　Q_1～Q_3輸出提供大電流驅動能力

(6) LED_1、LED_2、LED_3：

分別爲電壓大、中、小的指示燈。

若$V_I > V_U$(代表輸入電壓大於上限值)，

$U = 1$，$M = 0$，$D = 0$，Q_1 ON，LED_1 ON，UP = 0

若$V_U > V_I > V_D$(代表輸入電壓位於上、下限之間)，

$U = 0$，$M = 1$，$D = 0$，Q_2 ON，LED_2 ON，MI = 0

若$V_D > V_I$(代表輸入電壓小於下限值)，

$U = 0$，$M = 0$，$D = 1$，Q_3 ON，LED_3 ON，DN = 0

LB-07 製作與調校技巧

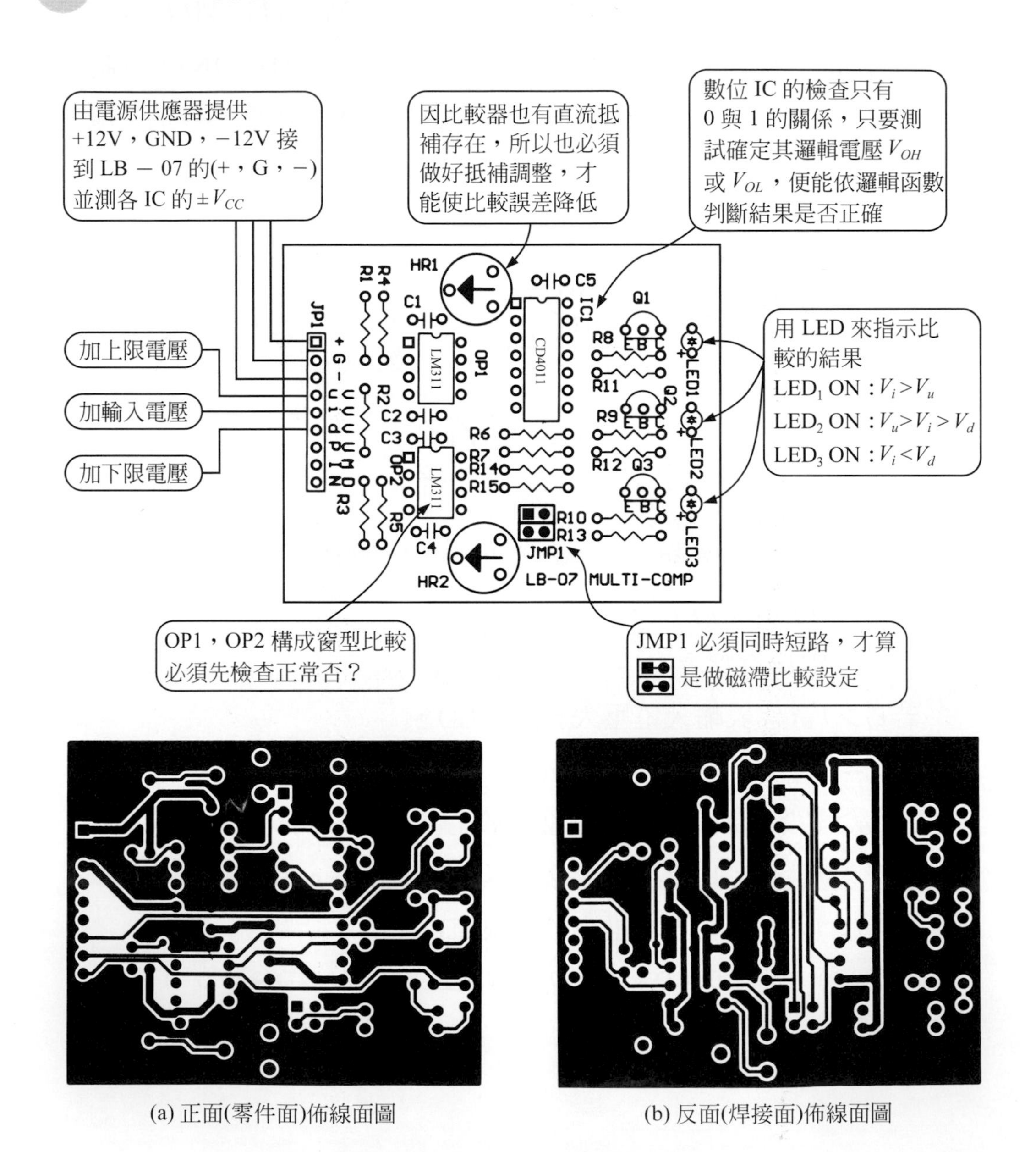
由電源供應器提供 +12V，GND，−12V 接到 LB − 07 的(+，G，−)並測各 IC 的 $\pm V_{CC}$
因比較器也有直流抵補存在，所以也必須做好抵補調整，才能使比較誤差降低
數位 IC 的檢查只有 0 與 1 的關係，只要測試確定其邏輯電壓 V_{OH} 或 V_{OL}，便能依邏輯函數判斷結果是否正確
加上限電壓
加輸入電壓
加下限電壓
用 LED 來指示比較的結果
LED_1 ON : $V_i > V_u$
LED_2 ON : $V_u > V_i > V_d$
LED_3 ON : $V_i < V_d$
OP1，OP2 構成窗型比較必須先檢查正常否？
JMP1 必須同時短路，才算是做磁滯比較設定
HR1
HR2
JP1
LM311
OP1
OP2
CD4011
IC1
LB-07 MULTI-COMP
JMP1

(a) 正面(零件面)佈線面圖

(b) 反面(焊接面)佈線面圖

圖 A-27　LB-07 零件位置圖與 PC 板

⑴　依圖示焊好所有零件，並檢查短路與空焊，然後加上電源$\pm V_{CC}$。

⑵　把V_U、V_I、V_D加入適當的電壓。可設定

$V_U = 2\text{V}$，$V_D = -2\text{V}$(或其它電壓值)，然後改變V_I的大小。

⑶　調輸入電壓使$V_I = -V_{CC} \sim +V_{CC}$。

①　$V_I > 2\text{V}$，看看是否LED_1 ON？

②　$-2\text{V} < V_I < 2\text{V}$，看看是否$LED_2$ ON？

③　$-2\text{V} > V_I$，看看是否LED_3 ON？

⑷　HR_1、HR_2怎麼用？即如何調整HR_1和HR_2？

目前V_U加的是2V，理應V_I大於2V時，COMP1 $v_{(+)} < v_{(-)}$，LED_1 ON。例如在$V_I = 2.01\text{V}$時，$V_I(2.01\text{V}) < V_U(2\text{V})$，則$LED_1$ ON，但事實上LED_1不一定 ON。因 COMP1 也有抵補電壓存在，此時必須調整HR_1以確保$V_I > V_U$時LED_1 ON。若能調整成$V_I(2.001\text{V}) > V_U(2\text{V})$ LED_1 ON，將是更準確的比較。

對HR_2的調整，可把V_I加-2.01V，則$V_I(-2.01\text{V}) < V_D(-2\text{V})$，代表此時COMP2的$v_{(+)} > v_{(-)}$，則$LED_3$ ON。然後調HR_2直到LED_3 OFF的那一瞬間便立刻停止調整HR_2，若能使$V_I(-2.001\text{V}) < V_D(-2\text{V})$。也能完成上述的調整，將得到更準確的電壓比較。

LB-07 另一項重要功能：磁滯比較

若把 LB-07 模板中，JMP1 上的(R和$\overline{Q}$)，(S和Q)接在一起的時候，將使得 LB-07 電壓比較器具有磁滯比較的特性。

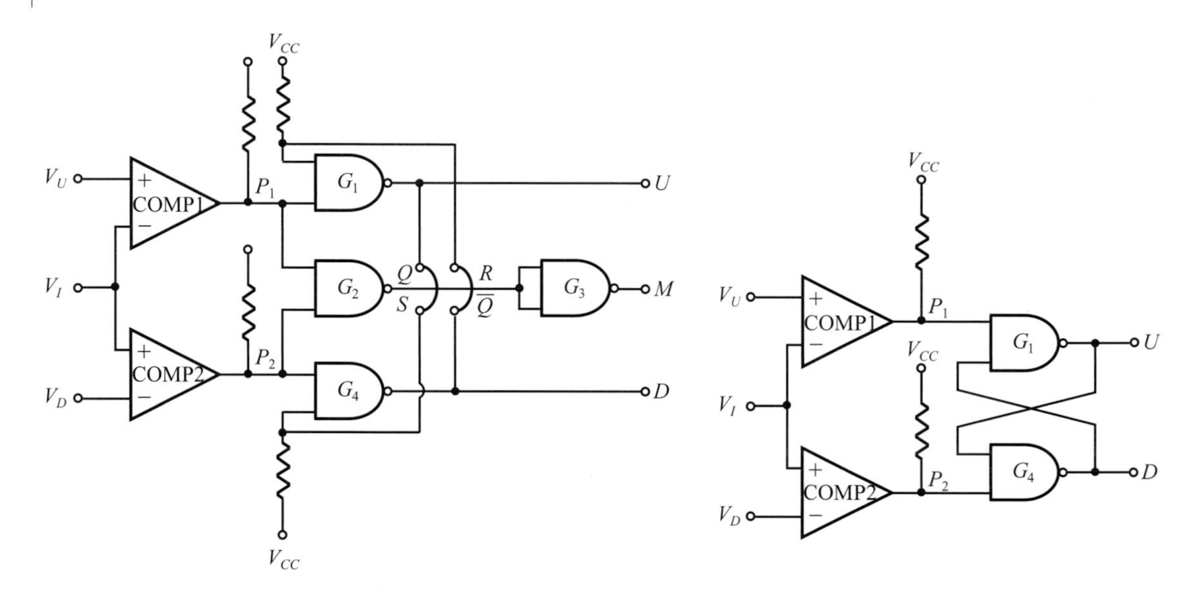

(a) JMP1 的接線形成磁滯比較

(b) 接線等效電路

圖 A-28　LB-07 的磁滯比較

這樣的接線其等效電路中的G_1和G_2形成R-S閂鎖器。

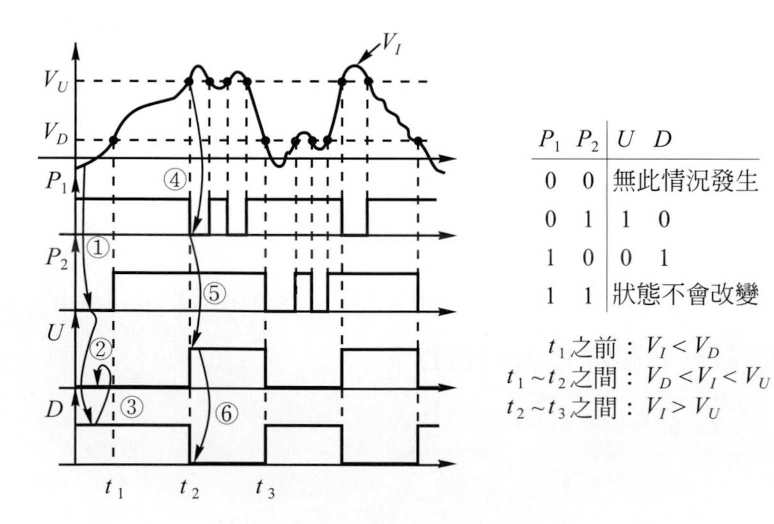

P_1	P_2	U	D
0	0	無此情況發生	
0	1	1	0
1	0	0	1
1	1	狀態不會改變	

圖 A-29　磁滯比較之波形分析

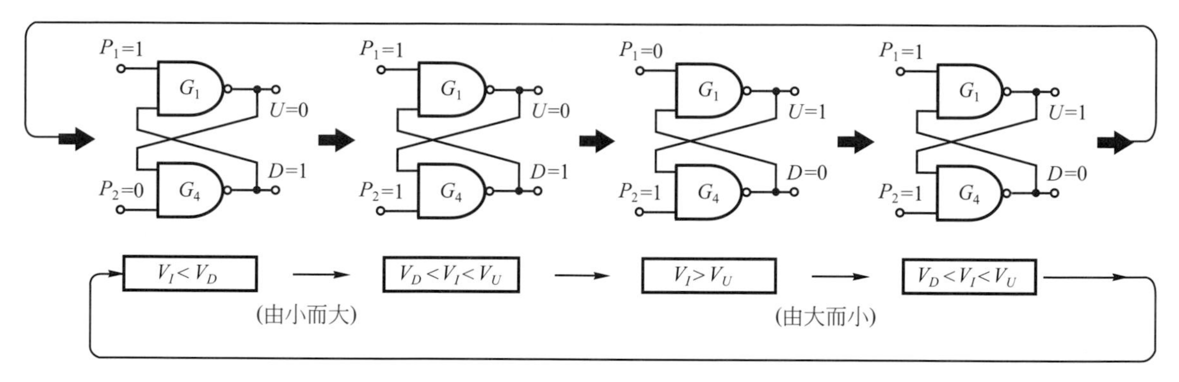

圖 A-30　磁滯比較的狀態分析

從圖 A-29 和圖 A-30 針對 LB-07 磁滯比較特性的分析，很清楚得看到 V_I 由小而大變化時，必須 V_I 大於上限值 V_U 或 V_I 由大而小時，也必須 V_I 小於下限值 V_D，才會使輸出 U 和 D 改變。

例如我們有一溫控線路，其電壓變化量爲 100mV/℃，即 25℃時爲 2.5V，28℃時爲 2.8V。若把這個溫控線路的輸出電壓加到 LB-07 當做磁滯比較的輸

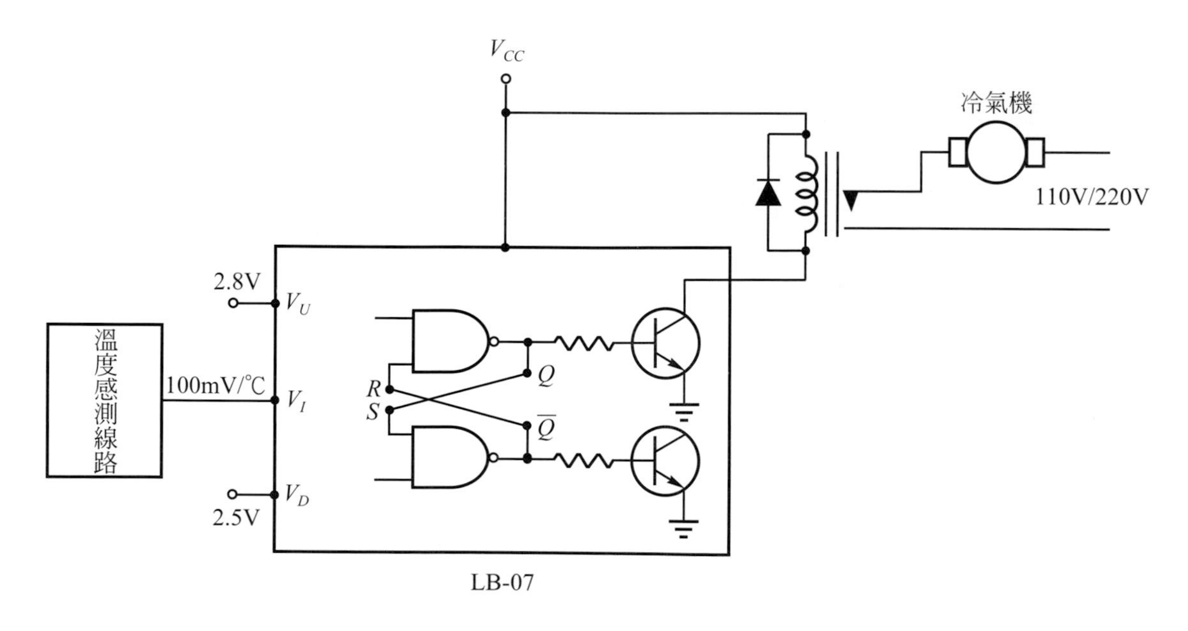

圖 A-31　積木式溫度系統實驗接線

入，則能達到溫度上升到28℃時把冷氣啓動，則室內溫度開始下降，一直降到25℃時，才關閉冷氣機。往後因人員進進出出，或人員增多，則相對的溫度也會由25℃往上升，一直升到28℃才再次把冷氣機啓動，如此一來便達自動溫度調節的目的。也節省能源。

從圖A-31所得到的啓示為各種感測元件，只要設法把它所偵測到的物理量轉換成電壓大小輸出，便能由LB-07判斷其所設定的上、下限。如此一來將使感測實驗變成非常簡單的積木遊戲。

A-11　LB-08 線路分析與製作調校技巧

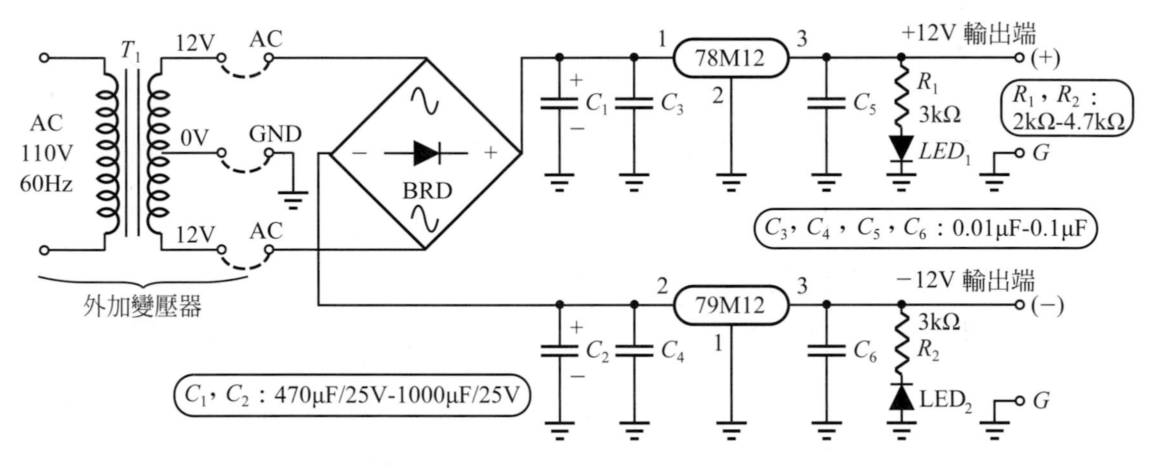

圖 A-32　LB-08　±12V 雙電源供應器

這是一個極為簡便的雙電源供應器所使用的穩壓IC為78M12和79M12，分別提供+12V和−12V穩定的直流電壓。有了LB-08以後，任何用到雙電源的實驗均可以使用，讓您在家裡也能完成實驗和專題製作。

請您自己去買一個有中間插頭的變壓器，其規格為

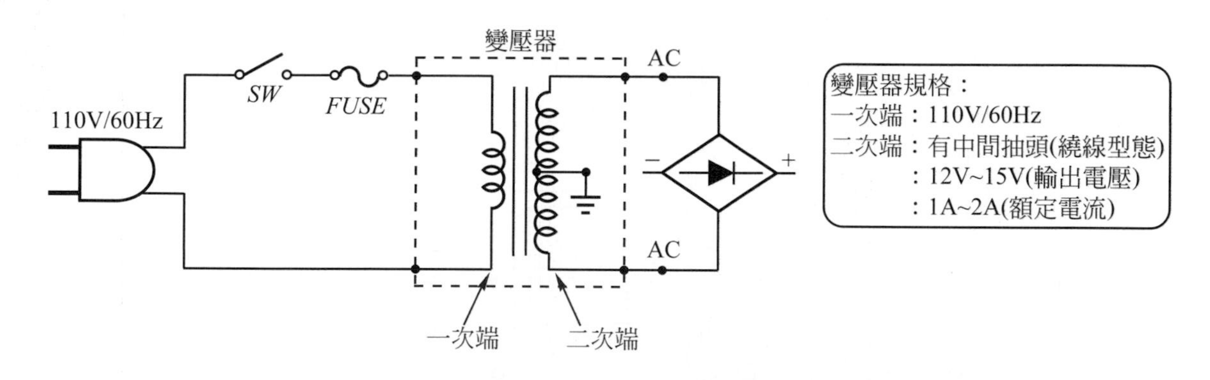

圖A-33　變壓器的接線和規格

當您依圖A-34所示，焊好所有零件，也接上變壓器，請詳細檢查一下，是否有短路的情形，尤其是AC和GND，以及C_1、C_3和C_2、C_4。

(1) 可於變壓器上的接線加焊一個保險絲或開關。

(2) 插上電源插座，加110V/60Hz給LB-08。

(3) 看看LED_1和LED_2是否亮起來，若LED_1和LED_2有不亮的情形時，請立刻把AC插頭拔掉，再逐一檢查短路或斷路的情形。不要忘了看一下LED_1、LED_2是否接反了，或是R_1、R_2被誤用成20kΩ或200kΩ，將因電流太小而使LED不亮。

(4) 若LED_1、LED_2正常亮起來，請測輸出端對地的電壓，是否爲＋12V和－12V。

(5) 所測的電壓在(±12V)±5％之內(－11.4V～＋12.6V)之間是屬正常運作。

(6) 因我們所做的LB-08其供應電壓爲±12V，所以您所做的各種感測實驗其最大輸出電壓應限制在±10以內，就不致於產生非線性誤差而不自知。

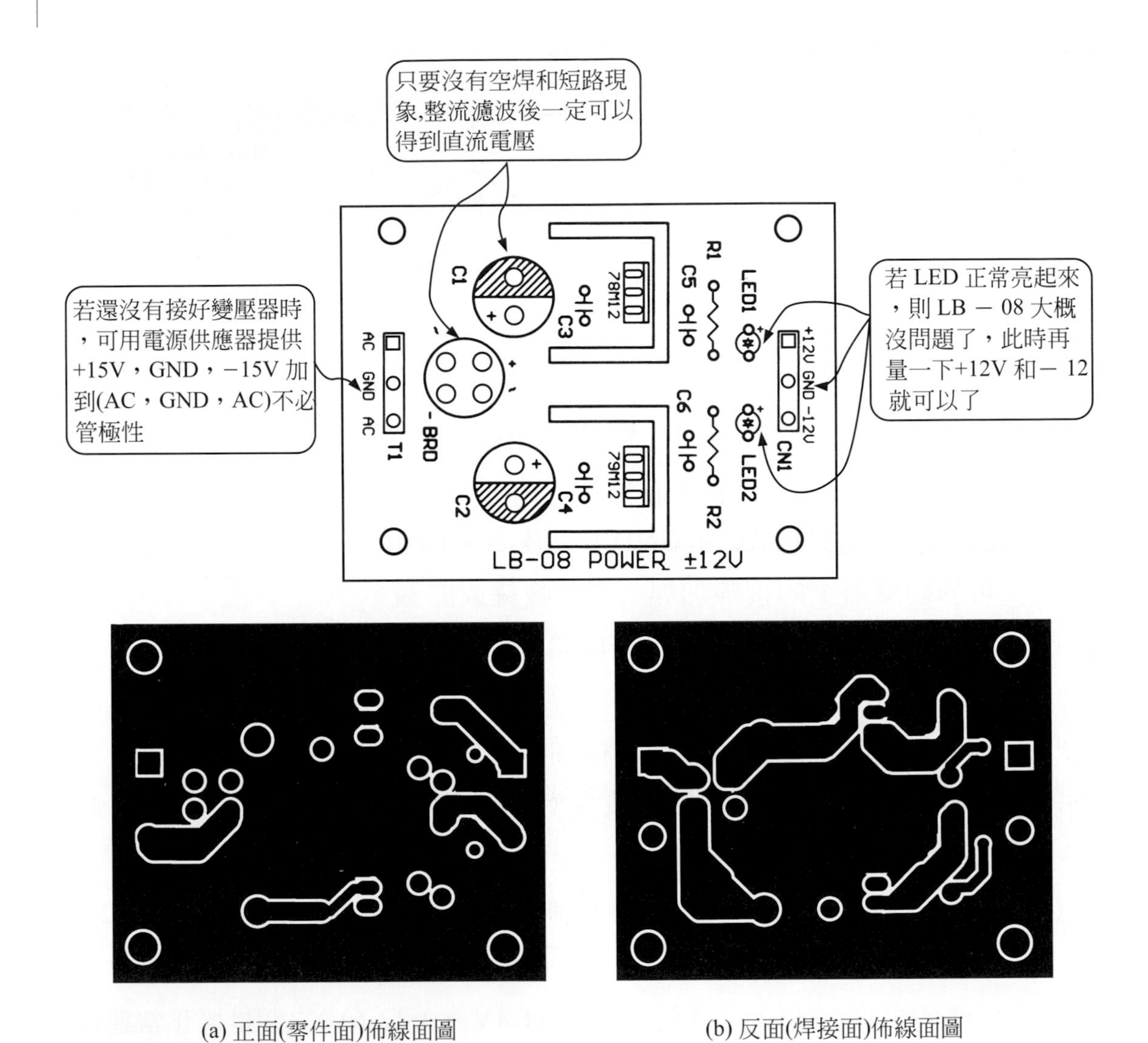

只要沒有空焊和短路現
象,整流濾波後一定可以
得到直流電壓
若還沒有接好變壓器時
，可用電源供應器提供
+15V，GND，−15V 加
到(AC，GND，AC)不必
管極性
若 LED 正常亮起來
，則 LB － 08 大概
沒問題了，此時再
量一下+12V 和－ 12
就可以了
LB-08 POWER ±12V

(a) 正面(零件面)佈線面圖　　(b) 反面(焊接面)佈線面圖

圖 A-34　LB-08 零件位置圖與 PC 板

A-12 感測實驗輔助模板零件表

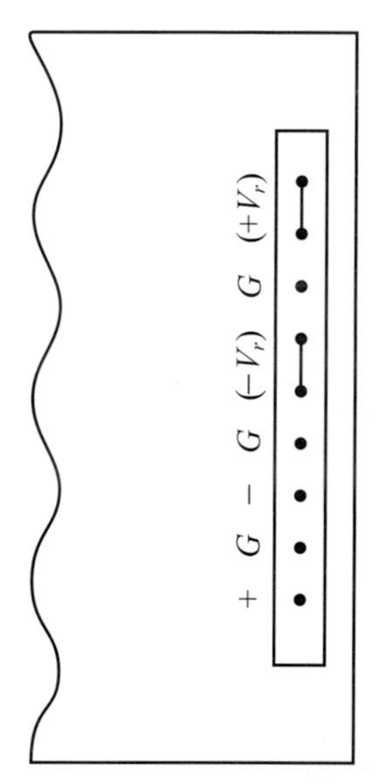

R_1	2k～4.7k 3k	RV_2	5k～20k 10k
R_2	47k～100k 100k	OP1	LF351
R_3	47k～100k 100k	OP2	LM741 LF351
D_1	1N4148	C_1	0.01～0.1μ
D_2	1N4148	C_2	0.01～0.1μ
HR_1	10k	C_3	0.01～0.1μ
IC1	LM285～2.5	C_4	0.01～0.1μ
RV_1	5k～20k 10k	排針	9P

圖 A-35　LB-01 接腳排列與零件表

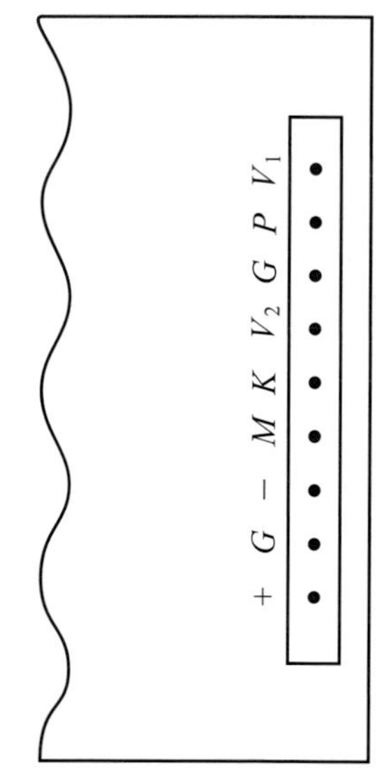

R_1	20k±1 %	C_1	0.01μF～0.1μF
R_2	20k±1 %	C_2	0.01μF～0.1μF
R_3	20k±1 %	C_3	0.01μF～0.1μF
R_4	20k±1 %	C_4	0.01μF～0.1μF
R_5	270Ω±1 %	OP1	TL072
R_6	270Ω±1 %	OP2	LM741 LF351
HR_1	10k	排針	9P

圖 A-36　LB-02 接腳排列與零件表

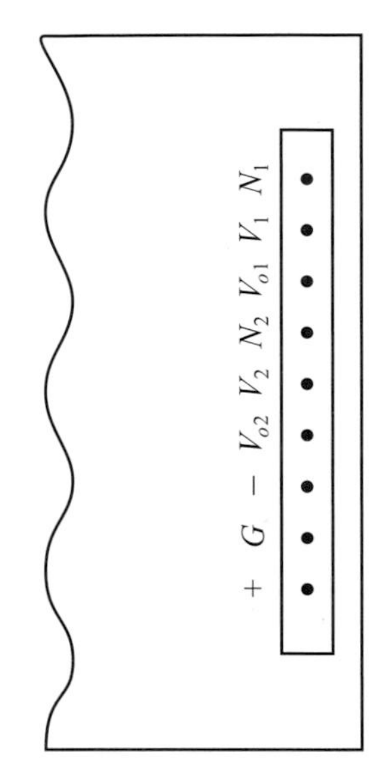

R_1	10k	C_3	0.01～0.1μ
R_2	10k	C_4	0.01～0.1μ
R_3	10k	C_5	20pF
R_4	10k	C_6	20pF
RV_1	10k	OP1	LM741 LF351
RV_2	10k	OP2	LM741 LF351
C_1	0.01～0.1μ	排針	9P
C_2	0.01～0.1μ		

圖 A-37　LB-03 接腳排列與零件表

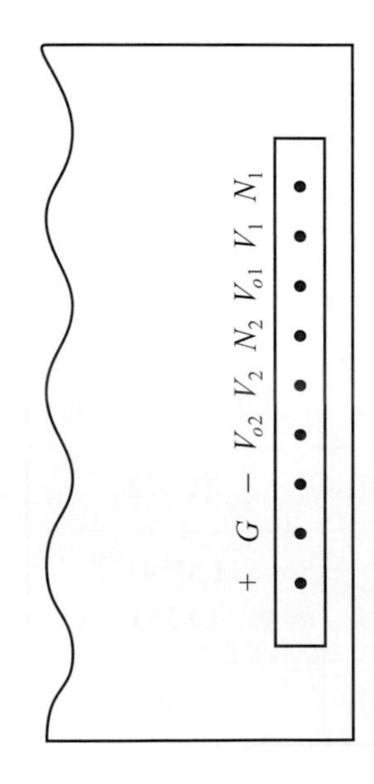

R_1	20k	C_2	0.01～0.1μ
R_2	20k	C_3	0.01～0.1μ
R_3	20k	C_4	0.01～0.1μ
R_4	20k	C_5	20pF
HR_1	10k	C_6	20pF
HR_2	10k	OP1	LM741 LF351
RV_1	500k	OP2	LM741 LF351
RV_2	500k	排針	9P
C_1	0.01～0.1μ		

圖 A-38　LB-04 接腳排列與零件表

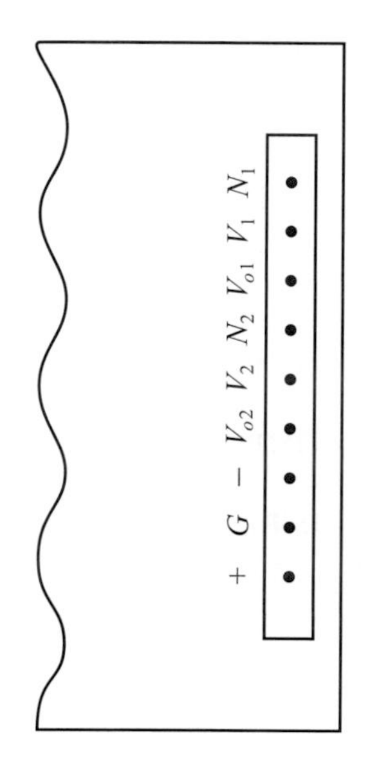

R_1	20k	C_2	0.01～0.1μ	RV_1	500k
R_2	20k	C_3	0.01～0.1μ	RV_2	500k
R_3	20k	C_4	0.01～0.1μ	OP1	LM741 LF351
R_4	20k	C_5	20pF	OP2	LM741 LF351
R_5	10k	C_6	20pF	排針	9P
R_6	10k	HR_1	10k		
C_1	0.01～0.1μ	HR_2	10k		

圖 A-39　LB-05 接腳排列與零件表

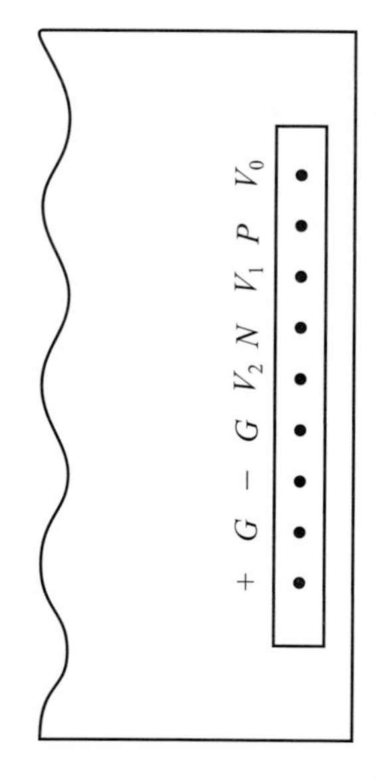

R_1	20k±1 %	C_3	20pF
R_2	20k±1 %	HR_1	10k
R_3	20k±1 %	JMP1	2P × 2
R_4	20k±1 %	JMP2	2P × 2
R_5	20k±1 %	OP1	LM741 LF351
R_6	200k±1 %	排針	9P
C_1	0.01～0.1μ		短路器 2 個
C_2	0.01～0.1μ		

圖 A-40　LB-06 接腳排列與零件表

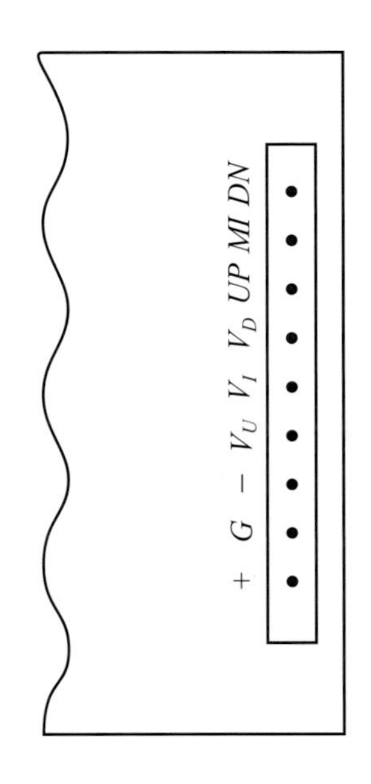

R_1	100k	R_{12}	3k	LED_1	3ϕ紅
R_2	100k	R_{13}	3k	LED_2	3ϕ綠
R_3	100k	C_1	0.01～0.1μ	LED_3	3ϕ黃
R_4	3k	C_2	0.01～0.1μ	IC1	CD4011
R_5	3k	C_3	0.01～0.1μ	COMP1	LM311
R_6	10k	C_4	0.01～0.1μ	COMP2	LM311
R_7	10k	HR_1	3k	JMP1	2P × 2
R_8	10k	HR_2	3k	排針	9P
R_9	10k	Q_1	NPN	R_{14}	10k
R_{10}	10k	Q_2	NPN	R_{15}	10k
R_{11}	3k	Q_3	NPN	短路器	2 個

圖 A-41　LB-07 接腳排列與零件表

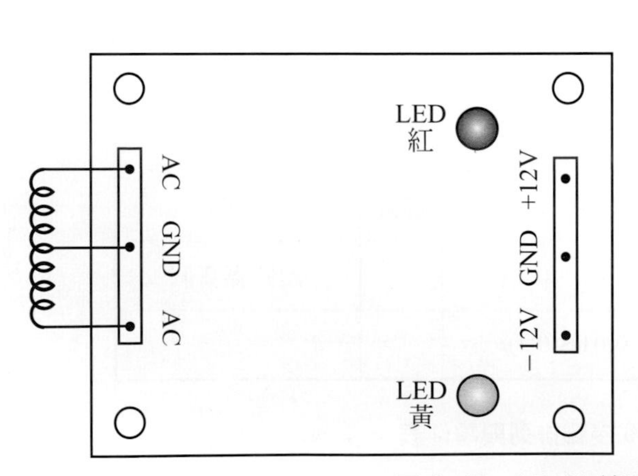

R_1	1k～3k	T_1	12V～15V/1A
R_2	1k～3k	LED_1	紅3ϕ
C_1	470μ～2000μ 25V	LED_2	黃3ϕ
C_2	470μ～2000μ 25V	BRD	2A
C_3	0.01μ～0.1μ	AVR1	78M12
C_4	0.01μ～0.1μ	AVR2	79M12
C_5	0.01μ～0.1μ	銅柱	1 公分 × 4
C_6	0.01μ～0.1μ	螺帽	× 4

圖 A-42　LB-08 接腳排列與零件表

附錄 B　實驗模組查核表 Check List

APPENDIX

模組名稱	【LB-08】雙電源供應器 Power supply		
模組編號			
執行者			
查核日期	民國　　年　　月　　日		
查核項目	檢查內容	檢查結果	備註
焊點	焊點目視檢查	□合格□不合格	
LED-1	LED 燈是否點亮？	□合格□不合格	
LED-2	LED 燈是否點亮？	□合格□不合格	
輸出端電壓	輸出端對地(GND)電壓是否爲±12V±5%？(−11.4V～+12.6V)	□合格□不合格	

模組名稱	【LB-01】參考電壓模組 Ref.Voltage		
模組編號			
執行者			
查核日期	民國　　年　　月　　日		
查核項目	檢查內容	檢查結果	備註
焊點	焊點目視檢查	□合格□不合格	
標準輸出電壓	LM385−2.5(ZD)的V_z是否等於2.5V？	□合格□不合格	
RV_1電壓值	調RV_1測量其輸出電壓是否可以改變電壓值？	□合格□不合格	
RV_2電壓值	調RV_2測量其輸出電壓是否可以改變電壓值？	□合格□不合格	
OP1 供應電壓	[4]：$-V_{CC}$與[7]：$+V_{CC}$	□合格□不合格	
OP2 供應電壓	[4]：$-V_{CC}$與[7]：$+V_{CC}$	□合格□不合格	
OP1 輸出電壓	調RV_1測量$+V_r$是否位於 0～2.5V？	□合格□不合格	
OP2 輸出電壓	調RV_2測量$+V_r$是否位於 0～−2.5V？	□合格□不合格	
OP1 輸出放大率	確定 OP1 輸出放大率是否=1？([6]&[2])	□合格□不合格	
OP2 輸出放大率	確定 OP2 輸出放大率是否=−1？([6]&[2])	□合格□不合格	

模組名稱	【LB-02】參考電流模組 Ref.Current ・由【LB-01】供應參考電壓(−2.5V～+2.5V)至V_1與V_2 ・由【P】腳串接 R_L 負載電阻與電流表至接地 ・由【M】腳串接 R_L 負載電阻與電流表至【K】腳		
模組編號			
執行者			
查核日期	民國　　年　　月　　日		
查核項目	檢查內容	檢查結果	備註
焊點	焊點目視檢查	□合格□不合格	
OP1 供應電壓	[4]：$-V_{CC}$與[8]：$+V_{CC}$	□合格□不合格	(TL072)
OP2 供應電壓	[4]：$-V_{CC}$與[7]：$+V_{CC}$	□合格□不合格	(LM741)
OP1 抵補電壓	使V_1=V_2=0V(接地)，檢查檢查輸出電流I_L是否=0mA，此時V_P與V_M應等於 0V？否則調整 HR1 使I_L=0mA 且V_M等於 0V(抵補調整)	□合格□不合格	
定電流輸出	(1)調整【LB-01】的 RV1 與 RV2 使 V_1=+0.54V、V_2=−0.54V⇒輸出電流應為 2mA (2)改變 R_L 電阻值(100Ω,220Ω,1kΩ,2kΩ等)，檢查輸出電流 I_L 是否改變？ (3)調整【LB-01】的 RV1 與 RV2 使 V_1=+2.5V、V_2=−2.5V，記錄輸出電流 I_L=______mA	□合格□不合格	

模組名稱	【LB-03】電壓隨耦器 Voltage Follower		
模組編號			
執行者			
查核日期	民國　　年　　月　　日		
查核項目	檢查內容	檢查結果	備註
焊點	焊點目視檢查	□合格□不合格	
OP1 供應電壓	[4]：$-V_{CC}$與[7]：$+V_{CC}$	□合格□不合格	
OP2 供應電壓	[[4]：$-V_{CC}$與[7]：$+V_{CC}$	□合格□不合格	
OP1 抵補電壓	使V_1=V_2=0V(接地)，檢查V_{o1}是否等於 0V？調整RV1 使V_{o1}等於 0V(直流抵補調整)	□合格□不合格	
OP2 抵補電壓	使V_1=V_2=0V(接地)，檢查V_{o2}是否等於 0V？調整RV2 使V_{o2}等於 0V(直流抵補調整)	□合格□不合格	
OP1 輸出放大率(DC)	V_1輸入 1.00V，檢查V_{o1}是否等於 1.00V？(放大率是否=1？)	□合格□不合格	
OP2 輸出放大率(DC)	V_2輸入 1.00V，檢查V_{o2}是否等於 1.00V？(放大率是否=1？)	□合格□不合格	
OP1 輸出放大率(AC)	V_1輸入正弦波標準波形信號，檢查V_{o1}輸出波形是否等於V_1？	□合格□不合格	
OP2 輸出放大率(AC)	V_2輸入正弦波標準波形信號，檢查V_{o2}輸出波形是否等於V_2？	□合格□不合格	

模組名稱	【LB-04】反相放大器 Inverse AMP.		
模組編號			
執行者			
查核日期	民國　　年　　月　　日		
查核項目	檢查內容	檢查結果	備註
焊點	焊點目視檢查	□合格□不合格	
OP1 供應電壓	[4]：$-V_{CC}$與[7]：$+V_{CC}$	□合格□不合格	
OP2 供應電壓	[4]：$-V_{CC}$與[7]：$+V_{CC}$	□合格□不合格	
OP1 抵補電壓	使$V_1=V_2=0$V(接地)，檢查V_{o1}是否等於 0V？調整 HR1 使V_{o1}等於 0V(直流抵補調整)	□合格□不合格	
OP2 抵補電壓	使$V_1=V_2=0$V(接地)，檢查V_{o2}是否等於 0V？調整 HR2 使V_{o2}等於 0V(直流抵補調整)	□合格□不合格	
OP1 輸出放大率(DC)	V_1輸入 0.2V，調整 RV1(回授電阻)來改變 OP1 放大率，再檢查V_{o1}，放大率是否位於-1～-26 之間？	□合格□不合格	
OP2 輸出放大率(DC)	V_2輸入 0.2V，調整 RV2(回授電阻)來改變 OP2 放大率，再檢查V_{o2}，放大率是否位於-1～-26 之間？	□合格□不合格	
OP1 輸出放大率(AC)	V_1輸入正弦波標準波形信號，檢查V_{o1}輸出波形的振幅與相位是否符合放大率的調整？	□合格□不合格	可以先將放大率調成-10倍再檢視輸出波形
OP2 輸出放大率(AC)	V_2輸入正弦波標準波形信號，檢查V_{o2}輸出波形的振幅與相位是否符合放大率的調整？	□合格□不合格	可以先將放大率調成-10倍再檢視輸出波形

模組名稱	【LB-05】非反相放大器 Noninverse AMP.		
模組編號			
執行者			
查核日期	民國　　年　　月　　日		
查核項目	檢查內容	檢查結果	備註
焊點	焊點目視檢查	□合格□不合格	
OP1 供應電壓	[4]：$-V_{CC}$與[7]：$+V_{CC}$	□合格□不合格	
OP2 供應電壓	[4]：$-V_{CC}$與[7]：$+V_{CC}$	□合格□不合格	
OP1 抵補電壓	使$V_1=V_2=0$V(接地)，檢查V_{o1}是否等於 0V？調整 HR1 使V_{o1}等於 0V (直流抵補調整)	□合格□不合格	
OP2 抵補電壓	使$V_1=V_2=0$V(接地)，檢查V_{o2}是否等於 0V？調整 HR2 使V_{o2}等於 0V (直流抵補調整)	□合格□不合格	
OP1 輸出放大率(DC)	V_1輸入-0.2V，調整 RV1(回授電阻)來改變 OP1 放大率，再檢查V_{o1}，放大率是否位於 2～27 之間？	□合格□不合格	
OP2 輸出放大率(DC)	V_2輸入 0.2V，調整RV2(回授電阻)來改變 OP2 放大率，再檢查V_{o2}，放大率是否位於 2～27 之間？	□合格□不合格	
OP1 輸出放大率(AC)	V_1輸入正弦波標準波形信號，檢查V_{o1}輸出波形的振幅與相位是否符合放大率的調整？	□合格□不合格	可以先將放大率調成 10 倍再檢視輸出波形
OP2 輸出放大率(AC)	V_2輸入正弦波標準波形信號，檢查V_{o2}輸出波形的振幅與相位是否符合放大率的調整？	□合格□不合格	可以先將放大率調成 10 倍再檢視輸出波形

模組名稱	【LB-06】差值放大器 Difference AMP.		
模組編號			
執行者			
查核日期	民國　　年　　月　　日		
查核項目	檢查內容	檢查結果	備註
焊點	焊點目視檢查	□合格□不合格	
OP1 供應電壓	[4]：$-V_{CC}$與[7]：$+V_{CC}$	□合格□不合格	
OP1 抵補電壓	使V_1=V_2=1.00V(接地)，檢查V_o是否等於 0V？調整 HR1 使V_o等於 0V	□合格□不合格	
OP1 差值放大	V_1輸入−0.5V 且V_2輸入 0.5V，檢查V_o是否等於 1V(或 10V)？	□合格□不合格	JMP1 與 JMP2 設定爲 A 時，放大率爲 1；JMP1 與 JMP2 設定爲 B 時，放大率爲 10
	同上述程序，調整V_1與V_2輸入電壓，再檢查V_o是否符合差值放大規範(±2 %)？		

模組名稱	【LB-07】多功能電壓比較器 Multi-Comparer $V_I > V_U$ 上限電壓 ➔ $LED_{1(R)}$亮 $V_U > V_I > V_D$(位於上、下限之間) ➔ $LED_{2(G)}$亮 $V_I < V_D$ 下限電壓 ➔ $LED_{3(Y)}$亮		
模組編號			
執行者			
查核日期	民國　　年　　月　　日		
查核項目	檢查內容	檢查結果	備註
焊點	焊點目視檢查	□合格□不合格	
OP1 供應電壓	[4]：$-V_{CC}$與[7]：$+V_{CC}$	□合格□不合格	
OP2 供應電壓	[4]：$-V_{CC}$與[7]：$+V_{CC}$	□合格□不合格	
OP1 抵補電壓	調整 HR1 使V_{o1}等於 0V(直流抵補調整)	□合格□不合格	
OP2 抵補電壓	調整 HR2 使V_{o2}等於 0V(直流抵補調整)	□合格□不合格	
電壓比較器	設定V_U與V_D電壓，再調整V_I電壓的大小，檢視 LED 作用是否正常？	□合格□不合格	

（請由此線剪下）

廣　告　回　信
板橋郵局登記證
板橋廣字第540號

行銷企劃部　收

全華圖書股份有限公司
23671 新北市土城區忠義路 21 號

（請由此線剪下）

讀者回函卡

填寫日期：　/　/

姓名：＿＿＿＿ 生日：西元＿＿年＿＿月＿＿日 性別：□男 □女

電話：（　）＿＿＿＿ 傳真：（　）＿＿＿＿ 手機：＿＿＿＿

e-mail：（必填）＿＿＿＿

註：數字零，請用 Φ 表示，數字 1 與英文 L 請另註明並書寫端正，謝謝。

通訊處：□□□□□

學歷：□博士 □碩士 □大學 □專科 □高中．職

職業：□工程師 □教師 □學生 □軍．公 □其他

學校／公司：＿＿＿＿ 科系／部門：＿＿＿＿

· 需求書類：

□ A. 電子 □ B. 電機 □ C. 計算機工程 □ D. 資訊 □ E. 機械 □ F. 汽車 □ I. 工管 □ J. 土木

□ K. 化工 □ L. 設計 □ M. 商管 □ N. 日文 □ O. 美容 □ P. 休閒 □ Q. 餐飲 □ B. 其他

· 本次購買圖書為：＿＿＿＿ 書號：＿＿＿＿

· 您對本書的評價：

封面設計：□非常滿意 □滿意 □尚可 □需改善，請說明＿＿＿＿

內容表達：□非常滿意 □滿意 □尚可 □需改善，請說明＿＿＿＿

版面編排：□非常滿意 □滿意 □尚可 □需改善，請說明＿＿＿＿

印刷品質：□非常滿意 □滿意 □尚可 □需改善，請說明＿＿＿＿

書籍定價：□非常滿意 □滿意 □尚可 □需改善，請說明＿＿＿＿

整體評價：請說明＿＿＿＿

· 您在何處購買本書？

□書局 □網路書店 □書展 □團購 □其他＿＿＿＿

· 您購買本書的原因？（可複選）

□個人需要 □幫公司採購 □親友推薦 □老師指定之課本 □其他＿＿＿＿

· 您希望全華以何種方式提供出版訊息及特惠活動？

□電子報 □ DM □廣告（媒體名稱＿＿＿＿）

· 您是否上過全華網路書店？（www.opentech.com.tw）

□是 □否 您的建議＿＿＿＿

· 您希望全華出版那方面書籍？＿＿＿＿

· 您希望全華加強那些服務？＿＿＿＿

～感謝您提供寶貴意見，全華將秉持服務的熱忱，出版更多好書，以饗讀者。

全華網路書店 http://www.opentech.com.tw　客服信箱 service@chwa.com.tw

2011.03 修訂

親愛的讀者：

感謝您對全華圖書的支持與愛護，雖然我們很慎重的處理每一本書，但恐仍有疏漏之處，若您發現本書有任何錯誤，請填寫於勘誤表內寄回，我們將於再版時修正，您的批評與指教是我們進步的原動力，謝謝！

全華圖書　敬上

勘誤表

書號		書名		作者	
頁數	行數	錯誤或不當之詞句		建議修改之詞句	

我有話要說：（其它之批評與建議，如封面、編排、內容、印刷品質等．．．）